北大社普通高等教育“十三五”数字化建设规划教材

概率论与数理统计

——方法与应用及 Python 实现

主　编　柯忠义　周大镯

副主编　李德旺　杨　莹　聂维琳

方艳丽　苏启琛

北京大学出版社
PEKING UNIVERSITY PRESS

内 容 提 要

本书共分为十章,内容包括随机事件和概率、离散型随机变量及其分布、连续型随机变量及其分布、随机变量的数字特征、大数定律和中心极限定理、数理统计的基本概念、参数估计、假设检验、方差分析与回归分析、Python 在概率论与数理统计中的应用. 此外,前九章还增加了“问题拓展探索”“趣味问题求解与 Python 实现”“课程趣味阅读”三个部分,旨在拓展读者的学科视野、训练读者建模思维及 Python 的实现能力、提升读者有关本学科的人文素养与学习兴趣.

本书可以作为本科阶段的数学类、统计类、理工类、农医类、经管类专业的专业课教材,也可以作为参加数学建模竞赛学生的参考用书,同时还可以作为训练 Python 软件的参考读物.

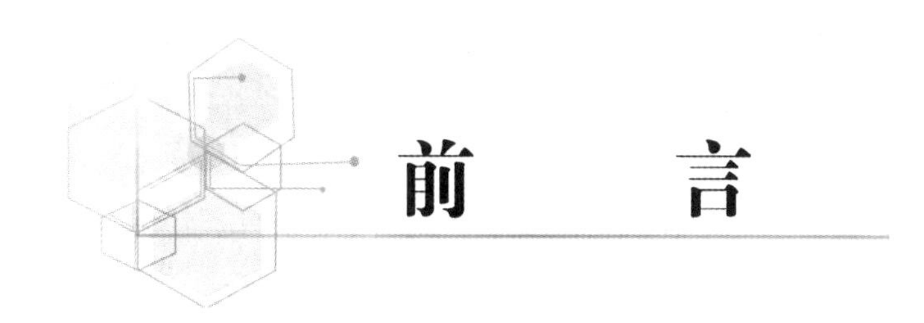

前　言

党的二十大报告首次将教育、科技、人才工作专门作为一个独立章节进行系统阐述和部署，明确指出："教育、科技、人才是全面建设社会主义现代化国家的基础性、战略性支撑."这让广大教师深受鼓舞，更要勇担"为党育人，为国育才"的重任，迎来一个大有可为的新时代.

我国已经进入了以数字经济为标志的高质量发展阶段，大数据与人工智能科技构成了数字经济的基石.这意味着，各行各业或多或少地与数学算法及数学建模发生着联系.概率论与数理统计作为一门应用背景极强的数学分支学科，自然将越来越多地得到广泛的应用.然而，由于该课程的概念和理论较难理解，以及各专业对该课程要求的深浅不同，教师在教学中较难把握.

针对这些问题，本书编写人员根据多年的教学经验，吸收了多部教材的优点，尝试编写了这部教材.在编写过程中，编者在保持概念严谨性的同时，尽量做到以实际背景作铺垫，注重由浅入深地多样举例，注重实际应用.除此之外，还进行了以下几个方面的尝试：

其一，为拓展学生学科前沿视野，增设了"问题拓展探索"部分.该部分旨在让一些初步掌握了本学科的基本内容、并希望进一步深入接触本学科前沿领域的读者，更加方便地学习一些本学科的前沿知识，架起本学科基础内容与前沿领域之间的一座桥梁.该部分可由读者根据各自的兴趣和需要进行选择性学习.

其二，为训练学生建模思维及 Python 的实现能力，设置了"趣味问题求解与 Python 实现"部分.该部分由浅入深地提供了一些与该课程相关的实际问题，并提供了分析和求解思路，旨在训练数学建模思维；同时，辅助以 Python 实现，以培养学生对实际问题的软件实现能力.

其三，为提升学生有关本学科的人文素养与学习兴趣，撰写了"课程趣味阅读"部分.该部分提供了一些与本学科发展有关的阅读，让读者了解本学科的发展历程、名人趣闻、应用趋势等知识性内容，试图增加读者对本学科的感性认识，激发读者对本学科的学习兴趣.

本书各章节基本知识内容的编写工作分工如下：第一章、第二章、第十章由周大镯负责；第三章由方艳丽负责；第四章由苏启琛负责；第五章由杨莹负责；第六章由聂维琳负责；第七章由李德旺负责；第八章、第九章由柯忠义负责.此外，由柯忠义负责全书"问题拓展探索""趣味问题求解与 Python 实现""课程趣味阅读"三个部分的编写，以及本书的统稿、定稿和校对工作.

另外，本书得到了 2023 年广东省本科高校数学教学指导委员会的教改项目资助，袁晓辉、苏娟、陈平、蔡晓龙构思了全书教学资源的结构配置及版式装帧设计方案，在此表示感谢.由于作者水平有限，书中的不妥和错漏之处在所难免，恳请读者批评指正，以使本书更加完善.

编　者

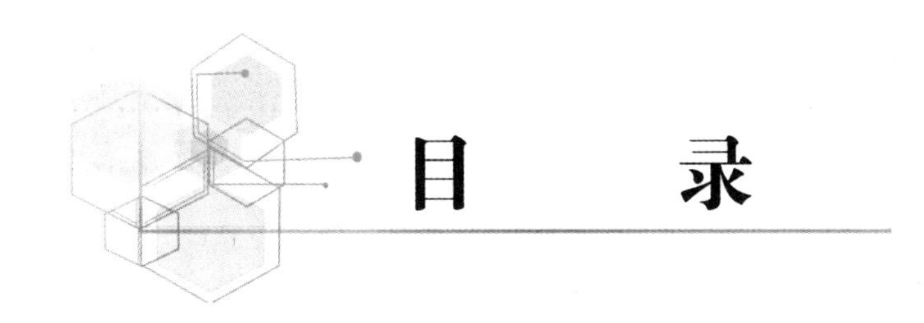

目　录

第一章

随机事件和概率

在自然界和社会生活中发生的现象是多种多样的，有一类现象，在一定条件下必然发生，称为**确定性现象**. 例如，水在标准大气压下加热到 100 ℃ 必然沸腾；异性电荷相互吸引，同性电荷相互排斥；等等. 这类现象的特点就是，在一定条件下必定出现某一结果. 另一类现象，在一定条件下无法准确预知其结果，称为**随机现象**. 例如，在相同的条件下抛同一枚硬币，无法准确预知将出现正面还是反面；无法准确预知将来某日某种股票的价格；等等. 这类现象的特点就是，在一定的条件下，可能出现这样的结果，也可能出现那样的结果，而在之前不能预知确切的结果. 事实上，人们经过长期实践并深入研究之后，发现随机现象的结果虽然呈现出不确定性，但是经过大量重复试验或观察后，它仍然呈现出某种规律性，这种规律性称为随机现象的**统计规律性**.

从亚里士多德时代开始，哲学家们就已经认识到随机性在生活中的作用，但直到 20 世纪初，人们才认识到随机现象亦可以通过数量化方法来进行研究. 概率论与数理统计就是从数量化的角度研究和揭示随机现象统计规律性的一门应用数学学科. 概率论与数理统计是数学中的一个有特色的分支，具有独特的概念和方法，内容丰富，与很多学科交叉关联，广泛应用于工业、农业、国民经济及科学技术等各个领域. 本章介绍的随机事件和概率是概率论中最基本且重要的概念之一.

课程思政

§1.1 随机事件

1.1.1 随机试验

试验包括各种各样的科学实验,甚至包括对某一事物的某一特征的观察.下面举例说明.

例 1.1.1 下列实验都是试验:

E_1:抛一枚硬币,观察正面 H、反面 T 出现的情况;

E_2:将一枚硬币连续抛两次,观察正面 H、反面 T 出现的情况;

E_3:将一枚硬币连续抛两次,观察出现正面的次数;

E_4:记录某电话交换台在一天内收到的呼叫次数;

E_5:抽样检查一批电灯泡的寿命 t h(假定灯泡的寿命不超过 5 000 h);

E_6:记录某地区一昼夜的最高温度和最低温度.

从上例可看出,试验具有以下共同特征:

(1) 可重复性:试验可以在相同的条件下重复进行.

(2) 可观察性:每次试验的可能结果不止一个,并且能事先明确试验的所有可能结果.

(3) 不确定性:进行每次试验之前不能确定哪一个结果会出现.

在概率论中,通常将具有上述三个特征的实验称为**随机试验**,简称**试验**,常用字母 E 表示.

例如,实验“记录100年后地球上的人口数量”不是随机试验,因为该实验无法在相同的条件下重复进行.

一般是通过研究随机试验来研究随机现象的.

1.1.2 样本空间

尽管一个随机试验将要出现的结果是不确定的,但其所有可能结果是明确的.随机试验的每一种可能的结果称为一个**样本点**,常用小写的希腊字母 ω 表示.随机试验的所有可能结果的集合称为**样本空间**,常用大写的希腊字母 Ω 表示.

例如,例 1.1.1 中随机试验的样本空间分别为

$\Omega_1=\{H,T\}$;

$\Omega_2=\{HH,HT,TH,TT\}$;

$\Omega_3=\{0,1,2\}$;

$\Omega_4=\{0,1,2,\cdots\}$;

$\Omega_5=\{t \mid 0\leqslant t\leqslant 5\,000\}$;

$\Omega_6=\{(x,y)\mid T_0\leqslant x\leqslant y\leqslant T_1\}$,这里 x 表示最低温度,y 表示最高温度,并设这一地区的温度不会小于 T_0,也不会大于 T_1.

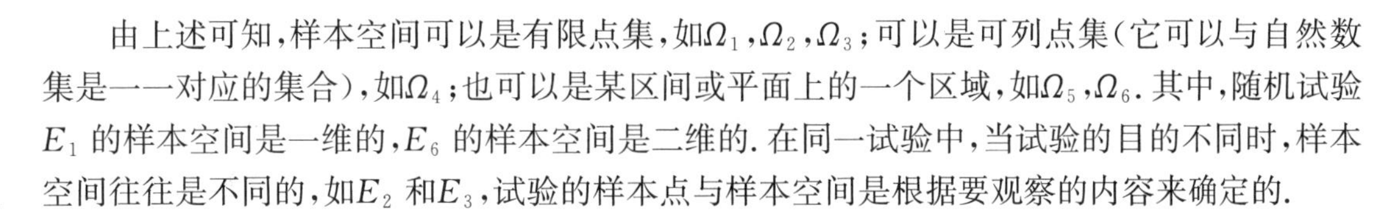
由上述可知，样本空间可以是有限点集，如Ω_1，Ω_2，Ω_3；可以是可列点集（它可以与自然数集是一一对应的集合），如Ω_4；也可以是某区间或平面上的一个区域，如Ω_5，Ω_6. 其中，随机试验E_1的样本空间是一维的，E_6的样本空间是二维的. 在同一试验中，当试验的目的不同时，样本空间往往是不同的，如E_2和E_3，试验的样本点与样本空间是根据要观察的内容来确定的.

1.1.3　随机事件

在实际问题中，当进行随机试验时，人们往往关心满足某种条件的那些样本点所组成的集合，这种满足一定条件的样本点的集合称为**随机事件**，简称**事件**，通常用字母A，B，C等表示. 因此，随机事件就是某些样本点的集合，即样本空间Ω的某些子集合.

例如，在掷一枚骰子（六面）的试验中，用A表示事件"点数为奇数".

特别地，由一个样本点组成的事件，称为**基本事件**.

例如，试验E_1有2个基本事件$\{H\}$和$\{T\}$；试验E_3有3个基本事件$\{0\}$，$\{1\}$，$\{2\}$.

在每次试验中都必然发生的事件称为**必然事件**，用字母Ω表示.

例如，在上述掷骰子试验中，"点数小于7"是一个必然事件.

在任何一次试验中都不可能发生的事件，称为**不可能事件**，用空集符号$\varnothing$表示.

例如，在上述掷骰子试验中，"点数为8"是一个不可能事件.

显然，必然事件与不可能事件都是确定性事件.

所谓某事件A发生，是指属于该事件的某一个样本点在随机试验中出现.

例如：

(1) 在E_1中事件A："出现正面"，还可表示为$A=\{H\}$.

(2) 在E_5中事件B："电灯泡的寿命在1 000至2 000 h之间"，还可表示为$B=[1\,000,2\,000]$.

1.1.4　事件间的关系与运算

事件是样本空间的子集合，从而事件间的关系与运算可按照集合论中集合之间的关系与运算来处理.

设A，B，A_1，A_2，… 均为事件.

(1) 若$A\subset B$，则称事件B**包含**事件A，A是B的子事件. 这表示事件A发生必导致事件B发生.

特别地，若$A\subset B$，且$B\subset A$，即$A=B$，则事件A与B**相等**.

(2) 事件$A\cup B=\{\omega\in\Omega\mid\omega\in A$ 或 $\omega\in B\}$称为事件A与B的**和事件**，即是把两事件的样本点放在一起所组成的新事件. 因此，事件$A\cup B$发生当且仅当A，B中至少有一个发生.

类似地，$\bigcup\limits_{i=1}^{n}A_i=\{\omega\in\Omega\mid\omega$ 至少属于$A_1,A_2,\cdots,A_n$其中一个$\}$称为n**个事件的和事件**，$\bigcup\limits_{i=1}^{\infty}A_i=\{\omega\in\Omega\mid\omega$ 至少属于$A_1,A_2,\cdots$ 其中一个$\}$称为**可列个事件的和事件**.

(3) 事件$A\cap B=\{\omega\in\Omega\mid\omega\in A$ 且 $\omega\in B\}$称为事件A与B的**积事件**，简写为AB，即是两事件中公共的样本点所组成的事件. 因此，事件AB发生当且仅当A与B同时发生.

类似地，$\bigcap\limits_{i=1}^{n}A_i=\{\omega\in\Omega\mid\omega$ 同时属于$A_1,A_2,\cdots,A_n\}$称为n**个事件的积事件**，$\bigcap\limits_{i=1}^{\infty}A_i=\{\omega\in\Omega\mid\omega$ 同时属于$A_1,A_2,\cdots\}$称为**可列个事件的积事件**.

(4) 事件 $A-B=\{\omega\in\Omega \mid \omega\in A$ 且 $\omega\notin B\}$ 称为事件 A 与 B 的**差事件**. 事件 $A-B$ 发生当且仅当 A 发生,而 B 不发生.

特别地,当 $A\supset B$ 时,$A-B$ 称为真差.

(5) 若 $AB=\varnothing$,则称事件 A 与 B **互不相容**或**互斥**,即两事件不能同时发生. 基本事件是两两互不相容的.

(6) 若 $A\cup B=\Omega$ 且 $AB=\varnothing$,则称事件 A 与 B 互为**逆事件**或**对立事件**. A 的对立事件记作 $\overline{A}$,即 $\overline{A}=\Omega-A$.

事件之间的关系与运算可用图 1.1.1 来表示.

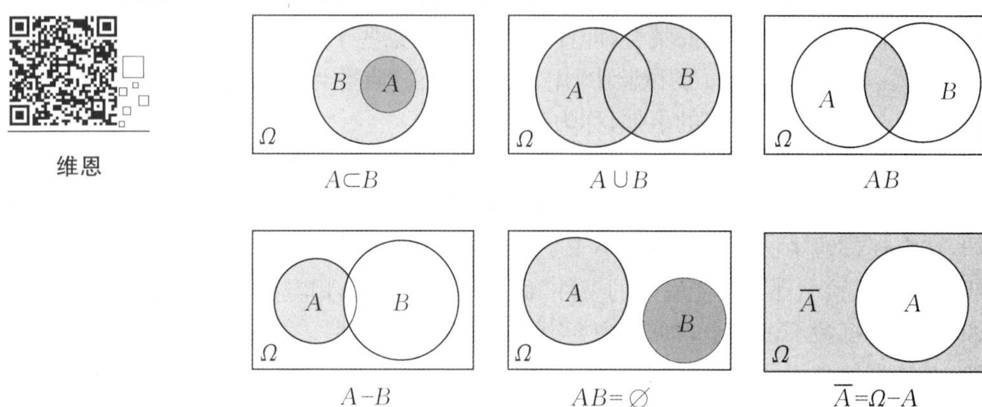

维恩

$A\subset B$　　$A\cup B$　　AB

$A-B$　　$AB=\varnothing$　　$\overline{A}=\Omega-A$

图 1.1.1

事件的运算满足下列定律:

(1) 交换律:$A\cup B=B\cup A$;$AB=BA$.

德摩根

(2) 结合律:$A\cup(B\cup C)=(A\cup B)\cup C$;

$A(BC)=(AB)C$.

(3) 分配律:$A(B\cup C)=(AB)\cup(AC)$;

$A\cup(BC)=(A\cup B)(A\cup C)$.

(4) 德摩根律:$\overline{A\cup B}=\overline{A}\,\overline{B}$;$\overline{AB}=\overline{A}\cup\overline{B}$.

上述定律可推广至有限个事件的情形.

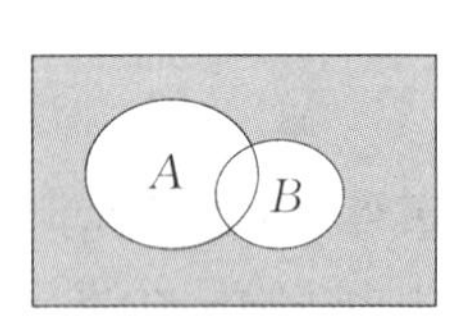

图 1.1.2

这些定律均可用严格的数学方法证明,即证明等式两边的事件相互包含. 但是用图示的方法验证这些定律会显得更加直观,如图 1.1.2 中的 $\overline{A\cup B}$ 即为方框中阴影部分,而如果把 A 的外面涂上红色,把 B 的外面涂上蓝色,那么既有红色又有蓝色的部分恰是方框中的阴影部分.

根据事件之间的关系与运算规则可用一些简单的事件来表示较复杂的事件.

例 1.1.2　从某灯泡厂取样检查灯泡的寿命 x(单位:h). 设事件 A 表示"灯泡寿命大于2 000 h",事件 B 表示"灯泡寿命在 1 500 ~ 2 500 h",试用集合的形式写出事件 $\Omega, A, B, A\cup B, AB, A-B, B-A$.

解　$\Omega=\{x\mid x\geqslant 0\}=[0,+\infty)$，　$A=\{x\mid x>2\,000\}=(2\,000,+\infty)$，

$B=\{x\mid 1\,500\leqslant x\leqslant 2\,500\}=[1\,500,2\,500]$，　$A\cup B=[1\,500,+\infty)$，

$AB=(2\,000,2\,500]$，　$A-B=(2\,500,+\infty)$，　$B-A=[1\,500,2\,000]$.

例 1.1.3　在如图 1.1.3 所示的电路中，设事件 A,B,C 分别表示开关 a,b,c 闭合，试用 A,B,C 表示事件“指示灯亮”及事件“指示灯不亮”.

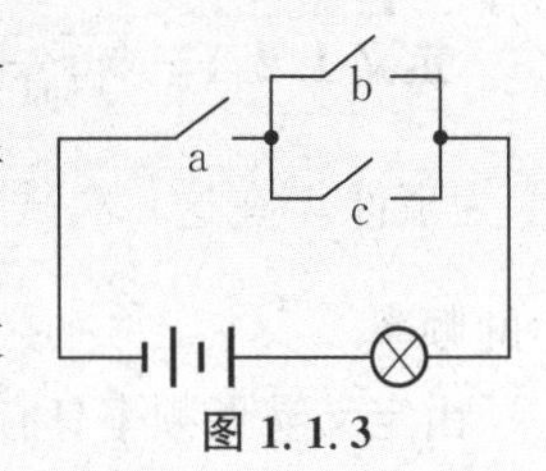

图 1.1.3

解　设事件 D 表示“指示灯亮”，D 发生即为 A 及 $B\cup C$ 都发生，所以

$$D=A(B\cup C).$$

事件 $\overline{D}$ 表示“指示灯不亮”，

$$\overline{D}=\overline{A(B\cup C)}=\overline{A}\cup(\overline{B}\,\overline{C}).$$

例 1.1.4　甲、乙、丙三人各向目标射击一发子弹，记事件 A 表示“甲命中目标”，事件 B 表示“乙命中目标”，事件 C 表示“丙命中目标”，则可用上述三个事件的运算来分别表示下列事件：

$A_1=$“甲命中，乙和丙都没有命中”$=A\overline{B}\,\overline{C}$；

$A_2=$“至少有一人命中”$=A\cup B\cup C$；

$A_3=$“恰有一人命中”$=A\overline{B}\,\overline{C}\cup\overline{A}B\overline{C}\cup\overline{A}\,\overline{B}C$；

$A_4=$“恰有两人命中”$=AB\overline{C}\cup A\overline{B}C\cup\overline{A}BC$；

$A_5=$“最多有一人命中”$=\overline{B}\,\overline{C}\cup\overline{A}\,\overline{C}\cup\overline{A}\,\overline{B}$；

$A_6=$“三人都命中”$=ABC$；

$A_7=$“三人均未命中”$=\overline{A}\,\overline{B}\,\overline{C}$.

注　事件的表示不是唯一的. 例如，利用德摩根律或事件的差，例 1.1.4 中事件 A_1 也可表示为 $A_1=A(\overline{B\cup C})$，$A_1=A-B-C$.

§1.2　概率的定义和性质

§1.1 介绍了随机现象，知道通过大量试验可以观察到会有哪些结果出现. 实际上，对于一个随机事件，在一次随机试验中，它是否会发生，我们事先并不能确定. 但我们常常希望知道某些事件在一次试验中发生的可能性究竟有多大，并希望找到一个合适的数来表征事件在一次试验中发生的可能性大小. 为此，本节首先引入频率的概念，它描述了大量试验情况下事件发生的频繁程度，进而引出表征事件在一次试验中发生的可能性大小的数 —— 概率.

1.2.1 频率及其性质

人们经过长期的实践发现，虽然一个随机事件在某次试验中可能发生也可能不发生，但在大量重复试验中，它发生的可能性的大小却能呈现出某种规律性.

定义 1.2.1 设在相同条件下进行 n 次试验. 若事件 A 在 n 次试验中发生了 n_A 次，则称 n_A 为事件 A 在这 n 次试验中发生的**频数**，而比值 $f_n(A)=\dfrac{n_A}{n}$ 称为事件 A 在这 n 次试验中发生的**频率**.

由定义易见频率具有下述基本性质：

性质 1.2.1 对于任一事件 A，有 $0\leqslant f_n(A)\leqslant 1$.

性质 1.2.2 $f_n(\Omega)=1, f_n(\varnothing)=0$.

性质 1.2.3 若 $A_1, A_2, \cdots, A_m$ 是两两互不相容的事件，则有

$$f_n(A_1\cup A_2\cup\cdots\cup A_m)=f_n(A_1)+f_n(A_2)+\cdots+f_n(A_m).$$

由于事件 A 发生的频率是它发生的次数与试验次数之比，因此频率大小反映了事件 A 在大量重复试验中发生的频繁程度. 频率大，事件 A 发生就频繁，这意味着事件 A 在一次试验中发生的可能性就大. 反之亦然. 因而，直观的想法是用频率来表示事件 A 在一次试验中发生的可能性的大小，但是否可行，先看下面的例子.

例 1.2.1 抛掷一枚均匀的硬币时，在一次试验中虽然不能肯定是否会出现正面，但大量重复试验时，发现出现正面和反面的次数大致相等，即各占总试验次数的比例大致为 0.5，并且随着试验次数的增大，这一比例更加稳定地趋于 0.5. 这似乎表明，频率的稳定值与事件发生的可能性大小(概率)之间有着内在的联系.

历史上有多位学者进行过抛掷硬币试验，得到如表 1.2.1 所示数据.

表 1.2.1

试验者	抛掷次数(n)	出现正面次数(n_A)	频率(n_A/n)
德摩根	2 048	1 061	0.518 1
蒲丰	4 040	2 048	0.506 9
皮尔逊	12 000	6 019	0.501 6
皮尔逊	24 000	12 012	0.500 5

表 1.2.1 说明，当试验的次数 n 增大时，正面向上的频率，即出现正面的次数 n_A 与总的试验次数 n 之比 $\dfrac{n_A}{n}$ 更加稳定地趋于 0.5.

例 1.2.2 检查某工厂一批产品的质量，从中分别抽取 10 件、20 件、50 件、100 件、150 件、200 件、300 件来检查，检查结果及次品出现的频率如表 1.2.2 所示.

表 1.2.2

抽取产品总件数(n)	10	20	50	100	150	200	300
次品数(n_A)	0	1	3	5	7	11	16
次品频率(n_A/n)	0	0.050	0.060	0.050	0.047	0.055	0.053

由表 1.2.2 可以看出,在抽出的 n 件产品中,次品数n_A 随着 n 的不同而取不同的值,但次品频率$\frac{n_A}{n}$ 仅在 0.05 附近有微小变化.这里,0.05 就是次品频率的稳定值.

在实际观察中,通过大量重复试验得到随机事件的频率稳定于某个数值的例子还有很多.因此,人们常用统计频率作为概率的近似值.它们均表明这样一个事实:当试验次数增大时,事件 A 发生的频率$f_n(A)$ 总是稳定在一个确定的数值 p 附近,而且偏差随着试验次数的增大而越来越小.频率的这种性质在概率论中称为**频率的稳定性**.频率具有稳定性的事实说明了刻画随机事件 A 发生的可能性大小的数 —— 概率的客观存在性.

1.2.2　概率的统计定义

定义 1.2.2　在相同条件下重复进行 n 次试验,若事件 A 发生的频率$f_n(A)$ 随着试验次数 n 的增大而在某个常数 $p(0 \leqslant p \leqslant 1)$ 附近摆动,则称数 p 为事件 A 发生的**概率**,记为 $P(A)$,即 $P(A)=p$.

上述定义称为随机事件概率的统计定义.根据这一定义,在实际应用时,往往可用试验次数足够大时的频率来估计概率的大小,且随着试验次数的增大,估计的精度会越来越高.概率的统计定义实际上给出了一个近似计算随机事件概率的方法:当试验重复多次时,事件 A 的频率$f_n(A)$ 可以作为事件 A 的概率 $P(A)$ 的近似值.

例 1.2.3　从某鱼池中取 200 条鱼,做上记号后放入该鱼池中.现从该池中任意捉来 50 条鱼,发现其中 5 条有记号,问:池内大约有多少条鱼?

解　设池内有 n 条鱼,则从池中捉到一条有记号的鱼的概率为$\frac{200}{n}$,它近似于捉到有记号的鱼的频率$\frac{5}{50}$,即得

$$\frac{200}{n} \approx \frac{5}{50},$$

解得 $n \approx 2\,000$.因此,池内大约有 2 000 条鱼.

例 1.2.3 就是利用频率近似估计概率大小的一个示例,这种估计方法实际上具有一定的应用意义.例如,要估计某水库的存鱼量,只要加大鱼的抽检量、合理改进做记号与抽检鱼的方式,就能在一定程度上估计出该水库的存鱼量.

1.2.3 概率的公理化定义

由概率的统计定义容易估计事件 A 发生的概率,但是在实践中,人们不可能对每一事件都做大量的试验.任何一个数学概念都是对现实世界的抽象,这种抽象使得其具有广泛的适用性.概率的频率解释为概率提供了经验基础,但是不能作为一个严格的数学定义,从概率论有关问题的研究算起,经过了近三个世纪的漫长探索历程,人们才真正完整地解决了概率的严格数学定义.1933 年,苏联数学家柯尔莫哥洛夫提出了概率公理化定义,概括了历史上几种概率定义中的共有特性,又避免了各自的局限性和含混之处.这个定义给予了概率论严格的数学基础,并使得概率论的研究方法和结果能用于其他的科学领域.

定义 1.2.3 设随机试验 E 的样本空间为 Ω,对 E 的每一个事件 A 赋予一个实数,记为 $P(A)$.若 $P(A)$ 满足以下条件:

(1) **非负性**:对于任意事件 A,有 $P(A)\geqslant 0$;

(2) **规范性**:对于必然事件 Ω,有 $P(\Omega)=1$;

(3) **可列可加性**:若 $A_1,A_2,\cdots$ 是两两互不相容的事件,即 $A_iA_j=\varnothing(i\neq j;i,j=1,2,\cdots)$,有

$$P(A_1\cup A_2\cup\cdots)=P(A_1)+P(A_2)+\cdots,$$

则称 $P(A)$ 为事件 A 的概率.

1.2.4 概率的性质

由概率的公理化定义,可推出概率的一些重要性质.

性质 1.2.4 不可能事件 $\varnothing$ 的概率为 0,即 $P(\varnothing)=0$.

证明 令 $A_i=\varnothing(i=1,2,\cdots)$,则 $A_1\cup A_2\cup\cdots=\varnothing$,且 $A_iA_j=\varnothing(i\neq j;i,j=1,2,\cdots)$.由概率的可列可加性,得

$$P(\varnothing)=P(A_1\cup A_2\cup\cdots)=P(A_1)+P(A_2)+\cdots=P(\varnothing)+P(\varnothing)+\cdots.$$

由概率的非负性知,$P(\varnothing)\geqslant 0$,故由上式可知 $P(\varnothing)=0$.

注 不可能事件的概率为 0,但反之不然.

性质 1.2.5(有限可加性) 若 $A_1,A_2,\cdots,A_m$ 为两两互不相容的事件,则有

$$P(A_1\cup A_2\cup\cdots\cup A_m)=P(A_1)+P(A_2)+\cdots+P(A_m).$$

证明 令 $A_{m+1}=A_{m+2}=\cdots=\varnothing$,即有 $A_iA_j=\varnothing(i\neq j;i,j=1,2,\cdots)$.由可列可加性得

$$\begin{aligned}P(A_1\cup A_2\cup\cdots\cup A_m)&=P(A_1\cup A_2\cup\cdots\cup A_m\cup A_{m+1}\cup A_{m+2}\cup\cdots)\\&=P(A_1)+P(A_2)+\cdots+P(A_m)+P(A_{m+1})+P(A_{m+2})+\cdots\\&=P(A_1)+P(A_2)+\cdots+P(A_m).\end{aligned}$$

性质 1.2.6 对于任一事件 A,$P(\overline{A})=1-P(A)$.

证明 根据事件之间的关系与运算,因 $A\cup\overline{A}=\Omega$,且 $A\overline{A}=\varnothing$,故由概率的规范性和有限可加性,得

$$1=P(\Omega)=P(A\cup\overline{A})=P(A)+P(\overline{A}),$$

即 $P(\overline{A})=1-P(A)$.

性质 1.2.7 设 A,B 是两个事件,则有

$$P(B-A)=P(B)-P(AB).$$

证明　根据事件之间的关系与运算,因 $B=(B-A)\cup(AB)$,且 $(B-A)(AB)=\varnothing$,故由概率的有限可加性,得

$$P(B)=P(B-A)+P(AB),$$

即 $P(B-A)=P(B)-P(AB)$.

特别地,若 $A\subset B$,则有

$$P(B-A)=P(B)-P(A),\quad P(A)\leqslant P(B).$$

证明　若 $A\subset B$,则 $P(AB)=P(A)$,从而

$$P(B-A)=P(B)-P(AB)=P(B)-P(A).$$

又由概率的非负性,$P(B-A)\geqslant 0$,故有 $P(A)\leqslant P(B)$.

性质 1.2.8　对于任一事件 A,有 $P(A)\leqslant 1$.

证明　设 Ω 为必然事件,则 $A\subset\Omega$. 由性质 1.2.7 和概率的规范性,得 $P(A)\leqslant P(\Omega)=1$.

性质 1.2.9　对于任意两个事件 A,B,有

$$P(A\cup B)=P(A)+P(B)-P(AB).$$

证明　根据事件之间的关系与运算,由

$$A\cup B=A\cup(B-AB),\quad A(B-AB)=\varnothing,\quad AB\subset B,$$

得

$$P(A\cup B)=P(A)+P(B-AB)=P(A)+P(B)-P(AB).$$

将性质 1.2.9 称为**概率的加法公式**. 该性质可推广到任意 n 个事件并的情形,如 $n=3$ 时,有

$$P(A\cup B\cup C)=P(A)+P(B)+P(C)-P(AB)-P(AC)-P(BC)+P(ABC).$$

一般地,对于任意 n 个事件 $A_1,A_2,\cdots,A_n$,有

$$P(\bigcup_{i=1}^{n}A_i)=\sum_{i=1}^{n}P(A_i)-\sum_{1\leqslant i<j\leqslant n}P(A_iA_j)+\sum_{1\leqslant i<j<k\leqslant n}P(A_iA_jA_k)-\cdots+(-1)^{n-1}P(A_1A_2\cdots A_n).$$

上述性质不仅对概率的统计定义满足,而且对后面用其他方法定义的概率也都满足.

例 1.2.4　设 A,B 是两个随机事件,且 $P(A)=0.4$,$P(B)=0.3$,$P(A\cup B)=0.6$. 若 $\overline{B}$ 表示 B 的对立事件,求 $P(A\overline{B})$.

解　由题设及概率的加法公式,有

$$P(AB)=P(A)+P(B)-P(A\cup B)=0.4+0.3-0.6=0.1.$$

因 $A=(A\overline{B})\cup(AB)$,且 $(A\overline{B})(AB)=\varnothing$,故

$$P(A\overline{B})=P(A-AB)=P(A)-P(AB)=0.4-0.1=0.3.$$

例 1.2.5　某城市中发行两种报纸甲、乙. 经调查,在这两种报纸的订户中,订阅甲报的用户有 45%,订阅乙报的用户有 35%,同时订阅两种报纸的用户有 10%. 求只订阅一种报纸的概率.

解　设事件 A 表示"订阅甲报",B 表示"订阅乙报",C 表示"只订阅一种报纸". 根据事件之间的关系与运算,有

$$C=(A-B)\cup(B-A)=(A-AB)\cup(B-AB).$$

因这两事件是互不相容的,故由性质 1.2.5 及性质 1.2.7,有

$$\begin{aligned}P(C)&=P(A-AB)+P(B-AB)\\&=P(A)-P(AB)+P(B)-P(AB)\\&=0.45-0.1+0.35-0.1=0.6.\end{aligned}$$

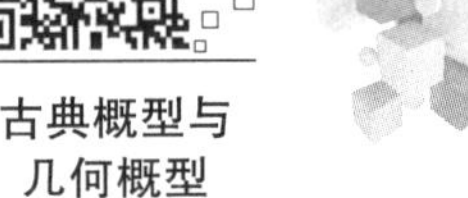

§1.3 古典概型与几何概型

本节讨论两类比较简单的随机试验,即随机试验中每个样本点的出现是等可能的情形.

1.3.1 古典概型

古典概率是概率论早期研究的主要对象,有助于理解概率论中的许多概念,并且古典概率的计算在产品质量抽样检查等实际问题及理论物理的研究中都有重要应用."概型"是指某种概率模型,"古典概型"是一种最简单、最直观的概率模型,其产生的源泉是古典型随机试验.

若一个随机试验满足:

(1) **有限性**:随机试验只有有限个可能的结果;

(2) **等可能性**:随机试验每一个结果发生的可能性大小相同,

则称该随机试验为**古典型随机试验**. 相应地,该模型称为**古典概型**或**等可能概型**.

一个试验是否为古典概型,关键在于这个试验是否具有古典概型的两个特征 —— 有限性和等可能性,只有同时具备这两个特征的概型才是古典概型. 在概率论的产生和发展过程中,古典概型是最早的研究对象,而且在实际应用中也是最常用的一种概率模型.

设古典概型的样本空间 $\Omega=\{\omega_1,\omega_2,\cdots,\omega_n\}$. 若事件 A 中含有 $k(k\leqslant n)$ 个样本点,则事件 A 发生的概率为

$$P(A)=\frac{k}{n}=\frac{\text{事件 }A\text{ 包含的样本点数}}{\text{样本空间 }\Omega\text{ 中的样本点总数}}. \tag{1.3.1}$$

对于古典概型,若样本空间的样本点为 $\omega_1,\omega_2,\cdots,\omega_n$,易知

$$P(\omega_1)=P(\omega_2)=\cdots=P(\omega_n)=\frac{1}{n}.$$

例 1.3.1 从 0,1,2,…,9 这 10 个数字中任意选出 3 个不同的数字,试求下列事件的概率:

(1) A 表示"3 个数字中不含 0 和 5";

(2) B 表示"3 个数字中不含 0 或 5".

解 显然,样本空间 Ω 的样本点总数为 C_{10}^3,事件 A 包含的样本点数为 C_8^3,事件 B 包含的样本点数为 $2C_9^3-C_8^3$. 由古典概型公式得

$$P(A)=\frac{C_8^3}{C_{10}^3}=\frac{7}{15},$$

$$P(B)=\frac{2C_9^3-C_8^3}{C_{10}^3}=\frac{14}{15}.$$

例 1.3.2　将 15 名新生(其中有 3 名优秀生)随机地分配到 3 个班级中,其中一班 4 名,二班 5 名,三班 6 名,求:

(1) 每一个班级各分配到一名优秀生的概率;

(2) 3 名优秀生被分配到一个班级的概率.

解　15 名新生分别分配给一班 4 名,二班 5 名,三班 6 名的分法总数为$C_{15}^4C_{11}^5C_6^6$ 种,这是样本空间中的样本点总数.

(1) 设事件 A 表示"每一个班级各分配到一名优秀生".该事件可以按如下方式完成:先将 3 名优秀生分配给 3 个班级各一名,共有 $3!$ 种分法;再将剩余的 12 名新生分配给一班 3 名,二班 4 名,三班 5 名,共有$C_{12}^3C_9^4C_5^5$ 种分法.于是,事件 A 包含的样本点数为 $3!C_{12}^3C_9^4C_5^5$.由公式(1.3.1)得事件 A 的概率为

$$P(A)=\frac{3!C_{12}^3C_9^4C_5^5}{C_{15}^4C_{11}^5C_6^6}\approx 0.263\,7.$$

(2) 设事件 B 表示"3 名优秀生被分配到一个班级",事件A_i 表示"3 名优秀生全部分配到 i 班"($i=1,2,3$).故由古典概型,得

$$P(A_1)=\frac{C_{12}^1C_{11}^5C_6^6}{C_{15}^4C_{11}^5C_6^6}\approx 0.008\,79,$$

$$P(A_2)=\frac{C_{12}^4C_8^2C_6^6}{C_{15}^4C_{11}^5C_6^6}\approx 0.021\,98,$$

$$P(A_3)=\frac{C_{12}^4C_8^5C_3^3}{C_{15}^4C_{11}^5C_6^6}\approx 0.043\,96.$$

因为事件A_1,A_2,A_3 互不相容,所以根据概率的性质可知,事件 B 的概率为

$$P(B)=P(A_1\cup A_2\cup A_3)=P(A_1)+P(A_2)+P(A_3)=0.074\,73.$$

例 1.3.3　从有 9 件正品、3 件次品的箱子中任取两次,每次取一件,(1) 每次抽取的产品观察后放回(放回抽样);(2) 每次抽取的产品观察后不放回(不放回抽样).求下列事件的概率:$A=\{$取得两件正品$\}$,$B=\{$第一次取得正品,第二次取得次品$\}$,$C=\{$取得一件正品、一件次品$\}$.

解　(1) 放回抽样.从箱子中任取两件产品,每次取一件,取法总数为$C_{12}^1C_{12}^1=12\times 12$,即为样本空间中的样本点总数.事件 A 包含的样本点数为$C_9^1C_9^1=9\times 9$,事件 B 包含的样本点数为$C_9^1C_3^1=9\times 3$,事件 C 包含的样本点数为$C_9^1C_3^1+C_3^1C_9^1=9\times 3+3\times 9$.由公式(1.3.1)得

$$P(A)=\frac{9\times 9}{12\times 12}=\frac{9}{16},\quad P(B)=\frac{9\times 3}{12\times 12}=\frac{3}{16},\quad P(C)=\frac{9\times 3+3\times 9}{12\times 12}=\frac{3}{8}.$$

(2) 不放回抽样. 从箱子中任取两件产品,每次取一件,取法总数为$C_{12}^1C_{11}^1=12\times 11$,即为样本空间中的样本点总数. 事件 A 包含的样本点数为$C_9^1C_8^1=9\times 8$,事件 B 包含的样本点数为$C_9^1C_3^1=9\times 3$,事件 C 包含的样本点数为$C_9^1C_3^1+C_3^1C_9^1=9\times 3+3\times 9$. 由公式(1.3.1)得

$$P(A)=\frac{9\times 8}{12\times 11}=\frac{6}{11},\quad P(B)=\frac{9\times 3}{12\times 11}=\frac{9}{44},\quad P(C)=\frac{9\times 3+3\times 9}{12\times 11}=\frac{9}{22}.$$

1.3.2 几何概型

古典概型只考虑了有限等可能结果的随机试验的概率模型. 若一个随机试验的样本空间 Ω 是一个大小可以度量的几何区域,向区域内任意投一点,落在区域内任意点处都是"等可能的",则称这类随机试验是**几何概型**.

在几何概型中,事件 A 的概率计算公式为

$$P(A)=\frac{A\text{ 的度量}}{\Omega\text{ 的度量}}=\frac{\mu(A)}{\mu(\Omega)}. \tag{1.3.2}$$

这里用 $\mu(\cdot)$ 表示区间的长度、区域的面积或空间的体积.

根据定义,几何概型是另一种等可能事件的概率模型,与古典概型相对的是:几何概型将等可能事件的个数从有限向无限延伸,即在这个模型下,随机试验所有可能的结果是无限的,但每个基本事件发生的概率是相同的.

例 1.3.4 某十字路口自动交通信号灯的红绿灯周期为 60 s,其中由南至北方向红灯时间为 15 s,求随机到达该路口的一辆汽车恰遇红灯的概率.

解 在这个随机试验中,样本空间 $\Omega=(0,60)$,则 Ω 区间的长度$\mu(\Omega)=60$. 设事件 A 表示"一辆汽车恰遇红灯",即 $A=(0,15)$, 则 A 区间的长度$\mu(A)=15$. 于是,有

$$P(A)=\frac{\mu(A)}{\mu(\Omega)}=\frac{15}{60}=0.25.$$

例 1.3.5 (会面问题) 甲、乙两人相约 8 ~ 10 点在约定地点会面,先到者等候另一人30 min 后离去,两人可在约定的 2 h 内任意时刻到达,求甲、乙两人能会面的概率.

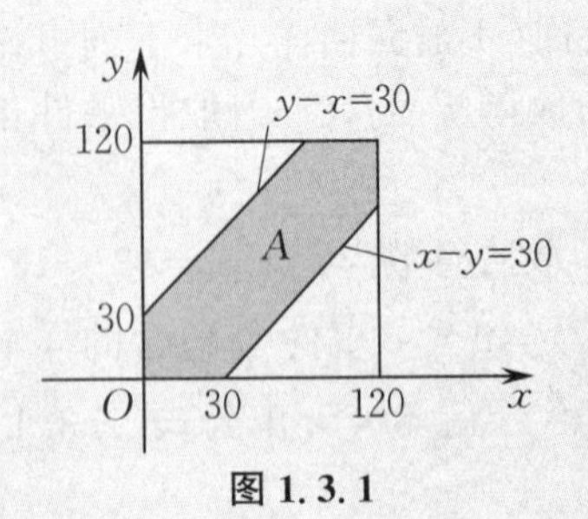

图 1.3.1

解 记 8 点为计算时刻的 0 时,x,y 分别表示甲、乙到达时刻距离 8 点的时间长度,单位为 min. 若以(x,y)表示平面上的点的坐标,则样本空间为

$$\Omega=\{(x,y)\mid 0\leqslant x\leqslant 120,0\leqslant y\leqslant 120\}.$$

设事件 A 表示"两人能会面",则

$$A=\{(x,y)\mid (x,y)\in\Omega,\ |x-y|\leqslant 30\}.$$

如图 1.3.1 中阴影部分的 A 所示,则所求的概率为

$$P(A)=\frac{120^2-90^2}{120^2}=\frac{7}{16}.$$

§1.4　条件概率、全概率公式和贝叶斯公式

1.4.1　条件概率

在自然界及人类的活动中，有许多事物是相互联系、相互影响的，在解决许多概率问题时，往往需要在某些附加信息（条件）下求事件的概率. 在概率论中，除要考虑事件 B 发生的概率 $P(B)$ 外，有时还要考虑在“事件 A 已经发生”的条件下事件 B 发生的概率，一般记为 $P(B\mid A)$. 先看下面的例子.

例 1.4.1　盒中有不同颜色的球 9 个，其中 5 个白色，4 个红色，不放回地抽取两次，每次取一个. 试求：

(1) 第二次取到红色球的概率；

(2) 已知第一次取到的是白色球，第二次取到红色球的概率.

解　设事件 A 表示“第一次取到白色球”，B 表示“第二次取到红色球”.

(1) 从盒中任取两个球，不放回每次取一球，取法总数为 $C_9^1C_8^1$，即为样本空间中的样本点总数. 事件 B 发生相当于先从 4 个红色球中取 1 个排在第二位置，再从余下的 8 个球中任取 1 个排在第一位置，故 B 包含的样本点数为 $C_4^1C_8^1$. 由公式(1.3.1)，得

$$P(B)=\frac{C_4^1C_8^1}{C_9^1C_8^1}=\frac{4\times 8}{9\times 8}=\frac{4}{9}.$$

(2) 因为已经知道第一次取到白色球，余下的 8 个球中仍有 4 个红色球，此时取到红色球的概率显然为 $\frac{4}{8}$，即

$$P(B\mid A)=\frac{4}{8}=\frac{1}{2}.$$

从例 1.4.1 可见，$P(B\mid A)\neq P(B)$. 这是因为在求 $P(B\mid A)$ 时，我们是限制在事件 A 已经发生的条件下考虑事件 B 发生的概率的. 另外，可以求出

$$P(A)=\frac{C_5^1(C_4^1+C_4^1)}{C_9^1C_8^1}=\frac{5\times 8}{9\times 8}=\frac{5}{9},\quad P(AB)=\frac{C_5^1C_4^1}{C_9^1C_8^1}=\frac{5\times 4}{9\times 8}=\frac{5}{18},$$

故有

$$P(B\mid A)=\frac{P(AB)}{P(A)}.$$

下面从古典概型导出条件概率的定义.

设 Ω 所包含的基本事件总数为 n，事件 A 与 AB 所包含的基本事件数分别为 n_A 与 n_{AB}. 因为在 A 发生的条件下有 n_A 个基本事件发生，其中只有 AB 所包含的 n_{AB} 个基本事件有利于 B 发生，所以

$$P(B \mid A)=\frac{n_{AB}}{n_A}=\frac{\frac{n_{AB}}{n}}{\frac{n_A}{n}}=\frac{P(AB)}{P(A)}.$$

由此,可以给出条件概率的一般定义.

定义 1.4.1 设 A,B 是两个事件,且 $P(A)>0$,则称

$$P(B \mid A)=\frac{P(AB)}{P(A)} \tag{1.4.1}$$

为在事件 A 已经发生的条件下事件 B 发生的**条件概率**.

相应地,$P(B)$ 称为**无条件概率**.

注 $P(B)$ 表示事件 B 发生的概率,而 $P(B \mid A)$ 表示在事件 A 发生的条件下事件 B 发生的条件概率. 计算 $P(B)$ 时,需在整个样本空间 Ω 上考察事件 B 发生的概率,而计算 $P(B \mid A)$ 时,实际上仅在事件 A 发生的范围内来考察事件 B 发生的概率.

设 A 是一事件,且 $P(A)>0$. 因条件概率是概率,故条件概率也具有下列性质:

(1) **非负性**:对于任一事件 B,$0 \leqslant P(B \mid A) \leqslant 1$.

(2) **规范性**:$P(\Omega \mid A)=1$.

(3) **可列可加性**:设 $A_1, A_2, \cdots$ 为互不相容的事件,则有

$$P((A_1 \cup A_2 \cup \cdots) \mid A)=P(A_1 \mid A)+P(A_2 \mid A)+\cdots.$$

此外,前面所证概率的性质都适用于条件概率.

计算条件概率 $P(B \mid A)$ 有两种方法:

(1) 在样本空间 Ω 的缩减样本空间中计算 B 发生的概率,求得 $P(B \mid A)$.

(2) 在样本空间 Ω 中计算 $P(AB)$,$P(A)$,再由关系式计算 $P(B \mid A)$.

例 1.4.2 已知一批产品中一、二、三等品各占 50%,30%,20%,从中随意抽取一件,发现它不是三等品,求取出的产品是一等品的概率.

解 设事件 A_i 表示"取出的产品是 i 等品"($i=1,2,3$),则 A_1, A_2, A_3 两两互不相容. 故所求概率为

$$P(A_1 \mid (A_1 \cup A_2))=\frac{P(A_1(A_1 \cup A_2))}{P(A_1 \cup A_2)}=\frac{P(A_1)}{P(A_1)+P(A_2)}=\frac{0.5}{0.5+0.3}=\frac{5}{8}.$$

例 1.4.3 某高校数学专业二年级共有 100 名同学,其中男生 60 名,女生 40 名,在期末概率统计考试中有 6 名男生、2 名女生考试不及格. 若事件 A 表示"同学是男生",B 表示"概率统计考试不及格". 试求 $P(B \mid A)$,$P(A \mid B)$,$P(\overline{A} \mid B)$.

解 由已知条件,根据公式(1.3.1),得

$$P(A)=\frac{60}{100}=0.6, \quad P(B)=\frac{8}{100}=0.08, \quad P(AB)=\frac{6}{100}=0.06.$$

由事件之间的关系与运算和条件概率公式,所求概率为

$$P(B \mid A)=\frac{P(AB)}{P(A)}=10\%,$$

$$P(A \mid B)=\frac{P(AB)}{P(B)}=75\%,$$

$$P(\overline{A} \mid B)=1-P(A \mid B)=25\%.$$

1.4.2　乘法公式

由条件概率的定义得到下面的定理.

定理 1.4.1(乘法公式)　**设 A,B 是两个事件,则有**

$$P(AB)=P(A)P(B \mid A),\quad P(A)>0, \tag{1.4.2}$$

$$P(AB)=P(B)P(A \mid B),\quad P(B)>0. \tag{1.4.3}$$

式(1.4.2)和式(1.4.3)都为乘法公式,利用它们可计算两个事件同时发生的概率.

上述乘法公式可进一步推广到有限个事件积的概率情形.

(1) 三个事件乘法公式:设 A,B,C 为三个事件,且 $P(AB)>0$,则

$$P(ABC)=P(A)P(B \mid A)P(C \mid AB). \tag{1.4.4}$$

(2) n 个事件乘法公式:设 $A_1,A_2,\cdots,A_n$ 为 n 个事件,且 $P(A_1A_2\cdots A_{n-1})>0$,则

$$P(A_1A_2\cdots A_n)=P(A_1)P(A_2 \mid A_1)P(A_3 \mid A_1A_2)\cdots P(A_n \mid A_1A_2\cdots A_{n-1}). \tag{1.4.5}$$

例 1.4.4　在10道考题中有4道难的,6道容易的,三人参加抽题考试,甲先乙次丙最后.记事件 A 表示"甲抽到难题",B 表示"乙抽到难题",C 表示"丙抽到难题",试求 $P(A),P(AB),P(ABC)$.

解　这是无放回抽样方式.由公式(1.3.1),有

$$P(A)=\frac{2}{5},\quad P(B \mid A)=\frac{1}{3},\quad P(C \mid AB)=\frac{1}{4}.$$

由公式(1.4.2),有

$$P(AB)=P(A)P(B \mid A)=\frac{2}{5}\times\frac{1}{3}=\frac{2}{15}.$$

由公式(1.4.4),有

$$P(ABC)=P(A)P(B \mid A)P(C \mid AB)=\frac{2}{5}\times\frac{1}{3}\times\frac{1}{4}=\frac{1}{30}.$$

例 1.4.5　设某光学仪器厂制造的透镜,第一次落下打破的概率为0.5;若第一次落下未打破,第二次落下打破的概率为0.7;若前两次落下未打破,第三次落下打破的概率为0.9.试求透镜落下三次而未打破的概率.

解　设事件 A_i 表示"透镜第 i 次落下打破"$(i=1,2,3)$,B 表示"透镜落下三次而未打破".根据题意,有

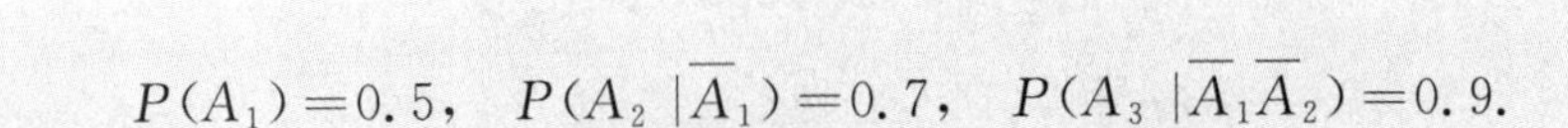

$$P(A_1)=0.5,\quad P(A_2|\overline{A}_1)=0.7,\quad P(A_3|\overline{A}_1\overline{A}_2)=0.9.$$

于是,根据对立事件与事件的运算规律,有

$$B=\overline{A}_1\overline{A}_2\overline{A}_3.$$

故由乘法公式与条件概率,有

$$\begin{aligned}P(B)&=P(\overline{A}_1\overline{A}_2\overline{A}_3)=P(\overline{A}_1)P(\overline{A}_2|\overline{A}_1)P(\overline{A}_3|\overline{A}_1\overline{A}_2)\\&=(1-0.5)(1-0.7)(1-0.9)=0.015.\end{aligned}$$

1.4.3 全概率公式

全概率公式是概率论中的一个基本公式.它将计算一个复杂事件的概率问题,转化为在不同情形或不同原因下发生的简单事件概率的求和问题.

定义 1.4.2 设一组事件 $A_1,A_2,\cdots,A_n$ 满足下列两个条件:

(1) 任意两个事件互不相容,即 $A_iA_j=\varnothing(i\neq j;i,j=1,2,\cdots,n)$;

(2) $A_1\cup A_2\cup\cdots\cup A_n=\Omega$,

则称事件组 $A_1,A_2,\cdots,A_n$ 构成样本空间 Ω 的一个**划分**.

如图 1.4.1 所示,$A_1,A_2,\cdots,A_{10}$ 构成样本空间 Ω 的一个划分.

全概率公式与贝叶斯公式及其应用举例

A_1 A_2 A_3 A_9 A_{10} A_4 A_5 A_8 A_7 A_6 Ω

图 1.4.1

定理 1.4.2(全概率公式) **设事件组 $A_1,A_2,\cdots,A_n$ 是样本空间 Ω 的一个划分,且 $P(A_i)>0\ (i=1,2,\cdots,n)$,则对于任一事件 $B\in\Omega$,有**

$$P(B)=P(A_1)P(B\mid A_1)+P(A_2)P(B\mid A_2)+\cdots+P(A_n)P(B\mid A_n).\quad(1.4.6)$$

证明 设事件组 $A_1,A_2,\cdots,A_n$ 是样本空间 Ω 的一个划分,且 $P(A_i)>0(i=1,2,\cdots,n)$,故由概率的性质和乘法公式,对于任一事件 $B\in\Omega$,有

$$\begin{aligned}P(B)&=P(B\Omega)=P(BA_1\cup BA_2\cup\cdots\cup BA_n)\\&=P(BA_1)+P(BA_2)+\cdots+P(BA_n)\\&=P(A_1)P(B\mid A_1)+P(A_2)P(B\mid A_2)+\cdots+P(A_n)P(B\mid A_n).\end{aligned}$$

特别地,若取 $n=2$,并将 A_1 记为 A,则 A_2 就是 $\overline{A}$.由此可得公式

$$P(B)=P(A)P(B\mid A)+P(\overline{A})P(B\mid\overline{A}).$$

例 1.4.6　某设备制造厂有三个车间制造同一种电子元件，数据如表 1.4.1 所示，设产品在出厂时是均匀混合的. 现随机抽取一只，求它是次品的概率.

表 1.4.1

车间	次品率	概率
1	0.02	0.15
2	0.01	0.80
3	0.03	0.05

解　设事件A_i表示"取到的电子元件是第i车间生产的产品"$(i=1,2,3)$，B表示"电子元件是次品"，由题意可得

$$P(A_1)=0.15,\quad P(B\mid A_1)=0.02,$$
$$P(A_2)=0.80,\quad P(B\mid A_2)=0.01,$$
$$P(A_3)=0.05,\quad P(B\mid A_3)=0.03.$$

事件组A_1,A_2,A_3构成样本空间Ω的一个划分，则由全概率公式得

$$\begin{aligned}P(B)&=P(A_1)P(B\mid A_1)+P(A_2)P(B\mid A_2)+P(A_3)P(B\mid A_3)\\&=0.15\times0.02+0.80\times0.01+0.05\times0.03=0.0125.\end{aligned}$$

故随机抽取一只是次品的概率为 0.012 5.

例 1.4.7　有朋自远方来，他选择坐火车、轮船、汽车或飞机的概率分别为 0.3，0.2，0.1 和 0.4. 坐火车、轮船、汽车迟到的概率分别为 0.25，0.3，0.1，坐飞机不会迟到. 求此人最终迟到的概率.

解　设事件A_i表示"此人分别选择坐火车、轮船、汽车或飞机"$(i=1,2,3,4)$，B表示"此人最终迟到"，由题意可得

$$P(A_1)=0.3,\quad P(B\mid A_1)=0.25,$$
$$P(A_2)=0.2,\quad P(B\mid A_2)=0.3,$$
$$P(A_3)=0.1,\quad P(B\mid A_3)=0.1,$$
$$P(A_4)=0.4,\quad P(B\mid A_4)=0.$$

事件组A_1,A_2,A_3,A_4构成样本空间Ω的一个划分，由全概率公式得

$$\begin{aligned}P(B)&=P(A_1)P(B\mid A_1)+P(A_2)P(B\mid A_2)+P(A_3)P(B\mid A_3)+P(A_4)P(B\mid A_4)\\&=0.3\times0.25+0.2\times0.3+0.1\times0.1+0.4\times0=0.145.\end{aligned}$$

故此人最终迟到的概率是 0.145.

1.4.4　贝叶斯公式

利用全概率公式，可通过综合分析一事件发生的不同原因或情形及其可能性来求得该事件发生的概率. 下面给出的贝叶斯公式则考虑与之完全相反的问题，即若一事件已经发生，要考察引发该事件发生的各种原因或情形的可能性大小.

贝叶斯

定理 1.4.3(贝叶斯公式) 设试验 E 的样本空间为 Ω,B 为 E 的事件. 若事件组 A_1,A_2,…,A_n 是样本空间 Ω 的一个划分,且 $P(B)>0$,$P(A_i)>0$ $(i=1,2,\cdots,n)$,则

$$P(A_i \mid B)=\frac{P(A_iB)}{P(B)}=\frac{P(A_i)P(B \mid A_i)}{\sum_{j=1}^{n} P(A_j)P(B \mid A_j)} \quad (i=1,2,\cdots,n). \tag{1.4.7}$$

证明 由条件概率和全概率公式得

$$\begin{aligned} P(A_i \mid B) &= \frac{P(A_iB)}{P(B)} \\ &= \frac{P(A_i)P(B \mid A_i)}{P(A_1)P(B \mid A_1)+P(A_2)P(B \mid A_2)+\cdots+P(A_n)P(B \mid A_n)} \quad (i=1,2,\cdots,n). \end{aligned}$$

贝叶斯公式在概率论与数理统计中有重要应用. 把事件 B 看成试验的"结果",事件 A_i 看成产生这个"结果"的"原因",$P(A_i)$ 称为**先验概率**. 它表示各种"原因"发生的可能性的大小,一般可根据以往经验与数据来确定. 若事件 B 发生,这个信息将帮助我们探索事件发生的"原因",称这个条件概率 $P(A_i \mid B)$ 为**后验概率**.

下面以医生给病人看病这个例子来解释一下先验概率和后验概率. 设 A_1,A_2,…,A_n 是病人可能患的不同种类的疾病,在看病前先诊断这些疾病相关的指标(如验血、体温等),如果病人的某些指标偏离正常值(B 发生),问该病人患了什么病? 从概率论的角度来看,若 $P(A_i \mid B)$ 大,则病人患病的可能性也较大. 利用贝叶斯公式就可以计算 $P(A_i \mid B)$. 人们通常喜欢找老医生看病,主要是老医生经验丰富,过去的经验能帮助医生做出较为准确的诊断,就能更好地为病人治病,而经验越丰富,先验概率就越高,贝叶斯公式正是利用了先验概率. 也正因为如此,此类方法受到人们的普遍重视,并称之为"**贝叶斯方法**".

特别地,在式(1.4.7)中,若取 $n=2$,并将 A_1 记为 A,则 A_2 就是 $\overline{A}$. 由此可得公式

$$P(A \mid B)=\frac{P(AB)}{P(B)}=\frac{P(A)P(B \mid A)}{P(A)P(B \mid A)+P(\overline{A})P(B \mid \overline{A})},$$

$$P(\overline{A} \mid B)=\frac{P(\overline{A}B)}{P(B)}=\frac{P(\overline{A})P(B \mid \overline{A})}{P(A)P(B \mid A)+P(\overline{A})P(B \mid \overline{A})}.$$

例 1.4.8 以往的数据分析结果表明,当机器调整得良好时,产品的合格率为 98%,而当机器发生某种故障时,其合格率为 55%. 每天早上机器开动时,机器调整良好的概率为 95%. 试求已知某日早上第一件产品是合格品时,机器调整良好的概率.

解 设事件 A 表示"机器调整良好",$\overline{A}$ 表示"机器发生某种故障",B 表示"产品是合格品".

由题意可得

$$P(A)=0.95, \quad P(B \mid A)=0.98,$$
$$P(\overline{A})=0.05, \quad P(B \mid \overline{A})=0.55.$$

事件 A 和 $\overline{A}$ 构成样本空间的一个划分,由贝叶斯公式得

$$P(A \mid B)=\frac{P(AB)}{P(B)}=\frac{P(A)P(B \mid A)}{P(A)P(B \mid A)+P(\overline{A})P(B \mid \overline{A})}=\frac{0.95 \times 0.98}{0.9585} \approx 0.9713.$$

以上结果表明,已知某日早上第一件产品是合格品时,机器调整良好的概率约为 0.971 3.

例 1.4.9　发报台分别以概率 0.6 和 0.4 发出信号“·”和“—”. 由于通信系统受到干扰，当发出信号“·”时，收报台未必收到信号“·”，而是分别以 0.8 和 0.2 的概率收到“·”和“—”. 同样，发出“—”时分别以 0.9 和 0.1 的概率收到“—”和“·”. 如果收报台收到“·”，求它没收错的概率.

解　设事件 $A=\{$发报台发出“·”$\}$，$\overline{A}=\{$发报台发出“—”$\}$，$B=\{$收报台收到“·”$\}$.

由题意可得

$$P(A)=0.6,\quad P(B\mid A)=0.8,$$
$$P(\overline{A})=0.4,\quad P(B\mid\overline{A})=0.1.$$

事件 A 和 $\overline{A}$ 构成样本空间的一个划分，由贝叶斯公式得

$$P(A\mid B)=\frac{P(AB)}{P(B)}=\frac{P(A)P(B\mid A)}{P(A)P(B\mid A)+P(\overline{A})P(B\mid\overline{A})}=\frac{0.6\times0.8}{0.52}\approx0.923.$$

以上结果表明，如果收报台收到“·”，它没收错（发报台发出“·”）的概率约为 0.923.

例 1.4.10　设某仓库有一批产品，已知其中 20%，30%，50% 依次是甲、乙、丙厂生产的，且甲、乙、丙厂生产的次品率分别为 0.1，0.15，0.2.

(1) 现从这批产品中任取一件，求取到次品的概率.

(2) 若从这批产品中取出一件产品，发现是次品，求它是由甲厂生产的概率.

解　设事件 A_1,A_2,A_3 分别表示“取得的这件产品是甲、乙、丙厂生产的”，B 表示“取到的产品为次品”.

(1) 由题意可得

$$P(A_1)=0.2,\quad P(B\mid A_1)=0.1,$$
$$P(A_2)=0.3,\quad P(B\mid A_2)=0.15,$$
$$P(A_3)=0.5,\quad P(B\mid A_3)=0.2.$$

由全概率公式得

$$P(B)=P(A_1)P(B\mid A_1)+P(A_2)P(B\mid A_2)+P(A_3)P(B\mid A_3)=0.165.$$

故现从这批产品中任取一件，取到次品的概率为 0.165.

(2) 由贝叶斯公式得

$$P(A_1\mid B)=\frac{P(A_1)P(B\mid A_1)}{P(B)}=\frac{0.2\times0.1}{0.165}\approx0.12.$$

故若从这批产品中取出一件产品，发现是次品，它是由甲厂生产的概率约为 0.12.

§1.5 事件的独立性

1.5.1 事件的独立性

设A,B是两个事件. 若$P(A)>0$,则根据乘法公式,一般情况下有$P(B)\neq P(B|A)$,即事件A发生对事件B发生的概率是有影响的. 但在许多实际问题中,常会遇到两个事件中任何一个事件发生都不会对另一个事件发生的概率产生影响,此时$P(B)=P(B\mid A)$. 于是,乘法公式可写成$P(AB)=P(A)P(B\mid A)=P(A)P(B)$. 由此引出了事件间的相互独立问题.

例如,已知一袋中有10只球,其中有3只黑球,7只白球. 采用放回抽样的方法,从袋中随机摸两球,设事件A表示"第一次摸到的球是黑球",B表示"第二次摸到的球是黑球",问A对B发生的概率是否有影响?

根据公式(1.3.1),得

$$P(A)=P(B)=0.3,\quad P(AB)=\frac{3\times 3}{10\times 10}=0.09.$$

这表明

$$P(B\mid A)=\frac{P(AB)}{P(A)}=0.3=P(B),$$

则$P(AB)=P(A)P(B)$. 直观上看,A发生对B发生的概率没有影响.

定义 1.5.1 设A,B是两个事件. 若满足

$$P(AB)=P(A)P(B),\tag{1.5.1}$$

则称事件A与B**相互独立**,简称A与B**独立**.

注 两个事件互不相容与相互独立是完全不同的两个概念,它们分别从两个不同的角度表述了两个事件间的某种联系. 互不相容是表述在一次随机试验中两个事件不能同时发生,而相互独立是表述在一次随机试验中它们彼此互不影响对方发生的概率. 当$P(A)>0$, $P(B)>0$时,若A与B相互独立,则$P(AB)=P(A)P(B)>0$;若A与B互不相容,则$P(AB)=P(\varnothing)=0$,此时A与B相互独立和A与B互不相容不能同时成立. 进一步还可以证得,若A与B既相互独立,又互不相容,则A与B至少有一个是零概率事件.

定理 1.5.1 **设A,B是两个事件. 若A与B相互独立,且$P(A)>0$,则**

$$P(B)=P(B\mid A).\tag{1.5.2}$$

反之亦然.

由条件概率和两个事件独立性的定义,可以证明该定理.

定理 1.5.2 **设事件A与B相互独立,则事件A与$\overline{B}$,$\overline{A}$与B,$\overline{A}$与$\overline{B}$也是相互独立的.**

证明 由事件之间的运算定律,有

$$A=A(B\cup\overline{B})=(AB)\cup(A\overline{B}).$$

利用对立事件的概念与概率的性质,得

$$P(A)=P((AB)\cup(A\overline{B}))=P(AB)+P(A\overline{B})=P(A)P(B)+P(A\overline{B}),$$

$$P(A\overline{B})=P(A)[1-P(B)]=P(A)P(\overline{B}),$$

故 A 与 $\overline{B}$ 相互独立. 由此容易推得 $\overline{A}$ 与 B,$\overline{A}$ 与 $\overline{B}$ 也是相互独立.

两个事件相互独立的含义是它们中一个已发生,不影响另一个发生的概率,判断两个事件之间的独立性,可利用事件独立性的定义或通过计算条件概率来判断. 但在实际应用中,常根据问题的实际意义去判断两个事件是否相互独立. 一般地,若由实际情况分析,A,B 两个事件之间无关联或关联很弱,那就认为它们是相互独立的.

例如,事件 A,B 分别表示"甲、乙两人患感冒",如果甲、乙两人的活动范围相距甚远,就认为 A 与 B 相互独立. 如果甲、乙两人同住在一个房间里,那就不能认为 A 与 B 相互独立了.

例 1.5.1　甲、乙两人同时向一架敌机射击,两人击中敌机的概率分别为 0.6 和 0.5. 试求敌机被击中的概率.

解　设事件 A 表示"甲命中敌机",B 表示"乙命中敌机",那么"敌机被击中"为 $A\cup B$. 由题意可知 $P(A)=0.6$,$P(B)=0.5$. 因为 A 与 B 相互独立,所以由概率的性质和事件的独立性,得

$$P(A\cup B)=P(A)+P(B)-P(A)P(B)=0.6+0.5-0.6\times0.5=0.8.$$

以上结果表明,敌机被击中的概率是 0.8.

定义 1.5.2　设 A,B,C 是三个事件. 若满足

$$\begin{cases}P(AB)=P(A)P(B),\\P(BC)=P(B)P(C),\\P(AC)=P(A)P(C),\end{cases}$$

则称这三个事件 A,B,C 是**两两独立**的.

事件的独立性及其应用举例

定义 1.5.3　设 A,B,C 是三个事件. 若满足

$$\begin{cases}P(AB)=P(A)P(B),\\P(BC)=P(B)P(C),\\P(AC)=P(A)P(C),\\P(ABC)=P(A)P(B)P(C),\end{cases}$$

则称这三个事件 A,B,C 是相互独立的.

从上述定义可知,三个事件相互独立一定是两两独立的,但两两独立未必是相互独立的.

例 1.5.2　书包里装有四本书,其中三本书分别由张三、李四和王五独立编写完成,另一本书由这三个人合作编写完成. 现从这四本书中随机抽取一本,设事件 A 表示"张三参与了该书的编写工作",B 表示"李四参与了该书的编写工作",C 表示"王五参与了该书的编写工作". 证明:事件 A,B,C 两两独立但不相互独立.

证明　依题意可知,

$$P(A)=P(B)=P(C)=0.5,\ P(AB)=P(BC)=P(AC)=0.25,\ P(ABC)=0.25,$$

从而

$$P(ABC) \neq P(A)P(B)P(C).$$

因此,事件 A,B,C 只满足两两独立的条件,但不满足相互独立的条件.

定义 1.5.4 设$A_1,A_2,\cdots,A_n$ 是$n(n>2)$个事件.若满足

$$\begin{cases} P(A_iA_j)=P(A_i)P(A_j), & \forall i\neq j, \\ P(A_iA_jA_k)=P(A_i)P(A_j)P(A_k), & \forall i\neq j\neq k, \\ \cdots\cdots \\ P(A_1A_2\cdots A_n)=P(A_1)P(A_2)\cdots P(A_n), \end{cases}$$

则称这 n 个事件$A_1,A_2,\cdots,A_n$ 是相互独立的.

由定义,还可以得到以下两个推论:

(1) 若事件$A_1,A_2,\cdots,A_n(n>2)$相互独立,则其中任意$k(2\leqslant k\leqslant n)$个事件也相互独立.

(2) 若事件$A_1,A_2,\cdots,A_n(n>2)$相互独立,则将其中任意多个事件换成它们各自的对立事件,所得的 n 个事件仍相互独立.

例 1.5.3 如图 1.5.1 所示,电路中开关 a,b,c,d 开或关的概率都是 0.5,且各开关是否关闭相互独立.求:

(1) 灯亮的概率;

(2) 已知灯亮,开关 a 和 b 同时关闭的概率.

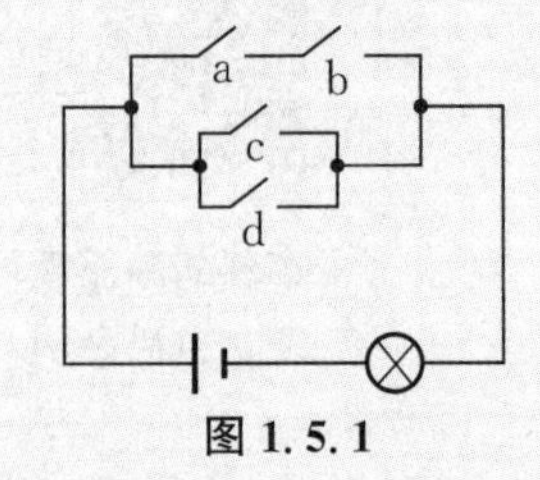

图 1.5.1

解 设事件 A,B,C,D 分别表示"开关 a,b,c,d 关闭",E 表示"灯亮".由题意可知 A,B,C,D 是相互独立的,且

$$P(A)=P(B)=P(C)=P(D)=0.5.$$

由图 1.5.1 可知,只要 a 和 b 同时关闭,或者 c 关闭,或者 d 关闭,灯就会亮,故有

$$E=AB\cup C\cup D.$$

(1) 由概率的性质和事件的独立性,得

$$\begin{aligned} P(E)&=P(AB\cup C\cup D)=1-P(\overline{AB\cup C\cup D})=1-P(\overline{AB}\,\overline{C}\,\overline{D}) \\ &=1-P(\overline{AB})P(\overline{C})P(\overline{D})=1-P(\overline{A}\cup\overline{B})P(\overline{C})P(\overline{D}) \\ &=1-[P(\overline{A})+P(\overline{B})-P(\overline{A})P(\overline{B})]P(\overline{C})P(\overline{D})=0.812\,5. \end{aligned}$$

(2) 根据题意即求 E 发生的条件下 A 和 B 都发生的概率.因 $AB\subset E$,故 $ABE=AB$,从而由条件概率公式,得

$$\begin{aligned} P(AB\mid E)&=\frac{P(ABE)}{P(E)}=\frac{P(AB)}{P(E)}=\frac{P(A)P(B)}{P(E)} \\ &=\frac{0.5\times 0.5}{0.812\,5}\approx 0.307\,7. \end{aligned}$$

以上结果表明,灯亮的概率为 0.812 5.已知灯亮,开关 a 和 b 同时关闭的概率约为 0.307 7.

例 1.5.4　某种型号的高射炮发射一枚炮弹击中敌机的概率为 0.6. 现若干门炮同时发射，每门炮发射一枚炮弹，问至少需要配置多少门炮，才能以不低于 99% 的把握击中敌机?

解　设至少要配 n 门炮，才能使敌机被击中的概率不低于 0.99. 又设事件 A 表示"敌机被击中"，A_i 表示"第 i 门炮击中敌机"$(i=1,2,\cdots,n)$. 根据题意，得

$$P(A_i)=0.6\quad (i=1,2,\cdots,n),\quad A=A_1\cup A_2\cup\cdots\cup A_n.$$

由概率的性质和事件的独立性，得

$$\begin{aligned}P(A)&=P(A_1\cup A_2\cup\cdots\cup A_n)=1-P(\overline{A_1\cup A_2\cup\cdots\cup A_n})\\&=1-P(\overline{A}_1\overline{A}_2\cdots\overline{A}_n)=1-0.4^n\geqslant 0.99,\end{aligned}$$

即

$$n\geqslant\frac{\lg 0.01}{\lg 0.4}\approx 5.026.$$

以上结果表明，至少要配 6 门炮，才能使敌机被击中的概率不低于 0.99.

例 1.5.5　设某地区的人群中，每人血液中含有某种病毒的概率为 0.001. 现将 2 000 人的血液进行混合，求混合后的血液中含有该病毒的概率.

解　设事件 A_i 表示"第 i 人的血液中含有病毒"$(i=1,2,\cdots,2\,000)$，那么"混合后的血液中含有病毒"为 $\bigcup\limits_{i=1}^{2\,000}A_i$，其概率为

$$\begin{aligned}P\Big(\bigcup_{i=1}^{2\,000}A_i\Big)&=1-P\Big(\overline{\bigcup_{i=1}^{2\,000}A_i}\Big)=1-P\Big(\bigcap_{i=1}^{2\,000}\overline{A}_i\Big)=1-P(\overline{A}_1)P(\overline{A}_2)\cdots P(\overline{A}_{2\,000})\\&=1-(1-0.001)^{2\,000}=1-0.999^{2\,000}\approx 0.864\,8.\end{aligned}$$

从例 1.5.5 可以看出，虽然每一个人携带病毒的概率很小，但混合以后的血液中含有病毒的概率却很大. 在实际工作中，这类效应值得引起重视. 例如，一辆汽车在一天中发生交通事故的概率是非常小的，但我们经常发现在一座大城市里交通事故时有发生. 这些都启示我们不要忽视小概率事件. 另外，数值 $0.999^{2\,000}$ 的计算也是一件麻烦的事，该类问题的近似计算将在下一章中讨论.

1.5.2　n 重伯努利试验

设随机试验 E 只有两种可能的结果，即事件 A 发生或事件 A 不发生，则称这样的试验 E 为**伯努利试验**. 记

$$P(A)=p,\quad P(\overline{A})=1-p=q\quad (0<p<1,p+q=1).$$

若在相同条件下，将伯努利试验独立地重复进行 n 次，则称这一串重复的独立试验为 **n 重伯努利试验**，或简称为**伯努利概型**.

n 重伯努利试验

这里"重复"是指在每次试验中 $P(A)=p$ 保持不变；"独立"是指各次试验的结果互不影响，若以 C_i 记第 i 次试验的结果，C_i 为 A 或 $\overline{A}(i=1,2,\cdots,n)$，有

$$P(C_1C_2\cdots C_n)=P(C_1)P(C_2)\cdots P(C_n).$$

n 重伯努利试验是实践中较常见的一种数学模型，它虽简单，却很有实用价值. 在 n 重伯努利试验中，事件 A 发生 k 次的概率记作 $B(k;n,p)$.

定理 1.5.3 **设在一次试验中，事件 A 发生的概率为 $p(0<p<1)$，则在 n 重伯努利试验中，事件 A 恰好发生 k 次的概率为**

$$B(k;n,p)=\mathrm{C}_n^k p^k(1-p)^{n-k}\quad(k=0,1,2,\cdots,n).\tag{1.5.3}$$

证明 设事件 B_k 表示"n 重伯努利试验中事件 A 发生了 k 次"$(k=0,1,2,\cdots,n)$. 记 $P(B_k)=B(k;n,p)$. 因为 n 次试验是相互独立的，所以事件 A 在指定的 k 次发生，而在另外的 $n-k$ 次不发生的概率为 $p^k(1-p)^{n-k}$. 又因为这种指定的方式有 C_n^k 种，且它们两两互不相容，所以

$$P(B_k)=B(k;n,p)=\mathrm{C}_n^k p^k(1-p)^{n-k}\quad(k=0,1,2,\cdots,n).$$

推论 设在一次试验中，事件 A 发生的概率为 $p(0<p<1)$，则在伯努利试验序列中，事件 A 在第 k 次试验中才首次发生的概率为

$$p(1-p)^{k-1}\quad(k=1,2,\cdots).\tag{1.5.4}$$

事实上，注意到"事件 A 在第 k 次试验中才首次发生"等价于在前 k 次试验组成的 k 重伯努利试验中"事件 A 在前 $k-1$ 次试验中均不发生而在第 k 次试验中发生"，再由定理 1.5.3 即可推得.

例 1.5.6 某工厂生产某种产品，次品率为 0.1. 随机抽取 10 件产品，求恰有 2 件产品是次品的概率.

解 设事件 A 表示"取得产品是次品"，$\overline{A}$ 表示"取得产品是正品". 每抽取 1 件产品，只有"取得产品是正品"和"取得产品是次品"两个结果发生，共抽取 10 件产品，这是 10 重伯努利试验. 根据题意，得

$$P(A)=p=0.1,\quad n=10,\quad k=2.$$

由式(1.5.3)可知，恰有 2 件产品是次品的概率为

$$B(2;10,0.1)=\mathrm{C}_{10}^2 0.1^2 0.9^8\approx 0.1937.$$

例 1.5.7 某人进行射击，每次射击的命中率为 0.08. 独立射击 50 次，求至少命中 2 次的概率.

解 设事件 A 表示"某人进行射击命中目标"，B 表示"50 次独立射击至少命中 2 次". 每次射击，只有"命中目标"和"没有命中目标"两个结果发生，共射击 50 次，这是 50 重伯努利试验. 根据题意，得

$$P(A)=p=0.08,\quad n=50.$$

又设事件 B_0 表示"50 次独立射击命中 0 次"，B_1 表示"50 次独立射击命中 1 次"，由概率的性质和式(1.5.3)，得

$$\begin{aligned}P(B)&=1-P(B_0)-P(B_1)=1-B(0;50,0.08)-B(1;50,0.08)\\&=1-\mathrm{C}_{50}^0 0.08^0 0.92^{50}-\mathrm{C}_{50}^1 0.08^1 0.92^{49}\approx 0.9173.\end{aligned}$$

§1.6 问题拓展探索之一——蒲丰投针问题及其应用

1.6.1 蒲丰投针问题

1777 年，法国科学家蒲丰提出了一个具有趣味性的问题：在一张平铺的白纸上画许多条间距为 d 的平行线，再将一根长度为 $l(l<d)$ 的针随机投掷在该白纸上，试求针与平行线相交的概率. 对此，蒲丰给出了一个求解的方法.

如图 1.6.1 所示，设 x 表示针的中点 O 与最近一条平行线的距离，又以 φ 表示针与此直线（平行线）间的夹角，易知 (x,φ) 的样本空间 Ω 满足：

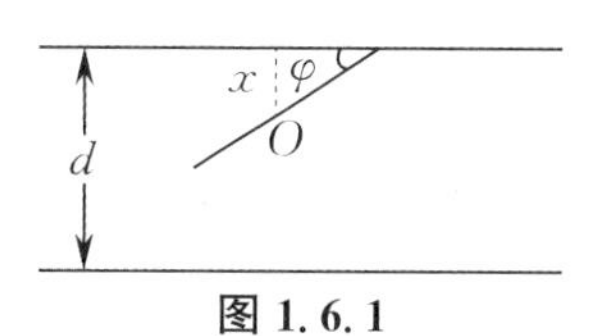

图 1.6.1

$$0\leqslant x\leqslant \frac{d}{2},\quad 0\leqslant \varphi\leqslant \pi.$$

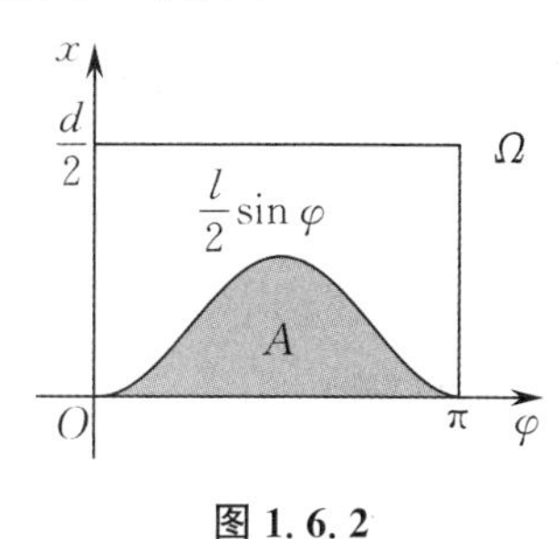

图 1.6.2

记事件 A 表示“针与平行线相交”，则 A 发生的充要条件为

$$0\leqslant x\leqslant \frac{l}{2}\sin\varphi.$$

于是，根据几何概型的计算方法，得 A 发生的概率（见图 1.6.2）为

$$P(A)=\frac{S_A}{S_\Omega}=\int_0^\pi \frac{l}{2}\sin\varphi\,\mathrm{d}\varphi\Big/\left(\frac{d}{2}\pi\right)=\frac{2l}{d\pi}.$$

1.6.2 蒲丰投针问题应用于估计 π 的值

采用试验模拟的方法计算 $P(A)$. 设随机投针 N 次，其中针与平行线相交 n 次，则有 $P(A)\approx\frac{n}{N}$. 由于 l,d 是已知的，于是可以近似估计 π 的值为 $\pi\approx\frac{2lN}{dn}$. 根据该思路，历史上也曾有学者做过该实验，实验结果如表 1.6.1 所示.

表 1.6.1

实验者	年份	针长	投掷次数	相交次数	π 的近似值
沃尔夫	1850	0.8 d	5 000	2 532	3.159 6
史密斯	1855	0.6 d	3 204	1 218.5	3.155 4
德摩根	1860	1.0 d	600	382.5	3.137 3
福克斯	1884	0.75 d	1 030	489	3.159 5
拉泽里尼	1901	$0.8\dot{3}\,d$	3 408	1 808	3.141 6
雷纳	1925	0.541 9 d	2 520	859	3.179 5

1.6.3 蒲丰投针问题应用于计算三角形与平行线相交的概率

在平面上有间隔为 d 的一束等距平行线，向平面上任意投掷一个三边长分别为 a,b,c 的三角形，且三边均小于 d，设 $a\leqslant b\leqslant c<d$. 现将三角形随意抛到该束平行线上，试求三角形

与该束平行线相交的概率.

设事件 M 表示“三角形与平行线相交”,M_i 表示“线段 i 与平行线相交”($i=a,b,c$),M_{ij} 表示“线段 i,j 同时与平行线相交”($i,j=a,b,c;i\neq j$),M_{ijk} 表示“线段 i,j,k 同时与平行线相交”($i,j,k=a,b,c;i\neq j\neq k$).

由三角形与平行线相交,可知 a,b,c 至少有一边与平行线相交(蒲丰投针),从而可知 a,b 与平行线相交,或 b,c 与平行线相交,或 a,c 与平行线相交,于是有

$$M_a=M_{ab}\cup M_{ac},\quad M_b=M_{ab}\cup M_{bc},\quad M_c=M_{bc}\cup M_{ac}.$$

又由于 a,b,c 均小于平行线间距 d,因此

$$P(M_{ab}M_{ac})=P(\text{边 } a \text{ 与平行线重合})=0.$$

同理

$$P(M_{ab}M_{bc})=P(\text{边 } b \text{ 与平行线重合})=0,$$
$$P(M_{bc}M_{ac})=P(\text{边 } c \text{ 与平行线重合})=0.$$

于是,由三个事件的加法公式可知

$$P(M_a)=P(M_{ab})+P(M_{ac})-P(M_{ab}M_{ac}),$$
$$P(M_b)=P(M_{ab})+P(M_{bc})-P(M_{ab}M_{bc}),$$
$$P(M_c)=P(M_{ac})+P(M_{bc})-P(M_{bc}M_{ac}),$$

有

$$P(M_{ab})+P(M_{bc})+P(M_{ac})=\frac{1}{2}[P(M_a)+P(M_b)+P(M_c)].$$

因此,

$$\begin{aligned}P(M)&=P(M_a\cup M_b\cup M_c)\\&=P(M_a)+P(M_b)+P(M_c)-P(M_{ab})-P(M_{ac})-P(M_{bc})+P(M_{abc}),\end{aligned}$$

其中 $P(M_{abc})=0$,并运用蒲丰投针的结论可得

$$P(M)=\frac{1}{2}[P(M_a)+P(M_b)+P(M_c)]=\frac{a+b+c}{d\pi}.$$

§1.7 趣味问题求解与 Python 实现之一

1.7.1 蒙特卡洛分析法计算圆周率 π

1. 蒙特卡洛分析法简介

蒙特卡洛分析法又称为统计模拟法,是一种以概率和统计理论方法为基础的计算方法.它通过将所求解的问题同一定的概率模型相联系,用计算机实现统计模拟或抽样,以获得问题的近似解,如用于估算圆周率.蒙特卡洛分析法是由数学家冯·诺伊曼提出的.由于它计算结果的精确度很大程度上取决于抽取样本的数量,因此一般需要大量的样本数据.

2. 计算圆周率 π 的原理

在一个边长为 2 的正方形内部相切一个半径为 1 的单位圆,如图 1.7.1 所示,通过计算,圆

和正方形的面积之比是$\frac{\pi}{4}$. 在这个正方形内部，随机产生足够多均匀分布的n个点，可以通过计算这些点与中心原点的距离是否大于圆的半径，判断点是否落在圆的内部. 统计圆内的点数与n的比值再乘以4，就是π的值.

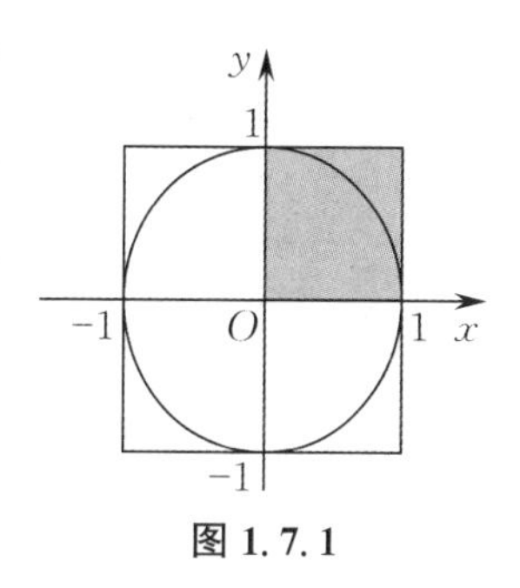

图 1.7.1

为了简化计算，可以利用图1.7.1中第一象限的图形进行求解π值，产生的随机数是介于0～1的浮点数. 修改n的值可以获得不同的计算结果，n越大，计算的π值越准确.

当$n=10\ 000$和$n=1\ 000\ 000$时计算出的值分别是3.158和3.143 584，点的分布情况如图1.7.2所示.

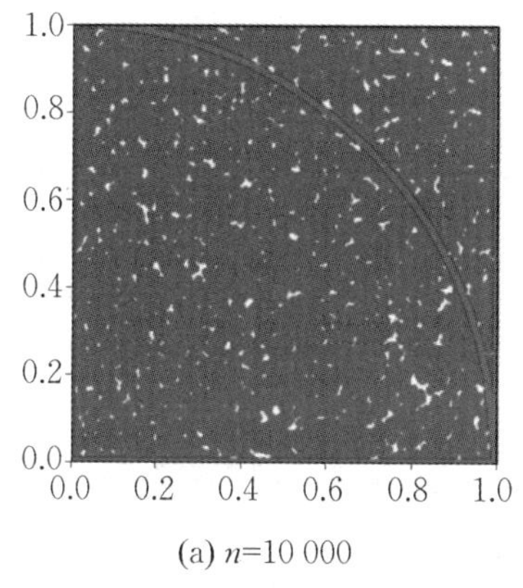

(a) n=10 000

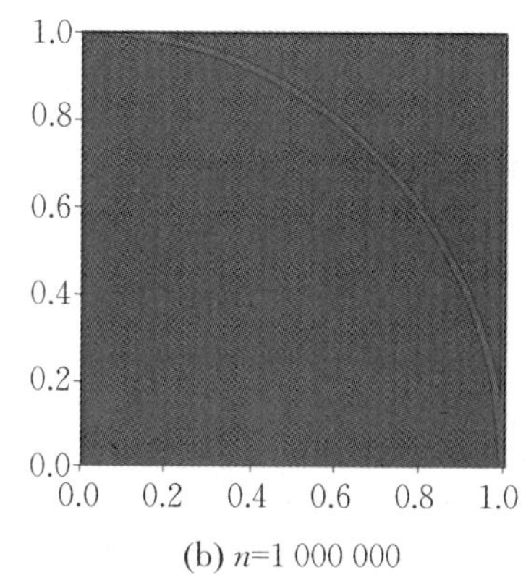

(b) n=1 000 000

图 1.7.2

3. 基于Python的伪代码

(1) Python计算的目标.

生成n个0～1的随机数，统计随机数落在正方形和单位圆内的个数，计算圆周率π.

(2) Python计算的伪代码.

Process:

```
1: n ← 10000
2: m ← 0
3: lstx ← []
4: lsty ← []
5: for i in (1,n+1) do
6:     x ← random()
7:     y ← random()
8:     lstx.append(x)
9:     lsty.append(y)
10:    dist ← math.sqrt(x**2+y**2)
11:    if dist <=1.0 then m++
12: end for
13: pi ← 4*(m/n)
14: scatter(lstx,lsty)
```

```
15: circlex ← np.linspace(0,1)
16: circley = np.sqrt(1-circle_x**2)
17: plot(circlex, circley)
18: axhline(y = 0)
19: axhline(y = 1)
20: axvline(x = 0)
21: axvline(x = 1)
```

4. Python 实现代码

```
import random
import math
import numpy as np
import matplotlib.pyplot as plt
random.seed(10)  #指定随机种子
n = 5000  #指定产生随机数的个数
m = 0  #统计圆内个数初始值
lst_x = []
lst_y = []
for i in range(1,n+1):
    x = random.random()   #产生 0~1 的随机数
    y = random.random()
    lst_x.append(x)
    lst_y.append(y)
    dist = math.sqrt(x**2+y**2)  #计算点到原点的距离
    if dist <= 1.0:
        m = m+1  #圆内个数计数
pi = 4*(m/n)
print("正方形随机点数:{},圆内点数:{},pi 值:{}".format(n,m,pi))

plt.figure(figsize = (4,4),dpi = 80)  #指定画布大小
plt.scatter(lst_x,lst_y,color = 'b',s = 10)  #绘制散点图

circle_x = np.linspace(0,1)
circle_y = np.sqrt(1-circle_x**2)
plt.plot(circle_x,circle_y,color = 'r',linewidth = '4')  #绘制第一象限 1/4 圆

plt.axhline(y = 0,linewidth = '4',c = "r")  #添加水平直线
plt.axhline(y = 1,linewidth = '4',c = "r")  #添加水平直线
plt.axvline(x = 0,linewidth = '4',c = "r")  #添加垂直直线
plt.axvline(x = 1,linewidth = '4',c = "r")  #添加垂直直线
plt.xlim(0,1)
plt.ylim(0,1)
plt.show()
```

1.7.2　赌本分配问题

1. 问题提出

甲、乙两个赌徒在每一局获胜的概率都是 0.5. 两人约定谁先获胜一定的局数就能获得全部赌本. 但赌博在中途被打断了，试问在下列各种情况下，应如何合理分配赌本？

(1) 甲、乙两个赌徒都各需赢 k 局才能获胜；

(2) 甲赌徒还需赢 2 局才能获胜，乙赌徒还需赢 3 局才能获胜；

(3) 甲赌徒还需赢 n 局才能获胜，乙赌徒还需赢 m 局才能获胜.

2. 分析与求解

设事件 A 表示"甲获胜"，B 表示"乙获胜". 记每一局中甲获胜的概率为 $p=0.5$，假设赌博继续下去，按甲、乙最终获胜的概率分配赌本.

(1) 问题一分析与求解.

由对称性知，甲、乙获胜的概率相等，则 $P(A)=P(B)=0.5$，故甲、乙应各得赌本的一半.

(2) 问题二分析与求解.

由题意可知赌局最多进行 4 次，甲获胜的情形是在最多 4 次赌局中获胜 2 次，因此甲、乙获胜的概率分别为

$$P(A)=p^2+2(1-p)p^2+3(1-p)^2p^2=0.6875,$$
$$P(B)=1-P(A)=0.3125.$$

(3) 问题三分析与求解.

赌局最多进行 $n+m-1$ 次，甲获胜的情形类似于问题二的情形，即在最多 $n+m-1$ 次赌局中获胜 n 次. 设事件 D_k 表示"甲在赢得第 n 次赌局时输掉 k 次"，则有

$$P(D_k)=C_{n+k-1}^{k}(1-p)^k p^n \quad (k=0,1,2,\cdots,m-1),$$

即事件 D_k 的概率服从一个负二项分布. 因此，甲获胜的概率为

$$P(A)=\sum_{k=0}^{m-1}C_{n+k-1}^{k}(1-p)^k p^n,$$

乙获胜的概率为

$$P(B)=1-P(A)=1-\sum_{k=0}^{m-1}C_{n+k-1}^{k}(1-p)^k p^n.$$

由题意可知，$p=0.5$，代入即可知甲、乙获胜的概率，该概率也可以通过 Python 计算得到.

3. 基于 Python 的伪代码

(1) Python 计算的目标.

当 $p=0.5$ 时，计算甲、乙获胜的概率.

(2) Python 计算的伪代码.

Process:

```
1: p ← 0.5
2: n ← 自给
3: m ← 自给
```

```
4: j ← n
5: for i in (1,m) do
6:     pa = pa + (comb(j,i)*math.pow(1-p,i)*math.pow(p,n))
7:     j ← j+1
8: pb ← 1-p
9: end for
10: print(pa)
11: print(pb)
```

4. Python 实现代码

```
import math
from scipy.special import comb
p = 1 / 2
n = int(input("甲赌徒还需赢 n 局才能获胜:"))
m = int(input("乙赌徒还需赢 m 局才能获胜:"))
pa = math.pow(p,n)  # 甲获胜的概率
j = n
for i in range(1,m):
    pa = pa + (comb(j,i)*math.pow(1-p,i)*math.pow(p,n))
    j = j+1
pb = 1-pa
print("甲获胜的概率 = ", pa)
print("乙获胜的概率 = ", pb)
```

1.7.3 礼物配对问题

1. 问题提出

在一个有 n 个人参加的晚会上,每个人带了一件礼物,且假定每人带的礼物都不相同.晚会期间每人从放在一起的 n 件礼物中随机抽取一件,试求:

(1) 恰好有 $k(1\leqslant k\leqslant n)$ 个人自己抽到自己礼物的概率;

(2) 至少有一个人自己抽到自己礼物的概率.

2. 分析与求解

设事件 A_i 表示"第 i 个人自己抽到自己的礼物"$(i=1,2,\cdots,n)$,则"恰好有 k 个人自己抽到自己礼物"为$A_1A_2\cdots A_k$,"至少有一个人自己抽到自己礼物"为$A_1\cup A_2\cup\cdots\cup A_n$.

(1) 恰好有 k 个人自己抽到自己礼物的概率为

$$P(A_1A_2\cdots A_k)=\frac{(n-k)!}{n!}=\frac{1}{n(n-1)\cdots(n-k+1)}.$$

(2) 至少有一个人自己抽到自己礼物的概率为

$$P(A_1\cup A_2\cup\cdots\cup A_n)=\sum_{i=1}^{n}P(A_i)-\sum_{1\leqslant i<j\leqslant n}P(A_iA_j)+\sum_{1\leqslant i<j<k\leqslant n}P(A_iA_jA_k)-\cdots+(-1)^{n-1}P(A_1A_2\cdots A_n).$$

又知

$$P(A_1)=P(A_2)=\cdots=P(A_n)=\frac{1}{n},$$

$$P(A_1A_2)=P(A_1A_3)=\cdots=P(A_{n-1}A_n)=\frac{1}{n(n-1)},$$

$$P(A_1A_2A_3)=P(A_1A_2A_4)=\cdots=P(A_{n-2}A_{n-1}A_n)=\frac{1}{n(n-1)(n-2)},$$

$$\cdots\cdots$$

$$P(A_1A_2\cdots A_n)=\frac{1}{n!},$$

于是有

$$\sum_{i=1}^{n}P(A_i)=\mathrm{C}_n^1P(A_i)=1,$$

$$\sum_{1\leqslant i<j\leqslant n}P(A_iA_j)=\mathrm{C}_n^2P(A_iA_j)=\frac{1}{2!},$$

$$\sum_{1\leqslant i<j<k\leqslant n}P(A_iA_jA_k)=\mathrm{C}_n^3P(A_iA_jA_k)=\frac{1}{3!},$$

$$\cdots\cdots$$

故可得出

$$P(A_1\cup A_2\cup\cdots\cup A_n)=1-\frac{1}{2!}+\frac{1}{3!}-\cdots+(-1)^{n-1}\frac{1}{n!}.$$

下面进行算法举例. 当 n 取值较小时，容易算出其结果. 例如，当 $n=5$ 时，此概率约为 0.633 3；当 $n\to\infty$ 时，此概率的极限为 $1-\mathrm{e}^{-1}\approx 0.632\,1$. 当 n 取值较大时，就需要依靠软件进行编程计算，如取 $n=100$，该概率可以通过 Python 计算得到. 概率 $P(A_1\cup A_2\cup\cdots\cup A_n)$ 与 n 的关系如图 1.7.3 所示.

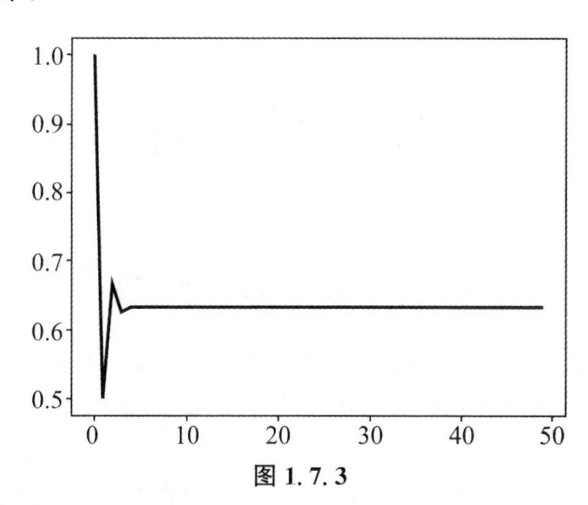

图 1.7.3

3. 基于 Python 的伪代码

(1) Python 计算的目标.

画出 $P(A_1\cup A_2\cup\cdots\cup A_n)$ 与 n 的函数图形.

(2) Python 计算的伪代码.

Process:

```
1: t → (0,50,1)
2: y → 0
3: q → []
4: for in (t+1)do
5: y →math.pow(-1,i-1)*1/math.factorial(i)+y
6: end for
7: q.append(y)
8: end for
9: plt.plot(t,q)
10: plt.show()
```

4. Python 实现代码

```
import matplotlib.pyplot as plt
import numpy as np
import math
t=np.arange(0,50,1)
y=0
q=[]
for i in t+1:
y+=math.pow(-1,i-1)*1/math.factorial(i)
q.append(y)
plt.plot(t,q)
plt.show()
```

§1.8 课程趣味阅读之一

1.8.1 产生十几位数学家和物理学家的家族

伯努利家族是一个盛产数学家和物理学家的家族，有十几位优秀的科学家都拥有这个令人骄傲的姓氏，其中著名的有雅各布·伯努利、雅各布的弟弟约翰·伯努利、约翰的次子丹尼尔·伯努利等.

雅各布是伯努利家族中重要的一员，是一位卓越的数学家. 1676 年开始到荷兰、德国、法国旅行，对数学有了深入的研究. 回国后于 1687 年到 1705 年在巴塞尔大学任教. 此后在数学方面取得了许多重大研究成果. 雅各布同莱布尼茨共同协作，对微积分的发展做出了出色的贡献，为常微分方程的积分法奠定了充分的理论基础. 在研究曲线问题时他提出了一系列的概念，如对数螺线、双纽线、悬链线等. 他继承和深入地研究并发展了微积分学，创立了变分法，提出并部分地解决了等同问题及捷线问题.雅各布还是概率论的早期研究者,许多概率论方面的术语都是以他的名字命名的.对于物理学方面的研究,雅各布也有一定贡献.

约翰青年时曾经商,后研究数学和医学,曾在巴黎留学,1695 年任荷兰格罗宁根大学教授,1699 年被选为法国科学院院士,1705 年任巴塞尔大学教授,1712 年被选为英国皇家学会会员.他还是彼得堡科学院和柏林科学院的名誉院士.约翰也是变分法的重要创始人之一.他提出的关于捷线问题对变分学的发展起到了重要的推动作用.1696 年约翰提出捷线问题后开始钻研几何问题,并取得了巨大成功.约翰在物理学发展中同样做出了出色贡献,他所发现的虚功原理对物理学的发展产生了重大的推动作用.这一原理也称为虚位移原理,是约翰于 1717 年发现的.它的发现对于分析力学的发展具有重要理论价值.

丹尼尔从小受到家庭的影响,对自然科学的各个领域有着极大兴趣.1716 — 1717 年他在巴塞尔大学学医,1718 — 1719 年在海德堡大学学习哲学,1719 — 1720 年又在斯特拉斯堡大学学习伦理学,此后专攻数学.1721 年他获得了医学博士学位,1725 — 1732 年在彼得堡科学院工作,并担任数学教师.1733 — 1750 年他担任了巴塞尔大学的解剖学、植物学教授,1750 年丹尼尔又任物理学、哲学教授,同年被选为英国皇家学会会员.丹尼尔是伯努利家族中成就最大的科学家.他在数学和物理学等多方面都做出了卓越的贡献,仅在 1725 年到 1749 年间就曾 10 次获得法国科学院年度资助,还被聘为彼得堡科学院的名誉院士.在数学方面,丹尼尔的研究涉及代数、概率论、微积分、级数理论、微分方程等多学科的内容,并取得了重大成就.在物理学方面,丹尼尔所取得的成就是惊人的,其中对流体力学和气体动力学的研究尤为突出.1738 年出版的《流体力学》一书是他的代表著作.书中根据能量守恒定律解决了流体的流动理论,提出了著名的伯努利定理,这是流体力学的重要基本定理之一.丹尼尔在气体动力学方面的贡献,主要是用气体分子运动论解释了气体对容器壁的压力的由来.他认为,大量气体分子的高速无规则运动造成了对器壁的压力,压缩气体产生较大的作用力是由气体分子数增多,并且相互碰撞更加频繁所致的.丹尼尔将级数理论运用于有关力学方面的研究之中,这对于力学发展具有重要的意义.

伯努利家族在欧洲享有盛誉,有一个传说,讲的是丹尼尔有一次正在做穿越欧洲的旅行,他与一个陌生人聊天,他很谦虚地自我介绍:“我是丹尼尔·伯努利.”那个人当时就怒了,说:“我还是牛顿呢.”丹尼尔从此之后在很多的场合回忆起这一次经历,都把它当作自己曾经听过的最衷心的赞扬.

1.8.2 蒲丰投针轶事

1777 年的一天,法国科学家蒲丰的家里宾客满堂,原来他们是应主人的邀请前来观看一次奇特试验的.

试验开始,但见年已古稀的蒲丰先生兴致勃勃地拿出一张纸来,纸上预先画好了一条条等距离的平行线,接着他又抓出一大把原先准备好的小针,这些小针的长度都是平行线间距离的一半,然后蒲丰先生宣布:“请诸位把这些小针一根一根往纸上扔吧!不过,请大家务必把扔下的针是否与纸上的平行线相交告诉我.”

客人们不知蒲丰先生要干什么,只好客随主便,一个个加入了试验的行列.一把小针扔完了,把它捡起来又扔.而蒲丰先生本人则不停地在一旁数着、记着,如此这般地忙碌了将近一个小时.最后,蒲丰先生高声宣布:“先生们,我这里记录了诸位刚才的投针结果,共投针 2 212 次,其中与平行线相交的有 704 次,总数 2 212 与相交数 704 的比值约为 3.142.”说到这里,蒲丰先生故意停了停,并对大家报以神秘的一笑,接着有意提高声调说:“先生们,这就是圆周率 π 的近似值!”

众宾哗然,一时议论纷纷,个个感到莫名其妙:“圆周率 π? 这可是与圆半点也不沾边的呀!”蒲丰先生似乎猜透了大家的心思,解释道:“诸位,这里用的是概率的原理,如果大家有耐心的话,再增加投针的次数,还能得到 π 更精确的近似值. 不过,要想弄清其间的道理,只好请大家去看敝人的新作了.”随后蒲丰先生扬了扬自己手上的一本《或然性算术试验》的书.

π 在这种纷纭杂乱的场合出现,实在是出乎人们的意料,然而它却是千真万确的事实. 因为投针试验的问题,是蒲丰最先提出的,所以数学史上就称它为蒲丰问题. 蒲丰得出的一般结果是:如果纸上两平行线间相距为 d,小针长为 l,投针的次数为 n,所投的针当中与平行线相交的次数是 m,那么当 n 相当大时有 $\pi=\frac{2nl}{md}$. 在上面的故事中,针长 l 等于平行线距离 d 的一半,所以上面的公式简化为 $\pi=\frac{n}{m}$.

对于蒲丰投针试验的原理,下面就是一个简单而巧妙的证明. 找一根铁丝弯成一个圆圈,使其直径恰恰等于平行线间的距离 d. 可以想象得到,对这样的圆圈来说,不管怎么扔下,都将和平行线有 2 个交点. 因此,如果圆圈扔下的次数为 n,那么交点总数必为 $2n$. 现在设想把圆圈拉直,变成一条长为 πd 的铁丝. 显然,这样的铁丝扔下时与平行线相交的情形要比圆圈复杂些,可能有 4 个交点、3 个交点、2 个交点、1 个交点,甚至不相交. 由于圆圈和直线的长度同为 πd,因此根据机会均等的原理,当它们投掷次数较多且相等时,两者与平行线交点的总数平均值是一样的. 这就是说,当长为 πd 的铁丝扔下 n 次时,与平行线的交点总数应大致为 $2n$. 再来讨论铁丝长为 l 的情形. 当投掷次数 n 增大的时候,这种铁丝跟平行线的交点总数 m 应当与长度 l 成正比,因而有 $m=kl$,式中 k 是比例系数. 为了求出 k,只需注意到,当 $l=\pi d$ 时,$m=2n$. 于是,可以求得 $k=\frac{2n}{\pi d}$,这就得到著名的蒲丰公式 $\pi=\frac{2nl}{md}$.

习题一

1. 试说明随机试验应具有的三个特征.

2. 样本空间与随机试验有什么关系? 随机事件与样本空间有什么关系?

3. 将一枚均匀的硬币抛两次,事件 A,B,C 分别表示“第一次出现正面”“两次出现同一面”“至少有一次出现正面”,试写出样本空间及事件 A,B,C 中的样本点.

4. 判断下列命题和等式哪个成立,哪个不成立,并说明原因:

(1) 若 $A\subset B$,则 $\bar{B}\subset\bar{A}$;

(2) $(A\cup B)-B=A$.

5. 已知 $P(AB)=0.5$，$P(C)=0.2$，$P(AB\overline{C})=0.4$，求 $P(\overline{AB\cup C})$.

6. 已知 A,B 是两个事件，且 $P(A)=0.3$，$P(A\overline{B})=0.2$，求 $P(AB)$.

7. 小王参加“智力大冲浪”游戏，他能答出甲、乙两类问题的概率分别为0.7和0.2，两类问题都能答出的概率为 0.1. 试求：

(1) 答出甲类而答不出乙类问题的概率；

(2) 至少有一类问题能答出的概率；

(3) 两类问题都答不出的概率；

(4) 至少一类问题答不出的概率.

8. 设 $P(A)=\dfrac{1}{3}$，$P(B)=\dfrac{1}{4}$，$P(A\cup B)=\dfrac{1}{2}$，求 $P(\overline{A}\cup\overline{B})$.

9. 已知 A,B 是两个事件，且 $P(A)=0.5$，$P(B)=0.4$，$P(A\cup B)=0.6$. 求 $P(A-B)$ 与 $P(B-A)$.

10. 设三个事件 A,B,C 两两独立，且 $ABC=\varnothing$，$P(A)=P(B)=P(C)<\dfrac{1}{2}$. 若 $P(A\cup B\cup C)=\dfrac{9}{16}$，求 $P(A)$.

11. 假定 10 把钥匙中有 3 把能打开门，现任取 2 把，求能打开门的概率.

12. 在 1 ~ 1 000 的整数中随机地取一个数，求取到的整数既不能被 3 整除，又不能被 4 整除的概率.

13. 从标号分别为 1,2,…,10 的 10 个同样大小的球中任取一个，求事件 $A=\{$抽中 2 号$\}$，$B=\{$抽中奇数号$\}$，$C=\{$抽中的号数不小于 7$\}$ 的概率.

14. 从 6 双不同的鞋子中任取 4 只，求：

(1) 恰有两只鞋子配成一双的概率；

(2) 至少有两只鞋子配成一双的概率.

15. 假设能在一个均匀陀螺的圆周上均匀地刻上 $(0,4)$ 内的所有实数，旋转陀螺，求陀螺停下来后圆周与桌面的接触点位于 $[0.5,1]$ 上的概率.

16. 随机取两个正数 x 和 y，这两个数中的每一个都不超过 1，求 x 与 y 之和不超过 1 的概率.

17. 某种电器用满 5 000 h 未坏的概率是 0.75，用满 10 000 h 未坏的概率是 0.5. 现有一个此种电器，已用 5 000 h 未坏，求它能用到 10 000 h 的概率.

18. 设一盒中有 10 个同种规格的球，其中有 4 个蓝球和 6 个红球. 任意抽取两次，一次抽取一个球，抽取后不再放回，求两次都取到红球的概率.

19. 一批零件共有 100 个，其中有 10 个次品，每次从这批零件中任意抽取一个，取后不再放回，求第三次才取到合格品的概率.

20. 某班战士中一等、二等、三等射手各为 5 人、3 人、2 人，他们的命中率分别为 0.95，0.9，0.8. 现从中任选一人射击，求击中目标的概率.

21. 一袋中有 a 个白球、b 个黑球，甲、乙、丙三人依次从中取出一个球，取出后不再放回，试分别求出三人各自取得黑球的概率.

22. 人们为了解一只股票未来一定时期内价格的变化，往往会去分析影响股票价格的基本因素，如利率的变化. 现假设人们经分析估计利率下调的概率为 0.6，利率不变的概率为 0.4. 根据经验，人们估计，在利率下调的情况下，该只股票价格上涨的概率为 0.8，而在利率不变的情况下，其价格上涨的概率为 0.4，求该只股票价格上涨的概率.

23. 敌方坦克必须经过我方阵地的三个布雷区之一，才能进入我方阵地. 设敌方坦克进入 1 号雷区的概率为 $P(A_1)=0.5$，被炸毁的概率为 0.8，进入 2 号雷区的概率为 $P(A_2)=0.4$，被炸毁的概率为 0.6，进入 3 号雷区的概率为 $P(A_3)=0.1$，被炸毁的概率为 0.3.

(1) 求敌方坦克在进入我方阵地前被炸毁的概率.

(2) 已知敌方坦克已被炸毁，求在 2 号雷区被炸毁的概率.

24. 根据以往的临床记录，某种诊断癌症试验的效果如下：若以事件 A 表示"判断被试者患有癌症"，C 表示"被试者确有癌症"，且有 $P(A\mid C)=0.95$，$P(\overline{A}\mid\overline{C})=0.90$. 由对被试者所在人群的普查可知 $P(C)=0.0007$，试求被判断为患癌症者确有癌症的概率.

25. 设某公路经过的货车与客车的数量之比为 1∶2，货车与客车中途停车修理的概率分别为 0.02，0.01. 现有一辆汽车中途停车修理，求该车是货车的概率.

26. 在数字通信中，若发报机分别以概率 0.7 和 0.3 发出信号 0 和 1，由于事件干扰的影响，当发出信号 0 时，接收机分别以概率 0.8 和 0.2 收到信号 0 和 1；同样，当发出信号 1 时，接收机分别以概率 0.9 和 0.1 收到信号 1 和 0. 记事件 A_i 表示"发出信号 i"，B_i 表示"收到信号 i"$(i=0,1)$，求 $P(A_0\mid B_0)$.

27. 已知 $P(A)=0.4$，$P(A\cup B)=0.7$，当事件 A 与 B 相互独立时，求 $P(B)$.

28. 有两种花籽，发芽率分别为 0.8，0.9. 现从中各取一颗，设各花籽是否发芽相互独立，试求：

(1) 这两颗花籽都能发芽的概率；

(2) 至少有一颗花籽能发芽的概率；

(3) 恰有一颗花籽能发芽的概率.

29. 图 1 是一个混联电路系统. A，B，C，D，E，F，G，H 都是电路中的元件，它们下方的数字是其各自正常工作的概率. 求该电路系统的可靠性.

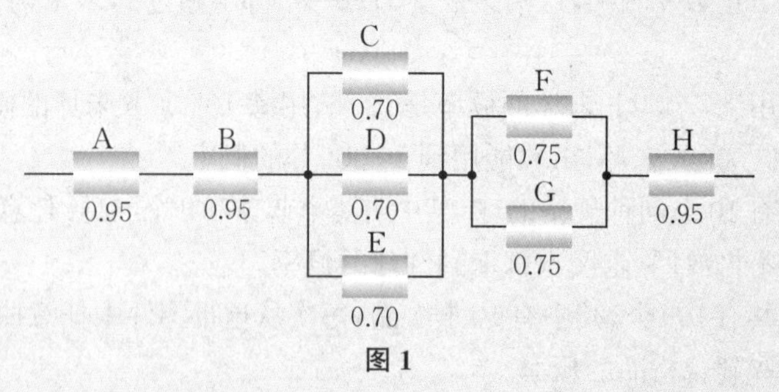

图 1

30. 两门高射炮彼此独立地射击一架敌机，设甲炮击中敌机的概率为 0.9，乙炮击中敌机的概率为 0.8，求敌机被击中的概率.

31. 某大学的校乒乓球队与数学系乒乓球队举行对抗赛. 校队的实力较系队强，当一个校队运动员与一个系队运动员比赛时，校队运动员获胜的概率为 0.6. 现在校、系双方商量对抗赛的方式，提了三种方案：(1) 双方各出 3 人；(2) 双方各出 5 人；(3) 双方各出 7 人. 这三种方案中均以比赛中得胜人数多的一方为胜利. 试问：对系队来说，哪一种方案有利？

32. 5 名篮球运动员独立投篮，每个运动员的投篮命中率为 0.8，他们各投一次，试求：

(1) 恰好 4 次命中的概率；

(2) 至少 4 次命中的概率；

(3) 至多 4 次命中的概率.

33. 做一系列独立的试验，每次试验中成功的概率为 p，求在成功 n 次之前已失败了 m 次的概率.

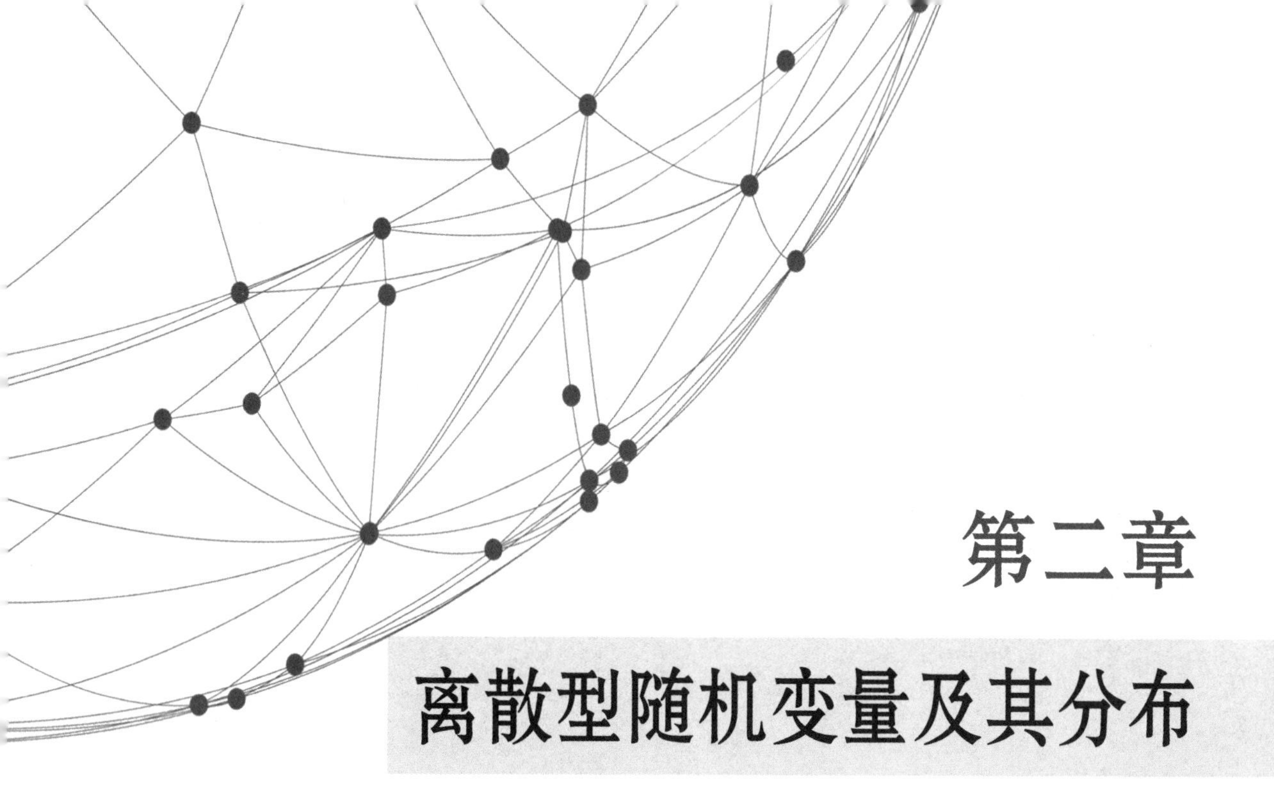

第二章 离散型随机变量及其分布

在随机试验中,随机事件是样本空间的子集,这种表达方式对于全面描述和研究随机现象的统计规律性具有很大的局限性,并且不利于其他数学工具的运用.人们除了对某些待定事件发生的概率感兴趣外,往往还关心某个与随机试验的结果相联系的变量.由于这一变量的取值依赖于随机试验的结果,因而被称为随机变量.与普通的变量不同,对于随机变量,人们虽然无法预知其确切取值,但可以研究其取值的统计规律性.随机变量提供了用数值描述随机事件的方法.本章将介绍随机变量及描述离散型随机变量统计规律性的分布.

课程思政

§2.1　随机变量

为全面研究随机试验的结果，揭示随机现象的统计规律性，需将随机试验的结果数量化，即把随机试验的结果与实数对应起来. 概率论的基本任务就是研究随机变量取值的统计规律性，而在有些随机试验中，试验的结果本身就是通过数量来表示的.

例 2.1.1　骰子的点数分别为 1,2,3,4,5,6，在抛掷一枚骰子的试验中，观察其出现的点数.

解　设 X 表示所抛掷骰子的点数，显然，X 只可能取 1,2,3,4,5,6 这六个不同的值. 而每次试验，X 取什么值将依赖于试验的结果. 若令

$$\omega_i=\{\text{所抛掷骰子的点数为 } i\}\quad(i=1,2,\cdots,6),$$

则与每个结果相对应的 X 的取值为

$$X(\omega_i)=i\quad(i=1,2,\cdots,6).$$

于是，事件“所抛掷骰子的点数为 3”就可表示为$\{X=3\}$，相应的概率可表示为 $P\{X=3\}$.

在另一些随机试验中，试验结果看起来与数量无关，但可以指定一个数量来表示.

例 2.1.2　抛掷一枚均匀的硬币，观察它出现正面还是反面.

解　设$\omega_1=\{\text{出现正面}\}$，$\omega_2=\{\text{出现反面}\}$. 若约定出现正面时取值为 1，出现反面时取值为 0，即有

$$X(\omega_1)=1,\quad X(\omega_2)=0,$$

则出现正面的概率就可表示为 $P\{X=1\}$，出现反面的概率就可表示为 $P\{X=0\}$.

上述例子表明，随机试验的结果都可用一个实数来表示，这个实数随着试验的结果不同而变化. 因而，它是样本点的函数，这个函数就是要引入的随机变量.

定义 2.1.1　设随机试验的样本空间为 Ω. 如果对随机试验的每一个结果 $\omega\in\Omega$，都有一个实数 $X(\omega)$ 与之对应，这样就定义了一个定义域为 Ω 的实值函数 $X=X(\omega)$，称之为**随机变量**.

注　随机变量实际上就是定义在样本空间上的实值函数，图 2.1.1 画出了样本点与实数的对应关系.

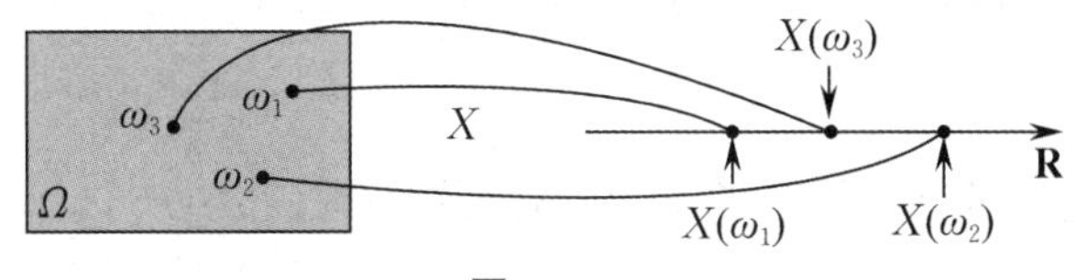

图 2.1.1

随机变量 X 的取值由样本点 ω 决定. 反之，使 X 取某一特定值 a 的那些样本点的全体构成样本空间 Ω 的一个子集，即

$$A=\{\omega \mid X(\omega)=a\}\subset \Omega.$$

这是一个事件，当且仅当事件A发生时才有$\{X=a\}$. 为简便起见，今后将事件A记为$\{X=a\}$.

通常，用大写字母X,Y,Z或希腊字母ξ,η等表示随机变量，用小写字母x,y,z等表示实数. 随机变量的引入，使随机试验中的各种事件可通过随机变量的关系式表达出来.

例 2.1.3 某城市的 120 急救电话中心每小时收到的呼叫次数X是一个随机变量，则X的可能取值为$0,1,2,\cdots$.

(1) 事件"收到不少于 1 次呼叫"可表示为$\{X\geqslant 1\}$，相应的概率可表示为$P\{X\geqslant 1\}$.

(2) 事件"恰好收到 10 次呼叫"可表示为$\{X=10\}$，相应的概率可表示为$P\{X=10\}$.

例 2.1.4 记录炮弹的弹着点到靶心的距离. 设X表示弹着点到靶心的距离(单位：m)，则事件"弹着点到靶心的距离在 0.1～2 m"可表示为$\{0.1\leqslant X\leqslant 2\}$，相应的概率可表示为$P\{0.1\leqslant X\leqslant 2\}$.

从上述例子可以看到，引入随机变量后，对随机现象统计规律的研究，就由对事件及事件概率的研究转化为对随机变量及其取值规律的研究，使人们可利用数学分析的方法对随机试验的结果进行广泛而深入的探索.

§2.2 离散型随机变量及其分布律

离散型随机变量及其分布举例

有些随机变量，若它的所有可能取值是有限个或可列无限多个，则称这种随机变量为**离散型随机变量**. 例如，在抛掷一枚骰子的试验中，随机变量X的可能取值为$1,2,\cdots,6$，它是一个离散型随机变量. 又如，某售票口等待买票的人数，它的可能取值为$0,1,2,\cdots$，它是一个可列无限多值的离散型随机变量. 再如，某地区的年平均降雨量、某地区某月的平均气温、打靶的落点等，它们的可能取值充满一个区间或平面，无法将它们一一列举出来，这类随机变量就不是离散型随机变量. 本节只讨论离散型随机变量.

2.2.1 离散型随机变量的概率分布

对于离散型随机变量，只要知道它的所有可能取值及取这些值的概率，便可完全掌握这个随机变量.

定义 2.2.1 设离散型随机变量X的所有可能取值为$x_k(k=1,2,\cdots)$，X取各个可能值的概率为

$$P\{X=x_k\}=p_k \quad (k=1,2,\cdots). \tag{2.2.1}$$

称式(2.2.1)为**离散型随机变量X的概率分布**，也称为**分布律**或**分布列**.

分布律也可以用表 2.2.1 的形式来表示.

表 2.2.1

X	x_1	x_2	$\cdots$	x_n	$\cdots$
p_k	p_1	p_2	$\cdots$	p_n	$\cdots$

一般地,不再写出事件中的 ω,只写为$\{X=x_k\}$ 或$(X=x_k)$. 由概率的性质易知

(1) 非负性:$p_k \geqslant 0$.

(2) 正则性:$\sum\limits_{k=1}^{\infty} p_k = 1$.

例 2.2.1　某位篮球运动员投中篮圈的概率是 0.9,设 X 表示该运动员两次独立投篮时投中的次数,求 X 的分布律.

解　依题设,该运动员两次独立投篮时投中的次数 X 是一个离散型随机变量,其所有可能取值为 0,1,2. 记事件$A_i=\{$第 i 次投中篮圈$\}(i=1,2)$,则有 $P(A_1)=P(A_2)=0.9$. 根据事件的独立性与概率的性质,有

$$P\{X=0\}=P(\overline{A}_1\overline{A}_2)=0.01,$$
$$P\{X=1\}=P((A_1\overline{A}_2)\cup(\overline{A}_1A_2))=0.18,$$
$$P\{X=2\}=P(A_1A_2)=0.81.$$

故所求离散型随机变量 X 的分布律如表 2.2.2 所示.

表 2.2.2

X	0	1	2
p_k	0.01	0.18	0.81

下面介绍几种重要的离散型随机变量的概率分布.

2.2.2　二项分布

若一个随机变量 X 只有两个可能取值,且其分布律为

$$P\{X=x_1\}=p,\quad P\{X=x_2\}=1-p\quad(0<p<1),\tag{2.2.2}$$

则称 X 服从参数为 p 的**两点分布**.

特别地,若 X 服从 $x_1=1, x_2=0$ 的参数为 p 的两点分布(见表 2.2.3),则称 X 服从参数为 p 的 **0-1 分布**.

表 2.2.3

X	0	1
p_k	$1-p$	p

在 n 重伯努利试验中,设每次试验中事件 A 发生的概率为 p,用 X 表示 n 重伯努利试验中事件 A 发生的次数,则随机变量 X 的可能取值为 $0,1,2,\cdots,n$,且对于每一个 $k(0\leqslant k\leqslant n)$,有事件

$$\{X=k\}=\{n\text{ 次试验中事件 }A\text{ 恰好发生 }k\text{ 次}\}.$$

根据 n 重伯努利试验公式,得

$$P\{X=k\}=C_n^k p^k(1-p)^{n-k} \quad (k=0,1,2,\cdots,n). \tag{2.2.3}$$

这时,称 X 服从参数为 n,p 的**二项分布**,记为 $X \sim B(n,p)$, $0<p<1$.

通常记 $q=1-p$,则有二项分布中的 $C_n^k p^k q^{n-k}$ 恰好是二项式 $(p+q)^n$ 的展开式中的第 $k+1$ 项,这正是二项分布取名的缘由.

特别地,当 $n=1$ 时,二项分布即为两点分布,可记为 $B(1,p)$.

例 2.2.2 某电子管使用时数在 3 000 h 以上的概率为 0.1,求三个同种电子管在使用3 000 h 以后最多只坏一个的概率.

解 设随机变量 X 表示三个电子管在使用 3 000 h 以后坏的个数. 由题设知,电子管使用时数在 3 000 h 以上的概率为 0.1,可得电子管使用时数在 3 000 h 以内的概率为 0.9,三个电子管使用时是相互独立的,故服从参数为 $n=3$, $p=0.9$ 的二项分布,即 $X \sim B(3,0.9)$. 于是,由式(2.2.3),可得 X 的分布律为

$$P\{X=k\}=C_3^k 0.9^k 0.1^{3-k} \quad (k=0,1,2,3).$$

因此,所求的概率为

$$P\{X \leqslant 1\}=P\{X=0\}+P\{X=1\}=0.1^3+3\times 0.9\times 0.1^2=0.028.$$

例 2.2.3 某人进行射击,设每次射击的命中率为 0.01,独立射击 600 次,试求至少击中一次的概率.

解 将一次射击视为一次随机试验,独立射击 600 次可视为 600 重伯努利试验. 依题设,每次射击试验的命中率为 0.01,设随机变量 X 表示独立射击 600 次击中目标的次数,则有 $X \sim B(600,0.01)$. 故 X 的分布律为

$$P\{X=k\}=C_{600}^k 0.01^k 0.99^{600-k} \quad (k=0,1,2,\cdots,600).$$

因此,所求的概率为

$$P\{X \geqslant 1\}=1-P\{X=0\}=1-0.99^{600} \approx 0.997\,6.$$

可见,如 0.99^{600} 的计算是很麻烦的,下面的泊松定理将给出当 n 很大, p 很小时的近似计算公式.

2.2.3 泊松分布

若随机变量 X 的分布律为

$$P\{X=k\}=\frac{\lambda^k}{k!}e^{-\lambda} \quad (k=0,1,2,\cdots;\lambda>0), \tag{2.2.4}$$

则称 X 服从参数为 λ 的**泊松分布**,记为 $X \sim P(\lambda)$.

容易验证它满足分布律的两个性质:

泊松

(1) $P\{X=k\}=\frac{\lambda^k}{k!}e^{-\lambda} \geqslant 0 (k=0,1,2,\cdots;\lambda>0)$.

(2) $\sum_{k=0}^{\infty} P\{X=k\}=\sum_{k=0}^{\infty}\frac{\lambda^k}{k!}e^{-\lambda}=e^{-\lambda}\sum_{k=0}^{\infty}\frac{\lambda^k}{k!}=e^{-\lambda}e^{\lambda}=1$.

历史上,泊松分布可作为二项分布的近似,是由法国数学家泊松于 1837

年引入的，泊松分布是概率论中最重要的分布之一．实际问题中许多随机现象都服从或近似服从泊松分布．例如，某电话交换台在一段时间内收到用户的呼叫次数，某机场在单位时间内到达的乘客数，纺织机在一天中出现的断头次数，在一段时间间隔内某放射性物质发射的粒子数，某路口一个月内发生的车祸次数，一定量的粮食种子中含的杂草种子数，一年内发生洪水的次数等都近似服从泊松分布．

例 2.2.4　某城市每天发生火灾的次数 X 服从参数为 $\lambda=0.6$ 的泊松分布，求该城市一天内发生 3 次或 3 次以上火灾的概率．

解　依题设，该城市每天发生火灾的次数 $X\sim P(0.6)$，故由式(2.2.4)，得 X 的分布律

$$P\{X=k\}=\frac{0.6^k}{k!}\mathrm{e}^{-0.6}\quad(k=0,1,2,\cdots).$$

利用概率的性质并查附表 1，得该城市一天内发生 3 次或 3 次以上火灾的概率为

$$\begin{aligned}P\{X\geqslant 3\}&=1-P\{X<3\}=1-P\{X=0\}-P\{X=1\}-P\{X=2\}\\&=1-0.5488-0.3293-0.0988=0.0231.\end{aligned}$$

对于二项分布 $B(n,p)$，当试验次数 n 很大时，计算其概率很麻烦．基于下面的定理，泊松分布还可用来做二项分布的近似计算．

定理 2.2.1（泊松定理）　**设在 n 重伯努利试验中，事件 A 在每次试验中出现的频率为 p_n（与试验的总次数 n 有关）．若当 $n\to\infty$ 时，有 $np_n\to\lambda$（$\lambda>0$ 为常数），则有**

$$\lim_{n\to\infty}\mathrm{C}_n^k p_n^k(1-p_n)^{n-k}=\frac{\lambda^k}{k!}\mathrm{e}^{-\lambda}\quad(k=0,1,2,\cdots).$$

证明　由 $np_n=\lambda$，则

$$\begin{aligned}\mathrm{C}_n^k p_n^k(1-p_n)^{n-k}&=\frac{n(n-1)\cdots(n-k+1)}{k!}\left(\frac{\lambda}{n}\right)^k\left(1-\frac{\lambda}{n}\right)^{n-k}\\&=\frac{\lambda^k}{k!}\left[1\cdot\left(1-\frac{1}{n}\right)\cdot\cdots\cdot\left(1-\frac{k-1}{n}\right)\right]\left(1-\frac{\lambda}{n}\right)^n\left(1-\frac{\lambda}{n}\right)^{-k}.\end{aligned}$$

对于任意固定的 k，当 $n\to\infty$ 时，有

$$1\cdot\left(1-\frac{1}{n}\right)\cdot\cdots\cdot\left(1-\frac{k-1}{n}\right)\to 1,\quad\left(1-\frac{\lambda}{n}\right)^n\to\mathrm{e}^{-\lambda},\quad\left(1-\frac{\lambda}{n}\right)^{-k}\to 1,$$

故有

$$\lim_{n\to\infty}\mathrm{C}_n^k p_n^k(1-p_n)^{n-k}=\frac{\lambda^k}{k!}\mathrm{e}^{-\lambda}.$$

在实际计算中，若 $X\sim B(n,p)$，当 $n\geqslant 10$，$p\leqslant 0.1$ 时均可用泊松分布近似计算其概率，当 $n\geqslant 100$，$np\leqslant 10$ 时，近似效果更佳．把在每次试验中出现概率很小的事件称为**稀有事件**或**小概率事件**，如地震、火山爆发、特大洪水、意外事故等．由泊松定理知，n 重伯努利试验中小概率事件出现的次数近似服从泊松分布．

例 2.2.5　某公司生产一种产品 200 件，由历史生产记录知，生产的废品率为 1%，求这 200 件产品经检验废品数 X 的分布律．

解 把每件产品的检验看作一次伯努利试验，它只有两个结果

$$A=\{废品\},\quad \overline{A}=\{正品\}.$$

检验 200 件产品就是进行 200 次独立的伯努利试验. 设 X 表示检验出的废品数，则 $X\sim B(200,0.01)$，从而 X 的分布律为

$$P\{X=k\}=C_{200}^{k}0.01^{k}(1-0.01)^{200-k}\quad (k=0,1,2,\cdots,200).$$

由于 $n=200$ 较大，而 $np=200\times 0.01=2$，因此由泊松定理，近似地有 $X\sim P(2)$，即

$$P\{X=k\}\approx\frac{2^{k}}{k!}\mathrm{e}^{-2}\quad (k=0,1,2,\cdots,200).$$

计算结果如表 2.2.4 所示.

表 2.2.4

X	0	1	2	3	4	5	…
$B(200,0.01)$	0.134 0	0.270 7	0.272 0	0.181 4	0.090 2	0.035 7	…
$P(2)$	0.135 3	0.270 7	0.270 7	0.180 4	0.090 2	0.036 1	…

由此可见，两者的近似程度还是相当好的.

例 2.2.6 某种铸件的砂眼数服从参数为 0.5 的泊松分布，试求该铸件至多有 1 个砂眼和至少有 2 个砂眼的概率.

解 设 X 表示该铸件的砂眼数，由题意知 $X\sim P(0.5)$，则 X 的分布律为

$$P\{X=k\}=\frac{0.5^{k}}{k!}\mathrm{e}^{-0.5}\quad (k=0,1,2,\cdots).$$

查附表 1，得该铸件至多有 1 个砂眼的概率为

$$P\{X\leqslant 1\}=P\{X=0\}+P\{X=1\}=0.606\,5+0.303\,3=0.909\,8,$$

该铸件至少有 2 个砂眼的概率为

$$P\{X\geqslant 2\}=1-P\{X\leqslant 1\}=0.090\,2.$$

2.2.4 几何分布

从一批次品率为 $p(0<p<1)$ 的产品中逐个地随机抽取产品进行检验，检验后放回再抽取下一件，直到抽到次品为止. 设检验的次数为 X，则 X 的可能取值为 $1,2,\cdots$，其分布律为

$$P\{X=k\}=(1-p)^{k-1}p\quad (k=1,2,\cdots),\tag{2.2.5}$$

称这种概率分布为**几何分布**，记为 $X\sim G(p)$.

例 2.2.7 一个保险推销员在某地区随机选择家庭进行访问，每次访问的结果是：若该户购买了保险则定义为成功，没有购买保险则定义为失败. 从过去的经验看，随机选择的家庭会购买保险的概率为 0.2，求该保险推销员第 10 次才取得成功的概率.

解 设 X 表示第一次取得成功时所访问的家庭数目. 依题设，可知 X 服从参数为0.2 的几何分布，即 $X\sim G(0.2)$. 于是，根据式(2.2.5)，所求的概率为

$$P\{X=10\}=(1-0.2)^{10-1}\times 0.2\approx 0.027.$$

2.2.5　超几何分布

设一批产品共有 N 个，其中有 M 个次品. 现从中任取 n 个，这 n 个产品中所含的次品数 X 是一个离散型随机变量，X 的所有可能取值为 $0,1,2,\cdots,j$，其中 $j=\min\{M,n\}$，且 $M\leqslant N$，$n\leqslant N$，n,N,M 均为正整数，其分布律为

$$P\{X=k\}=\frac{C_M^k C_{N-M}^{n-k}}{C_N^n}\quad(k=0,1,2,\cdots,j),\tag{2.2.6}$$

则称随机变量 X 服从**超几何分布**，记为 $X\sim H(n,M,N)$.

例 2.2.8　已知某种产品共有 10 件，其中有 3 件次品. 现从中任取 3 件，试求取出的 3 件产品中恰好有 2 件次品的概率.

解　设 X 表示取出的 3 件产品中次品的件数，则 $X\sim H(3,3,10)$. 故所求的概率为

$$P\{X=2\}=\frac{C_3^2C_7^1}{C_{10}^3}=0.175.$$

超几何分布与二项分布很相似，这两个概率分布的主要区别在于：超几何分布中的各次试验不是独立的，而且各次试验中成功的概率不相等；超几何分布可以简单地理解为不放回抽样问题，二项分布可以理解为放回抽样问题. 当 $n\ll N$，即抽取个数 n 远小于总数 N 时，每次抽取后，总体中不合格率 $p=\dfrac{M}{N}$ 改变甚微，所以不放回抽样可以近似地看成放回抽样. 这时超几何分布可用二项分布近似，即

$$\frac{C_M^k C_{N-M}^{n-k}}{C_N^n}\approx C_n^k p^k(1-p)^{n-k}\quad\left(k=0,1,2,\cdots,n;p=\frac{M}{N}\right).$$

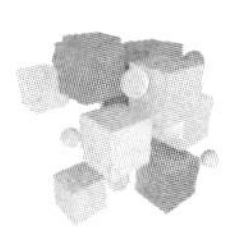

§ 2.3　二维离散型随机变量及其分布

§ 2.2 只研究了一维随机变量的情况，但在实际应用中，有些随机现象需要同时用两个或两个以上的随机变量来描述. 例如，研究某地区学龄前儿童的发育情况时，就要同时抽查儿童的身高 X、体重 Y，X 和 Y 是定义在同一个样本空间 $\Omega=\{$某地区的全部学龄前儿童$\}$ 上的两个随机变量.

在这种情况下，不但要研究多个随机变量各自的统计规律，而且要研究它们之间的统计相依关系，因而还需考察它们联合取值的统计规律，即多维随机变量的分布. 由于从二维推广到多维一般无实质性的困难，因此本节重点讨论二维随机变量.

2.3.1　联合分布律

定义 2.3.1　设随机试验 E 的样本空间为 Ω，$\omega\in\Omega$ 为样本点，$X=X(\omega)$，$Y=Y(\omega)$ 为定义在 Ω 上的两个随机变量，则称 (X,Y) 为定义在样本空间 Ω 上的**二维随机变量**或**二维随机**

向量.

一般地,称 n 个随机变量的整体 $X=(X_1,X_2,\cdots,X_n)$ 为 n **维随机变量**或 n **维随机向量**.

定义 2.3.2 如果二维随机变量 (X,Y) 的所有可能取值是有限对或可列无限多对,则称 (X,Y) 为**二维离散型随机变量**.

由定义易知,(X,Y) 为二维离散型随机变量当且仅当 X,Y 均为离散型随机变量.

定义 2.3.3 设二维离散型随机变量 (X,Y) 的所有可能取值为 (x_i,y_j),$i,j=1,2,\cdots$,则称

$$P\{X=x_i,Y=y_j\}=p_{ij}\quad (i,j=1,2,\cdots)$$

为二维离散型随机变量 (X,Y) 的**联合分布律**或**联合概率分布**,简称为**分布律**或**概率分布**.

由概率的定义,联合分布律具有以下两个基本性质:

(1) 非负性:$p_{ij}\geqslant 0(i,j=1,2,\cdots)$.

(2) 正则性:$\sum\limits_{i=1}^{\infty}\sum\limits_{j=1}^{\infty}p_{ij}=1$.

与一维情形类似,也可将二维离散型随机变量 (X,Y) 的联合分布律用表格形式来表示,如表 2.3.1 所示.

表 2.3.1

Y	X				
	x_1	x_2	$\cdots$	x_i	$\cdots$
y_1	p_{11}	p_{21}	$\cdots$	p_{i1}	$\cdots$
y_2	p_{12}	p_{22}	$\cdots$	p_{i2}	$\cdots$
$\vdots$	$\vdots$	$\vdots$		$\vdots$	
y_j	p_{1j}	p_{2j}	$\cdots$	p_{ij}	$\cdots$
$\vdots$	$\vdots$	$\vdots$		$\vdots$	

例 2.3.1 袋中有 1 个红球,2 个白球,3 个黑球. 现有放回地从袋中取球两次,每次取一个球. 设 X 和 Y 分别代表取到的红球数和白球数,试求随机变量 (X,Y) 的联合分布律.

解 依题意可知,X,Y 的可能取值均为 0,1,2,则二维离散型随机变量 (X,Y) 的可能取值为

$$(0,0),\quad (0,1),\quad (0,2),$$
$$(1,0),\quad (1,1),\quad (2,0).$$

于是,事件 $\{X=0,Y=0\}$ 表示"取到了两个黑球",则其概率为

$$P\{X=0,Y=0\}=\frac{C_3^1}{C_6^1}\times\frac{C_3^1}{C_6^1}=\frac{1}{4}.$$

事件 $\{X=0,Y=1\}$ 表示"取到了一个白球和一个黑球",且可能先取到白球,也可能先取到黑球,则其概率为

$$P\{X=0,Y=1\}=\frac{C_2^1}{C_6^1}\times\frac{C_3^1}{C_6^1}+\frac{C_3^1}{C_6^1}\times\frac{C_2^1}{C_6^1}=\frac{1}{3}.$$

同理可得

$$P\{X=0,Y=2\}=\frac{C_2^1}{C_6^1}\times\frac{C_2^1}{C_6^1}=\frac{1}{9},\quad P\{X=1,Y=0\}=\frac{C_1^1}{C_6^1}\times\frac{C_3^1}{C_6^1}+\frac{C_3^1}{C_6^1}\times\frac{C_1^1}{C_6^1}=\frac{1}{6},$$

$$P\{X=1,Y=1\}=\frac{C_1^1}{C_6^1}\times\frac{C_2^1}{C_6^1}+\frac{C_2^1}{C_6^1}\times\frac{C_1^1}{C_6^1}=\frac{1}{9},\quad P\{X=2,Y=0\}=\frac{C_1^1}{C_6^1}\times\frac{C_1^1}{C_6^1}=\frac{1}{36}.$$

根据上述计算，即可写出(X,Y)的联合分布律，如表2.3.2所示.

表 2.3.2

Y	X		
	0	1	2
0	$\frac{1}{4}$	$\frac{1}{6}$	$\frac{1}{36}$
1	$\frac{1}{3}$	$\frac{1}{9}$	0
2	$\frac{1}{9}$	0	0

例 2.3.2　已知随机变量(X,Y)的联合分布律如表2.3.3所示，求：(1) k的值；(2) $P\{X\leqslant Y\}$.

表 2.3.3

Y	X		
	1	2	3
1	$\frac{3}{8}$	$\frac{1}{8}$	0
2	$\frac{1}{4}$	$\frac{1}{16}$	k

解　(1) 根据联合分布律的性质，有

$$\frac{3}{8}+\frac{1}{8}+0+\frac{1}{4}+\frac{1}{16}+k=1,\quad 即\quad k=\frac{3}{16}.$$

(2) $P\{X\leqslant Y\}=P\{X=1,Y=1\}+P\{X=1,Y=2\}+P\{X=2,Y=2\}=\frac{11}{16}$.

既然二维随机变量(X,Y)由两个随机变量X,Y构成，那么X与Y分别作为一维随机变量的分布是什么呢？

2.3.2　边缘分布律

定义 2.3.4　设(X,Y)是二维离散型随机变量，且$P\{X=x_i,Y=y_j\}=p_{ij}$，则称

$$P\{X=x_i\}=\sum_{j=1}^{\infty}p_{ij}=p_{i\cdot}.\tag{2.3.1}$$

为随机变量X的**边缘分布律**. 同理，称

$$P\{Y=y_j\}=\sum_{i=1}^{\infty}p_{ij}=p_{\cdot j} \tag{2.3.2}$$

为随机变量 Y 的边缘分布律.

例 2.3.3 将一枚均匀硬币抛掷 3 次,设 X 为 3 次抛掷中正面出现的次数,而 Y 为正面出现次数与反面出现次数之差的绝对值,求 (X,Y) 的联合分布律及 X 和 Y 的边缘分布律.

解 依题意可知,$X\sim B\left(3,\frac{1}{2}\right)$,$Y$ 的可能取值为 1 和 3,则二维离散型随机变量 (X,Y) 的所有可能取值为

$$(0,3),\quad (1,1),\quad (2,1),\quad (3,3).$$

事件$\{X=0,Y=3\}$表示"出现 0 次正面,3 次反面",则其概率为

$$P\{X=0,Y=3\}=\left(\frac{1}{2}\right)^3=\frac{1}{8}.$$

事件$\{X=1,Y=1\}$表示"出现 1 次正面,2 次反面",则

$$P\{X=1,Y=1\}=3\times\left(\frac{1}{2}\right)^3=\frac{3}{8}.$$

同理可得

$$P\{X=2,Y=1\}=3\times\left(\frac{1}{2}\right)^3=\frac{3}{8},$$

$$P\{X=3,Y=3\}=\left(\frac{1}{2}\right)^3=\frac{1}{8}.$$

根据上述计算,即可写出 (X,Y) 的联合分布律,如表 2.3.4 所示.

表 2.3.4

Y	X			
	0	1	2	3
1	0	$\frac{3}{8}$	$\frac{3}{8}$	0
3	$\frac{1}{8}$	0	0	$\frac{1}{8}$

再根据二维离散型随机变量的边缘分布律的定义,得到 X 与 Y 的边缘分布律分别如表 2.3.5 和表 2.3.6 所示.

表 2.3.5

X	0	1	2	3
$P\{X=x_i\}$	$\frac{1}{8}$	$\frac{3}{8}$	$\frac{3}{8}$	$\frac{1}{8}$

表 2.3.6

Y	1	3
$P\{Y=y_j\}$	$\frac{3}{4}$	$\frac{1}{4}$

§ 2.4　离散型随机变量的独立性与条件分布

2.4.1　离散型随机变量的独立性

一般地，由于随机变量之间存在相互联系，因此一个随机变量的取值可能会影响另一个随机变量取值的统计规律性，如一个人的身高 X 和体重 Y 就会相互影响. 但有时随机变量之间也会毫无影响，如一个人的身高 X 和体重 Y 对考试成绩 Z 一般无影响. 当两个随机变量的取值互不影响时，就称它们是相互独立的. 随机变量的相互独立是概率论与数理统计中一个十分重要的概念.

定义 2.4.1　设二维离散型随机变量 (X,Y) 的联合分布律为

$$P\{X=x_i,Y=y_j\}=p_{ij}\quad(i,j=1,2,\cdots).$$

如果联合分布律恰为两个边缘分布律的乘积，即

$$P\{X=x_i,Y=y_j\}=P\{X=x_i\}P\{Y=y_j\}\quad(i,j=1,2,\cdots),\tag{2.4.1}$$

那么称**随机变量 X 与 Y 相互独立**.

例 2.4.1　设随机变量 X 与 Y 相互独立，表 2.4.1 列出了二维随机变量 (X,Y) 的联合分布律及关于 X 和 Y 的边缘分布律中的部分数值，试将其余数值填入表中的空白处.

表 2.4.1

Y	X			$P\{Y=y_j\}$
	x_1	x_2	x_3	
y_1		$\frac{1}{8}$		
y_2	$\frac{1}{8}$			
$P\{X=x_i\}$	$\frac{1}{6}$			1

解　依题设且根据二维离散型随机变量的边缘分布律的定义，有

$$P\{X=x_1,Y=y_1\}=P\{X=x_1\}-P\{X=x_1,Y=y_2\}=\frac{1}{6}-\frac{1}{8}=\frac{1}{24}.$$

再由 X 与 Y 相互独立，得

$$P\{X=x_1,Y=y_1\}=P\{X=x_1\}P\{Y=y_1\},$$

所以

$$P\{Y=y_1\}=\frac{P\{X=x_1,Y=y_1\}}{P\{X=x_1\}}=\frac{1}{4}.$$

同理，可以确定其他数值，得到 (X,Y) 的联合分布律，如表 2.4.2 所示.

表 2.4.2

Y	X			$P\{Y=y_j\}$
	x_1	x_2	x_3	
y_1	$\frac{1}{24}$	$\frac{1}{8}$	$\frac{1}{12}$	$\frac{1}{4}$
y_2	$\frac{1}{8}$	$\frac{3}{8}$	$\frac{1}{4}$	$\frac{3}{4}$
$P\{X=x_i\}$	$\frac{1}{6}$	$\frac{1}{2}$	$\frac{1}{3}$	1

定义 2.4.2 如果 n 维随机变量 $(X_1,X_2,\cdots,X_n)$ 的联合分布律恰为 n 个边缘分布律的乘积,即对于 X_i 的值域中任意一个值 $x_i(i=1,2,\cdots,n)$,总有

$$P\{X_1=x_1,X_2=x_2,\cdots,X_n=x_n\}=\prod_{i=1}^{n}P\{X_i=x_i\}, \tag{2.4.2}$$

那么称 n **个随机变量** $X_1,X_2,\cdots,X_n$ **相互独立**.

条件分布举例

2.4.2 条件分布

前面曾介绍了条件概率的概念,那是对随机事件而言的. 下面要通过随机事件的条件概率来引入随机变量的条件分布的概念.

定义 2.4.3 设 (X,Y) 是二维离散型随机变量. 对于固定的 j,若 $P\{Y=y_j\}>0$,则称

$$P\{X=x_i \mid Y=y_j\}=\frac{P\{X=x_i,Y=y_j\}}{P\{Y=y_j\}}=\frac{p_{ij}}{p_{\cdot j}} \quad (i=1,2,\cdots) \tag{2.4.3}$$

为在 $Y=y_j$ 条件下随机变量 X 的**条件分布律**. 同样,对于固定的 i,若 $P\{X=x_i\}>0$,则称

$$P\{Y=y_j \mid X=x_i\}=\frac{P\{X=x_i,Y=y_j\}}{P\{X=x_i\}}=\frac{p_{ij}}{p_{i\cdot}} \quad (j=1,2,\cdots) \tag{2.4.4}$$

为在 $X=x_i$ 条件下随机变量 Y 的条件分布律.

例 2.4.2 设随机变量 (X,Y) 的联合分布律如表 2.4.3 所示.

(1) 在 $Y=0$ 条件下,求 X 的条件分布律.

(2) 判断 X 与 Y 是否相互独立.

表 2.4.3

Y	X		
	−1	0	2
0	0.1	0.2	0
1	0.3	0.05	0.1
2	0.15	0	0.1

解 根据边缘概率的定义,得到边缘分布律,如表 2.4.4 所示.

表 2.4.4

Y	X			$P\{Y=y_j\}$
	−1	0	2	
0	0.1	0.2	0	0.3
1	0.3	0.05	0.1	0.45
2	0.15	0	0.1	0.25
$P\{X=x_i\}$	0.55	0.25	0.2	1

(1) 在 $Y=0$ 条件下，X 的条件分布律为

$$P\{X=-1 \mid Y=0\}=\frac{P\{X=-1,Y=0\}}{P\{Y=0\}}=\frac{0.1}{0.3}=\frac{1}{3},$$

$$P\{X=0 \mid Y=0\}=\frac{P\{X=0,Y=0\}}{P\{Y=0\}}=\frac{0.2}{0.3}=\frac{2}{3},$$

$$P\{X=2 \mid Y=0\}=\frac{P\{X=2,Y=0\}}{P\{Y=0\}}=\frac{0}{0.3}=0.$$

(2) 根据离散型随机变量的独立性，因为

$$P\{X=-1\}=0.55,\quad P\{Y=0\}=0.3,\quad P\{X=-1,Y=0\}=0.1,$$

可见

$$P\{X=-1,Y=0\}\neq P\{X=-1\}P\{Y=0\},$$

所以 X 与 Y 不相互独立.

例 2.4.3　设随机变量 X 在 1,2,3,4 四个整数中等可能地取一个值，另一个随机变量 Y 在 $1\sim X$ 中等可能地取一整数值，试求：

(1) (X,Y) 的联合分布律；

(2) X 和 Y 的边缘分布律；

(3) 在 $Y=1$ 条件下 X 的条件分布律.

解　由题意，X,Y 的可能取值均为 1,2,3,4. 当 $i,j=1,2,3,4$ 时，由乘法公式有

$$P\{X=i,Y=j\}=P\{X=i\}P\{Y=j \mid X=i\}=\begin{cases}\dfrac{1}{4}\times\dfrac{1}{i}, & j\leqslant i,\\[2mm] \dfrac{1}{4}\times 0, & j>i.\end{cases}$$

(1) (X,Y) 的联合分布律如表 2.4.5 所示.

表 2.4.5

Y	X			
	1	2	3	4
1	$\frac{1}{4}$	$\frac{1}{8}$	$\frac{1}{12}$	$\frac{1}{16}$
2	0	$\frac{1}{8}$	$\frac{1}{12}$	$\frac{1}{16}$
3	0	0	$\frac{1}{12}$	$\frac{1}{16}$
4	0	0	0	$\frac{1}{16}$

(2) X 和 Y 的边缘分布律分别如表 2.4.6 和表 2.4.7 所示.

表 2.4.6

X	1	2	3	4
$P\{X=x_i\}$	$\frac{1}{4}$	$\frac{1}{4}$	$\frac{1}{4}$	$\frac{1}{4}$

表 2.4.7

Y	1	2	3	4
$P\{Y=y_j\}$	$\frac{25}{48}$	$\frac{13}{48}$	$\frac{7}{48}$	$\frac{3}{48}$

(3) 由边缘分布律的计算公式,可知 $P\{Y=1\}=\frac{25}{48}$. 再由条件分布律的定义可知

$$P\{X=1 \mid Y=1\}=\frac{P\{X=1,Y=1\}}{P\{Y=1\}}=\frac{12}{25},$$
$$P\{X=2 \mid Y=1\}=\frac{P\{X=2,Y=1\}}{P\{Y=1\}}=\frac{6}{25},$$
$$P\{X=3 \mid Y=1\}=\frac{P\{X=3,Y=1\}}{P\{Y=1\}}=\frac{4}{25},$$
$$P\{X=4 \mid Y=1\}=\frac{P\{X=4,Y=1\}}{P\{Y=1\}}=\frac{3}{25}.$$

因此,在 $Y=1$ 条件下 X 的条件分布律如表 2.4.8 所示.

表 2.4.8

X	1	2	3	4
$P\{X=x_i \mid Y=1\}$	$\frac{12}{25}$	$\frac{6}{25}$	$\frac{4}{25}$	$\frac{3}{25}$

例 2.4.4 一射手进行射击,击中目标的概率为 p,射击到击中目标两次为止. 以 X 表示首次击中目标时的射击次数,Y 表示射击的总次数,试求 X,Y 的联合分布律与条件分布律.

解 由题意,事件 $\{Y=n\}$ 表示"前 $n-1$ 次恰有一次击中目标,且第 n 次击中目标". 各次射击是独立的,因此有

$$P\{X=m,Y=n\}=p^2q^{n-2} \quad (q=1-p;n=2,3,\cdots;m=1,2,\cdots,n-1).$$

$$P\{X=m\}=\sum_{n=m+1}^{\infty}P\{X=m,Y=n\}=\sum_{n=m+1}^{\infty}p^2q^{n-2}$$
$$=p^2\sum_{n=m+1}^{\infty}q^{n-2}=\frac{p^2q^{m-1}}{1-q}=pq^{m-1} \quad (m=1,2,\cdots).$$

同理

$$P\{Y=n\}=\sum_{m=1}^{n-1}p^2q^{n-2}=(n-1)p^2q^{n-2} \quad (n=2,3,\cdots).$$

于是,由式(2.4.3)和式(2.4.4)得

$$P\{X=m \mid Y=n\}=\frac{p^2q^{n-2}}{(n-1)p^2q^{n-2}}=\frac{1}{n-1} \quad (m=1,2,\cdots,n-1).$$

当 $m=1,2,\cdots$ 时,

$$P\{Y=n \mid X=m\}=\frac{p^2q^{n-2}}{pq^{m-1}}=pq^{n-m-1} \quad (n=m+1,m+2,\cdots).$$

§2.5　离散型随机变量函数的分布

在实际应用领域中,很多随机变量之间具有函数关系.如果随机变量 X 具有某种分布,如何求出 X 的函数 $Y=g(X)$ 的分布?本节的内容就是介绍根据随机变量 X 的分布律,求其函数 Y 的分布律的方法.

定义 2.5.1　若存在一个函数 $g(x)$,使得随机变量 X,Y 满足 $Y=g(X)$,则称随机变量 Y 是随机变量 X 的**函数**.

下面主要研究的是随机变量函数的随机性特征,即从自变量 X 的统计规律性出发研究因变量 Y 的统计规律性.

2.5.1　一维离散型随机变量函数的分布

一般地,若已知离散型随机变量 X 的分布律 $P\{X=x_i\}=p_i(i=1,2,\cdots)$,求 $Y=g(X)$ 的分布律的步骤如下:

(1) 给出 Y 的可能取值 $y_1,y_2,\cdots,y_j,\cdots$;

(2) 利用等价事件写出分布律:找出 $\{Y=y_j\}$ 的等价事件 $\{X\in D\}$,得

$$P\{Y=y_j\}=P\{X\in D\}=\sum_{y_j=g(x_i)}P\{X=x_i\}.$$

如果 $g(x_i)$ 的值出现相等的情况,则应把那些相等的值分别合并,同时把对应的概率相加.

离散型随机变量函数的分布举例

例 2.5.1　设离散型随机变量 X 的分布律如表 2.5.1 所示,求 $Y=(X-1)^2$ 的分布律.

表 2.5.1

X	-1	0	1	2
p_k	0.2	0.3	0.1	0.4

解　依题设,将离散型随机变量 X 的取值代入 $Y=(X-1)^2$,可见随机变量 Y 的所有可能取值为 0,1,4.再计算随机变量 Y 在取值 0,1,4 的概率分别为

$$P\{Y=0\}=P\{(X-1)^2=0\}=P\{X=1\}=0.1,$$

$$P\{Y=1\}=P\{(X-1)^2=1\}=P\{X=0\}+P\{X=2\}=0.7,$$

$$P\{Y=4\}=P\{(X-1)^2=4\}=P\{X=-1\}=0.2,$$

从而得到 Y 的分布律,如表 2.5.2 所示.

表 2.5.2

Y	0	1	4
p_k	0.1	0.7	0.2

2.5.2 二维离散型随机变量函数的分布

在实际问题中，有时会遇到求两个随机变量的函数(假定它也是一个随机变量)的分布问题，希望通过已知的 X 与 Y 的联合分布来求随机变量 $Z=g(X,Y)$ 的分布. 对于这类问题，解决的方法，原则上与一维的情形相同.

若已知二维离散型随机变量(X,Y)的联合分布律，求 $Z=g(X,Y)$ 的分布律的步骤如下：

(1) 给出 Z 的可能取值 $z_k=g(x_i,y_j)(k=1,2,\cdots)$；

(2) 利用等价事件写出分布律：

$$P\{Z=z_k\}=P\{g(x_i,y_j)=z_k\}=\sum_{z_k=g(x_i,y_j)}P\{X=x_i,Y=y_j\}\quad(k=1,2,\cdots).$$

例 2.5.2 已知二维随机变量(X,Y)的联合分布律如表2.5.3所示，求 $Z=X+Y$ 和 $W=XY$ 的分布律.

表 2.5.3

Y	X	
	0	1
0	0.4	0.1
1	0.2	0.3

解 由二维随机变量(X,Y)的联合分布律，可得如表 2.5.4 所示数据.

表 2.5.4

p_{ij}	0.4	0.1	0.2	0.3
(X,Y)	(0,0)	(1,0)	(0,1)	(1,1)
$Z=X+Y$	0	1	1	2
$W=XY$	0	0	0	1

与一维离散型随机变量函数的分布求法相同，把数值相同项对应的概率值合并，即可得 $Z=X+Y$ 和 $W=XY$ 的分布律，分别如表 2.5.5 和表 2.5.6 所示.

表 2.5.5

Z	0	1	2
p_k	0.4	0.3	0.3

表 2.5.6

W	0	1
p_k	0.7	0.3

例 2.5.3 设随机变量 X 与 Y 相互独立且服从相同的分布. 已知 $X\sim B\left(2,\frac{1}{2}\right)$，记 $U=\max\{X,Y\}$，$V=\min\{X,Y\}$.

(1) 求(X,Y)的联合分布律.

(2) 求 $Z=XY$ 的分布律.

(3) 求(U,V)的联合分布律.

(4) 判断 U 与 V 是否相互独立.

解 由已知条件知 X 的分布律如表 2.5.7 所示.

表 2.5.7

X	0	1	2
p_k	$\frac{1}{4}$	$\frac{1}{2}$	$\frac{1}{4}$

由独立性的定义可得

$$P\{X=i,Y=j\}=P\{X=i\}P\{Y=j\} \quad (i,j=0,1,2).$$

(1) 依题设,可得(X,Y)的联合分布律如表 2.5.8 所示.

表 2.5.8

Y	X		
	0	1	2
0	$\frac{1}{16}$	$\frac{2}{16}$	$\frac{1}{16}$
1	$\frac{2}{16}$	$\frac{4}{16}$	$\frac{2}{16}$
2	$\frac{1}{16}$	$\frac{2}{16}$	$\frac{1}{16}$

由题意,对二维随机变量(X,Y)的函数求相应的概率,如表 2.5.9 所示.

表 2.5.9

p_{ij}	$\frac{1}{16}$	$\frac{2}{16}$	$\frac{1}{16}$	$\frac{2}{16}$	$\frac{4}{16}$	$\frac{2}{16}$	$\frac{1}{16}$	$\frac{2}{16}$	$\frac{1}{16}$
(X,Y)	(0,0)	(0,1)	(0,2)	(1,0)	(1,1)	(1,2)	(2,0)	(2,1)	(2,2)
$Z=XY$	0	0	0	0	1	2	0	2	4
$U=\max\{X,Y\}$	0	1	2	1	1	2	2	2	2
$V=\min\{X,Y\}$	0	0	0	0	1	1	0	1	2

(2) $Z=XY$ 的分布律如表 2.5.10 所示.

表 2.5.10

Z	0	1	2	4
p_k	$\frac{7}{16}$	$\frac{4}{16}$	$\frac{4}{16}$	$\frac{1}{16}$

(3) (U,V) 的联合分布律如表 2.5.11 所示.

表 2.5.11

V	U		
	0	1	2
0	$\frac{1}{16}$	$\frac{4}{16}$	$\frac{2}{16}$
1	0	$\frac{4}{16}$	$\frac{4}{16}$
2	0	0	$\frac{1}{16}$

(4) U 与 V 的分布律分别如表 2.5.12 和表 2.5.13 所示.

表 2.5.12

U	0	1	2
p_k	$\frac{1}{16}$	$\frac{8}{16}$	$\frac{7}{16}$

表 2.5.13

V	0	1	2
p_k	$\frac{7}{16}$	$\frac{8}{16}$	$\frac{1}{16}$

显然有

$$P\{U=0,V=0\} \neq P\{U=0\}P\{V=0\},$$

所以 U 与 V 不相互独立.

例 2.5.4 设随机变量 X 与 Y 相互独立,且 $X \sim B(n,p)$,$Y \sim B(m,p)$,试证:

$$Z=X+Y \sim B(n+m,p).$$

证明 由题设可知

$$P\{X=i\}=\mathrm{C}_n^i p^i(1-p)^{n-i} \quad (i=0,1,2,\cdots,n),$$

$$P\{Y=j\}=\mathrm{C}_m^j p^j(1-p)^{m-j} \quad (j=0,1,2,\cdots,m),$$

所以

$$\begin{aligned}P\{Z=k\}&=P\{X=i,Y=k-i\}=\sum_{i=0}^{k}P\{X=i\}P\{Y=k-i\}\\&=\sum_{i=0}^{k}\mathrm{C}_n^i p^i(1-p)^{n-i}\mathrm{C}_m^{k-i}p^{k-i}(1-p)^{m-(k-i)}\\&=p^k(1-p)^{n+m-k}\sum_{i=0}^{k}\mathrm{C}_n^i\mathrm{C}_m^{k-i}=\mathrm{C}_{n+m}^k p^k(1-p)^{n+m-k}.\end{aligned}$$

可见,$Z=X+Y \sim B(n+m,p)$.

例 2.5.5 设随机变量 X 与 Y 相互独立,它们分别服从参数为 λ_1,λ_2 的泊松分布,证明:$Z=X+Y$ 服从参数为 $\lambda_1+\lambda_2$ 的泊松分布.

证明 因 X 和 Y 分别服从参数为 λ_1,λ_2 的泊松分布,故有

$$P\{X=i\}=\mathrm{e}^{-\lambda_1}\frac{\lambda_1^i}{i!} \quad (i=0,1,2,\cdots),$$

$$P\{Y=j\}=\mathrm{e}^{-\lambda_2}\frac{\lambda_2^j}{j!} \quad (j=0,1,2,\cdots).$$

根据 X 与 Y 相互独立,所求随机变量 $Z=X+Y$ 的分布律为

$$\begin{aligned}P\{Z=k\}&=P\{X=i,Y=k-i\}=\sum_{i=0}^{k}P\{X=i\}P\{Y=k-i\}\\&=\sum_{i=0}^{k}\left(\mathrm{e}^{-\lambda_1}\frac{\lambda_1^i}{i!}\cdot\mathrm{e}^{-\lambda_2}\frac{\lambda_2^{k-i}}{(k-i)!}\right)=\mathrm{e}^{-(\lambda_1+\lambda_2)}\frac{(\lambda_1+\lambda_2)^k}{k!}.\end{aligned}$$

可见,$Z=X+Y$ 服从参数为 $\lambda_1+\lambda_2$ 的泊松分布.

§2.6　问题拓展探索之二
——几个常用离散型分布的性质拓展与应用

二项分布、泊松分布和几何分布是三个常用的离散型分布，这三个分布具有良好的性质及拓展，并由此可延伸出一些有价值的应用.

2.6.1　随机变量的可加性及其应用

前面已经介绍了二项分布、泊松分布的可加性，即对于两个相互独立的随机变量 X 和 Y，当 $X \sim B(n,p)$，$Y \sim B(m,p)$ 时，$X+Y \sim B(m+n,p)$；当 $X \sim P(\lambda_1)$，$Y \sim P(\lambda_2)$ 时，$X+Y \sim P(\lambda_1+\lambda_2)$. 几何分布同样具有这种可加性.

在 n 重伯努利试验中，设事件 A 每次试验成功的概率为 p，则事件 A 首次成功所需试验次数 $X \sim G(p)$，即

$$P\{X=k\}=p(1-p)^{k-1}\quad (k=1,2,\cdots).$$

定理 2.6.1　**若随机变量 X 与 Y 相互独立，且 $X \sim G(p)$，$Y \sim G(p)$，则有**

$$P\{X+Y=k\}=\mathrm{C}_{k-1}^{1}p^2(1-p)^{k-2}\quad (k=2,3,\cdots).$$

证明　由于

$$P\{X+Y=k\}=\sum_{i=1}^{k-1}P\{X=i,Y=k-i\}=\sum_{i=1}^{k-1}P\{X=i\}P\{Y=k-i\},$$

因此

$$P\{X+Y=k\}=\mathrm{C}_{k-1}^{1}p^2(1-p)^{k-2}\quad (k=2,3,\cdots).$$

根据定理 2.6.1，不难得出以下两个推论.

推论 1　若随机变量 $X_1,X_2,\cdots,X_r$ 相互独立，且 $X_i \sim G(p)(i=1,2,\cdots,r)$，令 $Y=\sum_{i=1}^{r}X_i$，则有

$$P\{Y=k\}=\mathrm{C}_{k-1}^{r-1}p^r(1-p)^{k-r}\quad (k=r+1,r+2,\cdots).$$

上述分布称为**负二项分布**，记为 $Y \sim Nb(r,p)$. 当 $r=1$ 时，即为几何分布.

推论 2　若随机变量 X 与 Y 相互独立，且 $X \sim Nb(r_1,p)$，$Y \sim Nb(r_2,p)$，则有

$$X+Y \sim Nb(r_1+r_2,p).$$

下面根据二项分布、泊松分布和几何分布的可加性，探讨一些应用问题.

例 2.6.1　设随机变量 X 与 Y 相互独立且服从相同的分布，试在下列情况下求 $P\{X=k \mid X+Y=s\}$：

(1) $X \sim B(n_1,p)$，$Y \sim B(n_2,p)$；

(2) $X \sim P(\lambda_1)$，$Y \sim P(\lambda_2)$；

(3) $X \sim G(p)$，$Y \sim G(p)$.

解 (1) 因为 $X+Y \sim B(n_1+n_2,p)$,所以

$$P\{X=k \mid X+Y=s\}=\frac{P\{X=k,X+Y=s\}}{P\{X+Y=s\}}=\frac{P\{X=k\}P\{Y=s-k\}}{P\{X+Y=s\}}$$

$$=\frac{\mathrm{C}_{n_1}^k p^k(1-p)^{n_1-k}\mathrm{C}_{n_2}^{s-k}p^{s-k}(1-p)^{n_2-s+k}}{\mathrm{C}_{n_1+n_2}^s p^s(1-p)^{n_1+n_2-s}}=\frac{\mathrm{C}_{n_1}^k\mathrm{C}_{n_2}^{s-k}}{\mathrm{C}_{n_1+n_2}^s}.$$

以上分布是一个超几何分布,记为 $H(s,n_1,n_1+n_2)$.

(2) 因为 $X+Y \sim P(\lambda_1+\lambda_2)$,所以

$$P\{X=k \mid X+Y=s\}=\frac{P\{X=k,X+Y=s\}}{P\{X+Y=s\}}=\frac{P\{X=k\}P\{Y=s-k\}}{P\{X+Y=s\}}$$

$$=\frac{\dfrac{\lambda_1^k\mathrm{e}^{-\lambda_1}}{k!}\dfrac{\lambda_2^{s-k}\mathrm{e}^{-\lambda_2}}{(s-k)!}}{\dfrac{(\lambda_1+\lambda_2)^s\mathrm{e}^{-\lambda_1-\lambda_2}}{s!}}=\mathrm{C}_s^k\left(\frac{\lambda_1}{\lambda_1+\lambda_2}\right)^k\left(\frac{\lambda_2}{\lambda_1+\lambda_2}\right)^{s-k}.$$

以上分布是一个二项分布,记为 $B\left(s,\dfrac{\lambda_1}{\lambda_1+\lambda_2}\right)$.

(3) 根据定理 2.6.1 及其推论可知,$X+Y \sim Nb(2,p)$,所以

$$P\{X=k \mid X+Y=s\}=\frac{P\{X=k,X+Y=s\}}{P\{X+Y=s\}}=\frac{P\{X=k\}P\{Y=s-k\}}{P\{X+Y=s\}}$$

$$=\frac{p(1-p)^{k-1}p(1-p)^{s-k-1}}{\mathrm{C}_{s-1}^1 p^2(1-p)^{s-2}}=\frac{1}{s-1}.$$

在 $X+Y=s$ 的条件下,X 等可能地取值 $1,2,\cdots,s-1$.

2.6.2 几个常用离散型分布的多维拓展及其应用

1. 从二项分布到多项分布

二项分布的前提条件是,在每次试验中只有两种结果出现,即事件 A 发生或者不发生.但在现实中每次试验的结果可能不止两种,可能会出现三种甚至多种,这样就产生了多项分布.

定理 2.6.2 **进行 n 次独立重复试验,如果每次试验有 3 个互不相容的结果 A_1,A_2,A_3 之一发生,且 $P(A_i)=p_i(i=1,2,3)$, $p_1+p_2+p_3=1$,记 X_i 为 n 次独立重复试验中 A_i 出现的次数,则**

$$P\{X_1=n_1,X_2=n_2,X_3=n_3\}=\frac{n!}{n_1!n_2!n_3!}p_1^{n_1}p_2^{n_2}p_3^{n_3}\quad(n_1+n_2+n_3=n).$$

证明 假定在 n 次独立重复试验中,事件 A 表示"前 n_1 次都是 A_1 发生,接下来 n_2 次都是 A_2 发生,最后的 n_3 次都是 A_3 发生",则事件 A 发生的概率为

$$P(A)=p_1^{n_1}p_2^{n_2}p_3^{n_3},$$

式中 $n_1+n_2+n_3=n$.又知这种指定的方式有 $\mathrm{C}_n^{n_1}\mathrm{C}_{n-n_1}^{n_2}=\dfrac{n!}{n_1!n_2!n_3!}$ 种,因此定理得证.

定理 2.6.3 **进行 n 次独立重复试验,如果每次试验有 r 个互不相容的结果 A_1,**

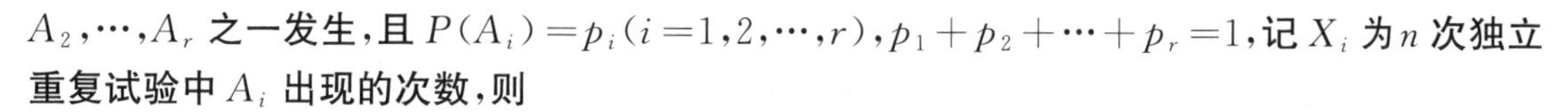

$A_2,\cdots,A_r$ 之一发生,且 $P(A_i)=p_i(i=1,2,\cdots,r)$,$p_1+p_2+\cdots+p_r=1$,记 X_i 为 n 次独立重复试验中 A_i 出现的次数,则

$$P\{X_1=n_1,X_2=n_2,\cdots,X_r=n_r\}=\frac{n!}{n_1!\,n_2!\cdots n_r!}p_1^{n_1}p_2^{n_2}\cdots p_r^{n_r}\quad(n_1+n_2+\cdots+n_r=n).$$

例 2.6.2　一个人的血型为 A,B,AB,O 型的概率分别为 0.37, 0.21, 0.08, 0.34. 现任意挑选 4 个人,试求:

(1) 此 4 人的血型全不相同的概率;

(2) 此 4 人的血型全部相同的概率.

解　这是一个多项分布的问题,其中 $n=4$, $p_1=0.37$, $p_2=0.21$, $p_3=0.08$, $p_4=0.34$.

(1) 当此 4 人的血型全不相同时,$n_1=n_2=n_3=n_4=1$. 根据定理 2.6.3,有

$$4!p_1p_2p_3p_4\approx 0.0507.$$

(2) 此 4 人的血型全部相同,意味着 4 种血型中的任意一种全相同都可以. 因此,n_1,n_2,n_3,n_4 可能的组合为

$$n_1=4,n_2=n_3=n_4=0;\quad n_1=0,n_2=4,n_3=n_4=0;$$
$$n_1=n_2=0,n_3=4,n_4=0;\quad n_1=n_2=n_3=0,n_4=4.$$

根据定理 2.6.3,此 4 人的血型全部相同的概率为

$$p_1^4+p_2^4+p_3^4+p_4^4\approx 0.0341.$$

2. 泊松二项混合分布

假设随机变量 X 服从参数为 λ 的泊松分布,即

$$P\{X=n\}=\frac{\lambda^n}{n!}e^{-\lambda}\quad(\lambda>0).$$

另一个随机变量 Y 关于 X 的条件分布为一个二项分布,即

$$P\{Y=m\mid X=n\}=C_n^m p^m(1-p)^{n-m}\quad(0<p<1).$$

于是,二维随机变量 (X,Y) 的联合分布律为

$$\begin{aligned}P\{X=n,Y=m\}&=P\{X=n\}P\{Y=m\mid X=n\}\\&=\frac{\lambda^n p^m(1-p)^{n-m}}{m!(n-m)!}e^{-\lambda}\quad(\lambda>0,0<p<1),\end{aligned}$$

式中 $m=0,1,2,\cdots,n$;$n=0,1,2,\cdots$. 以上分布称为**泊松二项混合分布**.

定理 2.6.4　**设二维随机变量 (X,Y) 服从泊松二项混合分布,则随机变量 X 与 Y 的边缘分布分别服从参数为 λ 与 λp 的泊松分布.**

证明　随机变量 X 的边缘分布律为

$$\begin{aligned}P\{X=n\}&=\sum_{m=0}^{n}P\{X=n,Y=m\}=\frac{\lambda^n e^{-\lambda}}{n!}\sum_{m=0}^{n}\frac{n!}{m!(n-m)!}p^m(1-p)^{n-m}\\&=\frac{\lambda^n e^{-\lambda}}{n!}\quad(n=0,1,2,\cdots).\end{aligned}$$

随机变量 Y 的边缘分布律为

$$\begin{aligned}P\{Y=m\}&=\sum_{n=0}^{\infty}P\{X=n,Y=m\}=\frac{(\lambda p)^m e^{-\lambda}}{m!}\sum_{n=m}^{\infty}\frac{[\lambda(1-p)]^{n-m}}{(n-m)!}\\&=\frac{(\lambda p)^m e^{-\lambda}}{m!}e^{\lambda(1-p)}=\frac{(\lambda p)^m e^{-\lambda p}}{m!}\quad(m=0,1,2,\cdots).\end{aligned}$$

例 2.6.3 已知一家妇幼保健医院中每天诞生婴儿的个数 X 服从参数为 $\lambda=21$ 的泊松分布，而每一个出生的婴儿中男婴的概率为 $p=0.505$. 记 Y 表示该医院每天诞生的男婴个数，试求：

(1) (X,Y) 的联合分布律；

(2) Y 的边缘分布律.

解 (1) 依题意可知，(X,Y) 服从泊松二项混合分布，故其联合分布律为

$$P\{X=n,Y=m\}=\frac{21^n\times 0.505^m\times 0.495^{n-m}}{m!(n-m)!}\mathrm{e}^{-21}\quad(m=0,1,2,\cdots,n;n=0,1,2,\cdots).$$

(2) 根据定理 2.6.4 可知，Y 的边缘分布律为

$$P\{Y=m\}=\frac{10.605^m\mathrm{e}^{-10.605}}{m!}\quad(m=0,1,2,\cdots).$$

§2.7 趣味问题求解与 Python 实现之二

2.7.1 分工与协作的效率比较

1. 问题提出

设有同类型设备 90 台，每台工作相互独立，且发生故障的概率均为 0.01. 在通常情况下，一台设备发生故障可由一个人独立维修，每个人同时也只能维修一台设备.

(1) 试问：为保证当设备发生故障不能及时维修的概率小于 0.01，至少要配备多少名维修工人？

(2) 现有 90 台设备和 3 名维修工人，有以下两种工作分派方案：

方案一：3 个人共同负责 90 台.

方案二：3 个人各自独立负责 30 台.

问：哪种方案对设备发生故障不能及时维修的概率低？

2. 分析与求解

(1) 问题一分析与求解.

设需要配备 M 名维修工人. 记 X 表示 90 台设备中发生故障的台数，且 X 服从二项分布，则 $X\sim B(90,0.01)$. 用泊松分布近似计算，令 $\lambda=np=0.9$，则有

$$P\{X>M\}=\sum_{i=M+1}^{90}\mathrm{C}_{90}^{i}0.01^i 0.99^{90-i}=\sum_{i=M+1}^{90}\mathrm{e}^{-0.9}\frac{0.9^i}{i!}.$$

由已知，得

$$P\{X>M\}=1-P\{X\leqslant M\}<0.01,$$

即有

$$P\{X\leqslant M\}>0.99.$$

由于

$$P\{X \leqslant 3\}=\sum_{i=0}^{3} \frac{0.9^i \mathrm{e}^{-0.9}}{i!}=0.9865<0.99<P\{X \leqslant 4\}=\sum_{i=0}^{4} \frac{0.9^i \mathrm{e}^{-0.9}}{i!}=0.9977,$$

因此至少要配备 4 名维修工人,才能保证设备发生故障不能及时维修的概率小于 0.01.

利用 Python,可以得到配备维修工人数与设备不能及时维修概率的表格(见表 2.7.1)及图形(见图 2.7.1).

表 2.7.1

M	0	1	2	3	4
$P\{X>M\}$	0.593	0.227	0.063	0.013	0.002

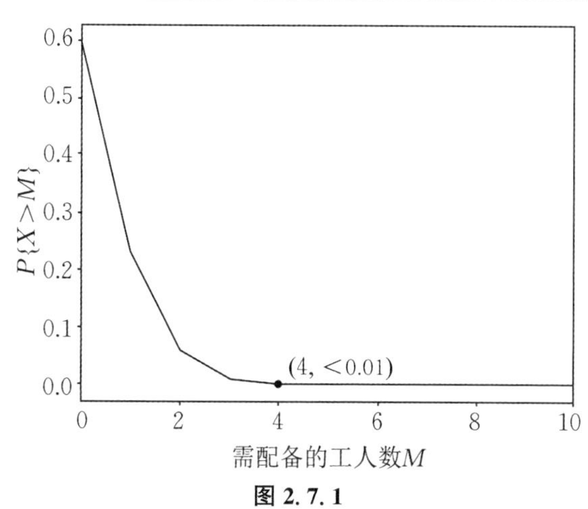

图 2.7.1

(2) 问题二分析与求解.

对于方案一,设事件 B 表示"3 个人共同负责 90 台设备发生故障不能及时维修",则

$$P(B)=P\{X>3\}=1-P\{X \leqslant 3\}=1-\sum_{i=0}^{3} \frac{0.9^i \mathrm{e}^{-0.9}}{i!}=0.0135.$$

对于方案二,记事件 D_k 表示"第 k 个人负责 30 台设备发生故障不能及时维修"($k=1,2,3$),Y 表示第 k 个人负责的 30 台设备中发生故障的台数,因此有 $Y \sim B(30,0.01)$,则

$$P(D_k)=P\{Y \geqslant 2\}=\sum_{i=2}^{\infty} \frac{0.3^i \mathrm{e}^{-0.3}}{i!}=0.0369.$$

记事件 C 表示"3 个人各自独立负责 30 台设备发生故障不能及时维修",则

$$\begin{aligned} P(C)&=P(D_1 \cup D_2 \cup D_3)=1-P(\overline{D_1 \cup D_2 \cup D_3}) \\ &=1-\prod_{k=1}^{3} P(\overline{D}_k) \approx 0.1067. \end{aligned}$$

因此,$P(B)<P(C)$,即方案一优于方案二.

3. 基于 Python 的伪代码

(1) Python 计算的目标.

计算配备维修工人数与设备不能及时维修概率的对应值,并画出其图形.

(2) Python 计算的伪代码.

Process:

```
1: n → 90
2: p → 0.01
```

```
3: y_sum → []
4: y → []
5: px_m → []
6: m → (0,n)
7: for i in (0,n) do
8:     y = []
9:     for in(M + 1,n + 1) do
10:         y.append(math.comb(n,i)*(p**i)*((1 - p)**(n - i)))
11: end for
12:     y_sum → sum(y).add
13: end for
14: plot(m,y_sum)
15: print y_sum.index(0.01) +1
```

4. Python 实现代码

```
# 维修分派
# X ~ B(n,p)
# math.comb(n,m) Cn 取 m
# math.perm(n,k = None) An 取 k

import math
import matplotlib.pyplot as plt
from matplotlib.pylab import mpl

mpl.rcParams['font.sans-serif'] = ['SimHei']
n = 90
p = 0.01
y_sum = []
y = []
px_m = []
m = list(range(0,n))
for M in m:
    y = []
    for i in range(M+1,n+1):
        y.append(math.comb(n,i)*(p**i)*((1-p)**(n-i)))
    y_sum.append(round(sum(y),3))
plt.plot(m,y_sum)
```

```
plt.xlim(0,10)
plt.xlabel("需配备的工人数M")
plt.ylabel("P(x>M)")
plt.plot(y_sum.index(0.002), 0.00, marker='.', color='black')
plt.annotate("(%s, <0.01)"%(y_sum.index(0.002)),xy=(y_sum.index(0.002),0.002),
             xytext=(11,0),textcoords='offset points')
plt.show()
k=0
for i in y_sum:
    k=k+1
    print(round(i,8), end=',')
    if k%5==0:
        print('\n')
```

2.7.2　火柴游戏问题

1. 问题提出

某数学家有两盒火柴，每盒都有 n 根，每次使用时，他任取一盒并从中抽出一根.

(1) 试求他发现一盒空而另一盒还有 $r(0\leqslant r\leqslant n)$ 根的概率.

(2) 在上述问题中，假设他发现一盒有 X 根火柴，另一盒有 Y 根火柴，试求事件 $P\{X=x, Y=y\}$ 的概率.

2. 分析与求解

(1) 问题一分析与求解.

记两盒火柴分别为 a，b. 设事件 D 表示“发现一盒空而另一盒还有 r 根”，D_1 表示“发现 a 盒空而 b 盒还有 r 根”，D_2 表示“发现 b 盒空而 a 盒还有 r 根”. 于是，有 $D=D_1\cup D_2$，且 $D_1D_2=\varnothing$.

方法一：古典概型法.

由于该数学家抽取 a 盒中的火柴与抽取 b 盒中的火柴是等可能的，故当D_1 发生时，a 盒火柴被抽取了 $n+1$ 次，而 b 盒火柴被抽取了 $n-r$ 次，因此总共做了 $2n+1-r$ 次随机试验，样本空间样本点总数为 2^{2n+1-r}. 在这 $2n+1-r$ 次试验中，前 $2n-r$ 次中 a 盒恰好取到 n 次，第 $2n+1-r$ 次是取到 a 盒，才能发现 a 盒已空，故D_1 的样本点数为C_{2n-r}^{n}. 因此，可得

$$P(D_1)=P(D_2)=\frac{C_{2n-r}^{n}}{2^{2n+1-r}},$$

从而

$$P(D)=P(D_1)+P(D_2)=\frac{C_{2n-r}^{n}}{2^{2n-r}}.$$

利用 Python 可得到当 $n=10$ 时 r 与概率 $P(D)$ 的关系，如图 2.7.2 所示.

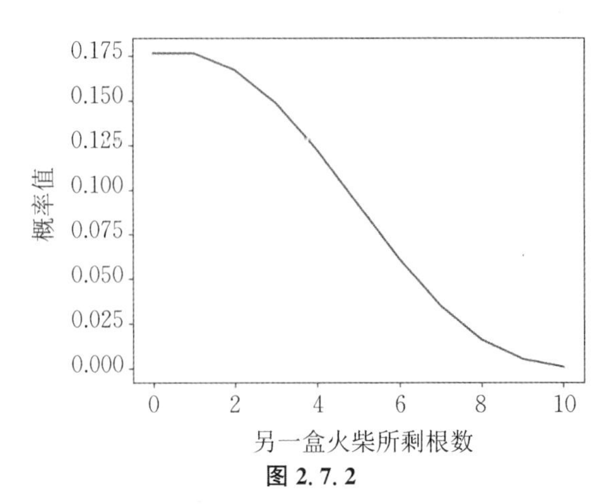

图 2.7.2

方法二:条件概率与二项分布的综合运用法.

设事件E_i 表示"第 i 次抽取到 a 盒火柴",则有$P(E_i)=p=\frac{1}{2}(i=1,2,\cdots,2n+1-r)$. 又设 T 表示$E_1,E_2,\cdots,E_{2n-r}$ 中发生的个数,则

$$P\{T=t\}=C_{2n-r}^{t}p^{t}(1-p)^{2n-r-t}\quad(t=0,1,2,\cdots,2n-r).$$

因此有

$$\begin{aligned}P(D_1)=P(D_2)&=P(E_{2n+1-r})P\{T=n\mid E_{2n+1-r}\}\\&=p\cdot C_{2n-r}^{n}p^{n}(1-p)^{n-r}=\frac{C_{2n-r}^{n}}{2^{2n+1-r}},\end{aligned}$$

故

$$P(D)=P(D_1)+P(D_2)=\frac{C_{2n-r}^{n}}{2^{2n-r}}.$$

(2) 问题二分析与求解.

记两盒火柴分别为 a,b. 设事件 G 表示"发现一盒有 x 根火柴,另一盒有 y 根火柴",G_1 表示"发现 a 盒有 x 根火柴,b 盒有 y 根火柴",G_2 表示"发现 b 盒有 x 根火柴,a 盒有 y 根火柴".

当 G_1 发生时,a 盒火柴被抽取了 $n-x+1$ 次,而 b 盒火柴被抽取了 $n-y$ 次,因此总共做了 $2n-x-y+1$ 次随机试验,样本空间样本点总数为 $2^{2n-x-y+1}$. 在这 $2n-x-y+1$ 次试验中,前 $2n-x-y$ 次中 a 盒恰好取到 $n-x$ 次,第 $2n-x-y+1$ 次又取到 a 盒,因此 G_1 的样本点数为 C_{2n-x-y}^{n-x}. 因此,可得

$$P(G_1)=P(G_2)=\frac{C_{2n-x-y}^{n-x}}{2^{2n-x-y+1}},$$

从而 $P(G)=\frac{C_{2n-x-y}^{n-x}}{2^{2n-x-y}}$,即有

$$P\{X=x,Y=y\}=\frac{C_{2n-x-y}^{n-x}}{2^{2n-x-y}}\quad(0\leqslant x\leqslant n,0\leqslant y\leqslant n).$$

可以利用 Python 软件,依据每盒火柴数与所剩根数,求解以上问题.

3. 基于 Python 的伪代码

(1) Python 计算的目标.

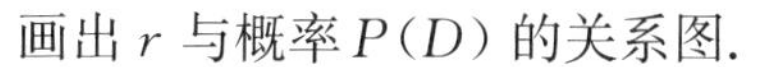

画出 r 与概率 $P(D)$ 的关系图.

(2) Python 计算的伪代码.

Process:

```
1: for r in range(0,n+1):
2:     P(D).append(math.comb(2 * n-r,n)/math.pow(2,2 * n-r))
3: plot(range(0,n+1),P(D))
```

---

4. Python 实现代码

```
import math
import matplotlib.pyplot as plt
from matplotlib.pylab import mpl
mpl.rcParams['font.sans-serif'] = ['SimHei']

n = int(input("请输入一盒火柴的根数:"))
r = int(input("另一盒火柴所剩根数(0≤r≤n):"))
n = 10
y = []
for r in range(0,n+1):
    y.append(math.comb(2 * n-r,n)/math.pow(2,2 * n-r))
    print(y)
plt.plot(range(0,n+1),y)
plt.xlabel("另一盒火柴所剩根数")
plt.ylabel("概率值")
plt.show()
```

2.7.3　质点的运动坐标

1. 问题提出

一个质点从平面直角坐标系的原点开始,等可能地向上、下、左、右四个方向随机游动,每次游动的距离为 1.

(1) 求经过 $2n$ 次游动后,质点回到出发点的概率;

(2) 求经过 $2n$ 次游动后,质点的坐标为 $(X=i,Y=j)(i\geqslant 0,j\geqslant 0)$ 的概率.

2. 分析与求解

(1) 问题一分析与求解.

记事件 A_{2n} 表示"经过 $2n$ 次游动后质点回到出发点". 质点向上、向下、向左、向右随机经过 $2n$ 次游动,样本空间样本点总数为 4^{2n}. 要质点回到出发点,则需满足上下游动次数相等、左右游动次数相等两个条件. 记事件 D_k 表示"质点上下游动各 k 次,则左右游动各 $n-k$ 次",则 D_k 包含的样本点数为

$$\mathrm{C}_{2n}^{k}\mathrm{C}_{2n-k}^{k}\mathrm{C}_{2n-2k}^{n-k}\mathrm{C}_{n-k}^{n-k}=\frac{(2n)!}{k!k!(n-k)!(n-k)!}.$$

于是,A_{2n} 所含样本点数为

$$\sum_{k=0}^{n}\frac{(2n)!}{k!k!(n-k)!(n-k)!}=\frac{(2n)!}{n!n!}\sum_{k=0}^{n}\frac{n!n!}{k!k!(n-k)!(n-k)!}$$
$$=C_{2n}^{n}\sum_{k=0}^{n}C_n^kC_n^{n-k}=(C_{2n}^{n})^2.$$

因此,A_{2n} 的概率为

$$P(A_{2n})=\frac{(C_{2n}^{n})^2}{4^{2n}}.$$

可以利用 Python,输入游动次数,并求解出相应结果的值.

(2) 问题二分析与求解.

记事件B_{2n} 表示"经过 $2n$ 次游动后,质点的坐标为($X=i,Y=j$)"($i\geqslant 0,j\geqslant 0$). 因此,$i$ 与 j 同为奇数或同为偶数.

质点向上、向下、向左、向右随机经过 $2n$ 次游动,样本空间样本点总数为4^{2n}. 要使质点的坐标为($X=i,Y=j$),记向左、向下游动一格为 -1,向右、向上游动一格为 1,假设质点向左游动 k 次、向下游动 w 次,则向右需要游动 $i+k$ 次、向上需要游动 $j+w$ 次,故有 $i+j+2(k+w)=2n$,从而有 $w=n-k-\frac{i+j}{2}$. 因此,质点向上游动的次数为 $n-k+\frac{j-i}{2}$. 记事件H_k 表示"质点向左游动 k 次,向右游动 $i+k$ 次,向下游动 $n-k-\frac{i+j}{2}$ 次,向上游动 $n-k+\frac{j-i}{2}$ 次",则H_k 包含的样本点数为$\frac{(2n)!}{k!(i+k)!\left(n-k-\frac{i+j}{2}\right)!\left(n-k+\frac{j-i}{2}\right)!}$. 同时,上式中的 k 需同时满足如下条件:

$$k\geqslant 0,\quad i+k\geqslant 0,\quad n-k-\frac{i+j}{2}\geqslant 0,\quad n-k+\frac{j-i}{2}\geqslant 0,$$

容易求出,$0\leqslant k\leqslant n-\frac{i+j}{2}$. 于是,$B_{2n}$ 所含样本点数为

$$\sum_{k=0}^{n-\frac{i+j}{2}}\frac{(2n)!}{k!(i+k)!\left(n-k-\frac{i+j}{2}\right)!\left(n-k+\frac{j-i}{2}\right)!}.$$

因此,B_{2n} 的概率为

$$P(B_{2n})=\frac{1}{4^{2n}}\sum_{k=0}^{n-\frac{i+j}{2}}\frac{(2n)!}{k!(i+k)!\left(n-k-\frac{i+j}{2}\right)!\left(n-k+\frac{j-i}{2}\right)!}.$$

3. 基于 Python 的伪代码

(1) Python 计算的目标.

当 $n=20,i=5,j=9$ 时,求解B_{2n} 的概率.

(2) Python 计算的伪代码.

Process:

```
1: n → 20
2: i → 5
```

```
3: j → 9
4: pb → 0
5: n_fac → math.factorial(2*n)
6: n_pow =→ math.pow(4,2*n)
7: print("(2n)!=",n_fac)
8: print("4^(2n) =",n_pow)
9: for kk in range(0,int(n-(i+j)/2)+1):
10:     pb+=n_fac/(math.factorial(kk)*math.factorial(kk+i)*math.
            factorial(n-kk-(i+j)/2)*math.factorial(n-kk+(j-i)/2)*n_pow)
11: print("pb= ",pb)
```

4. Python 实现代码

```
import math
n=int(input("请输入运动的次数 n:"))
i=int(input("请输入质点落在坐标轴上的横坐标 i:"))
j=int(input("请输入质点落在坐标轴上的纵坐标 j:"))
pb=0
n_fac=math.factorial(2*n)  #(2n)!
n_pow=math.pow(4,2*n)  #4^2n
print("(2n)!=", n_fac)
print("4^(2n) =", n_pow)
for kk in range(0,int(n-(i+j)/2)+1):
    pb+=n_fac/(math.factorial(kk)*math.factorial(kk+i)*math.
        factorial(n-kk-(i+j)/2)*math.factorial(n-kk+(j-i)/2)*n_pow)
print("pb=",pb)
```

§2.8　课程趣味阅读之二

2.8.1　帕斯卡与早期概率论的发展

帕斯卡师从其父亲学习数学，在父亲精心培养下，帕斯卡 16 岁时发现帕斯卡六边形定理，17 岁时写成《圆锥曲线论》，并由此定理导出 400 余条推论，这是古希腊阿波罗尼奥斯以来圆锥曲线论的最大进步. 1642 年，帕斯卡发明世界上第一台机械加法计算机 —— 帕斯卡计算器，1647 年他发现了流体静力学的帕斯卡定律，1654 年研究二项式系数性质，写出《论算术三角形》一文，还深入讨论不可分原理，这实际上相当于已知道$\int_0^a x^n \mathrm{d}x = \dfrac{a^{n+1}}{n+1}$. 他应用此方法解决了摆线问题. 1658 年，帕斯卡完成了《摆线论》，这给莱布尼茨很大启发，促使了微积分的建立.

他 30 岁时曾研究过赌博问题，对早期概率论的发展颇有影响. 相传三百多年前，当时饮誉欧洲号称“神童”的帕斯卡，在一次旅行途中偶遇贵族公子德·梅耳(一个赌徒)，梅耳向帕斯卡请教一个亲身经历的“分赌注”问题，以此来消磨时间．问题是这样的：一次梅耳和赌友掷骰子，各押相同赌注．规定谁先掷出三次“6 点”就算谁胜．比赛进行一段时间因故中断．此时，梅耳已掷出两次“6 点”，赌友掷出一次，但关于如何分赌注，两人产生了分歧．赌友认为，梅耳再掷一次“6 点”就赢，而自己若再掷出两次也就赢了，故赌注应按 2∶1 分．梅耳认为，即使赌友下一次掷出“6 点”，两人也是平分秋色，各自收回赌注，何况自己还有一半的可能获胜，故他主张赌注按 3∶1 分．赌注究竟如何分才合理呢？这居然也难住了帕斯卡，因为当时并没有相关知识来解决此类问题，而且两人说的似乎都有道理．后来经过他长时间的探索与研究，终于摸索出一些基本规律，且认为梅耳的分法是对的．

2.8.2 “薛定谔猫”与“三门问题”的概率转移原理

事件的概率是对其在某个时点发生可能性大小的一种度量，当时点发生改变时，同样事件的概率也就随之改变，称为概率转移．从概率转移的角度，对“薛定谔猫问题”与“三门问题”进行解释，将有助于理解这两个著名问题的本质，并将其在现实中加以运用．

1．“薛定谔猫”的概率转移原理

“薛定谔猫”是著名物理学家薛定谔提出的一个思想实验，试图证明量子力学在宏观条件下的不完备性．在量子理论发展的初期，爱因斯坦和玻尔正在争论一个话题．爱因斯坦非常坚持实在论，否定量子的不确定性，同玻尔还展开了世纪论战．薛定谔支持爱因斯坦的观点，于是就设计出了著名的“薛定谔猫”思想实验，以此来反驳玻尔．实验是这样的：将一只猫放入一个密封的盒子内，里面放入少量的放射性物质和一个毒气瓶．如果放射性物质发生衰变，就会触发机关打翻毒气瓶进而将猫毒死，放射性物质衰变的概率是 50%．因此，猫或死或活，其死、活的概率各占一半．

打开盒子之前，人们不知道猫是死是活；但一旦人们打开盒子，光线将诱发放射性物质发生衰变，将即使是活着的猫也毒死了．量子力学认为这种不确定性的半死半活猫本身就是一种合理的状态，是世界的本质状态，但随着外界环境发生改变，原来的量子态就会发生改变．这一点类似于“薛定谔猫”，于是“薛定谔猫”现在成了量子力学的代名词．该问题的数学描述是：开盒之前猫存活的概率为 50%，开盒之后猫存活的概率为 0．

“薛定谔猫”实验的贡献：试图从宏观尺度阐述微观尺度的量子态叠加原理的问题，巧妙地把微观物质在观测后是粒子还是波的存在形式和宏观的猫联系起来，以此求证观测介入时量子态的存在形式．随着技术的发展，人们在光子、原子、分子中实现了“薛定谔猫”态．进一步，还可用“薛定谔猫”来描述某些社会方面的问题．例如，某类人群具有潜在的“抑郁症”，在某种环境下将诱发该类人群“抑郁症”的发生，因此我们需要尽量营造抑制“抑郁症”发生的环境，尽量降低“抑郁症”发生概率的转移．

2．“三门问题”的概率转移原理

“三门问题”亦称为蒙提霍尔问题，大致出自美国的电视游戏节目 *Let's Make a Deal*，问题名称来自该节目的主持人蒙提·霍尔．该节目的游戏规则是：第一，参赛者会看见三扇关闭了的门，其中一扇门的后面有一辆汽车，另外两扇门的后面则各藏有一只山羊，选中后面有车的那扇门为中奖而赢得该汽车，选中后面有山羊的门算是失败；第二，当参赛者选定了一扇门，但还未开启它时，节目主持人开启剩下两扇门的其中一扇，露出其中一只山羊（主持人当然知道哪一扇门后面有汽车）；第三，主持人接着会问参赛者要不要换另一扇仍然关上的门．现在的

问题是:参赛者为了增加中奖的概率,是否要换另一扇门?

据说此节目一经播出就引起了一场热烈的讨论,形成了两种对立的观点.

一种观点认为,不换的中奖概率是$\frac{1}{3}$,换的话将有$\frac{2}{3}$的概率中奖,因此当然应该换.该观点的理由是,根据参赛者的选择一共有三种可能情况(两只山羊分别称为山羊A和山羊B):第一,参赛者选择山羊A,主持人选择山羊B;第二,参赛者选择山羊B,主持人选择山羊A;第三,参赛者选择汽车,主持人选择两只山羊中的任何一只.三种情况的概率各为$\frac{1}{3}$,如果换的话,前两种都会中奖,仅第三种不会中奖,所以选择换的中奖概率为$\frac{2}{3}$,不换的中奖概率只有$\frac{1}{3}$.

另一种观点认为,换与不换都一样,中奖概率都是$\frac{1}{2}$.其理由是,当参赛者选择一扇门时,他中奖的概率确实只有$\frac{1}{3}$.但当主持人帮忙排除掉一只山羊时,车要么在参赛者所选的这扇门后,要么在剩下的未被选择的那扇门后.此时参赛者换与不换的中奖概率都是$\frac{1}{2}$.这种观点成立吗?问题的关键是,当主持人帮忙排除掉一只山羊后,参赛者原先所选门的中奖概率能否从$\frac{1}{3}$转移为$\frac{1}{2}$?下面从概率转移的角度进行说明.

假设事件A_1表示"参赛者选到有车的门",$\overline{A_1}$表示"参赛者选到有羊的门",则$P(A_1)=\frac{1}{3}$,$P(\overline{A_1})=\frac{2}{3}$.又设事件$A_2$表示"主持人开启了一扇有羊的门后,参赛者不换门而中奖",$\overline{A_2}$表示"主持人开启了一扇有羊的门后,参赛者换了门而中奖".现在,需要计算状态转移后参赛者的中奖概率$P(A_2)$与$P(\overline{A_2})$.不难得出$P(A_2 \mid A_1)=1$,$P(A_2 \mid \overline{A_1})=0$.同时,$P(\overline{A_2} \mid A_1)=0$,$P(\overline{A_2} \mid \overline{A_1})=1$.运用全概率公式可得

$$P(A_2)=P(A_1)P(A_2 \mid A_1)+P(\overline{A_1})P(A_2 \mid \overline{A_1})=\frac{1}{3},$$

$$P(\overline{A_2})=P(A_1)P(\overline{A_2} \mid A_1)+P(\overline{A_1})P(\overline{A_2} \mid \overline{A_1})=\frac{2}{3}.$$

可见,参赛者选择换门的中奖概率更高!第二种观点的错误在于,在主持人开启了一扇有羊的门后,误认为不换门的中奖概率自动地由$\frac{1}{3}$转移为$\frac{1}{2}$;但事实上,在主持人开启了一扇有羊的门后,换门的中奖概率才发生转移.

为了更容易理解"三门问题",可以通过增加游戏门的数量加以说明.现假设有10扇门,只有1扇后面有车,其他门后面都是羊.游戏规则是:第一,参赛者选一扇门,则后面有车的概率是$\frac{1}{10}$;第二,主持人在剩下的9扇门中开启8扇有羊的门;第三,参赛者选择换门还是不换门.显然,不换的中奖概率仍然是$\frac{1}{10}$,换门的中奖概率为$\frac{9}{10}$.可以这样理解,主持人开启8扇有羊的门后,被开启门的中奖概率都转移到最后一扇未被开启的门上.

02 习题二

1. 一袋中有 5 个球，分别编号为 1，2，3，4，5. 从袋中任取 3 个球，以 X 表示取出的 3 个球中的最大号码，试求 X 的分布律.

2. 从一副 52 张(去除大、小王牌)的扑克牌中任取 5 张，以 X 表示取出的“黑桃”花色的张数，试求 X 的分布律.

3. 一批产品共有 100 件，其中有 10 件是不合格品. 根据验收规则，从中任取 5 件产品进行质量检验，若这 5 件产品中无不合格品，则这批产品被接受，否则就需要对这批产品进行逐个检验. 试求：

(1) 5 件产品中不合格品数 X 的分布律；

(2) 需要对这批产品进行逐个检验的概率.

4. 设一批晶体管的次品率为 0.01. 现从这批晶体管中抽取 4 个，试求其中恰有 3 个次品的概率.

5. 一批产品中有 10% 的不合格品. 现从中任取 3 件，求其中至多有 1 件不合格品的概率.

6. 一条自动化生产线上产品的一级品率为 0.8. 现检查 5 件，求其中至少有 2 件一级品的概率.

7. 某射手命中 10 环的概率为 0.7，命中 9 环的概率为 0.3，试求该射手三次射击所命中的环数不少于 29 环的概率.

8. 经验表明：预定餐厅座位而不来就餐的顾客比例为 20%. 现餐厅有 50 个座位，但预定给了 52 位顾客，求到时顾客来到餐厅而没有座位的概率.

9. 设随机变量 $X \sim B(2,p)$，$Y \sim B(4,p)$. 若 $P\{X \geqslant 1\} = \dfrac{8}{9}$，试求 $P\{Y \geqslant 1\}$.

10. 一批产品的不合格品率为 0.02. 现从中任取 40 件进行检查，若发现其中有 2 件或 2 件以上不合格品就拒收这批产品. 分别用下列方法求拒收的概率：

(1) 用二项分布做精确计算；

(2) 用泊松分布做近似计算.

11. 设一商场在某一时间段的客流量服从参数为 λ 的泊松分布，求商场在此时间段恰有 i 个客人的概率.

12. 设随机变量 X 服从泊松分布，且已知 $P\{X=1\}=P\{X=2\}$，求 $P\{X=4\}$.

13. 设某商店每月销售某种商品的数量服从参数为 6 的泊松分布，问：在月初进货时应至少进多少件此种商品，才能保证当月此种商品不脱销的概率不低于 0.999 7？

14. 设一个人一年内患感冒的次数服从参数为 $\lambda=5$ 的泊松分布. 现有某种预防感冒的药物对 75% 的人有效(能将泊松分布的参数减小为 $\lambda=3$)，对另外的 25% 的人无效. 如果某人服用了此药，一年内患了两次感冒，那么该药对他有效的可能性是多少？

15. 某产品的不合格品率为 0.1，每次随机抽取 10 件进行检验，如果发现其中有不合格品，就去调整设备.若检验员每天检验4次，试求每天调整设备次数的分布律.

16. 一个系统由 n 个元件组成，各个元件是否正常工作是相互独立的，且各个元件正常工作的概率为 p. 若在系统中至少有一半的元件正常工作，那么整个系统就有效. 问：p 取何值时，5个元件的系统比3个元件的系统更有可能有效？

17. 设某批电子管的合格品率为 $\frac{3}{4}$，不合格品率为 $\frac{1}{4}$. 现对该批电子管进行测试，设第 X 次为首次测到合格品，求 X 的分布律.

18. 根据1998年统计资料显示，在饮料销售额排名中，可口可乐和百事可乐分别位居第一和第二. 假设10人中有6人偏爱可口可乐，4人偏爱百事可乐，现从中选出3人组成一个随机样本，试求恰好有2人偏爱可口可乐的概率.

19. 设随机变量 (X,Y) 的联合分布律如表1所示，求：(1) a 的值；(2) $P\{Y \leqslant X\}$.

表1

Y	X	
	-1	1
0	$\frac{1}{3}$	$\frac{1}{5}$
1	$\frac{1}{4}$	a

20. 设随机变量 X 表示某种昆虫的产卵数，且 $X \sim P(\lambda)$，卵的孵化率为 p，孵化数为 Y，试求 (X,Y) 的联合分布律.

21. 在一箱中装有12只开关，其中2只是次品. 现从中取两次，每次任取一只，定义随机变量

$$X=\begin{cases}0, & \text{第一次取出正品},\\ 1, & \text{第一次取出次品},\end{cases} \quad Y=\begin{cases}0, & \text{第二次取出正品},\\ 1, & \text{第二次取出次品}.\end{cases}$$

现采用有放回和不放回两种抽取方式，试分别求出 (X,Y) 的联合分布律及边缘分布律.

22. 设随机变量 (X,Y) 的可能取值为 $(0,0)$，$(-1,1)$，$(-1,2)$，$(1,0)$，且取这些值的概率依次为 $\frac{1}{6}$，$\frac{1}{3}$，$\frac{1}{12}$，$\frac{5}{12}$，试求 X 与 Y 的边缘分布律.

23. 设随机变量 (X,Y) 的联合分布律如表2所示，试问：a，b 取何值时，X 与 Y 相互独立？

表2

Y	X	
	1	2
1	$\frac{1}{6}$	$\frac{1}{3}$
2	$\frac{1}{9}$	a
3	$\frac{1}{18}$	b

24. 设随机变量 X 与 Y 独立同分布，且 $P\{X=-1\}=P\{X=1\}=0.5$，试求 $P\{X=Y\}$.

25. 已知随机变量 (X,Y) 的联合分布律如表 3 所示，试求：

(1) 在 $Y=1$ 条件下 X 的分布律；

(2) 在 $X=2$ 条件下 Y 的分布律.

表 3

Y	X		
	0	1	2
0	$\frac{1}{4}$	$\frac{1}{8}$	0
1	0	$\frac{1}{3}$	0
2	$\frac{1}{6}$	0	$\frac{1}{8}$

26. 甲、乙两人独立地进行两次射击，假设甲的命中率为 0.2，乙的命中率为 0.5，以 X 和 Y 分别表示甲和乙的命中次数，试求 $P\{X\leqslant Y\}$.

27. 设随机变量 X 的分布律如表 4 所示，求 $Y=|X|+1$ 的分布律.

表 4

X	-2	-1	0	1	2
p_k	$\frac{1}{5}$	$\frac{1}{6}$	$\frac{1}{15}$	$\frac{1}{5}$	$\frac{11}{30}$

28. 设随机变量 (X,Y) 的联合分布律如表 5 所示，试分别求 $Z=X+Y$ 和 $U=\max\{X,Y\}$ 的分布律.

表 5

Y	X	
	1	2
0	0.25	0.15
1	0.25	0.35

29. 设随机变量 X 和 Y 的分布律分别如表 6 和表 7 所示. 已知 $P\{XY=0\}=1$，试求 $Z=\min\{X,Y\}$ 的分布律.

表 6

X	-1	0	1
p_k	0.25	0.5	0.25

表 7

Y	0	1
p_k	0.5	0.5

30. 从 1,2,3 三个数中不放回地任取两个数，记第一个数为 X，第二个数为 Y，并令随机变量 $U=\max\{X,Y\}$，$V=\min\{X,Y\}$.

(1) 求 (X,Y) 的联合分布律及边缘分布律.

(2) 求 (U,V) 的联合分布律及边缘分布律.

(3) 判断 U 与 V 是否相互独立.

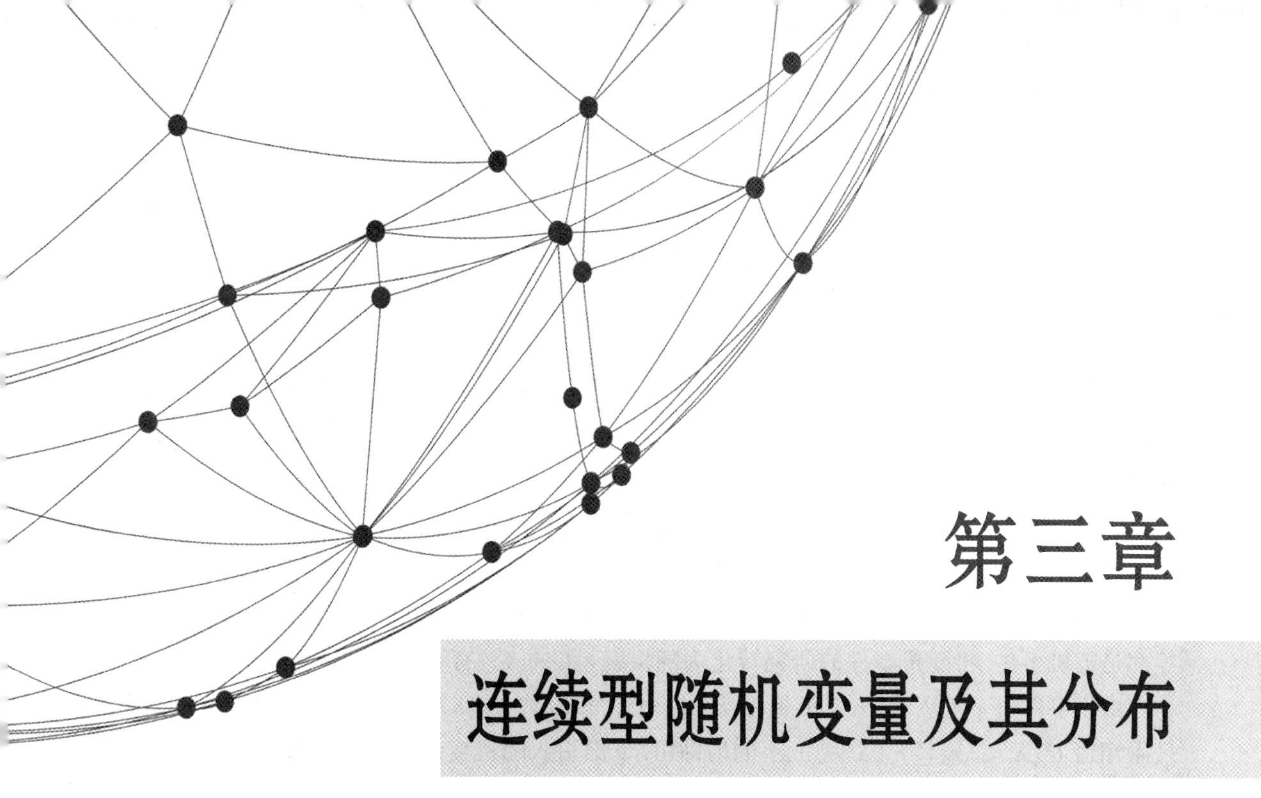

第三章 连续型随机变量及其分布

第二章讨论了离散型随机变量及其分布，了解离散型随机变量是随机试验的结果和实数之间的一一对应关系. 但在许多实际问题中，某些随机试验的结果是不能用离散点来表示的. 本章将讨论连续型随机变量的概率分布及其性质.

课程思政

§3.1 分布函数与概率密度

离散型随机变量可能的取值是有限多个或可列无限多个，但还有一些随机变量，它们的取值是不可列的，只能在一个区间上取值，如晶体的寿命、测量的误差等，因此需要研究随机变量取值落在一个区间内的概率.

概率论通过与随机变量相联系的事件来刻画随机变量的特征和性质. 例如，对于随机变量 $X=X(\omega)$ 和任意实数 $a,b(a<b)$，事件

$$\{X=a\},\quad \{X\leqslant a\},\quad \{a<X\leqslant b\},\quad \{a<X<b\}$$

等都是随机事件. 将随机事件的研究转化为随机变量的研究，有利于应用现代数学工具.

由于事件 $\{x_1<X\leqslant x_2\}$ 的概率 $P\{x_1<X\leqslant x_2\}=P\{X\leqslant x_2\}-P\{X\leqslant x_1\}$，因此只需知道 $P\{X\leqslant x_1\}$，$P\{X\leqslant x_2\}$ 的值即可. 下面引入随机变量的分布函数的概念.

定义 3.1.1 设 X 是一个随机变量. 对于任意给定的实数 $x\in(-\infty,+\infty)$，令函数

$$F(x)=P\{X\leqslant x\},$$

则称 $F(x)$ 为随机变量 X 的**概率分布函数**，简称**分布函数**.

利用分布函数的概念，对于任意实数 $x_1,x_2(x_1<x_2)$，有

$$P\{x_1<X\leqslant x_2\}=P\{X\leqslant x_2\}-P\{X\leqslant x_1\}=F(x_2)-F(x_1).$$

也就是说，如果知道随机变量 X 的分布函数 $F(x)$，则可以通过分布函数，计算随机变量落在一个区间的概率. 从这个意义上说，分布函数完整地描述了随机变量 X 的统计规律性.

例 3.1.1 设随机变量 X 的分布律如表 3.1.1 所示，试求 X 的分布函数.

表 3.1.1

X	-1	2	3
p_k	0.2	0.5	0.3

解 当 $x<-1$ 时，$F(x)=P\{X\leqslant x\}=P(\varnothing)=0$.

当 $-1\leqslant x<2$ 时，$F(x)=P\{X\leqslant x\}=P\{X=-1\}=0.2$.

当 $2\leqslant x<3$ 时，$F(x)=P\{X\leqslant x\}=P\{X=-1\}+P\{X=2\}=0.7$.

当 $x\geqslant 3$ 时，$F(x)=P\{X\leqslant x\}=P\{X=-1\}+P\{X=2\}+P\{X=3\}=P(\Omega)=1$.

因此，X 的分布函数为

$$F(x)=\begin{cases}0, & x<-1,\\ 0.2, & -1\leqslant x<2,\\ 0.7, & 2\leqslant x<3,\\ 1, & x\geqslant 3,\end{cases}$$

其图形如图 3.1.1 所示.

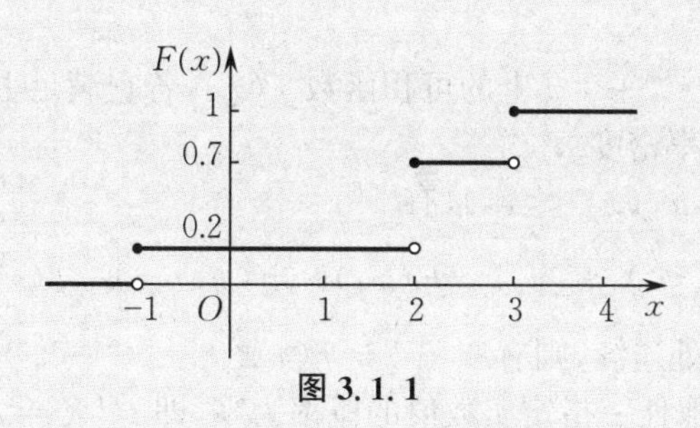

图 3.1.1

下面不加证明地给出分布函数的一些性质.

(1) 单调性：对于任意实数$x_1, x_2(x_1 < x_2)$，有 $F(x_1) \leqslant F(x_2)$.

(2) 有界性：$0 \leqslant F(x) \leqslant 1$，且

$$F(-\infty) = \lim_{x \to -\infty} F(x) = 0, \quad F(+\infty) = \lim_{x \to +\infty} F(x) = 1.$$

(3) 右连续性：$\lim\limits_{x \to a^+} F(x) = F(a+0) = F(a)$.

例 3.1.2　设随机变量 X 在区间$[0,1]$上取值，当$0 \leqslant x \leqslant 1$时，$P\{0 \leqslant X \leqslant x\}$与$x^2$成正比. 试求 X 的分布函数$F(x)$.

解　当 $x < 0$ 时，

$$F(x) = P\{X \leqslant x\} = P(\varnothing) = 0.$$

当 $0 \leqslant x \leqslant 1$ 时，由 $P\{X < 0\} = 0$ 得

$$F(x) = P\{X < 0\} + P\{0 \leqslant X \leqslant x\} = kx^2 \quad (k \text{ 为常数}).$$

当 $x > 1$ 时，

$$F(x) = P\{X \leqslant x\} = P(\Omega) = 1,$$

从而由右连续性可得 $k = 1$.

因此，X 的分布函数(见图 3.1.2) 为

$$F(x) = \begin{cases} 0, & x < 0, \\ x^2, & 0 \leqslant x \leqslant 1, \\ 1, & x > 1. \end{cases}$$

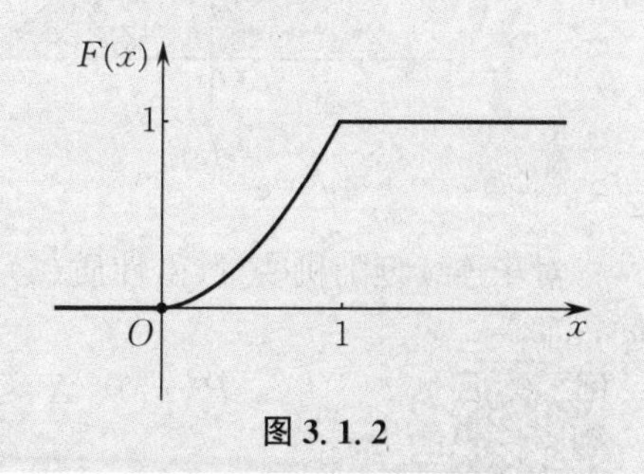

图 3.1.2

下面给出连续型随机变量的一般定义.

定义 3.1.2　设 $F(x)$ 是随机变量 X 的分布函数. 若存在非负可积函数 $f(x)$，使得对于任意实数 x，有

$$F(x) = \int_{-\infty}^{x} f(t)\,\mathrm{d}t,$$

则称 X 为**连续型随机变量**，$f(x)$ 称为 X 的**概率密度函数**，也称为**概率密度**或**密度函数**.

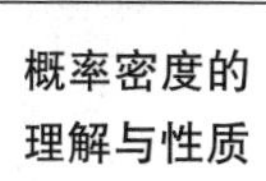

概率密度的理解与性质

由概率密度的定义知，$f(x)$ 具有以下性质：

(1) $f(x)\geqslant 0$.

(2) $\int_{-\infty}^{+\infty}f(x)\mathrm{d}x=1$.

反之,对于定义在$(-\infty,+\infty)$上的可积函数$f(x)$,若它满足上面两条性质,则它可作为一个连续型随机变量的概率密度.

(3) 对于任意实数$x_1,x_2(x_1<x_2)$,有

$$P\{x_1<X\leqslant x_2\}=F(x_2)-F(x_1)=\int_{x_1}^{x_2}f(x)\mathrm{d}x.$$

(4) 若$f(x)$在点x处连续,则有$F'(x)=f(x)$.

(5) 连续型随机变量取任一指定实数值的概率为零,即$P\{X=x_0\}=0$.

性质(1)说明随机变量X的概率密度$f(x)$的图形位于x轴上方,性质(2)说明概率密度$f(x)$与x轴所围成的图形的面积为1[见图3.1.3(a)],性质(3)说明随机变量X落在区间$(x_1,x_2]$内的概率等于$(x_1,x_2]$上曲线$y=f(x)$之下的曲边梯形的面积[见图3.1.3(b)],性质(4)说明随机变量X的概率密度与分布函数之间的关系为$f(x)=F'(x)$和$F(x)=\int_{-\infty}^{x}f(t)\mathrm{d}t$.又由导数的定义,有

$$f(x)=F'(x)=\lim_{\Delta x\to 0}\frac{F(x+\Delta x)-F(x)}{\Delta x}=\lim_{\Delta x\to 0}\frac{P\{x<X\leqslant x+\Delta x\}}{\Delta x}.$$

因此,当Δx很小时,可得一个近似关系,即

$$P\{x<X\leqslant x+\Delta x\}\approx f(x)\Delta x.$$

于是,$f(x)$越大,表示随机变量X落在x附近的概率越大.

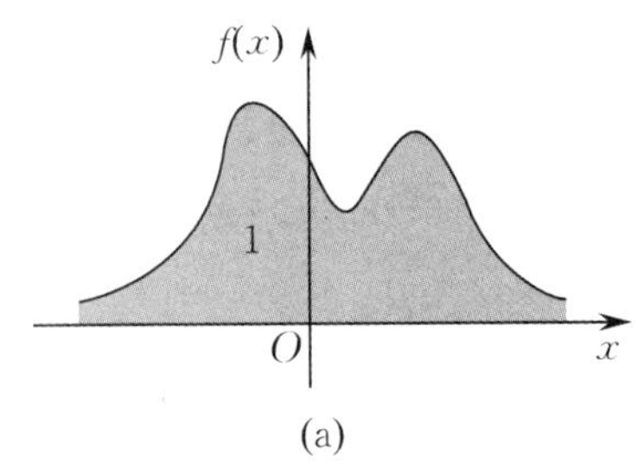

(a) (b)

图 3.1.3

对于连续型随机变量,由性质(5)知可以不加区分区间是开区间、闭区间或半开半闭区间,即

$$P\{x_1<X\leqslant x_2\}=P\{x_1\leqslant X\leqslant x_2\}=P\{x_1<X<x_2\}$$
$$=P\{x_1\leqslant X<x_2\}=\int_{x_1}^{x_2}f(x)\mathrm{d}x.$$

概率密度与分布函数

由性质(5)知,改变概率密度$f(x)$在有限个或可列无限个点处的值并不影响分布函数$F(x)$的值.这意味着仅在有限个或可列无限个点处不相等的两个概率密度可以看作是等价的,也叫作"**几乎处处相等**".

例 3.1.3 已知连续型随机变量X的概率密度为

$$f(x)=\begin{cases}kx^2, & 0\leqslant x\leqslant 1,\\ 0, & \text{其他}.\end{cases}$$

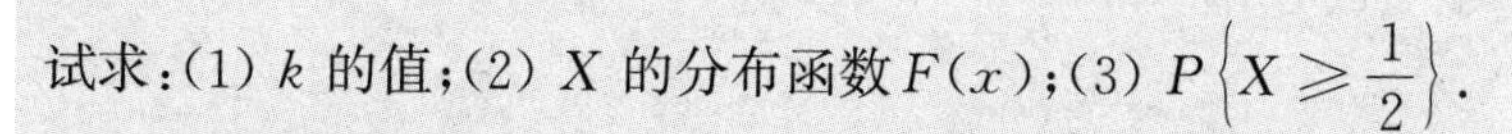

试求:(1) k 的值;(2) X 的分布函数 $F(x)$;(3) $P\left\{X \geqslant \frac{1}{2}\right\}$.

解　(1) 根据 $\int_{-\infty}^{+\infty} f(x)\mathrm{d}x = 1$,得

$$\int_0^1 kx^2 \mathrm{d}x = \frac{k}{3} = 1,$$

解得 $k = 3$.

(2) 利用 $F(x) = \int_{-\infty}^{x} f(t)\mathrm{d}t$,得 X 的分布函数为

$$F(x) = \begin{cases} 0, & x < 0, \\ \int_0^x 3t^2 \mathrm{d}t, & 0 \leqslant x \leqslant 1, \\ 1, & x > 1, \end{cases}$$

即

$$F(x) = \begin{cases} 0, & x < 0, \\ x^3, & 0 \leqslant x \leqslant 1, \\ 1, & x > 1. \end{cases}$$

(3) $P\left\{X \geqslant \frac{1}{2}\right\} = \int_{\frac{1}{2}}^{+\infty} f(x)\mathrm{d}x = \int_{\frac{1}{2}}^{1} 3x^2 \mathrm{d}x = \frac{7}{8}$.

或者

$$P\left\{X \geqslant \frac{1}{2}\right\} = 1 - P\left\{X < \frac{1}{2}\right\} = 1 - F\left(\frac{1}{2}\right) = \frac{7}{8}.$$

§3.2　常用的一维连续型随机变量

下面介绍三种重要的连续型随机变量的概率分布.

3.2.1　均匀分布

若连续型随机变量 X 的概率密度为

$$f(x) = \begin{cases} \frac{1}{b-a}, & a \leqslant x \leqslant b, \\ 0, & \text{其他}, \end{cases}$$

则称 X 服从区间 $[a,b]$ 上的**均匀分布**,记为 $X \sim U[a,b]$.

连续型随机变量及其分布举例

易知 $f(x) \geqslant 0$,且

$$\int_{-\infty}^{+\infty} f(x)\mathrm{d}x = \int_a^b \frac{1}{b-a}\mathrm{d}x = 1.$$

由公式 $F(x)=\int_{-\infty}^{x} f(t)\mathrm{d}t$，得到均匀分布的分布函数为

$$F(x)=\begin{cases} 0, & x<a, \\ \dfrac{x-a}{b-a}, & a \leqslant x \leqslant b, \\ 1, & x>b. \end{cases}$$

图 3.2.1 和图 3.2.2 分别给出了均匀分布的概率密度和分布函数的图形.

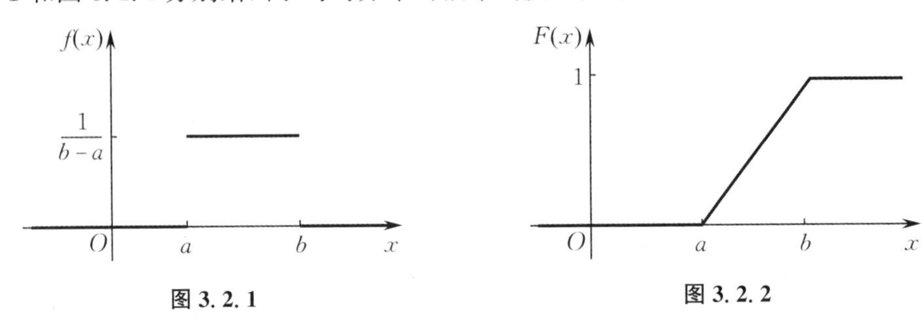

图 3.2.1　　　　**图 3.2.2**

若随机变量 X 服从$[a,b]$上的均匀分布，则 X 落在$[a,b]$中任意一个子区间$[c,d]$的概率为

$$P\{c \leqslant X \leqslant d\} = \int_c^d \frac{1}{b-a}\mathrm{d}x = \frac{d-c}{b-a}.$$

换句话说，X 落在$[a,b]$中任意子区间$[c,d]$的概率取决于区间的长度. 长度相同，概率相等.

例 3.2.1　设广州南站到珠海站的城际列车从早上 6:00 开始每隔 10 min 从广州南站发出，即 6:00，6:10，6:20，6:30 等时刻有列车从广州南站发出. 如果一个乘客到达广州南站的时刻服从 6:00 到 6:30 之间的均匀分布. 求等待时间不超过 5 min 的概率.

解　记 6:00 为计算时间的 0 时，令 X(单位：min) 表示乘客到达广州南站的时间，则 X 服从$[0,30]$上的均匀分布，即

$$f(x)=\begin{cases} \dfrac{1}{30}, & 0 \leqslant x \leqslant 30, \\ 0, & \text{其他}. \end{cases}$$

当且仅当该乘客在 6:05 到 6:10 之间或在 6:15 到 6:20 之间或在 6:25 到 6:30 之间到达车站时，他等待的时间不超过 5 min. 因此，所求概率为

$$\begin{aligned} & P\{5<X<10\}+P\{15<X<20\}+P\{25<X<30\} \\ = & \int_5^{10} \frac{1}{30}\mathrm{d}x + \int_{15}^{20} \frac{1}{30}\mathrm{d}x + \int_{25}^{30} \frac{1}{30}\mathrm{d}x = \frac{1}{2}. \end{aligned}$$

3.2.2　指数分布

若连续型随机变量 X 的概率密度为

$$f(x)=\begin{cases}\lambda e^{-\lambda x}, & x>0,\\ 0, & x\leqslant 0,\end{cases}$$

其中 $\lambda>0$ 为常数，则称 X 服从参数为 λ 的**指数分布**，记为 $X\sim E(\lambda)$.

由分布函数的定义，容易得随机变量 X 的分布函数为

$$F(x)=\begin{cases}1-e^{-\lambda x}, & x>0,\\ 0, & x\leqslant 0.\end{cases}$$

在实际应用中，到某个特定事件发生所需等待的时间往往服从指数分布. 例如，从现在开始到下一次地震发生、到一个元件的损坏、到你接到一次拨错号码的电话等所需的时间，都服从指数分布. 指数分布在排队论、保险和可靠性理论中有广泛的应用.

例 3.2.2　某人采用乘公交车或步行两种方式上班，他等公交车的时间 X(单位：min) 服从参数为 0.2 的指数分布，如果等车时间超过 10 min，他就步行上班. 若 Y 表示他一周(五天工作日) 步行上班的天数，求他一周内至少有一天步行上班的概率.

解　据题意，X 的概率密度为

$$f(x)=\begin{cases}0.2e^{-0.2x}, & x>0,\\ 0, & x\leqslant 0.\end{cases}$$

于是，他步行上班(等公交车超过 10 min) 的概率为

$$P\{X>10\}=1-P\{X\leqslant 10\}=1-\int_0^{10}0.2e^{-0.2x}\,dx=e^{-2}.$$

由于 Y 服从 $n=5, p=e^{-2}$ 的二项分布，即 $Y\sim B(5,e^{-2})$，因此有

$$P\{Y\geqslant 1\}=1-P\{Y=0\}=1-(1-e^{-2})^5.$$

定理 3.2.1(无记忆性)　**若随机变量 $X\sim E(\lambda)$，则对于任意的 $s,t\geqslant 0$，有**

$$P\{X>s+t\mid X>t\}=P\{X>s\}.$$

证明　由于 $X\sim E(\lambda)$，因此有

$$P\{X>s\}=1-F(s)=e^{-\lambda s},$$

从而

$$P\{X>s+t\mid X>t\}=\frac{P\{X>s+t,X>t\}}{P\{X>t\}}=\frac{P\{X>s+t\}}{P\{X>t\}}$$

$$=\frac{e^{-\lambda(s+t)}}{e^{-\lambda t}}=e^{-\lambda s}=P\{X>s\}.$$

假设 X 表示某仪器的寿命，那么上式说明已知该仪器已使用 t h，它能再继续使用 s h的概率，等于该仪器从 0 使用至 s h以上的概率. 换句话说，如果该仪器在使用 t h后仍正常使用着，则它的剩余寿命的分布与它原来寿命的分布相同，即该仪器对于它已使用过的 t h“没有记忆”.

3.2.3　正态分布

若连续型随机变量 X 的概率密度为

$$f(x)=\frac{1}{\sqrt{2\pi}\sigma}e^{-\frac{(x-\mu)^2}{2\sigma^2}}\quad(-\infty<x<+\infty),$$

其中 $\mu,\sigma(\sigma>0)$ 为常数，则称 X 服从参数为 μ 和 σ 的**正态分布**或**高斯分布**，记为 $X\sim N(\mu,\sigma^2)$.

显然 $f(x)\geqslant 0$，下面来证明 $\int_{-\infty}^{+\infty}f(x)\mathrm{d}x=1$. 令 $\frac{x-\mu}{\sigma}=t$，得

$$\int_{-\infty}^{+\infty}f(x)\mathrm{d}x=\int_{-\infty}^{+\infty}\frac{1}{\sqrt{2\pi}\sigma}e^{-\frac{(x-\mu)^2}{2\sigma^2}}\mathrm{d}x=\int_{-\infty}^{+\infty}\frac{1}{\sqrt{2\pi}}e^{-\frac{t^2}{2}}\mathrm{d}t.$$

又

$$\left(\int_{-\infty}^{+\infty}\frac{1}{\sqrt{2\pi}}e^{-\frac{x^2}{2}}\mathrm{d}x\right)^2=\int_{-\infty}^{+\infty}\frac{1}{\sqrt{2\pi}}e^{-\frac{x^2}{2}}\mathrm{d}x\cdot\int_{-\infty}^{+\infty}\frac{1}{\sqrt{2\pi}}e^{-\frac{y^2}{2}}\mathrm{d}y=\frac{1}{2\pi}\int_{-\infty}^{+\infty}\int_{-\infty}^{+\infty}e^{-\frac{x^2+y^2}{2}}\mathrm{d}x\mathrm{d}y,$$

利用极坐标变换，令 $x=r\cos\theta,y=r\sin\theta$，得

$$\frac{1}{2\pi}\int_{-\infty}^{+\infty}\int_{-\infty}^{+\infty}e^{-\frac{x^2+y^2}{2}}\mathrm{d}x\mathrm{d}y=\frac{1}{2\pi}\int_0^{2\pi}\mathrm{d}\theta\int_0^{+\infty}e^{-\frac{r^2}{2}}r\mathrm{d}r=1.$$

于是有 $\left(\int_{-\infty}^{+\infty}\frac{1}{\sqrt{2\pi}}e^{-\frac{x^2}{2}}\mathrm{d}x\right)^2=1$，故

$$\int_{-\infty}^{+\infty}f(x)\mathrm{d}x=\int_{-\infty}^{+\infty}\frac{1}{\sqrt{2\pi}}e^{-\frac{x^2}{2}}\mathrm{d}x=1.$$

如图 3.2.3 所示，正态分布概率密度 $f(x)$ 的图形有如下特点：

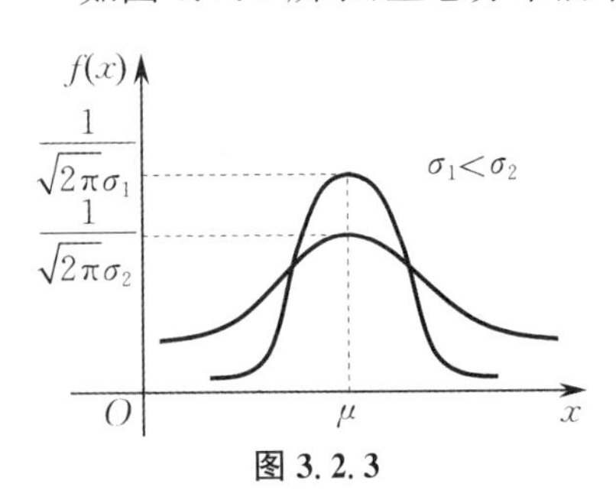

图 3.2.3

(1) $f(x)$ 的图形是关于 $x=\mu$ 对称的钟形曲线，故对于常数 $a>0$，有

$$P\{\mu-a<X<\mu\}=P\{\mu<X<\mu+a\}.$$

(2) $f(x)$ 在点 $x=\mu$ 处取得最大值 $f(\mu)=\frac{1}{\sqrt{2\pi}\sigma}$.

(3) 若固定 μ 值而改变 σ 值，则当 σ 越小时，$f(x)$ 的图形变得越尖；当 σ 越大时，$f(x)$ 的图形变得越扁(此时称 σ 为**形状参数**).

设随机变量 $X\sim N(\mu,\sigma^2)$，则 X 的分布函数为

$$F(x)=\int_{-\infty}^{x}\frac{1}{\sqrt{2\pi}\sigma}e^{-\frac{(t-\mu)^2}{2\sigma^2}}\mathrm{d}t,$$

其图形如图 3.2.4 所示.

特别地，当 $\mu=0,\sigma=1$ 时，称 X 服从**标准正态分布**，记为 $X\sim N(0,1)$，其概率密度为

$$\varphi(x)=\frac{1}{\sqrt{2\pi}}e^{-\frac{x^2}{2}}\quad(-\infty<x<+\infty),$$

相应的分布函数为

$$\Phi(x)=\int_{-\infty}^{x}\frac{1}{\sqrt{2\pi}}e^{-\frac{t^2}{2}}\mathrm{d}t.$$

为使用方便，人们编制了 $\Phi(x)$ 的函数表，可供查用(见附表 2). 标准正态分布的概率密度为偶函数，关于 y 轴对称，从图 3.2.5 可直观看出

$$\Phi(-x)=1-\Phi(x).$$

当然,通过积分关系也可容易证明其成立.通过上式,可以计算负数的函数值.

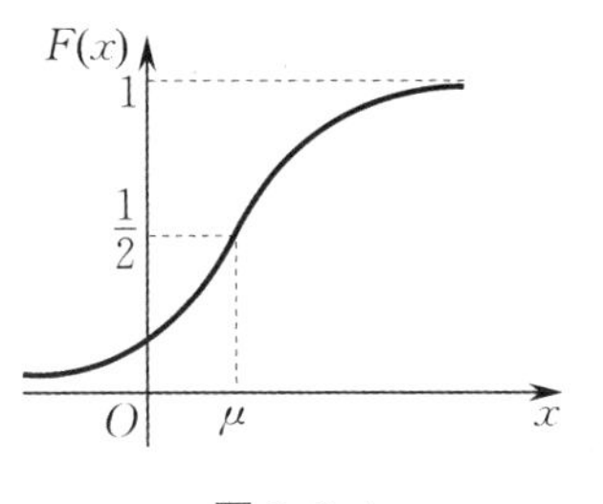

图 3.2.4

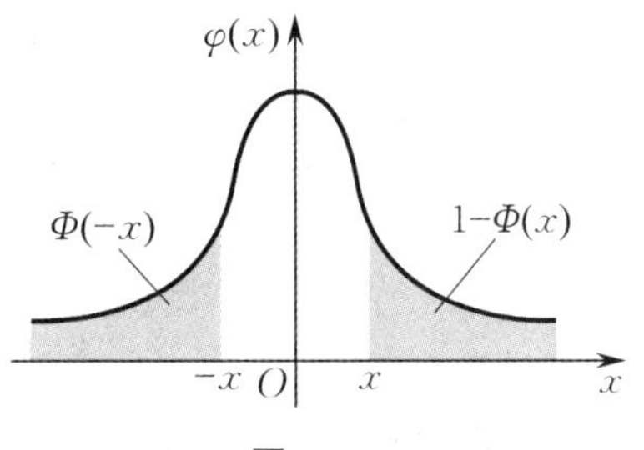

图 3.2.5

定理 3.2.2　若 $X \sim N(\mu,\sigma^2)$,则 $Y=\dfrac{X-\mu}{\sigma} \sim N(0,1)$.

证明　随机变量 $Y=\dfrac{X-\mu}{\sigma}$ 的分布函数为

$$\begin{aligned} F_Y(x) &= P\{Y \leqslant x\}=P\{X \leqslant \sigma x+\mu\} \\ &= \int_{-\infty}^{\sigma x+\mu} \frac{1}{\sqrt{2\pi}\sigma} \mathrm{e}^{-\frac{(s-\mu)^2}{2\sigma^2}} \mathrm{d}s=\int_{-\infty}^{x} \frac{1}{\sqrt{2\pi}} \mathrm{e}^{-\frac{t^2}{2}} \mathrm{d}t=\Phi(x), \end{aligned}$$

即

$$Y=\frac{X-\mu}{\sigma} \sim N(0,1).$$

由此,若随机变量 $X \sim N(\mu,\sigma^2)$,则它的分布函数 $F(x)$ 可写成

$$F(x)=P\{X \leqslant x\}=P\left\{\frac{X-\mu}{\sigma} \leqslant \frac{x-\mu}{\sigma}\right\}=\Phi\left(\frac{x-\mu}{\sigma}\right).$$

对于任意区间$(x_1,x_2]$,有

$$P\{x_1<X \leqslant x_2\}=P\left\{\frac{x_1-\mu}{\sigma}<\frac{X-\mu}{\sigma} \leqslant \frac{x_2-\mu}{\sigma}\right\}=\Phi\left(\frac{x_2-\mu}{\sigma}\right)-\Phi\left(\frac{x_1-\mu}{\sigma}\right).$$

于是,当 X 服从参数为 μ 和 σ 的正态分布时,其概率计算通常是化为标准正态分布来实现的.也就是说,要求 $F(x)$ 的值,只要通过标准正态分布表,查 $\Phi\left(\dfrac{x-\mu}{\sigma}\right)$ 即可.

例 3.2.3　设随机变量 $X \sim N(1.5,2^2)$,求 $P\{2<X<3.5\}$,$P\{X<-4\}$,$P\{|X|>3\}$.

解　$P\{2<X<3.5\}=\Phi\left(\dfrac{3.5-1.5}{2}\right)-\Phi\left(\dfrac{2-1.5}{2}\right)=\Phi(1)-\Phi(0.25)=0.242\,6$,

$P\{X<-4\}=\Phi\left(\dfrac{-4-1.5}{2}\right)=\Phi(-2.75)=1-\Phi(2.75)=1-0.997\,0=0.003\,0$,

$P\{|X|>3\}=1-P\{-3 \leqslant X \leqslant 3\}=1-\Phi\left(\dfrac{3-1.5}{2}\right)+\Phi\left(\dfrac{-3-1.5}{2}\right)=0.238\,8$.

例 3.2.4　若随机变量 $X \sim N(\mu,\sigma^2)$,求 $P\{|X-\mu|<\sigma\}$,$P\{|X-\mu|<2\sigma\}$,$P\{|X-\mu|<3\sigma\}$.

解 $P\{|X-\mu|<\sigma\}=P\{\mu-\sigma<X<\mu+\sigma\}$

$$=\Phi\left(\frac{\mu+\sigma-\mu}{\sigma}\right)-\Phi\left(\frac{\mu-\sigma-\mu}{\sigma}\right)$$

$$=\Phi(1)-\Phi(-1)=2\Phi(1)-1=0.6826.$$

类似地，

$$P\{|X-\mu|<2\sigma\}=\Phi(2)-\Phi(-2)=2\Phi(2)-1=0.9544,$$

$$P\{|X-\mu|<3\sigma\}=\Phi(3)-\Phi(-3)=2\Phi(3)-1=0.9974.$$

通过以上计算我们可以发现，对于随机变量 $X\sim N(\mu,\sigma^2)$，X 落在 $(\mu-3\sigma,\mu+3\sigma)$ 内的概率为 0.997 4，已经接近于 1，这个性质就叫作正态分布的“**3σ 原则**”，如图 3.2.6 所示.

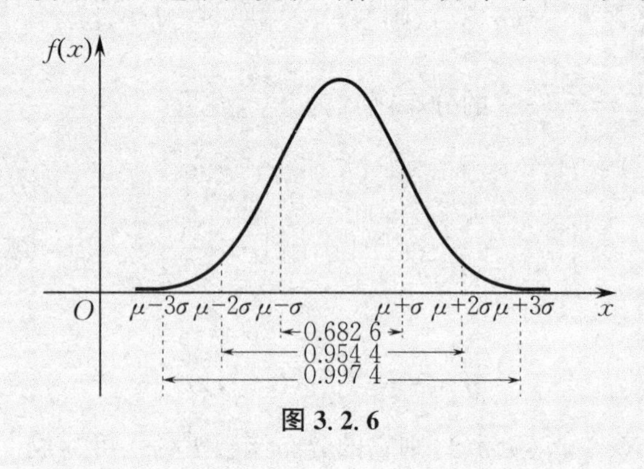

图 3.2.6

正态分布是概率论中最具有应用价值的分布之一，大量的随机变量都服从正态分布，如人的身高、体重，气体分子向任一方向运动的速度，测量误差等.

§3.3 二维连续型随机变量及其分布

3.3.1 二维随机变量的分布函数

前面已经讨论过一维随机变量分布函数的定义与性质，下面讨论二维随机变量的分布函数及其性质，n 维随机变量的分布函数及其性质可以类似推广.

对于平面上的点 (x,y)，事件 $\{X\leqslant x\}$ 与 $\{Y\leqslant y\}$ 同时发生的概率

$$F(x,y)=P\{X\leqslant x,Y\leqslant y\}\quad(-\infty<x<+\infty,-\infty<y<+\infty)$$

称为**二维随机变量** (X,Y) **的分布函数**.

分布函数 $F(x,y)$ 的几何意义是表示随机点 (X,Y) 落在如图 3.3.1 所示的阴影部分（无边矩形区域）中的概率.

二维随机变量 (X,Y) 的联合概率问题可以用分布函数来表示. 例如，借助于图 3.3.2，随机点 (X,Y) 落在矩形区域 $\{(x,y)\mid x_1<X\leqslant x_2,y_1<Y\leqslant y_2\}$ 内的概率为

$$P\{x_1<X\leqslant x_2,y_1<Y\leqslant y_2\}=F(x_2,y_2)-F(x_2,y_1)+F(x_1,y_1)-F(x_1,y_2).$$

特别地，

$$P\{X>x_1,Y>y_1\}=F(+\infty,+\infty)-F(+\infty,y_1)+F(x_1,y_1)-F(x_1,+\infty).$$

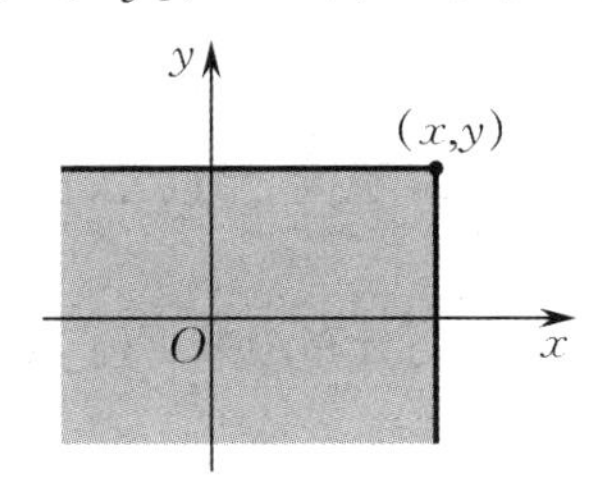

图 3.3.1

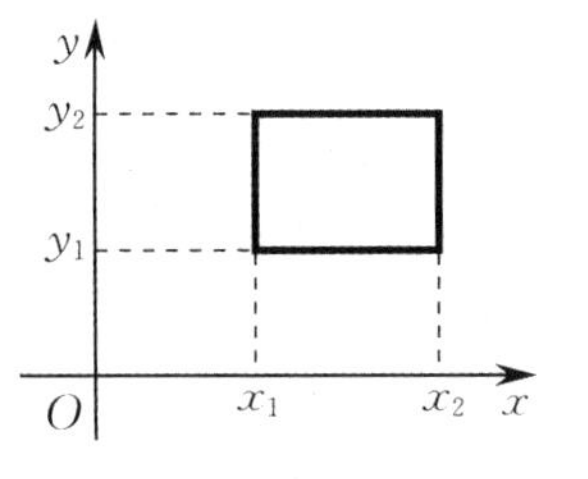

图 3.3.2

类似于一维随机变量的分布函数,可以证明分布函数 $F(x,y)$ 具有如下性质:

(1) $0\leqslant F(x,y)\leqslant 1$.

(2) $F(x,y)$ 是关于变量 x 和 y 的单调非减函数,即对于任意固定的 x,当 $y_1<y_2$ 时,有 $F(x,y_1)\leqslant F(x,y_2)$;对于任意固定的 y,当 $x_1<x_2$ 时,有 $F(x_1,y)\leqslant F(x_2,y)$.

(3) 对于任意固定的 x,y,有

$$F(x,-\infty)=0,\quad F(-\infty,y)=0,\quad F(-\infty,-\infty)=0,\quad F(+\infty,+\infty)=1.$$

(4) $F(x,y)$ 分别关于 x 和 y 右连续,即

$$F(x+0,y)=F(x,y),\quad F(x,y+0)=F(x,y).$$

(5) 对于任意的 (x_1,y_1) 和 (x_2,y_2),其中 $x_1<x_2,y_1<y_2$,有

$$F(x_2,y_2)-F(x_2,y_1)+F(x_1,y_1)-F(x_1,y_2)\geqslant 0.$$

例 3.3.1　设二维随机变量 (X,Y) 的分布函数为

$$F(x,y)=A\left(B+\arctan\frac{x}{2}\right)\left(C+\arctan\frac{y}{3}\right)\quad(-\infty<x<+\infty,-\infty<y<+\infty).$$

(1) 试确定常数 A,B,C.

(2) 求事件 $\{2<X<+\infty,0<Y\leqslant 3\}$ 的概率.

解　(1) 根据二维随机变量分布函数的性质,得

$$F(+\infty,+\infty)=A\left(B+\frac{\pi}{2}\right)\left(C+\frac{\pi}{2}\right)=1,$$

$$F(-\infty,+\infty)=A\left(B-\frac{\pi}{2}\right)\left(C+\frac{\pi}{2}\right)=0,$$

$$F(-\infty,-\infty)=A\left(B-\frac{\pi}{2}\right)\left(C-\frac{\pi}{2}\right)=0.$$

于是,可以求得

$$A=\frac{1}{\pi^2},\quad B=\frac{\pi}{2},\quad C=\frac{\pi}{2}.$$

(2)
$$\begin{aligned}P\{2<X<+\infty,0<Y\leqslant 3\}&=F(+\infty,3)-F(+\infty,0)+F(2,0)-F(2,3)\\&=\frac{3}{4}-\frac{1}{2}+\frac{3}{8}-\frac{9}{16}=\frac{1}{16}.\end{aligned}$$

3.3.2　二维连续型随机变量的概率密度

与一维随机变量相似,设二维随机变量 (X,Y) 的分布函数为 $F(x,y)$. 若存在非负可积函

数 $f(x,y)$，使得对于任意实数 x,y，有

$$F(x,y)=P\{X\leqslant x,Y\leqslant y\}=\int_{-\infty}^{y}\int_{-\infty}^{x}f(u,v)\mathrm{d}u\mathrm{d}v,$$

则称 (X,Y) 为**二维连续型随机变量**，函数 $f(x,y)$ 称为二维随机变量 (X,Y) **的概率密度**或称为随机变量 X,Y 的**联合概率密度**.

对于二维连续型随机变量 (X,Y)，其概率密度 $f(x,y)$ 与分布函数 $F(x,y)$ 具有以下性质：

(1) $f(x,y)\geqslant 0(-\infty<x<+\infty,-\infty<y<+\infty)$.

(2) $\int_{-\infty}^{+\infty}\int_{-\infty}^{+\infty}f(x,y)\mathrm{d}x\mathrm{d}y=F(+\infty,+\infty)=1$.

(3) 若 $f(x,y)$ 在点 (x,y) 处连续，则有

$$\frac{\partial^2 F(x,y)}{\partial x\partial y}=f(x,y).$$

(4) 若 G 为 xOy 平面上的区域，则 $P\{(X,Y)\in G\}=\iint\limits_{G}f(x,y)\mathrm{d}x\mathrm{d}y$.

(5) $P\{X=x_0,Y=y_0\}=P\{X=x_0\}=P\{Y=y_0\}=0$.

在几何上，$z=f(x,y)$ 表示空间中的一个曲面. 性质(1) 说明这个曲面位于 xOy 平面上方，性质(2) 说明介于曲面 $z=f(x,y)$ 和 xOy 平面的空间区域的体积为 1，性质(3) 显示了分布函数和概率密度之间的关系，性质(4) 给出了随机点 (X,Y) 落在区域 G 内的概率等于以 G 为底、以曲面 $z=f(x,y)$ 为顶的曲顶柱体的体积，性质(5) 只对二维连续型随机变量 (X,Y) 成立，对离散型随机变量不一定成立.

例 3.3.2 设随机变量 X,Y 的联合概率密度为

$$f(x,y)=\begin{cases}A\mathrm{e}^{-(x+2y)}, & x>0,y>0,\\ 0, & \text{其他},\end{cases}$$

求：(1) 常数 A；(2) 分布函数 $F(x,y)$；(3) $P\{X<Y\}$；(4) $P\{-1<X<2,-1<Y<3\}$.

解 (1) 由

$$1=\int_{-\infty}^{+\infty}\int_{-\infty}^{+\infty}f(x,y)\mathrm{d}x\mathrm{d}y=\int_{0}^{+\infty}\int_{0}^{+\infty}A\mathrm{e}^{-(x+2y)}\mathrm{d}x\mathrm{d}y=A\int_{0}^{+\infty}\mathrm{e}^{-x}\mathrm{d}x\int_{0}^{+\infty}\mathrm{e}^{-2y}\mathrm{d}y=\frac{A}{2},$$

解得 $A=2$.

(2) $$F(x,y)=\int_{-\infty}^{y}\int_{-\infty}^{x}f(x,y)\mathrm{d}x\mathrm{d}y=\begin{cases}2\int_{0}^{x}\mathrm{e}^{-x}\mathrm{d}x\int_{0}^{y}\mathrm{e}^{-2y}\mathrm{d}y, & x>0,y>0,\\ 0, & \text{其他}\end{cases}$$

$$=\begin{cases}(1-\mathrm{e}^{-x})(1-\mathrm{e}^{-2y}), & x>0,y>0,\\ 0, & \text{其他}.\end{cases}$$

(3) 如图 3.3.3 所示，在区域 G 内，

$$P\{X<Y\}=P\{(X,Y)\in G\}=\iint\limits_{G}f(x,y)\mathrm{d}x\mathrm{d}y$$

$$=\int_{0}^{+\infty}\mathrm{d}y\int_{0}^{y}2\mathrm{e}^{-x}\mathrm{e}^{-2y}\mathrm{d}x=\int_{0}^{+\infty}2\mathrm{e}^{-2y}(1-\mathrm{e}^{-y})\mathrm{d}y$$

$$=\int_{0}^{+\infty}2\mathrm{e}^{-2y}\mathrm{d}y-\int_{0}^{+\infty}2\mathrm{e}^{-3y}\mathrm{d}y=1-\frac{2}{3}=\frac{1}{3}.$$

(4) 如图 3.3.4 所示，在区域$\{(x,y)\mid -1<x<2,-1<y<3\}$内，$f(x,y)$仅在区域$\{(x,y)\mid 0<x<2,0<y<3\}$内不为 0，故有

$$P\{-1<X<2,-1<Y<3\}=\iint\limits_{(-1,2)\times(-1,3)} f(x,y)\mathrm{d}x\,\mathrm{d}y=\iint\limits_{(0,2)\times(0,3)} 2\mathrm{e}^{-x}\mathrm{e}^{-2y}\mathrm{d}x\,\mathrm{d}y$$

$$=\int_0^3 \mathrm{d}y\int_0^2 2\mathrm{e}^{-x}\mathrm{e}^{-2y}\mathrm{d}x=(1-\mathrm{e}^{-2})(1-\mathrm{e}^{-6}).$$

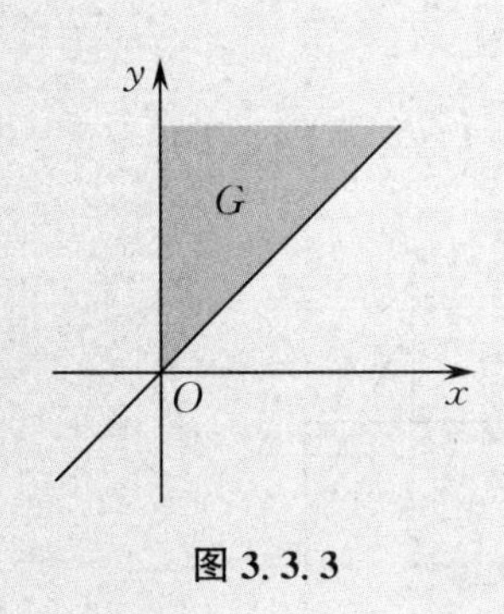

图 3.3.3

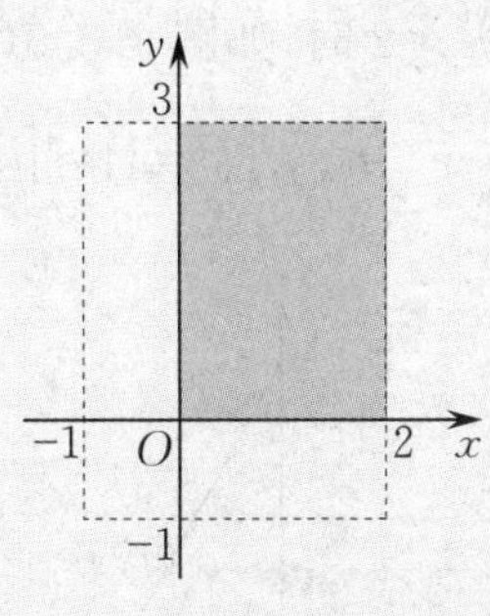

图 3.3.4

下面给出几个常见的二维连续型随机变量的分布.

定义 3.3.1　若随机变量(X,Y)的概率密度为

$$f(x,y)=\begin{cases}\dfrac{1}{A}, & (x,y)\in D,\\ 0, & \text{其他},\end{cases}$$

其中A为区域D的面积，则称(X,Y)服从D上的**均匀分布**.

例 3.3.3　设二维随机变量(X,Y)服从区域D上的均匀分布，其中D由直线$x=0$，$y=0$及$x+\dfrac{y}{2}=1$所围成. 求(X,Y)的分布函数$F(x,y)$.

解　由二维随机变量均匀分布的定义知

$$f(x,y)=\begin{cases}1, & (x,y)\in D,\\ 0, & (x,y)\notin D.\end{cases}$$

当$0<x\leqslant 1,0<y\leqslant 2(1-x)$时，如图 3.3.5(a) 所示，有

$$F(x,y)=\int_0^y\int_0^x 1\mathrm{d}x\,\mathrm{d}y=xy.$$

当$0<x\leqslant 1,2(1-x)<y\leqslant 2$时，如图 3.3.5(b) 所示，有

$$F(x,y)=\int_0^{1-\frac{y}{2}}\left(\int_0^y 1\mathrm{d}y\right)\mathrm{d}x+\int_{1-\frac{y}{2}}^x\left[\int_0^{2(1-x)} 1\mathrm{d}y\right]\mathrm{d}x$$

$$=\left(1-\frac{y}{2}\right)y+2\int_{1-\frac{y}{2}}^x(1-x)\mathrm{d}x$$

$$=(2x-x^2)-\left(1-\frac{y}{2}\right)^2.$$

当 $x>1, 0<y\leqslant 2$ 时，如图 3.3.5(c) 所示，有

$$F(x,y)=\int_0^y\left(\int_0^{1-\frac{y}{2}}1\mathrm{d}x\right)\mathrm{d}y=\int_0^y\left(1-\frac{y}{2}\right)\mathrm{d}y=y-\frac{y^2}{4}.$$

当 $0<x\leqslant 1, y>2$ 时，如图 3.3.5(d) 所示，有

$$F(x,y)=\int_0^x\left[\int_0^{2(1-x)}1\mathrm{d}y\right]\mathrm{d}x=2\int_0^x(1-x)\mathrm{d}x=2x-x^2.$$

当 $x>1, y>2$ 时，如图 3.3.5(e) 所示，有

$$F(x,y)=\int_0^2\left(\int_0^{1-\frac{y}{2}}1\mathrm{d}x\right)\mathrm{d}y=\int_0^2\left(1-\frac{y}{2}\right)\mathrm{d}y=1.$$

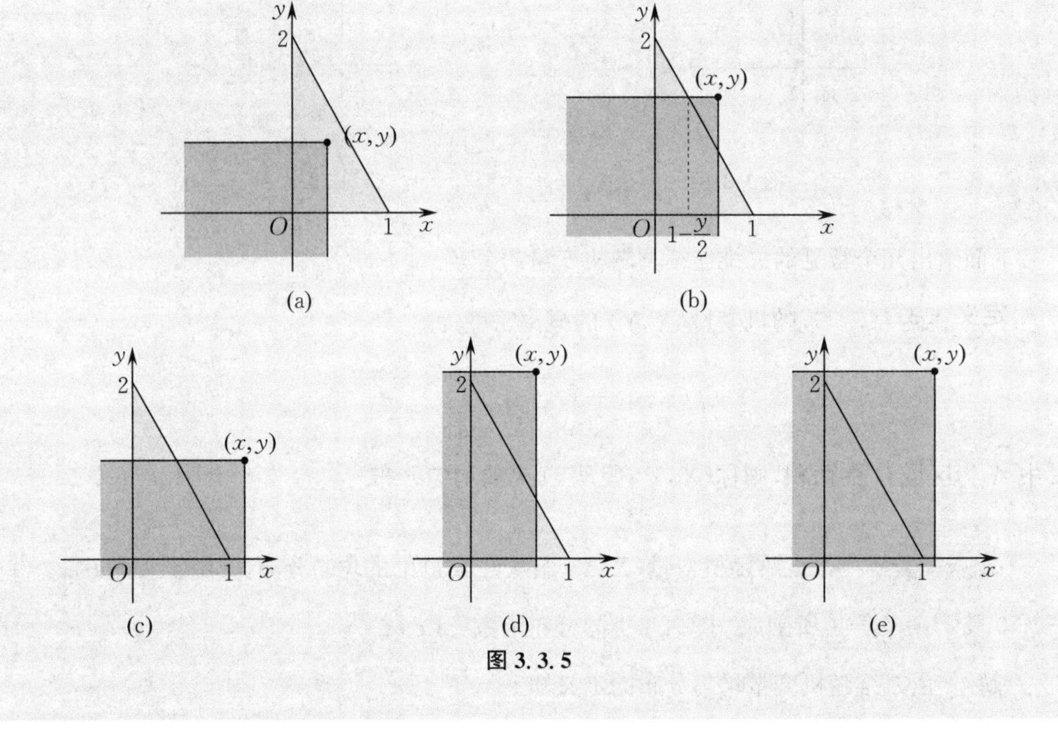

图 3.3.5

定义 3.3.2 若随机变量 (X,Y) 的概率密度为

$$f(x,y)=\frac{1}{2\pi\sigma_1\sigma_2\sqrt{1-\rho^2}}\mathrm{e}^{-\frac{1}{2(1-\rho^2)}\left[\frac{(x-\mu_1)^2}{\sigma_1^2}-2\rho\frac{x-\mu_1}{\sigma_1}\frac{y-\mu_2}{\sigma_2}+\frac{(y-\mu_2)^2}{\sigma_2^2}\right]},$$

其中 $\sigma_1>0, \sigma_2>0, |\rho|<1$，则称 (X,Y) 服从参数为 $\mu_1,\mu_2,\sigma_1,\sigma_2,\rho$ 的**二维正态分布**，记为 $(X,Y)\sim N(\mu_1,\mu_2,\sigma_1^2,\sigma_2^2,\rho)$.

3.3.3 边缘概率密度

设二维连续型随机变量 (X,Y) 的分布函数为 $F(x,y)$. 对于任意的 x，有

$$\begin{aligned}F_X(x)&=P\{X\leqslant x\}=P\{X\leqslant x, Y\leqslant+\infty\}\\&=F(x,-\infty<y<+\infty)=F(x,+\infty).\end{aligned}\tag{3.3.1}$$

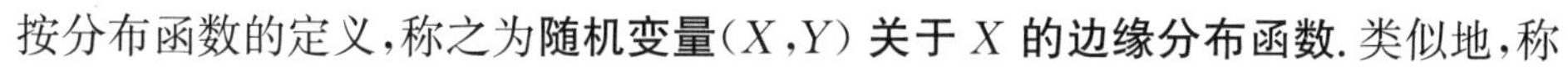

按分布函数的定义,称之为**随机变量**(X,Y)**关于**X**的边缘分布函数**.类似地,称

$$F_Y(y)=F(+\infty,y) \tag{3.3.2}$$

为**随机变量**(X,Y)**关于**Y**的边缘分布函数**.

由于

$$F_X(x)=F(x,+\infty)=\int_{-\infty}^{x}\left[\int_{-\infty}^{+\infty}f(x,y)\mathrm{d}y\right]\mathrm{d}x,$$

二维随机变量的边缘分布举例

因此称

$$f(x)=F'_X(x)=\int_{-\infty}^{+\infty}f(x,y)\mathrm{d}y$$

为X的**边缘概率密度**.类似地,称

$$f(y)=F'_Y(y)=\int_{-\infty}^{+\infty}f(x,y)\mathrm{d}x$$

为Y的**边缘概率密度**.

例 3.3.4　设随机变量(X,Y)在抛物线$y=x^2$和直线$y=x$所围区域D上服从均匀分布,试求X,Y的联合概率密度与边缘概率密度.

解　区域D如图3.3.6所示,其面积为

$$S=\int_0^1(x-x^2)\mathrm{d}x=\frac{1}{6},$$

故X,Y的联合概率密度为

$$f(x,y)=\begin{cases}6, & (x,y)\in D,\\ 0, & (x,y)\notin D.\end{cases}$$

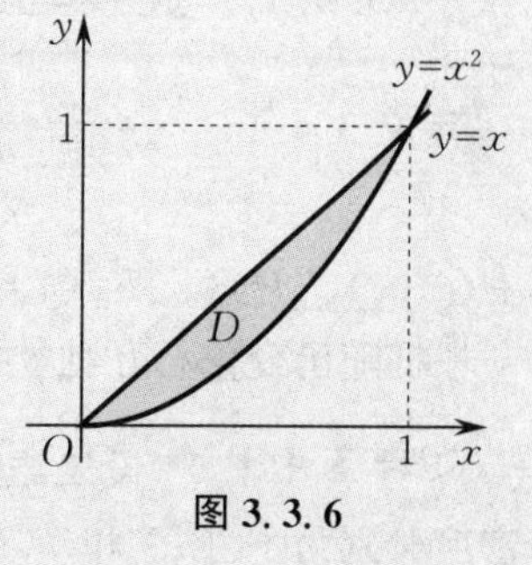

图 3.3.6

X,Y的边缘概率密度分别为

$$f_X(x)=\int_{-\infty}^{+\infty}f(x,y)\mathrm{d}y=\begin{cases}\int_{x^2}^{x}6\mathrm{d}y=6(x-x^2), & 0\leqslant x\leqslant 1,\\ 0, & \text{其他},\end{cases}$$

$$f_Y(y)=\int_{-\infty}^{+\infty}f(x,y)\mathrm{d}x=\begin{cases}\int_{y}^{\sqrt{y}}6\mathrm{d}x=6(\sqrt{y}-y), & 0\leqslant y\leqslant 1,\\ 0, & \text{其他}.\end{cases}$$

例 3.3.5　已知随机变量$(X,Y)\sim N(\mu_1,\mu_2,\sigma_1^2,\sigma_2^2,\rho)$,试求其边缘概率密度$f_X(x)$与$f_Y(y)$.

解

$$f_X(x)=\int_{-\infty}^{+\infty}f(x,y)\mathrm{d}y=\int_{-\infty}^{+\infty}\frac{1}{2\pi\sigma_1\sigma_2\sqrt{1-\rho^2}}\mathrm{e}^{-\frac{1}{2(1-\rho^2)}\left[\frac{(x-\mu_1)^2}{\sigma_1^2}-2\rho\frac{x-\mu_1}{\sigma_1}\frac{y-\mu_2}{\sigma_2}+\frac{(y-\mu_2)^2}{\sigma_2^2}\right]}\mathrm{d}y$$

$$=\frac{1}{2\pi\sigma_1\sigma_2\sqrt{1-\rho^2}}\mathrm{e}^{-\frac{(x-\mu_1)^2}{2\sigma_1^2}}\int_{-\infty}^{+\infty}\mathrm{e}^{-\frac{1}{2(1-\rho^2)}\left[\frac{y-\mu_2}{\sigma_2}-\frac{(x-\mu_1)\rho}{\sigma_1}\right]^2}\mathrm{d}y.$$

令$u=\dfrac{1}{\sqrt{1-\rho^2}}\left[\dfrac{y-\mu_2}{\sigma_2}-\dfrac{(x-\mu_1)\rho}{\sigma_1}\right]$,则$\mathrm{d}y=\sqrt{1-\rho^2}\,\sigma_2\mathrm{d}u$,故

$$f_X(x)=\frac{1}{2\pi\sigma_1}\mathrm{e}^{-\frac{(x-\mu_1)^2}{2\sigma_1^2}}\int_{-\infty}^{+\infty}\mathrm{e}^{-\frac{u^2}{2}}\mathrm{d}u,$$

即

$$f_X(x)=\frac{1}{\sqrt{2\pi}\sigma_1}e^{-\frac{(x-\mu_1)^2}{2\sigma_1^2}} \quad (-\infty<x<+\infty).$$

同理

$$f_Y(y)=\frac{1}{\sqrt{2\pi}\sigma_2}e^{-\frac{(y-\mu_2)^2}{2\sigma_2^2}} \quad (-\infty<y<+\infty).$$

§3.4 连续型随机变量的独立性与条件分布

3.4.1 连续型随机变量的独立性

随机变量的独立性

定义 3.4.1 对于一个二维随机变量(X,Y)，若对于所有的 x 和 y，有

$$P\{X\leqslant x,Y\leqslant y\}=P\{X\leqslant x\}P\{Y\leqslant y\},$$

即 $F(x,y)=F_X(x)F_Y(y)$，则称 X 与 Y **相互独立**.

根据随机变量相互独立的定义，可得以下定理.

定理 3.4.1 设二维连续型随机变量(X,Y)的概率密度为 $f(x,y)$，X 与 Y 的边缘概率密度分别为 $f_X(x)$ 和 $f_Y(y)$，则 X 与 Y 相互独立的充要条件是

$$f(x,y)=f_X(x)f_Y(y).$$

例 3.4.1 设随机变量$(X,Y)\sim N(\mu_1,\mu_2,\sigma_1^2,\sigma_2^2,\rho)$，证明：$X$ 与 Y 相互独立的充要条件是 $\rho=0$.

证明 **充分性** 当 $\rho=0$ 时，由定义 3.3.2 和例 3.3.5 可知，

$$f(x,y)=f_X(x)f_Y(y)$$

对于一切实数(x,y)都成立，因此 X 与 Y 相互独立.

必要性 当随机变量 X 与 Y 相互独立时，由于

$$f(\mu_1,\mu_2)=\frac{1}{2\pi\sigma_1\sigma_2\sqrt{1-\rho^2}},\quad f_X(\mu_1)=\frac{1}{\sqrt{2\pi}\sigma_1},\quad f_Y(\mu_2)=\frac{1}{\sqrt{2\pi}\sigma_2},$$

根据独立性的定义可知，

$$\frac{1}{2\pi\sigma_1\sigma_2\sqrt{1-\rho^2}}=\frac{1}{\sqrt{2\pi}\sigma_1}\cdot\frac{1}{\sqrt{2\pi}\sigma_2},$$

解得 $\rho=0$.

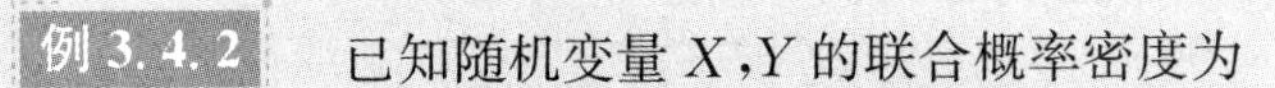

例 3.4.2　已知随机变量 X,Y 的联合概率密度为

$$f(x,y)=\begin{cases} x\mathrm{e}^{-(x+y)}, & x>0,y>0, \\ 0, & \text{其他}, \end{cases}$$

问:X 与 Y 是否相互独立?

解　$$f_X(x)=\int_{-\infty}^{+\infty} f(x,y)\mathrm{d}y=\begin{cases} \int_0^{+\infty} x\mathrm{e}^{-(x+y)}\mathrm{d}y=x\mathrm{e}^{-x}, & x>0, \\ \int_0^{+\infty} 0\mathrm{d}y=0, & x\leqslant 0. \end{cases}$$

同理可得

$$f_Y(y)=\begin{cases} \mathrm{e}^{-y}, & y>0, \\ 0, & y\leqslant 0. \end{cases}$$

由于 $f_X(x)f_Y(y)=f(x,y)$,因此 X 与 Y 相互独立.

3.4.2　条件分布

对于二维连续型随机变量(X,Y),因为 $P\{X=x\}=P\{Y=y\}=0$,所以不能用离散型来定义条件分布.但是对于任意的 $\varepsilon>0$,若 $P\{x-\varepsilon<X\leqslant x+\varepsilon\}>0$,且当 $\varepsilon\to 0$ 时,条件概率 $P\{Y\leqslant y \mid x-\varepsilon<X\leqslant x+\varepsilon\}$ 的极限存在,则自然可将此极限值定义为在 $X=x$ 条件下 Y 的条件分布.

定义 3.4.2　对于任意给定的正数 ε,若 $P\{x-\varepsilon<X\leqslant x+\varepsilon\}>0$,且对于任意实数 x 与 y,极限

$$\lim_{\varepsilon\to 0^+} P\{Y\leqslant y \mid x-\varepsilon<X\leqslant x+\varepsilon\}=\lim_{\varepsilon\to 0^+}\frac{P\{x-\varepsilon<X\leqslant x+\varepsilon,Y\leqslant y\}}{P\{x-\varepsilon<X\leqslant x+\varepsilon\}}$$

存在,则称此极限值为**条件 $X=x$ 下 Y 的条件分布函数**,记为 $P\{Y\leqslant y \mid X=x\}$ 或 $F_{Y|X}(y \mid x)$.

同样,可以定义条件 $Y=y$ 下 X 的条件分布函数.

定理 3.4.2　**设随机变量(X,Y)的分布函数为 $F(x,y)$,概率密度为 $f(x,y)$,且 $f(x,y)$ 在点(x,y)处连续,边缘概率密度 $f_X(x)>0$ 且连续,则在 $X=x$ 条件下 Y 的条件分布函数为**

$$F_{Y|X}(y \mid x)=\int_{-\infty}^{y}\frac{f(x,y)}{f_X(x)}\mathrm{d}y,$$

在 $X=x$ 条件下 Y 的条件概率密度为

$$f_{Y|X}(y \mid x)=\frac{f(x,y)}{f_X(x)}.$$

证明　由定义 3.4.2 可知,

$$F_{Y|X}(y \mid x)=\lim_{\varepsilon\to 0^+}P\{Y\leqslant y \mid x-\varepsilon<X\leqslant x+\varepsilon\}=\lim_{\varepsilon\to 0^+}\frac{P\{x-\varepsilon<X\leqslant x+\varepsilon, Y\leqslant y\}}{P\{x-\varepsilon<X\leqslant x+\varepsilon\}}$$

$$=\lim_{\varepsilon\to 0^+}\frac{\int_{-\infty}^{y}\left[\int_{x-\varepsilon}^{x+\varepsilon}f(x,y)\mathrm{d}x\right]\mathrm{d}y}{\int_{x-\varepsilon}^{x+\varepsilon}f_X(x)\mathrm{d}x}=\frac{\int_{-\infty}^{y}f(x,y)\mathrm{d}y}{f_X(x)}=\int_{-\infty}^{y}\frac{f(x,y)}{f_X(x)}\mathrm{d}y,$$

条件分布举例

从而

$$f_{Y|X}(y \mid x)=\frac{f(x,y)}{f_X(x)}.$$

类似地,

$$F_{X|Y}(x \mid y)=\int_{-\infty}^{x}\frac{f(x,y)}{f_Y(y)}\mathrm{d}x,\quad f_{X|Y}(x \mid y)=\frac{f(x,y)}{f_Y(y)}.$$

例 3.4.3 设随机变量(X,Y)在圆域$x^2+y^2\leqslant 1$内服从均匀分布,求$f_{X|Y}(x \mid y)$.

解 由假设,X,Y的联合概率密度为

$$f(x,y)=\begin{cases}\dfrac{1}{\pi}, & x^2+y^2\leqslant 1,\\ 0, & \text{其他},\end{cases}$$

于是Y的边缘概率密度为

$$f_Y(y)=\int_{-\infty}^{+\infty}f(x,y)\mathrm{d}x=\begin{cases}\dfrac{1}{\pi}\displaystyle\int_{-\sqrt{1-y^2}}^{\sqrt{1-y^2}}\mathrm{d}x=\dfrac{2}{\pi}\sqrt{1-y^2}, & -1<y<1,\\ 0, & \text{其他}.\end{cases}$$

因此

$$f_{X|Y}(x \mid y)=\frac{f(x,y)}{f_Y(y)}=\begin{cases}\dfrac{1}{2\sqrt{1-y^2}}, & -\sqrt{1-y^2}\leqslant x\leqslant\sqrt{1-y^2},\\ 0, & \text{其他}.\end{cases}$$

例 3.4.4 设随机变量(X,Y)的概率密度为

$$f(x,y)=\begin{cases}6, & x^2<y<x, 0<x<1,\\ 0, & \text{其他},\end{cases}$$

求X与Y的条件概率密度.

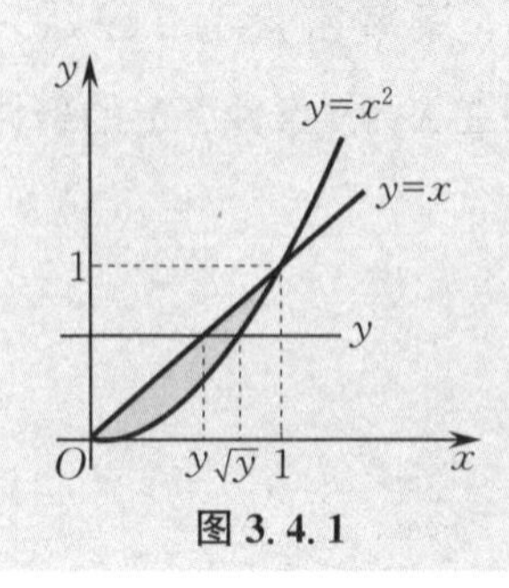

图 3.4.1

解 如图 3.4.1 所示,当固定$0\leqslant y\leqslant 1$时,画一条水平线,它与图形的交点的横坐标分别为$x=y$与$x=\sqrt{y}$,因此Y的边缘概率密度

$$f_Y(y)=\int_{-\infty}^{+\infty}f(x,y)\mathrm{d}x=\begin{cases}\displaystyle\int_{y}^{\sqrt{y}}6\mathrm{d}x=6(\sqrt{y}-y), & 0<y<1,\\ 0, & \text{其他}.\end{cases}$$

于是,当$0<y<1$时,

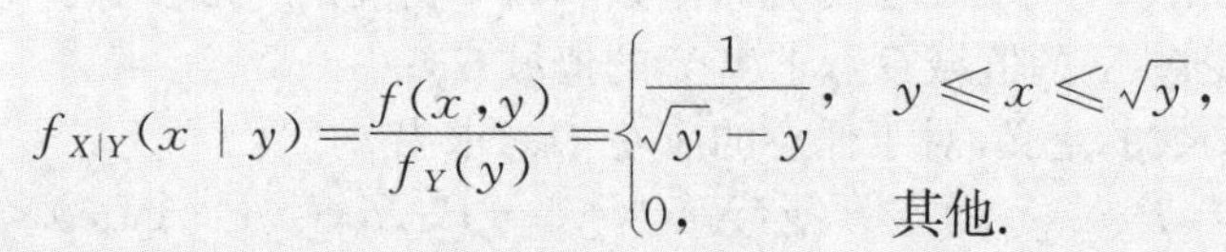

$$f_{X|Y}(x \mid y)=\frac{f(x,y)}{f_Y(y)}=\begin{cases}\dfrac{1}{\sqrt{y}-y}, & y \leqslant x \leqslant \sqrt{y}, \\ 0, & \text{其他}.\end{cases}$$

另一个条件概率密度留给读者作为练习.

§3.5　连续型随机变量函数的分布

现假设考虑炮击某个目标的随机试验,以目标为原点建立坐标系,每次射击的结果就是炮弹落点的坐标(X,Y),它是一个二维连续型随机变量. 我们往往关心的是落点与目标的距离$\sqrt{X^2+Y^2}$,这就是两个随机变量的函数,所以研究随机变量函数的分布是很有意义的.

连续型随机变量函数的分布举例

3.5.1　一维连续型随机变量函数的分布

设连续型随机变量X的概率密度为$f(x)$,如何求$Y=g(X)$的分布函数和概率密度? 下面通过举例说明.

例 3.5.1　设随机变量$X \sim U[0,1]$,试求$Y=3X^2$的分布函数$F_Y(y)$与概率密度$f_Y(y)$.

解　因X的值域$\Omega_X=[0,1]$,故$Y=3X^2$的值域$\Omega_Y=[0,3]$,Y是一个连续型随机变量. 又X的概率密度为

$$f_X(x)=\begin{cases}1, & 0 \leqslant x \leqslant 1, \\ 0, & \text{其他},\end{cases}$$

于是当$0 \leqslant y \leqslant 3$时,$Y$的分布函数为

$$F_Y(y)=P\{Y \leqslant y\}=P\{3X^2 \leqslant y\}=P\left\{-\sqrt{\frac{y}{3}} \leqslant X \leqslant \sqrt{\frac{y}{3}}\right\}$$

$$=\int_0^{\sqrt{\frac{y}{3}}} f_X(x)\mathrm{d}x=\int_0^{\sqrt{\frac{y}{3}}} 1\mathrm{d}x=\sqrt{\frac{y}{3}},$$

即

$$F_Y(y)=\begin{cases}0, & y<0, \\ \sqrt{\dfrac{y}{3}}, & 0 \leqslant y<3, \\ 1, & y \geqslant 3.\end{cases}$$

对$F_Y(y)$求导数,得到Y的概率密度

$$f_Y(y)=\begin{cases}\dfrac{1}{2\sqrt{3y}}, & 0 \leqslant y \leqslant 3, \\ 0, & \text{其他}.\end{cases}$$

由此,可以归纳出求 $Y=g(X)$ 的分布函数和概率密度的一般步骤:

(1) 根据随机变量 X 的值域 Ω_X,求出 Y 的值域 Ω_Y;

(2) 根据分布函数的定义,对于任意的 $y\in\Omega_Y$,求出

$$F_Y(y)=P\{Y\leqslant y\}=P\{g(X)\leqslant y\}=P\{X\in\{x\mid g(x)<y\}\};$$

(3) 根据分布函数的性质,写出 $F_Y(y)(-\infty<y<+\infty)$;

(4) 对 $F_Y(y)$ 求导数,得到概率密度 $f_Y(y)$.

例 3.5.2 已知随机变量 X 的概率密度为

$$f_X(x)=\frac{1}{\pi(1+x^2)}\quad(-\infty<x<+\infty),$$

试求 $Y=e^{-X}$ 的概率密度 $f_Y(y)$.

解 因 $\Omega_X=(-\infty,+\infty)$,故 $\Omega_Y=(0,+\infty)$. 对于任意的 $y>0$,有

$$F_Y(y)=P\{Y\leqslant y\}=P\{e^{-X}\leqslant y\}=P\{X\geqslant-\ln y\}=\int_{-\ln y}^{+\infty}\frac{1}{\pi(1+x^2)}dx.$$

由于这里只要求出概率密度,因此由高等数学中积分上限函数的求导公式,对 $F_Y(y)$ 直接求导数得

$$f_Y(y)=\begin{cases}\dfrac{1}{\pi(1+\ln^2 y)y}, & y>0,\\ 0, & \text{其他}.\end{cases}$$

例 3.5.3 设随机变量 $X\sim N(\mu,\sigma^2)$,求证:$Y=aX+b\sim N(a\mu+b,(a\sigma)^2)$,其中 $a\neq0$.

证明 下面仅就 $a>0$ 的情形给出证明,$a<0$ 的情形类似可证.

因 $\Omega_X=(-\infty,+\infty)$,故 $\Omega_Y=(-\infty,+\infty)$. 对于任意的 y,有

$$F_Y(y)=P\{Y\leqslant y\}=P\{aX+b\leqslant y\}=P\left\{X\leqslant\frac{y-b}{a}\right\}=\int_{-\infty}^{\frac{y-b}{a}}\frac{1}{\sqrt{2\pi}\sigma}e^{-\frac{(x-\mu)^2}{2\sigma^2}}dx,$$

则

$$\begin{aligned}f_Y(y)=F'_Y(y)&=\frac{1}{\sqrt{2\pi}a\sigma}\exp\left[-\frac{1}{2\sigma^2}\left(\frac{y-b}{a}-\mu\right)^2\right]\\&=\frac{1}{\sqrt{2\pi}a\sigma}e^{-\frac{[y-(a\mu+b)]^2}{2(a\sigma)^2}}\quad(-\infty<y<+\infty),\end{aligned}$$

即有

$$Y\sim N(a\mu+b,(a\sigma)^2).$$

例 3.5.3 说明正态随机变量 X 的线性函数 $Y=aX+b(a\neq0)$ 仍然服从正态分布. 特别地,当 $a=\frac{1}{\sigma},b=-\frac{\mu}{\sigma}$ 时,有 $\frac{X-\mu}{\sigma}\sim N(0,1)$.

3.5.2 两个连续型随机变量之和的分布

设随机变量 (X,Y) 的概率密度为 $f(x,y)$,则 $Z=X+Y$ 的分布函数为

$$F_Z(z)=P\{X+Y\leqslant z\}=\iint\limits_{x+y\leqslant z} f(x,y)\mathrm{d}x\mathrm{d}y,$$

二维随机变量函数的分布举例

这里积分区域 $G: x+y\leqslant z$ 是直线 $x+y=z$ 左下方的半平面(见图 3.5.1).化成二次积分,得

$$F_Z(z)=\int_{-\infty}^{+\infty}\int_{-\infty}^{z-y} f(x,y)\mathrm{d}x\mathrm{d}y.$$

对积分做变量代换 $u=x+y$,则

$$\int_{-\infty}^{z-y} f(x,y)\mathrm{d}x=\int_{-\infty}^{z} f(u-y,y)\mathrm{d}u,$$

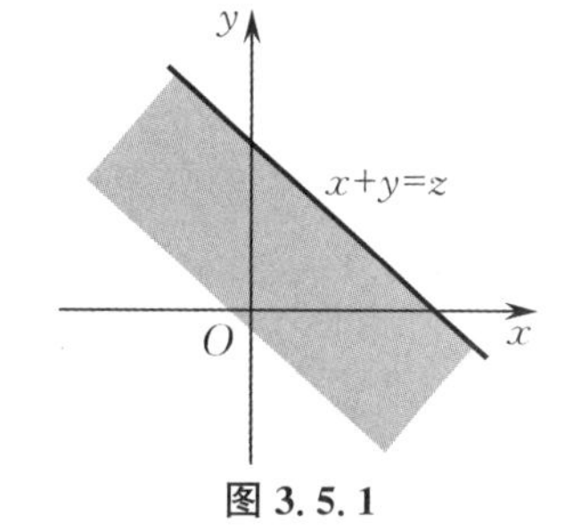

图 3.5.1

从而

$$F_Z(z)=\int_{-\infty}^{+\infty}\int_{-\infty}^{z} f(u-y,y)\mathrm{d}u\mathrm{d}y$$
$$=\int_{-\infty}^{z}\int_{-\infty}^{+\infty} f(u-y,y)\mathrm{d}y\mathrm{d}u.$$

由概率密度的定义,得

$$f_Z(z)=\int_{-\infty}^{+\infty} f(z-y,y)\mathrm{d}y.$$

由 X,Y 的对称性,同样可以得出

$$f_Z(z)=\int_{-\infty}^{+\infty} f(x,z-x)\mathrm{d}x. \tag{3.5.1}$$

如此便得到了两个随机变量之和的概率密度公式.特别地,当 X 与 Y 相互独立时,若记 X,Y 的边缘概率密度分别为 $f_X(x),f_Y(y)$,则有

$$f_Z(z)=\int_{-\infty}^{+\infty} f_X(z-y)f_Y(y)\mathrm{d}y, \tag{3.5.2}$$

$$f_Z(z)=\int_{-\infty}^{+\infty} f_X(x)f_Y(z-x)\mathrm{d}x. \tag{3.5.3}$$

这两个公式称为**卷积公式**,记为 $f_X * f_Y$,即

$$f_X * f_Y=\int_{-\infty}^{+\infty} f_X(z-y)f_Y(y)\mathrm{d}y=\int_{-\infty}^{+\infty} f_X(x)f_Y(z-x)\mathrm{d}x. \tag{3.5.4}$$

例 3.5.4 设 X,Y 是两个相互独立的随机变量,且都服从 $N(0,1)$,求 $Z=X+Y$ 的概率分布.

解 由卷积公式可得

$$f_Z(z)=\int_{-\infty}^{+\infty} f_X(x)f_Y(z-x)\mathrm{d}x=\frac{1}{2\pi}\int_{-\infty}^{+\infty}\mathrm{e}^{-\frac{x^2}{2}}\mathrm{e}^{-\frac{(z-x)^2}{2}}\mathrm{d}x=\frac{1}{2\pi}\mathrm{e}^{-\frac{z^2}{4}}\int_{-\infty}^{+\infty}\mathrm{e}^{-\left(x-\frac{z}{2}\right)^2}\mathrm{d}x.$$

令 $t=x-\dfrac{z}{2}$,得

$$f_Z(z)=\frac{1}{2\pi}\mathrm{e}^{-\frac{z^2}{4}}\int_{-\infty}^{+\infty}\mathrm{e}^{-t^2}\mathrm{d}t=\frac{1}{2\sqrt{\pi}}\mathrm{e}^{-\frac{z^2}{4}},$$

即有 $Z\sim N(0,2)$.

一般地,设随机变量 X 与 Y 相互独立,且 $X\sim N(\mu_1,\sigma_1^2),Y\sim N(\mu_2,\sigma_2^2)$,则 $Z=X+Y$ 仍服从正态分布,且有 $X+Y\sim N(\mu_1+\mu_2,\sigma_1^2+\sigma_2^2)$.

上述结论还可推广到 n 个随机变量之和的情形. 若 $X_1, X_2, \cdots, X_n$ 是 n 个服从正态分布且相互独立的随机变量，即

$$X_i \sim N(\mu_i, \sigma_i^2) \quad (i=1,2,\cdots,n),$$

则 $X_1+X_2+\cdots+X_n$ 仍服从正态分布，且有

$$X_1+X_2+\cdots+X_n \sim N\left(\sum_{i=1}^{n}\mu_i, \sum_{i=1}^{n}\sigma_i^2\right).$$

例 3.5.5 设随机变量 X 与 Y 相互独立，$X \sim U[0,1]$，$Y \sim E(1)$，试求 $Z=X+Y$ 的概率密度.

解 X,Y 的联合概率密度为

$$f(x,y)=\begin{cases} e^{-y}, & 0 \leqslant x \leqslant 1, y>0, \\ 0, & \text{其他}, \end{cases}$$

且 $Z=X+Y$ 的值域为 $\Omega_Z=(0,+\infty)$. 当 $z>0$ 时，有

$$F_Z(z)=P\{Z \leqslant z\}=P\{X+Y \leqslant z\}=P\{(X,Y) \in D_z\}=\iint_{D_z} f(x,y)\,dx\,dy,$$

其中 $D_z=\{(x,y) \mid 0 \leqslant x \leqslant 1, y>0 \text{ 且 } x+y \leqslant z\}$(见图 3.5.2).

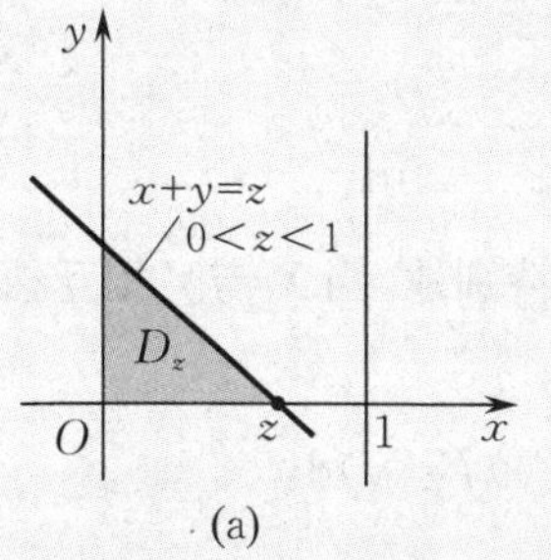

(a)

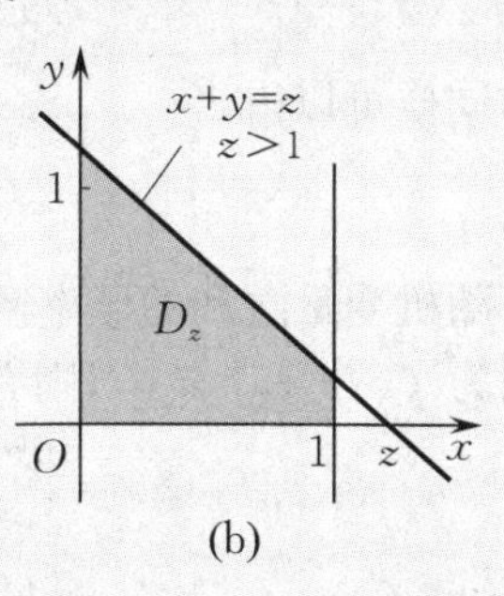

(b)

图 3.5.2

由于 $0<z<1$ 与 $z>1$ 时积分区域 D_z 的形状不同，因此需要分别讨论.

当 $0<z<1$ 时，有

$$F_Z(z)=\int_0^z dx\int_0^{z-x} e^{-y}dy=\int_0^z [1-e^{-(z-x)}]dx=z+e^{-z}-1.$$

当 $z>1$ 时，有

$$F_Z(z)=\int_0^1 dx\int_0^{z-x} e^{-y}dy=\int_0^1 [1-e^{-(z-x)}]dx=1-(e-1)e^{-z}.$$

通过求导数得

$$f_Z(z)=\begin{cases} 1-e^{-z}, & 0<z<1, \\ (e-1)e^{-z}, & z>1, \\ 0, & \text{其他}. \end{cases}$$

3.5.3 两个连续型随机变量之商的分布

设随机变量 (X,Y) 的概率密度为 $f(x,y)$，则 $Z=\dfrac{Y}{X}(X \neq 0)$ 的分布函数为

$$F_Z(z)=P\left\{\frac{Y}{X} \leqslant z\right\},$$

从而有(积分区域为如图 3.5.3 所示的阴影部分)

$$F_Z(z)=\iint\limits_{\frac{y}{x}\leqslant z} f(x,y)\mathrm{d}x\mathrm{d}y.$$

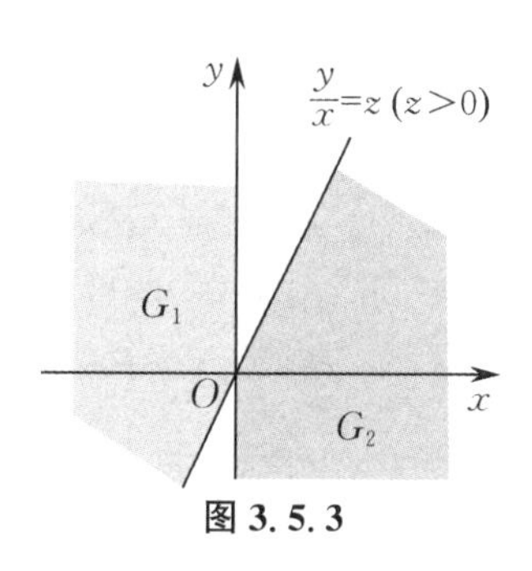

图 3.5.3

于是，有

$$\begin{aligned}F_Z(z)&=P\left\{\frac{Y}{X}\leqslant z\right\}\\&=\iint\limits_{\frac{y}{x}\leqslant z,x<0} f(x,y)\mathrm{d}x\mathrm{d}y+\iint\limits_{\frac{y}{x}\leqslant z,x>0} f(x,y)\mathrm{d}x\mathrm{d}y\\&=\int_{-\infty}^{0}\left[\int_{zx}^{+\infty} f(x,y)\mathrm{d}y\right]\mathrm{d}x+\int_{0}^{+\infty}\left[\int_{-\infty}^{zx} f(x,y)\mathrm{d}y\right]\mathrm{d}x.\end{aligned}$$

令 $y=xu$，得

$$\begin{aligned}F_Z(z)&=\int_{-\infty}^{0}\left[\int_{z}^{-\infty} xf(x,xu)\mathrm{d}u\right]\mathrm{d}x+\int_{0}^{+\infty}\left[\int_{-\infty}^{z} xf(x,xu)\mathrm{d}u\right]\mathrm{d}x\\&=\int_{-\infty}^{0}\left[\int_{-\infty}^{z} (-x)f(x,xu)\mathrm{d}u\right]\mathrm{d}x+\int_{0}^{+\infty}\left[\int_{-\infty}^{z} xf(x,xu)\mathrm{d}u\right]\mathrm{d}x\\&=\int_{-\infty}^{+\infty}\left[\int_{-\infty}^{z} |x|f(x,xu)\mathrm{d}u\right]\mathrm{d}x\\&=\int_{-\infty}^{z}\left[\int_{-\infty}^{+\infty} |x|f(x,xu)\mathrm{d}x\right]\mathrm{d}u.\end{aligned}$$

对 z 求导数，即得

$$f_Z(z)=\int_{-\infty}^{+\infty}|x|f(x,xz)\mathrm{d}x.$$

特别地，当 X 与 Y 相互独立时，有

$$f_Z(z)=\int_{-\infty}^{+\infty}|x|f_X(x)f_Y(xz)\mathrm{d}x. \tag{3.5.5}$$

例 3.5.6　设随机变量 X 与 Y 相互独立，其概率密度分别为

$$f(x)=\begin{cases}\mathrm{e}^{-x}, & x>0,\\ 0, & \text{其他},\end{cases}\quad g(y)=\begin{cases}2\mathrm{e}^{-2y}, & y>0,\\ 0, & \text{其他},\end{cases}$$

试求 $Z=\dfrac{X}{Y}$ 的概率分布.

解　由式(3.5.5)可知，当 $z>0$ 时，有

$$f_Z(z)=\int_0^{+\infty} y\mathrm{e}^{-yz}\cdot 2\mathrm{e}^{-2y}\mathrm{d}y=\int_0^{+\infty}2y\mathrm{e}^{-y(2+z)}\mathrm{d}y=\frac{2}{(2+z)^2};$$

当 $z\leqslant 0$ 时，有 $f_Z(z)=0$. 于是

$$f_Z(z)=\begin{cases}\dfrac{2}{(2+z)^2}, & z>0,\\ 0, & z\leqslant 0.\end{cases}$$

3.5.4　连续型随机变量最大值及最小值的分布

设随机变量 X 与 Y 相互独立，且 X 与 Y 的分布函数分别为$F_X(x)$ 与$F_Y(y)$. 下面讨论

$\max\{X,Y\}$ 及 $\min\{X,Y\}$ 分布的求法.

设 $M=\max\{X,Y\}$，$N=\min\{X,Y\}$，于是

$$\begin{aligned}F_M(z)&=P\{M\leqslant z\}=P\{X\leqslant z,Y\leqslant z\}\\&=P\{X\leqslant z\}P\{Y\leqslant z\}=F_X(z)F_Y(z),\\F_N(z)&=P\{N\leqslant z\}=1-P\{\min\{X,Y\}>z\}\\&=1-P\{X>z\}P\{Y>z\}=1-[1-F_X(z)][1-F_Y(z)].\end{aligned}$$

以上结果容易推广到任意多个随机变量的情形. 设 $M=\max\{X_1,X_2,\cdots,X_n\}$，$N=\min\{X_1,X_2,\cdots,X_n\}$，于是

$$\begin{aligned}F_M(z)&=F_{X_1}(z)F_{X_2}(z)\cdots F_{X_n}(z),\\F_N(z)&=1-[1-F_{X_1}(z)][1-F_{X_2}(z)]\cdots[1-F_{X_n}(z)].\end{aligned}$$

特别地，当这 n 个随机变量相互独立且同分布时，若记它们的分布函数为 $F(x)$，概率密度为 $f(x)$，则有

$$\begin{aligned}F_M(z)&=[F(z)]^n,\\F_N(z)&=1-[1-F(z)]^n.\end{aligned}$$

将以上两式对 z 求导数，则可得相应的概率密度

$$\begin{aligned}f_M(z)&=n[F(z)]^{n-1}f(z),\\f_N(z)&=n[1-F(z)]^{n-1}f(z).\end{aligned}$$

例 3.5.7 设 X 与 Y 是相互独立且同分布的随机变量，它们都服从区间 $[0,\beta]$ 上的均匀分布，$\beta>0$，试求 $M=\max\{X,Y\}$ 与 $N=\min\{X,Y\}$ 的概率密度.

解 按题设，可记 X,Y 的分布函数为

$$F(x)=\begin{cases}0, & x<0,\\ \dfrac{x}{\beta}, & 0\leqslant x<\beta,\\ 1, & x\geqslant\beta.\end{cases}$$

因为 M 的值域为 $\Omega_M=[0,\beta]$，所以当 $0\leqslant z\leqslant\beta$ 时，有

$$F_M(z)=[F(z)]^2=\left(\frac{z}{\beta}\right)^2.$$

于是，M 的概率密度为

$$f_M(z)=\begin{cases}\dfrac{2z}{\beta^2}, & 0\leqslant z\leqslant\beta,\\ 0, & \text{其他}.\end{cases}$$

又因为 N 的值域为 $\Omega_N=[0,\beta]$，所以当 $0\leqslant z\leqslant\beta$ 时，有

$$F_N(z)=1-[1-F(z)]^2=1-\left(1-\frac{z}{\beta}\right)^2.$$

于是，N 的概率密度为

$$f_N(z)=\begin{cases}\dfrac{2(\beta-z)}{\beta^2}, & 0\leqslant z\leqslant\beta,\\ 0, & \text{其他}.\end{cases}$$

§3.6　问题拓展探索之三
——伽马分布及其应用

3.6.1　伽马分布

1. 伽马函数

一般称

$$\Gamma(\alpha)=\int_0^{+\infty} x^{\alpha-1}\mathrm{e}^{-x}\,\mathrm{d}x$$

为**伽马函数**，其中参数 $\alpha>0$.

伽马函数具有如下性质：

(1) $\Gamma(1)=1,\Gamma\left(\frac{1}{2}\right)=\sqrt{\pi}$.

(2) $\Gamma(\alpha+1)=\alpha\Gamma(\alpha)$（可用分部积分法证明）.

当 α 为自然数 n 时，有

$$\Gamma(n+1)=n\Gamma(n)=n!.$$

2. 伽马分布

假设随机变量 X 为等到第 α 件事发生所需等候的时间，且其概率密度为

$$f(x)=\begin{cases}\dfrac{\lambda^{\alpha}}{\Gamma(\alpha)}x^{\alpha-1}\mathrm{e}^{-\lambda x}, & x>0,\\ 0, & x\leqslant 0,\end{cases}$$

则称 X 服从**伽马分布**，记为 $X\sim Ga(\alpha,\lambda)$，其中 $\alpha>0$ 为形状参数，$\lambda>0$ 为尺度参数.

图 3.6.1 给出了 α,λ 取不同值的伽马分布的概率密度曲线.

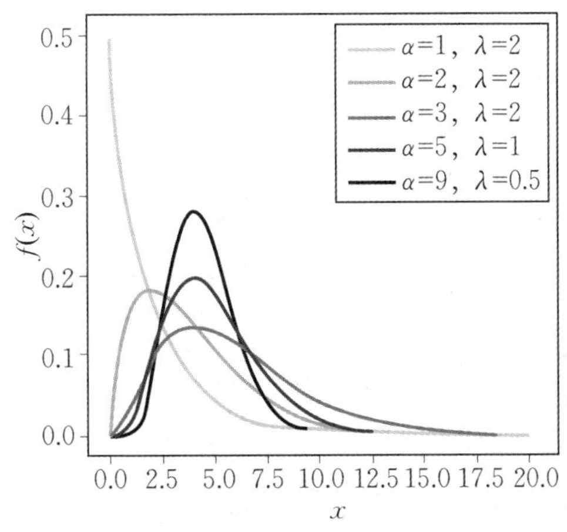

图 3.6.1

3. 伽马分布的两个特例

伽马分布有两个常用的特例：

(1) $\alpha=1$ 时的伽马分布就是指数分布,即

$$Ga(1,\lambda)=E(\lambda).$$

(2) 称 $\alpha=\frac{n}{2},\lambda=\frac{1}{2}$ 时的伽马分布是自由度为 n 的 χ^2 分布(第六章介绍),记为 $\chi^2(n)$,即

$$Ga\left(\frac{n}{2},\frac{1}{2}\right)=\chi^2(n),$$

其概率密度为

$$f(x)=\begin{cases}\dfrac{1}{2^{\frac{n}{2}}\Gamma\left(\frac{n}{2}\right)}\mathrm{e}^{-\frac{x}{2}}x^{\frac{n}{2}-1}, & x>0,\\ 0, & x\leqslant 0,\end{cases}$$

其中 n 是 χ^2 分布的唯一参数.

3.6.2 伽马分布的可加性

定理 3.6.1(伽马分布的可加性) **设随机变量** $X\sim Ga(\alpha_1,\lambda)$,$Y\sim Ga(\alpha_2,\lambda)$,**且** X **与** Y **相互独立,则** $Z=X+Y\sim Ga(\alpha_1+\alpha_2,\lambda)$.

证明 由题意知,$Z=X+Y$ 仍在 $(0,+\infty)$ 上取值,则当 $z>0$ 时,有

$$f_Z(z)=\int_{-\infty}^{+\infty}f_X(z-y)f_Y(y)\mathrm{d}y=\frac{\lambda^{\alpha_1+\alpha_2}}{\Gamma(\alpha_1)\Gamma(\alpha_2)}\int_0^z(z-y)^{\alpha_1-1}\mathrm{e}^{-\lambda(z-y)}y^{\alpha_2-1}\mathrm{e}^{-\lambda y}\mathrm{d}y$$

$$=\frac{\lambda^{\alpha_1+\alpha_2}\mathrm{e}^{-\lambda z}}{\Gamma(\alpha_1)\Gamma(\alpha_2)}\int_0^z(z-y)^{\alpha_1-1}y^{\alpha_2-1}\mathrm{d}y\xlongequal{令\, y=zt}\frac{\lambda^{\alpha_1+\alpha_2}\mathrm{e}^{-\lambda z}}{\Gamma(\alpha_1)\Gamma(\alpha_2)}z^{\alpha_1+\alpha_2-1}\int_0^1(1-t)^{\alpha_1-1}t^{\alpha_2-1}\mathrm{d}t.$$

由于 $\int_0^1(1-t)^{\alpha_1-1}t^{\alpha_2-1}\mathrm{d}t=\frac{\Gamma(\alpha_1)\Gamma(\alpha_2)}{\Gamma(\alpha_1+\alpha_2)}$,将该结果代入上式,得

$$f_Z(z)=\frac{\lambda^{\alpha_1+\alpha_2}}{\Gamma(\alpha_1+\alpha_2)}z^{\alpha_1+\alpha_2-1}\mathrm{e}^{-\lambda z},$$

因此定理得证.

3.6.3 伽马分布的应用

例 3.6.1 某种商品一周的需求量是一个随机变量,其概率密度为

$$f_1(x)=\begin{cases}x\mathrm{e}^{-x}, & x>0,\\ 0, & x\leqslant 0.\end{cases}$$

设各周的需求量是相互独立的,试求:

(1) 两周需求量的概率密度 $f_2(x)$;

(2) 三周需求量的概率密度 $f_3(x)$.

解 设 $X_i(i=1,2,3)$ 表示第 i 周的需求量,则第一周的需求量 X_1 服从一个参数 $\alpha=2$,$\lambda=1$ 的伽马分布,即

$$X_1\sim Ga(2,1).$$

(1) 根据伽马分布的可加性,得两周需求量 $X_1+X_2\sim Ga(2+2,1)$,则概率密度为

$$f_2(x)=\begin{cases}\dfrac{1}{6}x^3\mathrm{e}^{-x}, & x>0,\\ 0, & x\leqslant 0.\end{cases}$$

(2) 三周需求量的概率密度为

$$f_3(x)=\begin{cases}\dfrac{1}{120}x^5\mathrm{e}^{-x}, & x>0,\\ 0, & x\leqslant 0.\end{cases}$$

例 3.6.2 电子产品的失效常常是由外界冲击引起的. 若在$(0,t)$内发生冲击的次数$N(t)$服从参数为λt的泊松分布,试证:第n次冲击来到的时间S_n服从伽马分布$Ga(n,\lambda)$.

证明 事件"第n次冲击来到的时间S_n小于或等于t"等价于事件"$(0,t)$内发生冲击的次数大于或等于n",即

$$\{S_n\leqslant t\}=\{N(t)\geqslant n\}.$$

S_n的分布函数为

$$F(t)=P\{S_n\leqslant t\}=P\{N(t)\geqslant n\}=\sum_{k=n}^{+\infty}\frac{(\lambda t)^k}{k!}\mathrm{e}^{-\lambda t},$$

用分部积分法可以验证

$$\sum_{k=0}^{n-1}\frac{(\lambda t)^k}{k!}\mathrm{e}^{-\lambda t}=\frac{\lambda^n}{\Gamma(n)}\int_t^{+\infty}x^{n-1}\mathrm{e}^{-\lambda x}\mathrm{d}x.$$

注意到$\sum\limits_{k=0}^{+\infty}\dfrac{(\lambda t)^k}{k!}\mathrm{e}^{-\lambda t}=1$,因此有

$$F(t)=\sum_{k=n}^{+\infty}\frac{(\lambda t)^k}{k!}\mathrm{e}^{-\lambda t}=1-\sum_{k=0}^{n-1}\frac{(\lambda t)^k}{k!}\mathrm{e}^{-\lambda t}=\frac{\lambda^n}{\Gamma(n)}\int_0^t x^{n-1}\mathrm{e}^{-\lambda x}\mathrm{d}x,$$

故$S_n\sim Ga(n,\lambda)$.

§ 3.7　趣味问题求解与 Python 实现之三

3.7.1　招聘问题

1. 问题提出

某企业准备通过招聘考试招收 300 名职工,其中正式工 280 人、临时工 20 人. 报考的人数是 1 657 人,考试满分是 400 分. 考试后得知,考试平均成绩$\mu=166$分,360 分以上的高分考生 31 人. 现有一考生的得分是 256 分,假设考生成绩服从正态分布,试问:

(1) 该考生是否能够达到最低录取线?

(2) 该考生能否被聘为正式工?

2. 分析与求解

设考生成绩为ξ,由题意可知$\xi \sim N(166,\delta^2)$. 首先需要求出δ^2,然后预测最低分数线,再推算出考生的得分排名.

(1) 问题一分析与求解.

记$\eta=\dfrac{\xi-166}{\delta}\sim N(0,1)$. 因为高于 360 分考生的频率为$\dfrac{31}{1\,657}$,所以有

$$P\{\xi>360\}=P\left\{\eta>\frac{360-166}{\delta}\right\}\approx\frac{31}{1\,657},$$

从而

$$P\left\{\eta\leqslant\frac{360-166}{\delta}\right\}=\Phi\left(\frac{360-166}{\delta}\right)\approx 1-\frac{31}{1\,657}\approx 0.981\,3.$$

查附表 2 可知$0.981\,3\approx\Phi(2.08)$,从而有

$$\frac{360-166}{\delta}\approx 2.08,\quad 即\quad \delta\approx 93,$$

故$\xi\sim N(166,93^2)$.

设最低分数线为x. 因为最低分数线的确定应使录取的考生的频率等于$\dfrac{300}{1\,657}$,所以有

$$P\left\{\eta>\frac{x-166}{93}\right\}\approx\frac{300}{1\,657},$$

于是

$$P\left\{\eta\leqslant\frac{x-166}{93}\right\}=\Phi\left(\frac{x-166}{93}\right)=1-\frac{300}{1\,657}\approx 0.818\,9.$$

查附表 2 可知$0.818\,9\approx\Phi(0.91)$,从而有

$$\frac{x-166}{93}\approx 0.91,\quad 即\quad x\approx 251,$$

故最低分数线为 251 分. 因此,该考生达到了最低录取分数线.

(2) 问题二分析与求解.

根据$\dfrac{\xi-166}{93}\sim N(0,1)$可知,成绩高于该考生分数 256 分的考生人数占比为

$$P\{\xi>256\}=P\left\{\frac{\xi-166}{93}>\frac{256-166}{93}\right\}=1-\Phi\left(\frac{256-166}{93}\right)\approx 1-0.834\,0=0.166\,0.$$

这表明成绩高于该考生的人数大约占总考生的 16.6%,所以名次排在该考生之前的考生人数约为$1\,657\times 16.6\%\approx 275$,即该考生大约排在 276 名. 因正式工招收 280 人,故该考生被聘为正式工的可能性很大.

3.7.2 射击得分问题

1. 问题提出

进行打靶时,设弹着点$A(X,Y)$的坐标X与Y相互独立,且都服从标准正态分布$N(0,1)$,规定:点A落入区域$D_1=\{(x,y)\mid x^2+y^2\leqslant 1\}$内得 2 分;点$A$落入区域$D_2=\{(x,y)\mid 1<x^2+y^2\leqslant 4\}$内得 1 分;点$A$落入区域$D_3=\{(x,y)\mid x^2+y^2>4\}$内得

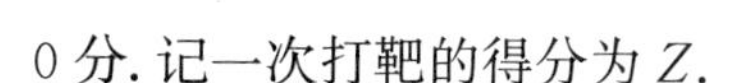

0分.记一次打靶的得分为Z.

(1) 试写出Z的分布律.

(2) 假设练习射击10次,试计算得分不低于15分的概率.

2. 分析与求解

(1) 问题一分析与求解.

已知X与Y相互独立,且服从标准正态分布$N(0,1)$,故(X,Y)的概率密度为

$$f(x,y)=f_X(x)f_Y(y)=\frac{1}{2\pi}e^{-\frac{1}{2}(x^2+y^2)}\quad(-\infty<x,y<+\infty).$$

由题意得

$$P\{Z=2\}=P\{(x,y)\in D_1\}=\iint\limits_{D_1}\frac{1}{2\pi}e^{-\frac{1}{2}(x^2+y^2)}dxdy$$

$$=\frac{1}{2\pi}\int_0^{2\pi}d\theta\int_0^1 re^{-\frac{1}{2}r^2}dr=1-e^{-\frac{1}{2}},$$

$$P\{Z=1\}=P\{(x,y)\in D_2\}=\iint\limits_{D_2}\frac{1}{2\pi}e^{-\frac{1}{2}(x^2+y^2)}dxdy$$

$$=\frac{1}{2\pi}\int_0^{2\pi}d\theta\int_1^2 re^{-\frac{1}{2}r^2}dr=e^{-\frac{1}{2}}-e^{-2},$$

$$P\{Z=0\}=P\{(x,y)\in D_3\}=\iint\limits_{D_3}\frac{1}{2\pi}e^{-\frac{1}{2}(x^2+y^2)}dxdy$$

$$=\frac{1}{2\pi}\int_0^{2\pi}d\theta\int_2^{+\infty} re^{-\frac{1}{2}r^2}dr=e^{-2}.$$

因此,设$p_0=e^{-2}$,$p_1=e^{-\frac{1}{2}}-e^{-2}$,$p_2=1-e^{-\frac{1}{2}}$,则$Z$的分布律如表3.7.1所示.

表 3.7.1

Z	0	1	2
p_k	p_0	p_1	p_2

(2) 问题二分析与求解.

设m与n分别表示10次射击中得1分和2分的次数,W为累计射击10次的总得分.在$W\geqslant 15$的条件下,有

$$\begin{cases}m+2n\geqslant 15,\\ m+n\leqslant 10,\\ m\geqslant 0,\\ n\geqslant 0.\end{cases}$$

于是,满足上式的整数解(m,n)如表3.7.2所示.

表 3.7.2

W	15	15	15	16	16	16	17	17	18	18	19	20
m	1	3	5	0	2	4	1	3	0	2	1	0
n	7	6	5	8	7	6	8	7	9	8	9	10

设(M,N)表示10次射击中得1分和2分的次数,则二维随机变量(M,N)服从一个多项

分布(参看 §2.6 问题拓展探索之二),从而有

$$P\{M=m,N=n\}=\frac{10!}{m!n!(10-m-n)!}p_1^m p_2^n p_0^{10-m-n}.$$

因此,

$$P\{W\geqslant 15\}=\sum_{(m,n)}P\{M=m,N=n\},$$

其中(m,n)为取遍表 3.7.2 中的所有组合. 运用 Python 可求出得分不低于 15 分的概率为

$$P\{W\geqslant 15\}\approx 0.1874.$$

3. 基于 Python 的伪代码

(1) Python 计算的目标.

第一,获取问题二求解中的整数解(m,n);第二,计算概率$P\{W\geqslant 15\}$.

(2) Python 计算的伪代码.

Process:

```
1: for m ← 1 to 20 do
2: for n ← 1 to 20 do
3: if m+2*n>=15 then
4: if m+n<=10 then
5: print([m,n])
6: n ← n+1
7: P ← sum(comb(10,n)*(1-exp(-0.5))**n*comb(10-n,m)*(exp(-0.5)-exp(-2.0))**m*
        comb(10-n-m,10-n-m)*exp(-2.0)**(10-n-m))
8: print(P)
```

4. Python 实现代码

```
import numpy as np
from scipy.special import comb
from sympy import *

for x in range (20):
    for y in range (20):
        if x+2*y>=15:
            if x+y<=10:
                print([x,y])
                y=y+1

x=[0,0,0,1,1,1,2,2,3,3,4,5]
y=[8,9,10,7,8,9,7,8,6,7,6,5]
x=np.array(x)
y=np.array(y)
s=sum(comb(10,y)*(1-exp(-0.5))**y*comb(10-y,x)*(exp(-0.5)-exp(-2.0))**x*
        comb(10-y-x,10-y-x)*exp(-2.0)**(10-y-x))
print(s)
```

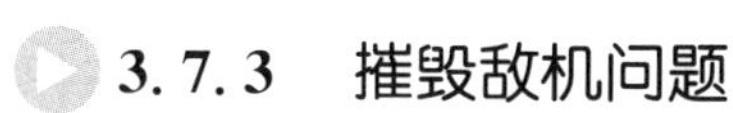

3.7.3　摧毁敌机问题

1. 问题提出

一门大炮对来犯敌机进行轰击,若每次击中目标的概率为 $p(0<p<1)$,且每次轰击相互独立,设n表示大炮对敌机的射击次数.假定敌机被击中一次而坠毁的概率为0.2,被击中两次而坠毁的概率为0.5,被击中三次而坠毁的概率为1.为了确保敌机被击落的概率不低于0.95,试问:在 $p=0.3$ 时,至少开多少炮?

2. 分析与求解

根据已知条件,可知敌机被击中次数 X 的分布律为

$$P\{X=i\}=\mathrm{C}_n^i p^i(1-p)^{n-i}\quad(i=0,1,2,\cdots,n).$$

设事件A_i 表示"敌机被击中 i 次"$(i=0,1,2,\cdots,n)$,B 表示"敌机被击落",则有

$$P(B\mid A_1)=0.2,\quad P(B\mid A_2)=0.5,\quad P(B\mid A_3)=1.$$

又知

$$P(A_1)=P\{X=1\}=\mathrm{C}_n^1 p(1-p)^{n-1},\quad P(A_2)=P\{X=2\}=\mathrm{C}_n^2 p^2(1-p)^{n-2},$$

$$P(A_3)=P\{X\geqslant 3\}=1-\mathrm{C}_n^0 p^0(1-p)^n-\mathrm{C}_n^1 p(1-p)^{n-1}-\mathrm{C}_n^2 p^2(1-p)^{n-2},$$

于是

$$P(B)=P(A_1)P(B\mid A_1)+P(A_2)P(B\mid A_2)+P(A_3)P(B\mid A_3)\geqslant 0.95.$$

将 $p=0.3$ 代入上式,整理得

$$0.7^n+0.24n\times 0.7^{n-1}+0.0225n(n-1)\times 0.7^{n-2}\leqslant 0.05.$$

运用 Python 编程进行搜索计算得到 $n=17$.

3. 基于 Python 的伪代码

(1) Python 计算的目标.

当 $p=0.3$ 时,利用搜索算法求解 n.

(2) Python 计算的伪代码.

Process:

```
1: for n ← 1 to 20 do
2:     if 0.7**n+0.24*n*0.7**(n-1)+0.0225*n*(n-1)*0.7**(n-2)<=0.05 then
3: print(n)
```

4. Python 实现代码

```
#假设在射击 20 次内能将敌机击落

for n in range(1,20):
    if 0.7**n+0.24*n*0.7**(n-1)+0.0225*n*(n-1)*0.7**(n-2)<=0.05:
        print(n)
```

§3.8　课程趣味阅读之三

3.8.1　海上搜寻的贝叶斯推断方法

运用贝叶斯公式，首先需要根据主观判断或者过去的经验，对事件发生的概率分布有一个估算，即为先验分布；然后根据更新的信息修正该事件的概率分布，即为该事件的后验分布. 贝叶斯推断是通过信息的不断更新以提升对事件不确定性的认知，提高我们对其判断的准确度. 该方法在实践中得到广泛应用，其在海上搜寻中的成功运用尤其引人注目.

1. 成功搜寻海上失踪的氢弹

1966 年 1 月的一天，美国一架 B-52 轰炸机在海域上空飞过，飞机上的几位飞行员在执行着空军司令部安排给他们的空中加油任务. 但负责加油的运输机与该 B-52 轰炸机的速度没有协调好，互相撞擦了一下，结果加油机的油立刻起火爆炸，B-52 也被撞得不轻，B-52 上载有的一枚氢弹掉到了失事飞机附近的海域中. 为了找那一枚丢失的氢弹，美国赶紧从国内调集了包括多位专家的搜索部队前往现场，其中也包括一位名为克雷文的数学家. 接下来，克雷文提出了一个基于贝叶斯推断方法的搜寻方案.

他召集了各方面的专家，不过每个专家都有自己擅长的领域，并非通才. 有的对于 B-52 轰炸机了解甚多，却对于氢弹的特性知之甚少. 氢弹如何储存在飞机上是一个问题，氢弹怎么从飞机上掉下来又是一个问题. 氢弹会不会和飞机残骸在一起？ 氢弹上的两个降落伞各自打开的概率是多少？ 风的流速和方向如何影响氢弹位置？ 对于这些各式各样的问题，克雷文要求专家们做出各种假设，想象出各种情境，然后在各种情境下猜测出氢弹在各个位置的概率，以及每种情境出现的可能性. 在得到了从专家那里提供的结果后，克雷文综合所有信息画了一张氢弹位置的概率图：把整个可能的区域划分成了很多个小方格，每一个小方格有不同的概率值，有高有低，如同地图上表示山峰和山谷的等高线一样，完成了贝叶斯推断方法的第一步，即给出氢弹位置的先验概率.

接着，克雷文和搜寻部队的指挥官一起开始了对氢弹的搜寻，在搜寻的过程中同时对每个格子的概率进行更新. 不过，概率最大的方格子指示的位置常常是陆地上险峻的峡谷和深海区，即使氢弹真的在那里，也未必找得到，所以需要绘制另一张概率图，表示“氢弹已经在那里，能找到”的概率而不是氢弹位置的概率. 该过程其实是完成贝叶斯推断方法的第二步，给出每个位置找到氢弹的条件概率.

然后，运用贝叶斯公式计算出能够找到氢弹的概率的最大区域，对其进行搜寻. 经过多轮搜寻后，最后氢弹被找到. 可见，克雷文的两张概率图和他使用的贝叶斯推断方法发挥了关键作用.

2. 成功搜寻海上失踪的潜艇

1968 年 6 月，美国海军的“天蝎”号核潜艇在大西洋亚速海海域一下子失踪了，潜艇和艇上的 99 名海军官兵全部杳无音信. 按照事后调查报告说法，罪魁祸首是这艘潜艇上一枚奇怪的鱼雷，发射出去后竟然敌我不分，扭头射向自己，让潜艇中弹爆炸.

克雷文咨询了数学家、潜艇专家、海事搜救各个领域的专家，编写了各种可能的“剧本”，让他们按照自己的知识和经验对于情况会向哪一个方向发展进行猜测. 最后，克雷文得到了一张 20 Mile(1 Mile ≈ 1.609 km) 海域的概率图. 整个海域被划分成了很多个小格子，每个小格子有两个概率值 p 和 q，p 表示“潜艇在这个格子里”的概率，q 表示“如果潜艇在这个格子里，它被搜寻到”的概率. 每次寻找时，挑选潜艇存在于该区域的概率值最高的一个格子进行搜寻，如果没有发现，概率分布图会被“洗牌”一次，搜寻船只就会驶向新的“最可疑格子”进行搜寻，这样一直持续下去，直到找到“天蝎”号为止.

最初的时候，海军人员凭经验估计潜艇是在爆炸点的东侧海底，对于克雷文和其他数学家的建议嗤之以鼻，但是几个月的搜寻后一无所获. 后来海军不得不听从了克雷文的建议，按照概率图，失事后的潜艇应该在爆炸点的西侧. 几次搜寻后，潜艇果然在爆炸点西南方的海底被找到了.

几十年间，贝叶斯推断方法应用越来越广泛，从搜索引擎筛选词条到无人驾驶汽车综合判断自己的行驶位置，应用到了各个领域.

3.8.2 统计学家与战争

在第二次世界大战期间，美国陆军航空队和英国皇家空军一起对德国进行战略轰炸. 但在早期，每次执行任务战损率都很高. 为此，美国陆军航空队采取种种措施，希望减少损失.

有一条措施就是请国内派统计学家来前线，看看能不能通过统计手段降低战损率. 一位统计学家很快来到前线基地，他在各个部队走访了一圈，然后让配合他工作的军士去制作了陆军航空队所用的 B-17，B-24 等轰炸机大尺寸模型. 在接下来的时间里，只要有执行任务的轰炸机部队返航，统计学家和他的军士就在第一时间去机场，详细地记录下每一架轰炸机的损伤情况，随后在模型上用墨汁将所有被击中的部位涂黑. 结果，不到两个月时间，统计学家面前的轰炸机模型上，除了几个很小的区域还是机身原来的颜色外，其他全被涂黑了. 很多地方显然是被反复涂过多次，墨汁都已经像油漆一样凝结成厚厚的一层.

统计学家将这些飞机模型带到了陆军航空队司令的办公室，在场的还有各个轰炸机生产厂家的代表. 在部队司令的面前，统计学家指着模型，先是解释了一下机身被涂黑意味着什么，接着提出了他的建议:“请让厂家将轰炸机上这些没有被涂成黑色的部位，尽快增加装甲.”几个厂商代表马上发出了疑问:“为什么是这些没有被击中的地方? 难道那些被击中次数最多的部位不需要增加装甲吗?”统计学家很无奈地摇了摇头，解释道:“这些部位之所以没有被涂黑，不是因为那里不会被击中，而是因为所有被击中这些部位的飞机，最终都没有返回基地.”部队司令非常赞同统计学家的观点，并立刻下令让各个厂家给轰炸机的相应部位增加防护措施. 在采取统计学家的建议后，轰炸机部队在执行任务时的战损率果然有了明显的下降.

03 习题三

1. 设随机变量 $X \sim B(2,0.6)$，试求 X 的分布函数，并作出其图形.

2. 确定下列函数中的常数 a，使该函数成为一维连续型随机变量的概率密度：

(1) $f(x)=a\mathrm{e}^{-|x|}$；

(2) $f(x)=\begin{cases} a\cos x, & -\dfrac{\pi}{2}\leqslant x\leqslant\dfrac{\pi}{2}, \\ 0, & \text{其他}. \end{cases}$

3. 已知随机变量 X 的分布函数为

$$F(x)=\begin{cases} 0, & x<-1, \\ a+b\arcsin x, & -1\leqslant x\leqslant 1, \\ 1, & x>1. \end{cases}$$

(1) 问：a,b 为何值时，$F(x)$ 为连续函数？

(2) 当 $F(x)$ 连续时，试求 $P\left\{|X|<\dfrac{1}{2}\right\}$.

4. 已知随机变量 ξ 的概率密度为

$$f(x)=\begin{cases} x, & 0<x\leqslant 1, \\ 2-x, & 1<x\leqslant 2, \\ 0, & \text{其他}. \end{cases}$$

求：(1) 分布函数 $F(x)$；(2) $P\{\xi<0.5\}$，$P\{\xi>1.3\}$ 及 $P\{0.2<\xi<1.2\}$.

5. 设随机变量 ξ 服从区间 $[0,5]$ 上的均匀分布，求方程 $4x^2+4\xi x+\xi+2=0$ 有实根的概率.

6. 设随机变量 $X\sim N(3,3^2)$，试求：

(1) $P\{2<X<5\}$；

(2) $P\{X>0\}$；

(3) $P\{|X-3|>6\}$.

7. 某种电池的寿命(单位：h)$\xi\sim N(a,\sigma^2)$，其中 $a=300$，$\sigma=35$. 求：

(1) 电池寿命在 250 h 以上的概率；

(2) 使得电池寿命在 $a-x$ 与 $a+x$ 之间的概率不小于 0.9 的 x.

8. 由某机器生产的螺栓长度(单位：cm) 服从参数为 $\mu=10.05$，$\sigma=0.06$ 的正态分布. 规定长度在范围 (10.05 ± 0.12) cm 内为合格品，求一螺栓为不合格品的概率.

9. 某厂生产的电子管的寿命(单位：h)X 服从参数为 $\mu=160$，σ 未知的正态分布. 若要求 $P\{120<X\leqslant 200\}=0.80$，问：允许 σ 最大为多少？

10. 设某类电子管的寿命(单位：h) 的概率密度为

$$f(x)=\begin{cases} \dfrac{100}{x^2}, & x>100, \\ 0, & x\leqslant 100. \end{cases}$$

一台电子管收音机最初使用的 150 h 中，三个这类电子管没有一个要替换的概率是多少？三个这类电子管全部要替换的概率是多少？假设这三个电子管的寿命分布是相互独立的.

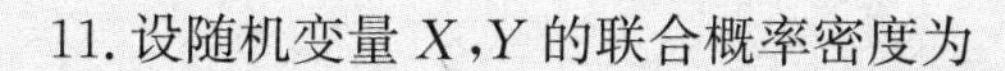

11. 设随机变量 X,Y 的联合概率密度为

$$f(x,y)=\begin{cases}6, & x^2\leqslant y\leqslant x,\\0, & \text{其他},\end{cases}$$

试求边缘概率密度 $f_X(x)$ 和 $f_Y(y)$.

12. 设随机变量 (ξ,η) 的概率密度为

$$f(x,y)=\begin{cases}\dfrac{1}{2}\sin(x+y), & 0\leqslant x\leqslant\dfrac{\pi}{2},0\leqslant y\leqslant\dfrac{\pi}{2},\\0, & \text{其他},\end{cases}$$

求 (ξ,η) 的分布函数.

13. 设随机变量 (ξ,η) 的概率密度为

$$f(x,y)=\begin{cases}k\mathrm{e}^{-3x-4y}, & x>0,y>0,\\0, & \text{其他},\end{cases}$$

试求：

(1) 常数 k；

(2) (ξ,η) 的分布函数；

(3) $P\{0<\xi<1,0<\eta<2\}$.

14. 设随机变量 (ξ,η) 的概率密度为

$$f(x,y)=\begin{cases}\dfrac{1}{\pi}, & x^2+y^2\leqslant 1,\\0, & \text{其他},\end{cases}$$

问：ξ 与 η 是否相互独立？

15. 设随机变量 (X,Y) 的概率密度为

$$f(x,y)=\begin{cases}k(6-x-y), & 0<x<2,2<y<4,\\0, & \text{其他},\end{cases}$$

试求：

(1) 常数 k；

(2) $P\{X<1,Y<3\}$；

(3) $P\{X<1.5\}$；

(4) $P\{X+Y\leqslant 4\}$.

16. 设随机变量 (ξ,η) 具有下列概率密度，求其边缘概率密度：

(1) $f(x,y)=\begin{cases}\dfrac{2\mathrm{e}^{-y+1}}{x^3}, & x>1,y>1,\\0, & \text{其他}；\end{cases}$

(2) $f(x,y)=\begin{cases}\dfrac{1}{\pi}\mathrm{e}^{-\frac{1}{2}(x^2+y^2)}, & x>0,y\leqslant 0\ \text{或}\ x\leqslant 0,y>0,\\0, & \text{其他}；\end{cases}$

(3) $f(x,y)=\begin{cases}\dfrac{1}{\Gamma(k_1)\Gamma(k_2)}x^{k_1-1}(y-x)^{k_2-1}\mathrm{e}^{-y}, & 0<x<y,\\0, & \text{其他}.\end{cases}$

17. 设随机变量(ξ,η)的概率密度为

$$f(x,y)=\begin{cases}\frac{1}{2}, & 0\leqslant x\leqslant 1,0\leqslant y\leqslant 2,\\ 0, & \text{其他},\end{cases}$$

求ξ与η中至少有一个小于 0.5 的概率.

18. 设随机变量$X\sim E(\lambda)$,试求$Y=\mathrm{e}^{-\lambda X}$与$Z=1-\mathrm{e}^{-\lambda X}$的概率密度.

19. 设随机变量$X\sim U[0,\pi]$,试求$Y=\sin X$的分布函数与概率密度.

20. 设随机变量X与Y相互独立,且$X\sim N(1,5)$,$Y\sim N(2,3)$,试求$Z=2X-3Y+1$的概率密度.

21. 设随机变量(X,Y)的概率密度为

$$f(x,y)=\begin{cases}b\mathrm{e}^{-(x+y)}, & 0<x<1,y>0,\\ 0, & \text{其他},\end{cases}$$

试求:

(1) 常数b;

(2) 边缘概率密度$f_X(x)$,$f_Y(y)$;

(3) $U=\max\{X,Y\}$的分布函数.

22. 设随机变量(X,Y)的概率密度为

$$f(x,y)=\begin{cases}cx^2y, & x^2\leqslant y\leqslant 1,\\ 0, & \text{其他},\end{cases}$$

试求:

(1) 常数c;

(2) 边缘概率密度$f_X(x)$,$f_Y(y)$.

23. 设随机变量$\xi\sim N(0,1)$,求$|\xi|$的概率密度.

24. 设随机变量X服从参数为 2 的指数分布,证明:$Y=1-\mathrm{e}^{-2X}$在区间$[0,1]$上服从均匀分布.

25. 设随机变量$X\sim U[0,1]$,当观察到$X=x\,(0\leqslant x\leqslant 1)$时,$Y\sim U[x,1]$,求$Y$的概率密度$f_Y(y)$.

26. 设随机变量(X,Y)服从区域G上的均匀分布,其中G由直线$y=-x$,$y=x$与$x=2$所围成.

(1) 求(X,Y)的概率密度.

(2) 求X与Y的边缘概率密度.

(3) 判断X与Y是否相互独立.

(4) 求$f_{X|Y}(x\mid 1)$与$f_{X|Y}(x\mid y)$,其中$|y|<2$.

(5) 求$P\{X\leqslant\sqrt{2}\mid Y=1\}$.

27. 设随机变量ξ与η相互独立,且其概率密度分别为

$$f_\xi(x)=\begin{cases}\lambda\mathrm{e}^{-\lambda x}, & x>0,\\ 0, & \text{其他},\end{cases}\qquad f_\eta(y)=\begin{cases}\lambda\mathrm{e}^{-\lambda y}, & y>0,\\ 0, & \text{其他},\end{cases}$$

其中$\lambda>0$,求$Z=\xi+\eta$的概率密度.

28. 设随机变量(ξ,η)的概率密度为

$$f(x,y)=\begin{cases}\dfrac{1+xy}{4}, & |x|<1,|y|<1,\\ 0, & \text{其他}.\end{cases}$$

证明：ξ与η不相互独立，但ξ^2与η^2相互独立.

29. 设随机变量X与Y相互独立，且$X\sim E(1)$，$Y\sim E(2)$，求$Z=X+2Y$的概率密度.

30. 设随机变量X与Y相互独立，且均服从标准正态分布，求$Z=\dfrac{X}{Y}$的概率密度.

31. 设随机变量X在区间$[0,1]$上服从均匀分布，Y服从参数为1的指数分布，且X与Y相互独立，求：

(1) $Z=X+Y$的概率密度；

(2) $W=\dfrac{X}{Y}$的概率密度.

32. 设随机变量X与Y相互独立，且均服从参数为1的指数分布，试求：

(1) $Z=\min\{X,Y\}$的概率密度；

(2) $W=\max\{X,Y\}$的概率密度.

33. 设随机变量X与Y相互独立，且均服从$N(0,\sigma^2)$，试求$Z=\sqrt{X^2+Y^2}$的概率密度.

34. 设X,Y是两个相互独立的随机变量，X在区间$[0,1]$上服从均匀分布，Y的概率密度为

$$f_Y(y)=\begin{cases}\dfrac{1}{2}e^{-\frac{y}{2}}, & y>0,\\ 0, & y\leqslant 0.\end{cases}$$

(1) 求X,Y的联合概率密度.

(2) 设含有a的二次方程为$a^2+2Xa+Y=0$，试求有实根的概率.

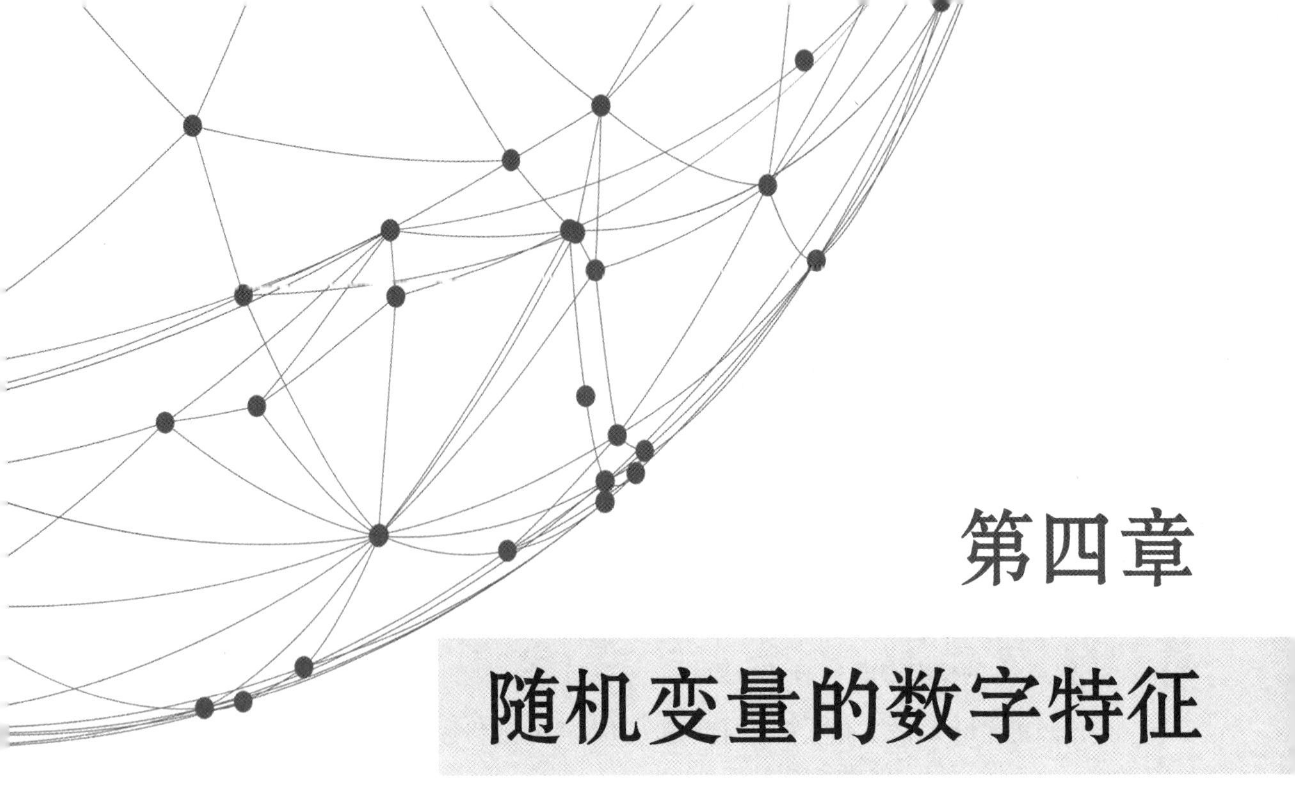

第四章 随机变量的数字特征

在实际应用中，人们有时并不太关注随机变量的精确分布，感兴趣的倒是一些能够反映随机变量某些特征的指标. 例如，一个国家每个家庭的收入是一个随机变量，人们常关心的是这个国家的平均家庭收入. 平均家庭收入越高，这个国家就越富裕. 同时，若要考察这个国家的贫富分化是否严重，就要考虑各个家庭收入与平均家庭收入的偏离程度；偏离程度越小，表明分化就越小. 如平均数、偏离程度等这种由随机变量的分布所确定的，能刻画随机变量某些方面特征的量统称为**数字特征**，它们在理论上和实际应用中有着重要的作用. 本章将介绍几个重要的数字特征：数学期望、方差、相关系数和矩.

课程思政

§4.1　数学期望

4.1.1　离散型随机变量的数学期望

例 4.1.1　某校甲班有 20 名学生，他们的英语考试成绩(五分制)如表 4.1.1 所示.

表 4.1.1

成绩	1	2	3	4	5
人数	1	4	7	6	2
频率	$\frac{1}{20}$	$\frac{4}{20}$	$\frac{7}{20}$	$\frac{6}{20}$	$\frac{2}{20}$

通过加权平均，可求出该班级的平均成绩为

$$\overline{x}=1\times\frac{1}{20}+2\times\frac{4}{20}+3\times\frac{7}{20}+4\times\frac{6}{20}+5\times\frac{2}{20}=3.2.$$

一般地，对于离散型随机变量 X，已知它的分布律如表 4.1.2 所示. 要想求随机变量 X 的平均值，很自然想到应该用概率 p_k 去替代例 4.1.1 中的频率.

表 4.1.2

X	x_1	x_2	…	x_k	…
p_k	p_1	p_2	…	p_k	…

定义 4.1.1　设离散型随机变量 X 的分布律为

$$P\{X=x_k\}=p_k \quad (k=1,2,\cdots).$$

若级数 $\sum\limits_k |x_k| p_k$ 收敛，则称级数 $\sum\limits_k x_k p_k$ 的和为 X 的**数学期望**，简称**期望**或**均值**，记为 $E(X)$，即

$$E(X)=\sum_k x_k p_k. \tag{4.1.1}$$

数学期望

当级数 $\sum\limits_k |x_k| p_k$ 发散时，则称 X 的数学期望不存在.

例 4.1.2　已知某工厂每天制作的产品出现次品数 X 的分布律如表 4.1.3 所示. 试求该工厂每天制作产品出现次品的平均数.

表 4.1.3

X	0	1	2	3
P	0.2	0.4	0.3	0.1

解　该工厂每天制作产品出现次品的平均数为

$$E(X)=\sum_{k=1}^{4}x_kp_k=0\times0.2+1\times0.4+2\times0.3+3\times0.1=1.3.$$

下面介绍几种常用离散型随机变量的数学期望.

例 4.1.3 设随机变量 X 服从参数为 $p(0<p<1)$ 的两点分布,即有 $P\{X=1\}=p,P\{X=0\}=1-p$,则 X 的数学期望为

$$E(X)=0\times(1-p)+1\times p=p.$$

例 4.1.4 设随机变量 X 服从二项分布,即有 $P\{X=k\}=C_n^kp^k(1-p)^{n-k}(k=0,1,2,\cdots,n)$,令 $q=1-p$,则 X 的数学期望为

常见分布的数字特征及其应用举例

$$E(X)=\sum_{k=0}^{n}kP\{X=k\}=\sum_{k=0}^{n}k\cdot C_n^kp^kq^{n-k}$$

$$=np\sum_{k=1}^{n}C_{n-1}^{k-1}p^{k-1}q^{(n-1)-(k-1)}=np(p+q)^{n-1}=np.$$

例 4.1.5 设随机变量 X 服从参数为 λ 的泊松分布,即有

$$P\{X=k\}=\frac{\lambda^k}{k!}e^{-\lambda}\quad(k=0,1,2,\cdots;\lambda>0),$$

则 X 的数学期望为

$$E(X)=\sum_{k=0}^{\infty}kP\{X=k\}=\sum_{k=0}^{\infty}k\cdot\frac{\lambda^k}{k!}e^{-\lambda}=\lambda e^{-\lambda}\sum_{k=1}^{\infty}\frac{\lambda^{k-1}}{(k-1)!}=\lambda e^{-\lambda}\cdot e^{\lambda}=\lambda.$$

几种常用的离散型随机变量的数学期望如表 4.1.4 所示.

表 4.1.4

分布名称	概率分布	数学期望 $E(X)$	参数的范围
两点分布 $B(1,p)$	$P\{X=1\}=p,P\{X=0\}=1-p$	p	$0<p<1$
二项分布 $B(n,p)$	$P\{X=k\}=C_n^kp^k(1-p)^{n-k}$	np	$0<p<1$
泊松分布 $P(\lambda)$	$P\{X=k\}=\frac{\lambda^k}{k!}e^{-\lambda}$	λ	$\lambda>0$
几何分布 $G(p)$	$P\{X=k\}=p(1-p)^{k-1}$	$\frac{1}{p}$	$0<p<1$
超几何分布 $H(n,M,N)$	$P\{X=m\}=\frac{C_M^mC_{N-M}^{n-m}}{C_N^n}$	$\frac{nM}{N}$	n,M,N 为整数

4.1.2 连续型随机变量的数学期望

连续型随机变量的数学期望可以类比离散型随机变量的数学期望的定义给出,即它可以看成离散型随机变量的数学期望的"演变",从而有下述定义.

定义 4.1.2 设连续型随机变量 X 的概率密度为 $f(x)$. 若积分$\int_{-\infty}^{+\infty}xf(x)dx$ 绝对收

敛,则称 $E(X)=\int_{-\infty}^{+\infty}xf(x)\mathrm{d}x$ 为 X 的**数学期望**.

例 4.1.6　已知某新产品在未来市场上的占有率 X 的概率密度为

$$f(x)=\begin{cases}2x, & 0\leqslant x\leqslant 1,\\ 0, & \text{其他},\end{cases}$$

试求该新产品的平均市场占有率.

解　$E(X)=\int_{-\infty}^{+\infty}xf(x)\mathrm{d}x=\int_{0}^{1}x\cdot 2x\,\mathrm{d}x=\dfrac{2}{3}.$

例 4.1.7　设随机变量 $X\sim U[a,b]$,求 $E(X)$.

解　X 的概率密度为

$$f(x)=\begin{cases}\dfrac{1}{b-a}, & a\leqslant x\leqslant b,\\ 0, & \text{其他},\end{cases}$$

故

$$E(X)=\int_{-\infty}^{+\infty}xf(x)\mathrm{d}x=\int_{a}^{b}x\cdot\frac{1}{b-a}\mathrm{d}x=\frac{b+a}{2}.$$

例 4.1.8　设随机变量 $X\sim E(\lambda)$,求 $E(X)$.

解　X 的概率密度为

$$f(x)=\begin{cases}\lambda\mathrm{e}^{-\lambda x}, & x>0,\\ 0, & \text{其他},\end{cases}$$

故

$$\begin{aligned}E(X)&=\int_{-\infty}^{+\infty}xf(x)\mathrm{d}x=\int_{0}^{+\infty}x\cdot\lambda\mathrm{e}^{-\lambda x}\mathrm{d}x\\&=-x\mathrm{e}^{-\lambda x}\Big|_{0}^{+\infty}+\int_{0}^{+\infty}\mathrm{e}^{-\lambda x}\mathrm{d}x=\frac{1}{\lambda}.\end{aligned}$$

例 4.1.9　设随机变量 $X\sim N(\mu,\sigma^2)$,求 $E(X)$.

解　X 的概率密度为

$$f(x)=\frac{1}{\sqrt{2\pi}\sigma}\mathrm{e}^{-\frac{(x-\mu)^2}{2\sigma^2}},$$

故

$$\begin{aligned}E(X)&=\int_{-\infty}^{+\infty}xf(x)\mathrm{d}x=\int_{-\infty}^{+\infty}x\cdot\frac{1}{\sqrt{2\pi}\sigma}\mathrm{e}^{-\frac{(x-\mu)^2}{2\sigma^2}}\mathrm{d}x\\&=\int_{-\infty}^{+\infty}(x-\mu)\frac{1}{\sqrt{2\pi}\sigma}\mathrm{e}^{-\frac{(x-\mu)^2}{2\sigma^2}}\mathrm{d}x+\mu\int_{-\infty}^{+\infty}\frac{1}{\sqrt{2\pi}\sigma}\mathrm{e}^{-\frac{(x-\mu)^2}{2\sigma^2}}\mathrm{d}x\\&=\int_{-\infty}^{+\infty}t\frac{1}{\sqrt{2\pi}\sigma}\mathrm{e}^{-\frac{t^2}{2\sigma^2}}\mathrm{d}t+\mu=\mu.\end{aligned}$$

4.1.3 随机变量函数的数学期望

定理 4.1.1 设随机变量 $Y=g(X)$ 是随机变量 X 的函数.

(1) 若离散型随机变量 X 的分布律为 $p_k=P\{X=x_k\}(k=1,2,\cdots)$，且级数 $\sum\limits_{k=1}^{\infty}g(x_k)p_k$ 绝对收敛，则有

$$E(Y)=E(g(X))=\sum_{k=1}^{\infty}g(x_k)p_k.$$

(2) 若连续型随机变量 X 的概率密度为 $f(x)$，且积分 $\int_{-\infty}^{+\infty}g(x)f(x)\mathrm{d}x$ 绝对收敛，则

$$E(Y)=E(g(X))=\int_{-\infty}^{+\infty}g(x)f(x)\mathrm{d}x.$$

由此可见，求 $E(Y)$ 时，不必知道 Y 的分布，而只需知道 X 的分布就可以了.

例 4.1.10 设随机变量 X 的分布律如表 4.1.5 所示，求 $E(X^2)$，$E(|X|)$，$E(3X-2)$.

表 4.1.5

X	-1	0	1
p_k	0.3	0.6	0.1

解 $E(X^2)=\sum\limits_{k=1}^{3}x_k^2p_k=(-1)^2\times0.3+0^2\times0.6+1^2\times0.1=0.4$，

$$E(|X|)=\sum_{k=1}^{3}|x_k|p_k=|-1|\times0.3+|0|\times0.6+|1|\times0.1=0.4,$$

$$E(3X-2)=\sum_{k=1}^{3}(3x_k-2)p_k=-2.6.$$

$E(X^2)$ 还可以先求出 X^2 的分布律，再由数学期望的定义计算得到. 而 $E(3X-2)$，在学习了数学期望的性质后，可利用数学期望的性质计算得到. 读者可以对比哪种方法更简便.

例 4.1.11 设随机变量 $X\sim N(0,1)$，求 $E(X^2)$，$E(X^3)$，$E(X^4)$.

解 $E(X^2)=\int_{-\infty}^{+\infty}x^2f(x)\mathrm{d}x=\int_{-\infty}^{+\infty}\frac{x^2}{\sqrt{2\pi}}\mathrm{e}^{-\frac{x^2}{2}}\mathrm{d}x=-\int_{-\infty}^{+\infty}\frac{x}{\sqrt{2\pi}}\mathrm{d}(\mathrm{e}^{-\frac{x^2}{2}})=1$，

$$E(X^3)=\int_{-\infty}^{+\infty}\frac{x^3}{\sqrt{2\pi}}\mathrm{e}^{-\frac{x^2}{2}}\mathrm{d}x=0,$$

$$E(X^4)=\int_{-\infty}^{+\infty}\frac{x^4}{\sqrt{2\pi}}\mathrm{e}^{-\frac{x^2}{2}}\mathrm{d}x=-\int_{-\infty}^{+\infty}\frac{x^3}{\sqrt{2\pi}}\mathrm{d}(\mathrm{e}^{-\frac{x^2}{2}})=3\int_{-\infty}^{+\infty}\frac{x^2}{\sqrt{2\pi}}\mathrm{e}^{-\frac{x^2}{2}}\mathrm{d}x=3.$$

上述定理 4.1.1 还可以推广到两个或两个以上随机变量的情形.

定理 4.1.2 设随机变量 $Z=g(X,Y)$ 是随机变量 (X,Y) 的函数.

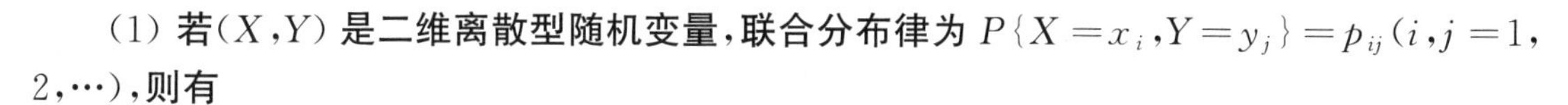

(1) 若(X,Y)是二维离散型随机变量，联合分布律为$P\{X=x_i,Y=y_j\}=p_{ij}(i,j=1,2,\cdots)$，则有

$$E(Z)=E(g(X,Y))=\sum_{i=1}^{\infty}\sum_{j=1}^{\infty}g(x_i,y_j)p_{ij}.$$

(2) 若(X,Y)是二维连续型随机变量，联合概率密度为$f(x,y)$，则有

$$E(Z)=E(g(X,Y))=\int_{-\infty}^{+\infty}\int_{-\infty}^{+\infty}g(x,y)f(x,y)\mathrm{d}x\,\mathrm{d}y.$$

例 4.1.12　设随机变量(X,Y)的联合分布律如表 4.1.6 所示，求$E(XY)$.

表 4.1.6

Y	X	
	1	3
0	0	$\frac{1}{8}$
1	$\frac{3}{8}$	0
2	$\frac{3}{8}$	0
3	0	$\frac{1}{8}$

解　$$E(XY)=\sum_{i=1}^{2}\sum_{j=1}^{4}x_iy_jp_{ij}$$

$$=1\times0\times0+1\times1\times\frac{3}{8}+1\times2\times\frac{3}{8}+1\times3\times0$$

$$+3\times0\times\frac{1}{8}+3\times1\times0+3\times2\times0+3\times3\times\frac{1}{8}=\frac{9}{4}.$$

$E(XY)$还可以先求出XY的分布律，再由数学期望的定义计算得到. 读者可以对比哪种方法更简便.

例 4.1.13　设随机变量(X,Y)在矩形区域$D:0<x<1,0<y<1$上服从均匀分布，求$E(X),E(Y),E(XY)$.

解　(X,Y)的概率密度为

$$f(x,y)=\begin{cases}1, & 0<x<1,0<y<1,\\0, & \text{其他}.\end{cases}$$

由定理 4.1.2 得

$$E(X)=\int_{-\infty}^{+\infty}\int_{-\infty}^{+\infty}xf(x,y)\mathrm{d}x\,\mathrm{d}y=\int_0^1x\,\mathrm{d}x\int_0^1\mathrm{d}y=\frac{1}{2},$$

$$E(Y)=\int_{-\infty}^{+\infty}\int_{-\infty}^{+\infty}yf(x,y)\mathrm{d}x\,\mathrm{d}y=\int_0^1\mathrm{d}x\int_0^1y\,\mathrm{d}y=\frac{1}{2},$$

$$E(XY)=\int_{-\infty}^{+\infty}\int_{-\infty}^{+\infty}xyf(x,y)\mathrm{d}x\,\mathrm{d}y=\int_0^1x\,\mathrm{d}x\int_0^1y\,\mathrm{d}y=\frac{1}{4}.$$

$E(X)$,$E(Y)$还可以先求出 X,Y 的边缘概率密度,再由数学期望的定义计算得到. 读者可以对比哪种方法更简便.

例 4.1.14 一银行服务需要等待,设等待时间(单位:min)X 服从数学期望为 10 的指数分布. 某人进了银行,且打算过会去办另一件事,于是先等待,如果超过 15 min 还没有等到服务就离开. 设他实际的等待时间为 Y,求此人实际等待的平均时间 $E(Y)$.

解 由题意知 X 的概率密度为

$$f(x)=\begin{cases}0.1\mathrm{e}^{-0.1x}, & x>0,\\ 0, & x\leqslant 0.\end{cases}$$

由于 $Y=g(X)=\min\{X,15\}$,则有

$$\begin{aligned}E(Y)&=E[g(X)]=0.1\int_0^{+\infty}\min\{x,15\}\mathrm{e}^{-0.1x}\,\mathrm{d}x\\&=0.1\int_0^{15}x\mathrm{e}^{-0.1x}\,\mathrm{d}x+0.1\int_{15}^{+\infty}15\mathrm{e}^{-0.1x}\,\mathrm{d}x\approx 7.769.\end{aligned}$$

因此此人实际等待的平均时间约为 7.769 min.

4.1.4 数学期望的性质

由数学期望的定义,易知数学期望具有如下性质:

(1) 设 c 是常数,则有 $E(c)=c$.

(2) 设 X 是随机变量,c 是常数,则有 $E(cX)=cE(X)$.

(3) 设 X,Y 是随机变量,则有 $E(X+Y)=E(X)+E(Y)$.

该性质可推广到有限个随机变量之和的情况,即

$$E(X_1+X_2+\cdots+X_n)=\sum_{i=1}^{n}E(X_i).$$

(4) 设 X,Y 是两个相互独立的随机变量,则有 $E(XY)=E(X)E(Y)$.

该性质可推广到有限个随机变量之积的情况,即若 n 个随机变量 $X_1,X_2,\cdots,X_n$ 相互独立,则

$$E(X_1X_2\cdots X_n)=\prod_{i=1}^{n}E(X_i).$$

性质(1) 和(2) 由读者自己给出证明. 下面证明性质(3) 和(4),且仅就连续型情形给以证明,离散型情形类似可证.

证明 设连续型随机变量 X,Y 的联合概率密度为 $f(x,y)$,其边缘概率密度为 $f_X(x)$,$f_Y(y)$,则

$$\begin{aligned}E(X+Y)&=\int_{-\infty}^{+\infty}\int_{-\infty}^{+\infty}(x+y)f(x,y)\,\mathrm{d}x\,\mathrm{d}y\\&=\int_{-\infty}^{+\infty}\int_{-\infty}^{+\infty}xf(x,y)\,\mathrm{d}x\,\mathrm{d}y+\int_{-\infty}^{+\infty}\int_{-\infty}^{+\infty}yf(x,y)\,\mathrm{d}x\,\mathrm{d}y\\&=E(X)+E(Y).\end{aligned}$$

若 X 与 Y 相互独立,此时 $f(x,y)=f_X(x)f_Y(y)$,故有

$$E(XY)=\int_{-\infty}^{+\infty}\int_{-\infty}^{+\infty}xyf(x,y)\mathrm{d}x\,\mathrm{d}y$$
$$=\int_{-\infty}^{+\infty}xf_X(x)\mathrm{d}x\cdot\int_{-\infty}^{+\infty}yf_Y(y)\mathrm{d}y=E(X)E(Y).$$

例 4.1.15　设随机变量 X 服从参数为 n 和 p 的二项分布，求 $E(X)$.

解　X 表示 n 次独立试验中成功的次数，每次成功的概率为 p，有

$$X=X_1+X_2+\cdots+X_n,$$

其中

$$X_i=\begin{cases}1, & \text{第 } i \text{ 次试验成功},\\ 0, & \text{第 } i \text{ 次试验不成功}.\end{cases}$$

因此，$X_i(i=1,2,\cdots,n)$ 服从 0-1 分布，且有 $E(X_i)=p$，从而

$$E(X)=E(X_1+X_2+\cdots+X_n)=E(X_1)+E(X_2)+\cdots+E(X_n)=np.$$

例 4.1.16　一民航班车上共有 20 名旅客，自机场开出，旅客有 10 个车站可以下车. 如果到达一个车站没有旅客下车就不停车，以 X 表示停车次数，设每位旅客在各车站下车是等可能的，求 $E(X)$.

解　引入随机变量

$$X_i=\begin{cases}0, & \text{第 } i \text{ 站无人下车},\\ 1, & \text{第 } i \text{ 站有人下车},\end{cases}$$

易见 $X=X_1+X_2+\cdots+X_{10}$.

按题意，任一旅客在第 i 站不下车的概率是 0.9，因此 20 位旅客都不在第 i 站下车的概率为 0.9^{20}，从而在第 i 站有人下车的概率为 $1-0.9^{20}$，即 X_i 的分布律如表 4.1.7 所示.

表 4.1.7

X_i	0	1
p_k	0.9^{20}	$1-0.9^{20}$

于是，$E(X_i)=1-0.9^{20}$，则

$$E(X)=\sum_{i=1}^{10}E(X_i)=10(1-0.9^{20})\approx 8.784.$$

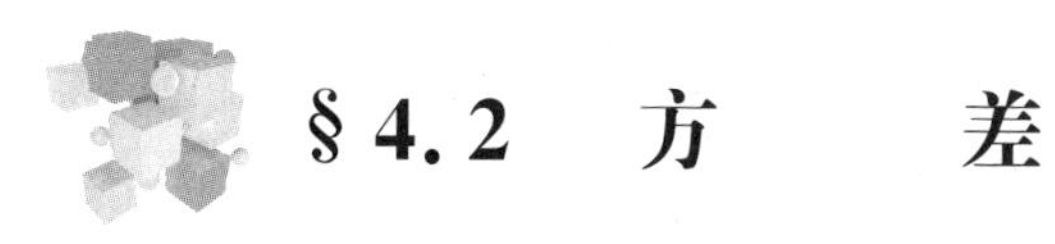

§4.2　方　　差

4.2.1　方差的定义

数学期望反映了随机变量的平均值，是随机变量的一个重要的数字特征. 但是，在许多实际问题中，仅仅知道数学期望是不够的，常常还需要了解随机变量的取值与其数学期望的偏离程度.

为描述随机变量偏离其数学期望 $E(X)$ 的情况,可以考察 $X-E(X)$,$|X-E(X)|$ 或 $(X-E(X))^2$ 的平均值. 由于 $X-E(X)$ 取数学期望会使正、负偏差相互抵消,而 $|X-E(X)|$ 中含绝对值,计算不方便,因此选用 $(X-E(X))^2$ 的数学期望,利用 $E((X-E(X))^2)$ 来描述 X 与它的数学期望 $E(X)$ 的平均偏离程度.

定义 4.2.1 设 X 为随机变量. 若 $E((X-E(X))^2)$ 存在,则称

$$D(X)=E((X-E(X))^2) \tag{4.2.1}$$

为 X 的**方差**,称 $\sqrt{D(X)}$ 为 X 的**标准差**或**均方差**.

方差

由方差的定义可知,X 的方差 $D(X)$ 就是 X 的函数 $(X-E(X))^2$ 的数学期望. 由求随机变量函数的数学期望公式可知:

若 X 为离散型随机变量,其分布律为 $P\{X=x_k\}=p_k(k=1,2,\cdots)$,则

$$D(X)=\sum_k (x_k-E(X))^2 p_k. \tag{4.2.2}$$

若 X 为连续型随机变量,其概率密度为 $f(x)$,则

$$D(X)=\int_{-\infty}^{+\infty}(x-E(X))^2 f(x)\mathrm{d}x. \tag{4.2.3}$$

显然方差 $D(X)$ 是一个非负常数,这个常数的大小反映了随机变量取值的离散程度. $D(X)$ 越大,取值越分散;$D(X)$ 越小,取值越集中.

由数学期望的性质可得

$$\begin{aligned} D(X)&=E((X-E(X))^2)=E(X^2-2XE(X)+(E(X))^2) \\ &=E(X^2)-2E(X)E(X)+(E(X))^2=E(X^2)-(E(X))^2. \end{aligned}$$

于是,得到在计算方差时常用的公式

$$D(X)=E(X^2)-(E(X))^2. \tag{4.2.4}$$

例 4.2.1 设随机变量 X 的概率密度为

$$f(x)=\begin{cases} 2x, & 0\leqslant x\leqslant 1, \\ 0, & \text{其他}, \end{cases}$$

求 $D(X)$.

解 因

$$E(X)=\int_{-\infty}^{+\infty} xf(x)\mathrm{d}x=\int_0^1 x\cdot 2x\,\mathrm{d}x=\frac{2}{3},$$

故由式(4.2.4)可得

$$\begin{aligned} D(X)&=E(X^2)-(E(X))^2=\int_{-\infty}^{+\infty} x^2 f(x)\mathrm{d}x-\left(\frac{2}{3}\right)^2 \\ &=\int_0^1 x^2\cdot 2x\,\mathrm{d}x-\frac{4}{9}=\frac{1}{18}. \end{aligned}$$

4.2.2　几种常见随机变量的方差

1. 两点分布

设随机变量 X 服从参数为 $p(0<p<1)$ 的两点分布，由 §4.1 知 $E(X)=p$，故 X 的方差为

$$D(X)=E(X^2)-(E(X))^2=0^2\cdot(1-p)+1^2\cdot p-p^2=p(1-p).$$

2. 二项分布

设随机变量 $X\sim B(n,p)$，由 §4.1 知 $E(X)=np$，而

$$\begin{aligned}E(X^2)&=\sum_{k=0}^{n}k^2\cdot C_n^k p^k(1-p)^{n-k}=\sum_{k=0}^{n}[k(k-1)+k]\frac{n!}{k!(n-k)!}p^k(1-p)^{n-k}\\&=\sum_{k=2}^{n}\frac{n!}{(k-2)!(n-k)!}p^k(1-p)^{n-k}+\sum_{k=0}^{n}k\cdot\frac{n!}{k!(n-k)!}p^k(1-p)^{n-k}\\&\xlongequal{k'=k-2}n(n-1)p^2\sum_{k'=0}^{n-2}\frac{(n-2)!}{k'!(n-2-k')!}p^{k'}(1-p)^{n-2-k'}+np\\&=n(n-1)p^2+np,\end{aligned}$$

故由式(4.2.4)得，X 的方差为

$$D(X)=E(X^2)-(E(X))^2=n(n-1)p^2+np-(np)^2=np(1-p).$$

3. 泊松分布

设随机变量 X 服从参数为 λ 的泊松分布，由 §4.1 知 $E(X)=\lambda$，而

$$\begin{aligned}E(X^2)&=\sum_{k=0}^{\infty}k^2\cdot\frac{\lambda^k}{k!}e^{-\lambda}=\sum_{k=0}^{\infty}[k(k-1)+k]\frac{\lambda^k}{k!}e^{-\lambda}\\&=\lambda^2\sum_{k=2}^{\infty}\frac{\lambda^{k-2}}{(k-2)!}e^{-\lambda}+\sum_{k=2}^{\infty}k\cdot\frac{\lambda^k}{k!}e^{-\lambda}=\lambda^2+\lambda,\end{aligned}$$

故

$$D(X)=E(X^2)-(E(X))^2=\lambda^2+\lambda-\lambda^2=\lambda.$$

4. 均匀分布

设随机变量 X 在区间 $[a,b]$ 上服从均匀分布，由 §4.1 知 $E(X)=\dfrac{a+b}{2}$，而

$$E(X^2)=\int_a^b x^2\cdot\frac{1}{b-a}dx=\frac{b^3-a^3}{3(b-a)}=\frac{1}{3}(b^2+ab+a^2),$$

故

$$D(X)=E(X^2)-(E(X))^2=\frac{1}{3}(b^2+ab+a^2)-\left(\frac{a+b}{2}\right)^2=\frac{(b-a)^2}{12}.$$

5. 指数分布

设随机变量 X 服从参数为 λ 的指数分布，由 §4.1 知 $E(X)=\dfrac{1}{\lambda}$，而

$$E(X^2)=\int_0^{+\infty}x^2\cdot\lambda e^{-\lambda x}dx=\frac{1}{\lambda^2}\int_0^{+\infty}t^2e^{-t}dt=\frac{2}{\lambda^2},$$

故

$$D(X)=E(X^2)-(E(X))^2=\frac{2}{\lambda^2}-\frac{1}{\lambda^2}=\frac{1}{\lambda^2}.$$

6. 正态分布

设随机变量 $X\sim N(\mu,\sigma^2)$，由 §4.1 知 $E(X)=\mu$，故

正态分布的数学期望和方差

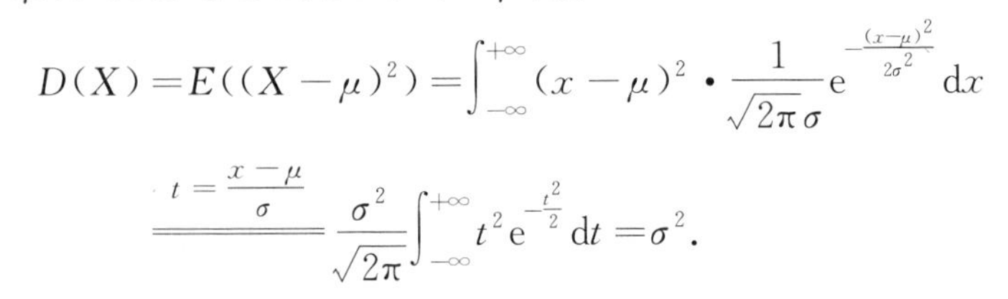

$$D(X)=E((X-\mu)^2)=\int_{-\infty}^{+\infty}(x-\mu)^2\cdot\frac{1}{\sqrt{2\pi}\sigma}e^{-\frac{(x-\mu)^2}{2\sigma^2}}dx$$

$$\xlongequal{t=\frac{x-\mu}{\sigma}}\frac{\sigma^2}{\sqrt{2\pi}}\int_{-\infty}^{+\infty}t^2e^{-\frac{t^2}{2}}dt=\sigma^2.$$

4.2.3 方差的性质

根据数学期望的性质，设 c,k,b 为常数，可证得方差具有如下几条简单性质：

(1) $D(c)=0$.

(2) $D(kX)=k^2D(X)$.

(3) $D(X+b)=D(X)$.

(4) $D(kX+b)=k^2D(X)$.

(5) 若 X 与 Y 相互独立，则有 $D(X\pm Y)=D(X)+D(Y)$.

注意到性质(1)，(2) 和(3) 都是性质(4) 的特殊情形，故下面只需证明性质(4). 性质(5)由读者自己给出证明.

证明 因 $E(kX+b)=kE(X)+b$，故

$$\begin{aligned}D(kX+b)&=E(((kX+b)-E(kX+b))^2)=E(((kX+b)-(kE(X)+b))^2)\\&=E((k(X-E(X)))^2)=E(k^2(X-E(X))^2)\\&=k^2E((X-E(X))^2)=k^2D(X).\end{aligned}$$

例 4.2.2 设随机变量 $X\sim N(1,2^2)$，试求 $Y=2X-1$ 的概率密度 $f_Y(y)$.

解 因 $X\sim N(1,2^2)$，故 $E(X)=1,D(X)=4$. 由 $Y=2X-1$，根据数学期望与方差的性质得

$$E(Y)=E(2X-1)=2E(X)-1=2\times1-1=1,\quad D(Y)=D(2X-1)=2^2\times4=16.$$

注意到 $Y=2X-1$ 也服从正态分布，即 $Y\sim N(1,4^2)$，故

$$f_Y(y)=\frac{1}{4\sqrt{2}}e^{-\frac{(y-1)^2}{32}}\quad(-\infty<y<+\infty).$$

定理 4.2.1(切比雪夫不等式) 设随机变量 X 的数学期望 $E(X)=\mu$，方差 $D(X)=\sigma^2$，则对于任意正数 ε，不等式

$$P\{|X-\mu|\geqslant\varepsilon\}\leqslant\frac{\sigma^2}{\varepsilon^2}$$

切比雪夫

成立.

证明 仅就连续型随机变量的情形来证明. 设 X 的概率密度为 $f(x)$，则有

$$P\{|X-\mu|\geqslant\varepsilon\}=\int_{|x-\mu|\geqslant\varepsilon}f(x)\mathrm{d}x\leqslant\int_{|x-\mu|\geqslant\varepsilon}\frac{(x-\mu)^2}{\varepsilon^2}f(x)\mathrm{d}x$$
$$\leqslant\int_{-\infty}^{+\infty}\frac{(x-\mu)^2}{\varepsilon^2}f(x)\mathrm{d}x=\frac{\sigma^2}{\varepsilon^2}.$$

例 4.2.3　证明：$D(X)=0$ 的充要条件是 X 以概率 1 取值为常数 $E(X)$，即

$$P\{X=E(X)\}=1.$$

证明　**充分性**　设 $P\{X=E(X)\}=1$，则有 $P\{X^2=(E(X))^2\}=1$，于是

$$D(X)=E(X^2)-(E(X))^2=0.$$

必要性　由切比雪夫不等式有

$$P\{|X-E(X)|<\varepsilon\}\geqslant1-\frac{D(X)}{\varepsilon^2},$$

而 $D(X)=0$，则对于任意给定的 ε，得

$$P\{|X-E(X)|<\varepsilon\}=1.$$

于是，$P\{|X-E(X)|=0\}=1$，即随机变量 X 以概率 1 取值为常数 $E(X)$.

§4.3　协方差和相关系数

如同数学期望和方差能够描述单个随机变量的特征一样，本节讨论两个随机变量 X 和 Y 之间相互关系的数字特征.

4.3.1　协方差

若两个随机变量 X 与 Y 相互独立，则有 $E((X-E(X))(Y-E(Y)))=0$. 若它们不相互独立，即 $E((X-E(X))(Y-E(Y)))\neq0$，则说明它们存在一定的相互关系. 对于两个随机变量之间相互关系的数字特征，可用两个随机变量的协方差来描述.

定义 4.3.1　随机变量 X 和 Y 的**协方差**定义为

$$\mathrm{Cov}(X,Y)=E((X-E(X))(Y-E(Y))).$$

将协方差的定义式展开，得

$$\begin{aligned}\mathrm{Cov}(X,Y)&=E((X-E(X))(Y-E(Y)))=E(XY-XE(Y)-YE(X)+E(X)E(Y))\\&=E(XY)-E(X)E(Y)-E(Y)E(X)+E(X)E(Y)\\&=E(XY)-E(X)E(Y).\end{aligned}$$

我们常用上式来计算协方差.

由协方差的定义，可以得到如下性质：

(1) $\mathrm{Cov}(X,Y)=\mathrm{Cov}(Y,X)$.

(2) $\mathrm{Cov}(X,X)=D(X)$.

(3) $D(X \pm Y)=D(X)+D(Y) \pm 2\mathrm{Cov}(X,Y)$.

上式还可以推广到 n 个随机变量的情形,即

$$D\left(\sum_{i=1}^{n} X_i\right)=\sum_{i=1}^{n} D(X_i)+2\sum_{i<j}\mathrm{Cov}(X_i,X_j).$$

(4) $\mathrm{Cov}(aX,bY)=ab\mathrm{Cov}(X,Y)$.

(5) $\mathrm{Cov}(X_1+X_2,Y)=\mathrm{Cov}(X_1,Y)+\mathrm{Cov}(X_2,Y)$.

若随机变量 X 与 Y 相互独立,则 $E(XY)=E(X)E(Y)$,从而 $\mathrm{Cov}(X,Y)=0$. 该命题的逆命题不成立,即协方差为零,并不能说明两个随机变量相互独立.

例 4.3.1 设随机变量(X,Y)的联合分布律如表 4.3.1 所示,求 $\mathrm{Cov}(X,Y)$.

表 4.3.1

Y	X			$P\{Y=j\}$
	-1	0	1	
0	$\frac{1}{3}$	0	$\frac{1}{3}$	$\frac{2}{3}$
1	0	$\frac{1}{3}$	0	$\frac{1}{3}$
$P\{X=i\}$	$\frac{1}{3}$	$\frac{1}{3}$	$\frac{1}{3}$	1

解 由于 $E(X)=(-1)\times\frac{1}{3}+0\times\frac{1}{3}+1\times\frac{1}{3}=0$,且 $E(XY)=0$,因此

$$\mathrm{Cov}(X,Y)=E(XY)-E(X)E(Y)=0.$$

然而,易见随机变量 X 与 Y 不相互独立.

例 4.3.2 设随机变量(X,Y)服从区域 $X^2+Y^2 \leqslant 1$ 上的均匀分布,求 $\mathrm{Cov}(X,Y)$.

解 由 $f(x,y)=\begin{cases}\frac{1}{\pi}, & x^2+y^2 \leqslant 1, \\ 0, & \text{其他}\end{cases}$ 可得

$$f_X(x)=\begin{cases}\frac{2}{\pi}\sqrt{1-x^2}, & -1 \leqslant x \leqslant 1, \\ 0, & \text{其他},\end{cases} \qquad f_Y(y)=\begin{cases}\frac{2}{\pi}\sqrt{1-y^2}, & -1 \leqslant y \leqslant 1, \\ 0, & \text{其他},\end{cases}$$

故

$$E(X)=\int_{-\infty}^{+\infty} x f_X(x)\mathrm{d}x=\int_{-1}^{1} x\cdot\frac{2}{\pi}\sqrt{1-x^2}\,\mathrm{d}x=0.$$

同理

$$E(Y)=0.$$

而

$$E(XY)=\int_{-\infty}^{+\infty}\int_{-\infty}^{+\infty} xyf(x,y)\mathrm{d}x\,\mathrm{d}y=\frac{1}{\pi}\int_0^{2\pi}\mathrm{d}\theta\int_0^1 r^2\sin\theta\cos\theta\cdot r\mathrm{d}r=0,$$

因此

$$\mathrm{Cov}(X,Y)=E(XY)-E(X)E(Y)=0.$$

显然,随机变量 X 与 Y 不相互独立.

例 4.3.3　设随机变量 X 与 Y 相互独立且同服从参数为 λ 的泊松分布，令 $U=2X+Y,V=2X-Y$，试求 U 与 V 的协方差.

解　由于 $X,Y\sim P(\lambda)$，则有

$$E(X)=\lambda,\quad D(X)=\lambda,\quad E(Y)=\lambda,\quad D(Y)=\lambda,$$

因此

$$\begin{aligned}\mathrm{Cov}(U,V)&=\mathrm{Cov}(2X+Y,2X-Y)\\&=\mathrm{Cov}(2X,2X)+\mathrm{Cov}(2X,-Y)+\mathrm{Cov}(Y,2X)+\mathrm{Cov}(Y,-Y)\\&=4D(X)-2\mathrm{Cov}(X,Y)+2\mathrm{Cov}(Y,X)-D(Y).\end{aligned}$$

根据 X 与 Y 相互独立，可知 $\mathrm{Cov}(X,Y)=\mathrm{Cov}(Y,X)=0$，于是有

$$\mathrm{Cov}(U,V)=3\lambda.$$

4.3.2　相关系数

协方差 $\mathrm{Cov}(X,Y)$ 是有量纲的量，假如 X 表示人的身高（单位：cm），Y 表示人的体重（单位：kg），则 $\mathrm{Cov}(X,Y)$ 带有单位 cm · kg. 为了消除量纲的影响，可对协方差除以相同单位的量，就得到一个新的概念 —— 相关系数.

定义 4.3.2　当随机变量 X 和 Y 的方差满足 $D(X)>0,D(Y)>0$ 时，称

$$\rho_{XY}=\frac{\mathrm{Cov}(X,Y)}{\sqrt{D(X)}\sqrt{D(Y)}}$$

为 X 与 Y 的**相关系数**.

协方差与相关系数

当 $\rho_{XY}>0$ 时，称 X 与 Y **正相关**；当 $\rho_{XY}<0$ 时，称 X 与 Y **负相关**；当 $\rho_{XY}=0$ 时，称 X 与 Y **不相关**.

例 4.3.4　设随机变量 (X,Y) 的联合概率密度为

$$f(x,y)=\begin{cases}1, & 0<x<1,|y|<x,\\0, & \text{其他}.\end{cases}$$

试问：(1) X 与 Y 是否相关？(2) X 与 Y 是否相互独立？

解　(1) 因为

$$E(X)=\int_0^1\mathrm{d}x\int_{-x}^{x}x\,\mathrm{d}y=\frac{2}{3},\quad E(Y)=\int_0^1\mathrm{d}x\int_{-x}^{x}y\,\mathrm{d}y=0,\quad E(XY)=\int_0^1x\,\mathrm{d}x\int_{-x}^{x}y\,\mathrm{d}y=0,$$

所以 $\mathrm{Cov}(X,Y)=E(XY)-E(X)E(Y)=0$，即有

$$\rho_{XY}=0.$$

可见，X 与 Y 不相关.

(2) 由题设，X 与 Y 的边缘概率密度分别为

$$f_X(x)=\begin{cases}2x, & 0<x<1,\\0, & \text{其他},\end{cases}\qquad f_Y(y)=\begin{cases}1+y, & -1<y<0,\\1-y, & 0<y<1,\\0, & \text{其他}.\end{cases}$$

显然有 $f(x,y)\neq f_X(x)f_Y(y)$，故 X 与 Y 不相互独立.

例 4.3.5 设随机变量 X 与 Y 相互独立且同服从参数为 λ 的泊松分布，令 $U=2X+Y$，$V=2X-Y$，求 U 与 V 的相关系数 ρ_{UV}.

解 因为

$$D(U)=D(2X+Y)=4D(X)+D(Y)=5\lambda,$$
$$D(V)=D(2X-Y)=4D(X)+D(Y)=5\lambda,$$

且由例 4.3.3 知 $\mathrm{Cov}(U,V)=3\lambda$，所以可得

$$\rho_{UV}=\frac{\mathrm{Cov}(U,V)}{\sqrt{D(U)}\sqrt{D(V)}}=\frac{3\lambda}{5\lambda}=\frac{3}{5}.$$

下面来推导相关系数 ρ_{XY} 的重要性质，并说明其含义.

定理 4.3.1 **设 ρ_{XY} 为随机变量 (X,Y) 的相关系数，则**

(1) $|\rho_{XY}|\leqslant 1$；

(2) $|\rho_{XY}|=1$ **的充要条件是存在常数** $a\neq 0,b$，**使得**

$$P\{Y=aX+b\}=1.$$

证明 (1) 假设随机变量 X 和 Y 的方差分别为 σ_1^2 和 σ_2^2，则由协方差的性质，可得

$$0\leqslant D\left(\frac{X}{\sigma_1}+\frac{Y}{\sigma_2}\right)=\frac{D(X)}{\sigma_1^2}+\frac{D(Y)}{\sigma_2^2}+\frac{2\mathrm{Cov}(X,Y)}{\sigma_1\sigma_2}=2(1+\rho_{XY}).$$

这意味着 $\rho_{XY}\geqslant -1$. 类似地，

$$0\leqslant D\left(\frac{X}{\sigma_1}-\frac{Y}{\sigma_2}\right)=\frac{D(X)}{\sigma_1^2}+\frac{D(Y)}{\sigma_2^2}-\frac{2\mathrm{Cov}(X,Y)}{\sigma_1\sigma_2}=2(1-\rho_{XY}).$$

这意味着 $\rho_{XY}\leqslant 1$.

因此，有

$$|\rho_{XY}|\leqslant 1.$$

(2) **必要性** 若 $\rho_{XY}=1$，则由(1)的证明，有 $D\left(\frac{X}{\sigma_1}-\frac{Y}{\sigma_2}\right)=0$，这意味着 $\frac{X}{\sigma_1}-\frac{Y}{\sigma_2}$ 以概率 1 取值为一个常数，即意味着 $Y=aX+b$，其中 $a=\frac{\sigma_2}{\sigma_1}$.

类似地，若 $\rho_{XY}=-1$，则有 $D\left(\frac{X}{\sigma_1}+\frac{Y}{\sigma_2}\right)=0$，这意味着 $\frac{X}{\sigma_1}+\frac{Y}{\sigma_2}$ 以概率 1 取值为一个常数，即意味着 $Y=aX+b$，其中 $a=-\frac{\sigma_2}{\sigma_1}$.

充分性 若 $P\{Y=aX+b\}=1$，则

$$\mathrm{Cov}(X,Y)=\mathrm{Cov}(X,aX+b)=\mathrm{Cov}(X,aX)+\mathrm{Cov}(X,b)=aD(X).$$

又 $D(Y)=a^2D(X)$，故

$$\rho_{XY}=\frac{\mathrm{Cov}(X,Y)}{\sqrt{D(X)}\sqrt{D(Y)}}=\frac{aD(X)}{|a|D(X)}=\begin{cases}1, & a>0,\\ -1, & a<0.\end{cases}$$

由定理 4.3.1 可知，当$|\rho_{XY}|=1$时，X 和 Y 之间以概率 1 存在线性关系. 特别地，当$\rho_{XY}=1$时，称为**正线性相关**；当$\rho_{XY}=-1$时，称为**负线性相关**. 当$|\rho_{XY}|$较小时，说明 X 和 Y 之间的线性相关程度较弱；当$|\rho_{XY}|$较大时，说明 X 和 Y 之间的线性相关程度较强.

注意到，若两个随机变量相互独立，则可以推出它们的相关系数为 0. 但反之不成立，不相关并不能推出相互独立. 由例 4.3.4 知，$\mathrm{Cov}(X,Y)=0$，从而$\rho_{XY}=0$，即 X 和 Y 不相关，但 X 与 Y 并不相互独立.

例 4.3.6　设随机变量$(X,Y)\sim N(\mu_1,\mu_2,\sigma_1^2,\sigma_2^2,\rho)$，其概率密度为

$$f(x,y)=\frac{1}{2\pi\sigma_1\sigma_2\sqrt{1-\rho^2}}\mathrm{e}^{-\frac{1}{2(1-\rho^2)}\left[\frac{(x-\mu_1)^2}{\sigma_1^2}-2\rho\frac{x-\mu_1}{\sigma_1}\frac{y-\mu_2}{\sigma_2}+\frac{(y-\mu_2)^2}{\sigma_2^2}\right]},$$

求ρ_{XY}.

解　因为$D(X)=\sigma_1^2,D(Y)=\sigma_2^2$，所以

$$\begin{aligned}\mathrm{Cov}(X,Y)&=\int_{-\infty}^{+\infty}\int_{-\infty}^{+\infty}(x-\mu_1)(y-\mu_2)f(x,y)\mathrm{d}x\,\mathrm{d}y\\&=\int_{-\infty}^{+\infty}\int_{-\infty}^{+\infty}(x-\mu_1)(y-\mu_2)\frac{1}{2\pi\sigma_1\sigma_2\sqrt{1-\rho^2}}\mathrm{e}^{-\frac{1}{2(1-\rho^2)}\left[\frac{(x-\mu_1)^2}{\sigma_1^2}-2\rho\frac{x-\mu_1}{\sigma_1}\frac{y-\mu_2}{\sigma_2}+\frac{(y-\mu_2)^2}{\sigma_2^2}\right]}\mathrm{d}y\mathrm{d}x\\&=\int_{-\infty}^{+\infty}\int_{-\infty}^{+\infty}(x-\mu_1)(y-\mu_2)\frac{1}{2\pi\sigma_1\sigma_2\sqrt{1-\rho^2}}\mathrm{e}^{-\frac{1}{2(1-\rho^2)}\left(\frac{y-\mu_2}{\sigma_2}-\rho\frac{x-\mu_1}{\sigma_1}\right)^2-\frac{(x-\mu_1)^2}{2\sigma_1^2}}\mathrm{d}y\mathrm{d}x.\end{aligned}$$

令$t=\frac{1}{\sqrt{1-\rho^2}}\left(\frac{y-\mu_2}{\sigma_2}-\rho\frac{x-\mu_1}{\sigma_1}\right),u=\frac{x-\mu_1}{\sigma_1}$，则有

$$\begin{aligned}\mathrm{Cov}(X,Y)&=\frac{1}{2\pi}\int_{-\infty}^{+\infty}\int_{-\infty}^{+\infty}(\sigma_1\sigma_2\sqrt{1-\rho^2}\,tu+\rho\sigma_1\sigma_2u^2)\mathrm{e}^{-\frac{t^2+u^2}{2}}\mathrm{d}t\,\mathrm{d}u\\&=\frac{\rho\sigma_1\sigma_2}{2\pi}\int_{-\infty}^{+\infty}u^2\mathrm{e}^{-\frac{u^2}{2}}\mathrm{d}u\int_{-\infty}^{+\infty}\mathrm{e}^{-\frac{t^2}{2}}\mathrm{d}t+\frac{\sigma_1\sigma_2\sqrt{1-\rho^2}}{2\pi}\int_{-\infty}^{+\infty}u\mathrm{e}^{-\frac{u^2}{2}}\mathrm{d}u\int_{-\infty}^{+\infty}t\mathrm{e}^{-\frac{t^2}{2}}\mathrm{d}t\\&=\frac{\rho\sigma_1\sigma_2}{2\pi}\cdot\sqrt{2\pi}\cdot\sqrt{2\pi}=\rho\sigma_1\sigma_2.\end{aligned}$$

故

$$\rho_{XY}=\frac{\mathrm{Cov}(X,Y)}{\sqrt{D(X)}\sqrt{D(Y)}}=\frac{\rho\sigma_1\sigma_2}{\sigma_1\sigma_2}=\rho.$$

这就是说，二维正态随机变量的概率密度中的参数 ρ 就是 X 和 Y 的相关系数.

例 4.3.7　设随机变量$(X,Y)\sim N(1,1,2^2,2^2,0.5)$，且$Z=X+Y$，试求$\rho_{XZ}$.

解　根据$(X,Y)\sim N(1,1,2^2,2^2,0.5)$，可知$D(X)=4,D(Y)=4,\rho_{XY}=0.5$，则

$$\mathrm{Cov}(X,Y)=\rho_{XY}\sqrt{D(X)D(Y)}=2,\quad \mathrm{Cov}(X,Z)=\mathrm{Cov}(X,X)+\mathrm{Cov}(X,Y)=6.$$

又知$D(Z)=D(X+Y)=D(X)+D(Y)+2\mathrm{Cov}(X,Y)=12$，于是有

$$\rho_{XZ}=\frac{\mathrm{Cov}(X,Z)}{\sqrt{D(X)}\sqrt{D(Z)}}=\frac{6}{\sqrt{48}}=\frac{\sqrt{3}}{2}.$$

§4.4 矩和协方差矩阵

4.4.1 矩

随机变量的另一个数字特征是矩和中心矩. 在数理统计中将经常用到矩这一数字特征.

定义 4.4.1 设 X,Y 是两个随机变量,k 为正整数. 如果以下数学期望都存在,则称

$$\mu_k=E(X^k)$$

为 X 的 k **阶原点矩**,称

$$\nu_k=E((X-E(X))^k)$$

为 X 的 k **阶中心矩**,称

$$E((X-E(X))^k(Y-E(Y))^l)$$

为 X 与 Y 的 $k+l$ **阶混合中心矩**.

显然,X 的数学期望 $E(X)$ 是 X 的一阶原点矩,方差 $D(X)$ 是 X 的二阶中心矩,协方差 $\mathrm{Cov}(X,Y)$ 是 X 与 Y 的二阶混合中心矩.

例 4.4.1 设随机变量 $X\sim U[a,b]$,对 $k=1,2,3,4$,求 $\mu_k=E(X^k)$ 与 $\nu_k=E((X-E(X))^k)$.

解 因为

$$E(X^k)=\int_a^b \frac{x^k}{b-a}\mathrm{d}x=\frac{1}{b-a}\cdot\frac{b^{k+1}-a^{k+1}}{k+1},$$

所以

$$\mu_1=E(X)=\frac{a+b}{2},\quad \mu_2=E(X^2)=\frac{1}{3}(a^2+ab+b^2),$$

$$\mu_3=E(X^3)=\frac{a^3+a^2b+ab^2+b^3}{4},\quad \mu_4=E(X^4)=\frac{a^4+a^3b+a^2b^2+ab^3+b^4}{5},$$

$$\nu_1=E(X-E(X))=0,\quad \nu_2=E((X-E(X))^2)=D(X)=\frac{(b-a)^2}{12},$$

$$\nu_3=\mu_3-3\mu_2\mu_1+2\mu_1^3=0,\quad \nu_4=\mu_4-4\mu_3\mu_1+6\mu_2\mu_1^2-3\mu_1^4=\frac{(b-a)^4}{80}.$$

4.4.2 协方差矩阵

下面介绍 n 维随机变量的协方差矩阵,先从二维随机变量情形讲起.

定义 4.4.2 二维随机变量 (X_1,X_2) 有 4 个二阶中心矩(设它们都存在),分别记为

$$c_{11}=E((X_1-E(X_1))^2)=D(X_1),$$
$$c_{12}=E((X_1-E(X_1))(X_2-E(X_2)))=\mathrm{Cov}(X_1,X_2),$$
$$c_{21}=E((X_2-E(X_2))(X_1-E(X_1)))=\mathrm{Cov}(X_2,X_1),$$
$$c_{22}=E((X_2-E(X_2))^2)=D(X_2).$$

将它们排成矩阵的形式

$$\begin{pmatrix} c_{11} & c_{12} \\ c_{21} & c_{22} \end{pmatrix},$$

称该矩阵为**二维随机变量**(X_1,X_2)**的协方差矩阵.**

定义 4.4.3　设 n 维随机变量$(X_1,X_2,\cdots,X_n)$的二阶中心矩

$$c_{ij}=E((X_i-E(X_i))(X_j-E(X_j)))=\mathrm{Cov}(X_i,X_j)\quad(i,j=1,2,\cdots,n)$$

都存在,则称矩阵

$$\boldsymbol{C}=\begin{pmatrix} c_{11} & c_{12} & \cdots & c_{1n} \\ c_{21} & c_{22} & \cdots & c_{2n} \\ \vdots & \vdots & & \vdots \\ c_{n1} & c_{n2} & \cdots & c_{nn} \end{pmatrix}$$

为 n **维随机变量**$(X_1,X_2,\cdots,X_n)$**的协方差矩阵.**

因$c_{ij}=c_{ji}$,故协方差矩阵是一个对称矩阵.协方差矩阵的引入使得一些原本复杂的表达式变得简洁,而且从数学处理上,变得更加容易.例如,设随机变量$(X,Y)\sim N(\mu_1,\mu_2,\sigma_1^2,\sigma_2^2,\rho)$,其概率密度为

$$f(x,y)=\frac{1}{2\pi\sigma_1\sigma_2\sqrt{1-\rho^2}}\mathrm{e}^{-\frac{1}{2(1-\rho^2)}\left[\frac{(x-\mu_1)^2}{\sigma_1^2}-2\rho\frac{x-\mu_1}{\sigma_1}\frac{y-\mu_2}{\sigma_2}+\frac{(y-\mu_2)^2}{\sigma_2^2}\right]}.$$

由前面的计算知,(X,Y)的协方差矩阵为

$$\boldsymbol{C}=\begin{pmatrix} \sigma_1^2 & \rho\sigma_1\sigma_2 \\ \rho\sigma_1\sigma_2 & \sigma_2^2 \end{pmatrix},$$

故$|\boldsymbol{C}|=\sigma_1^2\sigma_2^2(1-\rho^2)$,从而

$$\boldsymbol{C}^{-1}=\frac{1}{\sigma_1^2\sigma_2^2(1-\rho^2)}\begin{pmatrix} \sigma_2^2 & -\rho\sigma_1\sigma_2 \\ -\rho\sigma_1\sigma_2 & \sigma_1^2 \end{pmatrix}.$$

令 $\boldsymbol{X}=\begin{pmatrix} x \\ y \end{pmatrix}$,$\boldsymbol{A}=\begin{pmatrix} \mu_1 \\ \mu_2 \end{pmatrix}$,这时不难验证有

$$(\boldsymbol{X}-\boldsymbol{A})'\boldsymbol{C}^{-1}(\boldsymbol{X}-\boldsymbol{A})=\frac{1}{\sigma_1^2\sigma_2^2(1-\rho^2)}(x-\mu_1,y-\mu_2)\begin{pmatrix} \sigma_2^2 & -\rho\sigma_1\sigma_2 \\ -\rho\sigma_1\sigma_2 & \sigma_1^2 \end{pmatrix}\begin{pmatrix} x-\mu_1 \\ y-\mu_2 \end{pmatrix}$$
$$=\frac{1}{1-\rho^2}\left[\frac{(x-\mu_1)^2}{\sigma_1^2}-2\rho\frac{x-\mu_1}{\sigma_1}\frac{y-\mu_2}{\sigma_2}+\frac{(y-\mu_2)^2}{\sigma_2^2}\right].$$

于是,(X,Y)的概率密度可改写为

$$f(x,y)=\frac{1}{2\pi|\boldsymbol{C}|^{\frac{1}{2}}}\mathrm{e}^{-\frac{1}{2}(\boldsymbol{X}-\boldsymbol{A})'\boldsymbol{C}^{-1}(\boldsymbol{X}-\boldsymbol{A})}.$$

上式可以推广到 n 维随机变量$(X_1,X_2,\cdots,X_n)$的情形.

若 $\boldsymbol{X}=\begin{pmatrix}x_1\\x_2\\\vdots\\x_n\end{pmatrix}$，$\boldsymbol{A}=\begin{pmatrix}\mu_1\\\mu_2\\\vdots\\\mu_n\end{pmatrix}$，则 n 维正态随机变量$(X_1,X_2,\cdots,X_n)$的概率密度为

$$f(x_1,x_2,\cdots,x_n)=\frac{1}{(2\pi)^{\frac{n}{2}}\left|\boldsymbol{C}\right|^{\frac{1}{2}}}\mathrm{e}^{-\frac{1}{2}(\boldsymbol{X}-\boldsymbol{A})'\boldsymbol{C}^{-1}(\boldsymbol{X}-\boldsymbol{A})},$$

其中 $\boldsymbol{C}$ 是$(X_1,X_2,\cdots,X_n)$的协方差矩阵.

一般地，n 维随机变量的分布是不知道的，或者太复杂而不便使用，这时可利用协方差矩阵在一定程度上解决问题.

例 4.4.2 设随机变量$X_i\sim N(\mu,\sigma^2)(i=1,2,\cdots,n)$，且$X_1,X_2,\cdots,X_n$之间相互独立，又设$\boldsymbol{X}=(X_1,X_2,\cdots,X_n)'$，令$\boldsymbol{Z}=(Z_1,Z_2,\cdots,Z_n)'=\boldsymbol{CX}$，其中$\boldsymbol{C}$为如下的$n$阶正交矩阵：

$$\boldsymbol{C}=\begin{pmatrix}\frac{1}{\sqrt{2}} & -\frac{1}{\sqrt{2}} & 0 & \cdots & 0\\ \frac{1}{\sqrt{2\times 3}} & \frac{1}{\sqrt{2\times 3}} & -\frac{2}{\sqrt{2\times 3}} & \cdots & 0\\ \vdots & \vdots & \vdots & & \vdots\\ \frac{1}{\sqrt{n(n-1)}} & \frac{1}{\sqrt{n(n-1)}} & \frac{1}{\sqrt{n(n-1)}} & \cdots & -\frac{n-1}{\sqrt{n(n-1)}}\\ \frac{1}{\sqrt{n}} & \frac{1}{\sqrt{n}} & \frac{1}{\sqrt{n}} & \cdots & \frac{1}{\sqrt{n}}\end{pmatrix},$$

试证：$Z_i\sim N(0,\sigma^2)(i=1,2,\cdots,n)$，且$Z_1,Z_2,\cdots,Z_n$之间相互独立.

证明 由于$X_i\sim N(\mu,\sigma^2)(i=1,2,\cdots,n)$，且$X_1,X_2,\cdots,X_n$之间相互独立，则$n$维列向量 $\boldsymbol{X}$ 的协方差矩阵为

$$\mathrm{Cov}(\boldsymbol{X},\boldsymbol{X})=\begin{pmatrix}\sigma^2 & 0 & \cdots & 0\\ 0 & \sigma^2 & \cdots & 0\\ \vdots & \vdots & & \vdots\\ 0 & 0 & \cdots & \sigma^2\end{pmatrix}=\sigma^2\boldsymbol{I},$$

其中 $\boldsymbol{I}$ 是 n 阶单位矩阵. 又根据协方差的定义，可得 n 维列向量 $\boldsymbol{Z}$ 的协方差矩阵为

$$\begin{aligned}\mathrm{Cov}(\boldsymbol{Z},\boldsymbol{Z})&=E((\boldsymbol{Z}-E(\boldsymbol{Z}))(\boldsymbol{Z}-E(\boldsymbol{Z}))')=E((\boldsymbol{CX}-E(\boldsymbol{CX}))(\boldsymbol{CX}-E(\boldsymbol{CX}))')\\&=\boldsymbol{C}E((\boldsymbol{X}-E(\boldsymbol{X}))(\boldsymbol{X}-E(\boldsymbol{X}))')\boldsymbol{C}'=\boldsymbol{C}\mathrm{Cov}(\boldsymbol{X},\boldsymbol{X})\boldsymbol{C}'=\sigma^2\boldsymbol{CC}'.\end{aligned}$$

注意到 $\boldsymbol{C}$ 为正交矩阵，从而有 $\boldsymbol{CC}'=\boldsymbol{I}$，因此有 $\mathrm{Cov}(\boldsymbol{Z},\boldsymbol{Z})=\sigma^2\boldsymbol{I}$. 于是，可得

$$D(Z_i)=\sigma^2,\quad \mathrm{Cov}(Z_i,Z_j)=0\quad (i\neq j;i,j=1,2,\cdots,n).$$

又 $\boldsymbol{Z}=(Z_1,Z_2,\cdots,Z_n)'=\boldsymbol{CX}$，故 $\boldsymbol{Z}$ 中任意一个分量 $Z_i(i=1,2,\cdots,n)$ 是$X_1,X_2,\cdots,X_n$的一个线性组合. 根据正态分布的性质可知，Z_i 服从正态分布，并有

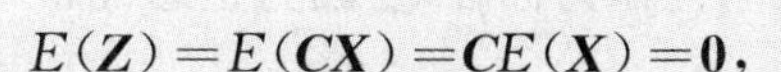

$$E(\boldsymbol{Z})=E(\boldsymbol{CX})=\boldsymbol{C}E(\boldsymbol{X})=\boldsymbol{0},$$

即有 $E(Z_i)=0$,说明$Z_i \sim N(0,\sigma^2)(i=1,2,\cdots,n)$.

另外,$\mathrm{Cov}(Z_i,Z_j)=0$ 说明Z_i 与Z_j 不相关,而在正态随机变量之间,不相关关系等价于独立关系,故$Z_1,Z_2,\cdots,Z_n$ 之间相互独立.

§4.5　随机变量的形态特征

数学期望和方差是随机变量最重要的两个特征数.此外,随机变量还有一些描述形态的特征数,以下逐一给出它们的定义.

4.5.1　偏度系数

定义 4.5.1　设随机变量 X 的三阶矩存在,则称比值

$$\beta_1=\frac{E((X-E(X))^3)}{(E((X-E(X))^2))^{3/2}}=\frac{\nu_3}{\nu_2^{3/2}}$$

为 X 的分布的**偏度系数**,简称**偏度**.

偏度系数可以描述分布的形态特征,其取值的正负反映的是:

(1) 当 $\beta_1>0$ 时,分布为正偏或右偏,如图 4.5.1(a) 所示.

(2) 当 $\beta_1=0$ 时,分布关于其均值 $E(X)$ 对称.

(3) 当 $\beta_1<0$ 时,分布为负偏或左偏,如图 4.5.1(b) 所示.

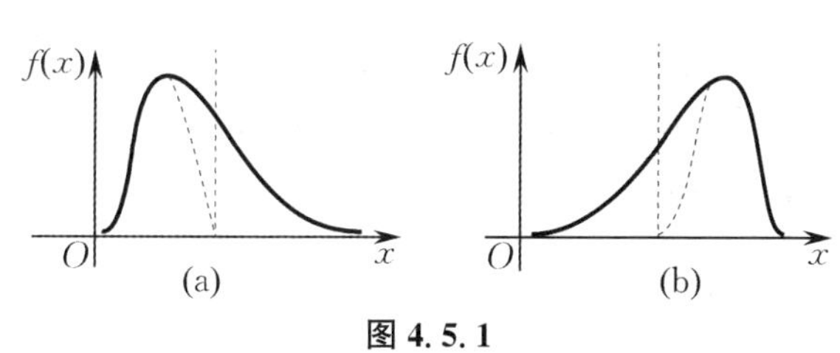

图 4.5.1

例如,正态分布 $N(\mu,\sigma^2)$ 关于其均值 $E(X)=\mu$ 对称,所以正态分布的偏度系数 $\beta_1=0$.

4.5.2　峰度系数

定义 4.5.2　设随机变量 X 的四阶矩存在,则称比值

$$\beta_2=\frac{E((X-E(X))^4)}{(E((X-E(X))^2))^2}-3=\frac{\nu_4}{\nu_2^2}-3$$

为 X 的分布的**峰度系数**,简称**峰度**.

峰度系数也是用于描述分布的形态特征的特征数.但峰度系数与偏度系数的差别是,偏度系数刻画的是分布的对称性,而峰度系数刻画的是分布的峰峭性.

峰度系数把正态分布的峰峭性作为标准,是因为正态分布 $N(\mu,\sigma^2)$ 的峰度系数

$$\beta_2=\frac{\nu_4}{\nu_2^2}-3=\frac{3\sigma^4}{\sigma^4}-3=0,$$

这说明任一正态分布的峰度系数 $\beta_2=0$.

可见,这里谈论的"峰度"不是指概率密度的峰值高低,那么"峰度"的含义到底是什么呢?换句话说,我们应该如何刻画概率密度的峰峭性呢?从图形上看,概率密度曲线下的面积等于 1,若随机变量取值较集中,则其概率密度的峰值必高无疑,所以概率密度峰值的高低含有随机变量取值的集中程度.为了消除这个因素,我们不妨考察"标准化"后的分布的峰峭性,即用

$$X^*=\frac{X-E(X)}{\sqrt{D(X)}}$$

的四阶原点矩 $E((X^*)^4)$ 考察概率密度的峰值,再考虑到标准正态分布的四阶原点矩等于 3,所以就有了以上峰度系数的定义.

综上所述,分布的峰度系数取值的正负反映的是:

(1) 当 $\beta_2<0$ 时,则标准化后的分布形状比标准正态分布更平坦,称为**低峰度**.

(2) 当 $\beta_2=0$ 时,则标准化后的分布形状与标准正态分布相当.

(3) 当 $\beta_2>0$ 时,则标准化后的分布形状比标准正态分布更尖峭,称为**高峰度**.

例 4.5.1 试证:随机变量 X 的偏度系数与峰度系数对平移和改变比例尺是不变的,即对于任意的实数 $a,b(b\neq 0)$,$Y=a+bX$ 与 X 有相同的偏度系数与峰度系数.

证明 因为 $E(Y)=E(a+bX)=a+bE(X)$,所以

$$\frac{E((Y-E(Y))^3)}{(E((Y-E(Y))^2))^{3/2}}=\frac{E((a+bX-a-bE(X))^3)}{(E((a+bX-a-bE(X))^2))^{3/2}}=\frac{E((X-E(X))^3)}{(E((X-E(X))^2))^{3/2}},$$

即 X 与 Y 有相同的偏度系数.又因为

$$\frac{E((Y-E(Y))^4)}{(E((Y-E(Y))^2))^2}=\frac{E((a+bX-a-bE(X))^4)}{(E((a+bX-a-bE(X))^2))^2}=\frac{E((X-E(X))^4)}{(E((X-E(X))^2))^2},$$

所以 X 与 Y 有相同的峰度系数.

§4.6 问题拓展探索之四——条件期望及其应用

4.6.1 条件期望的举例

居民收入问题一直是经济学中的一个研究热点,因为居民收入问题不仅关系到一国或一地区的消费与经济增长,而且在某种程度上还涉及百姓民生、社会稳定及国际地位.在影响居民收入的因素中,受教育年限是一个非常重要的因素,很多研究者在研究某一地区居民的收入与受教育年限的关系时,往往会构建居民收入水平 X 与受教育年限 Y 的二维离散型随机变量

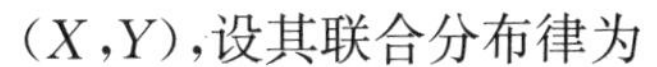

(X,Y)，设其联合分布律为

$$P\{X=x_i,Y=y_j\}=p_{ij}\quad(i=1,2,\cdots,m;j=1,2,\cdots,n).\tag{4.6.1}$$

式(4.6.1)表示当某居民的受教育年限为 y_j 时，其收入水平为 x_i 的概率为 p_{ij}. 于是，可得 X 的边缘分布律为

$$P\{X=x_i\}=\sum_{j=1}^{n}p_{ij}=p_{i\cdot}\quad(i=1,2,\cdots,m),\tag{4.6.2}$$

Y 的边缘分布律为

$$P\{Y=y_j\}=\sum_{i=1}^{m}p_{ij}=p_{\cdot j}\quad(j=1,2,\cdots,n).\tag{4.6.3}$$

它们分别表示全体居民的收入水平 X 及受教育年限 Y 的分布情况. 进一步，可以得到在受教育年限为 y_j 的条件下收入水平为 x_i 的条件分布

$$P\{X=x_i\mid Y=y_j\}=\frac{P\{X=x_i,Y=y_j\}}{P\{Y=y_j\}}=\frac{p_{ij}}{p_{\cdot j}}\quad(i=1,2,\cdots,m).\tag{4.6.4}$$

接下来，我们关注的是各种受教育年限下的收入水平的平均收入情况. 由上式的条件分布，可以得到受教育年限为 y_j 的条件下收入水平的条件期望

$$E(X\mid y_j)=\sum_{i=1}^{m}x_iP\{X=x_i\mid Y=y_j\}=\sum_{i=1}^{m}x_i\frac{p_{ij}}{p_{\cdot j}}\quad(j=1,2,\cdots,n).\tag{4.6.5}$$

上式的含义是受教育年限为 y_j 的条件下居民收入的平均水平.

4.6.2　条件期望的定义

定义 4.6.1　条件分布的数学期望，称为**条件期望**，即有

$$E(X\mid y)=\begin{cases}\sum\limits_{i}x_iP\{X=x_i\mid Y=y\}, & (X,Y)\text{ 为二维离散型随机变量},\\ \int_{-\infty}^{+\infty}xf(x\mid y)\mathrm{d}x, & (X,Y)\text{ 为二维连续型随机变量}.\end{cases}$$

例 4.6.1　设随机变量 $(X,Y)\sim N(\mu_1,\mu_2,\sigma_1^2,\sigma_2^2,\rho)$，试求在 $Y=y$ 条件下 X 的条件概率密度与条件期望.

解　由于 $(X,Y)\sim N(\mu_1,\mu_2,\sigma_1^2,\sigma_2^2,\rho)$，根据二维正态分布的边缘分布为一维正态分布的性质可知

$$X\sim N(\mu_1,\sigma_1^2),\quad Y\sim N(\mu_2,\sigma_2^2).$$

于是在 $Y=y$ 条件下，X 的条件概率密度为

$$\begin{aligned}f(x\mid y)&=\frac{f(x,y)}{f_Y(y)}=\frac{1}{2\pi\sigma_1\sigma_2\sqrt{1-\rho^2}}\mathrm{e}^{-\frac{1}{2(1-\rho^2)}\left[\frac{(x-\mu_1)^2}{\sigma_1^2}-2\rho\frac{(x-\mu_1)(y-\mu_2)}{\sigma_1\sigma_2}+\frac{(y-\mu_2)^2}{\sigma_2^2}\right]}\Bigg/\left[\frac{1}{\sqrt{2\pi}\sigma_2}\mathrm{e}^{-\frac{(y-\mu_2)^2}{2\sigma_2^2}}\right]\\&=\frac{1}{\sqrt{2\pi}\sigma_1\sqrt{1-\rho^2}}\mathrm{e}^{-\frac{1}{2(1-\rho^2)}\left[\frac{(x-\mu_1)^2}{\sigma_1^2}-2\rho\frac{(x-\mu_1)(y-\mu_2)}{\sigma_1\sigma_2}+\rho^2\frac{(y-\mu_2)^2}{\sigma_2^2}\right]}\\&=\frac{1}{\sqrt{2\pi}\sigma_1\sqrt{1-\rho^2}}\exp\left\{-\frac{\left[x-\mu_1-\rho\frac{\sigma_1}{\sigma_2}(y-\mu_2)\right]^2}{2(1-\rho^2)\sigma_1^2}\right\}.\end{aligned}$$

因此,在 $Y=y$ 条件下 X 的条件分布为一个正态分布,即

$$X \mid Y=y \sim N\left(\mu_1+\rho\frac{\sigma_1}{\sigma_2}(y-\mu_2),\sigma_1^2(1-\rho^2)\right).$$

由此可得在 $Y=y$ 条件下 X 的条件期望为

$$E(X \mid Y=y)=\mu_1+\rho\frac{\sigma_1}{\sigma_2}(y-\mu_2).$$

请读者考虑,如何在 $X=x$ 条件下求 Y 的条件概率密度 $f(y \mid x)$ 及条件期望 $E(Y \mid X=x)$?

4.6.3 条件期望的性质及应用

定理 4.6.1(重期望定理) **条件期望的数学期望就是(无条件)数学期望,即**

$$E(E(X \mid Y))=E(X).$$

证明 为了容易理解,结合前面居民收入与受教育年限的例子说明.由式(4.6.2)可求出该地区居民的平均收入为

$$E(X)=\sum_{i=1}^{m}x_ip_{i\cdot}. \tag{4.6.6}$$

再从另一个角度求居民的平均收入.根据式(4.6.5)可知,在受教育年限为 y_j 的条件下居民收入水平的条件期望为

$$E(X \mid y_j)=\sum_{i=1}^{m}x_i\frac{p_{ij}}{p_{\cdot j}} \quad (j=1,2,\cdots,n). \tag{4.6.7}$$

式(4.6.7)表示的是每一个受教育年限条件下居民的平均收入.从式(4.6.3)可知 Y 的边缘分布律为

$$P\{Y=y_j\}=\sum_{i=1}^{m}p_{ij}=p_{\cdot j} \quad (j=1,2,\cdots,n). \tag{4.6.8}$$

式(4.6.8)表示的是每一个受教育年限居民所占的比重.于是,条件期望的数学期望可看成求全体居民收入的加权平均数,即

$$\begin{aligned}E(E(X \mid y_j))&=\sum_{j=1}^{n}E(X \mid y_j)P\{Y=y_j\}=\sum_{j=1}^{n}\sum_{i=1}^{m}x_i\frac{p_{ij}}{p_{\cdot j}}p_{\cdot j}\\&=\sum_{i=1}^{m}x_i\sum_{j=1}^{n}p_{ij}=\sum_{i=1}^{m}x_ip_{i\cdot}.\end{aligned}$$

结合式(4.6.6)可知

$$E(E(X \mid Y))=E(X).$$

例 4.6.2 一个公司搞庆典活动,每个员工都参加抽奖游戏活动,游戏规则是:在一个箱子里放置编号分别为 1,2,3 的三个球,进行有放回抽取,若抽到 1 号球,则奖励 300 元现金,游戏结束;若抽到 2 号球,则奖励 500 元现金,并可以继续抽取,直到抽到 1 号球,再奖励 300 元现金结束;若抽到 3 号球,则奖励 700 元现金,并可以继续抽取,直到抽到 1 号球,再奖

励 300 元现金结束. 设抽到每一个球的概率都为$\frac{1}{3}$,试问:平均每人可以抽到多少奖金?

解　设 X 为某员工抽奖所获得的奖金(单位:元),Y 为该员工所取球的编号,可能取值为 1,2,3. 该问题需要求 $E(X)$. 由重期望定理可得

$$E(X)=E(E(X\mid Y))=E(X\mid Y=1)\cdot P\{Y=1\}+E(X\mid Y=2)\cdot P\{Y=2\}+E(X\mid Y=3)\cdot P\{Y=3\}.$$

注意到

$$E(X\mid Y=1)=300,\quad E(X\mid Y=2)=500+E(X),\quad E(X\mid Y=3)=700+E(X),$$
$$P\{Y=1\}=\frac{1}{3},\quad P\{Y=2\}=\frac{1}{3},\quad P\{Y=3\}=\frac{1}{3},$$

于是有

$$E(X)=\frac{300+500+E(X)+700+E(X)}{3},$$

解得 $E(X)=1\,500$. 因此,平均每人可以抽到 1 500 元奖金.

例 4.6.3　设走进某百货商店的顾客数是数学期望为 35 000 的随机变量,这些顾客所花费的金额是相互独立、数学期望为 52 元的随机变量,且设任一顾客所花费的金额和进入该商店的顾客数相互独立. 试问:该商店一天的平均营业额是多少?

解　设 N 表示走进商店的顾客数,X_i 表示第 i 个顾客所花费的金额($i=1,2,\cdots,N$),则这所有顾客花费的总金额为$\sum\limits_{i=1}^{N}X_i$. 因为 X_i 与 N 相互独立,所以

$$E\left(\sum_{i=1}^{N}X_i\mid N=n\right)=E\left(\sum_{i=1}^{n}X_i\right)=\sum_{i=1}^{n}E(X_i)=nE(X_i).$$

于是,有

$$E\left(\sum_{i=1}^{N}X_i\right)=E\left(E\left(\sum_{i=1}^{N}X_i\mid N\right)\right)=E(NE(X_i))$$
$$=E(X_i)E(N)=52\text{ 元}\times 35\,000=182\text{ 万元}.$$

因此,该商店一天的平均营业额是 182 万元.

§4.7　趣味问题求解与 Python 实现之四

4.7.1　化验费节省问题

1. 问题提出

在一个人数为 N 的人群中普查某种疾病,为此要抽验 N 个人的血. 如果将每个人的血分别检验,则共需检验 N 次. 为了能减少工作量,一位统计学家提出一种方法:按 k 个人一组进

行分组，把同组 k 个人的血样混合后检验，如果该混合血样呈阴性反应，就说明此 k 个人的血都呈阴性反应，此 k 个人都无此疾病，因而这 k 个人只要检验1次就够了，相当于每个人检验 $\frac{1}{k}$ 次. 如果该混合血样呈阳性反应，就说明此 k 个人中至少有一人的血呈阳性反应，则再对此 k 个人的血样分别进行检验，因而这 k 个人的血要检验 $1+k$ 次，相当于每个人检验 $1+\frac{1}{k}$ 次，这时增加了检验次数. 假设该疾病的发病率为 p，且得此疾病相互独立. 试问：此种方法能否减少平均检验次数？

2. 分析与求解

假设组中平均每人的验血次数为 X，事件 $\left\{X=\frac{1}{k}\right\}$ 等价于事件"k 个人的验血结果全为阴性"，即有 $P\left\{X=\frac{1}{k}\right\}=(1-p)^k$，则 X 的分布律如表 4.7.1 所示.

表 4.7.1

X	$\frac{1}{k}$	$1+\frac{1}{k}$
p_k	$(1-p)^k$	$1-(1-p)^k$

于是，得到 X 的数学期望为

$$E(X)=\frac{1}{k}(1-p)^k+\left(1+\frac{1}{k}\right)\left[1-(1-p)^k\right]=1-(1-p)^k+\frac{1}{k}.$$

运用Python编程，对于不同的 p 值，可以画出其对应的分组人数 k 与数学期望 $E(X)$ 的关系，如图 4.7.1 所示. 特别地，当 p 值固定时，令 $\frac{\partial E(X)}{\partial k}=0$，可求出 k 的值及最小数学期望 $E(X)$ 的值.

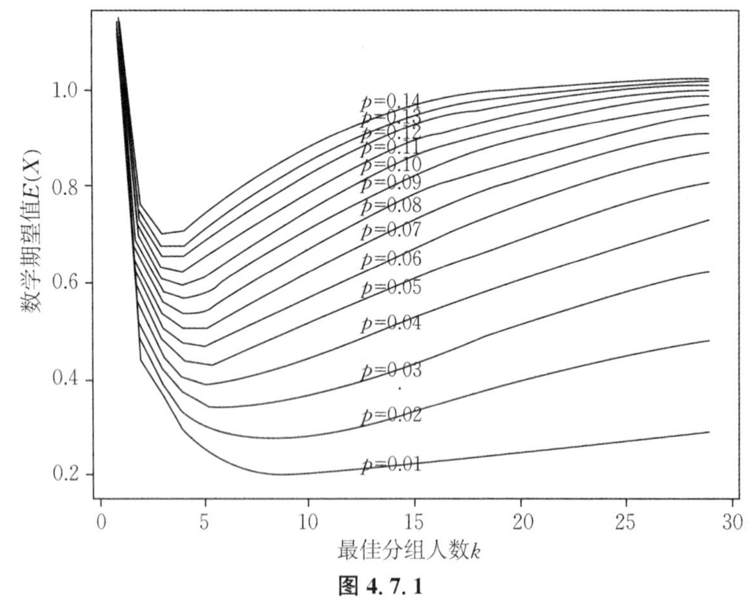

图 4.7.1

利用 Python 编程，可求出对应的 p 值、k 值及 $E(X)$ 值，如表 4.7.2 所示.

表 4.7.2

p	0.01	0.02	0.04	0.06	0.08	0.10	0.12	0.14
k	11	8	6	5	4	4	4	3
$E(X)$	0.196	0.274	0.384	0.466	0.534	0.594	0.650	0.697

以 $p=0.12$ 为例，当分组人数 $k\geqslant 26$ 时，$E(X)\geqslant 1$；当 $k<26$ 时，有最小值 $E(X)=0.650$，此时对应的分组人数为 4，即此时的平均检验次数可以减少 35%.

3. 基于 Python 的伪代码

（1）Python 计算的目标.

第一，对于不同的 p 值，画出 k 与 $E(X)$ 的图形；第二，对于不同的 p 值（见表 4.7.2），计算最佳的 k 值及 $E(X)$ 值.

（2）Python 计算的伪代码.

Process:

```
1: while(0<p<1)do
2:     E(x) → 1-(1-p)**k+1/k
3:     plot(k,E(x))
4:     min_k → k[min(E(x))]
5:     min_E(x) → min(E(x))
6: print min_k and min_E(x)
7: end while
```

4. Python 实现代码

```
import matplotlib.pyplot as plt
import numpy as np
from matplotlib.pylab import mpl
mpl.rcParams['font.sans-serif'] = ['SimHei']
##不同情况下的发病率 p,对 p 进行循环遍历
#for p in np.arange(0.01,0.15,0.01):
#     p = round(p,2)
p = 0.12  #发病率
k = np.arange(1,35,1)  #分组人数
y = 1-(1-p)**k+1/k  #数学期望值
min_k = k[int(np.where(y == min(y))[0])]  #最佳分组人数
min_y_1 = np.where(y > 1,y-1,1)  #数学期望值约等于 1
min_k_1 = list(min_y_1).index(min(min_y_1))+1  #对应的分组人数
print('\n')
min_y = round(min(y),3)  #数学期望的最小值
print(p,min_k,min_y)
plt.plot(k,y)  #画分组人数-数学期望值曲线
y2 = 1-(1-p)**10+1/10
plt.annotate("p=%s" % p,xy=(11,y2))  #标记此时的 p 值
plt.plot(26,1.00244106, marker='.', color='black')
```

```
plt.annotate("(% s,1)" % min_k_1,xy=(min_k_1,1),xytext=(-20,8),
             textcoords='offset points')
plt.plot(min_k,min_y,marker='.',color='black')
plt.annotate("(%s,%s)"%(min_k, min_y),xy=(min_k,min_y),xytext=(11,0),
             textcoords='offset points')
print(y)
plt.xlabel("最佳分组人数 k")
plt.ylabel("数学期望值 E(X)")
plt.show()
```

4.7.2 产品设计的最优尺寸

1. 问题提出

假定在自动流水线上加工的某种零件的内径(单位:mm)$X \sim N(\mu,1)$,内径小于 10 mm 或大于12 mm为不合格品,其余为合格品. 销售每件合格品获利20元,零件内径小于10 mm或大于12 mm 分别带来亏损 1 元、5 元. 试问:当平均内径 μ 取何值时,生产一个零件带来的平均利润最大?

2. 分析与求解

设随机变量 X 的概率密度及分布函数分别为 $f(x)$ 与 $F(x)$,则有

$$f(x)=F'(x)=\frac{1}{\sqrt{2\pi}}\mathrm{e}^{-\frac{(x-\mu)^2}{2}}.$$

又设 Y 表示生产一个零件带来的利润,则 Y 与 X 的关系为

$$Y=\begin{cases}-1, & X<10,\\ 20, & 10\leqslant X\leqslant 12,\\ -5, & X>12,\end{cases}$$

从而

$$E(Y)=20P\{10\leqslant X\leqslant 12\}-P\{X<10\}-5P\{X>12\}=25F(12)-21F(10)-5.$$

因为

$$F'(12)=f(12)=\frac{1}{\sqrt{2\pi}}\mathrm{e}^{-\frac{(12-\mu)^2}{2}},\quad F'(10)=f(10)=\frac{1}{\sqrt{2\pi}}\mathrm{e}^{-\frac{(10-\mu)^2}{2}},$$

所以

$$\frac{\partial E(Y)}{\partial \mu}=25f(12)-21f(10).$$

令$\frac{\partial E(Y)}{\partial \mu}=0$,并整理得

$$(\mu-12)^2-(\mu-10)^2=2(\ln 25-\ln 21).$$

利用 Python 画出平均利润及其导函数与平均内径 μ 的关系,如图 4.7.2 所示,同时可解得 $\mu\approx 10.91$. 因此,当平均内径 $\mu=10.91$ 时,生产一个零件带来的平均利润最大.

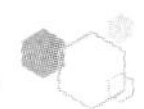

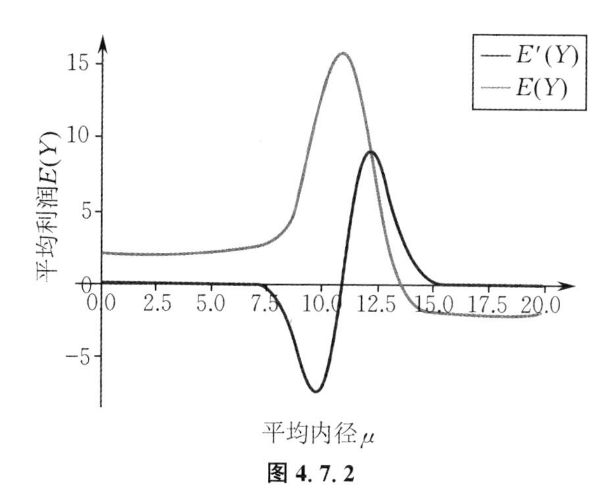

图 4.7.2

3. 基于 Python 的伪代码

（1）Python 计算的目标.

第一，画出平均利润及其导函数与平均内径 μ 的函数图形；第二，计算生产一个零件带来的平均利润最大时的 μ 值.

（2）Python 计算的伪代码.

Process:

```
1: F(10-μ) → 1/sqrt(2 * pi)*exp(-(10 - μ)* *2/2)
2: F-(12-μ) → 1 / sqrt(2*math.pi)*exp(-(12 - μ) * *2/2)
3: E(y) → 20*(F(12-μ) -F(10-μ)) -F(10-μ) +5*F(12-μ)
4: μ → E(y) -μ = 0
5: print E(μ)
6: μ_value = []
7: y_value = []
8: y_value_int = []
9: E(y)_int → 不定积分(E(y),μ)
10: for i in np.arange(0,20,0.1) do
11:      i add μ_value
12:      E(y).subs('μ',i) add y_value
13: -1*(E(y)_int.subs('μ',i)) add y_value_int  #将 i 值代入积分表达式
14: end for
15: plot(μ_value,y_value)
16: plot(μ_value,y_value_int)
```

4. Python 实现代码

```
#产品设计的最优尺寸
#产品内径 x 服从正态分布(miu,1),分为合格和不合格
#合格的内径[a,b],可获利 p 元
#小于 a 时,亏损 q1 元;大于 b 时,亏损 q2 元
#为使利润最大,求此时的 miu 值
```

```
import math
import numpy as np
import matplotlib.pyplot as plt
from sympy import*
import sympy
from matplotlib.pylab import mpl
mpl.rcParams['font.sans-serif'] = ['SimHei']
plt.rcParams['axes.unicode_minus'] =False
miu,y=symbols('miu y')
a =10
b =12
p =20
q1 =1
q2 =5
F1 =1 / sympy.sqrt(2*math.pi)*sympy.exp(-(a -miu)**2 / 2)
F2 =1 / sympy.sqrt(2*math.pi)*sympy.exp(-(b-miu)**2 / 2)
Ex =p*(F2 -F1) -q1*F1 +q2*F2
miu_e =sympy.solve([Ex],[miu])
print(miu_e)
miu_value =[]
y_value =[]
y_value_int =[]
Ex_int =integrate(Ex,miu)  #求函数的不定积分 c =0
for i in np.arange(0,20,0.1):
    miu_value.append(i)
    y_value.append(Ex.subs('miu',i))  #将 i 值代入表达式
    y_value_int.append(-1*(Ex_int.subs('miu',i)))  #将 i 值代入积分表达式
plt.plot(miu_value,y_value,"b- ",linewidth =1,label ="E'(μ)")
plt.plot(miu_value,y_value_int,"r- ",linewidth =1,label ='E(μ)')
ax =plt.gca()

#改变坐标轴位置
ax.spines['right'].set_color('none')  #删除原来轴
ax.spines['top'].set_color('none')
ax.xaxis.set_ticks_position('bottom')  #在原点处增加轴
ax.spines['bottom'].set_position(('data',0))
ax.yaxis.set_ticks_position('left')
ax.spines['left'].set_position(('data',0))
#设置坐标名
plt.xlabel("平均内径 μ")
plt.ylabel("平均利润 E(Y)")
plt.legend()  #显示图例
plt.show()  #显示图形
```

4.7.3　马科维茨的均值-方差最优投资组合模型

1. 均值-方差最优投资组合模型

马科维茨于 1952 年发表《证券组合的选择》一文,并在 1959 年出版的同名著作中建立了均值-方差最优投资组合模型,为现代证券投资组合理论的建立和发展奠定了基础.马科维茨所要解决的问题是:投资者如何在期初从所有可能的证券组合中选择一个最优的证券组合.为了获得这个最优证券组合,马科维茨认为投资者的决策目标应该有两个:“尽可能高的收益率”和“尽可能低的不确定性(风险)”.最好的决策应该是使这两个互相制约的目标达到最佳平衡.

2. 模型假设

马科维茨对市场提出了若干理想化的假设:

(1) 所有资产收益率服从联合正态分布.

(2) 投资者都接受市场的价格,市场是一个完全竞争的有效市场,每个投资者了解市场的所有信息(各种股票的收益和风险).

(3) 所有投资者都是理性的,都是厌恶风险的,每个投资者以期望收益率(收益率平均值)来衡量未来收益率水平,以收益率方差来衡量收益率的风险,投资者在决策中只关心投资的期望收益率和方差,在投资风险一定的情况下,投资者会选择投资回报最高的资产,在投资回报一定的情况下,会选择风险最小的资产.

(4) 市场是无摩擦的,即没有交易费用、手续费,没有税收.

(5) 所有资产都是完全可分和充分流动的,即在交易数量和时间上没有任何限制.

(6) 投资者在银行有无限信用额度,即他可无限量地向银行借款,并且存贷利率相同.

(7) 允许投资者卖空.

3. 符号设定

在介绍马科维茨的均值-方差最优投资组合模型前,这里先给出一些概念和符号.设市场上有 N 种风险资产(如股票,假设不存在无风险资产),其收益率向量记为 $\boldsymbol{X}=(X_1,X_2,\cdots,X_N)'$,其中 X_i 为第 i 种风险资产的收益率,并且记 $\boldsymbol{\mu}=E(\boldsymbol{X})=(E(X_1),E(X_2),\cdots,E(X_N))'$.如果一位投资者有 1 个单位的资金,他投资于这 N 种风险资产的组合向量为

$$\boldsymbol{\omega}=(\omega_1,\omega_2,\cdots,\omega_N)',\quad \sum_{i=1}^{N}\omega_i=\boldsymbol{\omega}'\boldsymbol{1}=1,$$

其中 ω_i 为投资于第 i 种风险资产的比例,$\boldsymbol{1}=(1,1,\cdots,1)'$.如果不要求 $\omega_i\geqslant 0$,则允许卖空,否则不允许卖空.记第 i 种风险资产和第 j 种风险资产的收益率的协方差为

$$\sigma_{ij}=\mathrm{Cov}(X_i,X_j)\quad (i,j=1,2,\cdots,N).$$

记 N 种风险资产收益率向量的协方差矩阵为 $\boldsymbol{\Sigma}=(\sigma_{ij})_{N\times N}$,这里 $\boldsymbol{\Sigma}$ 是非退化即满秩的,则它是正定矩阵.由马科维茨的假设,知 $\boldsymbol{X}=(X_1,X_2,\cdots,X_N)'$ 服从联合正态分布 $N(\boldsymbol{\mu},\boldsymbol{\Sigma})$.

首先假设 $E(\boldsymbol{X})\neq k\boldsymbol{1}$,其中 k 为常数.资产组合 $\boldsymbol{\omega}=(\omega_1,\omega_2,\cdots,\omega_N)'$ 的收益率为

$$S=\boldsymbol{\omega}'\boldsymbol{X}=\sum_{i=1}^{N}\omega_i X_i.$$

记资产组合的收益率的方差为 $\sigma_p^2=D(S)$,则

$$\sigma_p^2=D(S)=E((\boldsymbol{\omega}'\boldsymbol{X}-E(\boldsymbol{\omega}'\boldsymbol{X}))^2)=\boldsymbol{\omega}'\boldsymbol{\Sigma}\boldsymbol{\omega}.$$

4. 分析与求解

如果考虑组合的期望收益率不低于某个预定目标 r_p 的条件,试在收益率方差最小的条件下,确定资产组合$(\omega_1,\omega_2,\cdots,\omega_N)'\geqslant\mathbf{0}$,即求解随机规划问题

$$\min\frac{1}{2}\sigma_p^2=\frac{1}{2}\boldsymbol{\omega}'\boldsymbol{\Sigma}\boldsymbol{\omega},$$

$$\text{s.t.}\begin{cases}E(S)=\boldsymbol{\omega}'E(\boldsymbol{X})=\boldsymbol{\omega}'\boldsymbol{\mu}\geqslant r_p,\\ \sum\limits_{i=1}^{n}\omega_i=\boldsymbol{\omega}'\mathbf{1}=1.\end{cases}$$

对于该问题,可以用标准的拉格朗日乘数法求解. 令

$$L=\frac{1}{2}\boldsymbol{\omega}'\boldsymbol{\Sigma}\boldsymbol{\omega}+\delta_1(r_p-\boldsymbol{\omega}'\boldsymbol{\mu})+\delta_2(1-\boldsymbol{\omega}'\mathbf{1}),$$

其中 δ_1,δ_2 是待定系数. 最优解应满足的一阶条件为

$$\begin{cases}\dfrac{\partial L}{\partial\boldsymbol{\omega}}=\boldsymbol{\Sigma}\boldsymbol{\omega}-\delta_1\boldsymbol{\mu}-\delta_2\mathbf{1}=\mathbf{0}, & (4.7.1)\\ \dfrac{\partial L}{\partial\delta_1}=r_p-\boldsymbol{\omega}'\boldsymbol{\mu}=0, & (4.7.2)\\ \dfrac{\partial L}{\partial\delta_2}=1-\mathbf{1}'\boldsymbol{\omega}=0. & (4.7.3)\end{cases}$$

由假设 $\boldsymbol{\Sigma}$ 是非退化即满秩的,则对式(4.7.1)两边同乘 $\boldsymbol{\Sigma}^{-1}$ 得到最优解

$$\boldsymbol{\omega}_p^*=\delta_1\boldsymbol{\Sigma}^{-1}\boldsymbol{\mu}+\delta_2\boldsymbol{\Sigma}^{-1}\mathbf{1}. \tag{4.7.4}$$

为了求解 δ_1,δ_2 的值,将式(4.7.4)代入式(4.7.2)和式(4.7.3),得到

$$r_p=\delta_1\boldsymbol{\mu}'\boldsymbol{\Sigma}^{-1}\boldsymbol{\mu}+\delta_2\mathbf{1}'\boldsymbol{\Sigma}^{-1}\boldsymbol{\mu}=\delta_1a+\delta_2b, \tag{4.7.5}$$

$$1=\delta_1\mathbf{1}'\boldsymbol{\Sigma}^{-1}\boldsymbol{\mu}+\delta_2\mathbf{1}'\boldsymbol{\Sigma}^{-1}\mathbf{1}=\delta_1b+\delta_2c, \tag{4.7.6}$$

其中记 $a=\boldsymbol{\mu}'\boldsymbol{\Sigma}^{-1}\boldsymbol{\mu},b=\mathbf{1}'\boldsymbol{\Sigma}^{-1}\boldsymbol{\mu}=\boldsymbol{\mu}'\boldsymbol{\Sigma}^{-1}\mathbf{1},c=\mathbf{1}'\boldsymbol{\Sigma}^{-1}\mathbf{1},\Delta=ac-b^2$. 再根据式(4.7.5)、式(4.7.6)解得

$$\delta_1=\frac{r_pc-b}{\Delta},\quad\delta_2=\frac{a-r_pb}{\Delta}. \tag{4.7.7}$$

将式(4.7.4)代入目标函数并利用式(4.7.7)的结果,即可得到最优资产组合的方差为

$$\sigma_p^2=\frac{1}{\Delta}(cr_p^2-2br_p+a)=\frac{c}{\Delta}\left(r_p-\frac{b}{c}\right)^2+\frac{1}{c}. \tag{4.7.8}$$

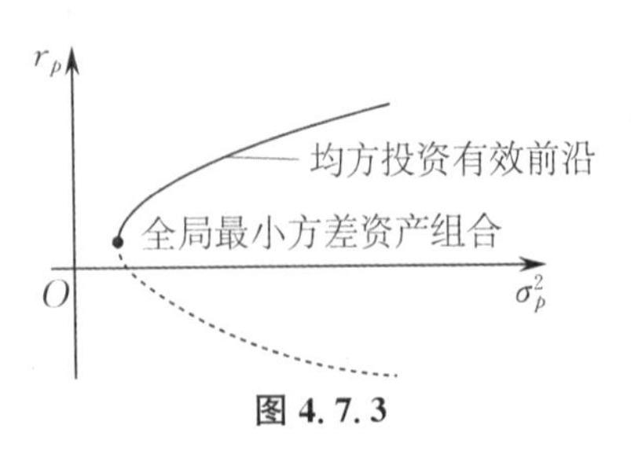

图 4.7.3

如图 4.7.3 所示,均值与方差的关系是一条抛物线. 一般地,称图中上半条抛物线为**均方投资有效前沿**,其上的点具有如下性质:对应于给定的期望收益率,有最小方差;或者对应于给定的方差,有最大的期望收益率. 因此,理性投资者的最优化投资策略应落在这条有效前沿上.

均方投资有效前沿上,有一个方差最小的点,对应于全局最小方差资产组合,对应的风险资产的组合向量为

$$\boldsymbol{\omega}_g=\frac{\boldsymbol{\Sigma}^{-1}\mathbf{1}}{c}=\frac{\boldsymbol{\Sigma}^{-1}\mathbf{1}}{\mathbf{1}'\boldsymbol{\Sigma}^{-1}\mathbf{1}}. \tag{4.7.9}$$

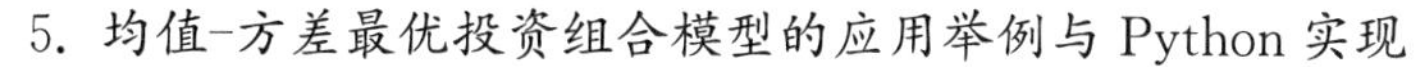

5. 均值-方差最优投资组合模型的应用举例与 Python 实现

以 5 只股票 2015 年 1 月 1 日至 2020 年 12 月 31 日的交易数据为例，构建马科维茨的均值-方差最优投资组合模型. 这 5 只股票分别为：600000（浦发银行），600009（上海机场），600048（保利地产），600519（贵州茅台），002594（比亚迪）.

获取股票交易数据需要用到 baostock 开源库，可以使用以下方式安装：

```
pip install baostock==0.8.8
```

首先导入需要用到的包：

```
import numpy as np
import matplotlib.pyplot as plt
import baostock as bs
import pandas as pd
```

注　本书使用的 NumPy 库版本为 1.19.5，Matplotlib 库版本为 3.6.0，Pandas 库版本为 1.3.4，为避免实践时后续代码运行出错，建议读者的版本与本书保持一致. 读者可以使用如下方式安装特定版本：

```
pip install numpy==1.19.5
pip install matplotlib==3.6.0
pip install pandas==1.3.4
```

接着获取 5 只股票从 2015 年 1 月 1 日至 2020 年 12 月 31 日每月的收盘价：

```
lg=bs.login()
code_list=['sh.600000','sh.600009','sh.600048','sh.600519','sz.002594']
frames=[bs.query_history_k_data_plus(code,"close",start_date='2015-01-01',
        end_date='2020-12-31',frequency="m",adjustflag="3").get_data().
        rename({'close':code}) for code in code_list]
result=pd.concat(frames,axis=1,keys=code_list)
result.columns=result.columns.droplevel(1)
result.index=pd.date_range('2015-01-01','2020-12-31',freq='M')
result=result.astype('float32')
```

计算 5 只股票每月的收益率：

```
returns=result.iloc[1:,:]/result.shift(1).iloc[1:,:]-1
```

计算收益率的均值、协方差矩阵，以及根据公式计算 a,b,c,Δ 的值：

```
means=returns.mean().to_numpy()
covs=returns.cov().to_numpy()
covs_inv=np.linalg.inv(covs)
ones=np.ones(means.size)
a=np.matmul(np.matmul(means,covs_inv),means)
b=np.matmul(np.matmul(means,covs_inv),ones)
c=np.matmul(np.matmul(ones,covs_inv),ones)
delta=a*c-b*b
```

生成一些期望收益率 r_p，并计算对应的资产组合最小方差 σ_p^2：

```
r_p=np.arange(min(means)*2,max(means)*5,0.0001,dtype=float)
sigma_p_square=np.array([(c/delta)*np.square(i-(b/c))+1/c for i in r_p])
```

在方差-均值坐标系下，画出抛物线(见图 4.7.4)，上半条抛物线就是均方投资有效前沿：

```
glo_r_p=r_p[np.argmin(sigma_p_square)]
frontier_r=r_p[r_p>=glo_r_p]
frontier_sigma=sigma_p_square[r_p>=glo_r_p]
no_frontier_r=r_p[r_p<glo_r_p]
no_frontier_sigma=sigma_p_square[r_p<glo_r_p]
fig,ax=plt.subplots()
ax.plot(frontier_sigma,frontier_r)
ax.plot(no_frontier_sigma,no_frontier_r,ls='--')
ax.set_xlabel(r'$\sigma_2$',loc='right')
ax.set_ylabel(r'$r_p$',loc='top',rotation=False)
plt.show()
```

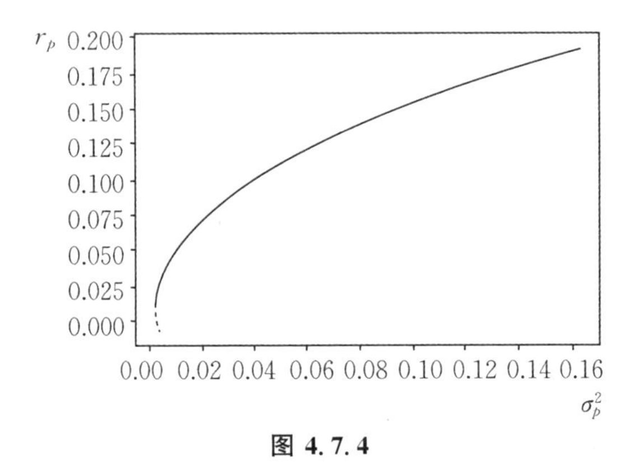

图 4.7.4

§4.8 课程趣味阅读之四

4.8.1 我国杰出的数学家——许宝騄

许宝騄，字闲若. 1910 年出生于北京，原籍浙江杭州. 许宝騄在中国开创了概率论、数理统计的教学与研究工作，并在内曼-皮尔逊引理、参数估计理论、多元分析、极限理论等方面取得卓越成就，是多元统计分析学科的开拓者之一. 鉴于其杰出的学术成就，许宝騄被公认为在概率论和数理统计方面第一位具有国际声望的中国数学家.

1. 许宝騄的求学经历

许宝騄幼年随父曾在天津、杭州等地留居，大部分时间都由父亲聘请家庭教师传授，10 岁

后就学作文言文，因此他的文学修养很深，用语、写作都很精练、准确. 1925 年才进中学，在北京汇文中学从高一读起，1928 年汇文中学毕业后考入燕京大学理学院. 由于中学期间受表姐夫徐传元的影响，对数学颇有兴趣，入大学后了解到清华大学数学系最好，决心转学念数学. 1929 年入清华大学数学系，仍从一年级读起. 当时的老师有熊庆来、孙光远、杨武之等，一起学习的有华罗庚、柯召等人.

1933 年毕业获理学学士学位，经考试录取赴英国留学，体检时发现体重太轻不合格，未能成行. 于是下决心休养一年. 1934 年任北京大学数学系助教，担任正在访问北京大学的美国哈佛大学教授奥斯古德的助教，前后共两年，奥斯古德在他后来出版的书中，提到了许宝騄的帮助. 奥斯古德是分析方面的专家，从而在这两年内许宝騄做了大量的分析方面的习题，也开始了一些研究. 1935 年，许宝騄发表了两篇论文，其中一篇是与江泽涵合作的，都是分析方面的论文. 那时芬布尔和阿蒂肯合写的《标准矩阵论》已出版，许宝騄熟练地掌握了矩阵工具，尤其精通分块演算的技巧.

1936 年，许宝騄再次考取了赴英国留学，前往伦敦大学学院统计系学习数理统计，攻读博士学位. 1938 年，许宝騄共发表了 3 篇论文，当时伦敦大学规定数理统计方向要取得哲学博士学位，必须寻找一个新的统计量，编制一张统计量的临界值表，而许宝騄因成绩优异，研究工作突出，第一个被破格用统计实习的口试来代替，于 1938 年获得哲学博士学位.

2. 许宝騄的研究工作

1938 年，伦敦大学学院统计系主任内曼受聘去美国加利福尼亚大学伯克利分校，他推荐将许宝騄提升为讲师，接替他在伦敦大学讲课. 1939 年，许宝騄发表了 2 篇论文，1940 年又发表了3篇，其中2篇论文是数理统计学科的重要文献，在多元统计分析和内曼-皮尔逊引理中是奠基性的工作.

抗日战争爆发后，他毅然决定回国，终于在 1940 年来到昆明，在国立西南联合大学任教. 钟开莱、王寿仁、徐利治等均是他的学生. 在 1945 年秋，他应邀去美国加利福尼亚大学伯克利分校和哥伦比亚大学任访问教授，各讲学一个学期，学生中有安德森、莱曼等人. 1946 年到北卡罗来纳大学任教. 一年后，他决心回国，谢绝了一些大学的聘任，回到北京大学任教授. 回国后不久就发现已患肺结核. 他长期带病工作，教学科研一直未断，在矩阵论及概率论和数理统计方面发表了 10 余篇论文. 1955 年，他当选为中国科学院学部委员. 1963 年在发现肺部病情恶化的情况下，组织屡次安排他休养，他均谢绝，并且一个人领导 3 个讨论班(平稳过程、马氏过程、数理统计)，带领青年人搞科研.

他在 20 世纪 60 年代中期，对组合数学有浓厚的兴趣，1966 年初，与段学复教授联合主持组合数学的讨论班. 他自己不顾条件如何，始终坚持科研，在 1970 年 12 月逝世时，他床边的小茶几上还放着一支钢笔和未完成的手稿. 1983 年，德国施普林格出版社刊印了《许宝騄全集》，全集由钟开莱主编，共收集了已发表的、未被发表的论文 40 篇. 1980 年与 1990 年秋，北京大学两次举办纪念会，并出版了《许宝騄文集》.

3. 许宝騄的研究与教学风格

20 世纪 50 年代的许宝騄已是著名的大教授了，但他一旦看到好的书就仔细阅读，大量做题，他曾逐章逐题去解答那汤松的《实变函数论》和安德森的《多元统计分析引论》的练习题. 他能把一些习题深化，变成小的研究习作，有的就可以变成论文. 他对论文的发表要求很严，他曾说过这样一句话："我不希望自己的文章登在有名的杂志上而出名，我希望杂志因为登了我的文章而出名.”尽管他自己是学部委员，可以推荐论文尽快在《科学记录》上刊登，然而他自己的论文大部分都刊登在《北京大学学报》上.他的论文有的长达几十页，有的短到一页多一点，都是以解决问题为目的，朴实无华、简明扼要.他一生正式被刊出的论文在生前只有30多篇，然而其中绝大部分都是很有分量的工作.对一些小的结果，他往往批注在书的边页上，并不认为是值得发表的.

他在研究工作中，有两点是非常明显的：一是追求初等的证明，他认为初等的方法比艰深的方法更有意义，所以他的讲课能吸引很多人来听，他把问题剖析得非常清楚，问题的解决似乎是自然而容易的；二是要求证明演算化，不要借助任何几何的直觉.

在教学上，他主张应把原始的、真实的思想讲解给学生，而在形式上、在证明方法上要力求简明无冗言赘文.他的讲课是深刻的思想与完美的形式良好的结合，他的中外学生称赞说：“他的讲授是完美的.”作为教师和科学家，他对于学生和同行都有强烈的影响.一些人回忆说：“许宝騄坚持深入浅出，毫不回避困难.特别是沉着、明确而又默默地献身于学术的最高目标和最高水平，这种精神吸引了我们.”

4.8.2 破解彩票的中奖秘诀

奖券(即开型彩票)的中奖号码看似随机排列，但绝非无迹可寻.地质统计学家斯利瓦斯塔瓦通过统计研究，发现了破解秘诀.据他自己称，他可以在无须刮开彩票涂层的情况下，就知道是否中奖，正确率在90%以上.这个技巧仅限于tic-tac-toe彩票(加拿大一种即开型彩票、2003年退市)，后来斯利瓦斯塔瓦将研究成果通知了彩票公司，彩票公司被迫立刻撤销了该玩法.

斯利瓦斯塔瓦的本职是地质统计学家，长期的统计学训练，使他很擅长分析数字和发掘数字中可能存在的规律.斯利瓦斯塔瓦拥有麻省理工学院和斯坦福大学学士学位，有个朋友送他两张tic-tac-toe彩票，他凑趣刮开，想不到其中一张居然中奖，使他开始琢磨其中的奥妙.因为这些彩票是大量生产制造的，所以他认定这一定是用某种电脑程序编列号码.而彩票公司必须要控制中奖彩票的数量，所以电脑不能随便编列号码.因此，看似随机排列的号码，其实都是经过精心计算的.

他根据这种心得，认定这种彩票存在致命弱点，绝对可以破解.他最后想出一套简单办法，而且猜中率高达90%.他说：“这些数字本身毫无意义，但是他们是否重复出现却泄露了天机.”他比较彩票下角的编号和上角的隐藏编号，以及tic-tac-toe彩票中间数字格的某个不重复的数字，如果这三个编号连成一条直线，便有可能中奖.这个技巧在tic-tac-toe彩票中奖率高达90%.

不过斯利瓦斯塔瓦在得知这个中奖秘诀后，并未靠其敛财，也无意诈骗，他把研究所得通知了安大略省彩票公司，告诉其彩票系统容易被破译，该公司次日便撤销了tic-tac-toe彩票销售，并且修改了制造彩票的算法.不过斯利瓦斯塔瓦仍然表示，彩票没有绝对的随机事件，所有的事件只是看上去随机或是无限接近随机.斯利瓦斯塔瓦这一理论无疑对整个彩票行业都产生很大的影响.

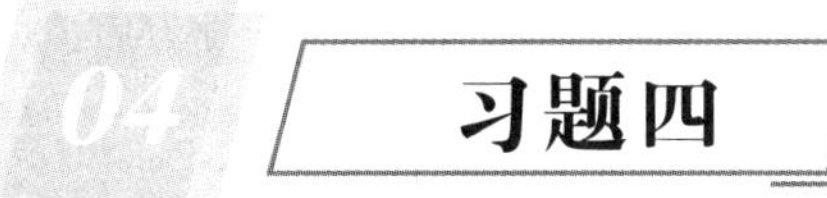

习题四

1. 设随机变量 ξ 的分布律为 $P\{\xi=k\}=\frac{1}{5}(k=1,2,3,4,5)$，试求 $E(\xi)$，$E(\xi^2)$ 及 $E((\xi+2)^2)$.

2. 设随机变量 ξ 的分布律为 $P\{\xi=k\}=\frac{1}{2^k}(k=1,2,\cdots)$，试求 $E(\xi)$ 及 $D(\xi)$.

3. 设随机变量 X 的分布律如表 1 所示，试求 $E(X)$，$E(X^2+2)$ 及 $D(X)$.

表 1

X	0	1	2
p_k	0.25	0.5	0.25

4. 设在某一规定的时间段里，某电气设备用于最大负荷的时间（单位：min）X 是一个连续型随机变量，其概率密度为

$$f(x)=\begin{cases}\frac{1}{1\,500^2}x, & 0\leqslant x\leqslant 1\,500,\\ \frac{-1}{1\,500^2}(x-3\,000), & 1\,500<x\leqslant 3\,000,\\ 0, & \text{其他},\end{cases}$$

试求 $E(X)$.

5. 设随机变量 X 的概率密度为

$$f(x)=\begin{cases}\mathrm{e}^{-x}, & x>0,\\ 0, & x\leqslant 0,\end{cases}$$

试求：(1) $Y=2X$；(2) $Y=\mathrm{e}^{-2X}$ 的数学期望.

6. 设随机变量 (X,Y) 的联合分布律如表 2 所示，试求：(1) $E(X)$，$E(Y)$；(2) $Z=\frac{Y}{X}$ 的数学期望；(3) $W=(X-Y)^2$ 的数学期望.

表 2

Y	X		
	1	2	3
-1	0.2	0.1	0
0	0.1	0	0.3
1	0.1	0.1	0.1

7. 一工厂生产的某种设备的寿命(单位:年)X 服从指数分布,概率密度为

$$f(x)=\begin{cases}\frac{1}{4}e^{-\frac{1}{4}x}, & x>0,\\ 0, & x\leqslant 0.\end{cases}$$

工厂规定出售的设备如果在一年内损坏,则可予以调换. 若工厂出售一台设备可盈利 100 元,调换一台设备工厂需花费 300 元,试求工厂出售一台设备净盈利的数学期望.

8. 设随机变量 X_1,X_2 的概率密度分别为

$$f_1(x)=\begin{cases}2e^{-2x}, & x>0,\\ 0, & x\leqslant 0,\end{cases}\qquad f_2(x)=\begin{cases}4e^{-4x}, & x>0,\\ 0, & x\leqslant 0.\end{cases}$$

(1) 求 $E(X_1+X_2)$,$E(2X_1-3X_2^2)$.

(2) 又设 X_1 与 X_2 相互独立,求 $E(X_1X_2)$.

9. 设随机变量 X 的数学期望为 $E(X)$,方差为 $D(X)>0$,引入新的随机变量

$$X^*=\frac{X-E(X)}{\sqrt{D(X)}}.$$

(1) 证明:$E(X^*)=0$,$D(X^*)=1$.

(2) 设 X 的概率密度为

$$f(x)=\begin{cases}1-|1-x|, & 0<x<2,\\ 0, & \text{其他},\end{cases}$$

求 X^*的概率密度.

10. 设随机变量 X 和 Y 的联合分布律如表 3 所示,证明:X 与 Y 不相关,但 X 与 Y 不是相互独立的.

表 3

Y	X		
	-1	0	1
-1	$\frac{1}{8}$	$\frac{1}{8}$	$\frac{1}{8}$
0	$\frac{1}{8}$	0	$\frac{1}{8}$
1	$\frac{1}{8}$	$\frac{1}{8}$	$\frac{1}{8}$

11. 设随机变量 (X_1,X_2) 的概率密度为

$$f(x,y)=\frac{1}{8}(x+y)\quad(0\leqslant x\leqslant 2,0\leqslant y\leqslant 2),$$

试求 $E(X_1)$,$E(X_2)$,$\mathrm{Cov}(X_1,X_2)$,$\rho_{X_1X_2}$ 及 $D(X_1+X_2)$.

12. 设随机变量 $X\sim N(\mu,\sigma^2)$,$Y\sim N(\mu,\sigma^2)$,且 X 与 Y 相互独立,试求$Z_1=\alpha X+\beta Y$ 和$Z_2=\alpha X-\beta Y$ 的相关系数(其中 α,β 是不为零的常数).

13. 某人参加“答题秀”，一共有问题 1 和问题 2 两个问题，他可以自行决定回答这两个问题的顺序. 如果他先回答一个问题，那么只有回答正确，他才被允许回答另一个问题. 如果他有 60% 的把握答对问题 1，而答对问题 1 将获得 200 元奖励；有 80% 的把握答对问题 2，而答对问题 2 将获得 100 元奖励. 问：他应该先回答哪个问题，才能使获得奖励的数学期望值最大化？

14. 某人想用10 000元购买某股票，该股票的当前价格是2元／股，假设一年后该股票等可能地变为 1 元／股和 4 元／股. 而理财顾问给他的建议是：若期望一年后所拥有的股票市值达到最大，则现在就购买；若期望一年后所拥有股票数量达到最大，则一年后购买. 试问：理财顾问的建议是否正确？为什么？

15. 设随机变量 X 的概率密度为

$$f(x)=\begin{cases}\dfrac{1}{2}\cos\dfrac{x}{2}, & 0\leqslant x\leqslant \pi,\\ 0, & \text{其他}.\end{cases}$$

对 X 独立重复观察 4 次，Y 表示观察值大于$\dfrac{\pi}{3}$ 的次数，求 $E(Y^2)$.

16. 设随机变量(X,Y) 的概率密度为

$$f(x,y)=\begin{cases}\dfrac{1}{4}x(1+3y^2), & 0<x<2,0<y<1,\\ 0, & \text{其他},\end{cases}$$

试求 $E\left(\dfrac{Y}{X}\right)$.

17. 设随机变量(X,Y) 的概率密度为

$$f(x,y)=\begin{cases}3x, & 0<y<x<1,\\ 0, & \text{其他},\end{cases}$$

试求 X 与 Y 的相关系数.

18. 设随机变量 X_1 与 X_2 相互独立且均服从指数分布 $E(\lambda)$，试求 $Y_1=4X_1-3X_2$ 与 $Y_2=3X_1+X_2$ 的相关系数.

19. 设随机变量(X,Y) 在矩形区域$G=\{(x,y)\mid 0\leqslant x\leqslant 2,0\leqslant y\leqslant 1\}$ 上服从均匀分布，记

$$U=\begin{cases}1, & X>Y,\\ 0, & X\leqslant Y,\end{cases}\quad V=\begin{cases}1, & X>2Y,\\ 0, & X\leqslant 2Y.\end{cases}$$

试求U 与 V 的相关系数.

20. 设随机变量(X,Y) 的概率密度为

$$f(x,y)=\begin{cases}6xy^2, & 0<x<1,0<y<1,\\ 0, & \text{其他},\end{cases}$$

试求(X,Y) 的协方差矩阵.

21. 设随机变量 $X\sim U[a,b]$，对 $k=1,2$，求 $\mu_k=E(X^k)$ 与 $\nu_k=E((X-E(X))^k)$，进一步求此分布的偏度系数和峰度系数.

22. 证明：随机变量 X 的偏度系数与峰度系数对位移和改变比例尺是不变的，即对于任意的实数 $a,b(b\neq 0)$，$Y=a+bX$ 与 X 有相同的偏度系数与峰度系数.

23. 已知随机变量 ξ 与 η 的相关系数为 ρ，求 $\xi_1=a\xi+b$ 与 $\eta_1=c\eta+d$ 的相关系数，其中 a,b,c,d 均为常数，a,c 均不为零.

24. 设随机变量 $X\sim N(1,2)$，$Y\sim N(0,1)$，且 X 与 Y 相互独立，求 $Z=2X-Y+3$ 的概率密度.

25. 设 X,Y,Z 是三个随机变量，已知 $E(X)=E(Y)=1$，$E(Z)=-1$，$D(X)=D(Y)=D(Z)=2$，$\rho_{XY}=0$，$\rho_{YZ}=-0.5$，$\rho_{ZX}=0.5$. 记 $W=X-Y-Z$，试求 $E(W)$，$D(W)$ 及 $E(W^2)$.

26. 设随机变量 X 的概率密度为

$$f(x)=\frac{1}{2}\mathrm{e}^{-|x|},\quad -\infty<x<+\infty.$$

(1) 求 $E(X)$ 和 $D(X)$.

(2) 求 X 与 $|X|$ 的协方差，并问：X 与 $|X|$ 是否不相关？

(3) 问：X 与 $|X|$ 是否相互独立？

27. 设某种商品的周需求量 X 服从均匀分布，即 $X\sim U[10,30]$. 商店每销售 1 单位该种商品可获利 500 元，若供大于求则亏损 100 元，若供不应求可从外面调货供应，此时只能获利 300 元. 为使总利润不低于 9 280 元，试确定最少进货量.

28. 抛掷 12 颗骰子，求出现的点数之和的数学期望与方差.

29. 设随机变量 X 的方差为 2.5，试利用切比雪夫不等式估计 $P\{|X-E(X)|\geq 7.5\}$.

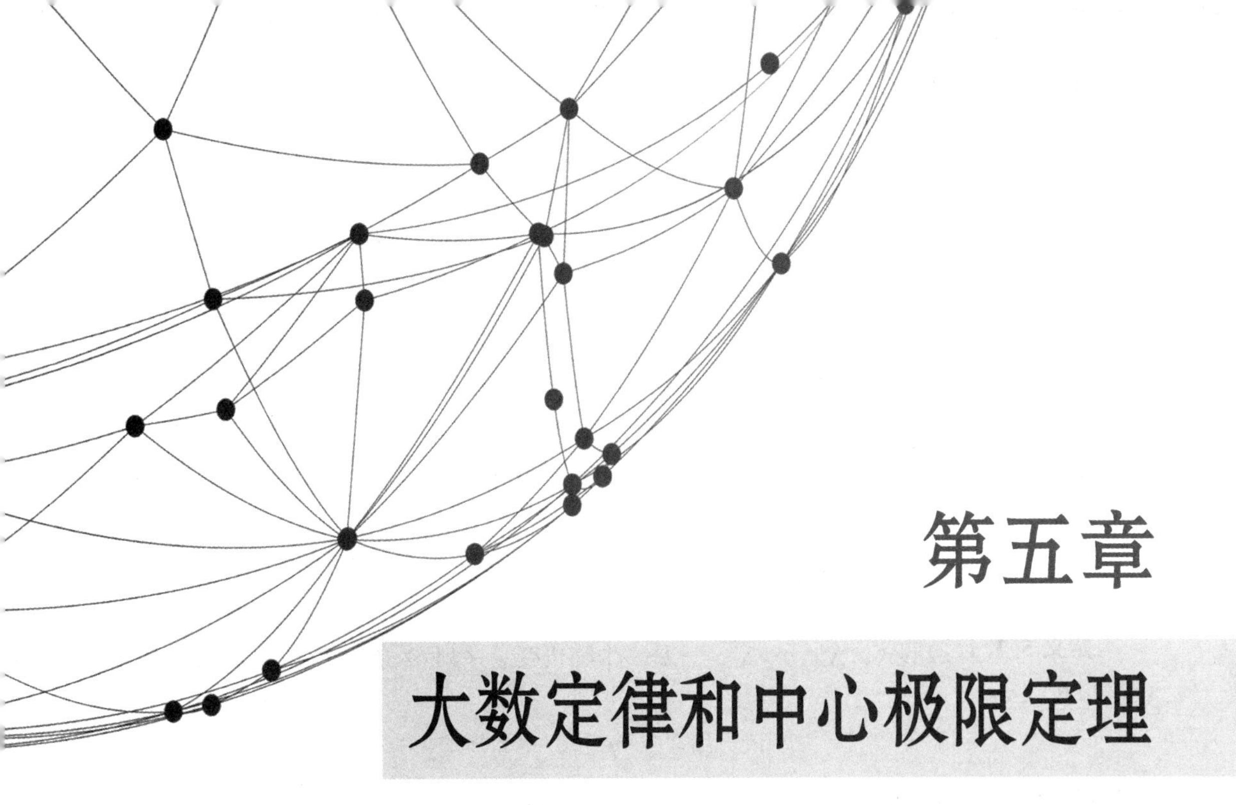

第五章 大数定律和中心极限定理

概率论研究随机现象的统计规律，而随机现象的统计规律只有在对大量随机现象的考察中才能显示出来. 为了研究大量的随机现象，就必须采用极限方法，而大数定律和中心极限定理就是使用极限方法研究大量随机现象的统计规律，它是前几章的深入和发展，也是数理统计中有关问题的理论依据. 简而言之，大数定律是指当重复独立试验次数趋于无穷大时，平均值(包括频率)具有稳定性；而中心极限定理是指在一定条件下，当变量的个数趋于无穷大时，它们的和趋于正态分布.

课程思政

§5.1 大 数 定 律

前面曾提到频率的稳定性. 设随机事件 A 的概率 $P(A)=p$,在 n 重伯努利试验中事件 A 发生的频率为 $f_n(A)$. 当 n 很大时,$f_n(A)$ 与 p 非常接近. 自然我们会想到应该用极限概念来描述这种稳定性. 因为 $f_n(A)$ 是一个随机变量,所以它随着不同的 n 次试验可能取不同的值. 这就要对随机变量序列引进新的收敛性定义.

5.1.1 依概率收敛与大数定律的定义

定义 5.1.1 设 $X_1,X_2,\cdots,X_n,\cdots$ 是一个随机变量序列,μ 是一个常数. 若对于任意给定的正数 ε,有

$$\lim_{n\to\infty}P\{|X_n-\mu|<\varepsilon\}=1,$$

大数定律的应用举例

则称随机变量序列**依概率收敛**于 μ,记为 $X_n\xrightarrow{P}\mu$.

依概率收敛的直观意义是,当 n 足够大时,随机变量 X_n 几乎总是取接近于 μ 的值. 利用求对立事件的概率计算公式,依概率收敛也可以等价地表示成

$$\lim_{n\to\infty}P\{|X_n-\mu|\geqslant\varepsilon\}=0.$$

将一些满足依概率收敛的结论统称为**大数定律**.

例 5.1.1 现抛掷一枚均匀硬币,试问:至少需要抛掷多少次才能保证出现正面的概率在 0.4 至 0.6 之间的概率不小于 0.9?

解 设需要抛掷的次数为 n,以 μ_n 表示出现正面的次数,则 $\mu_n\sim B\left(n,\frac{1}{2}\right)$,因此 $E(\mu_n)=\frac{n}{2}$,$D(\mu_n)=\frac{n}{4}$. 于是,由切比雪夫不等式可得

$$P\left\{0.4<\frac{\mu_n}{n}<0.6\right\}=P\left\{\left|\frac{\mu_n}{n}-0.5\right|<0.1\right\}=P\left\{\left|\mu_n-\frac{n}{2}\right|<0.1n\right\}$$

$$\geqslant 1-\frac{n/4}{(0.1n)^2}=1-\frac{25}{n}.$$

要使 $1-\frac{25}{n}\geqslant 0.9$,则 $n\geqslant 250$. 因此,需要抛掷的次数至少为 250.

5.1.2 几个常用的大数定律

定理 5.1.1(切比雪夫大数定律) 设随机变量 $X_1,X_2,\cdots,X_n,\cdots$ 是相互独立的. 若存在常数 c,使得 $D(X_i)\leqslant c(i=1,2,\cdots)$,则对于任意给定的正数 ε,有

$$\lim_{n\to\infty}P\left\{\left|\frac{1}{n}\sum_{i=1}^{n}X_i-\frac{1}{n}\sum_{i=1}^{n}E(X_i)\right|<\varepsilon\right\}=1.$$

证明　由数学期望和方差的性质得到

$$E\left(\frac{1}{n}\sum_{i=1}^{n}X_i\right)=\frac{1}{n}\sum_{i=1}^{n}E(X_i).$$

因为$X_1,X_2,\cdots,X_n,\cdots$是相互独立的,所以

$$D\left(\frac{1}{n}\sum_{i=1}^{n}X_i\right)=\frac{1}{n^2}\sum_{i=1}^{n}D(X_i)\leqslant\frac{c}{n}.$$

由切比雪夫不等式得,对于任意$\varepsilon>0$,有

$$P\left\{\left|\frac{1}{n}\sum_{i=1}^{n}X_i-\frac{1}{n}\sum_{i=1}^{n}E(X_i)\right|<\varepsilon\right\}\geqslant 1-\frac{D\left(\frac{1}{n}\sum_{i=1}^{n}X_i\right)}{\varepsilon^2}\geqslant 1-\frac{c}{n\varepsilon^2}\xrightarrow{n\to\infty}1.$$

又因为任何事件的概率不大于1,所以有

$$\lim_{n\to\infty}P\left\{\left|\frac{1}{n}\sum_{i=1}^{n}X_i-\frac{1}{n}\sum_{i=1}^{n}E(X_i)\right|<\varepsilon\right\}=1.$$

例 5.1.2　设$\{X_k\}$为独立随机变量序列,且满足

$$P\{X_k=\pm 2^k\}=\frac{1}{2^{2k+1}},\quad P\{X_k=0\}=1-\frac{1}{2^{2k}}\quad(k=1,2,\cdots),$$

试证:$\{X_k\}$满足大数定律.

证明　根据已知条件,可得

$$E(X_k)=2^k\times\frac{1}{2^{2k+1}}-2^k\times\frac{1}{2^{2k+1}}+0=0,$$

$$E(X_k^2)=2^{2k}\times\frac{1}{2^{2k+1}}+2^{2k}\times\frac{1}{2^{2k+1}}+0=1,$$

因此

$$D(X_k)=E(X_k^2)-(E(X_k))^2=1.$$

又知$\{X_k\}$为独立随机变量序列,根据切比雪夫大数定律,故$\{X_k\}$满足大数定律.

下面给出切比雪夫大数定律的特例. 设随机变量

$$X_i=\begin{cases}1, & \text{事件 } A \text{ 在第 } i \text{ 次试验时发生},\\ 0, & \text{事件 } A \text{ 在第 } i \text{ 次试验时不发生}\end{cases}\quad(i=1,2,\cdots),$$

n重伯努利试验中事件A发生的频数$N_A=X_1+X_2+\cdots+X_n$,频率

$$f_n(A)=\frac{N_A}{n}=\frac{1}{n}\sum_{i=1}^{n}X_i,$$

这里的$X_1,X_2,\cdots,X_n,\cdots$是相互独立的,且都服从0-1分布,即$B(1,p)$,其中$p$为事件$A$发生的概率. 这样,$\frac{N_A}{n}\xrightarrow{P}p$便可表示成

$$\frac{1}{n}\sum_{i=1}^{n}X_i\xrightarrow{P}\frac{1}{n}\sum_{i=1}^{n}E(X_i)=p.$$

由切比雪夫大数定律可得

$$\lim_{n\to\infty} P\left\{\left|\frac{1}{n}\sum_{i=1}^{n} X_i - p\right| < \varepsilon\right\} = 1.$$

于是,可得如下定理.

定理 5.1.2(伯努利大数定律) 设μ_n是n重伯努利试验中事件A发生的次数,而p是事件A在每次试验中发生的概率,则对于任意的$\varepsilon > 0$,都有

$$\lim_{n\to\infty} P\left\{\left|\frac{\mu_n}{n} - p\right| < \varepsilon\right\} = 1.$$

我们来看看它的具体含义,μ_n是n重伯努利试验中A发生的次数,则$\frac{\mu_n}{n}$便是这n次试验中A发生的频率.上式表明,当次数n很大时,事件A发生的频率与事件A发生的概率的偏差超过任意正数ε的可能性很小,或者基本上说是不可能的.可以说,伯努利大数定律给“频率的稳定性”提供了理论依据.

当随机变量$X_1, X_2, \cdots, X_n, \cdots$相互独立且服从相同的分布时,有如下定理.

定理 5.1.3(独立同分布大数定律) 设相互独立的随机变量$X_1, X_2, \cdots, X_n, \cdots$服从相同的分布,且有数学期望$\mu$,则$X_1, X_2, \cdots, X_n$的算术平均值$\overline{X} = \frac{1}{n}\sum_{i=1}^{n} X_i$在$n \to \infty$时,依概率收敛于数学期望$\mu$,即对于任意的$\varepsilon > 0$,都有

辛钦

$$\lim_{n\to\infty} P\left\{\left|\frac{1}{n}\sum_{i=1}^{n} X_i - \mu\right| < \varepsilon\right\} = 1.$$

需要强调的是,在独立同分布情形下的大数定律中,辛钦证明了,即使在随机变量的方差σ^2不存在的情形下,结论依然成立.因此,上述定理也称为**辛钦大数定律**.

例 5.1.3 设$X_1, X_2, \cdots, X_n, \cdots$是相互独立且同分布的随机变量序列,$E(X_i) = \mu$,$D(X_i) = \sigma^2 (i = 1, 2, \cdots, n, \cdots)$,试证:$\{X_n^2\}$服从大数定律.

证明 由于$X_1, X_2, \cdots, X_n, \cdots$是相互独立且同分布的随机变量序列,可知$X_1^2, X_2^2, \cdots, X_n^2, \cdots$也是相互独立且同分布的随机变量序列,且

$$E(X_i^2) = D(X_i) + (E(X_i))^2 = \mu^2 + \sigma^2 \quad (i = 1, 2, \cdots, n, \cdots).$$

根据辛钦大数定律,可知

$$\lim_{n\to\infty} P\left\{\left|\frac{1}{n}\sum_{i=1}^{n} X_i^2 - (\mu^2 + \sigma^2)\right| \geqslant \varepsilon\right\} = 0.$$

§5.2 中心极限定理

从前面的讨论可知,正态分布在随机变量的一切可能分布中占有特殊的地位,在实际问题

中我们遇到的许多随机变量都是服从或近似服从正态分布的. 为什么大量的随机变量都服从正态分布呢?

现在不妨来考察一下"误差"是怎样的一个随机变量. 以一门炮弹的射击误差为例,将靶心视为原点(0,0),设(ξ,η)表示弹着点的坐标,则ξ与η分别表示弹着点和靶心间的横向与纵向误差. 一般其每一个分量ξ与η都服从正态分布,这到底是为什么呢? 有必要先研究一下造成误差的原因.

高尔顿钉板实验

考虑变量ξ,即使炮身在瞄准后不再改变,但在每次射击以后,它也会因为震荡而造成微小的误差ξ_1,每发炮弹外形的细小差别而引起空气阻力不同而出现的误差ξ_2,每发炮弹的炸药数量或质量上的微小差异而引起的误差ξ_3,炮弹在前进时遇到空气气流的微小扰动而造成弹着点的误差ξ_4等. 每种原因引起一个微小的误差,它们有正有负,都是随机的,而弹着点的总误差ξ是这许多随机小误差(设共有n个)的总和,即

$$\xi=\sum_{i=1}^{n}\xi_i.$$

中心极限定理的应用举例

而小误差$\xi_i(i=1,2,\cdots,n)$可以看成相互独立的,因此要讨论ξ的分布问题转化为要讨论独立随机变量和的分布问题. 现在来研究独立随机变量和$\sum\limits_{i=1}^{n}\xi_i$当$n\to\infty$时的统计规律. 事实上,人们在长期实践中发现,在相当一般的条件下,只要n足够大,总是可以认为$\sum\limits_{i=1}^{n}\xi_i$近似服从正态分布.

在概率论中,把大量独立随机变量和的分布以正态分布为极限的这一类定理统称为**中心极限定理**.

定理 5.2.1(独立同分布中心极限定理)　**设$X_1,X_2,\cdots,X_n,\cdots$是一个独立同分布的随机变量序列,$E(X_i)=\mu,D(X_i)=\sigma^2\neq 0(i=1,2,\cdots)$,方差有界,则对于任意$x\in(-\infty,+\infty)$,总有**

$$\lim_{n\to\infty}P\left\{\frac{\sum\limits_{i=1}^{n}X_i-n\mu}{\sqrt{n}\sigma}\leqslant x\right\}=\frac{1}{\sqrt{2\pi}}\int_{-\infty}^{x}\mathrm{e}^{-\frac{t^2}{2}}\mathrm{d}t.$$

此定理也称为**林德伯格-列维中心极限定理**.

定理5.2.1说明,当n充分大时,随机变量$Y_n=\dfrac{\sum\limits_{i=1}^{n}X_i-n\mu}{\sqrt{n}\sigma}=\dfrac{\overline{X}-\mu}{\sigma/\sqrt{n}}$近似服从标准正态分布$N(0,1)$,从而$\sum\limits_{i=1}^{n}X_i=\sqrt{n}\sigma Y_n+n\mu$近似服从正态分布$N(n\mu,n\sigma^2)$.

例 5.2.1　设某人要测量甲、乙两地之间的距离,限于测量工具,他分成1 200段来测量,每段的测量误差(单位:cm)服从区间$[-0.5,0.5]$上的均匀分布,且相互独立. 试求总距离误差的绝对值超过20 cm的概率.

解 设第 i 段的测量误差为$X_i(i=1,2,\cdots,1\,200)$，于是累积误差为$\sum_{i=1}^{1\,200}X_i$. 由于$X_i\sim U[-0.5,0.5]$，因此有

$$E(X_i)=0,\quad D(X_i)=\frac{1}{12}\quad(i=1,2,\cdots,1\,200).$$

已知$X_1,X_2,\cdots,X_{1\,200}$ 是相互独立且同分布的随机变量，由定理 5.2.1 得

$$P\left\{\left|\sum_{i=1}^{1\,200}X_i\right|>20\right\}=P\left\{\left|\frac{\sum_{i=1}^{1\,200}X_i-0}{\sqrt{1\,200\times\frac{1}{12}}}\right|>\frac{20}{\sqrt{1\,200\times\frac{1}{12}}}\right\}=1-P\left\{\left|\frac{\sum_{i=1}^{1\,200}X_i-0}{10}\right|\leqslant 2\right\}$$

$$=1-[\Phi(2)-\Phi(-2)]=2[1-\Phi(2)]=2\times0.022\,8=0.045\,6.$$

在定理5.2.1中，当随机变量序列$X_1,X_2,\cdots,X_n,\cdots$是相互独立的0-1分布时，则有如下定理.

定理 5.2.2（棣莫弗-拉普拉斯中心极限定理） 设$X_1,X_2,\cdots,X_n,\cdots$是一个独立同分布的随机变量序列，且$X_i(i=1,2,\cdots)$都服从 0-1 分布，$0<p<1,q=1-p$，则对于任意 $x\in(-\infty<x<+\infty)$，总有

棣莫弗

$$\lim_{n\to\infty}P\left\{\frac{\sum_{i=1}^{n}X_i-np}{\sqrt{npq}}\leqslant x\right\}=\int_{-\infty}^{x}\frac{1}{\sqrt{2\pi}}e^{-\frac{t^2}{2}}dt=\Phi(x).$$

拉普拉斯

显然棣莫弗-拉普拉斯中心极限定理是独立同分布中心极限定理的一个特例. 此定理表明，正态分布是二项分布的极限分布，当 n 充分大时，服从二项分布的随机变量 X 的概率计算可以转化为正态随机变量的概率计算，即

$$P\{a<X\leqslant b\}=P\left\{\frac{a-np}{\sqrt{npq}}<\frac{X-np}{\sqrt{npq}}\leqslant\frac{b-np}{\sqrt{npq}}\right\}\approx\Phi\left(\frac{b-np}{\sqrt{npq}}\right)-\Phi\left(\frac{a-np}{\sqrt{npq}}\right).$$

同时，可证

$$P\{X=k\}\approx\frac{1}{\sqrt{2\pi npq}}e^{-\frac{(k-np)^2}{2npq}}.$$

当 n 较大且 p 较小时，二项分布的计算很麻烦，运用上面的近似公式便可很快算出.

例 5.2.2 某运输公司有 500 辆汽车参加保险，在一年里汽车出事故的概率为 0.006，参加保险的汽车每年交 800 元. 若出事故，保险公司最多赔偿 50 000 元，试利用中心极限定理计算保险公司一年赚钱不小于 200 000 元的概率.

解 设 X 表示500 辆汽车中出事故的车辆数，则 X 服从$n=500,p=0.006$ 的二项分布，这时，$np=500\times0.006=3,npq=3\times0.994=2.982$. 由于保险公司一年赚钱不小于 200 000 元的事件

$$\{500\times800-50\,000X\geqslant200\,000\}\Leftrightarrow\{0\leqslant X\leqslant4\},$$

因此有

$$P\{0\leqslant X\leqslant 4\}=P\left\{\frac{0-3}{\sqrt{2.982}}\leqslant\frac{X-3}{\sqrt{2.982}}\leqslant\frac{4-3}{\sqrt{2.982}}\right\}$$

$$\approx\Phi(0.58)-\Phi(-1.74)=0.6781.$$

可见,保险公司在一年里赚钱不小于 200 000 元的概率为 0.678 1.

例 5.2.3　有 200 台独立工作(工作的概率为 0.7) 的机床,每台机床工作时需 15 kW 电功率. 问:共需多少电功率，才可有 95% 的可能性保证正常生产?

解　用$X_i=1$表示第 i 台机床工作,反之记为$X_i=0$. 又记$Y=X_1+X_2+\cdots+X_{200}$,则 $E(Y)=140$,$D(Y)=42$. 设供电功率为 y(单位:kW),则有

$$P\{15Y\leqslant y\}\approx\Phi\left(\frac{y/15-140}{\sqrt{42}}\right)\geqslant 0.95,$$

解得 $y\geqslant 2\,259.9$ (kW).

例 5.2.4　设某生产线上组装每件产品的时间(单位:min) 服从指数分布,平均需要 10 min,且各件产品的组装时间是相互独立的.

(1) 试求组装 100 件产品需要 15 h 至 20 h 的概率.

(2) 保证有 95% 的可能性,问:16 h 内最多可以组装多少件产品?

解　记X_i 为组装第 i 件产品的时间(单位:min),则由$X_i\sim E(\lambda)$ 可知,

$$E(X_i)=\frac{1}{\lambda}=10,\quad D(X_i)=\frac{1}{\lambda^2}=100.$$

(1) 根据题意可得

$$P\left\{15\times 60\leqslant\sum_{i=1}^{100}X_i\leqslant 20\times 60\right\}\approx\Phi\left(\frac{1\,200-100\times 10}{\sqrt{100\times 100}}\right)-\Phi\left(\frac{900-100\times 10}{\sqrt{100\times 100}}\right)=0.8185.$$

(2) 设 16 h 内最多可以组装 k 件产品,则根据题意有

$$P\left\{\sum_{i=1}^{k}X_i\leqslant 16\times 60\right\}\approx\Phi\left(\frac{960-10k}{\sqrt{100k}}\right)\geqslant 0.95.$$

由此查表得,$\dfrac{960-10k}{\sqrt{100k}}\geqslant 1.645$,解得 $k\leqslant 81$,即 16 h 内最多可以组装 81 件产品.

§5.3　问题拓展探索之五
——随机变量序列的三种收敛

以概率 1 收敛(几乎处处收敛)、依概率收敛、依分布收敛是随机变量序列的三种重要收敛形式,对这三种收敛形式及其相互关系的准确理解,是理解概率论中极限问题的基础.

5.3.1　随机变量序列的有关引理

引理 5.3.1　设$X_n(n=1,2,\cdots)$ 是一随机变量序列,X 为一随机变量(可以为一常数).

对于任意的 $\varepsilon>0$,令$A_n=\{|X_n-X|\geqslant\varepsilon\}$,则有

$$\{\lim_{n\to\infty}X_n=X\}=\lim_{n\to\infty}\bigcap_{k\geqslant n}\{|X_k-X|<\varepsilon\}=\bigcup_{n=1}^{\infty}\bigcap_{k\geqslant n}\overline{A}_k.$$

证明 $\{\lim_{n\to\infty}X_n=X\}$ 的含义是:存在一个足够大的正整数 N,当 $n>N$ 时,X_n 与 X 可以任意地接近,于是有$\overline{A}_{N+1},\overline{A}_{N+2},\cdots$ 同时发生,即 $\bigcap_{k\geqslant n}\{|X_k-X|<\varepsilon\}$ 发生,因此

$$\{\lim_{n\to\infty}X_n=X\}=\lim_{n\to\infty}\bigcap_{k\geqslant n}\{|X_k-X|<\varepsilon\}.$$

再设$B_n=\bigcap_{k\geqslant n}\overline{A}_k$,得到$B_1\subset B_2\subset\cdots$,可知

$$\lim_{n\to\infty}\bigcap_{k\geqslant n}\{|X_k-X|<\varepsilon\}=\lim_{n\to\infty}B_n=\bigcup_{n=1}^{\infty}B_n=\bigcup_{n=1}^{\infty}\bigcap_{k\geqslant n}\overline{A}_k.$$

引理 5.3.2 设$X_n(n=1,2,\cdots)$是一随机变量序列,X 为一随机变量(可以为一常数).对于任意的 $\varepsilon>0$,令$A_n=\{|X_n-X|\geqslant\varepsilon\}$,且$p_n=P(A_n)$,于是有

(1) 若$\sum_{k=1}^{\infty}p_k<\infty$,则 $P(\bigcap_{n=1}^{\infty}\bigcup_{k\geqslant n}A_k)=0$.

(2) 若$\sum_{k=1}^{\infty}p_k=\infty$,且$A_k$ 相互独立,则 $P(\bigcap_{n=1}^{\infty}\bigcup_{k\geqslant n}A_k)=1$.

证明 (1) 当$\sum_{k=1}^{\infty}p_k<\infty$ 时,则对于任意的 $\varepsilon>0$,存在正整数 N,使得当 $n\geqslant N$ 时,

$$0\leqslant P(\bigcap_{n=1}^{\infty}\bigcup_{k\geqslant n}A_k)\leqslant P(\bigcup_{k\geqslant N}A_k)\leqslant\sum_{k\geqslant N}P(A_k)=\sum_{k\geqslant N}p_k<\varepsilon.$$

从以上证明过程可知,$\sum_{k\geqslant N}P(A_k)<\varepsilon$,说明事件$A_n(n=1,2,\cdots)$中只有有限个发生.

(2) 当$\sum_{k=1}^{\infty}p_k=\infty$ 时,对于任意的 n,有$\sum_{k=n}^{\infty}p_k=\infty$. 根据$A_n(n=1,2,\cdots)$的相互独立性及利用不等式

$$1-x<\mathrm{e}^{-x}\quad(0\leqslant x\leqslant 1),$$

可得

$$0\leqslant P(\bigcap_{k\geqslant n}\overline{A}_k)=\prod_{k=n}^{\infty}P(\overline{A}_k)=\prod_{k=n}^{\infty}[1-P(A_k)]\leqslant\mathrm{e}^{-\sum_{k=n}^{\infty}p_k}=0.$$

因此,对于任意的 $n=1,2,\cdots$ 都有

$$P(\bigcap_{k\geqslant n}\overline{A}_k)=0,$$

故

$$P(\bigcup_{n=1}^{\infty}\bigcap_{k\geqslant n}\overline{A}_k)=0.$$

上式也等价于

$$P(\bigcap_{n=1}^{\infty}\bigcup_{k\geqslant n}A_k)=1.$$

5.3.2 随机变量序列的三种收敛性

1. 以概率 1 收敛(几乎处处收敛)

定义 5.3.1 设$X_n(n=1,2,\cdots)$是一随机变量序列,X 为一随机变量(或常数),使得

$$P\{\lim_{n\to\infty}X_n=X\}=1,$$

则称随机变量序列$\{X_n\}$**以概率1收敛**于X，或称为**几乎处处收敛**，记为$X_n\xrightarrow{\text{a.s.}}X$.

定理 5.3.1　**随机变量序列$\{X_n\}$以概率1收敛于X的充要条件是对于任意的$\varepsilon>0$，有**

$$\lim_{n\to\infty}P\{\bigcup_{k=n}^{\infty}\{|X_k-X|\geqslant\varepsilon\}\}=0\quad\text{或}\quad\lim_{n\to\infty}P\{\bigcap_{k=n}^{\infty}\{|X_k-X|<\varepsilon\}\}=1.$$

证明　根据引理5.3.1可知

$$\{\lim_{n\to\infty}X_n=X\}=\lim_{n\to\infty}\bigcap_{k\geqslant n}\{|X_k-X|<\varepsilon\},$$

因此

$$\begin{aligned}P\{\lim_{n\to\infty}X_n=X\}=1&\Leftrightarrow P\{\lim_{n\to\infty}\bigcap_{k=n}^{\infty}\{|X_k-X|<\varepsilon\}\}=1\\&\Leftrightarrow\lim_{n\to\infty}P\{\bigcap_{k=n}^{\infty}\{|X_k-X|<\varepsilon\}\}=1\\&\Leftrightarrow\lim_{n\to\infty}P\{\bigcup_{k=n}^{\infty}\{|X_k-X|\geqslant\varepsilon\}\}=0.\end{aligned}$$

2. 依概率收敛

定义 5.3.2　设$X_n(n=1,2,\cdots)$是一随机变量序列，X为一随机变量(或常数)，对于任意的$\varepsilon>0$，使得

$$\lim_{n\to\infty}P\{|X_n-X|\geqslant\varepsilon\}=0\quad\text{或}\quad\lim_{n\to\infty}P\{|X_n-X|<\varepsilon\}=1,$$

则称随机变量序列$\{X_n\}$**依概率收敛**于X，记为$X_n\xrightarrow{P}X$.

定理 5.3.2　**设随机变量序列$X_n\xrightarrow{P}a,Y_n\xrightarrow{P}b$，函数$g(X,Y)$在点$(a,b)$处连续，则**

$$g(X_n,Y_n)\xrightarrow{P}g(a,b).$$

证明　由于函数$g(X,Y)$在点(a,b)处连续，则对于任意的$\varepsilon>0$，存在$\delta>0$，当$(x-a)^2+(y-b)^2<\delta^2$时，

$$|g(x,y)-g(a,b)|<\varepsilon,$$

因此

$$\{(X_n-a)^2+(Y_n-b)^2<\delta^2\}\subseteq\{|g(X_n,Y_n)-g(a,b)|<\varepsilon\},$$

或者

$$\{|g(X_n,Y_n)-g(a,b)|\geqslant\varepsilon\}\subseteq\{(X_n-a)^2+(Y_n-b)^2\geqslant\delta^2\}.$$

又知

$$\begin{aligned}\{(X_n-a)^2+(Y_n-b)^2\geqslant\delta^2\}&\subseteq\left\{(X_n-a)^2\geqslant\frac{\delta^2}{2}\right\}\cup\left\{(Y_n-b)^2\geqslant\frac{\delta^2}{2}\right\}\\&\subseteq\left\{|X_n-a|\geqslant\frac{\delta}{\sqrt{2}}\right\}\cup\left\{|Y_n-b|\geqslant\frac{\delta}{\sqrt{2}}\right\}.\end{aligned}$$

根据$X_n\xrightarrow{P}a,Y_n\xrightarrow{P}b$，可得

$$\begin{aligned}P\{|g(X_n,Y_n)-g(a,b)|\geqslant\varepsilon\}&\leqslant P\left\{\left\{|X_n-a|\geqslant\frac{\delta}{\sqrt{2}}\right\}\cup\left\{|Y_n-b|\geqslant\frac{\delta}{\sqrt{2}}\right\}\right\}\\&\leqslant P\left\{|X_n-a|\geqslant\frac{\delta}{\sqrt{2}}\right\}+P\left\{|Y_n-b|\geqslant\frac{\delta}{\sqrt{2}}\right\}\to0\quad(n\to\infty).\end{aligned}$$

例 5.3.1 设随机变量序列$\{X_n\}$独立同分布，且$E(X_n)=\mu, D(X_n)=\sigma^2$，令$\overline{X}=\frac{1}{n}\sum_{i=1}^{n}X_i, S_n^2=\frac{1}{n}\sum_{i=1}^{n}(\overline{X}_i-\overline{X})^2$，试证：$S_n^2\xrightarrow{P}\sigma^2$.

证明 由$\{X_n\}$独立同分布，可知$\{X_n^2\}$独立同分布. 根据辛钦大数定律，可得

$$\overline{X}\xrightarrow{P}\mu,\quad \frac{1}{n}\sum_{i=1}^{n}X_i^2\xrightarrow{P}E(X_i^2)=\sigma^2+\mu^2.$$

又知

$$S_n^2=\frac{1}{n}\sum_{i=1}^{n}(X_i-\overline{X})^2=\frac{1}{n}\sum_{i=1}^{n}X_i^2-\overline{X}^2,$$

根据定理 5.3.2 可知$\overline{X}^2\xrightarrow{P}\mu^2$，于是有$S_n^2\xrightarrow{P}\sigma^2$.

3. 依分布收敛

定义 5.3.3 设$X_n(n=1,2,\cdots)$是一随机变量序列，$F_n(x)$为X_n的分布函数. 如果对于$F(x)$的每一个连续点x，都有

$$\lim_{n\to\infty}F_n(x)=F(x),$$

则称分布函数列$F_n(x)$**弱收敛**于分布函数$F(x)$，记为$F_n(x)\xrightarrow{P}F(x)$；也称随机变量序列$\{X_n\}$**依分布收敛**于$X$，记为$X_n\xrightarrow{L}X$.

5.3.3 三种收敛性的关系

定理 5.3.3 **若随机变量序列$\{X_n\}$以概率 1 收敛于随机变量X，则$\{X_n\}$依概率收敛于X.**

证明 对于任意的n，有

$$\{|X_n-X|\geqslant\varepsilon\}\subseteq\bigcup_{k=n}^{\infty}\{|X_k-X|\geqslant\varepsilon\},$$

从而

$$P\{|X_n-X|\geqslant\varepsilon\}\subseteq P\{\bigcup_{k=n}^{\infty}\{|X_k-X|\geqslant\varepsilon\}\}.$$

由于$\{X_n\}$以概率 1 收敛于X，再根据定理 5.3.1 的结论，得到

$$\lim_{n\to\infty}P\{|X_n-X|\geqslant\varepsilon\}\leqslant\lim_{n\to\infty}P\{\bigcup_{k=n}^{\infty}\{|X_k-X|\geqslant\varepsilon\}\}=0.$$

定理 5.3.4 **若随机变量序列$\{X_n\}$依概率收敛于随机变量X，则$\{X_n\}$依分布收敛于X.**

证明 设随机变量序列$\{X_n\}$与随机变量X的分布函数是$F_n(x)$与$F(x)$.

首先，对于任意的实数$y<x$，都有

$$\{X\leqslant Y\}=\{X\leqslant y,X_n\leqslant x\}\cup\{X\leqslant y,X_n>x\}\subset\{X_n\leqslant x\}\cup\{|X_n-X|\geqslant x-y\},$$

从而

$$F(y)\leqslant F_n(x)+P\{|X_n-X|\geqslant x-y\}.$$

根据$\{X_n\}$依概率收敛于X，可得

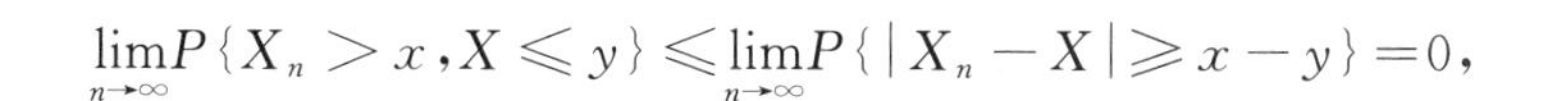

$$\lim_{n\to\infty} P\{X_n > x, X \leqslant y\} \leqslant \lim_{n\to\infty} P\{|X_n - X| \geqslant x - y\} = 0,$$

因此

$$F(y) \leqslant \lim_{n\to\infty} F_n(x).$$

其次,对于任意的实数 $x < z$,可知

$$\{X > z\} = \{X > z, X_n \leqslant x\} \cup \{X > z, X_n > x\} \subset \{|X - X_n| \geqslant z - x\} \cup \{X_n > x\},$$

从而

$$1 - F(z) \leqslant 1 - F_n(x) + P\{|X_n - X| \geqslant z - x\},$$

于是有

$$\lim_{n\to\infty} F_n(x) \leqslant F(z).$$

令 $y \to x, z \to x$,得到

$$F(x-0) \leqslant \lim_{n\to\infty} F_n(x) \leqslant F(x+0).$$

当 x 是 $F(x)$ 的连续点时,就有

$$\lim_{n\to\infty} F_n(x) = F(x).$$

定理 5.3.3 和定理 5.3.4 的逆命题是不成立的,下面通过举例说明.

例 5.3.2　若随机变量序列 $\{X_n\}$ 中对于给定的 n,X_n 的分布律如表 5.3.1 所示,试证:$\{X_n\}$ 依概率收敛于 0,但 $\{X_n\}$ 不以概率 1 收敛于 0.

表 5.3.1

X_n	$\frac{1}{n}$	$n+1$
p_k	$1-\frac{1}{n}$	$\frac{1}{n}$

证明　对于任意的 $\varepsilon > 0$,有

$$\lim_{n\to\infty} P\{|X_n| \geqslant \varepsilon\} = \lim_{n\to\infty} P\{X_n = n+1\} = \lim_{n\to\infty} \frac{1}{n} = 0,$$

因此 $\{X_n\}$ 依概率收敛于 X.

另外,设 $A_n = \{X_n = n+1\}(n = 1, 2, \cdots)$,则有

$$P(A_n) = \frac{1}{n},$$

可得

$$\sum_{n=1}^{\infty} P(A_n) = \sum_{n=1}^{\infty} \frac{1}{n} = \infty.$$

根据引理 5.3.2 可知

$$P\left(\bigcap_{n=1}^{\infty} \bigcup_{k \geqslant n} A_n\right) = 1,$$

此时有

$$\lim_{n\to\infty} P\left\{\bigcup_{k=n}^{\infty} \{|X_k| \geqslant \varepsilon\}\right\} = 1,$$

故 $\{X_n\}$ 不以概率 1 收敛于 0.

例 5.3.3 设随机变量 X 的分布律如表 5.3.2 所示，令$X_n=-X$，试证：$\{X_n\}$ 依分布收敛于 X，但$\{X_n\}$ 不依概率收敛于 X.

表 5.3.2

X	-1	1
p_k	0.5	0.5

证明 显然，X 的分布函数为

$$F(x)=\begin{cases}0, & x<-1,\\ 0.5, & -1\leqslant x<1,\\ 1, & x\geqslant 1.\end{cases}$$

由于$X_n=-X$，因此X_n 的分布函数$F_n(x)=F(x)$，即$\{X_n\}$ 依分布收敛于 X.

另外，对于 $0<\varepsilon<2$，恒有

$$P\{|X_n-X|\geqslant\varepsilon\}=P\{2|X|\geqslant\varepsilon\}=P\left\{|X|\geqslant\frac{\varepsilon}{2}\right\}=0,$$

这说明$\{X_n\}$ 不依概率收敛于 X.

在给定的条件下，依分布收敛可以等价于依概率收敛.

定理 5.3.5 **若 c 为常数，则有$X_n\xrightarrow{P}c$ 的充要条件是$X_n\xrightarrow{L}c$.**

证明 必要性已由定理 5.3.4 给出，下面证明充分性.

记随机变量X_n 的分布函数为$F_n(x)$，而常数 $X=c$ 的分布函数为

$$F(x)=\begin{cases}0, & x<c,\\ 1, & x\geqslant c.\end{cases}$$

对于任意给定的 $\varepsilon>0$，都有

$$\begin{aligned}P\{|X_n-c|\geqslant\varepsilon\}&=P\{X_n\geqslant c+\varepsilon\}+P\{X_n\leqslant c-\varepsilon\}\\&\leqslant P\left\{X_n>c+\frac{\varepsilon}{2}\right\}+P\{X_n\leqslant c-\varepsilon\}\\&=1-F_n\left(c+\frac{\varepsilon}{2}\right)+F_n(c-\varepsilon).\end{aligned}$$

由于$F_n(x)$ 收敛于 $F(x)$，即有

$$\lim_{n\to\infty}F_n\left(c+\frac{\varepsilon}{2}\right)=F\left(c+\frac{\varepsilon}{2}\right)=1,\quad \lim_{n\to\infty}F_n(c-\varepsilon)=F(c-\varepsilon)=0,$$

因此

$$\lim_{n\to\infty}P\{|X_n-c|\geqslant\varepsilon\}=0.$$

§5.4　趣味问题求解与 Python 实现之五

5.4.1　次品控制问题

1. 问题提出

某厂产品的不合格品率为0.03,现要把产品装箱,若要以不小于0.9的概率保证每箱中至少有100件合格品,那么每箱至少应装多少件产品?

2. 分析与求解

设每箱装 $100+k$ 件产品,记每箱中不合格产品数为 X,则 $X \sim B(100+k, 0.03)$,于是有

$$P\{X \leqslant k\} = \sum_{i=0}^{k} \mathrm{C}_{100+k}^{i} 0.03^{i} 0.97^{100+k-i} \geqslant 0.9.$$

方法一:运用泊松分布求解.

由于 $n=100+k$ 较大,而 $np=0.03\times(100+k)\approx 3$,根据泊松定理,近似地有 $X \sim P(3)$.于是有

$$P\{X \leqslant k\} = \sum_{i=0}^{k} \frac{3^{i} \mathrm{e}^{-3}}{i!} \geqslant 0.9.$$

利用 Python 编程,得到满足上式的 k 与 $P\{X \leqslant k\}$ 之间的关系如表 5.4.1 和图 5.4.1 所示.

表 5.4.1

k	4	5	6	7	8
$P\{X \leqslant k\}$	0.815	0.916	0.966	0.988	0.996

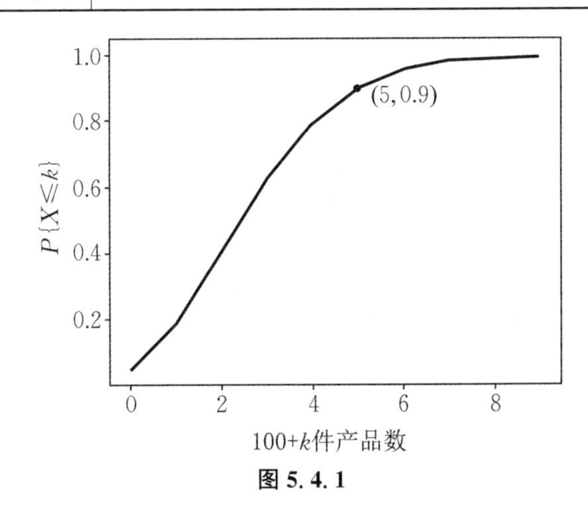

图 5.4.1

由上可知,$P\{X \leqslant 4\}=0.815$,$P\{X \leqslant 5\}=0.916$,所以可得 $k=5$.因此,每箱至少应装105件产品才能保证每箱中至少有100件合格品.

方法二:运用中心极限定理求解.

运用中心极限定理可知 $\dfrac{X-np}{\sqrt{np(1-p)}}$ 近似地服从标准正态分布,故有

$$P\{X \leqslant k\}=P\left\{\frac{X-np}{\sqrt{np(1-p)}} \leqslant \frac{k-np}{\sqrt{np(1-p)}}\right\}.$$

计算可得 $np=3+0.03k$，$np(1-p)=2.91(1+0.01k)$，于是

$$P\{X \leqslant k\}=\Phi\left(\frac{0.97k-3}{\sqrt{2.91(1+0.01k)}}\right) \geqslant \Phi(1.29)=0.9015,$$

即有

$$\frac{0.97k-3}{\sqrt{2.91(1+0.01k)}} \geqslant 1.29,$$

解得 $k \geqslant 6$. 因此，每箱至少应装 106 件产品才能保证每箱中至少有 100 件合格品.

注 方法二的结果与方法一的不一致，那么究竟哪种方法更准确？回顾方法一的过程，为了方便地运用泊松定理，近似地认为 $X \sim P(3)$，这一步误差较大，而方法二的过程较为严谨，因此方法二更为准确.

3. 基于 Python 的伪代码

(1) Python 计算的目标.

第一，求解 k 与 $P\{X \leqslant k\}$ 之间的关系列表并画图；第二，求出运用中心极限定理求解的 k 值.

(2) Python 计算的伪代码.

Process:
```
# k与 P{X< =k} 之间的关系表
1: n → 100
2: p → 0.03
3: P → 0.9
4: c → >=
5: lamda → n*p
6: y → 0   # P
7: if c →→ '>=':
8:     for i in range(0,10):
9:         y+ → lamda**i*math.exp(-lamda) / math.factorial(i)
10:     y → 1-y
11:     k → sympy.solve(y >= P)
12:     print(f"P(X>={k}) 的值为{y}")
13: elif c →→ '<=':
14:     for i in range(0,10):
15:         y+= lamda**i*math.exp(-lamda) / math.factorial(i)
16:         if y >= P:
17:             print(i,y)
18: # k与 P{X< =k} 之间的关系图
19: y_sum = []
20: y = []
21: px_m = []
```

```
22: k = list(range(0,10))
23: for K in k:
24:     y = []
25:     for i in range(0,K+1):
26:         y.append(math.comb(n+K,i)*(p**i)*((1-p)**(n+K-i)))
27:     y_sum.append(sum(y))
28: plt.plot(k,y_sum)
29: c = 0
30: for i in y_sum:
31:     c = c+1
32:     print(round(i,1),end=',')
33:     if round(i,1) == 0.9:
34:         plt.plot(c-1,0.9,marker='.', color='black')
35:         plt.annotate("(%s,0.9)" % (c-1),xy=(c-1,0.9),xytext=(10,-5),
                         textcoords='offset points')
36:     if c % 5 == 0:
37:         print()
38: plt.show()
#中心极限定理求解
39: k → symbols('k')
40: f → ((0.97*k-3)/(sympy.sqrt(2.91*(1+0.01*k))))
41: print(solve(f >= 1.28155))
```

4. Python 实现代码

```
import math
import sympy
import matplotlib.pyplot as plt

plt.rcParams['font.sans-serif'] = ['SimHei']  #用来正常显示中文标签
plt.rcParams['axes.unicode_minus'] = False  #用来正常显示负号

n = int(input("请输入n值:"))
p = float(input("请输入p值(二项分布概率):"))
P = float(input("请输入P值(最终概率):"))
c = input("请输入所求概率的符号 >= or <=:")
#n = 100
#p = 0.03
#P = 0.9
#c = '<='
lamda = n*p
y = 0  #P
```

```
if c = = '>=':
    for i in range(0,10):
        y + = lamda* *i*math.exp(-lamda) / math.factorial(i)
    y = 1 - y
    k = sympy.solve(y >= P)
    print(f"P(X > = {k}) 的值为{y}")
elif c = = '<=':
    for i in range(0,10):
        y + = lamda* *i*math.exp(-lamda) /math.factorial(i)
        if y >= P:
            print(i,y)

# 产品数与概率之间的关系
import math
import matplotlib.pyplot as plt
from matplotlib.pylab import mpl
mpl.rcParams['font.sans-serif'] = ['SimHei']
n = 100
p = 0.03
y_sum = []
y = []
px_m = []
k = list(range(0,10))
for K in k:
    y = []
    for i in range(0,K+1):
        y.append(math.comb(n+K,i)*(p* *i)*((1-p)* *(n+K-i)))
    # y_sum.append(round(sum(y),2))
    y_sum.append(sum(y))
plt.plot(k,y_sum)
plt.xlabel("100+k 件产品数")
plt.ylabel("P{X ≤ k}")
c = 0
for i in y_sum:
    c = c+1
    print(round(i,1),end = ',')
    if round(i,1) = = 0.9:
        plt.plot(c-1,0.9, marker = '.', color = 'black')
        plt.annotate("(%s,0.9)"%(c-1),xy = (c-1,0.9),xytext = (10, -5),
                     textcoords = 'offset points')
        if c%5 = = 0:
        print()
plt.show()
```

```
#中心极限定理
import sympy
from sympy import symbols, solve
#0.9=Φ(1.28155)
k=symbols('k')
f=((0.97*k-3)/(sympy.sqrt(2.91*(1+0.01*k))))
print(solve(f>=1.28155))
```

5.4.2　调查样本的确定

1. 问题提出

某调查公司受委托，调查某电视节目在 S 市的收视率 p，调查公司将所有调查对象中收看此节目的频率作为 p 的估计 $\hat{p}$. 现要求有 90% 的把握，使得调查所得收视率 $\hat{p}$ 与实际收视率 p 之间的差异不大于 5%，问：至少要调查多少对象？

2. 分析与求解

设共调查 n 个对象，记

$$X_i=\begin{cases}1, & \text{第 } i \text{ 个调查对象收看此电视节目},\\ 0, & \text{第 } i \text{ 个调查对象不看此电视节目},\end{cases}$$

则 X_i 独立同分布，且 $P\{X_i=1\}=p$，$P\{X_i=0\}=1-p\ (i=1,2,\cdots,n)$；又记在 n 个被调查对象中，收看此电视节目的人数为 Y_n，则有

$$Y_n=\sum_{i=1}^{n}X_i\sim B(n,p).$$

由大数定律知，当 n 很大时，频率 $\frac{Y_n}{n}$ 与概率 p 很接近，即用 $\frac{Y_n}{n}$ 作为 p 的估计是合适的. 而 $\frac{Y_n}{n}$ 与 p 的接近程度可用中心极限定理算出，根据题意有

$$P\left\{\left|\frac{1}{n}\sum_{i=1}^{n}X_i-p\right|<0.05\right\}=P\left\{\left|\frac{\sum_{i=1}^{n}X_i-np}{\sqrt{np(1-p)}}\right|<0.05\sqrt{\frac{n}{p(1-p)}}\right\}.$$

因此有

$$2\Phi\left(0.05\sqrt{\frac{n}{p(1-p)}}\right)-1\geqslant 0.90 \quad \text{或} \quad \Phi\left(0.05\sqrt{\frac{n}{p(1-p)}}\right)\geqslant 0.95,$$

查附表 2 可得 $0.05\sqrt{\frac{n}{p(1-p)}}\geqslant 1.645$，可作出该不等式所表示的区域，如图 5.4.2 所示.

又因为 $p(1-p)\leqslant 0.25$，得到 $n\geqslant 270.6$，即至少调查 271 个对象.

3. 基于 Python 的伪代码

(1) Python 计算的目标.

画出 $0.05\sqrt{\frac{n}{p(1-p)}}\geqslant 1.645$ 所表示的区域图.

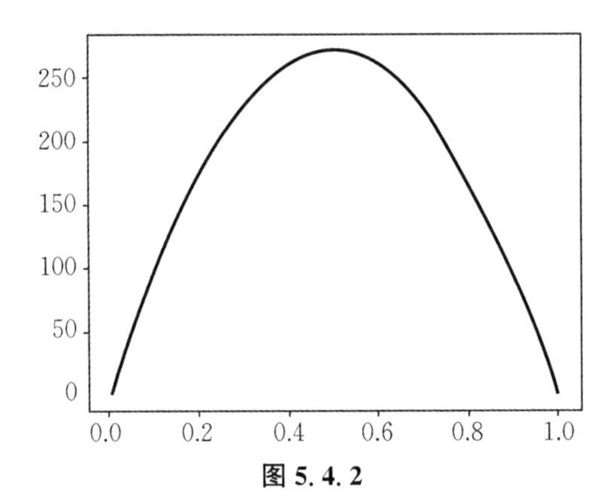

图 5.4.2

(2) Python 计算的伪代码.

Process:

```
1: input 差值 q1、概率 q2
2: q3 ← (q2+1)/2
3: while(0 < p < 1) do
4:        y ← q1 *sqrt(n/25)
5:        z ← y-round(norm.ppf(q3),3) > =0
6: print(z)
7: end while
8: q1 → 0.05   #差值
9: n_N → []
10: x → list(np.arange(0,1.01,0.01))
11: for in x do
12:        n → 0
13:        n → (1.645/q1) * (1.645/q1) * p-(1.645/q1) * (1.645/q1) * p * p
14:        n_N.append(n)
15: end for
16: plot(x,n_N)
```

4. Python 实现代码

```
import sympy
from scipy.stats import norm
q1 = float(input("请输入差值:"))
q2 = float(input("请输入概率:"))
#q1 = 0.05
#q2 = 0.90
q3 = (q2+1)/2
n = sympy.symbols('n')
```

```
p = sympy.symbols('p')
y = q1 * sympy.sqrt(n/0.25)
z = sympy.solve(y-round(norm.ppf(q3),3) >= 0,n)
print(z)


import matplotlib.pyplot as plt
import numpy as np
plt.rcParams['font.sans-serif'] = ['SimHei']  #用来正常显示中文标签
plt.rcParams['axes.unicode_minus'] = False  #用来正常显示负号


q1 = 0.05  #差值
n_N = []
x = list(np.arange(0,1.01,0.01))
for p in x:
    n = 0
    n = (1.645/q1) * (1.645/q1) * p-(1.645/q1) * (1.645/q1) * p * p
    n_N.append(n)


plt.plot(x,n_N)
plt.show()
```

5.4.3　机票超订策略模型

1. 问题提出

航空公司知道通常总有一部分预订了机票的乘客由于各种原因无法前来搭乘飞机，因此大多数航空公司都会超订机票，即他们售出的机票数会超过飞机的座位数. 这样，有的时候也会有一些购买了机票的乘客因飞机客满而无法搭乘该次航班. 航空公司采用多种方法来处理无法搭乘预订航班的乘客：一些乘客不给予任何赔偿，另一些乘客将被安排搭乘后面的其他航班，还有一些则会获得现金赔偿或免费机票. 对航空公司来说，需要考虑最优的超订策略，即一次航班销售多少机票，才能使得总的收入达到最大.

2. 分析与求解

(1) 假设与建模.

假设飞机的座位数为M，机票价格为P，超订策略为最多销售N张机票($N \geqslant M$). 假设预订机票的乘客(称为持票者)真正到达机场想要搭乘该次航班(称为乘客)的概率为p，且持票者是否会真正成为乘客是相互独立的，于是持票者成为乘客的数量应服从参数为N,p的二项分布. 因此，对于N个持票者恰好有k个成为乘客的概率分布为

$$B(N,p) = C_N^k p^k (1-p)^{N-k}.$$

当$k > M$时，将有$k-M$个持票者因飞机客满而无法登机(称为无法登机者)，假设给予无法登机者的赔偿为机票价格的$\lambda(\lambda > 1)$倍，λ为赔偿系数.

那么,航空公司对具有 M 个座位的航班,恰好有 k 个乘客时所支付的总的赔偿数为

$$F(k,M)=\begin{cases}\lambda P(k-M), & k>M,\\ 0, & k\leqslant M,\end{cases}$$

而航空公司的总收入的期望值为

$$\begin{aligned}R(N)&=\sum_{k=0}^{N}C_N^k p^k(1-p)^{N-k}[NP-F(k,M)]\\&=NP-\lambda P\sum_{k=M+1}^{N}C_N^k p^k(1-p)^{N-k}(k-M).\end{aligned}$$

于是,机票超订策略问题就转化为求销售的机票数 N,使得航空公司的期望收入 $R(N)$ 达到最大.

(2) 模拟求解.

假设某航班的座位数 $M=150$ 个,票价 $P=140$ 元,持票者成为乘客的概率 $p=0.85$,航空公司给予每个无法登机者的赔偿系数 $\lambda=2$. 利用 Python 编程,可绘制航空公司总的期望收入 $R(N)$ 与超订机票数 N 之间的关系如图 5.4.3 所示,并可知最佳超订策略为 $N=177$ 张.

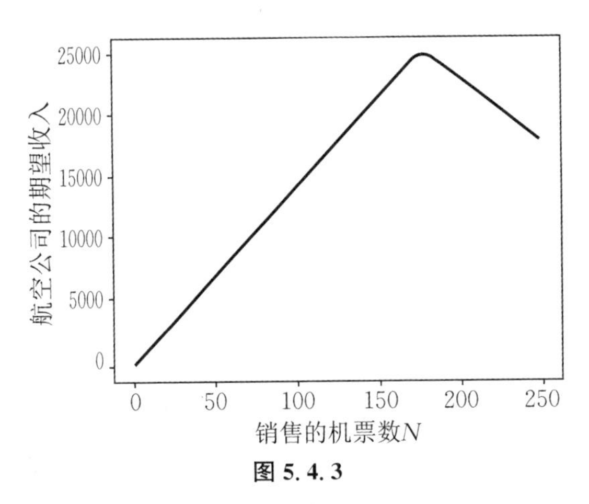

图 5.4.3

3. 基于 Python 的伪代码

(1) Python 计算的目标.

当座位数 $M=150$ 个,票价 $P=140$ 元,持票者成为乘客的概率 $p=0.85$ 时,求解最佳超订策略,并画出 $R(N)$ 与 N 之间的关系图.

(2) Python 计算的伪代码.

Process:

```
1: #航空公司对具有 M 个座位的航班,恰好有 k 个乘客时所支付的总的赔偿数
2: def F_km(k,M,PP,lamda):
3: if k <=M:
4: F = 0
5: else:
6: F = lamda*PP*(k-M)
7: return F
```

```
8:
9: # 对于 N 个持票者恰好有 k 个成为乘客的概率为 b
10: def b_knp(k,n,p):
11: b = math.comb(n,k)*pow(p,k)*pow(1-p,n-k)
12: return b
13:
14: # 飞机的座位数为 M,机票价格为 PP,赔偿系数 lamda > 1
15: input M = 150 PP = 140 lamda = 2 p = 0.85
16: y = []
17: E_N = []
18: for k in range(1,M+100):
19: y.append(F_km(k,M,PP,lamda))
20: end for
21: for n in range(250):
22: E = 0
23: for k in range(n+1):
24: E+ = b_knp(k,n,p)*(n*p-F_km(k,M,PP,lamda))
25: E_N.append(E)
26: end for
27: print(E_N)
28: break
```

4. Python 实现代码

```
import matplotlib.pyplot as plt
import numpy as np
import math
from matplotlib.pylab import mpl

mpl.rcParams['font.sans-serif'] = ['SimHei']
plt.rcParams['axes.unicode_minus'] = False  # 用来正常显示负号

# 航空公司对具有 M 个座位的航班,恰好有 k 个乘客时所支付的总的赔偿数
def F_km(k,M,PP,lamda):
    if k < = M:
        F = 0
    else:
        F = lamda*PP*(k-M)
    return F

# 对于 N 个持票者恰好有 k 个成为乘客的概率为 b
def b_knp(k,n,p):
    b = math.comb(n,k)*pow(p,k)*pow(1-p,n-k)
    return b
```

```
#不分舱的情况
#飞机的座位数为 M,机票价格为 PP,赔偿系数 lamda > 1
M = 150
PP = 140
lamda = 2
p = 0.85
y = []
E_N = []
for k in range(1,M + 100):
    y.append(F_km(k,M,PP,lamda))
#plt.plot(y)
#plt.xlabel("乘坐该航班的乘客数 k")
#plt.ylabel("航空公司的赔偿金额")
for n in range(250):
    E = 0
    for k in range(n + 1):
        E + = b_knp(k,n,p) * (n*p - F_km(k,M,PP,lamda))
    E_N.append(E)
#print(max(E_(N))
print("最佳超订策略 N:",E_N.index(max(E_N)))
plt.plot(E_N)
plt.xlabel("销售的机票数 N")
plt.ylabel("航空公司的期望收入")
plt.show()
```

§5.5 课程趣味阅读之五

5.5.1 概率论的起源与发展

1. 从赌博游戏到古典概率

17 世纪前后在欧洲许多国家,贵族之间盛行赌博之风. 掷骰子是他们常用的一种赌博方式. 因骰子的形状为小正方体,当它被掷到桌面上时,每个面向上的可能性是相等的,即出现 1 点至 6 点中任何一个点数的可能性是相等的,于是就产生了很多古典概型的问题. 其中一个最有名的问题即为"分赌本问题":两个人决定赌若干局,事先约定谁先赢得 6 局便算赢家;如果在一个人赢 3 局,另一个人赢 4 局时因故终止赌博,应如何分赌本? 诸如此类的需要计算可能性大小的赌博问题提出了不少,但他们自己无法给出答案.

参赌者将他们遇到的上述问题请教当时法国数学家帕斯卡,帕斯卡接受了这些问题,他没有立即回答,而是与另一位法国数学家费马频频通信,互相交流,围绕着赌博中的数学问题开始了深入细致的研究.这些问题后来被来到巴黎的荷兰科学家惠更斯获悉,回荷兰后,他独立地进行研究.

帕斯卡和费马一边亲自做赌博实验,一边仔细分析计算赌博中出现的各种问题,终于完整地解决了"分赌本问题",并将解法向更一般的情况推广,从而建立了概率论的一个基本概念——数学期望.而惠更斯经过多年的潜心研究,解决了掷骰子中的一些数学问题.1657年,他将自己的研究成果写成了专著《论赌博中的计算》.这本书迄今为止被认为是概率论中最早的论著.因此,可以说早期概率论的真正创立者是帕斯卡、费马和惠更斯.这一时期被称为组合概率时期,计算各种古典概率.

2. 从古典概型到现代概率的过渡

随着有奖抽彩游戏(彩票行业的前身)在社会中的发展,人们越来越关注中奖的"机会"问题.于是,人们要求解决与大量事件集合有关的概率或期望值问题,如奖券的总数很大,已知每一张奖券中奖的机会都相等,那么抽取一千张、一万张奖券中奖的概率有多大呢?

对于这个问题,在1713年出版的雅各布遗著《猜度术》中给出了回答.考虑一系列随机事件(如随机抛掷硬币),某一事件发生(如抛掷硬币时出现正面)的概率为p,n表示所有随机试验的次数,ξ是某一事件发生的次数(ξ即服从二项分布),那么该事件发生的次数与所有随机试验的次数之比$\frac{\xi}{n}$将会呈现什么规律呢?现在看来,这个问题是大数定律的雏形,但当时大数定律证明的发现过程是极其困难的,雅各布做了大量的试验,首先猜想到这一事实,然后为了完善这一猜想的证明,前后花了20年的时间,该问题就是我们见到的伯努利大数定律.

对于彩票中奖率问题,如果要保证中奖的可能性达到90%,那么至少应该购买多少张奖券?现在看来,要回答这个问题就涉及中心极限定理了.法国数学家棣莫弗在雅各布的《猜度术》出版之前,就对概率论进行了广泛而深入的研究.1711年,棣莫弗在英国皇家学会的《哲学学报》上发表了《抽签的测量》,该文于1718年用英文出版时翻译成《机会的学说》,并扩充成一本书.他在书中并没讨论上述雅各布讨论的问题,1738年再版《机会的学说》时,棣莫弗才对上述问题给出了重要的解决方法.棣莫弗的这些研究形成了中心极限定理早期的雏形.

随着十八九世纪科学的发展,人们注意到某些生物、物理和社会现象与机会游戏相似,从而由机会游戏起源的概率论被应用到这些领域中,同时也大大推动了概率论本身的发展.法国数学家拉普拉斯将古典概率论向近代概率论进行推进,他首先明确给出了概率的古典定义,并在概率论中引入了更有力的数学分析工具,将概率论推向一个新的发展阶段.他还证明了棣莫弗-拉普拉斯中心极限定理,把棣莫弗的结论推广到一般场合,并建立了观测误差理论和最小二乘法.拉普拉斯于1812年出版了他的著作《分析的概率理论》,这是一部继往开来的作品.

3. 现代概率论的建立与发展

如何把概率论建立在严格的逻辑基础上,这是从概率论诞生时起人们就关注的问题.多年来许多数学家进行过尝试,终因条件不成熟,一直拖了三百年才得以解决.20世纪初完成的勒贝格测度与积分理论及随后发展的抽象测度与积分理论,为概率公理体系的建立奠定了基础.在这种背景下,数学家柯尔莫哥洛夫于1933年在他的《概率论基础》一书中首次给出了概率的测度论式定义和一套严密的公理体系.他的公理化方法成为现代概率论的基础,使概率论成为严谨的数学分支.

进一步,人们最想知道的就是概率论是否会有更大的应用价值.1906年,马尔可夫提出了所谓"马尔可夫链"的数学模型，1934 年，辛钦又提出一种在时间中均匀进行着的平稳过程理论…… 一系列的理论发现为概率论的应用极大地拓展了空间. 现在，概率论与以它为基础的数理统计学科一起，在自然科学、社会科学、工程技术、军事科学及工农业生产等诸多领域中都起着不可或缺的作用.

直观地说，卫星上天、导弹巡航、飞机制造、航天飞船遨游太空等都有概率论的一份功劳；及时准确的天气预报、海洋探险、考古研究等更离不开概率论与数理统计；电子技术发展、影视文化的进步、人口普查及教育等同概率论与数理统计也是密不可分的. 根据概率论中用投针试验估计 π 值的思想产生的蒙特卡洛方法，是一种建立在概率论与数理统计基础上的计算方法. 借助电子计算机这一工具，使这种方法在核物理、表面物理、电子学、生物学、高分子化学等学科的研究中起着重要的作用.

概率论作为理论严谨、应用广泛的数学分支正日益受到人们的重视，并将随着科学技术的发展而得到发展.

5.5.2 生活与商业中的统计学

统计学与我们生活、生产密切联系，在商业活动中，巧用统计学获得成功的案例随处可见. 下面介绍一下在生活及商业活动的一些统计学知识和应用.

1. 关于性别的统计学

就单独的一个家庭来观察，每个家庭的新生婴儿的性别可能是男性，也可能是女性，如果不对生育人口进行任何限制，有的家庭的几个孩子可能都是男孩，而有的家庭的几个孩子也可能都是女孩. 从表面上看，新生婴儿的性别比例似乎没有什么规律可循，但在大量的新生婴儿中男孩略多于女孩，大致为每出生 100 个女孩，相应地就有 107 个男孩出生，男女比例为 107∶100，这就是新生婴儿性别的数量分布，古今中外这一比例大致相同. 这是人类自然发展的内生规律所决定的. 人类社会发展，就是保持男女人数上的大致相同. 尽管从新生婴儿来看，男性婴儿多于女性，似乎并不平衡，但由于男性婴儿的死亡率高于女性，进入中年后，男性的死亡率仍然高于女性，导致男性的平均预期寿命比女性短，老年男性反而少于女性. 生育人口在性别上保持大致平衡，保证了人类社会的进化和发展，对于人口性别比例的研究是统计学的起源之一，也是统计方法探索的规律之一.

2. 气象统计规律与商业成功

在澳大利亚的一个超级市场上，有一位名叫道尔顿的经理在瓜果经营中发现，销售额居然与天气变化有极大的关系. 于是，他求教于统计学家，一起分析西瓜产量随时间变化的分布函数. 他还与气象台签订合同，以便及时得到中、长期天气预报与气象要素情报. 有两年，道尔顿的公司每年都在酷热的月份到来之前，根据天气情况和气象预报，与瓜农签订大批的买卖合同，并购进大量西瓜存放在冷库里. 由于那两年夏季高温持续时间长，西瓜十分畅销. 该国各大城市瓜果紧缺，唯独道尔顿的公司货源充足.

到了第三年，由于道尔顿事先获得了夏季将出现长期阴雨天气的预报，正当未掌握天气情报的人按惯例争先恐后对西瓜囤积居奇时，他却大批削价处理西瓜. 结果，阴凉天气形成了"马拉松"后，同行中只有道尔顿不为西瓜大批腐烂而苦恼. 道尔顿不仅因此在商业上获得了成功，还成了澳大利亚著名的商业气象学家.

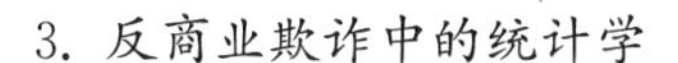

3. 反商业欺诈中的统计学

印度政府为了救援叛军控制区的难民，委托商人发放救援物资，然后由商人按照他们自己的账单到政府去报销，政府如何核对这份账单是否属实呢？这表面来看是个难题．因为政府没有办法去难民那里核定，于是委托统计学家进行这项工作．统计学家根据各种物资之间的比例关系发现了问题．由食盐数量可以估计出难民的数量，由难民数量可以估计救援物资的数量，因为食盐是最便宜的物资，商人们不会在这方面造假，统计学家发现商人们在许多贵重物资上报了假账，此方法给政府节省了大量的资金．这个例子生动地描述了数理统计的估计原理及相关分析是如何被用来解决一个表面看来无法解决的问题．

05　习题五

1. 设 X 为随机变量，$E(X)=\mu$，$D(X)=\sigma^2$，试估计 $P\{|X-\mu|<3\sigma\}$．

2. 生产灯泡的合格率为 0.6，求 10 000 个灯泡中合格灯泡数在 5 800 ～ 6 200 的概率．

3. 已知正常成年男性血液中，每毫升含有的白细胞数平均是 7 300，方差是 700^2，试利用切比雪夫不等式估计每毫升含有的白细胞数在 5 200 ～ 9 400 的概率．

4. 从大批发芽率为 0.9 的种子中随意抽取 1 000 粒，试估计这 1 000 粒种子的发芽率不低于 0.88 的概率．

5. 计算器在进行加法时，将每个加数舍入最靠近它的整数(取整)，设所有取整误差相互独立且在$[-0.5,0.5]$上服从均匀分布．

(1) 将 1 500 个数相加，求误差总和的绝对值超过 15 的概率．

(2) 问：最多可有几个数相加使得误差总和的绝对值小于 10 的概率不小于 0.90?

6. 某单位有 200 台电话分机，每台分机有 0.05 的概率要使用外线通话．假定每台分机是否要使用外线是相互独立的，问：该单位总机至少要安装多少条外线才能以 0.90 以上的概率保证分机使用外线时不等待?

7. 某厂有 200 台车床，每台车床的开工率仅为 0.1，设每台车床是否开工是相互独立的．假定每台车床开工需要 50 kW 的电功率，试问：供电局至少应该为该厂提供多少电功率，才能以不低于 0.999 的概率保证该厂不会因供电不足而影响生产?

8. 已知生男孩的概率为 0.515，求在 10 000 个婴儿中男孩不多于女孩的概率．

9. 某厂生产的灯泡的平均寿命为 2 000 h，改进工艺后，平均寿命提高到 2 250 h，标准差仍为 250 h．为鉴定此项新工艺，特规定：任意抽取若干只灯泡，若其平均寿命超过 2 200 h，就可承认此项新工艺，工厂为使此项工艺通过鉴定的概率不小于 0.997，问：至少应抽检多少只灯泡?

10. 某养鸡场孵出一大群小鸡，为估计公鸡所占比例 p，有放回地抽查 n 只小鸡，已知公鸡在 n 次抽查中所占的比例为p'，若希望p' 作为 p 的近似值时的允许误差为± 0.05，问：至少应抽查多少只小鸡才能以 95.6% 的把握确认p' 作为 p 的近似值是合乎要求的？提示：

$p(1-p) \leqslant \frac{1}{4}$.

11. 为确定一批产品的次品率，要从中至少抽取多少个产品进行检查，才能使其次品出现的频率与实际次品率相差小于 0.1 的概率不小于 0.95?

12. 某厂生产的螺丝钉的不合格品率为 0.01，问：一盒中至少应装多少只螺丝钉才能使盒中含有 100 只合格品的概率不小于 0.95?

13. 抛掷硬币 1 000 次，已知出现正面的次数在 400 到 k 之间的概率为 0.5，问：k 为何值?

14. 为确定某市成年男子中抽烟者所占比例 p，任意抽查 n 个成年男子，结果表明，其中有 m 人抽烟，问：n 至少应为多大才能保证 $\frac{m}{n}$ 与 p 的误差小于 0.005 的概率大于 0.99?

15. 某产品成箱包装，每箱的质量是随机的，假定每箱平均质量为 50 kg，标准差为 5 kg. 现用载重量为 5 t 的汽车承载，试问：汽车最多能装多少箱，才能使不超载的概率大于 0.977 2?

16. 设 $X_1, X_2, \cdots$ 是一独立同分布的连续型随机变量序列，且 $E(X_i^k) = a_k$（k 是正整数），证明：$\frac{1}{n}\sum_{i=1}^{n} X_i^k \xrightarrow{P} a_k$.

17. 设 $X_1, X_2, \cdots$ 是一独立随机变量序列，且 $E(X_i) = \mu, D(X_i) = \sigma^2$，证明：

$$\frac{2}{n(n+1)}\sum_{i=1}^{n} iX_i \xrightarrow{P} \mu.$$

18. 分别用切比雪夫不等式与棣莫弗-拉普拉斯中心极限定理确定：当抛掷一枚硬币时，至少需要抛掷多少次才能保证出现正面的概率在 0.4 和 0.6 之间的概率不少于 0.9?

19. 已知在某十字路口，一周中事故发生数的数学期望为 2.2，标准差为 1.4.

(1) 以 $\overline{X}$ 表示一年（以 52 周计）中此十字路口事故发生数的算术平均值，使用中心极限定理求 $\overline{X}$ 的近似分布，并求 $P\{\overline{X} < 2\}$.

(2) 求一年事故发生数小于 100 的概率.

20. 为检验一种新药对某种疾病的治愈率为 80% 是否可靠，给 10 个患该疾病的病人同时服药，结果治愈人数不超过 5 人，试判断该药的治愈率为 80% 是否可靠.

21. 设某地区原有一家小型电影院，因不能满足需要，拟筹建一家较大型的电影院. 据分析，该地区每日平均看电影者约有 1 600 人，且预计新电影院建成开业后，平均约有 75% 的观众将去该新电影院. 新电影院在设计座位时，一方面要求座位尽可能多，另一方面要求“空座位达到 200 个或更多”的概率不能超过 0.1. 试问：应安装多少个座位为好?

22. 有一批建筑房屋用的木柱，其中 80% 的长度不小于 3 m. 现从这批木柱中随机抽取 100 根，求其中至少有 30 根短于 3 m 的概率.

23. 对某防御地带进行 100 次轰炸练习，每次轰炸命中目标的炸弹数目是一个数学期望为 2，方差为 1.69 的随机变量. 求在 100 次轰炸中有 180 到 220 颗炸弹命中目标的概率.

第六章 数理统计的基本概念

概率论的许多问题是在已知随机变量概率分布的基础上进行推断和计算，但在实际问题中，某个随机变量服从什么分布可能完全不知道，或者由于现象的某些事实而知道其概型，但分布函数中所含参数往往是未知的，其精确分布仍然不知. 例如，学生的考试成绩一般被认为服从正态分布，但其数学期望、方差等参数在阅卷前却不知道，因此其精确分布还是不知道. 如果要对这些问题或其他有关的问题进行研究，则必须知道它们的分布或者分布所含的参数.

数理统计的研究和应用十分广泛，几乎在一切领域都能有它的应用踪迹. 如何判断随机变量的分布，如何确定分布中的各个参数，这都是数理统计要解决的问题. 本章将介绍数理统计中的一些基本概念和内容.

课程思政

§6.1 总体和样本

在数理统计中,研究对象的全体称为**总体**或**母体**,而组成总体的每个元素称为**个体**. 总体包含的个体数可以是有限的,也可以是无限的,因而总体又分**有限总体**与**无限总体**. 例如,研究一批灯泡的平均寿命时,该批灯泡的使用寿命全体构成了研究的总体,其中每只灯泡的使用寿命就是个体.

总体分布一般是全部或部分未知的,为了研究总体 X 的分布规律,我们需要对总体进行观察或试验,由此得到的总体 X 的一组数值$(X_1,X_2,\cdots,X_n)$为总体 X 的一组容量为 n 的个体的集合,它是对总体分布进行分析、推断的基础. 这种从总体中随机地抽出若干个体进行的观察或试验,称为**随机抽样观察**,从总体中抽出的若干个体的集合称为**样本**. 从一个总体中抽出的 n 个个体的样本,一般记为$(X_1,X_2,\cdots,X_n)$,它是一个 n 维随机变量;而一次具体的观察或试验结果称为**样本观察值**,记为$(x_1,x_2,\cdots,x_n)$,它是一组确定的数值. 不过为了行文的方便,若无特别说明,下文将$(X_1,X_2,\cdots,X_n)$及$(x_1,x_2,\cdots,x_n)$不进行区分,都看成样本.

随机抽样是为了对总体 X 的分布进行各种分析和推断,所以要求抽取的样本能很好地反映总体的特性,为此要求随机抽取的样本$(X_1,X_2,\cdots,X_n)$满足:

(1) 代表性,即$X_i(i=1,2,\cdots,n)$与总体 X 有相同的分布;

(2) 独立性,即$X_i(i=1,2,\cdots,n)$彼此之间是相互独立的随机变量.

满足上述两个条件的样本称为**简单随机样本**,以后如无特别说明,一般的样本均指简单随机样本. 在实践中如何才能得到简单随机样本呢? 如果我们采用的是有放回的抽样观察,即每抽取一件后都原样地放回总体中去,然后抽取下一个,这样抽取的 n 个个体就是一个简单随机样本. 如果我们采用的是不放回的抽样观察,当抽取的样本容量 n 相对于总体来说很少时,则连续抽取的 n 个个体就可以近似看作一个简单随机样本.

从数学的观点看,所谓总体,是指一个随机变量 X,所谓总体的分布,是指随机变量 X 的概率分布,而样本则是 n 个独立同分布的随机变量$X_i(i=1,2,\cdots,n)$所组成的 n 维随机变量$(X_1,X_2,\cdots,X_n)$,这样就有如下的数学描述:

设$(X_1,X_2,\cdots,X_n)$是取自总体 X 的一个样本. 如果 X 的分布函数为$F(x)$,由上面两个条件,可得出样本$(X_1,X_2,\cdots,X_n)$的联合分布函数

$$F(x_1,x_2,\cdots,x_n)=P\{X_1\leqslant x_1,X_2\leqslant x_2,\cdots,X_n\leqslant x_n\}=\prod_{i=1}^{n}P\{X_i\leqslant x_i\}=\prod_{i=1}^{n}F(x_i).$$

当总体 X 是离散型随机变量,且具有分布律 $P\{X=x_i\}(i=1,2,\cdots)$时,样本的联合分布律为

$$P\{X_1=x_1,X_2=x_2,\cdots,X_n=x_n\}=\prod_{i=1}^{n}P\{X_i=x_i\}.$$

当总体 X 是连续型随机变量,且具有概率密度 $f(x)$时,样本的联合概率密度为

$$f(x_1,x_2,\cdots,x_n)=\prod_{i=1}^{n}f(x_i).$$

§6.2　经验分布函数

总体 X 的分布是未知的，因而总体 X 的分布函数 $F(x)$ 也是未知的，能否根据已知的样本观察值来推测未知的总体分布函数？下面给出经验分布函数的概念.

定义 6.2.1　设 $(X_1,X_2,\cdots,X_n)$ 是取自总体 X 的一个容量为 n 的样本，它对应的观察值为 $(x_1,x_2,\cdots,x_n)$，将这组值由小到大排列成 $x_{(1)} \leqslant x_{(2)} \leqslant \cdots \leqslant x_{(n)}$，令

$$F_n(x)=\begin{cases}0, & x<x_{(1)},\\ \dfrac{k}{n}, & x_{(k)} \leqslant x<x_{(k+1)}, \quad k=1,2,\cdots,n-1,\\ 1, & x \geqslant x_{(n)},\end{cases}$$

则称 $F_n(x)$ 为该样本的**经验分布函数.**

经验分布函数 $F_n(x)$ 在点 x 处的函数值其实就是样本 $(X_1,X_2,\cdots,X_n)$ 中小于或等于 x 的频率，因此易得经验分布函数的下列性质.

(1) 单调性：对于任意实数 $x_1,x_2(x_1<x_2)$，有 $F_n(x_1) \leqslant F_n(x_2)$.

(2) 右连续性：$F_n(a+0)=F_n(a)$.

(3) $0 \leqslant F_n(x) \leqslant 1$.

(4) $F_n(-\infty)=0, F_n(+\infty)=1$.

例 6.2.1　把记录 1 min 内碰撞某装置的粒子个数看作一次试验，连续记录 40 min，依次得数据如表 6.2.1 所示.

表 6.2.1

粒子个数	频数	频率
0	13	0.325
1	13	0.325
2	8	0.200
3	5	0.125
4	1	0.025

将收集的数据作为一个样本观察值，如表 6.2.2 所示.

表 6.2.2

数据的取值	0	1	2	3	4
出现的频率	0.325	0.325	0.200	0.125	0.025

由经验分布函数的定义得到经验分布函数为

$$F_{40}(x)=\begin{cases}0, & x<0,\\ 0.325, & 0\leqslant x<1,\\ 0.650, & 1\leqslant x<2,\\ 0.850, & 2\leqslant x<3,\\ 0.975, & 3\leqslant x<4,\\ 1, & x\geqslant 4.\end{cases}$$

一方面，由定义知道，经验分布函数$F_n(x)$是样本$(X_1,X_2,\cdots,X_n)$中不大于x的个体个数所占比例. 另一方面，对于每一个固定的x，总体分布函数$F(x)$是总体中不大于x的随机变量所对应的概率，自然会想到，未知总体的分布函数$F(x)$是否可以用观察到的经验分布函数$F_n(x)$去近似呢？这当然取决于$|F_n(x)-F(x)|$这个量的大小，下面的定理表明这种做法是合理的.

定理 6.2.1 **设$(X_1,X_2,\cdots,X_n)$是取自总体X的一个样本，总体分布函数为$F(x)$，则对于任意实数x与任意的$\varepsilon>0$，有**

$$\lim_{n\to\infty}P\{|F_n(x)-F(x)|\geqslant\varepsilon\}=0.$$

证明 对于任意一个固定的实数x，定义随机变量

$$Y_i=\begin{cases}1, & X_i\leqslant x,\\ 0, & X_i>x,\end{cases}\quad i=1,2,\cdots,n,$$

可知$Y_1,Y_2,\cdots,Y_n$是独立同分布的随机变量，且$Y_i\sim B(1,p)$，其中

$$p=P\{Y_i=1\}=P\{X_i\leqslant x\}=F(x).$$

由经验分布函数的定义可知，$F_n(x)=\dfrac{1}{n}\sum\limits_{i=1}^{n}Y_i$，于是由伯努利大数定律推得

$$F_n(x)\xrightarrow{P}F(x)=p.$$

§6.3 统 计 量

样本是进行分析和推断的起点，但我们要对样本进行一番"加工"和"提炼"，将分散于样本中的信息集中起来，为此引进统计量的概念.

设$(X_1,X_2,\cdots,X_n)$是取自总体X的一个样本，$g(X_1,X_2,\cdots,X_n)$为一个n元函数. 若样本函数$g(X_1,X_2,\cdots,X_n)$中不含任何未知参数，则称$g(X_1,X_2,\cdots,X_n)$为一个**统计量**. 显然，统计量也是样本的一个随机变量，通过构造相应的统计量可以实现对总体的推断.

定义 6.3.1 设$(X_1,X_2,\cdots,X_n)$是取自总体X的一个样本，称

$$\overline{X}=\frac{1}{n}\sum_{i=1}^{n}X_i$$

为**样本均值**；称

$$S^2=\frac{1}{n-1}\sum_{i=1}^{n}(X_i-\overline{X})^2$$

为**样本方差**;称

$$S=\sqrt{\frac{1}{n-1}\sum_{i=1}^{n}(X_i-\overline{X})^2}$$

为**样本标准差**.

定义 6.3.2　设$(X_1,X_2,\cdots,X_n)$是取自总体 X 的一个样本,对于任意的正整数 k,称

$$A_k=\frac{1}{n}\sum_{i=1}^{n}X_i^k$$

为**样本的 k 阶原点矩**;称

$$B_k=\frac{1}{n}\sum_{i=1}^{n}(X_i-\overline{X})^k$$

为**样本的 k 阶中心矩**.

特别地,当 $k=2$ 时,称

$$S_n^2=B_2=\frac{1}{n}\sum_{i=1}^{n}(X_i-\overline{X})^2$$

为**样本的 2 阶中心矩**.

显然,以上定义的原点矩和中心矩都属于统计量.

定理 6.3.1　**设$(X_1,X_2,\cdots,X_n)$是取自总体 X 的一个样本,记$E(X)=\mu,D(X)=\sigma^2$,则有**

(1) $E(\overline{X})=\mu,D(\overline{X})=\dfrac{\sigma^2}{n}$.

(2) $E(S^2)=\sigma^2,E(S_n^2)=\dfrac{n-1}{n}\sigma^2,n\geqslant 2$.

(3) **当** $n\to\infty$ **时**,$\overline{X}\xrightarrow{P}\mu,S^2\xrightarrow{P}\sigma^2,S_n\xrightarrow{P}\sigma^2$.

证明　(1) 由于$X_1,X_2,\cdots,X_n$ 是独立同分布的随机变量,且

$$E(X_i)=E(X)=\mu,\quad D(X_i)=D(X)=\sigma^2\quad(i=1,2,\cdots,n),$$

因此

$$E(\overline{X})=\frac{1}{n}\sum_{i=1}^{n}E(X_i)=\frac{1}{n}n\mu=\mu,\quad D(\overline{X})=\frac{1}{n^2}\sum_{i=1}^{n}D(X_i)=\frac{1}{n^2}n\sigma^2=\frac{\sigma^2}{n}.$$

(2) 由于

$$\begin{aligned}\sum_{i=1}^{n}(X_i-\overline{X})^2&=\sum_{i=1}^{n}(X_i^2+\overline{X}^2-2X_i\overline{X})\\&=\sum_{i=1}^{n}X_i^2+n\overline{X}^2-2\overline{X}\sum_{i=1}^{n}X_i=\sum_{i=1}^{n}X_i^2-n\overline{X}^2,\end{aligned}$$

因此,由(1) 推得

$$\begin{aligned}E\Big(\sum_{i=1}^{n}(X_i-\overline{X})^2\Big)&=\sum_{i=1}^{n}E(X_i^2)-nE(\overline{X}^2)=\sum_{i=1}^{n}[D(X_i)+(E(X_i))^2]-n[D(\overline{X})+(E(\overline{X}))^2]\\&=n(\sigma^2+\mu^2)-n\Big(\frac{\sigma^2}{n}+\mu^2\Big)=(n-1)\sigma^2,\end{aligned}$$

从而得到

$$E(S^2)=\frac{1}{n-1}E\left(\sum_{i=1}^{n}(X_i-\overline{X})^2\right)=\sigma^2,\quad E(S_n^2)=\frac{n-1}{n}E(S^2)=\frac{n-1}{n}\sigma^2.$$

(3) 由独立同分布情形下的大数定律可得$\overline{X}\xrightarrow{P}\mu$，又知随机变量序列$\{X_n^2\}$独立同分布，且有$E(X_i^2)=D(X_i)+(E(X_i))^2=\mu^2+\sigma^2$. 由大数定律知，当$n\to\infty$时，

$$\frac{1}{n}\sum_{i=1}^{n}X_i^2\xrightarrow{P}\frac{1}{n}\sum_{i=1}^{n}E(X_i^2)=\mu^2+\sigma^2.$$

于是，当$n\to\infty$时

$$\begin{aligned}S_n^2&=\frac{1}{n}\sum_{i=1}^{n}(X_i-\overline{X})^2=\frac{1}{n}\left(\sum_{i=1}^{n}X_i^2-n\overline{X}^2\right)\\&=\frac{1}{n}\sum_{i=1}^{n}X_i^2-\overline{X}^2\xrightarrow{P}(\mu^2+\sigma^2)-\mu^2=\sigma^2,\end{aligned}$$

从而

$$S^2=\frac{n}{n-1}S_n^2\xrightarrow{P}\sigma^2.$$

统计量是数理统计中的一个重要的概念，从表面上看，样本$(X_1,X_2,\cdots,X_n)$往往表现为杂乱无章的数据. 引进统计量后，相当于把这一大堆数据加工成若干个较简单又往往是较本质的量，以便以后用来推测总体分布中未知的值.

§6.4 三个常用分布

在数理统计中，统计量的分布称为**抽样分布**. 统计量是对总体的分布规律或数字特征进行推断的基础. 确定统计量的分布是数理统计的基本问题之一，下面介绍三个常用的分布.

6.4.1 χ^2 分布

定义 6.4.1 设$X_1,X_2,\cdots,X_n$相互独立且都服从标准正态分布$N(0,1)$，则称统计量$\chi^2=X_1^2+X_2^2+\cdots+X_n^2$服从自由度为$n$的$\chi^2$ **分布**，记为$\chi^2\sim\chi^2(n)$.

利用求随机变量函数的分布的方法，即可求得$\chi^2(n)$分布的概率密度为

$$f(y)=\begin{cases}\dfrac{1}{2^{\frac{n}{2}}\Gamma\left(\frac{n}{2}\right)}y^{\frac{n}{2}-1}\mathrm{e}^{-\frac{y}{2}}, & y>0,\\ 0, & y\leqslant 0,\end{cases}$$

χ^2 分布

其中$\Gamma\left(\frac{n}{2}\right)$为$\Gamma(\alpha)=\int_0^{+\infty}x^{\alpha-1}\mathrm{e}^{-x}\mathrm{d}x$在点$\alpha=\frac{n}{2}$处的值. 如图 6.4.1 所示，$\chi^2(n)$分布随着自由度的不同而有所改变.

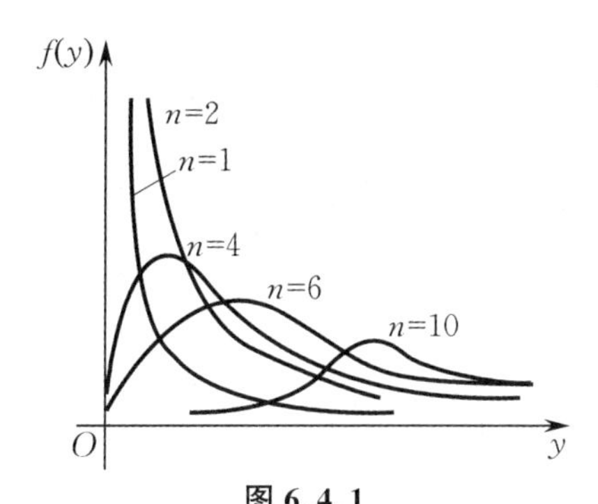

图 6.4.1

特别地，设随机变量 $X \sim N(0,1)$，易知 $Y=X^2$ 的概率密度为

$$f_Y(y)=\begin{cases}\dfrac{1}{\sqrt{2\pi}}y^{-\frac{1}{2}}\mathrm{e}^{-\frac{y}{2}}, & y>0,\\ 0, & y\leqslant 0,\end{cases}$$

Y 服从自由度为 1 的χ^2 分布，即 $Y\sim\chi^2(1)$.

χ^2 分布具有如下性质.

定理 6.4.1　**(1) 当随机变量 $Y\sim\chi^2(n)$ 时，$E(Y)=n$，$D(Y)=2n$；**

(2) 可加性：设随机变量Y_1 与Y_2 相互独立，且$Y_1\sim\chi^2(m)$，$Y_2\sim\chi^2(n)$，则有

$$Y_1+Y_2\sim\chi^2(m+n).$$

证明　(1) 设$(X_1,X_2,\cdots,X_n)$ 是取自总体 $X\sim N(0,1)$ 的一个样本，令 $Y=X_1^2+X_2^2+\cdots+X_n^2$. 于是，有

$$E(X_i^2)=1,\quad E(Y)=\sum_{i=1}^{n}E(X_i^2)=n.$$

又由于

$$E(X_i^4)=\int_{-\infty}^{+\infty}x^4\cdot\frac{1}{\sqrt{2\pi}}\mathrm{e}^{-\frac{x^2}{2}}\mathrm{d}x=0+3E(X_i^2)=3,$$

因此

$$D(Y)=\sum_{i=1}^{n}D(X_i^2)=\sum_{i=1}^{n}\left[E(X_i^4)-(E(X_i^2))^2\right]=2n.$$

(2) 按χ^2 分布的定义，记$Y_1=\sum_{i=1}^{m}U_i^2$，$Y_2=\sum_{i=m+1}^{m+n}U_i^2$，其中$U_1,U_2,\cdots,U_{m+n}$ 是独立同分布的随机变量，且都服从 $N(0,1)$，于是

$$Y_1+Y_2=\sum_{i=1}^{m+n}U_i^2\sim\chi^2(m+n).$$

由此可推广到 n 个相互独立的随机变量之和的情形，即当$X_i\sim N(0,1)(i=1,2,\cdots,n)$，$X_i$ 相互独立时，则$X_i^2\sim\chi^2(1)$，于是

$$\sum_{i=1}^{n}X_i^2\sim\chi^2(n).$$

例 6.4.1 设$(X_1,X_2,\cdots,X_n)$是取自正态总体$X\sim N(\mu,\sigma^2)$的一个样本,其中μ为已知常数,求统计量$U=\sum\limits_{k=1}^{n}(X_k-\mu)^2$的概率密度.

解 记$Y_k=\dfrac{X_k-\mu}{\sigma}(k=1,2,\cdots,n)$,则$Y_1,Y_2,\cdots,Y_n$相互独立且都服从$N(0,1)$,于是

$$\frac{U}{\sigma^2}=\sum_{k=1}^{n}\left(\frac{X_k-\mu}{\sigma}\right)^2=\sum_{k=1}^{n}Y_k^2\sim\chi^2(n).$$

故U的概率密度为

$$f(x)=\begin{cases}\dfrac{1}{2^{\frac{n}{2}}\sigma^n\Gamma\left(\dfrac{n}{2}\right)}\mathrm{e}^{-\frac{x}{2\sigma^2}}x^{\frac{n}{2}-1}, & x>0,\\ 0, & x\leqslant 0.\end{cases}$$

下面介绍χ^2分布的上侧α分位数的概念.

定义 6.4.2 设$\chi^2\sim\chi^2(n)$,对于给定的$\alpha(0<\alpha<1)$,若

$$P\{\chi^2>\chi_\alpha^2(n)\}=\int_{\chi_\alpha^2(n)}^{+\infty}f(x)\mathrm{d}x=\alpha,$$

则称$\chi_\alpha^2(n)$为$\chi^2(n)$分布的**上侧α分位数**(见图 6.4.2).

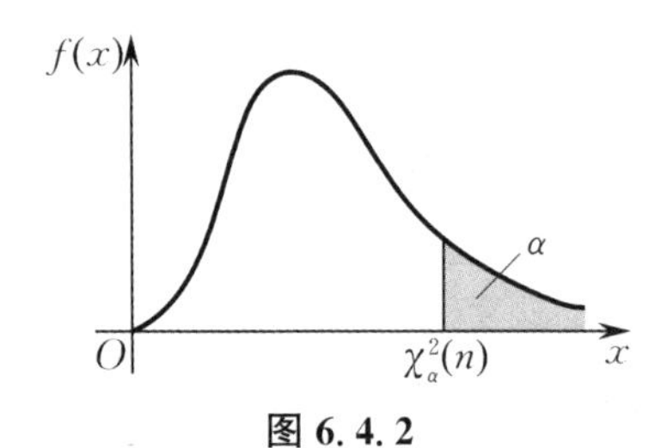

图 6.4.2

对于不同的α,n,上侧α分位数的值已制成表,可供查用(见附表 3).例如,$\alpha=0.01,n=10$,则查表可得$\chi_{0.01}^2(10)=23.2093$.又如,$\alpha=0.005,n=6$,则有$\chi_{0.005}^2(6)=18.5476$.

6.4.2 t 分布

定义 6.4.3 设随机变量$X\sim N(0,1),Y\sim\chi^2(n)$,且$X$与$Y$相互独立,则称随机变量$T=\dfrac{X}{\sqrt{Y/n}}$服从自由度为$n$的$t$**分布**,记为$T\sim t(n)$.

t分布的概率密度为

t 分布

$$f(y)=\frac{\Gamma\left(\dfrac{n+1}{2}\right)}{\sqrt{n\pi}\,\Gamma\left(\dfrac{n}{2}\right)}\left(1+\frac{y^2}{n}\right)^{-\frac{n+1}{2}}\quad(-\infty<y<+\infty).$$

图 6.4.3 给出了 $n=2,10$ 时 t 分布的概率密度图形.

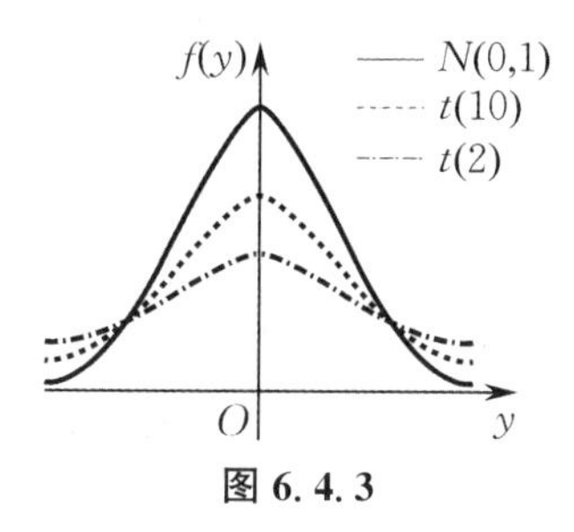

图 6.4.3

下面介绍 t 分布的上侧 α 分位数的概念.

定义 6.4.4　设 $T\sim t(n)$,对于给定的 $\alpha(0<\alpha<1)$,称满足条件

$$P\{T>t_\alpha(n)\}=\int_{t_\alpha(n)}^{+\infty}f(t)\mathrm{d}t=\alpha$$

的点 $t_\alpha(n)$ 为 $t(n)$ 分布的**上侧 α 分位数**(见图 6.4.4).

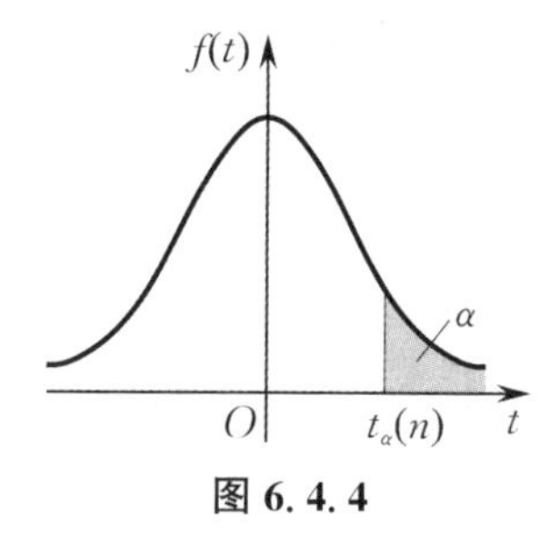

图 6.4.4

由 $P\{T>t_\alpha(n)\}=\alpha$,查附表 4 可得 $t_\alpha(n)$ 的值. 由于 t 分布具有对称性,因此

$$t_{1-\alpha}(n)=-t_\alpha(n).$$

注意到 $\lim\limits_{n\to\infty}\left(1+\dfrac{y^2}{n}\right)^{-\frac{n+1}{2}}=\mathrm{e}^{-\frac{y^2}{2}}$,即 n 很大时,t 分布接近标准正态分布,因此在应用中,当 $n>45$ 时,有 $t_\alpha(n)\approx u_\alpha$(这里 u_α 为标准正态分布的上侧 α 分位数).

6.4.3　F 分布

定义 6.4.5　设随机变量 X 与 Y 相互独立,分别服从自由度为 n,m 的 χ^2 分布,则称随机变量 $F=\dfrac{X/n}{Y/m}$ 服从自由度为(n,m) 的 F **分布**,记为 $F\sim F(n,m)$.

显然,$\dfrac{1}{F}\sim F(m,n)$.

$F(n,m)$ 的概率密度为

F 分布

$$f(y)=\begin{cases}\dfrac{\Gamma\left(\dfrac{m+n}{2}\right)\left(\dfrac{n}{m}\right)^{\frac{n}{2}}y^{\frac{n}{2}-1}}{\Gamma\left(\dfrac{n}{2}\right)\Gamma\left(\dfrac{m}{2}\right)\left(1+\dfrac{n}{m}y\right)^{\frac{m+n}{2}}}, & y>0,\\ 0, & y\leqslant 0.\end{cases}$$

比较 t 分布与 F 分布的定义，易知 $t^2(n)=F(1,n)$.

图 6.4.5 给出了 $n=10,m=40$ 和 $n=10,m=3$ 时 F 分布的概率密度图形.

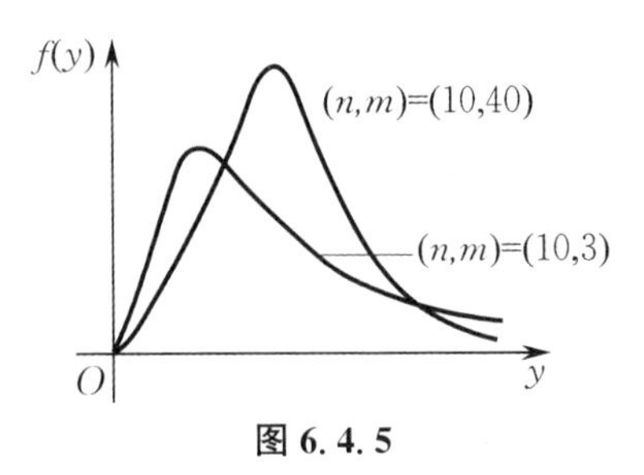

图 6.4.5

下面介绍 F 分布的上侧 α 分位数的概念.

定义 6.4.6 设 $F\sim F(n,m)$，对于给定的 $\alpha(0<\alpha<1)$，称满足条件

$$P\{F>F_\alpha(n,m)\}=\int_{F_\alpha(n,m)}^{+\infty}f(y)\mathrm{d}y=\alpha$$

的点 $F_\alpha(n,m)$ 为 $F(n,m)$ 分布的**上侧 α 分位数**(见图 6.4.6).

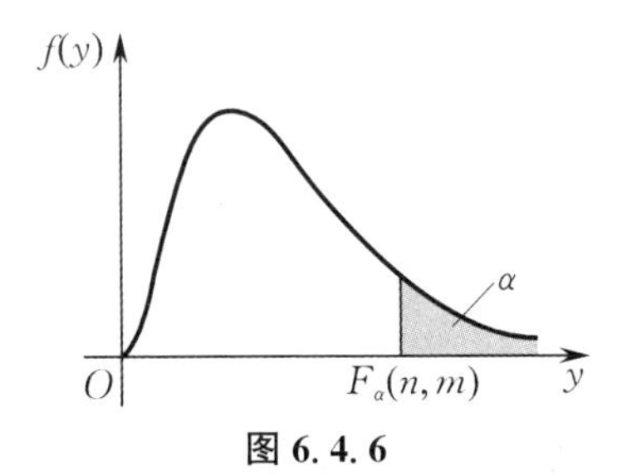

图 6.4.6

F 分布的上侧 α 分位数有如下性质：

$$F_{1-\alpha}(m,n)=\frac{1}{F_\alpha(n,m)}.$$

事实上，设 $F\sim F(n,m)$，则 $\frac{1}{F}\sim F(m,n)$，且

$$\begin{aligned}\alpha&=P\{F>F_\alpha(n,m)\}=P\left\{\frac{1}{F}<\frac{1}{F_\alpha(n,m)}\right\}\\&=1-P\left\{\frac{1}{F}\geqslant\frac{1}{F_\alpha(n,m)}\right\}=1-P\left\{\frac{1}{F}>\frac{1}{F_\alpha(n,m)}\right\},\end{aligned}$$

于是 $P\left\{\frac{1}{F}>\frac{1}{F_\alpha(n,m)}\right\}=1-\alpha$. 由上侧 α 分位数的定义，显然有

$$F_{1-\alpha}(m,n)=\frac{1}{F_\alpha(n,m)}.$$

§6.5 抽 样 分 布

统计量是样本 $(X_1,X_2,\cdots,X_n)$ 的函数，它是一个随机变量. 在理论上，若总体的分布已

知，统计量的分布总是确定的. 但对一般的总体分布，统计量的分布计算往往很复杂，甚至不能求出. 下面应用概率论的方法研究一些常用统计量（如样本均值 $\overline{X}$ 与样本方差 S^2）的分布，这里主要考虑正态总体下的抽样分布，一方面是因为其抽样分布较容易求出，另一方面是正态分布可以作为很多统计问题中总体分布的近似.

定理 6.5.1　**设**$(X_1,X_2,\cdots,X_n)$**是取自正态总体** $X\sim N(\mu,\sigma^2)$ **的一个样本，**$\overline{X}$ **与** S^2 **分别为样本均值和样本方差，则**

(1) $\overline{X}\sim N\left(\mu,\dfrac{\sigma^2}{n}\right)$；

(2) $\dfrac{(n-1)S^2}{\sigma^2}\sim\chi^2(n-1)$；

(3) $\overline{X}$ **与**S^2 **相互独立.**

证明　(1) 因为$\overline{X}=\dfrac{1}{n}\sum\limits_{i=1}^{n}X_i$ 服从正态分布，所以有

$$E(\overline{X})=\mu,\quad D(\overline{X})=\frac{\sigma^2}{n},\quad \overline{X}\sim N\left(\mu,\frac{\sigma^2}{n}\right).$$

(2) 假设 $\boldsymbol{X}=(X_1,X_2,\cdots,X_n)'$，$\boldsymbol{Z}=(Z_1,Z_2,\cdots,Z_n)'$，令 $\boldsymbol{Z}=(Z_1,Z_2,\cdots,Z_n)'=\boldsymbol{CX}$，其中 $\boldsymbol{C}$ 为如下定义的 n 阶正交矩阵：

$$\boldsymbol{C}=\begin{pmatrix}\dfrac{1}{\sqrt{2}} & -\dfrac{1}{\sqrt{2}} & 0 & \cdots & 0\\ \dfrac{1}{\sqrt{2\times 3}} & \dfrac{1}{\sqrt{2\times 3}} & -\dfrac{2}{\sqrt{2\times 3}} & \cdots & 0\\ \vdots & \vdots & \vdots & & \vdots\\ \dfrac{1}{\sqrt{n(n-1)}} & \dfrac{1}{\sqrt{n(n-1)}} & \dfrac{1}{\sqrt{n(n-1)}} & \cdots & -\dfrac{n-1}{\sqrt{n(n-1)}}\\ \dfrac{1}{\sqrt{n}} & \dfrac{1}{\sqrt{n}} & \dfrac{1}{\sqrt{n}} & \cdots & \dfrac{1}{\sqrt{n}}\end{pmatrix},$$

因此有 $\mathrm{Cov}(\boldsymbol{Z},\boldsymbol{Z})=\sigma^2\boldsymbol{I}$（详细证明参看例 4.4.2），于是可得

$$D(Z_i)=\sigma^2,\quad \mathrm{Cov}(Z_i,Z_j)=0\quad(i\neq j;i,j=1,2,\cdots,n).$$

又知 $\boldsymbol{Z}$ 中任意一个分量$Z_i(i=1,2,\cdots,n)$是$X_1,X_2,\cdots,X_n$ 的一个线性组合，根据正态分布的性质可知，Z_i 服从正态分布，且

$$E(\boldsymbol{Z})=E(\boldsymbol{CX})=\boldsymbol{C}E(\boldsymbol{X})=\boldsymbol{0}.$$

因此，有$Z_i\sim N(0,\sigma^2)(i=1,2,\cdots,n)$，且$Z_1,Z_2,\cdots,Z_n$ 之间相互独立.

注意到，

$$\boldsymbol{Z}'\boldsymbol{Z}=(\boldsymbol{CX})'(\boldsymbol{CX})=\boldsymbol{X}'\boldsymbol{C}'\boldsymbol{CX}=\boldsymbol{X}'\boldsymbol{X},$$

即

$$\sum_{i=1}^{n}Z_i^2=\sum_{i=1}^{n}X_i^2.$$

又根据 $\boldsymbol{Z}=\boldsymbol{CX}$ 可知，

$$Z_n=\sum_{i=1}^{n}\frac{X_i}{\sqrt{n}}=\sqrt{n}\overline{X},$$

因此有

$$\frac{(n-1)S^2}{\sigma^2}=\frac{\sum_{i=1}^{n}(X_i-\overline{X})^2}{\sigma^2}=\frac{\sum_{i=1}^{n}X_i^2-n\overline{X}^2}{\sigma^2}=\frac{\sum_{i=1}^{n}Z_i^2-Z_n^2}{\sigma^2}=\sum_{i=1}^{n-1}\left(\frac{Z_i}{\sigma}\right)^2.$$

又由于$\frac{Z_i}{\sigma}\sim N(0,1)$,可知$\left(\frac{Z_i}{\sigma}\right)^2\sim\chi^2(1)$,故有$\frac{(n-1)S^2}{\sigma^2}\sim\chi^2(n-1)$.

(3) 由于S^2只与$Z_1,Z_2,\cdots,Z_{n-1}$有关,$\overline{X}$只与Z_n有关,而$Z_1,Z_2,\cdots,Z_n$之间相互独立,因此$\overline{X}$与S^2相互独立.

定理 6.5.2 **设$(X_1,X_2,\cdots,X_n)$是取自正态总体$X\sim N(\mu,\sigma^2)$的一个样本,则**

$$\frac{\sqrt{n}(\overline{X}-\mu)}{S}=\frac{\sqrt{n-1}(\overline{X}-\mu)}{S_n}\sim t(n-1),$$

其中$S^2=\frac{1}{n-1}\sum_{i=1}^{n}(X_i-\overline{X})^2$, $S_n^2=\frac{1}{n}\sum_{i=1}^{n}(X_i-\overline{X})^2$.

证明 由定理 6.5.1 可知,$\frac{\overline{X}-\mu}{\sigma/\sqrt{n}}\sim N(0,1)$,$\frac{(n-1)S^2}{\sigma^2}\sim\chi^2(n-1)$,且$\overline{X}$与$S^2$相互独立,则有

$$\frac{\overline{X}-\mu}{\sigma/\sqrt{n}}\Bigg/\sqrt{\frac{(n-1)S^2}{\sigma^2(n-1)}}=\frac{\overline{X}-\mu}{S/\sqrt{n}}\sim t(n-1).$$

单个正态总体统计量的分布

又知$S^2=\frac{n}{n-1}S_n^2$,因此

$$\frac{\sqrt{n-1}(\overline{X}-\mu)}{S_n}=\frac{\sqrt{n}(\overline{X}-\mu)}{S}\sim t(n-1).$$

定理 6.5.3 **设$(X_1,X_2,\cdots,X_m)$是取自正态总体$X\sim N(\mu_1,\sigma_1^2)$的一个样本,$(Y_1,Y_2,\cdots,Y_n)$是取自正态总体$Y\sim N(\mu_2,\sigma_2^2)$的一个样本,且$X$与$Y$相互独立,则**

(1) $\frac{\overline{X}-\overline{Y}-(\mu_1-\mu_2)}{\sqrt{\sigma_1^2/m+\sigma_2^2/n}}\sim N(0,1)$;

(2) **如果**$\sigma_1^2=\sigma_2^2=\sigma^2$,**令**$S_w^2=\frac{(m-1)S_1^2+(n-1)S_2^2}{n+m-2}$,**则有**

$$\frac{\overline{X}-\overline{Y}-(\mu_1-\mu_2)}{S_w\sqrt{1/m+1/n}}\sim t(n+m-2);$$

两个正态总体统计量的分布

(3) $\sum_{i=1}^{m}\frac{(X_i-\mu_1)^2}{m\sigma_1^2}\Bigg/\sum_{i=1}^{n}\frac{(Y_i-\mu_2)^2}{n\sigma_2^2}\sim F(m,n)$;

(4) $\frac{S_1^2}{\sigma_1^2}\Bigg/\frac{S_2^2}{\sigma_2^2}\sim F(m-1,n-1)$.

证明 (1) 由于$\overline{X}\sim N\left(\mu_1,\frac{\sigma_1^2}{m}\right)$,$\overline{Y}\sim N\left(\mu_2,\frac{\sigma_2^2}{n}\right)$,可知

$$\overline{X}-\overline{Y}\sim N\left(\mu_1-\mu_2,\frac{\sigma_1^2}{m}+\frac{\sigma_2^2}{n}\right),$$

因此

$$\frac{\overline{X}-\overline{Y}-(\mu_1-\mu_2)}{\sqrt{\sigma_1^2/m+\sigma_2^2/n}}\sim N(0,1).$$

(2) 如果$\sigma_1^2=\sigma_2^2=\sigma^2$,根据以上的结论有

$$\frac{\overline{X}-\overline{Y}-(\mu_1-\mu_2)}{\sigma\sqrt{1/m+1/n}}\sim N(0,1).$$

又知$\frac{(m-1)S_1^2}{\sigma^2}\sim\chi^2(m-1)$,$\frac{(n-1)S_2^2}{\sigma^2}\sim\chi^2(n-1)$,则有

$$\frac{(m-1)S_1^2+(n-1)S_2^2}{\sigma^2}\sim\chi^2(m+n-2),$$

故

$$\frac{\overline{X}-\overline{Y}-(\mu_1-\mu_2)}{\sigma\sqrt{1/m+1/n}}\Bigg/\sqrt{\frac{(m-1)S_1^2+(n-1)S_2^2}{\sigma^2(n+m-2)}}=\frac{\overline{X}-\overline{Y}-(\mu_1-\mu_2)}{S_w\sqrt{1/m+1/n}}\sim t(n+m-2),$$

其中 $S_w=\sqrt{\frac{(m-1)S_1^2+(n-1)S_2^2}{n+m-2}}$.

(3) 由已知条件可知

$$\sum_{i=1}^{m}\frac{(X_i-\mu_1)^2}{\sigma_1^2}\sim\chi^2(m),\quad \sum_{i=1}^{n}\frac{(Y_i-\mu_2)^2}{\sigma_2^2}\sim\chi^2(n).$$

又知 X 与 Y 相互独立,根据 F 分布的定义,可得

$$\sum_{i=1}^{m}\frac{(X_i-\mu_1)^2}{m\sigma_1^2}\Bigg/\sum_{i=1}^{n}\frac{(Y_i-\mu_2)^2}{n\sigma_2^2}\sim F(m,n).$$

(4) 已知$\frac{(m-1)S_1^2}{\sigma_1^2}\sim\chi^2(m-1)$,$\frac{(n-1)S_2^2}{\sigma_2^2}\sim\chi^2(n-1)$,且$S_1^2$ 与S_2^2 相互独立,则有

$$\frac{S_1^2}{\sigma_1^2}\Bigg/\frac{S_2^2}{\sigma_2^2}\sim F(m-1,n-1).$$

注　以上的结论在后面将经常用到,必须牢记.另外,对其他总体,虽然很难求得其精确的抽样分布,但可以利用中心极限定理等理论得到当 n 较大时的近似分布,这就是统计问题中的大样本问题,在此我们不加讨论.

例 6.5.1　设$(X_1,X_2,\cdots,X_n)$ 是取自总体 $X\sim\chi^2(n)$ 分布的一个样本,记$\overline{X}=\frac{1}{n}\sum_{i=1}^{n}X_i$,试求 $E(\overline{X})$ 及 $D(\overline{X})$.

解　因总体 $X\sim\chi^2(n)$,则 $E(X)=n$,$D(X)=2n$,故

$$E(\overline{X})=E(X)=n,\quad D(\overline{X})=\frac{D(X)}{n}=2.$$

例 6.5.2 设$(X_1,X_2,\cdots,X_n)$是取自总体$X\sim N(\mu,\sigma^2)$的一个样本，其中μ,σ^2均未知.

(1) 当$n=16$时，令$S^2=\dfrac{1}{n-1}\sum\limits_{i=1}^{n}(X_i-\overline{X})^2$，求$P\left\{\dfrac{S^2}{\sigma^2}\leqslant 2.0385\right\}$；

(2) 令$S_n^2=\dfrac{1}{n}\sum\limits_{i=1}^{n}(X_i-\overline{X})^2$，求$D(S_n^2)$.

解 (1) 当$n=16$时，$\dfrac{(n-1)S^2}{\sigma^2}\sim\chi^2(15)$，则

$$P\left\{\frac{S^2}{\sigma^2}\leqslant 2.0385\right\}=P\left\{\frac{15S^2}{\sigma^2}\leqslant 30.5775\right\}.$$

查χ^2分布表得$P\left\{\dfrac{S^2}{\sigma^2}\leqslant 2.0385\right\}\approx 1-0.01=0.99$.

(2) 由于$\dfrac{nS_n^2}{\sigma^2}\sim\chi^2(n-1)$，因此有$D\left(\dfrac{nS_n^2}{\sigma^2}\right)=2(n-1)$，于是

$$D(S_n^2)=D\left(\frac{\sigma^2}{n}\frac{nS_n^2}{\sigma^2}\right)=\frac{\sigma^4}{n^2}D\left(\frac{nS_n^2}{\sigma^2}\right)=\frac{2(n-1)\sigma^4}{n^2}.$$

例 6.5.3 设总体$X\sim N(15,4)$，$Y\sim N(15,5)$，且X与Y相互独立. 现从两总体中抽取容量都为n的两组样本$(X_1,X_2,\cdots,X_n)$及$(Y_1,Y_2,\cdots,Y_n)$，并要求两组样本均值之差的绝对值小于 1 的概率不低于 0.95，问：容量n至少要取多大?

解 记X的样本均值为$\overline{X}$，则$\overline{X}\sim N\left(15,\dfrac{4}{n}\right)$，$Y$的样本均值为$\overline{Y}$，则$\overline{Y}\sim N\left(15,\dfrac{5}{n}\right)$.

于是，有

$$\overline{X}-\overline{Y}\sim N\left(0,\frac{9}{n}\right) \quad 或 \quad \frac{\overline{X}-\overline{Y}}{\sqrt{9/n}}\sim N(0,1).$$

依题意有$P\{|\overline{X}-\overline{Y}|<1\}\geqslant 0.95$，则有

$$P\left\{\frac{|\overline{X}-\overline{Y}|}{\sqrt{9/n}}<\frac{1}{\sqrt{9/n}}\right\}\geqslant 0.95.$$

上式等价于$\Phi\left(\dfrac{\sqrt{n}}{3}\right)-\Phi\left(-\dfrac{\sqrt{n}}{3}\right)\geqslant 0.95$，即有

$$\Phi\left(\frac{\sqrt{n}}{3}\right)\geqslant 0.975.$$

于是$\dfrac{\sqrt{n}}{3}\geqslant 1.96$，解得$n\geqslant 34.6$，所以$n$至少应取 35 才能满足要求.

§6.6　问题拓展探索之六
—— 变量变换法与次序统计量的分布

多维随机变量函数的分布得到了广泛的应用,次序统计量也是一种应用广泛的分布,下面介绍一下一般性的多维随机变量函数的分布求法 —— 变量变换法及其在次序统计量中的应用.

6.6.1　多维随机变量函数分布的变量变换法

下面,不加证明地介绍二维连续型随机变量函数分布的变量变换法.

定理 6.6.1　设(X, Y)是连续型随机变量,其概率密度为$f(x,y)$.若函数

$$\begin{cases} u=g_1(x,y), \\ v=g_2(x,y) \end{cases}$$

存在唯一的反函数

$$\begin{cases} x=x(u,v), \\ y=y(u,v), \end{cases}$$

雅可比

且其变换的雅可比行列式为

$$J=\frac{\partial(x,y)}{\partial(u,v)}=\begin{vmatrix} \frac{\partial x}{\partial u} & \frac{\partial x}{\partial v} \\ \frac{\partial y}{\partial u} & \frac{\partial y}{\partial v} \end{vmatrix}=\left(\frac{\partial(u,v)}{\partial(x,y)}\right)^{-1}=\begin{vmatrix} \frac{\partial u}{\partial x} & \frac{\partial u}{\partial y} \\ \frac{\partial v}{\partial x} & \frac{\partial v}{\partial y} \end{vmatrix}^{-1},$$

则(U,V)的概率密度为

$$f(u,v)=f(x(u,v),y(u,v))|J|.$$

例 6.6.1　设随机变量X与Y独立同分布,都服从$N(\mu,\sigma^2)$,试求$U=X+Y$与$V=X-Y$的联合概率密度.

解　根据$U=X+Y$与$V=X-Y$,则有

$$\begin{cases} x=\frac{u+v}{2}, \\ y=\frac{u-v}{2}. \end{cases}$$

该变换的雅可比行列式为

$$J=\left|\frac{\partial(x,y)}{\partial(u,v)}\right|=\begin{vmatrix} \frac{1}{2} & \frac{1}{2} \\ \frac{1}{2} & -\frac{1}{2} \end{vmatrix}=-\frac{1}{2},$$

于是U与V的联合概率密度为

$$f(u,v)=f(x(u,v),y(u,v))|J|=\frac{1}{4\pi\sigma^2}\exp\left[-\frac{(u-2\mu)^2+v^2}{4\sigma^2}\right].$$

例 6.6.2 设随机变量 X 与 Y 独立同分布,其概率密度分别为 $f_X(x)$ 与 $f_Y(y)$,试证:$U=\frac{X}{Y}$ 的概率密度为

$$f_U(u)=\int_{-\infty}^{+\infty}f_X(uv)f_Y(v)|v|\,\mathrm{d}v.$$

证明 记 $V=Y$,此问题可以先求出(U,V) 的分布,再求出 U 的边缘分布即可. 由

$$\begin{cases}u=\frac{x}{y},\\ v=y,\end{cases}$$

得反函数为

$$\begin{cases}x=uv,\\ y=v.\end{cases}$$

上述变换的雅可比行列式为

$$J=\begin{vmatrix}v & u\\ 0 & 1\end{vmatrix}=v,$$

于是 U 与 V 的联合概率密度为

$$f(u,v)=f_X(uv)f_Y(v)|J|=f_X(uv)f_Y(v)|v|.$$

因此,$U=\frac{X}{Y}$ 的概率密度为

$$f_U(u)=\int_{-\infty}^{+\infty}f_X(uv)f_Y(v)|v|\,\mathrm{d}v.$$

6.6.2 次序统计量及其分布

定义 6.6.1 设$(X_1,X_2,\cdots,X_n)$ 是取自总体 X 的一个样本,将其按大小顺序排序为 $X_{(1)},X_{(2)},\cdots,X_{(n)}$,则称$X_{(k)}$ 为第 k 个**次序统计量**$(k=1,2,\cdots,n)$.

特别地,称 $X_{(1)}=\min\limits_{1\leqslant i\leqslant n}X_i$ 为**最小次序统计量**,称 $X_{(n)}=\max\limits_{1\leqslant i\leqslant n}X_i$ 为**最大次序统计量**.

定理 6.6.2 **设总体 X 的概率密度为 $f(x)$,分布函数为 $F(x)$,$(X_1,X_2,\cdots,X_n)$ 为取自总体 X 的一个样本,则第 k 个次序统计量$X_{(k)}$ 的概率密度为**

$$f_k(x)=\frac{n!}{(k-1)!(n-k)!}[F(x)]^{k-1}[1-F(x)]^{n-k}f(x).$$

证明 对于任意的实数 x,考虑次序统计量$X_{(k)}$ 的取值落在小区间 $(x,x+\Delta x]$ 内这一事件,如图 6.6.1 所示,它等价于事件“样本容量为 n 的样本中有 1 个观察值落在区间 $(x,x+\Delta x]$ 内,而有 $k-1$ 个观察值小于或等于 x,有 $n-k$ 个观察值大于 $x+\Delta x$”.

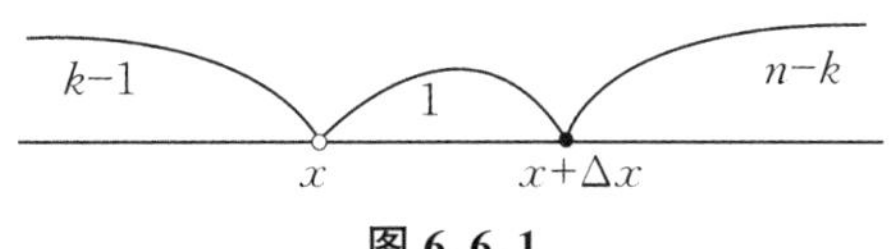

图 6.6.1

于是，样本的每一分量小于或等于 x 的概率为 $F(x)$，落在区间 $(x, x+\Delta x]$ 内的概率为 $F(x+\Delta x)-F(x)$，落在区间 $(x+\Delta x, +\infty)$ 内的概率为 $1-F(x+\Delta x)$，而将 n 个分量分成这样的三组，总的分法有 $\dfrac{n!}{(n-1)!(n-k)!}$ 种. 因此，若以 $F_k(x)$ 记为 $X_{(k)}$ 的分布函数，则由多项分布可得

$$F_k(x+\Delta x)-F_k(x)=\frac{n!}{(k-1)!(n-k)!}[F(x)]^{k-1}[F(x+\Delta x)-F(x)][1-F(x+\Delta x)]^{n-k}.$$

上式两边同除以 Δx，并令 $\Delta x\to 0$，即有

$$f_k(x)=\lim_{\Delta x\to 0}\frac{F_k(x+\Delta x)-F_k(x)}{\Delta x}=\frac{n!}{(k-1)!(n-k)!}[F(x)]^{k-1}[1-F(x)]^{n-k}f(x).$$

特别地，最小次序统计量 $X_{(1)}$ 的概率密度为

$$f_1(x)=n[1-F(x)]^{n-1}f(x),$$

最大次序统计量 $X_{(n)}$ 的概率密度为

$$f_n(x)=n[F(x)]^{n-1}f(x).$$

例 6.6.3　设 $(X_1, X_2, \cdots, X_n)$ 是取自总体 $X\sim E(\lambda)$ 的一个样本，试求其第 k 个次序统计量 $X_{(k)}$ 的概率密度.

解　总体 X 的分布函数为

$$f(x)=\begin{cases}\lambda e^{-\lambda x}, & x>0,\\ 0, & x\leqslant 0,\end{cases}\quad F(x)=\begin{cases}1-e^{-\lambda x}, & x>0,\\ 0, & x\leqslant 0.\end{cases}$$

根据定理 6.6.2 可知 $X_{(k)}$ 的概率密度为

$$\begin{aligned}f_k(x)&=\frac{n!}{(k-1)!(n-k)!}(1-e^{-\lambda x})^{k-1}e^{-\lambda(n-k)x}\lambda e^{-\lambda x}\\&=\frac{\lambda n!}{(k-1)!(n-k)!}(1-e^{-\lambda x})^{k-1}e^{-\lambda(n-k+1)x}\quad(x>0).\end{aligned}$$

定理 6.6.3　**设总体 X 的概率密度为 $f(x)$，$a\leqslant x\leqslant b$（也可设 $a=-\infty, b=+\infty$）. 若 $(X_1, X_2, \cdots, X_n)$ 是取自这一总体的一个样本，则其任意两个次序统计量 $X_{(i)}<X_{(j)}$ 的联合概率密度为**

$$f_{ij}(y,z)=\frac{n!}{(i-1)!(j-i-1)!(n-j)!}[F(y)]^{i-1}[F(z)-F(y)]^{j-i-1}\cdot[1-F(z)]^{n-j}f(y)f(z)\quad(a\leqslant y<z\leqslant b).$$

证明　如图 6.6.2 所示，对于增量 $\Delta y, \Delta z$ 及 $y<z$，事件

$$X_{(i)}\in(y, y+\Delta y],\quad X_{(j)}\in(z, z+\Delta z]$$

可以表述为“容量为 n 的样本 $(X_1, X_2, \cdots, X_n)$ 中有 $i-1$ 个观察值小于或等于 y，有 1 个落在区间 $(y, y+\Delta y]$ 内，有 $j-i-1$ 个落在区间 $(y+\Delta y, z]$ 内，有 1 个落在区间 $(z, z+\Delta z]$ 内，而余下的 $n-j$ 个大于 $z+\Delta z$”. 于是，由多项分布得

$$
\begin{aligned}
&P\{X_{(i)}\in(y,y+\Delta y],X_{(j)}\in(z,z+\Delta z]\}\\
&\approx f_{ij}(y,z)\Delta y\Delta z\\
&=\frac{n!}{(i-1)!(j-i-1)!(n-j)!}[F(y)]^{i-1}f(y)\Delta y\\
&\quad\cdot[F(z)-F(y+\Delta y)]^{j-i-1}f(z)\Delta z[1-F(z+\Delta z)]^{n-j}.
\end{aligned}
$$

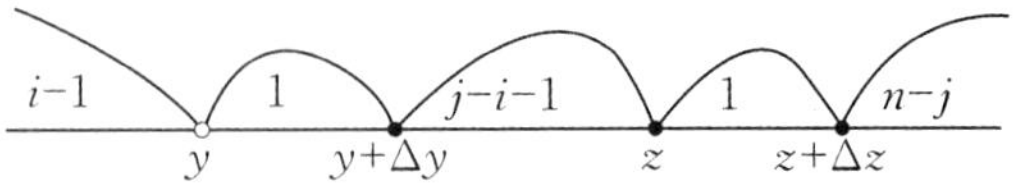

图 6.6.2

考虑到 $F(x)$ 的连续性，当 $\Delta y\to 0,\Delta z\to 0$ 时，有

$$
F(y+\Delta y)\to F(y),\quad F(z+\Delta z)\to F(z),
$$

因此

$$
\begin{aligned}
f_{ij}(y,z)&=\lim_{\Delta y\to 0,\Delta z\to 0}\frac{P\{X_{(i)}\in(y,y+\Delta y],X_{(j)}\in(z,z+\Delta z]\}}{\Delta y\Delta z}\\
&=\frac{n!}{(i-1)!(j-i-1)!(n-j)!}[F(y)]^{i-1}[F(z)-F(y)]^{j-i-1}\\
&\quad\cdot[1-F(z)]^{n-j}f(y)f(z)\quad(a\leqslant y<z\leqslant b).
\end{aligned}
$$

例 6.6.4 设总体 $X\sim U[0,1]$，$X_1,X_2,\cdots,X_n$ 是取自总体 X 的一个样本，试求 $X_{(1)},X_{(n)}$ 的联合概率密度.

解 设随机变量 X 的概率密度为 $f(x)$，分布函数为 $F(x)$，则有

$$
f(x)=\begin{cases}1, & 0\leqslant x\leqslant 1,\\ 0, & \text{其他},\end{cases}\qquad F(x)=\begin{cases}0, & x<0,\\ x, & 0\leqslant x\leqslant 1,\\ 1, & x>1.\end{cases}
$$

又设随机变量 $X_{(1)},X_{(n)}$ 的联合概率密度为 $f(y,z)$，且满足 $0\leqslant y<z\leqslant 1$. 根据定理 6.6.3 的结论，可得 $X_{(1)},X_{(n)}$ 的联合概率密度为

$$
f(y,z)=n(n-1)(z-y)^{n-2}\quad(0\leqslant y<z\leqslant 1).
$$

6.3.3 变量变换法应用于求次序统计量函数的分布

例 6.6.5 设总体 $X\sim U[0,1]$，$(X_1,X_2,\cdots,X_n)$ 是取自总体 X 的一个样本，记 $R=X_{(n)}-X_{(1)}$，即 R 为样本的极差. 试求 $R=X_{(n)}-X_{(1)}$ 的概率密度.

解 设 $(X_{(1)},X_{(n)})=(Y,Z)$，根据例 6.6.4 的结论可知其联合概率密度为

$$
f(y,z)=n(n-1)(z-y)^{n-2}\quad(0\leqslant y<z\leqslant 1).
$$

令 $r=z-y$，可得

$$
\begin{cases}z=r+y,\\ y=y.\end{cases}
$$

对应的雅可比行列式为

$$J=\left|\frac{\partial(y,z)}{\partial(y,r)}\right|=\begin{vmatrix}1&0\\1&1\end{vmatrix}=1,$$

可得(Y,R)的概率密度为

$$f(y,r)=n(n-1)r^{n-2}\quad(0\leqslant y+r\leqslant 1,y\geqslant 0,r\geqslant 0).$$

因此,R的边缘概率密度为

$$f_R(r)=\int_0^{1-r}n(n-1)r^{n-2}\mathrm{d}y=n(n-1)(1-r)r^{n-2}\quad(0\leqslant r\leqslant 1).$$

例 6.6.6　设总体X服从双参数指数分布,其分布函数为

$$F(x)=\begin{cases}1-\mathrm{e}^{-\frac{x-\mu}{\sigma}}, & x>\mu,\\0, & x\leqslant\mu,\end{cases}$$

其中$-\infty<\mu<+\infty,\sigma>0,X_{(1)}\leqslant X_{(2)}\leqslant\cdots\leqslant X_{(n)}$为总体$X$的样本的次序统计量.试证:$(n-i+1)\dfrac{2}{\sigma}(X_{(i)}-X_{(i-1)})$服从参数为$\dfrac{1}{2}$的指数分布$(i=2,3,\cdots,n)$.

证明　设$Y_i=\dfrac{X_i-\mu}{\sigma}(i=1,2,\cdots,n)$,则有$Y_i\sim E(1)$.

首先,求解随机变量$Y_{(1)},Y_{(2)},\cdots,Y_{(n)}$的联合概率密度.

由于对n个随机变量$Y_1,Y_2,\cdots,Y_n$进行排序,一共有$n!$种排列方法,而每一种排序对应的概率密度为$\exp\left(-\sum\limits_{i=1}^{n}y_i\right)$,因此$Y_{(1)},Y_{(2)},\cdots,Y_{(n)}$的联合概率密度为

$$f(y_1,y_2,\cdots,y_n)=n!\exp\left(-\sum_{i=1}^{n}y_i\right).$$

然后,求解$(n-i+1)(Y_{(i)}-Y_{(i-1)})$的分布.

做变换

$$\begin{cases}Z_1=nY_{(1)},\\Z_2=(n-1)(Y_{(2)}-Y_{(1)}),\\\cdots\cdots\\Z_i=(n-i+1)(Y_{(i)}-Y_{(i-1)}),\\\cdots\cdots\\Z_n=Y_{(n)}-Y_{(n-1)},\end{cases}$$

因此有$\sum\limits_{i=1}^{n}Z_i=\sum\limits_{i=1}^{n}Y_{(i)}$.又可求得$(Y_{(1)},Y_{(2)},\cdots,Y_{(n)})$对$(Z_1,Z_2,\cdots,Z_n)$的雅可比行列式为

$$J=\frac{\partial(Y_{(1)},Y_{(2)},\cdots,Y_{(n)})}{\partial(Z_1,Z_2,\cdots,Z_n)}=\left[\frac{\partial(Z_1,Z_2,\cdots,Z_n)}{\partial(Y_{(1)},Y_{(2)},\cdots,Y_{(n)})}\right]^{-1}=\frac{1}{n!},$$

于是$Z_1,Z_2,\cdots,Z_n$的联合概率密度为

$$f(z_1,z_2,\cdots,z_n)=\exp\left(-\sum_{i=1}^{n}z_i\right).$$

可见，$Z_1, Z_2, \cdots, Z_n$ 独立同分布，且

$$Z_i = (n-i+1)(Y_{(i)} - Y_{(i-1)}) \sim E(1) \quad (i=1,2,\cdots,n).$$

最后，求解 $(n-i+1)\dfrac{2}{\sigma}(X_{(i)} - X_{(i-1)})$ 的分布.

由于 $Y_i = \dfrac{X_i - \mu}{\sigma}$，可知 $Y_{(i)} = \dfrac{X_{(i)} - \mu}{\sigma}$，因此

$$P\left\{(n-i+1)\frac{2}{\sigma}(X_{(i)} - X_{(i-1)}) \leqslant x\right\} = P\{2(n-i+1)(Y_{(i)} - Y_{(i-1)}) \leqslant x\}$$

$$= P\{2Z_{(i)} \leqslant x\} = P\left\{Z_{(i)} \leqslant \frac{x}{2}\right\} = 1 - \mathrm{e}^{-\frac{x}{2}}.$$

这说明 $(n-i+1)\dfrac{2}{\sigma}(X_{(i)} - X_{(i-1)})$ 服从参数为 $\dfrac{1}{2}$ 的指数分布.

§6.7 趣味问题求解与 Python 实现之六

6.7.1 频率分布表和直方图

1. 问题提出

假设 2000 年某地区 30 名某专业毕业生实习期满后的月薪数据(单位:元)如表 6.7.1 所示，试根据该表格数据回答以下问题：

(1) 给出该批数据的频率分布表及直方图；

(2) 画出该问题相应的核密度函数及经验分布函数.

表 6.7.1

909	1 086	1 120	999	1 320	1 091
1 071	1 081	1 130	1 336	967	1 572
825	914	992	1 232	950	775
1 203	1 025	1 096	808	1 224	1 044
871	1 164	971	950	866	736

2. 分析与求解

(1) 问题一分析与求解.

构造频率分布表的步骤如下：

第一步，确定组数. 分组的**组数**一般是样本量 n 除以 5，即本题的组数为 $\dfrac{30}{5} = 6$.

第二步，确定极差. **极差**为最大观察值与最小观察值的差，即本题的极差为 $1\,572 - 736 = 836$.

第三步，确定组距. **组距** $d = \dfrac{\text{极差}}{\text{组数}}$，即本题的组距为 $d = \dfrac{836}{6} \approx 140$.

第四步，确定组限. 确定每组区间端点为 $a_0, a_0 + d = a_1, a_0 + 2d = a_2, \cdots, a_0 + 6d = a_6$，此

处a_0应比最小观察值略小，可取$a_0=735$. 确定分组区间为(735,875]，(875,1 015]，(1 015，1 155]，(1 155,1 295]，(1 295,1 435]，(1 435,1 575].

第五步，绘制频率分布表. 利用 Python 编程，可列出频数与频率分布表 6.7.2，并绘出频数直方图 6.7.1.

表 6.7.2

组序	分组区间	组中值	频数	频率
1	(735,875]	805	6	0.20
2	(875,1 015]	945	8	0.27
3	(1 015,1 155]	1085	9	0.30
4	(1 155,1 295]	1225	4	0.13
5	(1 295,1 435]	1365	2	0.07
6	(1 435,1 575]	1 505	1	0.03
合计			30	1

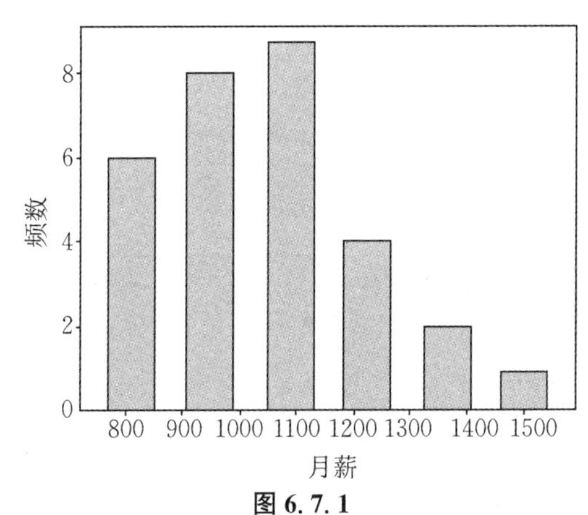

图 6.7.1

(2) 问题二分析与求解.

根据表 6.7.2 所示的数据，运用 Python 编程，可绘制核密度图，如图 6.7.2 所示.

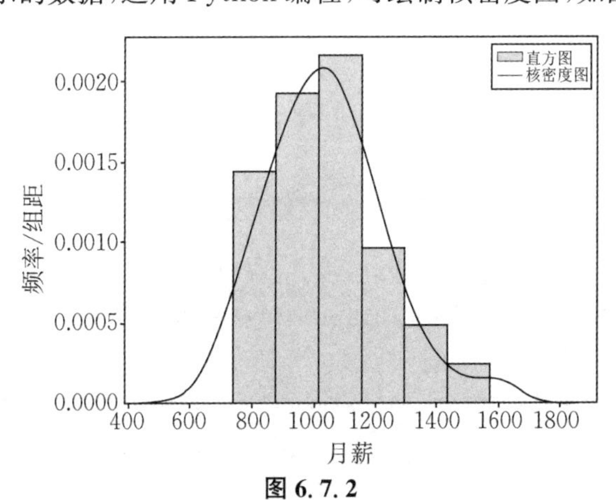

图 6.7.2

根据表 6.7.2 所示的数据，创建一个经验分布数组表 6.7.3，再利用 Python 绘制经验分布函数图，如图 6.7.3 所示.

表 6.7.3

组序	区间	频数	频率
1	(735,875]	6	0.20
2	(735,1 015]	14	0.47
3	(735,1 155]	23	0.77
4	(735,1 295]	27	0.90
5	(735,1 435]	29	0.97
6	(735,1 575]	30	1

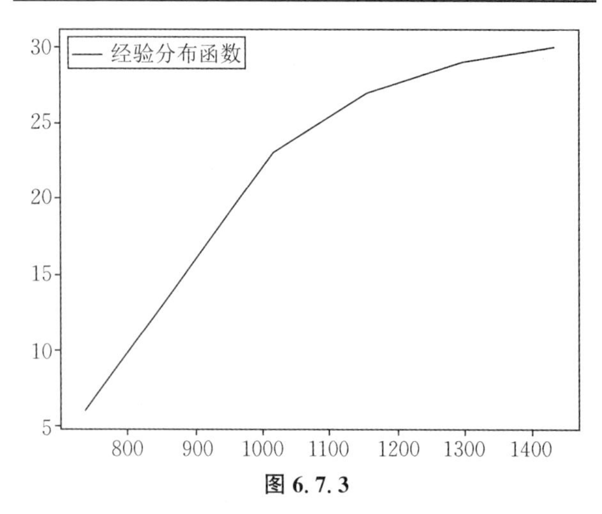

图 6.7.3

3. 基于 Python 的伪代码

(1) Python 计算的目标.

第一,作出该批数据的频数与频率分布表、经验分布数组表;第二,画出分组数据的直方图、核密度图、经验分布函数图.

(2) Python 计算的伪代码.

```
Process:
1: x → 题给数据
2: a → 组数
3: binm → 组距
4: bins → range(min(x),max(x) +1,binm)
5: # 画直方图和核密度图
6: sns.distplot(x,bins = 6,norm_hist = True,hist_kws = {"edgecolor": "# fff","label":
            " 直方图"},kde_kws = {"label":" 核密度图"})
7: # 画直方图
8: num,bins,patches → plt.hist(x,bins,rwidth = 0.6,edgecolor = "# eff")
9: # num 为频数
10: # 经验分布函数
11: cumulative → [0.2,0.47,0.77,0.9,0.97,1]
12: plot(bins[: -1],cumulative,label = ' 经验分布函数 ')
```

4. Python 实现代码

```
import matplotlib.pyplot as plt
import numpy as np
import seaborn as sns

plt.rcParams['font.sans-serif'] = ['SimHei']  #用来正常显示中文标签
plt.rcParams['axes.unicode_minus'] = False  #用来正常显示负号
x = [909,1086,1120,999,1320,1091,1071,1081,1130,1336,967,1572,825,914,992,
    1232,950,775,1203,1025, 1096,808,1224,1044,871,1164,971,950,866,736]
a = 6  #组数
binm = int((max(x) -min(x)) / a)  #组距
bins = range(min(x), max(x) +1,binm)
sns.distplot(x,bins = 6,norm_hist = True,hist_kws = {"edgecolor": "# fff","label":
            "直方图"},kde_kws = {"label":"核密度图"})

plt.legend()
#plt.hist(x,bins,edgecolor = "#eff",rwidth = 0.5)
#plt.xlabel("月薪")
#plt.ylabel("频数")
#plt.figure(2)
#nt,bins,patches = plt.hist(x,bins,density = True, edgecolor = "#fff")
plt.xlabel("月薪")
plt.ylabel("频率 / 组距")
#print("频率 / 组距的值为:",nt)
#print("分组情况为:",bins)
#plt.grid(True,linestyle = '--',alpha = 0.5)
plt.show()

#绘制经验分布图
num,bins,patches = plt.hist(x,bins,edgecolor = "#eff")
plt.figure(3)
print("频率 / 组距的值为", num)
print("分组情况为",bins)
cumulative = np.cumsum(num)
print("经验分布得到的结果为",cumulative)
plt.plot(bins[:-1],cumulative,c = '#66CCFF',label = '经验分布函数 ')
plt.legend()
plt.show()
```

6.7.2 分组样本的数据特征

1. 问题提出

有一个分组样本如表 6.7.4 所示，试求该分组样本的样本均值、样本标准差、样本偏度和样本峰度.

表 6.7.4

区间	组中值	频数
(145,155]	150	4
(155,165]	160	8
(165,175]	170	6
(175,185]	180	2

2. 分析与求解

计算过程如表 6.7.5 所示.

表 6.7.5

组中值x_i	频数f_i	x_if_i	$(x_i-\overline{x})^2f_i$	$(x_i-\overline{x})^3f_i$	$(x_i-\overline{x})^4f_i$
150	4	600	676	−8 788	114 244
160	8	1 280	72	−216	648
170	6	1 020	294	2 058	14 406
180	2	360	578	9 826	167 042
总计	20	3 260	1 620	2 880	296 340

运用 Python 编程，可以计算出：

样本均值为

$$\overline{x}=\frac{\sum_{i=1}^{4}x_if_i}{\sum_{i=1}^{4}f_i}=163.$$

样本标准差为

$$s=\sqrt{\frac{\sum_{i=1}^{4}(x_i-\overline{x})^2f_i}{\sum_{i=1}^{4}f_i-1}}\approx 9.23.$$

样本偏度为

$$\hat{\beta}_s=\frac{\dfrac{\sum_{i=1}^{4}(x_i-\overline{x})^3f_i}{\sum_{i=1}^{4}f_i}}{\left[\dfrac{\sum_{i=1}^{4}(x_i-\overline{x})^2f_i}{\sum_{i=1}^{4}f_i}\right]^{\frac{3}{2}}}\approx 0.198.$$

样本峰度为

$$\hat{\beta}_k=\frac{\dfrac{\sum_{i=1}^{4}(x_i-\overline{x})^4 f_i}{\sum_{i=1}^{4} f_i}}{\left[\dfrac{\sum_{i=1}^{4}(x_i-\overline{x})^2 f_i}{\sum_{i=1}^{4} f_i}\right]^2}-3\approx -0.742.$$

3. 基于 Python 的伪代码

(1) Python 计算的目标.

计算出样本均值、样本标准差、样本偏度和样本峰度.

(2) Python 计算的伪代码.

Process:

```
1: x → 组中值
2: f → 频数
3: xi → multiply(x,f)  #各项均值
4: mu → sum(xi) / sum(f)  #均值
5: sigma → multiply(power(x - mu,2),f)  #各项标准差
6: s → sqrt(sum(sigma) / (sum(f)-1))  #样本标准差
7: beta_os → multiply(power(x-mu,3),f)  #各项偏度
8: beta_s →(sum(beta_os) / sum(f)) / (power(sum(sigma) / sum(f),3/2))  #样本偏度
9: beta_ok = multiply(power(x-mu,4),f)  #各项峰度
10: beta_k = (sum(beta_ok) / sum(f)) / (power(sum(sigma) / sum(f),2))-3  #样本峰度
11: print mu,s,beta_s,beta_k
```

4. Python 实现代码

```
import matplotlib.pyplot as plt
import numpy as np
import math

plt.rcParams['font.sans-serif'] = ['SimHei']  #用来正常显示中文标签
plt.rcParams['axes.unicode_minus'] = False  #用来正常显示负号
x = [150,160,170,180]  #组中值
f = [4,8,6,2]  #频数
xi = np.multiply(x,f)  #各项均值
mu = np.sum(xi) / np.sum(f)  #均值
print("各项的均值:",xi)
print("样本均值:",mu)
sigma = np.multiply(np.power(x-mu,2),f)  #各项标准差
s = np.sqrt(np.sum(sigma) / (np.sum(f)-1))  #样本标准差
print("各项的标准差:",sigma)
```

```
print("样本标准差:",s)
beta_os = np.multiply(np.power(x-mu,3),f)  #各项偏度
beta_s = (np.sum(beta_os)/np.sum(f))/(np.power(np.sum(sigma)/np.sum(f), 3/2))
         #样本偏度
print("各项的偏度:",beta_os)
print("样本偏度:",beta_s)
beta_ok = np.multiply(np.power(x-mu,4),f)  #各项峰度
beta_k = (np.sum(beta_ok)/np.sum(f))/(np.power(np.sum(sigma) / np.sum(f),2))-3
         #样本峰度
print("各项的峰度:",beta_ok)
print("样本峰度:",beta_k)
```

6.7.3 轧钢中的浪费问题

1. 问题提出

轧钢的目的是将粗大的钢坯变成合格的钢材(如钢筋、钢板),通常要经过两道工序,第一道是粗轧(热轧),形成钢材的雏形;第二道是精轧(冷轧),得到规定长度的成品钢材.粗轧时由于设备、环境等方面众多因素的影响,得到的钢材的长度是随机的,大体上呈正态分布,其均值可以在轧制过程中由轧机调整,而标准差则是由设备的精度决定的,不能随意改变.如果粗轧后的钢材长度大于规定长度,精轧时把多出的部分切掉,造成浪费;如果粗轧后的钢材长度比规定长度短,则整根报废,造成更大的浪费.显然,应该综合考虑这两种情况,使得总的浪费最小.如何调整粗轧的均值,使精轧的浪费最小?

上面的问题可叙述如下:已知成品钢材的规定长度和粗轧后钢材长度的标准差 σ,确定粗轧后钢材长度的均值 m,再通过精轧以得到成品钢材时总的浪费最小.

2. 分析与求解

(1) 问题假设.

粗轧后钢材长度记为 X,钢材长度的标准差为 σ,粗轧时可以调整的均值为 m,则粗轧得到的钢材长度为正态随机变量,记为 $X \sim N(m,\sigma^2)$,其概率密度记为 $f(X)$.设已知精轧后钢材的规定长度为 l,记 $\{X \geqslant l\}$ 的概率为 P,即 $P = P\{X \geqslant l\}$;记 $\{X < l\}$ 的概率为 P',即 $P' = P\{X < l\}$.

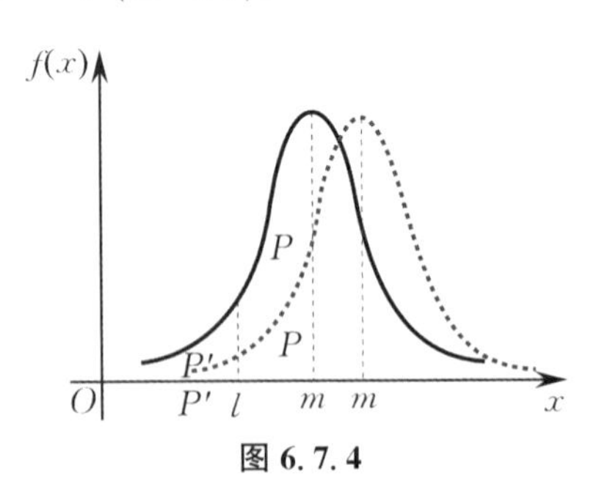

图 6.7.4

由题意可知,在轧钢的过程中可能出现两种情况的浪费,第一种是当粗轧后的钢材长度大于 l 时,精轧过程中要切掉长度为 $X-l$ 的钢材;第二种是当粗轧后的钢材长度小于 l 时,会使长度为 X 的钢材整根报废.由图 6.7.4 可以发现,当 m 变大时,曲线右移,使得概率 P 增大,第一部分的浪费增加,而第二部分的浪费反而减少;当 m 变小时,曲线左移,第一部分的浪费减少,而第二部分的浪费将会增加.因此,必然存在一个最佳的 m,使两部分浪费综合起来最小.

(2) 目标函数的确定.

综合上述的两种浪费,可得到平均每根粗轧钢材的浪费长度为

$$W=\int_{l}^{+\infty}(x-l)f(x)\mathrm{d}x+\int_{-\infty}^{l}xf(x)\mathrm{d}x,$$

其中$\int_{-\infty}^{+\infty}f(x)\mathrm{d}x=1$,$\int_{-\infty}^{+\infty}xf(x)\mathrm{d}x=m$,$\int_{l}^{+\infty}f(x)\mathrm{d}x=P$,故上式可化简为

$$W=m-lP. \tag{6.7.1}$$

式(6.7.1)也可以从另一个思路得到.假设共粗轧了 N 根钢材(N 很大),则所用的钢材总长度为 mN,N 根中可以轧出的成品钢材一共为 PN 根,成品钢材的总长度为 lPN,则总浪费长度为 $mN-lPN$,于是平均每粗轧一根钢材浪费的长度为

$$W=\frac{mN-lPN}{N}=m-lP.$$

因为粗轧的 N 根钢材包含了一部分不合格的废材,所以为了追求效益,应该使得平均每根成品钢材浪费的长度最少,即最终确定目标函数为平均每根成品钢材所浪费钢材的长度

$$J_1=\frac{mN-lPN}{PN}=\frac{m}{P}-l.$$

因 l 是已知常数,故上式目标函数可等价地只取$\frac{m}{P}$,从而求解的目标函数为

$$J(m)=\frac{m}{P(m)}=\frac{m}{\int_{l}^{+\infty}f(x)\mathrm{d}x}, \tag{6.7.2}$$

其中 $P(m)$ 表示概率 P 是m 的函数,$J(m)$ 是平均每得到一根成品钢材所浪费钢材的长度.

下面将求出 m,使 $J(m)$ 达到最小.

(3) 最优 m 值的求解.

首先,对于表达式 $P(m)$ 有

$$P(m)=\int_{l}^{+\infty}f(x)\mathrm{d}x=1-\Phi\left(\frac{l-m}{\sigma}\right),$$

其中 $\Phi(x)$ 表示标准正态分布的分布函数.令$\frac{\partial J(m)}{\partial m}=0$,$\varphi(x)$ 表示标准正态分布的概率密度,得到

$$1-\Phi\left(\frac{l-m}{\sigma}\right)=\frac{m}{\sigma}\varphi\left(\frac{l-m}{\sigma}\right). \tag{6.7.3}$$

令 $z=\frac{l-m}{\sigma}$,则式(6.7.3)可表示为

$$\frac{1-\Phi(z)}{\varphi(z)}=\frac{l}{\sigma}-z.$$

设

$$F(z)=\frac{1-\Phi(z)}{\varphi(z)}+z-\frac{l}{\sigma},$$

通过求方程 $F(z)=0$ 的解z^*,即可求得 m 的最优值为

$$m^*=l-\sigma z^*.$$

(4) 模拟求解.

设粗轧后钢材长度的标准差为 $\sigma=20$ cm,精轧时钢材规定长度为 $l=2$ m,求粗轧时可调

整的均值 m，使一根成品钢材平均浪费长度最小.

运用 Python 软件，作出函数 $F(z)$ 关于 z 的图形(见图 6.7.5). 再求方程 $F(z)=0$ 的解 $z^*=-1.78$，于是可求得

$$m^*=l-\sigma z^*=2.356\ \mathrm{m}.$$

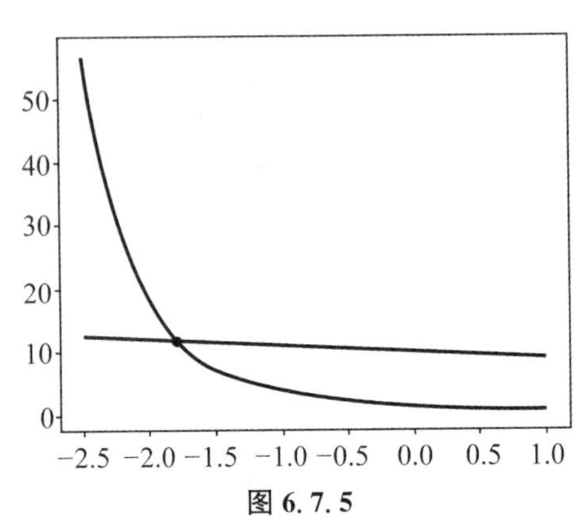

图 6.7.5

3. 基于 Python 的伪代码

(1) Python 计算的目标.

第一，当 $\sigma=20\ \mathrm{cm}$，$l=2\ \mathrm{m}$ 时，作出函数 $F(z)$ 关于 z 的图形；第二，求解方程 $F(z)=0$ 的根 z^* 及最优均值 m.

(2) Python 计算的伪代码.

Process:

```
1: l → 2
2: sigma → 0.2
3: z → np.linspace(-2.5,1,100)
4: fz_s = []
5: gz_s = []
6: for i in z:
7:       fz → (1-norm.cdf(i))/norm.pdf(i)
8:       gz → l/sigma-i
9:       fz_s.append(fz)
10:      gz_s.append(gz)
11:
12: z → z.tolist()
13: x_begin → z[0]
14: x_end = z[-1]
15: #求交点值
16: points1 → [t for t in zip(z,fz_s) if x_begin < = t[0] < = x_end]
17: points2 → [t for t in zip(z,gz_s) if x_begin < = t[0] < = x_end]
18: zz → 0  #交点值
19: idx → 0
20: nrof_points → len(points1)
```

```
21: fig → plt.figure()
22: ax → fig.add_subplot(111)
23: ax.plot(z,fz_s,color='black',linewidth=1.0,linestyle='dashdot')
24: ax.plot(z,gz_s,color='blue',linewidth=1.0,linestyle='solid')
25: while idx<nrof_ points -1:
26:     #迭代逼近两条线的交点
27:     y_min → min(points1[idx][1], points1[idx+1][1])
28:     y_max → max(points1[idx+1][1], points2[idx+1][1])
29:
30:     x3 → np.linspace(points1[idx][0], points1[idx+1][0],1000)
31:     y1_new → np.linspace(points1[idx][1],points1[idx+1][1],1000)
32:     y2_new → np.linspace(points2[idx][1],points2[idx+1][1],1000)
33:     #近似距离小于 0.001 认为相交
34:     tmp_idx → np.argwhere(np.isclose(y1_new, y2_new, atol=0.001)).reshape(-1)
35:     if len(tmp_idx) >0:
36:         for i in tmp_idx:
37:             ax.plot(x3[i], y2_new[i], 'ko', markersize=3)#绘制逼近求解值的点
38:             zz → round(x3[i], 2)
39:     idx+=1
40: print("交点值约为", zz)
41: m → l-sigma*zz
42: print("m的值为:",m)
43: plt.show()
```

4. Python 实现代码

```
import numpy as np
import matplotlib.pyplot as plt
from matplotlib.pylab import mpl
from scipy.stats import norm

mpl.rcParams['font.sans-serif'] = ['SimHei']
mpl.rcParams['axes.unicode_minus'] = False

l=2
sigma=0.2
z=np.linspace(-2.5,1,100)
fz_s=[]
gz_s=[]
```

```
for i in z:
    fz=(1-norm.cdf(i))/norm.pdf(i)
    gz=1/sigma-i
    fz_s.append(fz)
    gz_s.append(gz)

z=z.tolist()
x_begin=z[0]
x_end=z[-1]
#求交点值
points1=[t for t in zip(z, fz_s) if x_begin<=t[0]<=x_end]
points2=[t for t in zip(z, gz_s) if x_begin<=t[0]<=x_end]
zz=0  #交点值
idx=0
nrof_points=len(points1)
fig=plt.figure()
ax=fig.add_subplot(111)
ax.plot(z, fz_s, color='black', linewidth=1.0, linestyle='dashdot')
ax.plot(z, gz_s, color='blue', linewidth=1.0, linestyle='solid')
while idx<nrof_points-1:
    #迭代逼近两条线的交点
    y_min=min(points1[idx][1], points1[idx+1][1])
    y_max=max(points1[idx+1][1],points2[idx+1][1])

    x3=np.linspace(points1[idx][0], points1[idx+1][0],1000)
    y1_new=np.linspace(points1[idx][1], points1[idx+1][1],1000)
    y2_new=np.linspace(points2[idx][1], points2[idx+1][1],1000)
        #近似距离小于 0.001 认为相交
    tmp_idx=np.argwhere(np.isclose(y1_new,y2_new,atol=0.001)).reshape(-1)
    if len(tmp_idx)>0:
        for i in tmp_idx:
            ax.plot(x3[i], y2_new[i], 'ko', markersize=3)  #绘制逼近求解值的点
            zz=round(x3[i], 2)
    idx+=1
print("交点值约为", zz)
m=1-sigma*zz
print("m的值为:",m)
plt.show()
```

§6.8　课程趣味阅读之六

6.8.1　统计推断中的样本量越多越好吗

进入数据创造价值的时代,数据成为类似于资本与劳动力的生产要素和原料.但如何用好数据原料,需要对相关背景知识深入了解,洞察数据背后的代表性.所谓数据的代表性问题,是指作为样本的数据能否代表研究对象的总体.如果所选的样本不能代表总体,那么样本量越多,统计推断产生的误差可能会越大,形成误判的可能性也就越大.

1. 240万的样本输给了5万的样本

《文学摘要》杂志曾是美国一个久负盛名的民意调查机构,从1916年到1932年的五次美国总统选举都因其正确预测而名噪一时.1936年美国总统大选前,《文学摘要》凭借其约240万人的庞大调查样本,预测共和党候选人兰登得票率约为57%将当选,而民主党候选人罗斯福得票率约为43%而落败.在1936年,盖洛普还是一个刚创立一年的民意调查机构,该机构当时仅仅获得一个约5万人的调查样本,盖洛普得出的预测是,民主党候选人罗斯福得票率约为56%而当选下一任总统,而共和党候选人兰登得票率约为44%将落败.

选举结果颇出人意料,竟然是5万人调查样本的盖洛普的预言成真,罗斯福胜出当选美国总统.为什么拥有240万人样本的《文学摘要》输给了只拥有区区5万人样本的盖洛普?其原因就在于尽管《文学摘要》的样本有240万人,但却不能代表全体选民.《文学摘要》的调查对象主要是该杂志订户、电话簿上家中有电话的人员及家中有汽车的人员.这些有余钱订阅杂志、有能力装置电话和购买汽车的人,是一个经济比较富裕的群体,大约占人口的四分之一.因此,《文学摘要》选取的样本有排斥经济拮据人员的倾向,这个样本当然不能代表所有的选民.收入不高的人员虽然没有余钱订阅杂志,用不上电话,没有汽车,但这些人数量更多,他们大多倾向民主党.

由此可见,《文学摘要》预测错误在所难免,因为它收集到的数据过于片面,导致预测误差居然近20%.盖洛普的预测误差小得多,原因在于其调查方法比《文学摘要》要好很多,尽管样本只有5万人,但其所选取的样本能比较好地代表全体选民,收集到的数据质量比较好,因此能够得出相对准确的预测.

2. 盖洛普的成功秘诀

盖洛普是盖洛普公司的创始人,美国数学家,抽样调查方法的创始人.盖洛普因为成功预测了1936年的美国总统大选而名声大噪,1958年该机构改组成盖洛普公司.

盖洛普成功的秘诀在于,通过不断改进和更新调查方法,获得更有代表性的数据,将调查误差控制得更好.科学设计的调查方法,收集得到的高质量的数据能真实代表总体,由此归纳推断得到的一般性的结论才是可靠的.

6.8.2 统计学的发展历程及其在我国的应用前景

统计学是一门通过搜索、整理、分析数据等手段，以达到推断所测对象的本质，甚至预测对象未来的一门综合性科学. 其中用到了大量的数学及其他学科的专业知识，它的使用范围几乎覆盖了社会科学和自然科学的各个领域.

1. 从城邦政情到统计学

统计起源于何时何地，已经很难说清了，有的说是古埃及，有的说是古巴比伦，也有人认为是公元前 2000 年左右的夏朝，那时统治者为了征兵和征税进行了人口统计. 我国到了周朝，设立了“司书”一职，类似于今天的国家统计局局长.

一般来说，小范围的人口统计，哪怕包括人数、年龄、收入、性别、身高、体重等多项指标，统计仍派不上大用场. 随着统计人数的增加，如一座城市的市民、一个省的妇女，以及统计指标的增多，如健康、家庭经济和寿命情况等，统计就慢慢体现出规律和价值了. 公元前 4 世纪，全才的亚里士多德撰写了“城邦政情”的研究报告，其中共包含 150 余种纪要，内容涉及希腊各城邦的历史、行政、科学、艺术、人口、资源和财富等社会、经济情况及其比较.

“城邦政情”式的统计研究延续了两千多年，直至 17 世纪中叶，才逐渐被“政治算术”这个颇有意味的名词替代，并且很快演化为“统计学(statistics)”. 最初，它只是以德文的形式 statistik 出现，依然保留了城邦(state)的词根，本意是记述国家和社会状况的数量关系. 后来，欧洲各国相继把它译成本国文字，日本在 1880 年将它确定为“统计”. 1903 年，横山雅南的著作《统计讲义录》被译成中文出版，“统计”这个词也从日本传到中国，这与“数学”一词的来历一样，它们在日语里原本也是汉字.

2. 社会统计与数理统计

从 17 世纪开始，由于社会统计学广泛地用于经济和政治，因此它得到各国历届政府的极大重视，并得到系统的发展. 而数理统计在 20 世纪 40 年代以后，由于概率论发展的推动而得到飞速发展，逐步形成了完整的学科体系. 经过近 400 年的变迁，目前世界上已形成社会统计学和数理统计学两大体系.

王见定教授经过 30 多年的学习与研究，对近 400 年历史的统计学进行了科学的梳理，提出了“社会统计学与数理统计学统一”的理论，发现了社会统计学与数理统计学的联系与区别. 它们的关系与物理学上牛顿力学与相对论力学的关系非常相似. 相对论力学在接近光速时使用，而大多数情况下是远小于光速的，此时使用牛顿力学既准确又方便. 社会统计学在描写变量时使用，数理统计学在描写随机变量、进行统计推断时使用.

我们知道变量与随机变量是既有联系又有区别的. 当变量取值的概率不是 1 时，变量就变成了随机变量；当随机变量取值的概率为 1 时，随机变量就变成了变量. 变量与随机变量的联系与区别搞清楚了，社会统计学与数理统计学的关系就搞清楚了.

3. 统计学在我国的应用前景

统计学在我国是亟待发展和具有广大前景的学科. 首先，统计学将渗透到人文社会科学而与其协同发展. 20 世纪下半叶，人文社会科学的发展与统计学的关系越来越紧密，统计学的发展已经渗透到人文社会科学的许多领域，并由此产生许多新的学科，如人口统计学、历史统计学、教育统计学、心理统计学等.统计学与人文社会科学的结合，改变了原有单一学科发展的思路、视野和应用功能，对人文社会科学的发展具有极大的支撑作用；反过来，这种结合又促进了统计学的发展.但是，最根本的是统计学对人文社会科学巨大的推动作用，这种推动作为一个大趋势还将在21世纪得到更充分的体现.其次，统计学将与大数据、人工智能等技术融合发展.21世纪是信息经济时代，信息经济所依赖的不只是信息处理手段的先进性，更重要的是信息收集、整理的准确性，而准确的信息收集、整理离不开统计学的发展.随着大数据时代的到来，统计学对大数据的收集及分析具有支撑作用，从未来的发展趋势来看，统计学会进一步向大数据倾斜，统计学的许多研究课题，都逐渐开始向大数据方向拓展；同时，大数据会在发展的初期大量采用统计学的相关理论和技术，这也能够提升大数据相关技术的落地应用能力.

目前在一些发达国家，统计学是大学里最受重视的学科，统计学发展得如何是衡量某一大学学术水平的标志.在我国，统计学将有更大的提升与发展空间.一方面，未来十到二十年期间，统计学将在人文社科领域得到广泛的应用，如宏观经济、金融、税收、保险、管理、社会、环境、旅游、人口、新闻舆论、政策等领域，有关部门及市场主体需要建立这些应用领域的统计研究平台，提高应用统计总体研究水平.另一方面，统计学将与互联网、工业大数据技术、机器学习技术、信号处理技术等技术相结合，对生产和消费过程产生的数据进行处理、计算、分析并提取其中有价值的信息和规律.从过程与目标角度来看，工业大数据分析和传统统计分析、商业智能分析涉及的学科和技术大同小异，与这些领域协同发展，将极大地拓展统计学的应用空间.

习题六

1. 从总体 X 中抽取一个容量为9的样本观察值：

$$4.5,\quad 2.0,\quad 1.0,\quad 1.5,\quad 3.4,\quad 5.1,\quad 6.5,\quad 4.9,\quad 3.5,$$

试分别计算样本均值 $\overline{X}$ 和样本方差 S^2.

2. 设 (X_1, X_2, X_3) 是取自正态总体 $X \sim N(\mu, \sigma^2)$ 的一个样本，其中 μ 已知但 σ 未知.试问：下列随机变量中哪些是统计量？哪些不是统计量？

(1) $\dfrac{1}{4}(2X_1 + X_2 + X_3)$；

(2) $\dfrac{1}{\sigma^2}\sum\limits_{i=1}^{3}(X_i - \overline{X})^2$，其中 $\overline{X} = \dfrac{1}{3}\sum\limits_{i=1}^{3}X_i$；

(3) $\sum\limits_{i=1}^{3}(X_i - \mu)^2$；

(4) $\min\{X_1, X_2, X_3\}$.

3. 设$(X_1, X_2, \cdots, X_n)$是取自总体X的一个样本，在下列三种情形下，分别求出$E(\overline{X})$，$D(\overline{X})$，$E(S^2)$：

(1) $X \sim B(1, p)$；

(2) $X \sim E(\lambda)$；

(3) $X \sim U[0, \theta]$，其中$\theta > 0$.

4. 从总体$X \sim N(80, 20^2)$中随机抽取一容量为100的样本，求样本均值与总体均值的差的绝对值大于3的概率.

5. 已知总体$X \sim N(20, 3)$，$\overline{X}_1$和$\overline{X}_2$分别为该总体容量为10和15的两个样本均值，且它们相互独立，试求$P\{|\overline{X}_1 - \overline{X}_2| > 0.3\}$.

6. 从总体$X \sim N(52, 6.3^2)$中随机抽取一容量为36的样本，求样本均值$\overline{X}$落在50.8到53.8之间的概率.

7. 设某厂生产的灯泡的使用寿命（单位：h）$X \sim N(1\,000, \sigma^2)$，抽取一容量为9的样本，样本标准差$s = 100$，求$P\{\overline{X} < 938\}$.

8. 设$(X_1, X_2, \cdots, X_7)$是取自总体$X \sim N(0, 0.5^2)$的一个样本，求$P\left\{\sum_{i=1}^{7} X_i^2 > 4\right\}$.

9. 设总体$X \sim N(0,1)$，从该总体中取一容量为6的样本$(X_1, X_2, \cdots, X_6)$，且$Y = (X_1 + X_2 + X_3)^2 + (X_4 + X_5 + X_6)^2$，试确定常数$C$，使随机变量$CY$服从$\chi^2$分布.

10. 设总体$X \sim N(0,1)$，$(X_1, X_2, \cdots, X_n)$是取自该总体的一个样本，试问：下列统计量服从什么分布？

(1) $\dfrac{X_1 - X_2}{\sqrt{X_3^2 + X_4^2}}$；

(2) $\dfrac{(n-3)\sum_{i=1}^{3} X_i^2}{3\sum_{i=4}^{n} X_i^2}$.

11. 已知随机变量$Y \sim \chi^2(n)$.

(1) 试求$\chi^2_{0.99}(12)$，$\chi^2_{0.01}(12)$.

(2) 已知$n = 10$，$P\{Y > C\} = 0.05$，试将C用分位数记号表示出来.

12. 已知随机变量$T \sim t(n)$.

(1) 试求$t_{0.99}(12)$，$t_{0.01}(12)$.

(2) 已知$n = 10$，$P\{T > C\} = 0.95$，试将C用分位数记号表示出来.

13. 已知随机变量$F \sim F(m, n)$.

(1) 试求$F_{0.99}(10, 12)$，$F_{0.01}(10, 12)$.

(2) 已知$m = n = 10$，$P\{F > C\} = 0.05$，试将C用分位数记号表示出来.

14. 从某总体中取一样本，样本观察值为$(2, 1, -1, -2)$，试求经验分布函数$F_4(x)$.

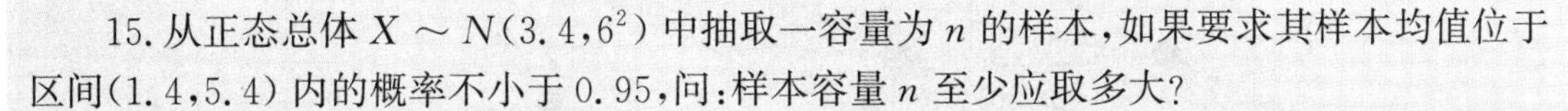

15. 从正态总体 $X \sim N(3.4,6^2)$ 中抽取一容量为 n 的样本,如果要求其样本均值位于区间(1.4,5.4)内的概率不小于 0.95,问:样本容量 n 至少应取多大?

16. 设随机变量 $T \sim t(n)$,试证:$T^2 \sim F(1,n)$.

17. 设$(X_1,X_2,\cdots,X_m)$与$(Y_1,Y_2,\cdots,Y_n)$分别是取自独立正态总体 $X \sim N(\mu_1,\sigma_1^2)$,$Y \sim N(\mu_2,\sigma_2^2)$ 的两个样本,试求统计量 $U = a\overline{X} + b\overline{Y}$ 的分布,其中 a,b 是不全为零的已知常数.

18. 设(X_1,X_2,X_3,X_4,X_5)是取自正态总体 $X \sim N(0,\sigma^2)$ 的一个样本,试证:

(1) 当 $k = \dfrac{3}{2}$ 时,$k\dfrac{(X_1+X_2)^2}{X_3^2+X_4^2+X_5^2} \sim F(1,3)$;

(2) 当 $k = \sqrt{\dfrac{3}{2}}$ 时,$k\dfrac{X_1+X_2}{\sqrt{X_3^2+X_4^2+X_5^2}} \sim t(3)$.

19. 设 X_1,X_2,X_3,X_4 是独立同分布的随机变量,且它们都服从 $N(0,2^2)$,试证:当 $a = \dfrac{1}{20}, b = \dfrac{1}{100}$ 时,$a(X_1-2X_2)^2 + b(3X_3-4X_4)^2 \sim \chi^2(2)$.

20. 设总体 $X \sim N(\mu,\sigma^2)$,$(X_1,X_2,\cdots,X_n)$为其样本,$\overline{X}$ 与 S^2 分别为样本均值与样本方差. 又设 X_{n+1} 与 $X_1,X_2,\cdots,X_n$ 独立同分布,试求统计量 $Y = \dfrac{X_{n+1}-\overline{X}}{S}\sqrt{\dfrac{n}{n+1}}$ 的分布.

21. 设样本$(X_1,X_2,\cdots,X_{n_1})$与$(Y_1,Y_2,\cdots,Y_{n_2})$分别取自总体 $X \sim N(\mu_1,\sigma^2)$ 和 $Y \sim N(\mu_2,\sigma^2)$ 且相互独立,α 和 β 是两个已知常数,试求 $\dfrac{\alpha(\overline{X}-\mu_1)+\beta(\overline{Y}-\mu_2)}{\sqrt{\dfrac{(n_1-1)S_1^2+(n_2-1)S_2^2}{n_1+n_2-2}\left(\dfrac{\alpha^2}{n_1}+\dfrac{\beta^2}{n_2}\right)}}$ 的分布,其中 $S_1^2 = \dfrac{1}{n_1-1}\sum\limits_{i=1}^{n_1}(X_i-\overline{X})^2$,$S_2^2 = \dfrac{1}{n_2-1}\sum\limits_{i=1}^{n_2}(Y_i-\overline{Y})^2$.

22. 设$(X_1,X_2,\cdots,X_n)$是取自正态总体 $X \sim N(\mu,\sigma^2)$ 的一个样本,令 $d = \dfrac{1}{n}\sum\limits_{i=1}^{n}|X_i-\mu|$,试证:

$$E(d) = \sqrt{\frac{2}{\pi}}\sigma, \quad D(d) = \left(1-\frac{2}{\pi}\right)\frac{\sigma^2}{n}.$$

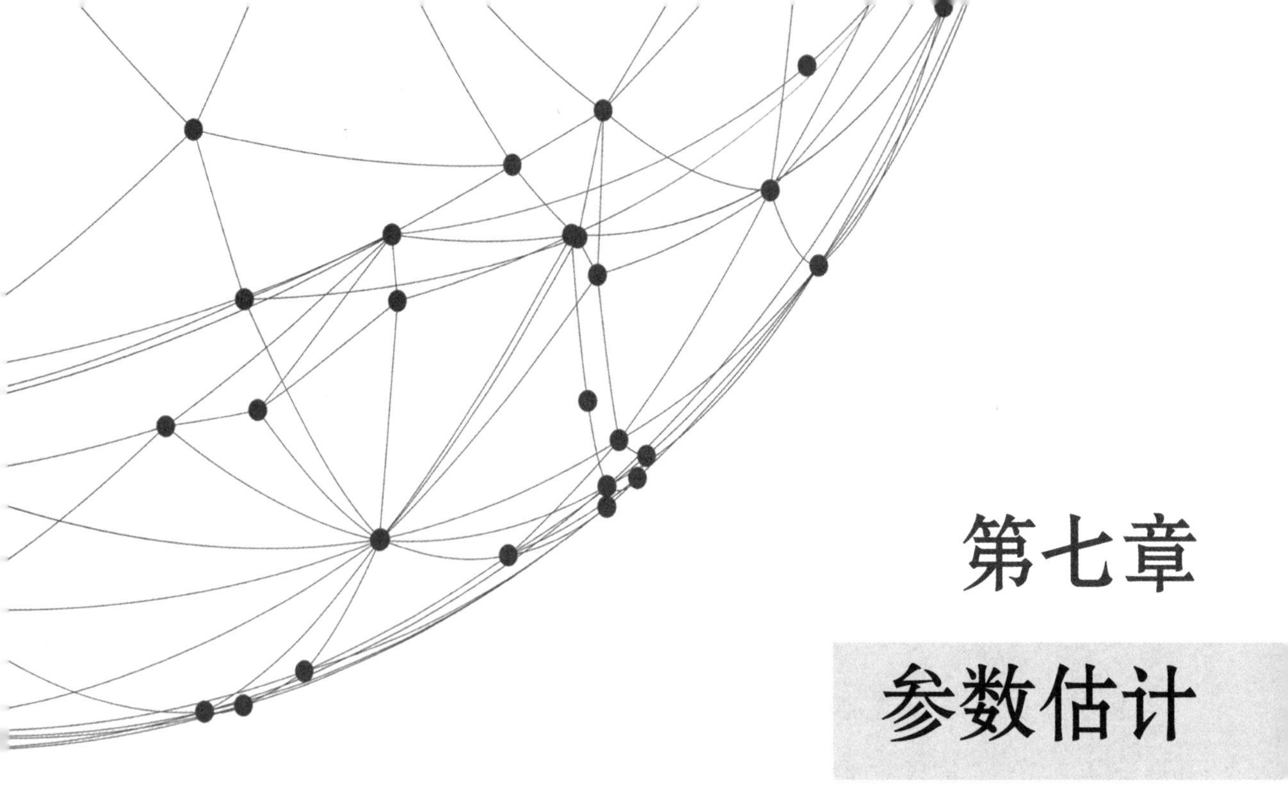

第七章 参数估计

在实际问题中,当所研究的总体分布类型已知,但分布中含有一个或多个未知参数时,如何根据样本来估计未知参数,这就是参数估计问题. 参数估计问题分为点估计问题与区间估计问题两类. 所谓点估计就是用某一个函数值作为总体未知参数的估计值;区间估计就是对未知参数给出一个范围,并且在一定的可信度下使这个范围包含未知参数的真值.

假设总体 X 的概率密度 $f(x;\theta)$ 的密度表达式是已知的,但是该函数依赖于未知参数 θ,只知道它可能的取值范围是集合 Θ,称 Θ 为 θ 的**参数空间**. 于是就得到一族函数 $\{f(x;\theta) \mid \theta \in \Theta\}$,参数估计的任务是,根据样本中已知的信息,在该分布族中选择一个分布作为总体的分布,即根据样本从集合 Θ 中选定一个具体的数值作为总体概率密度的 θ 的值,这样总体的分布就从不明确变成明确具体的了. 本章讨论参数估计的常用方法、估计的优良性以及区间估计问题.

课程思政

§7.1　点　估　计

设$(X_1,X_2,\cdots,X_n)$是取自分布函数为$F(x;\theta)$的总体X的一个样本,其相应的一个样本观察值为$(x_1,x_2,\cdots,x_n)$,点估计问题就是要构造一个适当的统计量$\hat{\theta}(X_1,X_2,\cdots,X_n)$作为未知参数$\theta$的估计量,用它的观察值$\hat{\theta}(x_1,x_2,\cdots,x_n)$作为未知参数的近似值,一般称$\hat{\theta}(X_1,X_2,\cdots,X_n)$为$\theta$的**估计量**,称$\hat{\theta}(x_1,x_2,\cdots,x_n)$为$\theta$的**估计值**.显然,估计量是一个统计量,估计值是这个统计量的一次具体取值,对不同的样本观察值,估计值一般是不同的.在不致引起误解的情况下,估计量与估计值统称为**估计**,简记为$\hat{\theta}$,它们的具体含义可从上下文进行区别.

在构造统计量时,利用不同的原理和思想就可以得到不同的统计量,常用的有矩估计和极大似然估计.

7.1.1　矩估计

矩估计法是皮尔逊提出的,其基本思想是用样本矩及其函数估计相应的总体矩及其函数,原理是依据大数定律,当总体的k阶矩存在时,样本的k阶矩依概率收敛于总体的k阶矩.

定义 7.1.1　已知总体X的概率密度为$f(x;\theta_1,\theta_2,\cdots,\theta_s)$,其中$(\theta_1,\theta_2,\cdots,\theta_s)\in\Theta$是$s$个未知参数.设$(X_1,X_2,\cdots,X_n)$是取自总体$X$的一个样本,$X$的$k$阶矩$E(X^k)$存在,且$E(X^k)=h_k(\theta_1,\theta_2,\cdots,\theta_s)(k=1,2,\cdots,s)$,样本的$k$阶矩为$A_k=\frac{1}{n}\sum_{i=1}^{n}X_i^k(k=1,2,\cdots,s)$.令

$$\begin{cases}h_1(\theta_1,\theta_2,\cdots,\theta_s)=A_1,\\ h_2(\theta_1,\theta_2,\cdots,\theta_s)=A_2,\\ \quad\cdots\cdots\\ h_s(\theta_1,\theta_2,\cdots,\theta_s)=A_s,\end{cases}$$

矩估计及其应用举例

解上述方程组可得$\theta_1,\theta_2,\cdots,\theta_s$的一组解$\hat{\theta}_i=\hat{\theta}_i(X_1,X_2,\cdots,X_n)(i=1,2,\cdots,s)$,这就是$\theta_1,\theta_2,\cdots,\theta_s$的**矩估计**.

从本质上讲,应用矩估计的估计方法时,如果待估参数有s个,那找到s个不同的方程构成方程组即可.但高阶矩的计算要比低阶矩的计算复杂,所以人们习惯优先选择低阶矩.另外,也可用中心矩建立关于未知参数的方程组,有时还可以混合使用原点矩和中心矩以建立关于未知参数的方程组.这就导致矩估计的不唯一性,下面通过一个简单的例子说明这一过程.

例 7.1.1　设总体X服从参数为λ的泊松分布,求参数λ的矩估计.

解　由于$\lambda=E(X)=D(X)$,易知

$$\hat{\lambda}=\overline{X}\quad\text{或}\quad\hat{\lambda}=\frac{1}{n}\sum_{i=1}^{n}(X_i-\overline{X})^2=B_2.$$

易见,同一个参数的矩估计不唯一.

例 7.1.2 设$(X_1,X_2,\cdots,X_n)$是取自总体 X 的一个样本,且 X 的概率密度为 $f(x)=\frac{1}{2\sigma}e^{-\frac{|x|}{\sigma}}$,求参数$\sigma$ 的矩估计.

解 由于

$$E(X)=\int_{-\infty}^{+\infty}\frac{x}{2\sigma}e^{-\frac{|x|}{\sigma}}dx=0,$$

$$E(X^2)=\int_{-\infty}^{+\infty}\frac{x^2}{2\sigma}e^{-\frac{|x|}{\sigma}}dx=\frac{1}{\sigma}\int_0^{+\infty}x^2e^{-\frac{x}{\sigma}}dx=-\int_0^{+\infty}x^2d(e^{-\frac{x}{\sigma}})=\int_0^{+\infty}2xe^{-\frac{x}{\sigma}}dx$$

$$=-2\sigma\int_0^{+\infty}xd(e^{-\frac{x}{\sigma}})=2\sigma\int_0^{+\infty}e^{-\frac{x}{\sigma}}dx=2\sigma^2.$$

令 $2\hat{\sigma}^2=\frac{1}{n}\sum_{i=1}^n X_i^2$,得到$\sigma$ 的矩估计为

$$\hat{\sigma}=\sqrt{\sum_{i=1}^n\frac{X_i^2}{2n}}.$$

例 7.1.3 设总体 $X\sim U[a,b]$,a 与 b 是未知参数,求 a 与 b 的矩估计.

解 由 $E(X)=\frac{a+b}{2}$,$D(X)=\frac{(b-a)^2}{12}$,可得

$$E(X^2)=D(X)+(E(X))^2=\frac{(b-a)^2}{12}+\left(\frac{a+b}{2}\right)^2.$$

根据矩估计法,令

$$\begin{cases}\frac{\hat{a}+\hat{b}}{2}=\overline{X},\\ \frac{(\hat{b}-\hat{a})^2}{12}+\left(\frac{\hat{a}+\hat{b}}{2}\right)^2=A_2=\frac{1}{n}\sum_{i=1}^n X_i^2,\end{cases}$$

解得 $\hat{a}=\overline{X}-\sqrt{\frac{3}{n}\sum_{i=1}^n(X_i-\overline{X})^2}$,$\hat{b}=\overline{X}+\sqrt{\frac{3}{n}\sum_{i=1}^n(X_i-\overline{X})^2}$.

例 7.1.4 设总体 X 的均值μ 及方差σ^2 都存在,且有$\sigma^2>0$,但μ,σ^2 均未知. 又设$(X_1,X_2,\cdots,X_n)$是取自总体 X 的一个样本,试求μ,σ^2 的矩估计.

解 因为

$$\begin{cases}\mu_1=E(X)=\mu,\\ \mu_2=E(X^2)=D(X)+(E(X))^2=\sigma^2+\mu^2,\end{cases}$$

所以由矩估计法,令

$$\begin{cases}\hat{\mu}=\overline{X},\\ \hat{\sigma}^2+\hat{\mu}^2=\frac{1}{n}\sum_{i=1}^n X_i^2,\end{cases}$$

解得

$$\begin{cases}\hat{\mu}=\overline{X},\\ \hat{\sigma}^2=\dfrac{1}{n}\sum\limits_{i=1}^{n}(X_i-\overline{X})^2.\end{cases}$$

例 7.1.4 的结果表明，不管总体服从什么分布，总体均值和方差的矩估计分别是样本均值和样本二阶中心矩.

7.1.2　极大似然估计

极大似然估计法由英国统计学家费希尔首先提出，其思想可以用一个例子说明.

现有外形相同的甲、乙两个箱子，各装 100 个球，其中甲箱有 99 个白球和 1 个红球，乙箱有 1 个白球和 99 个红球. 现从两箱中任取一箱，并从箱中任取一球，结果所取得的球是白球. 试问：取到的是哪个箱子？显然，选择甲箱的正确率是 0.99，选择乙箱的正确率是 0.01. 因此，理性的选择应该是甲箱，即选择使观察值出现可能性最大的参数.

极大似然估计的基本思想是：设总体分布的函数形式已知，但有未知参数 $\theta,\theta\in\Theta$. 在一次抽样中，获得了样本 $(X_1,X_2,\cdots,X_n)$ 的一组观察值 $(x_1,x_2,\cdots,x_n)$，θ 的取值应是使样本观察值出现概率最大的那个值，记作 $\hat{\theta}$，称为 θ 的**极大似然估计**. 这种求估计的方法称为**极大似然估计法**.

定义 7.1.2　当总体 X 是离散型随机变量时，设 $P\{X_i=x_i\}=p(x_i;\theta)(i=1,2,\cdots,n)$，其中 θ 为未知参数. 假定 $(x_1,x_2,\cdots,x_n)$ 为样本 $(X_1,X_2,\cdots,X_n)$ 的一个观察值，则定义**似然函数**

$$L(\theta)=P\{X_1=x_1,X_2=x_2,\cdots,X_n=x_n\}=\prod_{i=1}^{n}p(x_i;\theta).$$

当总体 X 是连续型随机变量时，设 X_i 的概率密度为 $f(x_i;\theta)(i=1,2,\cdots,n)$，其中 θ 为未知参数，则定义似然函数

$$L(\theta)=L(x_1,x_2,\cdots,x_n;\theta)=\prod_{i=1}^{n}f(x_i;\theta).$$

极大似然估计及其应用举例

定义 7.1.3　设 $(X_1,X_2,\cdots,X_n)$ 是取自总体 X 的一个样本. 若存在 $\hat{\theta}=\hat{\theta}(x_1,x_2,\cdots,x_n)$，使得

$$L(\hat{\theta})=\max_{\theta\in\Theta}L(x_1,x_2,\cdots,x_n;\theta),$$

则称 $\hat{\theta}=\hat{\theta}(x_1,x_2,\cdots,x_n)$ 为参数 θ 的**极大似然估计**.

似然函数的求解通常可以通过求导数来解决，为了计算方便，通常用 $\ln L(\theta)$ 代替 $L(\theta)$ 来求导数，因为这两个函数同时达到最大值.

例 7.1.5　设总体 X 服从两点分布，其分布律为 $P\{X_i=x_i\}=p^{x_i}(1-p)^{1-x_i}(x_i=0,1)$. 若 $(X_1,X_2,\cdots,X_n)$ 是取自该正态总体的一个样本，试求参数 p 的极大似然估计.

解　似然函数为

$$L(p)=P\{X_1=x_1,X_2=x_2,\cdots,X_n=x_n\}$$

$$=p^{x_1}(1-p)^{1-x_1}p^{x_2}(1-p)^{1-x_2}\cdots p^{x_n}(1-p)^{1-x_n}=p^{\sum\limits_{i=1}^{n}x_i}(1-p)^{n-\sum\limits_{i=1}^{n}x_i}.$$

上式两边同时取对数,得

$$\ln L(p)=\sum_{i=1}^{n}x_i\ln p+\left(n-\sum_{i=1}^{n}x_i\right)\ln(1-p).$$

上式两边对 p 求导数,并令其等于零,有

$$\frac{\mathrm{d}\ln L(p)}{\mathrm{d}p}=\frac{\sum\limits_{i=1}^{n}x_i}{p}-\frac{n-\sum\limits_{i=1}^{n}x_i}{1-p}=0,$$

解得 $\hat{p}=\frac{1}{n}\sum\limits_{i=1}^{n}x_i=\bar{x}$.

例 7.1.6 设正态总体 $X\sim N(\mu,\sigma^2)$ 的两个参数 μ,σ^2 未知,$(X_1,X_2,\cdots,X_n)$ 是取自该正态总体的一个样本,试求参数 μ,σ^2 的极大似然估计.

解 似然函数为

$$L(\mu,\sigma^2)=\prod_{i=1}^{n}\frac{1}{\sqrt{2\pi}\sigma}\mathrm{e}^{-\frac{(x_i-\mu)^2}{2\sigma^2}}.$$

上式两边同时取对数,得

$$\ln L(\mu,\sigma^2)=-\frac{n}{2}\ln 2\pi-\frac{n}{2}\ln\sigma^2-\frac{1}{2\sigma^2}\sum_{i=1}^{n}(x_i-\mu)^2.$$

上式两边分别对 μ 及 σ^2 求偏导数,并令其等于零,有

$$\begin{cases}\dfrac{\partial\ln L}{\partial\mu}=\dfrac{\sum\limits_{i=1}^{n}(x_i-\mu)}{\sigma^2}=0,\\[2ex]\dfrac{\partial\ln L}{\partial\sigma^2}=-\dfrac{n}{2\sigma^2}+\dfrac{\sum\limits_{i=1}^{n}(x_i-\mu)^2}{2\sigma^4}=0.\end{cases}$$

解上述方程组,得极大似然估计为

$$\hat{\mu}=\frac{1}{n}\sum_{i=1}^{n}x_i=\bar{x},\quad \hat{\sigma}^2=\frac{1}{n}\sum_{i=1}^{n}(x_i-\bar{x})^2.$$

从以上例子可以看出,求未知参数的极大似然估计往往可以归结为解一个方程(或方程组),但有时此种方法失效.

例 7.1.7 设总体 X 在区间$[a,b]$上服从均匀分布,a 与 b 未知,$(x_1,x_2,\cdots,x_n)$ 是一个样本观察值,试求 a,b 的极大似然估计.

解 设 $x_{(1)},x_{(n)}$ 分别表示 $x_1,x_2,\cdots,x_n$ 的最小值和最大值. 似然函数为

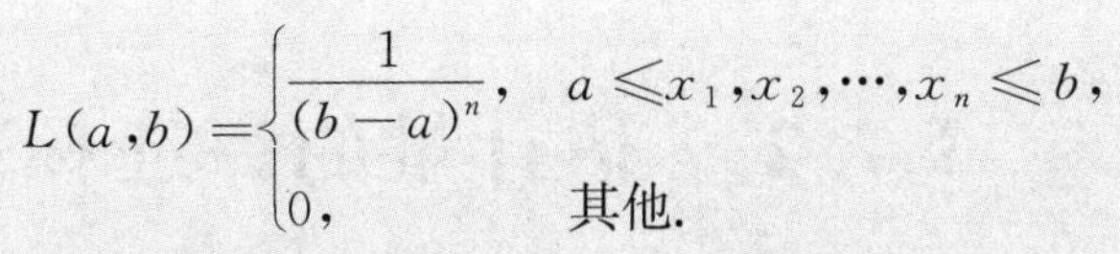

$$L(a,b)=\begin{cases}\dfrac{1}{(b-a)^n}, & a\leqslant x_1,x_2,\cdots,x_n\leqslant b,\\ 0, & \text{其他}.\end{cases}$$

显然，$a\leqslant x_1,x_2,\cdots,x_n\leqslant b$ 等价于 $a\leqslant x_{(1)},x_{(n)}\leqslant b$，则

$$L(a,b)=\begin{cases}\dfrac{1}{(b-a)^n}, & a\leqslant x_{(1)},x_{(n)}\leqslant b,\\ 0, & \text{其他}.\end{cases}$$

于是，对于满足 $a\leqslant x_{(1)},x_{(n)}\leqslant b$ 的任意 a,b 有

$$L(a,b)=\frac{1}{(b-a)^n}\leqslant\frac{1}{(x_{(n)}-x_{(1)})^n},$$

即 $L(a,b)$ 在 $a=x_{(1)},b=x_{(n)}$ 时取到最大值，故 a,b 的极大似然估计分别为

$$\hat{a}=x_{(1)}=\min_{1\leqslant i\leqslant n}x_i,\quad \hat{b}=x_{(n)}=\max_{1\leqslant i\leqslant n}x_i.$$

例 7.1.8　设总体 X 的概率密度为

$$f(x;\mu,\theta)=\frac{1}{\theta}\exp\left(-\frac{x-\mu}{\theta}\right)\quad(\mu<x,\theta>0),$$

取自 X 的一个样本为 $(X_1,X_2,\cdots,X_n)$，试求 μ 和 θ 的极大似然估计.

解　似然函数为

$$L(\mu,\theta)=\frac{1}{\theta^n}\exp\left(-\sum_{i=1}^{n}\frac{x_i-\mu}{\theta}\right)\quad(\mu<x_{(1)}).$$

上式两边同时取对数，得

$$\ln L(\mu,\theta)=-n\ln\theta-\sum_{i=1}^{n}\frac{x_i-\mu}{\theta}\quad(\mu<x_{(1)}).$$

注意到，$\ln L(\mu,\theta)$ 是 μ 的递增函数，要使上式达到最大，则

$$\hat{\mu}=x_{(1)}.$$

再令

$$\frac{\partial\ln L(\mu,\theta)}{\partial\theta}=-\frac{n}{\theta}+\sum_{i=1}^{n}\frac{x_i-\mu}{\theta^2}=0,$$

解得

$$\hat{\theta}=\sum_{i=1}^{n}\frac{x_i-\hat{\mu}}{n}=\bar{x}-\hat{\mu}.$$

矩估计与极大似然估计是两种不同的估计方法，对同一未知参数，有时它们的估计结果相同，但有时它们的估计结果不同. 经验表明，在已知总体的分布类型时，用极大似然估计要比矩估计好一些.

§7.2 估计量的评选标准

矩估计和极大似然估计提供了两种参数的估计方法,但对同一个未知参数,可能有多个估计量来估计它.在众多的估计中,我们希望得到最优的估计量,自然就涉及估计量的评选标准问题.

7.2.1 无偏性

设$\hat{\theta}$是总体参数θ的一个估计量,$\hat{\theta}-\theta$反映了估计的误差,在一次抽样中,我们无法知道$\hat{\theta}$和θ之间的偏差有多大,但如果大量抽样,由这些样本计算得到的$\hat{\theta}$值的平均值等于θ,即在平均意义上,$\hat{\theta}$集中在θ.

估计量的评选标准

定义 7.2.1 设$\hat{\theta}=\hat{\theta}(X_1,X_2,\cdots,X_n)$是总体$X$的概率密度$f(x;\theta)$,$\theta\in\Theta$的未知参数$\theta$的一个估计.若对于所有的$\theta\in\Theta$,都有

$$E(\hat{\theta}(X_1,X_2,\cdots,X_n))=\theta,$$

则称$\hat{\theta}(X_1,X_2,\cdots,X_n)$是$\theta$的**无偏估计**,否则称为**有偏估计**,或称为存在**系统性偏差**.若存在$\hat{\theta}$满足

$$\lim_{n\to\infty}E(\hat{\theta}(X_1,X_2,\cdots,X_n))=\theta,$$

则称$\hat{\theta}(X_1,X_2,\cdots,X_n)$是$\theta$的**渐近无偏估计**.

例 7.2.1 设$(X_1,X_2,\cdots,X_n)$是取自总体$X\sim N(\mu,\sigma^2)$的一个样本,试证:样本方差$S^2=\frac{1}{n-1}\sum_{i=1}^{n}(X_i-\overline{X})^2$为$\sigma^2$的无偏估计,而样本二阶中心矩$B_2=\frac{1}{n}\sum_{i=1}^{n}(X_i-\overline{X})^2$不是$\sigma^2$的无偏估计.

证明 由$X_i\sim N(\mu,\sigma^2)(i=1,2,\cdots,n)$,可知

$$\frac{(n-1)S^2}{\sigma^2}\sim\chi^2(n-1),$$

从而

$$E\left(\frac{(n-1)S^2}{\sigma^2}\right)=n-1.$$

因此,$E(S^2)=\sigma^2$,即S^2是σ^2的无偏估计.又

$$B_2=\frac{n-1}{n}\frac{\sum_{i=1}^{n}(X_i-\overline{X})^2}{n-1}=\frac{n-1}{n}S^2,$$

可得

$$E(B_2)=E\left(\frac{n-1}{n}S^2\right)=\frac{n-1}{n}\sigma^2\neq\sigma^2,$$

故样本二阶中心矩B_2 不是总体二阶中心矩σ^2 的无偏估计.

例 7.2.2 设总体 $X\sim N(0,\sigma^2)$,$(X_1,X_2,\cdots,X_n)$ 是取自总体 X 的一个样本.

(1) 证明:$\hat{\sigma}^2=\frac{1}{n}\sum\limits_{i=1}^{n}X_i^2$ 是σ^2 的无偏估计.

(2) 求$D(\hat{\sigma}^2)$.

解 (1) 由$X_i\sim N(0,\sigma^2)(i=1,2,\cdots,n)$,可知 $E(X_i)=0$, $D(X_i)=\sigma^2$,从而

$$E(\hat{\sigma}^2)=\frac{1}{n}\sum_{i=1}^{n}E(X_i^2)=\frac{1}{n}n\sigma^2=\sigma^2.$$

因此,$\hat{\sigma}^2=\frac{1}{n}\sum\limits_{i=1}^{n}X_i^2$ 是σ^2 的无偏估计.

(2) 注意到 $\frac{X_i}{\sigma}\sim N(0,1)(i=1,2,\cdots,n)$,从而$\frac{\sum\limits_{i=1}^{n}X_i^2}{\sigma^2}\sim\chi^2(n)$,于是有

$$D\left(\frac{1}{\sigma^2}\sum_{i=1}^{n}X_i^2\right)=2n.$$

由此可得

$$D(\hat{\sigma}^2)=D\left(\frac{1}{n}\sum_{i=1}^{n}X_i^2\right)=\frac{\sigma^4}{n^2}D\left(\frac{1}{\sigma^2}\sum_{i=1}^{n}X_i^2\right)=\frac{2\sigma^4}{n}.$$

7.2.2 有效性

无偏估计表明,用一个估计量$\hat{\theta}(X_1,X_2,\cdots,X_n)$ 反复估计未知参数 θ 时,尽管某次的误差$\hat{\theta}-\theta$ 可能不为零,但平均误差总是零. 这个特点有其不合理的地方,因为总误差应该累计计算,而不应该相互抵消. 这就是说,较合理的估计量应该是希望$E((\hat{\theta}-\theta)^2)$ 越小越好. 当$\hat{\theta}$ 是无偏估计时,$E((\hat{\theta}-\theta)^2)=D(\hat{\theta})$,这样就得到有效性的概念.

定义 7.2.2 设$\hat{\theta}_1$,$\hat{\theta}_2$ 均为未知参数 θ 的无偏估计. 若

$$D(\hat{\theta}_1)<D(\hat{\theta}_2),$$

则称$\hat{\theta}_1$ 比$\hat{\theta}_2$ **有效**.

例 7.2.3 已知总体 X 的均值为μ、方差为σ^2,从该总体中取一个样本$(X_1,X_2,\cdots,X_n)$,则$X_i(i=1,2,\cdots,n)$ 和$\overline{X}=\frac{1}{n}\sum\limits_{i=1}^{n}X_i$ 均为μ 的无偏估计,试问:哪一个估计更有效?

解 因为$E(\overline{X})=\mu$,$E(X_i)=\mu(i=1,2,\cdots,n)$,所以$\overline{X}$,$X_i$ 均为μ 的无偏估计. 但是

$$D(\overline{X})=\frac{1}{n^2}\sum_{i=1}^{n}D(X_i)=\frac{\sigma^2}{n},\quad D(X_i)=\sigma^2,$$

可见 $D(\overline{X})<D(X_i)$，因此 $\overline{X}$ 比 X_i 有效.

例 7.2.4 设总体 X 在区间 $[0,\theta]$ 上服从均匀分布，$(X_1,X_2,\cdots,X_n)$ 是取自总体 X 的一个样本，$\overline{X}=\frac{1}{n}\sum_{i=1}^{n}X_i$，$X_{(n)}=\max\{X_1,X_2,\cdots,X_n\}$. 试求常数 a,b，使得 $\hat{\theta}_1=a\overline{X}$，$\hat{\theta}_2=bX_{(n)}$ 均为 θ 的无偏估计，并比较其有效性.

解 根据已知条件可知，X 的概率密度及分布函数分别为

$$f(x)=\begin{cases}\frac{1}{\theta}, & 0\leqslant x\leqslant\theta,\\ 0, & \text{其他},\end{cases}\qquad F(x)=\begin{cases}0, & x<0,\\ \frac{x}{\theta}, & 0\leqslant x\leqslant\theta,\\ 1, & x>\theta.\end{cases}$$

于是有 $E(X)=\frac{\theta}{2}$，$D(X)=\frac{\theta^2}{12}$，故

$$E(\hat{\theta}_1)=aE(\overline{X})=\frac{a\theta}{2}.$$

可见，当 $a=2$ 时，$E(\hat{\theta}_1)=\theta$，$\hat{\theta}_1$ 为 θ 的无偏估计，且其方差为

$$D(\hat{\theta}_1)=D(2\overline{X})=\frac{\theta^2}{3n}.$$

再求出 $X_{(n)}$ 的概率密度为

$$f_n(x)=n[F(x)]^{n-1}f(x)=\begin{cases}\frac{nx^{n-1}}{\theta^n}, & 0\leqslant x\leqslant\theta,\\ 0, & \text{其他},\end{cases}$$

所以

$$E(X_{(n)})=\int_0^{\theta}\frac{nx^n}{\theta^n}\mathrm{d}x=\frac{n\theta}{n+1},$$

$$E(X_{(n)}^2)=\int_0^{\theta}\frac{nx^{n+1}}{\theta^n}\mathrm{d}x=\frac{n\theta^2}{n+2},$$

$$D(X_{(n)})=\frac{n\theta^2}{(n+2)(n+1)^2}.$$

由于

$$E(\hat{\theta}_2)=bE(X_{(n)})=\frac{nb\theta}{n+1},$$

因此当 $b=\frac{n+1}{n}$ 时，$E(\hat{\theta}_2)=\theta$，即 $\hat{\theta}_2=\frac{n+1}{n}X_{(n)}$ 为 θ 的无偏估计，且

$$D(\hat{\theta}_2)=\left(\frac{n+1}{n}\right)^2\frac{n\theta^2}{(n+2)(n+1)^2}=\frac{\theta^2}{n(n+2)}<\frac{\theta^2}{3n}=D(\hat{\theta}_1),$$

故 $\hat{\theta}_2$ 比 $\hat{\theta}_1$ 有效.

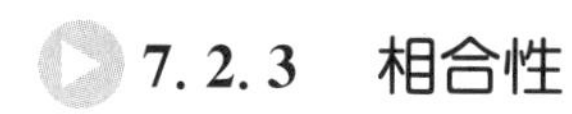

7.2.3　相合性

当使用$\hat{\theta}(X_1,X_2,\cdots,X_n)$估计$\theta$时，$|\hat{\theta}(X_1,X_2,\cdots,X_n)-\theta|$是反映误差的一个较为合理的量. 当样本容量$n$增大时，一个合理的估计应该使得$|\hat{\theta}-\theta|$趋近于零，这就得到相合性的概念.

定义 7.2.3　设$\hat{\theta}(X_1,X_2,\cdots,X_n)$为参数$\theta$的一个估计. 若对于任意给定的$\varepsilon>0$，都有

$$\lim_{n\to\infty}P\{|\hat{\theta}-\theta|\geqslant\varepsilon\}=0,$$

即$\hat{\theta}$依概率收敛于θ，则称$\hat{\theta}$为θ的**相合估计**或**一致估计**.

定理 7.2.1　**设$\hat{\theta}(X_1,X_2,\cdots,X_n)$为$\theta$的一个无偏估计. 若$\lim_{n\to\infty}D(\hat{\theta})=0$，则$\hat{\theta}$为$\theta$的相合估计.**

证明　由切比雪夫不等式可知，对于任意$\varepsilon>0$，都有

$$P\{|\hat{\theta}-\theta|\geqslant\varepsilon\}\leqslant\frac{D(\hat{\theta})}{\varepsilon^2}.$$

由$\lim_{n\to\infty}D(\hat{\theta})=0$得

$$\lim_{n\to\infty}P\{|\hat{\theta}-\theta|\geqslant\varepsilon\}=0,$$

因此$\hat{\theta}$为θ的相合估计.

根据定理7.2.1，例7.2.1中的样本方差$S^2=\frac{1}{n-1}\sum_{i=1}^{n}(X_i-\overline{X})^2$是$\sigma^2$的相合估计. 进一步，可以证明样本二阶中心矩$B_2=\frac{1}{n}\sum_{i=1}^{n}(X_i-\overline{X})^2=\frac{n-1}{n}S^2$也是$\sigma^2$的相合估计.

§7.3　置信区间

参数的点估计，对于一个确定的点估计量，只要给定样本观察值就能算出参数的一个点估计，这在使用中颇为方便. 但点估计没有提供关于精度的任何信息，在实际问题中，人们希望通过样本给出一个范围，使其按所要求的概率包含我们所感兴趣的参数. 在统计学上，一般称这个范围为**置信区间**.

定义 7.3.1　设$(X_1,X_2,\cdots,X_n)$是取自总体X的一个样本，$\theta\in\Theta$为未知参数. 对于给定的$\alpha(0<\alpha<1)$，若存在两个统计量$\hat{\theta}_1(X_1,X_2,\cdots,X_n)$和$\hat{\theta}_2(X_1,X_2,\cdots,X_n)$，满足

$$P\{\hat{\theta}_1(X_1,X_2,\cdots,X_n)<\theta<\hat{\theta}_2(X_1,X_2,\cdots,X_n)\}=1-\alpha,$$

置信区间的概念

则称随机区间$(\hat{\theta}_1,\hat{\theta}_2)$为$\theta$的**置信区间**，$\hat{\theta}_1,\hat{\theta}_2$分别称为双侧置信区间的**置信下限**和**置信上限**，$1-\alpha$称为**置信度**或**置信水平**.

置信度 $1-\alpha$ 在区间估计中的含义是，随机区间$(\hat{\theta}_1,\hat{\theta}_2)$包含 θ 的可信程度. 具体解释为：若重复抽样多次，区间$(\hat{\theta}_1,\hat{\theta}_2)$有 $1-\alpha$ 的机会包含真值 θ. 例如，取 $\alpha=0.05$ 时，那么在 100 次区间估计中，大约有 95 个区间包含真值 θ，而不含 θ 的区间约占 5 个.

例 7.3.1 设某种清漆的 9 个样品，其干燥时间(单位：h) 分别为

$$6.0,\quad 5.7,\quad 5.8,\quad 6.5,\quad 7.0,\quad 6.3,\quad 5.6,\quad 6.1,\quad 5.0.$$

设干燥时间总体 X 服从正态分布 $N(\mu,\sigma^2)$，其中 $\sigma^2=0.6^2$. 经计算 $\overline{x}=6.0$，从点估计的观点看，参数 μ 的点估计是 6.0，但如何确定 μ 的一个合理的区间估计 $[\mu-d,\mu+d]$？这里产生两个问题：

(1) d 的长度应该是多长才合理?

(2) 该区间估计包含未知参数的可信度如何?

直观上理解，d 越大其可信度越高，若区间估计过长便失去了实际意义；反之，d 越小，表面上看似乎区间估计相当精确，但可信度低. 如何处理这个矛盾?

已知总体均值 μ 可用样本均值 $\overline{X}$ 来估计. 因 $\overline{X}\sim N\left(\mu,\dfrac{\sigma^2}{n}\right)$，故有统计量

$$U=\frac{\overline{X}-\mu}{\sigma/\sqrt{n}}\sim N(0,1).$$

由标准正态分布的对称性及上侧 α 分位数的定义可知

$$P\{|U|<u_{\frac{\alpha}{2}}\}=P\{-u_{\frac{\alpha}{2}}<U<u_{\frac{\alpha}{2}}\}=1-\alpha,$$

即

$$P\left\{-u_{\frac{\alpha}{2}}<\frac{\overline{X}-\mu}{\sigma/\sqrt{n}}<u_{\frac{\alpha}{2}}\right\}=P\left\{\overline{X}-\frac{\sigma}{\sqrt{n}}u_{\frac{\alpha}{2}}<\mu<\overline{X}+\frac{\sigma}{\sqrt{n}}u_{\frac{\alpha}{2}}\right\}=1-\alpha.$$

这说明能以 $1-\alpha$ 的概率保证 μ 落在区间

$$\left(\overline{X}-\frac{\sigma}{\sqrt{n}}u_{\frac{\alpha}{2}},\overline{X}+\frac{\sigma}{\sqrt{n}}u_{\frac{\alpha}{2}}\right).$$

取 $\alpha=0.05$，查附表 2 得 $u_{\frac{\alpha}{2}}=u_{0.025}=1.96$. 将 $\overline{x}=6.0,\sigma=0.6,n=9$，代入上式得 μ 的置信度为 0.95 的置信区间为$(5.608,6.392)$.

由以上例子，求未知参数置信区间的具体步骤如下：

(1) 寻求一个样本$(X_1,X_2,\cdots,X_n)$的函数

$$W=W(X_1,X_2,\cdots,X_n;\theta),$$

它包含待估参数 θ，但不包含其他未知参数，并且要求 W 的分布已知.

(2) 对于给定的置信度 $1-\alpha$，定出两个常数 $a<b$，使得

$$P\{a<W(X_1,X_2,\cdots,X_n;\theta)<b\}\geqslant 1-\alpha.$$

通常取 b 为 W 的分布的 $\dfrac{\alpha}{2}$ 分位数，a 为 W 的分布的 $1-\dfrac{\alpha}{2}$ 分位数.

(3) 将 $a<W(X_1,X_2,\cdots,X_n;\theta)<b$ 变形，得等价不等式

$$\hat{\theta}_1(X_1,X_2,\cdots,X_n)<\theta<\hat{\theta}_2(X_1,X_2,\cdots,X_n),$$

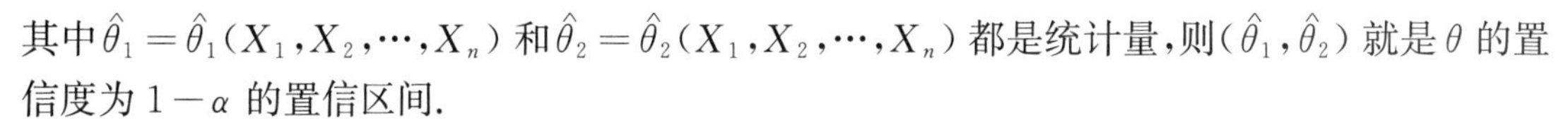

其中$\hat{\theta}_1=\hat{\theta}_1(X_1,X_2,\cdots,X_n)$和$\hat{\theta}_2=\hat{\theta}_2(X_1,X_2,\cdots,X_n)$都是统计量，则$(\hat{\theta}_1,\hat{\theta}_2)$就是$\theta$的置信度为$1-\alpha$的置信区间.

在某些实际问题中，我们有时只关心参数的上限或下限. 例如，对于电气设备，人们总希望它们的寿命越长越好，这时寿命的“下限”是一个很重要的指标；而对于某种药物，人们却希望其毒性越小越好，这时药物毒性的“上限”便成了一个重要的指标. 这就引出了单侧置信区间的概念.

定义 7.3.2　设θ是总体分布中的未知参数. 若由样本$(X_1,X_2,\cdots,X_n)$所确定的统计量$\underline{\theta}=\underline{\theta}(X_1,X_2,\cdots,X_n)$，对于给定的$\alpha(0<\alpha<1)$，任意的$\theta\in\Theta$满足

$$P\{\theta>\underline{\theta}\}=1-\alpha,$$

则称随机区间$(\underline{\theta},+\infty)$为$\theta$的置信度为$1-\alpha$的**单侧置信区间**，$\underline{\theta}$称为$\theta$的置信度为$1-\alpha$的**单侧置信下限**. 若存在$\overline{\theta}=\overline{\theta}(X_1,X_2,\cdots,X_n)$，满足

$$P\{\theta<\overline{\theta}\}=1-\alpha,$$

则称随机区间$(-\infty,\overline{\theta})$为$\theta$的置信度为$1-\alpha$的单侧置信区间，$\overline{\theta}$称为$\theta$的置信度为$1-\alpha$的**单侧置信上限**.

例 7.3.2　为了估计一批钢索所能承受的平均应力(单位：$\mathrm{N/cm^2}$)，从中随机地抽取了10个样本进行试验，假定钢索所能承受的应力$X\sim N(\mu,\sigma^2)$，且$\sigma^2=220^2$. 由试验所得数据测得$\overline{x}=6\,720$，试求应力均值的置信度为$\alpha=0.95$的单侧置信下限.

解　由题意知，总体方差已知，选取统计量$U=\dfrac{\overline{X}-\mu}{\sigma/\sqrt{n}}\sim N(0,1)$，得

$$P\left\{\frac{\overline{X}-\mu}{\sigma/\sqrt{n}}<u_\alpha\right\}=1-\alpha,$$

即

$$P\left\{\mu>\overline{X}-\frac{\sigma}{\sqrt{n}}u_\alpha\right\}=1-\alpha.$$

于是，μ的置信度为$1-\alpha$的单侧置信下限为

$$\underline{\mu}=\overline{X}-\frac{\sigma}{\sqrt{n}}u_\alpha.$$

将$\overline{x}=6\,720,\sigma=220,u_{0.05}=1.645,n=10$代入上式得$\underline{\mu}\approx 6\,606$. 由此可知$\mu$的置信度为$\alpha=0.95$的单侧置信区间为$(6\,606,+\infty)$.

§7.4　单个正态总体参数的置信区间

正态总体下未知参数的置信区间是现实中出现频率最高的一类置信区间，本节讨论单个

正态总体下的未知参数的置信区间.

7.4.1 单个正态总体均值 μ 的置信区间

设$(X_1,X_2,\cdots,X_n)$是取自正态总体 $X\sim N(\mu,\sigma^2)$ 的一个样本,总体均值 μ 是未知的.

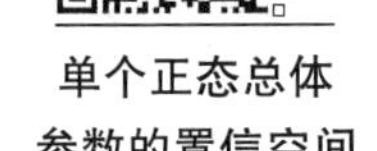

单个正态总体参数的置信空间

1. σ^2 已知

由例 7.3.1 可知,μ 的置信度为 $1-\alpha$ 的置信区间为

$$\left(\overline{X}-\frac{\sigma}{\sqrt{n}}u_{\frac{\alpha}{2}},\overline{X}+\frac{\sigma}{\sqrt{n}}u_{\frac{\alpha}{2}}\right).$$

2. σ^2 未知

此时不能使用上述给出的置信区间. 考虑到$S^2=\frac{1}{n-1}\sum_{i=1}^{n}(X_i-\overline{X})^2$ 是σ^2 的无偏估计,用 S 替代σ,此时 $T=\frac{\overline{X}-\mu}{S/\sqrt{n}}\sim t(n-1)$,从而 $P\left\{\left|\frac{\overline{X}-\mu}{S/\sqrt{n}}\right|<t_{\frac{\alpha}{2}}(n-1)\right\}=1-\alpha$,故

$$P\left\{\overline{X}-\frac{S}{\sqrt{n}}t_{\frac{\alpha}{2}}(n-1)<\mu<\overline{X}+\frac{S}{\sqrt{n}}t_{\frac{\alpha}{2}}(n-1)\right\}=1-\alpha.$$

于是,μ 的置信度为 $1-\alpha$ 的置信区间为

$$\left(\overline{X}-\frac{S}{\sqrt{n}}t_{\frac{\alpha}{2}}(n-1),\overline{X}+\frac{S}{\sqrt{n}}t_{\frac{\alpha}{2}}(n-1)\right).$$

例 7.4.1 某灯具生产厂家生产一种 60 W 的灯泡,假设其寿命(单位:h)X 服从正态分布 $N(\mu,36^2)$. 现在从该厂生产的 60 W 的灯泡中随机地抽取了 27 个产品进行测试,测得它们的平均寿命为 1 478 h. 试求该厂 60 W 灯泡平均寿命的置信度为 95% 的置信区间.

解 由已知条件可得,总体方差 $\sigma^2=36^2$,样本容量 $n=27$,样本均值 $\overline{x}=1\,478$. 因为置信度为 $1-\alpha=0.95$,所以对应的置信区间为

$$\left(\overline{x}-\frac{\sigma}{\sqrt{n}}u_{\frac{\alpha}{2}},\overline{x}+\frac{\sigma}{\sqrt{n}}u_{\frac{\alpha}{2}}\right).$$

查附表 2 可得$u_{\frac{\alpha}{2}}=u_{0.025}=1.96$,将相应的已知值代入上式,得到该厂 60 W 灯泡平均寿命的置信度为 95% 的置信区间为

$$(1\,464.4,1\,491.6).$$

例 7.4.2 某公司生产的雪碧,瓶上标明净容量是 500 mL,现在市场上随机抽取了 25 瓶,测得其平均容量为 499.5 mL,标准差为 2.63 mL. 假定饮料的容量(单位:mL)X 服从正态分布 $N(\mu,\sigma^2)$,试求该公司生产的雪碧的平均容量的置信度为 99% 的置信上限.

解 由$\frac{\overline{X}-\mu}{S/\sqrt{n}}\sim t_\alpha(n-1)$,得

$$P\left\{\frac{\overline{X}-\mu}{S/\sqrt{n}}>-t_\alpha(n-1)\right\}=1-\alpha,$$

则 μ 的置信度为 $1-\alpha$ 的单侧置信区间为

$$\left(-\infty,\overline{X}+\frac{S}{\sqrt{n}}t_{\alpha}(n-1)\right).$$

由 $n=25$,样本均值 $\overline{x}=499.5$,样本标准差 $s=2.63$,取 $\alpha=0.01$,查附表 4 得 $t_{0.01}(24)=2.4922$,于是单侧置信区间为

$$(-\infty,500.8).$$

7.4.2　单个正态总体方差 σ^2 的置信区间

设$(X_1,X_2,\cdots,X_n)$是取自正态总体 $X\sim N(\mu,\sigma^2)$的一个样本,这里 σ^2 未知.

1. μ 已知

当 μ 已知时,$\chi^2=\dfrac{\sum\limits_{i=1}^{n}(X_i-\mu)^2}{\sigma^2}\sim\chi^2(n)$,取置信度为 $1-\alpha$,得

$$P\left\{\chi^2_{1-\frac{\alpha}{2}}(n)<\frac{\sum\limits_{i=1}^{n}(X_i-\mu)^2}{\sigma^2}<\chi^2_{\frac{\alpha}{2}}(n)\right\}=1-\alpha,$$

即

$$P\left\{\frac{\sum\limits_{i=1}^{n}(X_i-\mu)^2}{\chi^2_{\frac{\alpha}{2}}(n)}<\sigma^2<\frac{\sum\limits_{i=1}^{n}(X_i-\mu)^2}{\chi^2_{1-\frac{\alpha}{2}}(n)}\right\}=1-\alpha.$$

于是,单个正态总体方差σ^2 的置信度为 $1-\alpha$ 的置信区间为

$$\left(\frac{\sum\limits_{i=1}^{n}(X_i-\mu)^2}{\chi^2_{\frac{\alpha}{2}}(n)},\frac{\sum\limits_{i=1}^{n}(X_i-\mu)^2}{\chi^2_{1-\frac{\alpha}{2}}(n)}\right).$$

2. μ 未知

当 μ 未知时,$\chi^2=\dfrac{\sum\limits_{i=1}^{n}(X_i-\overline{X})^2}{\sigma^2}=\dfrac{(n-1)S^2}{\sigma^2}\sim\chi^2(n-1)$,取置信度为 $1-\alpha$,得

$$P\left\{\chi^2_{1-\frac{\alpha}{2}}(n-1)<\frac{(n-1)S^2}{\sigma^2}<\chi^2_{\frac{\alpha}{2}}(n-1)\right\}=1-\alpha,$$

即

$$P\left\{\frac{(n-1)S^2}{\chi^2_{\frac{\alpha}{2}}(n-1)}<\sigma^2<\frac{(n-1)S^2}{\chi^2_{1-\frac{\alpha}{2}}(n-1)}\right\}=1-\alpha.$$

于是,单个正态总体方差 σ^2 的置信度为 $1-\alpha$ 的置信区间为

$$\left(\frac{(n-1)S^2}{\chi^2_{\frac{\alpha}{2}}(n-1)},\frac{(n-1)S^2}{\chi^2_{1-\frac{\alpha}{2}}(n-1)}\right).$$

由此,还可得到标准差 σ 的置信度为 $1-\alpha$ 的置信区间为

$$\left(\sqrt{\frac{(n-1)S^2}{\chi^2_{\frac{\alpha}{2}}(n-1)}},\sqrt{\frac{(n-1)S^2}{\chi^2_{1-\frac{\alpha}{2}}(n-1)}}\right).$$

例 7.4.3 令随机变量 X 表示春季捕捉到的某种鱼的体长(单位:cm),假定 $X\sim N(\mu,\sigma^2)$. 现随机抽取了 13 条鱼,测量它们的体长分别为

13.1, 5.1, 18.0, 8.7, 16.5, 9.8, 6.8,
12.0, 17.8, 25.4, 19.2, 15.8, 23.0.

求总体方差 σ^2 和总体标准差 σ 的置信度为 95% 的置信区间.

解 此时总体均值未知,经过计算得样本均值 $\bar{x}\approx 14.7077$,样本方差 $s^2\approx 37.7508$. 因为 $\alpha=0.05$,查附表 3 得

$$\chi^2_{\frac{\alpha}{2}}(n-1)=23.3367,\quad \chi^2_{1-\frac{\alpha}{2}}(n-1)=4.4038,$$

所以方差 σ^2 的置信度为 95% 的置信区间为

$$\left(\frac{(n-1)s^2}{\chi^2_{\frac{\alpha}{2}}(n-1)},\frac{(n-1)s^2}{\chi^2_{1-\frac{\alpha}{2}}(n-1)}\right)=(19.4119,102.8679),$$

标准差 σ 的置信度为 95% 的置信区间为

$$\left(\sqrt{\frac{(n-1)s^2}{\chi^2_{\frac{\alpha}{2}}(n-1)}},\sqrt{\frac{(n-1)s^2}{\chi^2_{1-\frac{\alpha}{2}}(n-1)}}\right)=(4.41,10.14).$$

§7.5 两个正态总体参数的置信区间

在实际应用中,由于原料、设备条件、操作人员不同或工艺过程的改变等因素,引起正态总体中的总体均值、总体方差有所改变. 我们需要知道这些变化有多大,这就需要考虑两个正态总体均值之差或方差之比的估计问题.

7.5.1 两个正态总体均值差 $\mu_1-\mu_2$ 的置信区间

两个正态总体均值差的置信空间

设 $(X_1,X_2,\cdots,X_n)$ 和 $(Y_1,Y_2,\cdots,Y_m)$ 分别是取自正态总体 $X\sim N(\mu_1,\sigma_1^2)$ 和 $Y\sim N(\mu_2,\sigma_2^2)$ 的两个样本,且相互独立. 记 $\overline{X}$ 和 $\overline{Y}$ 分别表示 X 和 Y 的样本均值,容易证明 $\overline{X}-\overline{Y}$ 是 $\mu_1-\mu_2$ 的无偏估计. 下面分四种情况讨论两个正态总体均值差 $\mu_1-\mu_2$ 的置信区间问题.

1. 两个正态总体的方差 σ_1^2 和 σ_2^2 已知

根据定理 6.5.3 可知,$U=\dfrac{\overline{X}-\overline{Y}-(\mu_1-\mu_2)}{\sqrt{\sigma_1^2/n+\sigma_2^2/m}}\sim N(0,1)$,取置信度为 $1-\alpha$,得

$$P\left\{\left|\frac{\overline{X}-\overline{Y}-(\mu_1-\mu_2)}{\sqrt{\sigma_1^2/n+\sigma_2^2/m}}\right|<u_{\frac{\alpha}{2}}\right\}=1-\alpha,$$

即

$$P\left\{\overline{X}-\overline{Y}-u_{\frac{\alpha}{2}}\sqrt{\frac{\sigma_1^2}{n}+\frac{\sigma_2^2}{m}}<\mu_1-\mu_2<\overline{X}-\overline{Y}+u_{\frac{\alpha}{2}}\sqrt{\frac{\sigma_1^2}{n}+\frac{\sigma_2^2}{m}}\right\}=1-\alpha,$$

从而得到两个正态总体均值差 $\mu_1-\mu_2$ 的置信度为 $1-\alpha$ 的置信区间为

$$\left(\overline{X}-\overline{Y}-u_{\frac{\alpha}{2}}\sqrt{\frac{\sigma_1^2}{n}+\frac{\sigma_2^2}{m}},\overline{X}-\overline{Y}+u_{\frac{\alpha}{2}}\sqrt{\frac{\sigma_1^2}{n}+\frac{\sigma_2^2}{m}}\right).$$

2. 两个正态总体的方差 σ_1^2 和 σ_2^2 未知，但 $\sigma_1^2=\sigma_2^2=\sigma^2$

记 $S_w^2=\dfrac{(n-1)S_1^2+(m-1)S_2^2}{n+m-2}$，根据定理 6.5.3 可知

$$T=\frac{\overline{X}-\overline{Y}-(\mu_1-\mu_2)}{S_w\sqrt{\frac{1}{n}+\frac{1}{m}}}\sim t(n+m-2).$$

由此可得 $\mu_1-\mu_2$ 的置信度为 $1-\alpha$ 的置信区间为

$$\left(\overline{X}-\overline{Y}-t_{\frac{\alpha}{2}}(n+m-2)S_w\sqrt{\frac{1}{n}+\frac{1}{m}},\overline{X}-\overline{Y}+t_{\frac{\alpha}{2}}(n+m-2)S_w\sqrt{\frac{1}{n}+\frac{1}{m}}\right).$$

3. σ_1^2,σ_2^2 均未知，两者是否相等也未知，但 $n=m$，且两组样本可配对

令 $Z_i=X_i-Y_i$，则

$$Z_i\sim N(\mu_1-\mu_2,\sigma_1^2+\sigma_2^2)\quad(i=1,2,\cdots,n).$$

此时，$(Z_1,Z_2,\cdots,Z_n)$ 可视为总体 $Z\sim N(\mu_1-\mu_2,\sigma_1^2+\sigma_2^2)$ 的一个样本，根据单个正态总体的区间估计方法，可得 $\mu_1-\mu_2$ 的置信度为 $1-\alpha$ 的置信区间为

$$\left(\overline{Z}-t_{\frac{\alpha}{2}}(n-1)\frac{S_Z}{\sqrt{n}},\overline{Z}+t_{\frac{\alpha}{2}}(n-1)\frac{S_Z}{\sqrt{n}}\right),$$

其中 $\overline{Z}=\overline{X}-\overline{Y}$，$S_Z^2=\dfrac{1}{n-1}\sum\limits_{i=1}^{n}[X_i-Y_i-(\overline{X}-\overline{Y})]^2$.

4. σ_1^2,σ_2^2 均未知，但 n,m 都很大(实际中 n,m 均大于 50 即可)

这是所谓大样本时的情形，可分别用样本方差 S_1^2 和 S_2^2 代替 σ_1^2 和 σ_2^2，然后用 σ_1^2,σ_2^2 均已知情形的结果得到 $\mu_1-\mu_2$ 的置信度为 $1-\alpha$ 的近似置信区间为

$$\left(\overline{X}-\overline{Y}-u_{\frac{\alpha}{2}}\sqrt{\frac{S_1^2}{n}+\frac{S_2^2}{m}},\overline{X}-\overline{Y}+u_{\frac{\alpha}{2}}\sqrt{\frac{S_1^2}{n}+\frac{S_2^2}{m}}\right).$$

例 7.5.1　SAT 是美国高中生进入美国大学必须参加的考试，其重要性相当于我国高考. SAT 分为三个部分：数学、阅读和写作，每部分满分都是 800 分，总分满分为 2 400 分. 假设 SAT 考生的数学分数 X 服从正态分布 $N(\mu_1,\sigma^2)$，阅读分数 Y 服从正态分布 $N(\mu_2,\sigma^2)$，现分别随机抽取 5 位考生的数学成绩和 8 位考生的阅读成绩如下：

数学：644， 493， 532， 462， 565；

阅读：623， 472， 492， 661， 540， 502， 549， 518.

求 $\mu_1-\mu_2$ 的置信度为 90% 的置信区间.

解　由题意知，两个总体相互独立，方差相等且未知. 经计算得 $n=5,m=8,\overline{x}=539.2$，$\overline{y}=544.625,s_1^2=4\,948.7,s_2^2\approx4\,327.982\,1,s_w^2\approx67.48^2$，又查附表 4 可得 $t_{0.05}(11)=1.795\,9$. 因此，$\mu_1-\mu_2$ 的置信度为 90% 的置信区间为

$$\left(\overline{x}-\overline{y}-t_{\frac{\alpha}{2}}(n+m-2)s_w\sqrt{\frac{1}{n}+\frac{1}{m}},\overline{x}-\overline{y}+t_{\frac{\alpha}{2}}(n+m-2)s_w\sqrt{\frac{1}{n}+\frac{1}{m}}\right)\approx(-74.51,63.66).$$

7.5.2 两个正态总体方差比 $\dfrac{\sigma_1^2}{\sigma_2^2}$ 的置信区间

这里仅讨论总体均值 μ_1,μ_2 未知的情形. 根据定理 6.5.3 可知

$$\frac{S_1^2/S_2^2}{\sigma_1^2/\sigma_2^2}\sim F(n-1,m-1),$$

由此可得

$$P\left\{F_{1-\frac{\alpha}{2}}(n-1,m-1)<\frac{S_1^2/S_2^2}{\sigma_1^2/\sigma_2^2}<F_{\frac{\alpha}{2}}(n-1,m-1)\right\}=1-\alpha,$$

即

$$P\left\{\frac{S_1^2/S_2^2}{F_{\frac{\alpha}{2}}(n-1,m-1)}<\frac{\sigma_1^2}{\sigma_2^2}<\frac{S_1^2/S_2^2}{F_{1-\frac{\alpha}{2}}(n-1,m-1)}\right\}=1-\alpha.$$

于是,得到 $\dfrac{\sigma_1^2}{\sigma_2^2}$ 的置信度为 $1-\alpha$ 的置信区间为

$$\left(\frac{S_1^2/S_2^2}{F_{\frac{\alpha}{2}}(n-1,m-1)},\frac{S_1^2/S_2^2}{F_{1-\frac{\alpha}{2}}(n-1,m-1)}\right).$$

不难得到 $\dfrac{\sigma_1}{\sigma_2}$ 的置信度为 $1-\alpha$ 的置信区间为

$$\left(\frac{S_1/S_2}{\sqrt{F_{\frac{\alpha}{2}}(n-1,m-1)}},\frac{S_1/S_2}{\sqrt{F_{1-\frac{\alpha}{2}}(n-1,m-1)}}\right).$$

例 7.5.2 在例 7.5.1 中,试求 $\dfrac{\sigma_1}{\sigma_2}$ 的置信度为 0.9 的置信区间.

解 由例 7.5.1 知 $n=5,m=8,s_1\approx70.3,s_2\approx65.8,\alpha=0.1$,查附表 5 可得 $F_{0.05}(4,7)=4.12,F_{0.95}(4,7)=\dfrac{1}{F_{0.05}(7,4)}\approx0.1642$. 于是,得到 $\dfrac{\sigma_1}{\sigma_2}$ 的置信度为 0.9 的置信区间为

$$\left(\frac{s_1/s_2}{\sqrt{F_{\frac{\alpha}{2}}(n-1,m-1)}},\frac{s_1/s_2}{\sqrt{F_{1-\frac{\alpha}{2}}(n-1,m-1)}}\right)=(0.5264,2.6366).$$

§7.6 非正态总体参数的置信区间

前面讨论的总体均值或均值差的置信区间对总体有着很高的要求和限制条件,如总体必须是正态总体,这个要求在实际中有时是很难满足的. 当我们不知道总体服从什么分布时,如何对总体的均值或均值差进行区间估计呢?

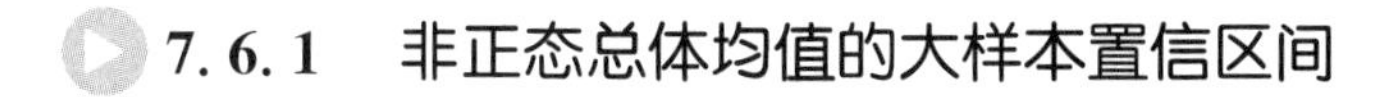

7.6.1　非正态总体均值的大样本置信区间

设样本$(X_1,X_2,\cdots,X_n)$取自某总体X(不是正态总体),假定该总体的方差$D(X)=\sigma^2$存在但未知,总体均值μ未知,如何求总体均值μ的置信度为$1-\alpha$的置信区间?

注意到$\overline{X}$是均值μ的点估计,且总体方差未知,所以构造统计量$Z=\dfrac{\overline{X}-\mu}{S/\sqrt{n}}$.要求均值$\mu$的置信区间,必须知道$Z=\dfrac{\overline{X}-\mu}{S/\sqrt{n}}$的分布.由于此时总体分布不再是正态分布,所以它的精确分布就不再是t分布.但当样本容量n比较大时,$Z=\dfrac{\overline{X}-\mu}{S/\sqrt{n}}$近似服从标准正态分布.对于给定的置信度$1-\alpha$,查附表2得分位数$u_{\frac{\alpha}{2}}$,使得

$$P\{|Z|<u_{\frac{\alpha}{2}}\}=1-\alpha,\quad 即\quad P\left\{\left|\frac{\overline{X}-\mu}{S/\sqrt{n}}\right|<u_{\frac{\alpha}{2}}\right\}=1-\alpha.$$

通过变形得

$$P\left\{\overline{X}-u_{\frac{\alpha}{2}}\frac{S}{\sqrt{n}}<\mu<\overline{X}+u_{\frac{\alpha}{2}}\frac{S}{\sqrt{n}}\right\},$$

所以总体均值μ的置信度为$1-\alpha$的置信区间为

$$\left(\overline{X}-u_{\frac{\alpha}{2}}\frac{S}{\sqrt{n}},\overline{X}+u_{\frac{\alpha}{2}}\frac{S}{\sqrt{n}}\right).\tag{7.6.1}$$

7.6.2　总体成数(比例)的大样本置信区间

作为非正态总体均值的置信区间的一个应用,我们考虑在大样本条件下总体成数的区间估计问题.假设总体X服从两点分布$B(1,p)$,总体均值为$\mu=p$,总体方差为$\sigma^2=p(1-p)$,这里未知参数p为总体成数.从该总体随机抽取了一个样本$(X_1,X_2,\cdots,X_n)$,则样本均值$\overline{X}$就是样本成数,即p的无偏估计为$\hat{p}=\overline{X}$.注意到,$X_i\sim B(1,p)(i=1,2,\cdots,n)$,可知$\sum\limits_{i=1}^{n}X_i^2=\sum\limits_{i=1}^{n}X_i$,于是有

$$S^2=\frac{1}{n-1}\sum_{i=1}^{n}(X_i-\overline{X})^2=\frac{1}{n-1}\sum_{i=1}^{n}(X_i^2-\overline{X}^2)=\frac{n}{n-1}\hat{p}(1-\hat{p}).$$

这可表示总体方差$\sigma^2=p(1-p)$的无偏估计.

因为$X_i\sim B(1,p)$是非正态总体,所以可以直接利用本节第一部分关于非正态总体的置信区间的结果.一般地,当$n>30$时,将$\overline{X}=\hat{p}$和$S^2=\dfrac{n}{n-1}\hat{p}(1-\hat{p})$代入式(7.6.1)得总体成数$\mu=p$的置信度为$1-\alpha$的大样本置信区间为

$$\left(p-u_{\frac{\alpha}{2}}\sqrt{\frac{p(1-p)}{n-1}},p+u_{\frac{\alpha}{2}}\sqrt{\frac{p(1-p)}{n-1}}\right).$$

因为样本容量n较大,所以上式中的$n-1$常用n近似代替,从而有

$$\left(p-u_{\frac{\alpha}{2}}\sqrt{\frac{p(1-p)}{n}},p+u_{\frac{\alpha}{2}}\sqrt{\frac{p(1-p)}{n}}\right).\tag{7.6.2}$$

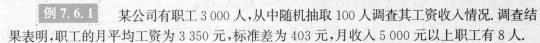

例 7.6.1 某公司有职工 3 000 人,从中随机抽取 100 人调查其工资收入情况. 调查结果表明,职工的月平均工资为 3 350 元,标准差为 403 元,月收入 5 000 元以上职工有 8 人.

(1) 试以 95% 的置信度推断该公司职工月平均工资所在的范围.

(2) 试以 95% 的置信度求月收入 5 000 元以上职工在全部职工中所占的比例.

解 (1) 这里不知道职工的月工资服从什么分布,但样本容量 $n=100$,因此采用非正态总体的置信区间来求. 职工月工资(单位: 元)的均值用 μ 表示,由题意知,样本均值 $\overline{x}=3\,350$,样本标准差 $s=403$,取 $\alpha=0.05$,查附表 2 得 $u_{\frac{\alpha}{2}}=1.96$,代入式(7.6.1)求得 μ 的置信度为 0.95 的置信区间为

$$\left(\overline{x}-u_{\frac{\alpha}{2}}\frac{s}{\sqrt{n}},\overline{x}+u_{\frac{\alpha}{2}}\frac{s}{\sqrt{n}}\right)=(3\,271.0,3\,429.0).$$

(2) 以 p 表示月收入 5 000 元以上职工在全部职工中所占的比例,在抽取的 100 人中月收入 5 000 元以上职工所占的比例,即样本成数为 $p=0.08$,代入式(7.6.2)求得 p 的置信度为 0.95 的置信区间为

$$\left(p-u_{\frac{\alpha}{2}}\sqrt{\frac{p(1-p)}{n}},p+u_{\frac{\alpha}{2}}\sqrt{\frac{p(1-p)}{n}}\right)=(0.026\,8,0.133\,2).$$

因此,有 95% 的把握认为该公司月收入 5 000 元以上职工占全部职工的比例在 2.68% 到 13.32% 之间.

§7.7 问题拓展探索之七
——极大似然估计法的趣味应用

极大似然估计法是一种极其重要的参数估计方法,其估计思想是,选择参数的取值,使得已经发生的事情(由样本构成的似然函数)发生的概率最大. 具体实现这一估计思想有两种方法:第一,对相应的似然函数取对数,再将其对待估参数求偏导数,然后可求出参数的估计值;第二,基于极大似然估计的源本思想,根据似然函数关于参数的增减性,进而求出待估参数值. 为了叙述的方便,将第一种方法称为**求导法**,将第二种方法称为**源本法**. 这两种方法起到相互补充的作用,不可相互替代.

7.7.1 求导法在二维概率函数中参数估计的趣味应用

下面探寻一个在二维正态分布的条件下运用求导法的应用举例.

例 7.7.1 设 $(x_1,y_1),(x_2,y_2),\cdots,(x_n,y_n)$ 是取自二维随机变量 $(X,Y)\sim N(\mu_1,\mu_2,\sigma_1^2,\sigma_2^2,\rho)$ 的一个样本观察值,试求 $\mu_1,\mu_2,\sigma_1^2,\sigma_2^2$ 和 ρ 的极大似然估计.

解 二维随机变量 (X,Y) 的概率密度为

$$f(x,y)=\frac{1}{2\pi\sigma_1\sigma_2\sqrt{1-\rho^2}}\exp\left\{-\frac{1}{2(1-\rho^2)}\left[\left(\frac{x-\mu_1}{\sigma_1}\right)^2-2\rho\frac{x-\mu_1}{\sigma_1}\frac{y-\mu_2}{\sigma_2}+\left(\frac{y-\mu_2}{\sigma_2}\right)^2\right]\right\},$$

于是可得似然函数

$$\begin{aligned}&L(x_1,x_2,\cdots,x_n;y_1,y_2,\cdots,y_n;\mu_1,\mu_2,\sigma_1^2,\sigma_2^2,\rho)\\&\quad=(2\pi)^{-n}\left[\sigma_1^2\sigma_2^2(1-\rho^2)\right]^{-n/2}\\&\qquad\cdot\exp\left\{-\frac{1}{2(1-\rho^2)}\left[\sum_{i=1}^{n}\left(\frac{x_i-\mu_1}{\sigma_1}\right)^2-2\rho\sum_{i=1}^{n}\frac{x_i-\mu_1}{\sigma_1}\frac{y_i-\mu_2}{\sigma_2}+\sum_{i=1}^{n}\left(\frac{y_i-\mu_2}{\sigma_2}\right)^2\right]\right\}.\end{aligned}$$

上式两边同时取对数,得到

$$\begin{aligned}&\ln L(x_1,x_2,\cdots,x_n;y_1,y_2,\cdots,y_n;\mu_1,\mu_2,\sigma_1^2,\sigma_2^2,\rho)\\&\quad=-n\ln 2\pi-\frac{n}{2}\ln\left[\sigma_1^2\sigma_2^2(1-\rho^2)\right]\\&\qquad-\frac{1}{2(1-\rho^2)}\left[\sum_{i=1}^{n}\left(\frac{x_i-\mu_1}{\sigma_1}\right)^2-2\rho\sum_{i=1}^{n}\frac{x_i-\mu_1}{\sigma_1}\frac{y_i-\mu_2}{\sigma_2}+\sum_{i=1}^{n}\left(\frac{y_i-\mu_2}{\sigma_2}\right)^2\right].\end{aligned}$$

上式分别对$\mu_1,\mu_2,\sigma_1^2,\sigma_2^2$ 和 ρ 求偏导数,并令其等于零,有

$$\frac{-1}{\sigma_1^2}\sum_{i=1}^{n}(x_i-\mu_1)+\frac{\rho}{\sigma_1\sigma_2}\sum_{i=1}^{n}(y_i-\mu_2)=0,\tag{7.7.1}$$

$$\frac{\rho}{\sigma_1\sigma_2}\sum_{i=1}^{n}(x_i-\mu_1)+\frac{-1}{\sigma_2^2}\sum_{i=1}^{n}(y_i-\mu_2)=0,\tag{7.7.2}$$

$$\frac{1}{1-\rho^2}\left[\sum_{i=1}^{n}\left(\frac{x_i-\mu_1}{\sigma_1}\right)^2-\rho\sum_{i=1}^{n}\frac{x_i-\mu_1}{\sigma_1}\frac{y_i-\mu_2}{\sigma_2}\right]=n,\tag{7.7.3}$$

$$\frac{1}{1-\rho^2}\left[\sum_{i=1}^{n}\left(\frac{y_i-\mu_2}{\sigma_2}\right)^2-\rho\sum_{i=1}^{n}\frac{x_i-\mu_1}{\sigma_1}\frac{y_i-\mu_2}{\sigma_2}\right]=n,\tag{7.7.4}$$

$$\begin{aligned}&n\rho-\frac{\rho}{1-\rho^2}\left[\sum_{i=1}^{n}\left(\frac{x_i-\mu_1}{\sigma_1}\right)^2-2\rho\sum_{i=1}^{n}\frac{x_i-\mu_1}{\sigma_1}\frac{y_i-\mu_2}{\sigma_2}+\sum_{i=1}^{n}\left(\frac{y_i-\mu_2}{\sigma_2}\right)^2\right]\\&\quad+\sum_{i=1}^{n}\frac{x_i-\mu_1}{\sigma_1}\frac{y_i-\mu_2}{\sigma_2}=0.\end{aligned}\tag{7.7.5}$$

根据式(7.7.1) 与式(7.7.2),可以求解出$\sum_{i=1}^{n}(x_i-\mu_1)=0,\sum_{i=1}^{n}(y_i-\mu_2)=0$,即有

$$\hat{\mu}_1=\overline{x}=\frac{1}{n}\sum_{i=1}^{n}x_i,\quad \hat{\mu}_2=\overline{y}=\frac{1}{n}\sum_{i=1}^{n}y_i.$$

将式(7.7.3) 和式(7.7.4) 代入式(7.7.5),可得

$$n\rho-\rho(n+n)+\sum_{i=1}^{n}\frac{x_i-\mu_1}{\sigma_1}\frac{y_i-\mu_2}{\sigma_2}=0,$$

整理上式可得

$$\sum_{i=1}^{n}\frac{x_i-\mu_1}{\sigma_1}\frac{y_i-\mu_2}{\sigma_2}=n\rho.\tag{7.7.6}$$

将式(7.7.6) 代入式(7.7.3) 和式(7.7.4),可得σ_1^2,σ_2^2 的估计为

$$\hat{\sigma}_1^2=\frac{1}{n}\sum_{i=1}^{n}(x_i-\overline{x})^2,\quad \hat{\sigma}_2^2=\frac{1}{n}\sum_{i=1}^{n}(y_i-\overline{y})^2.$$

再由式(7.7.6)可得 ρ 的极大似然估计，即

$$\hat{\rho}=\frac{1}{n}\sum_{i=1}^{n}\frac{x_i-\hat{\mu}_1}{\hat{\sigma}_1}\frac{y_i-\hat{\mu}_2}{\hat{\sigma}_2}.$$

7.7.2 源本法的趣味应用

源本法是根据极大似然估计的源本思想，运用似然函数关于参数的增减性，求出使其达到最大的参数取值. 为了举例的方便，先引入示性函数的概念.

定义 7.7.1 设 A 是一事件. 若

$$I_A=\begin{cases}1, & A\text{ 发生},\\ 0, & \overline{A}\text{ 发生},\end{cases}$$

则称I_A 为事件 A 的**示性函数**.

例 7.7.2 已知随机变量 X 的概率密度为 $f(x;\theta)=\frac{1}{k\theta}(\theta\leqslant x\leqslant(k+1)\theta,\theta>0)$，其中 $k>0$ 为一给定的常数，从该总体取一个样本$(X_1,X_2,\cdots,X_n)$，试求 θ 的极大似然估计.

解 似然函数为

$$L(x_1,x_2,\cdots,x_n;\theta)=\left(\frac{1}{k\theta}\right)^n I_{\{\theta\leqslant x_1,x_2,\cdots,x_n\leqslant(k+1)\theta\}}=\left(\frac{1}{k\theta}\right)^n I_{\{\theta\leqslant x_{(1)},x_{(n)}\leqslant(k+1)\theta\}},$$

其中$x_{(1)}=\min\{x_1,x_2,\cdots,x_n\}$，$x_{(n)}=\max\{x_1,x_2,\cdots,x_n\}$.

由于$L(x_1,x_2,\cdots,x_n;\theta)$ 的主体$\left(\frac{1}{k\theta}\right)^n$ 是关于 θ 的递减函数，因此当 θ 尽可能小时，$L(x_1,x_2,\cdots,x_n;\theta)$ 才会达到最大值. 但因受到限制

$$\theta\leqslant x_{(1)},x_{(n)}\leqslant(k+1)\theta,$$

即

$$\frac{x_{(n)}}{k+1}\leqslant\theta\leqslant x_{(1)},$$

故 θ 的极大似然估计为

$$\hat{\theta}=\frac{x_{(n)}}{k+1}.$$

例 7.7.3 设随机变量 X 的概率密度为 $f(x;\theta)=1\left(\theta-\frac{1}{2}\leqslant x\leqslant\theta+\frac{1}{2}\right)$. 若$(X_1,X_2,\cdots,X_n)$是取自该总体的一个样本，试求 θ 的极大似然估计.

解 似然函数为

$$L(x_1,x_2,\cdots,x_n;\theta)=I_{\{\theta-\frac{1}{2}\leqslant x_1,x_2,\cdots,x_n\leqslant\theta+\frac{1}{2}\}}=I_{\{\theta-\frac{1}{2}\leqslant x_{(1)},x_{(n)}\leqslant\theta+\frac{1}{2}\}},$$

其中$x_{(1)}=\min\{x_1,x_2,\cdots,x_n\}$，$x_{(n)}=\max\{x_1,x_2,\cdots,x_n\}$.

$L(x_1,x_2,\cdots,x_n;\theta)$ 的取值只能是 0 和 1，为了使得 $L(x_1,x_2,\cdots,x_n;\theta)$ 的取值为 1，θ 的取值需要满足

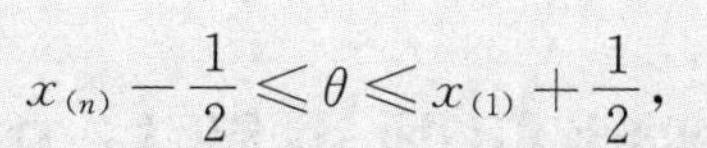

$$x_{(n)}-\frac{1}{2}\leqslant\theta\leqslant x_{(1)}+\frac{1}{2},$$

故 θ 的极大似然估计为区间$x_{(n)}-\dfrac{1}{2}\leqslant\hat{\theta}\leqslant x_{(1)}+\dfrac{1}{2}$ 中的任意一个取值.

例 7.7.3 说明极大似然估计可能不止一个.

7.7.3　综合求导法与源本法的趣味应用

例 7.7.4　设$(X_1,X_2,\cdots,X_n)$是取自总体 X 的一个样本,其概率密度为

$$f(x;\theta,\mu)=\frac{1}{\theta}\exp\left(-\frac{x-\mu}{\theta}\right)\quad(x>\mu,\theta>0),$$

试求 μ 与 θ 的极大似然估计.

解　似然函数为

$$\begin{aligned}L(x_1,x_2,\cdots,x_n;\theta,\mu)&=\left(\frac{1}{\theta}\right)^n\exp\left[-\frac{1}{\theta}\sum_{i=1}^{n}(x_i-\mu)\right]I_{\{x_1,x_2,\cdots,x_n\geqslant\mu\}}\\&=\left(\frac{1}{\theta}\right)^n\exp\left[-\frac{1}{\theta}\sum_{i=1}^{n}(x_i-\mu)\right]I_{\{x_{(1)}\geqslant\mu\}},\end{aligned}$$

其中$x_{(1)}=\min\{x_1,x_2,\cdots,x_n\}$.

上式两边同时取对数,得

$$\ln L(x_1,x_2,\cdots,x_n;\theta,\mu)=-n\ln\theta-\frac{1}{\theta}\sum_{i=1}^{n}(x_i-\mu)I_{\{x_{(1)}\geqslant\mu\}}.$$

由于 $\ln L(x_1,x_2,\cdots,x_n;\theta,\mu)$ 关于 μ 递增,因此当 μ 达到最大时,$\ln L(x_1,x_2,\cdots,x_n;\theta,\mu)$ 才会达到最大值,从而 μ 的极大似然估计为

$$\hat{\mu}=x_{(1)}.$$

将 $\ln L(x_1,x_2,\cdots,x_n;\theta,\hat{\mu})$ 对 θ 求偏导数,并令其等于零,有

$$-\frac{n}{\theta}+\frac{\sum\limits_{i=1}^{n}(x_i-\hat{\mu})}{\theta^2}=0,$$

故 θ 的极大似然估计为

$$\theta=\frac{\sum\limits_{i=1}^{n}(x_i-\hat{\mu})}{n}=\bar{x}-x_{(1)}.$$

§7.8 趣味问题求解与 Python 实现之七

7.8.1 次品量的估计

1. 问题提出

甲、乙两名质检员彼此独立对同一批产品进行检查,检查完毕后,甲发现 a 件次品,乙发现 b 件次品,其中共同发现的次品有 c 件,试用矩估计给出如下未知参数的估计:

(1) 该批产品的总次品量;

(2) 未被发现的次品量.

2. 分析与求解

(1) 问题一分析与求解.

设 N 为该批产品的总次品量,且 A,B 分别表示甲、乙发现次品所对应的事件,又 A 与 B 相互独立,则 $P(AB)=P(A)P(B)$.

使用频率替换方法,即有

$$\hat{p}_{AB}=\frac{c}{N}=\hat{p}_A\hat{p}_B=\frac{a}{N}\cdot\frac{b}{N},$$

于是可求得总次品量 N 的矩估计为

$$\hat{N}=\frac{ab}{c}.$$

(2) 问题二分析与求解.

设 k 为未被发现的次品量,根据

$$P(\overline{A\cup B})=1-P(A\cup B)=1-P(A)-P(B)+P(AB),$$

使用频率替换方法,可得

$$\hat{p}_{\overline{A\cup B}}=\frac{k}{N}=1-\hat{p}_A-\hat{p}_B+\hat{p}_{AB}.$$

故未被发现的次品量 k 的矩估计为

$$\hat{k}=\frac{ab}{c}-a-b+c.$$

7.8.2 湖中鱼数目的估计

1. 问题提出

为了估计湖中有多少条鱼,从中捞出 1 000 条,标上记号后放回湖中,再捞出 150 条鱼发现其中有 10 条鱼有记号. 试估计湖中鱼的数目.

2. 分析与求解

设湖中鱼的数目为 N,第一次捞出的鱼的数目为 $M=1\,000$,第二次捞出的鱼的数目为 $n=150$,其中标有记号的鱼的数目为 X,则 X 服从超几何分布

$$P\{X=k\}=\frac{C_{1\,000}^{k}C_{N-1\,000}^{n-k}}{C_{N}^{n}}\quad(k=0,1,2,\cdots,150).$$

方法一：二项分布法(近似求解法).

当湖中鱼的数目 $N>10n$ 时，超几何分布近似二项分布，令 $p=\frac{M}{N}$ 表示湖中鱼的有标记的比例，则第二次捞出 $n=150$ 条鱼中标有记号的鱼的数目 X 服从二项分布，即

$$P\{X=k\}=C_{150}^{k}p^{k}(1-p)^{150-k}\quad(k=0,1,2,\cdots,150).$$

为了估计 p，上式两边同时取对数，得

$$\ln P\{X=k\}=\ln C_{150}^{k}+k\ln p+(150-k)\ln(1-p).$$

再令 $\frac{\partial \ln P\{X=k\}}{\partial p}=0$，可得 $p=\frac{k}{n}$. 当 $k=10$ 时，可得 $N=15\,000$.

方法二：超几何分布法.

当 $k=10$ 时，要估计 N，其对应样本的似然函数为

$$L(N;10)=\frac{C_{1\,000}^{10}C_{N-1\,000}^{140}}{C_{N}^{150}}.$$

考察相连两项比值

$$f(N)=\frac{L(N;10)}{L(N-1;10)}=\frac{(N-1\,000)(N-150)}{N(N-1\,000-140)}.$$

于是，当 $f(N)\geqslant 1$ 时，$N\leqslant 15\,000$；当 $f(N)<1$ 时，$N>15\,000$. 因此，只有在 $N=15\,000$ 时，$f(N)$ 达到最大. 这里 $N=15\,000$ 即为湖中鱼的数目的最大似然估计.

通过 Python 编程，可以得到函数 $f(N)$ 的极值，并画出 $f(N)$ 的图形.

需要注意的是，该图形由于横坐标的刻度过大而纵坐标的刻度过小，Python 在画图时受到空间的限制而不能画出原图形，图 7.8.1 中实际是函数 $f(N)-1$ 对应的图形，因此对于函数 $f(N)$ 的取值要在图形的基础上再加上 1，因而图形的左上角标出了 $+1$.

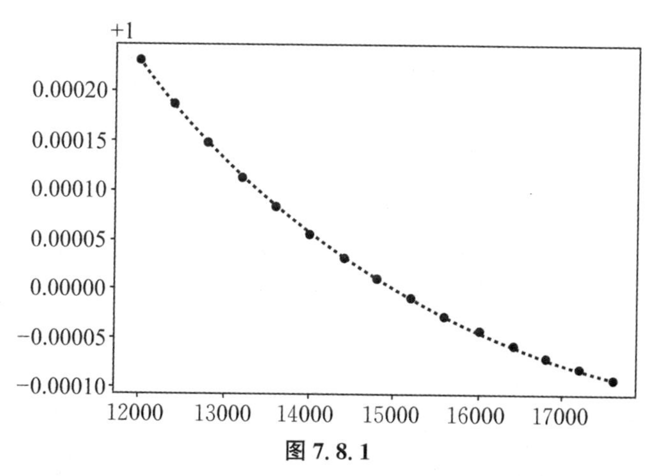

图 7.8.1

3. 基于 Python 的伪代码

(1) Python 计算的目标.

计算函数 $f(N)$ 的极值，并画出 $f(N)$ 的图形.

(2) Python 计算的伪代码.

Process:

```
1: #定义鱼的个数 N
2: A ← ((N-1000)*(N-150))/(N*(N-1000-150+10))
3: a ← A-1=0
4: b ← A>1
5: #图形
6: N ← np.arange(12000,18000,400)
7: y ← (N-1000)*(N-150)/(N*(N-1000-150+10))
8: plt.plot(N, y,'-.o',markersize=5)
```

4. Python 实现代码

```python
import sympy
import matplotlib.pyplot as plt
import numpy as np

N=sympy.symbols('N')
A=((N-1000)*(N-150))/(N*(N-1000-150+10))
Y=sympy.solve(A-1)
print("极大似然估计值:",Y)
print(sympy.solve(A>1))

#画图
N=np.arange(12000,18000,400)
y=(N-1000)*(N-150)/(N*(N-1000-150+10))
plt.rcParams['axes.unicode_minus']=False  #用来正常显示负号
plt.plot(N, y,'-.o',markersize=5)
plt.show()
```

7.8.3 广告中的策略

书店要订购一批新书出售,它打算印制详细介绍图书内容的精美广告分发给广大读者以招揽顾客.读者对这种图书的需求量虽然是随机的,但是与书店投入的广告费用有关.根据以往的经验知道,随着广告费的增加,潜在的购买量会上升,并且有一个上限.所谓潜在买主,是指那些对于得到这种图书确实有兴趣,但不一定从这家书店购买的人.书店掌握了若干个潜在买主的名单,广告将首先分发给他们.

1. 问题提出

一般而言,书店为了提高销售额,需要进行广告宣传.随着广告投入的增加将提升潜在的购买量,潜在购买量的提升相应地增加图书的需求量.因此,书店的决策逻辑是,在做出合理的需求随机规律的基础上,根据图书的购进价和售出价确定广告费和进货量的最优值,使书店的利润(在平均意义下)最大.

本题的关键在于分析广告费、潜在购买量与随机需求量之间的关系.潜在购买量是广告费

的一个递增函数，并且有一个上界. 为了确定潜在购买量的函数形式，可先假设广告费中有一笔固定的费用，这一笔费用并不会产生潜在购买量. 于是，在以上分析的基础上可做出下列合理的假设：

第一，假设图书的购进价为 a，售出价为 b，需求量为 r，其概率密度为 $f(r)$.

第二，假设广告费为 x，潜在购买量为 $s(x)$，当广告费越高时，潜在购买量应该越高. 也就是说，$s(x)$ 是 x 的一个递增函数，且有一个上界 S，需求量 r 在 $[0,s(x)]$ 上呈均匀分布.

第三，广告费中的固定费用为 x_0，$s(0)=s(x_0)=0$；每份广告的印刷和邮寄费用为 k，广告将首先分发给 s_0 个潜在买主.

试求该书店的最优广告费、最优进货量及最大利润.

2. 分析与求解

(1) 求解最优进货量及最大利润的函数.

设图书的进货量为 y，需求量为 r，则图书的需求函数为

$$Q(y)=\begin{cases} r, & r\leqslant y, \\ y, & r>y. \end{cases}$$

由于广告费为 x，因此书店的平均利润函数为

$$R(y)=b\left(\int_0^y rf(r)\mathrm{d}r+\int_y^{+\infty} yf(r)\mathrm{d}r\right)-ay-x. \tag{7.8.1}$$

利用 $\int_0^{+\infty} f(r)\mathrm{d}r=1$，可将式(7.8.1)化为

$$R(y)=(b-a)y-x-b\int_0^y (y-r)f(r)\mathrm{d}r. \tag{7.8.2}$$

对进货量 y 求导数，即求解 $\dfrac{\mathrm{d}R}{\mathrm{d}y}$，并令其为零，可以得到 $R(y)$ 最大时 y 的最优值，记为 y^*，满足

$$\int_0^{y^*} f(r)\mathrm{d}r=\frac{b-a}{b}. \tag{7.8.3}$$

又因为 r 在 $[0,s(x)]$ 上服从均匀分布，且 $s(0)=0$，则有

$$f(r)=\begin{cases} \dfrac{1}{s(x)}, & 0\leqslant r\leqslant s(x), \\ 0, & \text{其他}. \end{cases} \tag{7.8.4}$$

将式(7.8.4)代入式(7.8.3)，整理可得最优进货量为

$$y^*(x)=\frac{b-a}{b}s(x). \tag{7.8.5}$$

再将式(7.8.5)、式(7.8.4)代入式(7.8.2)，可得最大利润为

$$R(y^*(x))=\frac{(b-a)^2}{2b}s(x)-x. \tag{7.8.6}$$

可见，最优进货量及最大利润都依赖于潜在购买量的函数 $s(x)$，而 $s(x)$ 又是 x 的函数，下面探寻函数 $s(x)$.

(2) 求解潜在购买量函数 $s(x)$.

根据假设及图 7.8.2,首先设 $s(x)=0(0\leqslant x\leqslant x_0)$. 令 $x_1=x_0+ks_0$,因为 $s(x_1)=s_0$,所以当 $x_0\leqslant x\leqslant x_1$ 时,相应的直线方程为

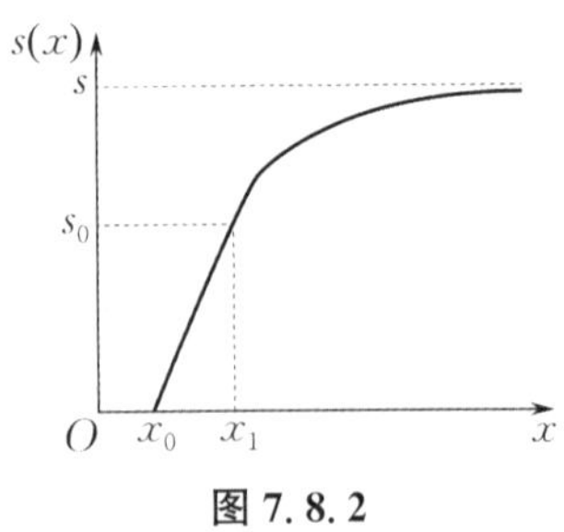

图 7.8.2

$$s(x)=\frac{x-x_0}{k}\quad (x_0\leqslant x\leqslant x_1);$$

当 $x>x_1$ 时,有 $\lim\limits_{x\to+\infty}s(x)=S$, $\lim\limits_{x\to+\infty}s'(x)=0$. 此时,满足这些条件的最简单的函数形式之一是

$$s(x)=\frac{S(x+\alpha)}{x+\beta}.$$

为了确定 α 及 β,根据 $s(x)$ 及 $s'(x)$ 在点 $x=x_1$ 处连续,可得

$$\begin{cases}\dfrac{S(x_1+\alpha)}{x_1+\beta}=s_0,\\[2mm] \dfrac{S(\beta-\alpha)}{(x_1+\beta)^2}=\dfrac{1}{k}\end{cases}\quad \text{或}\quad \begin{cases}s_0(x_1+\beta)=S(x_1+\alpha),\\ (x_1+\beta)^2=kS(\beta-\alpha).\end{cases}$$

将以上关于 α 及 β 的方程组先消去 α,即可求出 α 及 β 的解,故有

$$s(x)=\begin{cases}0, & 0<x<x_0,\\[1mm] \dfrac{x-x_0}{k}, & x_0\leqslant x\leqslant x_1,\\[2mm] \dfrac{S(x-x_1)+s_0k(S-s_0)}{x-x_1+k(S-s_0)}, & x>x_1.\end{cases}$$

(3) 求解最优的广告费及进货量.

将 $s(x)$ 代入式(7.8.6),并令 $\lambda=\dfrac{(b-a)^2}{2b}$,则有

$$R(y^*(x))=\begin{cases}-x, & 0<x<x_0\\[1mm] \left(\dfrac{\lambda}{k}-1\right)x-\dfrac{\lambda x_0}{k}, & x_0\leqslant x\leqslant x_1,\\[2mm] \lambda\,\dfrac{S(x-x_1)+s_0k(S-s_0)}{x-x_1+k(S-s_0)}, & x>x_1.\end{cases}$$

$R(y^*(x))$ 与 x 的变化关系如图 7.8.3 所示.

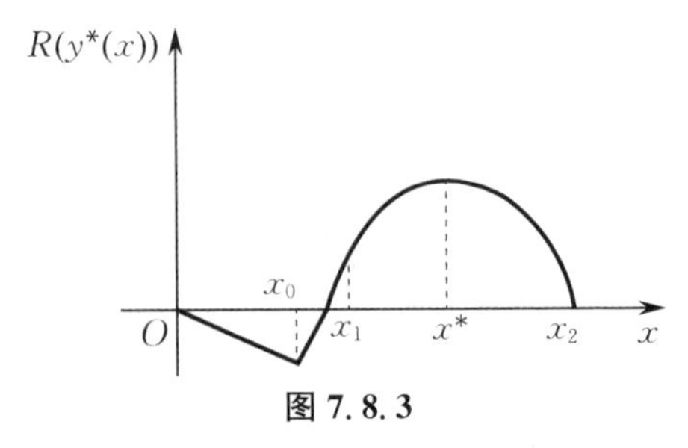

图 7.8.3

为了求出最优广告费,在 $x>x_1$ 时,将 $R(y^*(x))$ 对 x 求导数,得到最优广告费

$$x^*=x_1+k(S-s_0)\left(\sqrt{\frac{\lambda}{k}}-1\right).$$

相应的潜在购买量为

$$s(x^*)=S-\sqrt{\frac{\lambda}{k}}(S-s_0),$$

最优进货量为

$$y^*(x^*)=\frac{b-a}{b}\left[S-\sqrt{\frac{\lambda}{k}}(S-s_0)\right].$$

利用 Python 编程,可画出进货量 y 与购进价 a、售出价 b 的关系,如图 7.8.4 所示.

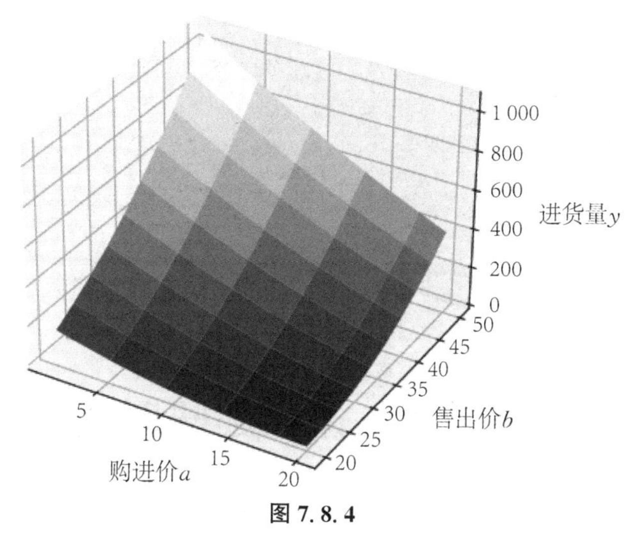

图 7.8.4

3. 基于 Python 的伪代码

(1) Python 计算的目标.

给定 k,s_0 及 S,作出进货量 y 与购进价 a、售出价 b 的关系图.

(2) Python 计算的伪代码.

Process:

```
1: a,b → mgrid[1:20:10j,20:50:10j]
2: S → 1  #潜在购买量的上界
3: s0 → 5  #潜在买主
4: k → 20  #印刷邮寄费用
5: z → ((b-a)/b)*(S-(b-a)/ 2*b*sqrt(1/k)*(S-s0))
6: ax → subplot(111,projection='3d')
7: ax.plot_surface(a,b,z)
8: ax.set_xlabel('购进价 a')
9: ax.set_ylabel('售出价 b')
10: ax.set_zlabel('进货量 y')
```

4. Python实现代码

```
import numpy as np
import matplotlib.pyplot as plt
import sympy
from matplotlib.pylab import mpl
import mpl_toolkits.mplot3d
mpl.rcParams['font.sans-serif'] = ['SimHei']
a,b = np.mgrid[1:20:10j,20:50:10j]
S = 1  #潜在购买量的上界
s0 = 5   #潜在买主
k = 20  #印刷邮寄费用
z = ((b-a)/b)*(S-(b-a)/2*b*sympy.sqrt(1/k)*(S-s0))
ax = plt.subplot(111,projection = '3d')
ax.plot_surface(a,b,z,rstride = 2,cstride = 1,cmap = plt.cm.Blues_r)
ax.set_xlabel('购进价 a')
ax.set_ylabel('售出价 b')
ax.set_zlabel('进货量 y')
plt.show()
```

§7.9 课程趣味阅读之七

7.9.1 现代统计学奠基人——皮尔逊

1. 皮尔逊的成长历程

皮尔逊出生于英国一个中产家庭,在1875年剑桥大学的入学考试中,皮尔逊以第二名的成绩荣获奖学金入读国王学院;四年之后以数学荣誉学位考试中第三名的优异成绩毕业.

皮尔逊大学毕业后选择到德国攻读政治学博士.拿到政治学博士学位后,他回到英国,在伦敦大学学院开始了他的教授生涯.

2. 皮尔逊对统计学发展的贡献

皮尔逊全面转向统计研究是从33岁开始的.两个机缘促使他开始研究统计学,一是他读到了高尔顿的书,开始对统计产生了浓厚的兴趣;二是由于他对统计的热情,他和研究生物统计的同事韦尔登成了好友.在良师益友的影响下,皮尔逊发表了一系列论文和专著,其中最有名的是畅销书《科学的语法》,该书系统性地整理、总结并发展了前人(如埃奇沃思、高尔顿等)的统计学成果,为现代统计奠定了思想基础.

虽然"回归""相关"这些理念最早是由高尔顿提出的,但最终将这些理念完整地以数学公式形式清晰地表达出来,且继续发扬光大的人是皮尔逊.鉴于皮尔逊的这些杰出贡献,有资料将他与两位统计界前辈埃奇沃思、高尔顿并称为统计的"前三杰",且赞他是经典统计的集大成者.不过,从统计哲学的角度,他更应该是现代统计的奠基者.

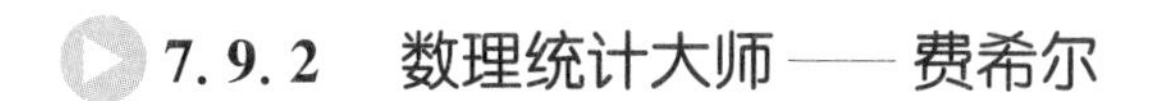

7.9.2　数理统计大师——费希尔

20 世纪上半叶，数理统计学发展成为一门成熟的学科，这在很大程度上要归功于英国统计学家费希尔的工作. 他的贡献对这门学科的建立起了决定性的作用.

1890 年 2 月 17 日，费希尔出生于伦敦，1909 年入剑桥大学学习数学和物理，1913 年毕业，之后他曾投资办工厂，到加拿大某农场管理杂务，还当过中学教员，1919 年参加了罗萨姆斯泰德试验站的工作，致力于数理统计在农业科学和遗传学中的应用和研究. 1933 年他赴任伦敦大学优生学高尔顿讲座教授，1943 ～ 1957 年任剑桥大学遗传学巴尔福尔讲座教授. 他还于 1956 年起任剑桥冈维尔科尼斯学院院长. 1959 年退休后去澳大利亚，在那里度过了他最后的三年.

费希尔在罗萨姆斯泰德试验站工作期间，曾对长达 66 年之久的田间施肥、管理试验和气候条件等资料加以整理、归纳、提取信息，为他日后的理论研究打下了坚实的基础.

20 世纪上半叶，费希尔对当时被广泛使用的统计方法，进行了一系列理论研究，给出了许多现代统计学中的重要的基本概念，从而使数理统计成为一门有坚实理论基础并获得广泛应用的数学学科，他本人也成为当时统计学界的中心人物. 他是一些重要理论和有应用价值的统计分支和方法的开创者. 他对数理统计学的贡献，内容涉及估计理论、假设检验、试验设计和方差分析等重要领域.

在对统计量及抽样分布理论的研究方面，1915 年费希尔发现了正态总体相关系数的分布. 1918 年费希尔利用多重积分方法，给出了由英国科学家戈塞特 1908 年发现的 t 分布的一个完美严密的推导和证明，从而使多数人广泛地接受了它，使研究小样本函数的精确理论分布中一系列重要结论有了新的开端，并为数理统计的另一分支——多元分析奠定了理论基础. 费希尔于 1924 年提出了 F 分布，中心和非中心的 F 分布在方差分析理论中有重要应用. 费希尔在 1925 年对估计量的研究中引进了一致性、有效性和充分性的概念，作为参数的估计量应具备的性质，另外还对估计的精度与样本所含信息之间的关系进行了深入研究，引进了信息量的概念. 除了上述几个方面的工作外，费希尔还系统地发展了正态总体下种种统计量的抽样分布，这标志着相关、回归分析和多元分析等分支学科的初步建立.

费希尔不仅是一位著名的统计学家，还是一位闻名于世的优生学家和遗传学家. 他是统计遗传学的创始人之一，他研究了突变、连锁、自然淘汰、近亲婚姻、移居和隔离等因素对总体遗传特性的影响，以及估计基因频率等数理统计问题. 他的《生物学、农业和医学研究的统计表》是一份很有价值的统计数表.

费希尔还是一位很好的师长，培养了一大批优秀学生，形成了一个实力雄厚的学派，其中既有专长纯数学的学者，又有专长应用数学的人才. 他一生发表的学术论文有 300 多篇，其中 294 篇代表作收集在《费希尔论文集》中. 他还发表了许多专著，如《研究人员用的统计方法》(1925 年)、《实验设计》(1935 年)、《统计表》(1938 年)、《统计方法与科学推断》(1956 年)等，大都已成为有关学科的经典著作.

由于费希尔的成就，他曾多次获得英国和其他许多国家的荣誉，1952 年还被授予爵士称号.

习题七

1. 设 X 表示某种型号的电子元件的寿命(单位:h),它服从指数分布,其概率密度为

$$f(x;\theta)=\begin{cases}\frac{1}{\theta}e^{-\frac{x}{\theta}}, & x>0,\\ 0, & x\leqslant 0,\end{cases}$$

其中未知参数 $\theta>0$. 现得样本观察值为(168,130,169,143,174,198,108,212,252),试求 θ 的矩估计.

2. 设总体 X 的概率密度为

$$f(x;\alpha)=\begin{cases}(1+\alpha)x^{\alpha}, & 0<x<1,\\ 0, & \text{其他},\end{cases}$$

其中未知参数 $\alpha>-1$,且$(x_1,x_2,\cdots,x_n)$为总体的样本观察值,试求 α 的矩估计和极大似然估计.

3. 设$(X_1,X_2,\cdots,X_n)$是取自总体 X 的一个样本,X 服从参数为 λ 的泊松分布,其中 λ 未知. 现得到一个样本观察值如表 1 所示,求 λ 的矩估计与极大似然估计.

表 1

X	0	1	2	3	4
频数	17	20	10	2	1

4. 设$(X_1,X_2,\cdots,X_n)$是取自总体 X 的一个样本,X 服从参数为 p 的几何分布,即

$$P\{X=x\}=p(1-p)^{x-1}\quad(x=1,2,\cdots),$$

其中 p 未知,$0<p<1$,求 p 的极大似然估计.

5. 已知某路口车辆经过的时间间隔(单位:s)服从指数分布 $E(\lambda)$,其中未知参数 $\lambda>0$,现观察到 6 个时间间隔数据:1.8,3.2,4,8,4.5,2.5. 试求该路口车辆经过的平均时间间隔的矩估计与极大似然估计.

6. 设总体 X 的分布律如表 2 所示,其中 $0<\theta<\frac{1}{3}$ 为未知参数,求 θ 的矩估计.

表 2

X	-1	0	2
p_k	2θ	θ	$1-3\theta$

7. 设$(X_1,X_2,\cdots,X_n)$是取自总体 X 的一个样本,X 服从区间$[0,\theta]$上的均匀分布,其中未知参数 $\theta>0$,求 θ 的矩估计和极大似然估计.

8. 设总体 $X\sim N(\mu,\sigma^2)$,其中 μ 已知,$\sigma^2\neq 0$ 为未知参数,$(X_1,X_2,\cdots,X_n)$是取自 X 的一个样本,证明:$\hat{\sigma}^2=\frac{1}{n}\sum_{i=1}^{n}(X_i-\mu)^2$ 是 σ^2 的极大似然估计.

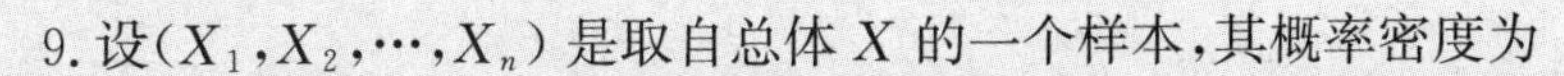

9. 设$(X_1,X_2,\cdots,X_n)$是取自总体 X 的一个样本,其概率密度为

$$f(x)=\begin{cases}e^{-(x-\theta)}, & x\geqslant\theta,\\0, & 其他.\end{cases}$$

试证:θ 的极大似然估计为$X_{(1)}=\min\{X_1,X_2,\cdots,X_n\}$.

10. 设$(X_1,X_2,\cdots,X_n)$是取自对数正态分布总体 $\ln X\sim N(\mu,\sigma^2)$ 的一个样本,其概率密度为

$$f(x)=\begin{cases}\dfrac{1}{\sqrt{2\pi}\sigma x}e^{-\frac{(\ln x-\mu)^2}{2\sigma^2}}, & x>0,\\0, & 其他,\end{cases}$$

其中 μ 与 σ^2 为未知参数,试求 μ 与 σ^2 的极大似然估计.

11. 设总体 $X\sim N(\mu,1)$,(X_1,X_2,X_3)是取自 X 的一个样本,试证下列三个估计都是 μ 的无偏估计,并求出每一个估计的方差,问:哪一个估计最有效?

(1) $\hat{\mu}_1=\dfrac{1}{5}X_1+\dfrac{3}{10}X_2+\dfrac{1}{2}X_3$;

(2) $\hat{\mu}_2=\dfrac{1}{3}X_1+\dfrac{1}{4}X_2+\dfrac{5}{12}X_3$;

(3) $\hat{\mu}_3=\dfrac{1}{3}X_1+\dfrac{1}{6}X_2+\dfrac{1}{2}X_3$.

12. 已知总体 $X\sim N(\mu,\sigma^2)$,其中 μ 为已知常数,$(X_1,X_2,\cdots,X_n)$是取自总体 X 的一个样本.问:当 c 取何值时,统计量$\hat{\sigma}=\dfrac{c}{n}\sum\limits_{i=1}^{n}|X_i-\mu|$是 σ 的无偏估计?

13. 设X_1,X_2,X_3服从均匀分布$U[0,\theta]$,证明:$\dfrac{4}{3}X_{(3)}$及$2X_1$都是 θ 的无偏估计,并比较哪个更有效.

14. 从均值为μ、方差为$\sigma^2>0$的总体中分别取容量为n_1,n_2的两个独立样本,$\overline{X}_1$和$\overline{X}_2$分别是这两个样本的均值,试证:对于任意常数 a,b,假定 $a+b=1$,$Y=a\overline{X}_1+b\overline{X}_2$是 μ 的无偏估计,并确定使 $D(Y)$ 达到最小的常数 a,b.

15. 设$(X_1,X_2,\cdots,X_n)$是取自正态总体 $X\sim N(\mu,\sigma^2)$ 的一个样本,要使 $C\sum\limits_{i=1}^{n-1}(X_{i+1}-X_i)^2$ 为 σ^2 的无偏估计,求 C 的值.

16. 设$(X_1,X_2,\cdots,X_n)$是取自总体 $X\sim N(\mu,\sigma^2)$ 的一个样本,且 μ 已知.问:σ^2 的两个无偏估计$S_1^2=\dfrac{1}{n}\sum\limits_{i=1}^{n}(X_i-\mu)^2$和$S_2^2=\dfrac{1}{n-1}\sum\limits_{i=1}^{n}(X_i-\overline{X})^2$哪个更有效?

17. 设$(X_1,X_2,\cdots,X_n)$是取自总体 X 的一个样本,其概率密度为

$$f(x)=\begin{cases}\dfrac{6x}{\theta^3}(\theta-x), & 0<x<\theta,\\0, & 其他.\end{cases}$$

(1) 求 θ 的矩估计 $\hat{\theta}$.

(2) 证明：$\hat{\theta}$ 是 θ 的无偏估计，并求其方差.

18. 设 $(X_1,X_2,\cdots,X_n)$ 是取自总体 X 的一个样本，其概率密度为

$$f(x)=\begin{cases}\mathrm{e}^{-(x-\theta)}, & x\geqslant\theta,\\ 0, & \text{其他}.\end{cases}$$

试证：

(1) $X_{(1)}=\min\{X_1,X_2,\cdots,X_n\}$ 是 θ 的渐近无偏估计；

(2) $X_{(1)}$ 和 $X_{(1)}-\dfrac{1}{n}$ 都是 θ 的相合估计.

19. 假定某商店中一种商品的月销售量(单位：件) $X\sim N(\mu,\sigma^2)$，其中 σ 未知. 为了合理确定该商品的进货量，需对 μ 和 σ 进行估计，为此，随机抽取 7 个月，其销售量分别为 64，57，49，81，76，70，59，试求 μ 的置信度为 0.95 的置信区间和 σ 的置信度为 0.90 的置信区间.

20. 已知某炼铁厂的铁水含碳量(单位：%)在正常情况下服从正态分布 $N(\mu,\sigma^2)$，且标准差 $\sigma=0.108$. 现测量 5 炉铁水，其含碳量分别为 4.28，4.4，4.42，4.35，4.37，试求未知参数 μ 的置信度为 0.95 的置信上限和置信下限.

21. 设 $(X_1,X_2,\cdots,X_n)$ 是取自总体 $X\sim N(\mu,\sigma^2)$ 的一个样本，其中 μ 未知，但 σ^2 已知，试问：n 取何值时可以保证置信度为 $1-\alpha$ 的置信区间长度不超过 L？

22. 某食品加工厂有甲、乙两条加工猪肉罐头的生产线，设罐头质量(单位：g) 服从正态分布并假设甲生产线与乙生产线互不影响. 从甲生产线抽取 10 只罐头，测得其平均质量 $\overline{x}=501$，总体标准差 $\sigma_1=5$；从乙生产线抽取 20 只罐头，测得其平均质量 $\overline{y}=498$，总体标准差 $\sigma_2=4$，求甲、乙两条生产线生产罐头质量的均值差 $\mu_1-\mu_2$ 的置信度为 0.99 的置信区间.

23. 为了比较甲、乙两种显像管的使用寿命(单位：10^4 h) X 和 Y，随机抽取甲、乙两种显像管各 10 只，得数据 $x_1,x_2,\cdots,x_{10}$ 和 $y_1,y_2,\cdots,y_{10}$，且由此算得 $\overline{x}=2.33$，$\overline{y}=0.75$，$\sum\limits_{i=1}^{10}(x_i-\overline{x})^2=27.5$，$\sum\limits_{i=1}^{10}(y_i-\overline{y})^2=19.2$. 假定这两种显像管的使用寿命均服从正态分布，且由生产过程可知，它们的方差相等，试求两个总体均值差 $\mu_1-\mu_2$ 的置信度为 0.95 的置信区间.

24. 为了比较 A，B 两种灯泡的寿命(单位：h)，从 A 种灯泡中随机抽取 80 只，测得平均寿命 $\overline{x}=2\,000$，样本标准差 $s_1=80$；从 B 种灯泡中随机抽取 100 只，测得平均寿命 $\overline{y}=1\,900$，样本标准差 $s_2=100$. 假定这两种灯泡的寿命分别服从正态分布 $N(\mu_1,\sigma_1^2)$ 和 $N(\mu_2,\sigma_2^2)$ 且相互独立，试求：

(1) $\mu_1-\mu_2$ 的置信度为 0.99 的置信区间；

(2) $\dfrac{\sigma_1^2}{\sigma_2^2}$ 的置信度为 0.90 的置信区间(已知 $F_{0.05}(79,99)=1.42$，$F_{0.05}(99,79)=1.43$).

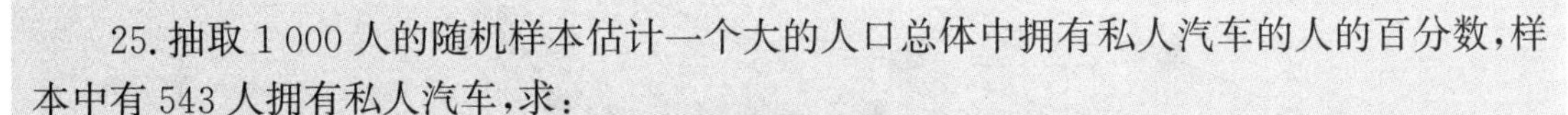

25. 抽取 1 000 人的随机样本估计一个大的人口总体中拥有私人汽车的人的百分数，样本中有 543 人拥有私人汽车，求：

(1) 样本中拥有私人汽车的人的百分数的标准差；

(2) 总体中拥有私人汽车的人的百分数的置信度为 0.95 的置信区间.

26. 某车间生产滚珠，从长期实践中知道，滚珠直径(单位：mm)$X \sim N(\mu, 0.2^2)$，从某天生产的产品中随机抽取 6 个，量得其直径分别如下：14.7，15.0，14.9，14.8，15.2，15.1，求 μ 的置信度为 0.9 的置信区间和置信度为 0.99 的置信区间.

27. 随机地取 9 发某种子弹进行试验，测得子弹速度的标准差 $s^* = 11$ m/s，设子弹速度(单位：m/s)$X \sim N(\mu, \sigma^2)$，求这种子弹速度的标准差 σ 和方差 σ^2 的置信度为 0.95 的置信区间.

28. 某单位职工每天的医疗费(单位：元)$X \sim N(\mu, \sigma^2)$，现抽查了 25 天，得 $\overline{x} = 170$，$s^* = 30$，求职工每天医疗费均值 μ 的置信度为 0.95 的置信区间.

29. 在 3 091 个男生、3 581 个女生组成的总体中，随机不放回地抽取 100 人，观察其中男生的成数，要求估计样本中男生成数的标准差.

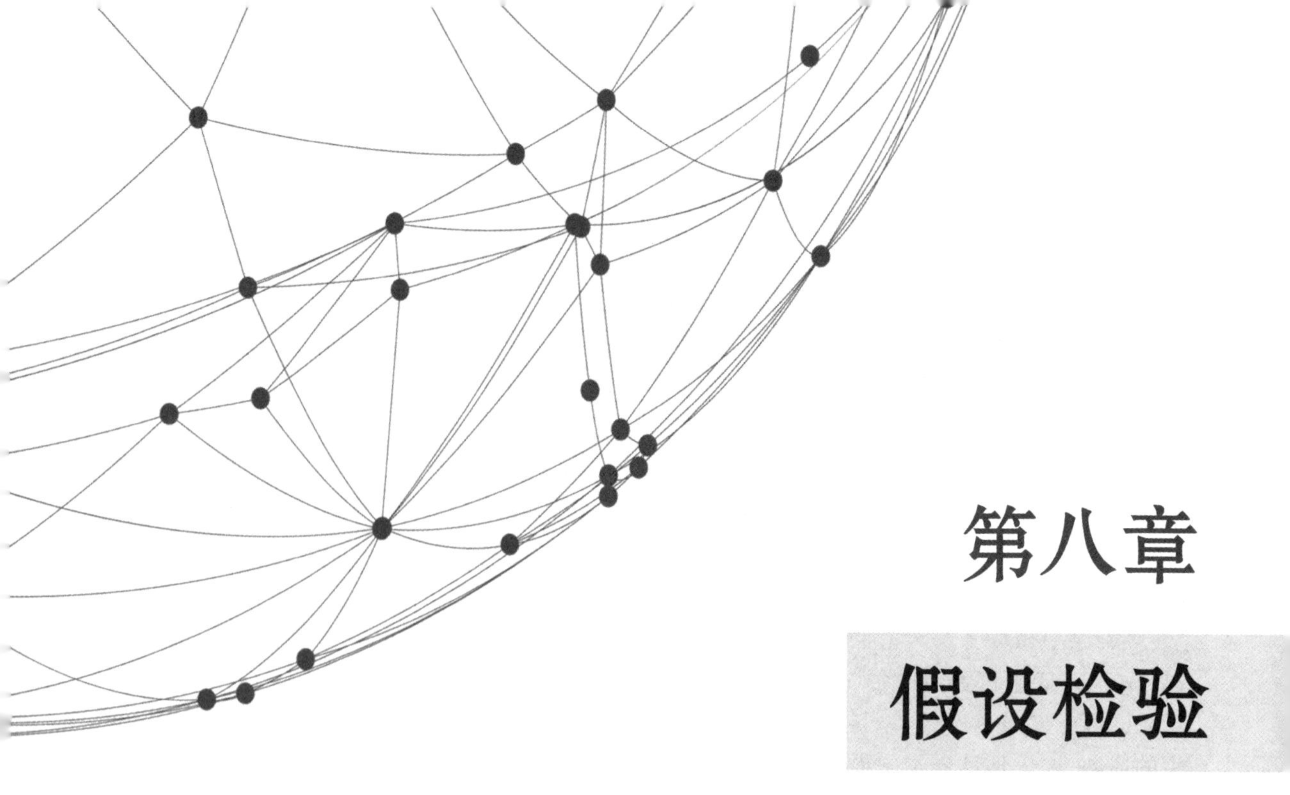

第八章

假设检验

统计推断的另一类重要问题是假设检验. 在总体分布未知或虽知其类型但含有未知参数的时候,为推断总体的某些特性(总体的分布或未知参数),提出某些关于总体的假设. 我们要根据样本所提供的信息及运用适当的统计量, 对提出的假设做出接受或拒绝的决策,这一决策过程称为**假设检验**.

课程思政

§8.1　假设检验问题

8.1.1　假设检验的基本思想

下面通过分析一个实际问题，引出假设检验中的一些基本概念与解决问题的基本思想.

例 8.1.1　某工厂生产一种牛肉罐头，标准规格是每罐净重 250 g，如果净重比它低，企业就会丧失竞争能力；如果净重比它高，企业就要提高产品成本. 现在该工厂生产的一批牛肉罐头中抽取 100 罐进行检验，其平均净重是 $\overline{x}=251$ g. 根据以往经验，罐头净重（单位：g）$X \sim N(\mu,3^2)$，问：这批罐头的生产线是否正常？

在正常生产的情况下，罐头净重 $X \sim N(\mu,3^2)$. 要检验生产线是否工作正常，问题就转化为：根据样本数据判断 $\mu=250$ 是否成立. 为此，我们提出两个相互对立的假设：

$$H_0:\mu=\mu_0=250;\quad H_1:\mu\neq\mu_0.$$

上述就是所谓的**统计假设**，其中 H_0 称为**原假设**（或**零假设**），H_1 称为**备择假设**. 根据样本数据基于一定的判别准则做出判断：接受原假设 H_0（拒绝备择假设 H_1）或拒绝原假设 H_0（接受备择假设 H_1）. 当接受原假设 H_0 时，则认为 $\mu=\mu_0$，从而做出生产线工作正常的判断；否则，认为生产线没有在正常工作.

假设检验的基本思想

下面讨论检验的具体过程. 我们能够使用的信息就是样本观察值 $(x_1,x_2,\cdots,x_n)$，它可以看成取自总体的一个样本，即 $X_i \sim N(\mu,3^2)(i=1,2,\cdots,n)$. 一般而言，取自总体的样本必然包含总体的信息，但样本包含的信息较为分散，因此需要对样本进行加工，把样本中包含的关于未知参数 μ 的信息集中起来，即要构造一个适用于检验 H_0 的统计量.

由于样本均值 $\overline{X}$ 是总体均值 μ 的无偏估计，$\overline{X}$ 的观察值 $\overline{x}$ 的大小在一定程度上反映 μ 的大小，因此若原假设 H_0 为真，则观察值 $\overline{x}$ 与 μ_0 的偏差 $|\overline{x}-\mu_0|$ 一般不应太大. 若 $|\overline{x}-\mu_0|$ 过分大，则可怀疑原假设 H_0 的正确性而拒绝 H_0. 根据例 8.1.1 中可知 $|\overline{x}-\mu_0|=1$，应如何确定该偏差是否太大？

要回答这个问题，首先要弄清楚 $\overline{x}$ 与 μ_0 产生偏差的原因. 其不外乎两种原因：第一，原假设 H_0 为真，只是由于抽样的随机性造成了 $\overline{x}$ 与 μ_0 之间的差异；第二，原假设 H_0 不为真，存在系统性误差，即该生产线工作不正常造成了 $\overline{x}$ 与 μ_0 之间的差异.

对于这两种解释哪一种更合理呢？为了回答这个问题，先是选择一个较小的正数 α（如可取 0.1，0.05，0.01 等），称为**显著性水平**. 接着，在原假设 H_0 为真的条件下确定一个临界值 λ_α，使得事件 $\{|\overline{X}-\mu_0|>\lambda_\alpha\}$ 为一个小概率事件，即

$$P\{|\overline{X}-\mu_0|>\lambda_\alpha\}=\alpha.$$

考虑到，当H_0为真时，$U=\dfrac{\overline{X}-\mu_0}{\sigma/\sqrt{n}}\sim N(0,1)$，所以有

$$P\left\{\left|\frac{\overline{X}-\mu_0}{\sigma/\sqrt{n}}\right|>u_{\frac{\alpha}{2}}\right\}=\alpha.$$

因此，可以确定$\lambda_\alpha=u_{\frac{\alpha}{2}}\dfrac{\sigma}{\sqrt{n}}$. 取$\alpha=0.05$，查附表 2 可得$u_{\frac{\alpha}{2}}=1.96$，而$n=100$，$\sigma=3$，可得$\lambda_\alpha=0.588$. 于是，只要$|\overline{X}-\mu_0|>\lambda_\alpha=0.588$，就认为小概率事件$\{|\overline{X}-\mu_0|>\lambda_\alpha\}$发生了. 最后，通过计算得到$|\overline{x}-\mu_0|=1>0.588$，可知小概率事件$\{|\overline{x}-\mu_0|>\lambda_\alpha\}$确实发生了.

但是，根据实际推断原理，小概率事件在一次试验中几乎不可能发生. 为何产生这样的矛盾？其根源是假设H_0为真，因此我们有很大的把握怀疑H_0的正确性，从而认为H_0不为真，H_1为真，即生产线工作是不正常的.

对例 8.1.1 的分析，可知假设检验的基本思想是实际推断原理，其检验过程类似于数学中的反证法，可将其检验步骤归纳如下：

(1) 根据实际问题的要求，提出原假设H_0及备择假设H_1. 例如，在例 8.1.1 中，提出假设：$H_0:\mu=\mu_0=250$；$H_1:\mu\neq\mu_0$.

(2) 构造一个合适的统计量$T=T(X_1,X_2,\cdots,X_n)$，并确定该统计量的分布. 例如，在例 8.1.1 中，构造的统计量是$U=\dfrac{\overline{X}-\mu_0}{\sigma/\sqrt{n}}\sim N(0,1)$.

(3) 给定显著性水平α，按$P\{\text{拒绝 }H_0\mid H_0\text{ 为真}\}\leqslant\alpha$确定拒绝域$W$. 一般地，确定了临界值就确定了拒绝域. 例如，在例 8.1.1 中，拒绝域为$W=\{|\overline{X}-\mu_0|>\lambda_\alpha\}$，或者为$W=\left\{\left|\dfrac{\overline{X}-\mu_0}{\sigma/\sqrt{n}}\right|>u_{\frac{\alpha}{2}}\right\}$.

(4) 做出判断，若T的观察值$t\in W$，则拒绝原假设H_0，否则接受原假设H_0. 例如，在例 8.1.1 中，通过计算可知$\lambda_\alpha=0.588$，因此拒绝域为$W=\{|\overline{X}-\mu_0|>0.588\}$. 而$|\overline{x}-\mu_0|=1$，因此样本落在了拒绝域中，于是拒绝原假设$H_0$，认为生产线工作是不正常的.

8.1.2 两类错误

做出判断的依据是样本数据的取值，但由样本数据的随机性可知，当H_0为真时，可能做出拒绝H_0的判断. 这是一种错误，称这类错误为**第一类错误**，即原假设H_0符合实际情况，而检验结果却拒绝H_0，也称**弃真错误**. 犯这种错误的概率记为

$$P\{\text{拒绝 }H_0\mid H_0\text{ 为真}\}=\alpha.$$

另一类错误称为**第二类错误**，即原假设H_0不符合实际情况，而检验结果却接受H_0，也称**纳伪错误**. 由样本的随机性，犯这类错误同样是难免的，其概率记为β，即

$$P\{\text{接受 }H_0\mid H_0\text{ 为假}\}=\beta.$$

检验的可能结果与两类错误列表 8.1.1.

表 8.1.1

检验结果	未知的真实情况	
	H_0 正确	H_0 错误
接受H_0	正确结论$(1-\alpha)$	第二类错误(β)
拒绝H_0	第一类错误(α)	正确结论$(1-\beta)$

在样本容量固定的情况下，人们无法同时降低犯这两类错误的概率.

例 8.1.2　在例 8.1.1 中，设$(X_1,X_2,\cdots,X_n)$是取自其总体的一个样本，对应的样本均值为$\overline{X}$. 记该假设检验问题犯第一类错误的概率为α及犯第二类错误的概率为β，试说明当样本容量n固定时，α与β是此消彼长的关系.

证明　根据例 8.1.1 的分析过程，可知该假设检验问题的拒绝域为

$$W=\left\{\left|\frac{\overline{X}-\mu_0}{\sigma/\sqrt{n}}\right|>u_{\frac{\alpha}{2}}\right\}.$$

当H_0为真时，有$\dfrac{\overline{X}-\mu_0}{\sigma/\sqrt{n}}\sim N(0,1)$，可知

$$\alpha=P\{拒绝\ H_0\mid H_0\ 为真\}=P\left\{\left|\frac{\overline{X}-\mu_0}{\sigma/\sqrt{n}}\right|>u_{\frac{\alpha}{2}}\right\}.$$

可见，当样本容量n固定时，如果$u_{\frac{\alpha}{2}}$增大，则α减小，即α是$u_{\frac{\alpha}{2}}$的递减函数.

当H_1为真时，有$\mu\neq\mu_0$，此时$\dfrac{\overline{X}-\mu}{\sigma/\sqrt{n}}\sim N(0,1)$，可知

$$\beta=P\{接受\ H_0\mid H_1\ 为真\}=P\{\overline{W}\mid H_1\ 为真\}=P\left\{\left|\frac{\overline{X}-\mu_0}{\sigma/\sqrt{n}}\right|<u_{\frac{\alpha}{2}}\ \middle|\ H_1\ 为真\right\}$$

$$=P\left\{-u_{\frac{\alpha}{2}}<\frac{\overline{X}-\mu_0}{\sigma/\sqrt{n}}<u_{\frac{\alpha}{2}}\ \middle|\ H_1\ 为真\right\}=P\left\{-u_{\frac{\alpha}{2}}-\frac{\mu-\mu_0}{\sigma/\sqrt{n}}<\frac{\overline{X}-\mu}{\sigma/\sqrt{n}}<u_{\frac{\alpha}{2}}-\frac{\mu-\mu_0}{\sigma/\sqrt{n}}\right\}$$

$$=\Phi\left(u_{\frac{\alpha}{2}}-\frac{\mu-\mu_0}{\sigma/\sqrt{n}}\right)-\Phi\left(-u_{\frac{\alpha}{2}}-\frac{\mu-\mu_0}{\sigma/\sqrt{n}}\right)=\Phi\left(u_{\frac{\alpha}{2}}-\frac{\mu-\mu_0}{\sigma/\sqrt{n}}\right)+\Phi\left(u_{\frac{\alpha}{2}}+\frac{\mu-\mu_0}{\sigma/\sqrt{n}}\right)-1.$$

由上式不难看出，β是$u_{\frac{\alpha}{2}}$的递增函数. 而α是$u_{\frac{\alpha}{2}}$的递减函数，因此α与β是此消彼长的关系.

实践中，人们习惯地采用如下策略：限制犯第一类错误的概率，或者在限制犯第一类错误的概率情况下，使犯第二类错误的概率尽可能地小. 只对犯第一类错误的概率加以控制，而不考虑犯第二类错误的概率的检验，称为**显著性检验**. 它只涉及原假设.

8.1.3　假设检验问题的分类

在例 8.1.1 中假定了总体X服从正态分布，只对其中的未知参数μ进行假设检验，这种检验称为**参数的假设检验**.

对一个未知参数θ考虑假设检验问题时，一般可以将其分为下列三种类型的假设检验问题：

（Ⅰ）$H_0:\theta=\theta_0;H_1:\theta\neq\theta_0$.

（Ⅱ）$H_0:\theta=\theta_0;H_1:\theta>\theta_0$（或者$H_0:\theta\leqslant\theta_0;H_1:\theta>\theta_0$）.

（Ⅲ）$H_0:\theta=\theta_0;H_1:\theta<\theta_0$（或者$H_0:\theta\geqslant\theta_0;H_1:\theta<\theta_0$）.

这里，未知参数θ可以是均值，也可以是方差，或者是其他的未知参数. 根据拒绝域的方向，类型（Ⅰ）称为**双侧检验**，类型（Ⅱ）称为**右侧检验**，类型（Ⅲ）称为**左侧检验**.

注意到以上（Ⅱ）的假设检验问题，为何将$H_0:\theta=\theta_0$与$H_0:\theta\leqslant\theta_0$视为同类问题（同样的问题也在（Ⅲ）中出现）？对于假设检验问题$H_0:\theta\leqslant\theta_0;H_1:\theta>\theta_0$，其关键在于如何确定该检验的拒绝域，下面以正态总体均值的假设检验问题为例进行说明.

设$(X_1,X_2,\cdots,X_n)$是取自总体$X\sim N(\mu,\sigma^2)$的一个样本，其对应的样本均值为$\overline{X}$. 假设σ^2已知，对于假设检验问题$H_0:\mu\leqslant\mu_0;H_1:\mu>\mu_0$，其拒绝域的形式为$W=\{\overline{X}>c\}$，当$H_0$为真时，得

$$\frac{\overline{X}-\mu}{\sigma/\sqrt{n}}\sim N(0,1)\quad(\mu\leqslant\mu_0).$$

于是，可得该检验的犯第一类错误的概率为

$$g(\mu)=P\{\overline{X}>c\mid H_0\text{ 为真}\}=P\left\{\frac{\overline{X}-\mu}{\sigma/\sqrt{n}}>\frac{c-\mu}{\sigma/\sqrt{n}}\middle|H_0\text{ 为真}\right\}=1-\Phi\left(\frac{c-\mu}{\sigma/\sqrt{n}}\right).$$

容易发现$g(\mu)$是关于μ的递增函数，当$\mu\leqslant\mu_0$时，$g(\mu)\leqslant g(\mu_0)$，令$g(\mu_0)=\alpha$，则有

$$g(\mu)\leqslant\alpha.$$

上式表明，当$H_0:\mu\leqslant\mu_0$为真时，犯第一类错误的概率最多不超过α. 因此，从这个意义上看，原假设$H_0:\mu\leqslant\mu_0$与$H_0:\mu=\mu_0$是等价的.

另外，当总体X的分布未知时，需要对总体X的分布进行检验，称为**分布的假设检验**. 这时，可以提出假设：

$$H_0:X\text{ 服从分布 }F(x);\quad H_1:X\text{ 不服从分布 }F(x).$$

§8.2 单个正态总体的假设检验

本节讨论单个正态总体的假设检验问题，主要讨论单个正态总体下总体均值和方差的两种情形.

8.2.1 单个正态总体均值μ的假设检验

1. σ^2已知，关于μ的检验（U检验）

设总体$X\sim N(\mu,\sigma^2)$，其中σ^2已知，检验假设：

$$H_0:\mu=\mu_0;\quad H_1:\mu\neq\mu_0.$$

单个正态总体的双侧检验

当原假设H_0为真时，$U=\dfrac{\overline{X}-\mu_0}{\sigma/\sqrt{n}}\sim N(0,1)$，可以利用统计量

$$U=\frac{\overline{X}-\mu_0}{\sigma/\sqrt{n}}$$

来确定拒绝域,这种检验法称为 U **检验法**.

2. σ^2 未知,关于 μ 的检验(T 检验)

设总体 $X \sim N(\mu,\sigma^2)$,其中 μ,σ^2 都未知,$(X_1,X_2,\cdots,X_n)$ 是取自总体 X 的一个样本,在显著性水平 α 下,检验假设:

$$H_0:\mu=\mu_0;\quad H_1:\mu\neq\mu_0.$$

由于σ^2 未知,$\dfrac{\overline{X}-\mu_0}{\sigma/\sqrt{n}}$ 不再是统计量,注意到样本方差S^2 是总体方差σ^2 的无偏估计,用 S 代替 σ,由抽样分布理论知,当原假设H_0 为真时,

$$T=\frac{\overline{X}-\mu_0}{S/\sqrt{n}}\sim t(n-1).$$

因此,可以用 $T=\dfrac{\overline{X}-\mu_0}{S/\sqrt{n}}$ 作为检验统计量. 类似于U 检验,当观察值$|t|=\left|\dfrac{\overline{x}-\mu_0}{s/\sqrt{n}}\right|$过分大时就拒绝$H_0$,由

$$P\{\text{拒绝 } H_0 \mid H_0 \text{ 为真}\}=P\left\{\left|\frac{\overline{X}-\mu_0}{S/\sqrt{n}}\right|\geqslant k\right\}=\alpha$$

可知 $k=t_{\frac{\alpha}{2}}(n-1)$,即得拒绝域为

$$W=\left\{\left|\frac{\overline{X}-\mu_0}{S/\sqrt{n}}\right|>t_{\frac{\alpha}{2}}(n-1)\right\}.$$

上述利用 T 统计量进行假设检验的方法称为 T **检验法**. 在实际中,正态总体的方差常常未知,所以用 T 检验法来检验关于正态总体均值的假设检验问题更具有实际意义.

例 8.2.1　某纺织厂在正常工作条件下,每台织布机纺纱断头率(单位:根 /h)$X\sim N(0.95,\sigma^2)$,其中σ^2 未知. 现该厂对生产工艺进行了改造,可以认为改造后纺纱断头率 X 仍然服从正态分布,且标准差不变. 在50台织布机上进行试验,结果平均每台断头率为0.923 根 /h,标准差为 0.16 根 /h. 试问:采用新工艺之后断头率是否显著性降低(显著性水平 $\alpha=0.05$)?

解　根据该问题的要求,需要检验假设:

$$H_0:\mu\geqslant\mu_0=0.95;\quad H_1:\mu<0.95.$$

由于σ^2 未知,选择统计量

$$T=\frac{\overline{X}-\mu_0}{S/\sqrt{n}}.$$

当H_0 为真时,$T\sim t(n-1)$,对应的拒绝域为

$$W=\left\{\frac{\overline{X}-\mu_0}{S/\sqrt{n}}<-t_\alpha(n-1)\right\}.$$

当 $n=50$ 时,查表可得 $-t_\alpha(n-1)\approx-\mu_\alpha=-1.645$. 又计算可得

$$\frac{\overline{x}-\mu_0}{s/\sqrt{n}}=\frac{0.923-0.95}{0.16/\sqrt{50}}\approx-1.1932,$$

这说明该值没有落在拒绝域，因此只能接受原假设H_0，认为采用新工艺之后断头率没有得到显著性降低.

8.2.2 单个正态总体方差σ^2的假设检验

设$(X_1,X_2,\cdots,X_n)$是取自正态总体$X\sim N(\mu,\sigma^2)$的一个样本，其中μ,σ^2均未知，在显著性水平α下，要求检验假设：

$$H_0:\sigma^2=\sigma_0^2;\quad H_1:\sigma^2\neq\sigma_0^2.$$

当H_0为真时，有

$$\frac{(n-1)S^2}{\sigma_0^2}\sim\chi^2(n-1).$$

因此，可以取$\chi^2=\dfrac{(n-1)S^2}{\sigma_0^2}$作为检验统计量. 由于$S^2$是$\sigma^2$的无偏估计，当$H_0$为真时，$S^2$与$\sigma_0^2$的比值$\dfrac{S^2}{\sigma_0^2}$一般来说应在1附近，而不应过分大于1或过分小于1. 因此，上述假设检验问题的拒绝域具有如下形式：

$$W=\left\{\frac{(n-1)S^2}{\sigma_0^2}<k_1\right\}\cup\left\{\frac{(n-1)S^2}{\sigma_0^2}>k_2\right\},$$

此处k_1,k_2的值由

$$P\{\text{拒绝 }H_0\mid H_0\text{ 为真}\}=P\left\{\left[\frac{(n-1)S^2}{\sigma_0^2}<k_1\right]\cup\left[\frac{(n-1)S^2}{\sigma_0^2}>k_2\right]\right\}=\alpha$$

确定.

为了计算方便，习惯上取

$$P\left\{\frac{(n-1)S^2}{\sigma_0^2}<k_1\right\}=P\left\{\frac{(n-1)S^2}{\sigma_0^2}>k_2\right\}=\frac{\alpha}{2},$$

由此可得$k_1=\chi^2_{1-\frac{\alpha}{2}}(n-1)$，$k_2=\chi^2_{\frac{\alpha}{2}}(n-1)$. 于是，拒绝域为

$$W=\left\{\frac{(n-1)S^2}{\sigma_0^2}<\chi^2_{1-\frac{\alpha}{2}}(n-1)\right\}\cup\left\{\frac{(n-1)S^2}{\sigma_0^2}>\chi^2_{\frac{\alpha}{2}}(n-1)\right\}.$$

上述检验法利用了服从χ^2分布的统计量，故称为χ^2**检验法**.

关于单个正态总体的假设检验可列表 8.2.1.

表 8.2.1

	原假设H_0	备择假设H_1	检验统计量	拒绝域
σ^2已知	$\mu\leqslant\mu_0$ $\mu\geqslant\mu_0$ $\mu=\mu_0$	$\mu>\mu_0$ $\mu<\mu_0$ $\mu\neq\mu_0$	$U=\dfrac{\overline{X}-\mu_0}{\sigma/\sqrt{n}}$	$W=\{U>u_\alpha\}$ $W=\{U<-u_\alpha\}$ $W=\{\lvert U\rvert>u_{\frac{\alpha}{2}}\}$
σ^2未知	$\mu\leqslant\mu_0$ $\mu\geqslant\mu_0$ $\mu=\mu_0$	$\mu>\mu_0$ $\mu<\mu_0$ $\mu\neq\mu_0$	$T=\dfrac{\overline{X}-\mu_0}{S/\sqrt{n}}$	$W=\{T>t_\alpha(n-1)\}$ $W=\{T<-t_\alpha(n-1)\}$ $W=\{\lvert T\rvert>t_{\frac{\alpha}{2}}(n-1)\}$

续表

	原假设H_0	备择假设H_1	检验统计量	拒绝域
μ 未知	$\sigma^2 \leqslant \sigma_0^2$ $\sigma^2 \geqslant \sigma_0^2$ $\sigma^2 = \sigma_0^2$	$\sigma^2 > \sigma_0^2$ $\sigma^2 < \sigma_0^2$ $\sigma^2 \neq \sigma_0^2$	$\chi^2 = \dfrac{(n-1)S^2}{\sigma_0^2}$	$W=\{\chi^2>\chi_\alpha^2(n-1)\}$ $W=\{\chi^2<\chi_{1-\alpha}^2(n-1)\}$ $W=\{\chi^2<\chi_{1-\frac{\alpha}{2}}^2(n-1)\}$ $\cup\{\chi^2>\chi_{\frac{\alpha}{2}}^2(n-1)\}$

例 8.2.2　随机地从一批铁钉中抽取了 16 枚，测得它们的长度(单位：cm) 如下：

2.14，　2.10，　2.13，　2.15，　2.13，　2.12，　2.13，　2.10，

2.15，　2.12，　2.14，　2.10，　2.13，　2.11，　2.14，　2.11.

已知铁钉长度X服从正态分布$N(\mu,\sigma^2)$，其中μ,σ^2均未知，在显著性水平$\alpha=0.01$下，试问：

(1) 能否认为这批铁钉的平均长度为 2.12 cm?

(2) 能否认为这批铁钉的标准差为 0.02 cm?

解　(1) 由题可知，需检验假设：

$$H_0:\mu=\mu_0=2.12;\quad H_1:\mu\neq\mu_0.$$

由于总体标准差未知，所以选择统计量 $T=\dfrac{\overline{X}-\mu_0}{S/\sqrt{n}}$，得拒绝域为

$$W=\left\{\left|\frac{\overline{X}-\mu_0}{S/\sqrt{n}}\right|>t_{0.005}(15)\right\}.$$

将 $n=16$，$t_{0.005}(15)=2.9467$，$s\approx0.017$，$\overline{x}=2.125$ 代入以上不等式左边得 $\left|\dfrac{\overline{x}-\mu_0}{s/\sqrt{n}}\right|\approx 1.18<2.9467$，所以接受原假设$H_0$，即可认为这批铁钉的平均长度为 2.12 cm.

(2) 由题可知，需检验假设：

$$H_0:\sigma^2=\sigma_0^2=0.02^2;\quad H_1:\sigma^2\neq\sigma_0^2.$$

取$\chi^2=\dfrac{(n-1)S^2}{\sigma_0^2}$作为统计量，当$H_0$为真时，$\chi^2=\dfrac{(n-1)S^2}{\sigma_0^2}\sim\chi^2(n-1)$，从而拒绝域为

$$W=\left\{\frac{(n-1)S^2}{\sigma_0^2}<\chi_{1-\frac{\alpha}{2}}^2(n-1)\right\}\cup\left\{\frac{(n-1)S^2}{\sigma_0^2}>\chi_{\frac{\alpha}{2}}^2(n-1)\right\}.$$

将 $n=16$，$\alpha=0.01$，$s^2\approx0.017^2$，$\sigma_0^2=0.02^2$，代入检验统计量得 $\chi^2=11.56$，查表得 $\chi_{0.995}^2(15)=4.6009$，$\chi_{0.005}^2(15)=32.8013$，因 $4.6009<11.56<32.8013$，故接受原假设H_0，即认为这批铁钉的标准差是 0.02 cm.

§8.3 两个正态总体的假设检验

本节讨论两个正态总体的假设检验问题,主要讨论两个正态总体的均值和方差的比较.

8.3.1 两个正态总体均值差的假设检验

设$(X_1,X_2,\cdots,X_n)$是取自正态总体$X\sim N(\mu_1,\sigma_1^2)$的一个样本,$(Y_1,Y_2,\cdots,Y_m)$是取自正态总体$Y\sim N(\mu_2,\sigma_2^2)$的一个样本,且两个样本相互独立,$\overline{X}$,$\overline{Y}$分别表示两个样本的样本均值,$S_1^2$,$S_2^2$分别表示两个样本的样本方差,即有

$$\overline{X}=\frac{1}{n}\sum_{i=1}^{n}X_i,\quad \overline{Y}=\frac{1}{m}\sum_{i=1}^{m}Y_i,\quad S_1^2=\frac{1}{n-1}\sum_{i=1}^{n}(X_i-\overline{X})^2,\quad S_2^2=\frac{1}{m-1}\sum_{i=1}^{m}(Y_i-\overline{Y})^2.$$

现在需检验假设:

$$H_0:\mu_1-\mu_2=0;\quad H_1:\mu_1-\mu_2\neq 0.$$

1. 当方差σ_1^2,σ_2^2为已知时,对均值差$\mu_1-\mu_2$的检验

由抽样分布理论知,当原假设H_0为真时,有

$$\overline{X}-\overline{Y}\sim N\left(0,\frac{\sigma_1^2}{n}+\frac{\sigma_2^2}{m}\right),$$

即

$$U=\frac{\overline{X}-\overline{Y}}{\sqrt{\sigma_1^2/n+\sigma_2^2/m}}\sim N(0,1),$$

从而可选取$U=\dfrac{\overline{X}-\overline{Y}}{\sqrt{\sigma_1^2/n+\sigma_2^2/m}}$作为检验统计量,此时可以确定拒绝域为

$$W=\left\{\frac{|\overline{X}-\overline{Y}|}{\sqrt{\sigma_1^2/n+\sigma_2^2/m}}>u_{\frac{\alpha}{2}}\right\}.$$

2. 当方差$\sigma_1^2=\sigma_2^2=\sigma^2$为未知时,对均值差$\mu_1-\mu_2$的检验

虽然σ_1^2,σ_2^2未知,但是它们相等,此时可以取检验统计量为

$$T=\frac{\overline{X}-\overline{Y}}{S_w\sqrt{1/n+1/m}},$$

其中$S_w^2=\dfrac{(n-1)S_1^2+(m-1)S_2^2}{n+m-2}$.

由抽样分布理论,当H_0为真时,统计量$T\sim t(n+m-2)$,从而可以确定拒绝域为

$$W=\left\{\frac{|\overline{X}-\overline{Y}|}{S_w\sqrt{1/n+1/m}}>t_{\frac{\alpha}{2}}(n+m-2)\right\}.$$

例 8.3.1 　某家禽研究所对小鸡运用 A,B 两种不同的饲料进行饲养对比试验,试验时间为 60 天,增重(单位:g) 结果如表 8.3.1 所示.

表 8.3.1

饲料	样本容量	增重							
A	8	720	710	735	680	690	705	700	705
B	8	680	695	700	715	708	685	698	688

假设两种饲料对小鸡的增重效果均服从正态分布,且方差相等. 问:两种饲料对小鸡的增重效果有无显著差异(显著性水平 $\alpha=0.05$)?

解 　由题可知,需检验假设:

$$H_0:\mu_1-\mu_2=0;\quad H_1:\mu_1-\mu_2\neq 0.$$

由于假设两总体方差相等但未知,所以可以取检验统计量为

$$T=\frac{\overline{X}-\overline{Y}}{S_w\sqrt{1/n+1/m}}.$$

当 H_0 为真时,$T=\dfrac{\overline{X}-\overline{Y}}{S_w\sqrt{1/n+1/m}}\sim t(n+m-2)$,从而可以确定拒绝域为

$$W=\left\{\frac{|\overline{X}-\overline{Y}|}{S_w\sqrt{1/n+1/m}}>t_{\frac{\alpha}{2}}(n+m-2)\right\}.$$

这里,$n=8,m=8,t_{0.025}(14)=2.1448$,由样本计算得 $\overline{x}=705.625,\overline{y}=696.125,s_1^2\approx 288.84$,$s_2^2\approx 138.13$,从而

$$|t|\approx 1.30<t_{0.025}(14)=2.1448.$$

故接受 H_0,即认为两种饲料对小鸡的增重效果无显著差异.

8.3.2　两个正态总体方差比 $\dfrac{\sigma_1^2}{\sigma_2^2}$ 的假设检验

设样本 $(X_1,X_2,\cdots,X_n)$ 取自正态总体 $X\sim N(\mu_1,\sigma_1^2)$,样本 $(Y_1,Y_2,\cdots,Y_m)$ 取自正态总体 $Y\sim N(\mu_2,\sigma_2^2)$,两个样本相互独立,$\mu_1,\mu_2$ 均未知,S_1^2,S_2^2 分别表示两个样本的样本方差,现在需要检验假设(显著性水平为 α):

$$H_0:\sigma_1^2=\sigma_2^2;\quad H_1:\sigma_1^2\neq\sigma_2^2.$$

当 H_0 为真时,$\dfrac{S_1^2}{S_2^2}\sim F(n-1,m-1)$,因此选取

$$F=\frac{S_1^2}{S_2^2}$$

作为检验统计量. 由于样本方差 S_1^2 和 S_2^2 分别是 σ_1^2 和 σ_2^2 的无偏估计,当 H_0 为真时,$\dfrac{S_1^2}{S_2^2}$ 应在 1 的附近摆动,而不应过分大于 1 或者过分小于 1. 因此,可得在显著性水平 α 下该假设检验的拒绝域为

$$W=\left\{\frac{S_1^2}{S_2^2}<F_{1-\frac{\alpha}{2}}(n-1,m-1)\right\}\cup\left\{\frac{S_1^2}{S_2^2}>F_{\frac{\alpha}{2}}(n-1,m-1)\right\}.$$

类似地,可以得到右侧检验

$$H_0:\sigma_1^2\leqslant\sigma_2^2;\quad H_1:\sigma_1^2>\sigma_2^2$$

的拒绝域为

$$W=\left\{\frac{S_1^2}{S_2^2}>F_\alpha(n-1,m-1)\right\},$$

左侧检验

$$H_0:\sigma_1^2\geqslant\sigma_2^2;\quad H_1:\sigma_1^2<\sigma_2^2.$$

的拒绝域为

$$W=\left\{\frac{S_1^2}{S_2^2}<F_{1-\alpha}(n-1,m-1)\right\}.$$

上述检验法利用了服从 F 分布的统计量,故称为 F **检验法**.

例 8.3.2 在例 8.3.1 中分别记两个总体的方差为 σ_1^2 和 σ_2^2,试检验假设 $\sigma_1^2=\sigma_2^2$ 是否合理(显著性水平 $\alpha=0.05$).

解 由题可知,要求检验假设:

$$H_0:\sigma_1^2=\sigma_2^2;\quad H_1:\sigma_1^2\neq\sigma_2^2.$$

选取检验统计量

$$F=\frac{S_1^2}{S_2^2},$$

当 H_0 为真时,$\frac{S_1^2}{S_2^2}\sim F(n-1,m-1)$,从而可以确定拒绝域为

$$W=\left\{\frac{S_1^2}{S_2^2}<F_{1-\frac{\alpha}{2}}(n-1,m-1)\right\}\cup\left\{\frac{S_1^2}{S_2^2}>F_{\frac{\alpha}{2}}(n-1,m-1)\right\}.$$

因为 $n=8,m=8,\alpha=0.05$,查表得 $F_{0.025}(7,7)=4.99$,$F_{0.975}(7,7)=\frac{1}{F_{0.025}(7,7)}\approx0.2004$,又 $f=\frac{s_1^2}{s_2^2}=\frac{288.84}{138.13}\approx2.0911$,所以 $F_{0.975}(7,7)<f<F_{0.025}(7,7)$,从而接受原假设 H_0.

这说明在例 8.3.1 中假设 $\sigma_1^2=\sigma_2^2$ 是合理的.

关于两个正态总体的假设检验可列表 8.3.2.

表 8.3.2

	原假设 H_0	备择假设 H_1	检验统计量	拒绝域
σ_1^2,σ_2^2 已知	$\mu_1-\mu_2\leqslant0$ $\mu_1-\mu_2\geqslant0$ $\mu_1-\mu_2=0$	$\mu_1-\mu_2>0$ $\mu_1-\mu_2<0$ $\mu_1-\mu_2\neq0$	$U=\frac{\overline{X}-\overline{Y}}{\sqrt{\sigma_1^2/n+\sigma_2^2/m}}$	$W=\{U>u_\alpha\}$ $W=\{U<-u_\alpha\}$ $W=\{\lvert U\rvert>u_{\frac{\alpha}{2}}\}$

续表

	原假设 H_0	备择假设 H_1	检验统计量	拒绝域
$\sigma_1^2=\sigma_2^2=\sigma^2$ 未知	$\mu_1-\mu_2\leqslant 0$ $\mu_1-\mu_2\geqslant 0$ $\mu_1-\mu_2=0$	$\mu_1-\mu_2>0$ $\mu_1-\mu_2<0$ $\mu_1-\mu_2\neq 0$	$T=\dfrac{\overline{X}-\overline{Y}}{S_w\sqrt{1/n+1/m}}$, $S_w^2=\dfrac{(n-1)S_1^2+(m-1)S_2^2}{n+m-2}$	$W=\{T>t_\alpha(n-1)\}$ $W=\{T<-t_\alpha(n-1)\}$ $W=\{\lvert T\rvert>t_{\frac{\alpha}{2}}(n-1)\}$
μ_1,μ_2 未知	$\sigma_1^2\leqslant\sigma_2^2$ $\sigma_1^2\geqslant\sigma_2^2$ $\sigma_1^2=\sigma_2^2$	$\sigma_1^2>\sigma_2^2$ $\sigma_1^2<\sigma_2^2$ $\sigma_1^2\neq\sigma_2^2$	$F=\dfrac{S_1^2}{S_2^2}$	$W=\{F>F_\alpha(n-1,m-1)\}$ $W=\{F<F_{1-\alpha}(n-1,m-1)\}$ $W=\{F<F_{1-\frac{\alpha}{2}}(n-1,m-1)\}$ $\cup\{F>F_{\frac{\alpha}{2}}(n-1,m-1)\}$

§8.4　总体成数的假设检验

在产品验收时,经常需要检验一个样本的成数与已知的二项分布总体的成数之间差异是否显著,即总体成数的假设检验问题.

设$(X_1,X_2,\cdots,X_n)$是取自总体X的一个样本,$X\sim B(1,p)$,则$\sum\limits_{i=1}^{n}X_i\sim B(n,p)$,其中$p$是未知参数,表示总体成数. 于是,可以提出检验假设:

$$H_0:p=p_0;\quad H_1:p\neq p_0.$$

假定样本容量n很大($n\geqslant 30$),根据中心极限定理可知$\overline{X}\sim N\left(p,\frac{1}{n}p(1-p)\right)$. 在显著性水平$\alpha$下,当$p=p_0$时,取检验统计量

$$U=\sqrt{n}\,\frac{\overline{X}-p_0}{\sqrt{p_0(1-p_0)}},$$

从而可以确定拒绝域为

$$W=\left\{\sqrt{n}\,\frac{|\overline{X}-p_0|}{\sqrt{p_0(1-p_0)}}>u_{\frac{\alpha}{2}}\right\}.$$

同样,可以写出类似的单侧假设检验及其拒绝域.

一般而言,在此类问题中,当样本容量n较大,p不过于小,且np和$n(1-p)$均大于5时,可以近似地利用正态分布进行假设检验.

例 8.4.1　一位关于环境保护的公共福利团体的发言人宣称:在这个工业区域内,遵守政府制定的空气污染标准法则的工厂不到60%. 但环境保护局的工程师却相信至少60%的工厂是遵守这个法则的. 于是,他从这个工业区域内抽查出了60家工厂进行检查,发现33家是遵守空气污染标准法则的. 检验在下列两种情形下,能否认为遵守法则的工厂不到60%(显著性水平$\alpha=0.05$):

(1) 环境保护公共福利团体发言人的观点受到保护；

(2) 环境保护局工程师的观点受到保护.

解 由于 $n > 30$，且 np 和 $n(1-p)$ 都超过 5，因此可以用正态分布逼近.

(1) 当环境保护公共福利团体发言人的观点受到保护时，需检验假设：

$$H_0: p \leqslant 60\%; \quad H_1: p > 60\%.$$

当 H_0 为真时，选取检验统计量

$$U = \sqrt{n}\,\frac{\hat{p} - p_0}{\sqrt{p_0(1-p_0)}} \sim N(0,1),$$

从而相应的拒绝域为

$$W = \left\{\sqrt{n}\,\frac{\hat{p} - p_0}{\sqrt{p_0(1-p_0)}} > u_{0.05} = 1.645\right\}.$$

已知 $\hat{p} = \frac{33}{60} = 0.55, n = 60, p_0 = 0.6$，计算得 $u \approx -0.791 < 1.645$，因此认为 H_0 为真，即认为遵守法则的工厂不到 60%.

(2) 当环境保护局工程师的观点受到保护时，需检验假设：

$$H_0: p \geqslant 60\%; \quad H_1: p < 60\%.$$

当 H_0 为真时，相应的拒绝域为

$$W = \left\{\sqrt{n}\,\frac{\hat{p} - p_0}{\sqrt{p_0(1-p_0)}} < -u_{0.05} = -1.645\right\}.$$

同样计算得出 $u \approx -0.791 > -1.645$，于是接受原假设 H_0，即认为遵守法则的工厂至少有 60%.

从例 8.4.1 可以发现，原假设的设定不同，可以得到不同假设检验结果. 一般而言，原假设是受到重视或受到保护的假设，备择假设是要强调其显著性的假设.

§8.5 分布拟合检验

前面的讨论总是假定总体分布属于某个确定的类型(如正态分布)，只对其未知参数或数字特征(如均值、方差)进行假设检验. 但是，怎么知道一个总体的概率分布属于某种类型分布呢？有时还要问，怎么知道一个总体的分布函数是某个给定的函数呢？很多情况下，只能从样本数据中去发现规律，判断总体的分布类型，这就是所谓的分布拟合问题.

8.5.1 χ^2 拟合优度检验

一般而言，总是先根据样本值(一批观察数据)，用直方图法推测出总体 X 可能遵从的概率分布(或概率密度)，提出总体的分布假设：

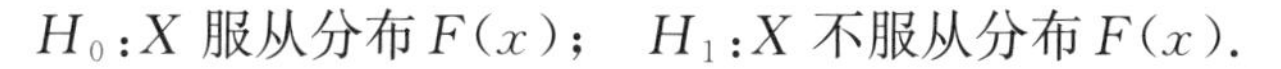

$$H_0: X \text{ 服从分布 } F(x); \quad H_1: X \text{ 不服从分布 } F(x).$$

称此类问题为**分布的假设检验**(或**分布拟合检验**).

下面先介绍χ^2 拟合优度检验法. 设随机变量 $X \sim F(x)$,现对总体进行 n 次观察,将观察的样本分成 r 类,得到各类出现的频数分别为$n_1, n_2, \cdots, n_r$,满足$\sum\limits_{i=1}^{r} n_i = n$. 一般地,频率$\dfrac{n_i}{n}$ 与概率p_i 不会相等,但是根据大数定律,当H_0 为真时,随着试验次数的增多,频率$\dfrac{n_i}{n}$ 与概率p_i 的差异不应太大,即$\dfrac{n_i}{n} \xrightarrow{P} p_i$,这意味着在试验的总次数较大时各类观察的频数$n_i$ 与理论频数 np_i 应比较接近. 据此想法,皮尔逊提出了统计量

$$\chi^2 = \sum_{i=1}^{r} \frac{(n_i - np_i)^2}{np_i}.$$

关于该检验统计量,下面不加证明地给出结论.

定理 8.5.1　**若 n 充分大($n \geqslant 50$),则当H_0 为真时,统计量$\chi^2 = \sum\limits_{i=1}^{r} \dfrac{(n_i - np_i)^2}{np_i}$ 近似服从$\chi^2(r-1)$ 分布,其中 r 表示样本的分组数.**

根据上述定理,对于给定的显著性水平 α,可以推知假设检验的拒绝域为

$$W = \left\{ \sum_{i=1}^{r} \frac{(n_i - np_i)^2}{np_i} > \chi^2_{\alpha}(r-1) \right\}.$$

由此可知,在显著性水平 α 下,当$\chi^2 > \chi^2_{\alpha}(r-1)$ 时就拒绝原假设H_0,否则就接受原假设H_0. 这种检验法称为χ^2 **拟合优度检验法**.

χ^2 拟合优度检验法是基于定理 8.5.1 得到的,所以使用时必须注意 n 不能小于 50. 另外,np_i 也不能太小,一般要求 $np_i \geqslant 5$,否则相邻组要做适当的合并以满足这个要求.

例 8.5.1　为募集社会福利基金,某地方政府发行福利彩票,中彩者用摇大转盘的方法确定最后的中奖金额. 大转盘均分为 20 份,其中金额为 5 万元、10 万元、20 万元、30 万元、50 万元、100 万元的分别占 2 份、4 份、6 份、4 份、2 份、2 份. 假定大转盘是均匀的,则每一点朝下是等可能的,于是摇出各个奖项的概率如表 8.5.1 所示.

表 8.5.1

金额 / 万元	5	10	20	30	50	100
概率	0.1	0.2	0.3	0.2	0.1	0.1

现 60 人参加摇奖,摇得 5 万、10 万、20 万、30 万、50 万和 100 万的人数分别为 6,18,18,9,9,0. 由于没有一个人摇到 100 万,因此有人怀疑大转盘是不均匀的,那么该怀疑是否成立呢? 试对该转盘的均匀性进行检验.

解　设 X 表示摇得的金额数(单位:万元),则需检验假设H_0:X 的分布律如表 8.5.2 所示.

表 8.5.2

X	5	10	20	30	50	100
p_k	0.1	0.2	0.3	0.2	0.1	0.1

设事件$A_i(i=1,2,\cdots,6)$分别表示中奖金额为5万元、10万元、20万元、30万元、50万元、100万元的组，则计算过程如表8.5.3所示.

表 8.5.3

A_i	n_i	$p_i=P(A_i)$	np_i	n_i-np_i	$\frac{(n_i-np_i)^2}{np_i}$
A_1	6	0.1	6	0	0
A_2	18	0.2	12	6	3
A_3	18	0.3	18	0	0
A_4	9	0.2	12	−3	0.75
A_5	9	0.1	6	3	1.5
A_6	0	0.1	6	−6	6

计算得到统计量

$$\chi^2=\sum_{i=1}^{r}\frac{(n_i-np_i)^2}{np_i}=11.25.$$

这里$r=6$，取$\alpha=0.05$，查表得$\chi^2_{0.05}(5)=11.0705$，而相应的拒绝域为

$$W=\{\chi^2>\chi^2_{0.05}(5)=11.0705\}.$$

因为$\chi^2=11.25>\chi^2_{0.05}(5)$，落在拒绝域，所以认为该转盘是不均匀的.

在定理8.5.1中假定所有的p_i都已知，但在实际应用中，所有的p_i还依赖于k个未知的参数，这时定理8.5.1就不成立了.费希尔证明，在同样的条件下，先用极大似然估计法估计出这k个未知参数，然后算出相应的p_i的估计值$\hat{p}_i$.此时，$\chi^2=\sum\limits_{i=1}^{r}\frac{(n_i-n\hat{p}_i)^2}{n\hat{p}_i}$近似服从$\chi^2(r-k-1)$分布.

例 8.5.2 为考察一个交通路口的车流量，某观察者记录了100次时间间隔内的车流量，每次间隔为1 min，其结果如表8.5.4所示.问：能否认为该路口的车流量服从泊松分布(显著性水平$\alpha=0.05$)？

表 8.5.4

车流量n_i/辆	0	1	2	3	4	5	6	≥7
次数	36	40	19	2	0	2	1	0

解 按题意，需检验假设：

$$H_0:P\{X=i\}=\frac{\lambda^i e^{-\lambda}}{i!}\quad(i=0,1,2,\cdots,n).$$

记$A_i=\{X=i\}(i=0,1,2,\cdots,6)$，$A_7=\{X\geqslant 7\}$，于是原假设等价于

$$H_0:P(A_i)=\frac{\lambda^i \mathrm{e}^{-\lambda}}{i!}\quad(i=0,1,2,\cdots,6),\quad P(A_7)=1-\sum_{i=0}^{6}\frac{\lambda^i \mathrm{e}^{-\lambda}}{i!}.$$

原假设H_0中含有未知参数λ，由极大似然估计得

$$\hat{\lambda}=\overline{x}=\frac{0\times 36+1\times 40+2\times 19+3\times 2+4\times 0+5\times 2+6\times 1+7\times 0}{100}=1,$$

由此可得

$$\hat{p}_i=\hat{P}(A_i)=\frac{\mathrm{e}^{-1}}{i!}\quad(i=0,1,2,\cdots,6),\quad \hat{p}_7=\hat{P}(A_7)=1-\sum_{i=0}^{6}\frac{\mathrm{e}^{-1}}{i!}.$$

结果如表 8.5.5 所示.

表 8.5.5

<table>
<tr><th>A_i</th><th>n_i</th><th>$\hat{p}_i$</th><th>$n\hat{p}_i$</th><th>$n_i-n\hat{p}_i$</th><th>$\frac{(n_i-n\hat{p}_i)^2}{n\hat{p}_i}$</th></tr>
<tr><td>A_0</td><td>36</td><td>0.367 879</td><td>36.787 9</td><td>−0.787 9</td><td>0.016 9</td></tr>
<tr><td>A_1</td><td>40</td><td>0.367 879</td><td>36.787 9</td><td>3.212 1</td><td>0.280 5</td></tr>
<tr><td>A_2</td><td>19</td><td>0.183 940</td><td>18.394 0</td><td>0.606 0</td><td>0.020 0</td></tr>
<tr><td>A_3</td><td>2</td><td>0.061 313</td><td>6.131 3</td><td rowspan="5">−3.030 2</td><td rowspan="5">1.143 4</td></tr>
<tr><td>A_4</td><td>0</td><td>0.015 328</td><td>1.532 8</td></tr>
<tr><td>A_5</td><td>2</td><td>0.003 066</td><td>0.306 6</td></tr>
<tr><td>A_6</td><td>1</td><td>0.000 511</td><td>0.051 1</td></tr>
<tr><td>A_7</td><td>0</td><td>0.000 084</td><td>0.008 4</td></tr>
<tr><td colspan="5">合计</td><td>1.460 8</td></tr>
</table>

注意到有些$n\hat{p}_i<5$的组需与相邻组进行适当合并，使得$n\hat{p}_i\geqslant 5$. 上述表格的后 5 行需进行并组，并组后$r=4$，即分为 4 类. 因为$\chi_{\alpha}^2(r-k-1)=\chi_{0.05}^2(4-1-1)=5.991\,5>1.460\,8$，所以接受原假设$H_0$，即认为该路口的车流量服从泊松分布.

例 8.5.3　某厂生产某种型号的钢钉，随机抽取 50 个产品，测得它们的长度(单位：mm)数据如表 8.5.6 所示. 试根据所给数据判别该种型号钢钉的长度是否服从正态分布(显著性水平$\alpha=0.05$).

表 8.5.6

15.0	15.8	15.2	15.1	15.9	14.7	14.8	15.5	15.6	15.3
15.1	15.3	15.0	15.6	15.7	14.8	14.5	14.2	14.9	14.9
15.2	15.0	15.3	15.6	15.1	14.9	14.2	14.6	15.8	15.2
15.9	15.2	15.0	14.9	14.8	14.5	15.1	15.5	15.5	15.1
15.1	15.0	14.7	14.5	15.0	15.5	14.7	14.6	14.2	15.3

解 记 X 为该厂生产的钢钉长度，由题意，需检验假设：

$$H_0: X \sim N(\mu, \sigma^2).$$

由于H_0 中含有两个未知参数，因此需先进行参数估计. 可以求出 μ 和σ^2 的极大似然估计分别为

$$\hat{\mu} = \overline{x} = 15.078, \quad \hat{\sigma}^2 = \frac{1}{n}\sum_{i=1}^{n}(x_i - \overline{x})^2 \approx 0.1833.$$

因为 X 是连续型随机变量，所以将 X 的取值分组如表 8.5.7 所示.

表 8.5.7

区间	$(-\infty,14.5]$	$(14.5,14.75]$	$(14.75,15.0]$	$(15.0,15.25]$	$(15.25,15.5]$	$(15.5,15.75]$	$(15.75,+\infty)$
频数	6	5	13	10	8	4	4

由此可得

$$\hat{p}_1 = \hat{P}\{X \leqslant 14.5\} = \Phi\left(\frac{14.5 - \hat{\mu}}{\hat{\sigma}}\right),$$

$$\hat{p}_i = \hat{P}\{a_{i-1} < X \leqslant a_i\} = \Phi\left(\frac{a_i - \hat{\mu}}{\hat{\sigma}}\right) - \Phi\left(\frac{a_{i-1} - \hat{\mu}}{\hat{\sigma}}\right) \quad (i = 2,3,4.5,6),$$

其中a_{i-1} 与 $a_i (i = 2,3,4,5,6)$ 分别表示上表中对应分组的两端取值，且有

$$\hat{p}_7 = \hat{P}\{X > 15.75\} = 1 - \Phi\left(\frac{15.75 - \hat{\mu}}{\hat{\sigma}}\right).$$

结果如表 8.5.8 所示.

表 8.5.8

<table>
<tr><th>A_i</th><th>n_i</th><th>$\hat{p}_i$</th><th>$n\hat{p}_i$</th><th>$n_i - n\hat{p}_i$</th><th>$\frac{(n_i - n\hat{p}_i)^2}{n\hat{p}_i}$</th></tr>
<tr><td>$X \leqslant 14.5$</td><td>6</td><td>0.088 5</td><td>4.425</td><td rowspan="2">−0.030</td><td rowspan="2">0.000 082</td></tr>
<tr><td>$14.5 < X \leqslant 14.75$</td><td>5</td><td>0.132 1</td><td>6.605</td></tr>
<tr><td>$14.75 < X \leqslant 15.0$</td><td>13</td><td>0.208 0</td><td>10.4</td><td>2.6</td><td>0.65</td></tr>
<tr><td>$15.0 < X \leqslant 15.25$</td><td>10</td><td>0.226 8</td><td>11.34</td><td>−1.34</td><td>0.158 342</td></tr>
<tr><td>$15.25 < X \leqslant 15.5$</td><td>8</td><td>0.183 5</td><td>9.175</td><td>−1.175</td><td>0.150 477</td></tr>
<tr><td>$15.5 < X \leqslant 15.75$</td><td>4</td><td>0.102 9</td><td>5.145</td><td rowspan="2">−0.055</td><td rowspan="2">0.000 376</td></tr>
<tr><td>$X > 15.75$</td><td>4</td><td>0.058 2</td><td>2.91</td></tr>
<tr><td colspan="5">合计</td><td>0.959 3</td></tr>
</table>

需要注意的是，上述表格前面两行和最后两行都需要合并.

因为 $r = 5, \chi_\alpha^2(r - k - 1) = \chi_{0.05}^2(5 - 2 - 1) = 5.9915 > 0.9593$，所以接受原假设$H_0$，即可认为该厂生产的钢钉长度服从正态分布.

8.5.2　柯尔莫哥洛夫检验

χ^2 拟合优度检验尽管对于离散型和连续型总体分布都适用，但它依赖于区间的划分. 对连续型总体分布而言，一方面，有时要取得一个理想的区间划分较为麻烦，另一方面，在极端情况下即使原假设H_0:$F(x)=F_0(x)$ 不为真，但存在一种区间划分不影响定理 8.5.1 中χ^2 的值，从而接受错误的原假设.

柯尔莫哥洛夫于 1933 年提出了一种针对连续型总体分布的拟合检验方法，称为**柯尔莫哥洛夫检验法**（或D_n **检验法**）. 该检验不是在划分的区间上考虑经验分布函数$F_n(x)$ 与原假设分布函数之间的偏差，而是在每一个点上考虑它们的偏差. 因此，该方法就克服了χ^2 拟合优度检验的缺点，但该方法要求总体必须是连续的.

定理 8.5.2　**设总体 X 有连续分布函数 $F(x)$，从总体中抽取一个容量为 n 的样本，并设经验分布函数为$F_n(x)$，构造一个统计量**

$$D_n=\sup_x |F_n(x)-F(x)|,$$

则D_n 相关的分布函数为

$$F(z)=P\left\{D_n<z+\frac{1}{2n}\right\}$$
$$=\begin{cases}0, & z<0,\\ \displaystyle\int_{\frac{1}{2n}-z}^{\frac{1}{2n}+z}\int_{\frac{3}{2n}-z}^{\frac{3}{2n}+z}\cdots\int_{\frac{2n-1}{2n}-z}^{\frac{2n-1}{2n}+z}f(y_1,y_2,\cdots,y_n)\mathrm{d}y_1\mathrm{d}y_2\cdots\mathrm{d}y_n, & 0\leqslant z\leqslant\dfrac{2n-1}{2n},\\ 1, & z>\dfrac{2n-1}{2n},\end{cases}$$

其中

$$f(y_1,y_2,\cdots,y_n)=\begin{cases}n!, & 0<y_1<y_2<\cdots<y_n<1,\\ 0, & \text{其他}.\end{cases}$$

根据定理 8.5.2，可以计算得到D_n 分布的柯尔莫哥洛夫检验临界值$D_{n,\alpha}$ 表（见附表 6）. 在$n\to\infty$ 时有极限分布函数

$$\lim_{n\to\infty}P\{\sqrt{n}D_n<z\}=K(z)=\begin{cases}\displaystyle\sum_{j=-\infty}^{n}(-1)^j\exp(-2j^2z^2), & z>0,\\ 0, & z\leqslant 0.\end{cases}$$

一般地，当$n\geqslant 100$时，就可以利用以上D_n 分布的极限分布，求得D_n 分布的柯尔莫哥洛夫检验临界值表.

在应用柯尔莫哥洛夫检验时，应该注意的是，原假设分布的参数原则上应是已知的. 但在参数为未知时，可以用另一个大容量样本来估计未知参数；或者，如果原来样本容量很大，也可用来估计未知参数，不过此时柯尔莫哥洛夫检验是近似的. 在检验时以取较大的显著性水平为宜，一般取 $\alpha=0.1\sim0.2$.

使用柯尔莫哥洛夫检验法检验总体有连续分布函数 $F(x)$ 这个假设时，其步骤如下：

(1) 从总体抽取一个容量为 n（一般 $n\geqslant 50$）的样本，并把样本观察值按由小到大的次序排列.

(2) 算出经验分布函数

$$F_n(x)=\begin{cases}0, & x<x_{(1)},\\ \dfrac{n_j(x)}{n}, & x_{(j)}\leqslant x<x_{(j+1)},j=1,2,\cdots,n-1,\\ 1, & x\geqslant x_{(n)},\end{cases}$$

其中$n_j(x)$表示满足条件$x<x_{(j+1)}$的样本个数.

(3) 在原假设H_0下,计算观察值处的理论分布函数$F(x)$的值.

(4) 对每一个$x_{(i)}$算出经验分布函数与理论分布函数的差的绝对值

$$|F_n(x_{(i)})-F(x_{(i)})| \quad 与 \quad |F_n(x_{(i+1)})-F(x_{(i)})|.$$

(5) 由(4) 算出统计量的观察值,即

$$\begin{aligned}D_n&=\sup_x |F_n(x)-F(x)|\\ &=\sup_x\{|F_n(x_{(i)})-F(x_{(i)})|,|F_n(x_{(i+1)})-F(x_{(i)})|\}.\end{aligned}$$

(6) 给出显著性水平α,由附表 6 查出

$$P\{D_n>D_{n,\alpha}\}=\alpha$$

的临界值$D_{n,\alpha}$;当$n\geqslant 100$时,可通过$D_{n,\alpha}\approx\dfrac{\lambda_{1-\alpha}}{\sqrt{n}}$查$D_n$的极限分布函数的数值表(见附表 7) 得$\lambda_{1-\alpha}$,从而求出$D_{n,\alpha}$的近似值.

(7) 若由(5) 算出的$D_n>D_{n,\alpha}$,则拒绝H_0;若$D_n\leqslant D_{n,\alpha}$,则接受$H_0$,即认为原假设的理论分布函数与样本数据拟合较好.

例 8.5.4 设总体X有连续分布函数$F(x)$,从总体中抽取一个容量为50的样本,其观察值列入表 8.5.9. 试使用柯尔莫哥洛夫检验法检验样本是否服从正态分布,即检验假设$H_0:F(x)\in\{N(\mu,\sigma^2)\}$,取显著性水平$\alpha=0.10$.

表 8.5.9

1.369 6	1.547 6	1.642	1.709 6	1.809 2	1.809 2	1.849 6	1.885 6	1.918 4	1.948 8
1.977 6	2.004 4	2.054 8	2.054 8	2.078 8	2.146	2.146	2.146	2.188 4	2.188 4
2.208 8	2.229 6	2.249 6	2.31	2.31	2.31	2.370 4	2.370 4	2.370 4	2.432 8
2.432 8	2.432 8	2.454	2.476	2.498 4	2.521 2	2.545 2	2.569 6	2.651 2	2.651 2
2.651 2	2.681 6	2.714 4	2.790 8	2.790 8	2.836 4	2.958	2.958	3.052 4	3.230 4

解 由于样本容量$n=50$已足够大,可以用点估计作为真的理论分布的参数μ和σ,故可得

$$\hat{\mu}=\bar{x}\approx 2.31,\quad \hat{\sigma}=\sqrt{\frac{1}{n}\sum_{i=1}^{n}(x_i-\bar{x})^2}\approx 0.4.$$

于是,要检验假设

$$H_0:F(x)\sim N(2.31,0.4^2).$$

根据上述柯尔莫哥洛夫检验法的步骤,将必要的计算过程列入表 8.5.10,以便求出统计量D_n的值. 需要强调的是,为了计算理论分布函数值$F(x_{(i)})$,先要将排序后的样本$x_{(i)}$进行

标准化为$u_i=\frac{x_{(i)}-2.31}{0.4}$，再在$H_0$为真的条件下计算$F(x_{(i)})=\Phi(u_i)$. 另外，实践表明，经验分布函数值采取修正值效果更好，因此取修正值为

$$F_n(x_{(i)})=\frac{n_i(x_{(i)})-0.5}{n}.$$

表 8.5.10

$x_{(i)}$	频数	标准化u_i	经验分布函数值$F_n(x_{(i)})$	理论分布函数值 $F(x_{(i)})$	$\lvert F_n(x_{(i)})-F(x_{(i)})\rvert$	$\lvert F_n(x_{(i+1)})-F(x_{(i)})\rvert$
1.369 6	1	−2.35	0.01	0.009 4	0.000 6	0.020 6
1.547 6	1	−1.91	0.03	0.028 1	0.001 9	0.021 9
1.642	1	−1.67	0.05	0.047 5	0.002 5	0.022 5
1.709 6	1	−1.50	0.07	0.066 8	0.003 2	0.043 2
1.809 2	2	−1.25	0.11	0.105 6	0.004 4	0.024 4
1.849 6	1	−1.15	0.13	0.125 1	0.004 9	0.024 9
1.885 6	1	−1.06	0.15	0.144 6	0.005 4	0.025 4
1.918 4	1	−0.98	0.17	0.163 5	0.006 5	0.026 5
1.948 8	1	−0.90	0.19	0.184 1	0.005 9	0.025 9
1.977 6	1	−0.83	0.21	0.203 3	0.006 7	0.026 7
2.004 4	1	−0.76	0.23	0.223 6	0.006 4	0.046 4
2.054 8	2	−0.64	0.27	0.261 1	0.008 9	0.028 9
2.078 8	1	−0.58	0.29	0.281 0	0.009 0	0.069 0
2.146	3	−0.41	0.35	0.340 9	0.009 1	0.049 1
2.188 4	2	−0.30	0.39	0.382 1	0.007 9	0.027 9
2.208 8	1	−0.25	0.41	0.401 3	0.008 7	0.028 7
2.229 6	1	−0.20	0.43	0.420 7	0.009 3	0.029 3
2.249 6	1	−0.15	0.45	0.440 4	0.009 6	0.069 6
2.31	3	0.00	0.51	0.500 0	0.010 0	0.070 0
2.370 4	3	0.15	0.57	0.559 6	0.010 4	0.070 4
2.432 8	3	0.31	0.63	0.621 7	0.008 3	0.028 3
2.454	1	0.36	0.65	0.640 6	0.009 4	0.029 4
2.476	1	0.42	0.67	0.662 8	0.007 2	0.027 2
2.498 4	1	0.47	0.69	0.680 8	0.009 2	0.029 2
2.521 2	1	0.53	0.71	0.701 9	0.008 1	0.028 1
2.545 2	1	0.59	0.73	0.722 4	0.007 6	0.027 6
2.569 6	1	0.65	0.75	0.742 2	0.007 8	0.067 8

续表

$x_{(i)}$	频数	标准化u_i	经验分布函数值$F_n(x_{(i)})$	理论分布函数值 $F(x_{(i)})$	$\|F_n(x_{(i)})-F(x_{(i)})\|$	$\|F_n(x_{(i+1)})-F(x_{(i)})\|$
2.651 2	3	0.85	0.81	0.802 3	0.007 7	0.027 7
2.681 6	1	0.93	0.83	0.823 8	0.006 2	0.026 2
2.714 4	1	1.01	0.85	0.843 8	0.006 2	0.046 2
2.790 8	2	1.20	0.89	0.884 9	0.005 1	0.025 1
2.836 4	1	1.32	0.91	0.906 6	0.003 4	0.043 4
2.958	2	1.62	0.95	0.947 4	0.002 6	0.022 6
3.052 4	1	1.86	0.97	0.968 6	0.001 4	0.021 4
3.230 4	1	2.30	0.99	0.989 3	0.000 7	—

从表 8.5.10 最后两列看出$D_{50}=0.070\,4$. 由 $n=50$,显著性水平 $\alpha=0.10$,查附表 6 可得临界值$D_{50,0.10}=0.169\,59$. 由于$D_{50}=0.070\,4<D_{50,0.10}=0.169\,59$,因此可以接受原假设,认为总体分布是 $N(2.31,0.4^2)$.

8.6 问题拓展探索之八——势函数与两类错误的计算

8.6.1 势函数与两类错误的关系

定义 8.6.1 设假设检验

$$H_0:\theta\in\Theta_0;\quad H_1:\theta\in\Theta_1$$

的拒绝域为 W, $T(x_1,x_2,\cdots,x_n)$ 是关于样本$(X_1,X_2,\cdots,X_n)$的一个函数,则称 $T(x_1,x_2,\cdots,x_n)$ 落在拒绝域内的概率为该假设检验的**势函数**,记为

$$g(\theta)=P_\theta\{T(x_1,x_2,\cdots,x_n)\in W\}\quad(\theta\in\Theta=\Theta_0\cup\Theta_1).$$

从上述势函数的定义可知,势函数 $g(\theta)$ 是定义在参数空间 Θ 上的一个函数. 根据势函数的含义,可得出该假设检验问题的犯第一类错误的概率 α 和犯第二类错误的概率 β 与势函数的关系为

$$g(\theta)=\begin{cases}\alpha(\theta), & \theta\in\Theta_0,\\ 1-\beta(\theta), & \theta\in\Theta_1.\end{cases}$$

计算势函数需要先确定该假设检验问题的拒绝域,而拒绝域的确定关键在于如何确定拒绝域的临界值,临界值又与该假设检验问题的两类错误有关.

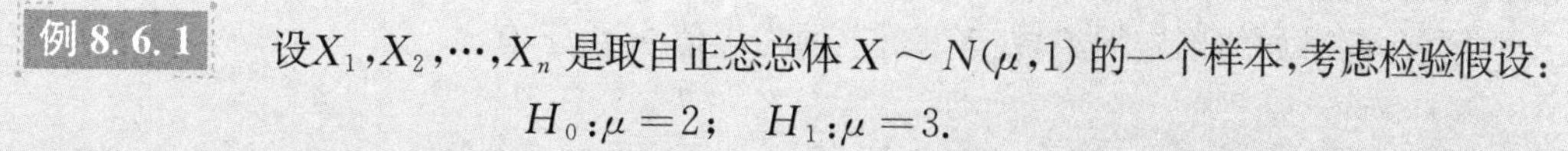

例 8.6.1 设$X_1,X_2,\cdots,X_n$是取自正态总体$X\sim N(\mu,1)$的一个样本,考虑检验假设:

$$H_0:\mu=2;\quad H_1:\mu=3.$$

若该假设检验问题的拒绝域为$W=\{\overline{X}>c\}$,其中$\overline{X}$表示样本均值,c为待定参数.试证:该假设检验问题的犯第一类错误的概率α和犯第二类错误的概率β分别是关于c的递减函数与递增函数.

证明 该假设检验问题的势函数为

$$P\{W\}=P\{\overline{X}>c\}.$$

当H_0为真时,可知$\dfrac{\overline{X}-2}{1/\sqrt{n}}\sim N(0,1)$,因此

$$\alpha=P\{W\mid H_0\}=P\left\{\frac{\overline{X}-2}{1/\sqrt{n}}>\frac{c-2}{1/\sqrt{n}}\right\}=1-\Phi\left(\frac{c-2}{1/\sqrt{n}}\right).$$

可见,α是关于c的递减函数.当H_1为真时,可知$\dfrac{\overline{X}-3}{1/\sqrt{n}}\sim N(0,1)$,因此

$$\beta=1-g(\theta)=P\{\overline{W}\mid H_1\}=P\left\{\frac{\overline{X}-3}{1/\sqrt{n}}<\frac{c-3}{1/\sqrt{n}}\right\}=\Phi\left(\frac{c-3}{1/\sqrt{n}}\right).$$

因此,β是关于c的递增函数.

例 8.6.1 说明,假设检验问题的拒绝域中临界值c的增减,将引起两类错误的此消彼长,不可能同时减少犯两类错误的概率.

8.6.2 势函数与两类错误的计算

为了解决这个矛盾,费希尔提出显著性检验的方法:在控制犯第一类错误的概率不超过α的前提下确定临界值,进而确定拒绝域.

下面在正态总体的条件下分别讨论几类假设检验问题中的拒绝域及势函数.设样本$(X_1,X_2,\cdots,X_n)$取自正态总体$X\sim N(\theta,\sigma^2)$,其中参数θ未知,σ^2已知.假设检验问题可分为右侧检验、左侧检验及双侧检验这三类问题,接下来将分别讨论这三类问题的拒绝域的确定及势函数的计算.

1. *右侧检验的势函数*

右侧检验:

$$H_0:\theta\leqslant\theta_0;\quad H_1:\theta>\theta_0,$$

这里θ_0是一已知常数.

首先,讨论拒绝域的形式.设$\overline{X}=\dfrac{1}{n}\sum\limits_{i=1}^{n}X_i$是样本均值,因为$X_i\sim N(\theta,\sigma^2)$,所以$\overline{X}\sim N\left(\theta,\dfrac{\sigma^2}{n}\right)$,将该正态分布标准化可得$U=\dfrac{\overline{X}-\theta}{\sigma/\sqrt{n}}\sim N(0,1)$.因此,当$H_0$为真时,$\overline{X}$与$\theta_0$相差不应该太大,如果$\overline{X}$的值超过了$\theta_0$很多,或者说超过了某个临界值时,我们就怀疑$H_0$的正确性,

故该假设检验问题拒绝域的形式为$\{\overline{X}>c\}$.

接着,探讨如何确定拒绝域$\{\overline{X}>c\}$的临界值 c.由于有

$$\{\overline{X}>c\}\Leftrightarrow\left\{\frac{\overline{X}-\theta}{\sigma/\sqrt{n}}>\frac{c-\theta}{\sigma/\sqrt{n}}\right\},$$

当H_0为真时,对于给定的显著性水平 α,根据费希尔提出显著性检验的方法,须有

$$g(\theta)=P\{\overline{X}>c\mid H_0\}=P\left\{\frac{\overline{X}-\theta}{\sigma/\sqrt{n}}>\frac{c-\theta}{\sigma/\sqrt{n}}\right\}=1-\Phi\left(\frac{c-\theta}{\sigma/\sqrt{n}}\right)\leqslant\alpha.$$

显然,$g(\theta)$是关于 θ 的递增函数,在H_0为真的条件下,当 $\theta=\theta_0$ 时 $g(\theta)=\alpha$,即有

$$1-\Phi\left(\frac{c-\theta_0}{\sigma/\sqrt{n}}\right)=\alpha\quad 或\quad c=\theta_0+u_\alpha\frac{\sigma}{\sqrt{n}}.$$

于是,该假设检验问题的拒绝域为

$$W_1=\left\{\overline{X}>\theta_0+u_\alpha\frac{\sigma}{\sqrt{n}}\right\},$$

势函数为

$$g_1(\theta)=P_\theta\left\{\overline{X}>\theta_0+u_\alpha\frac{\sigma}{\sqrt{n}}\right\}=P_\theta\left\{\frac{\overline{X}-\theta}{\sigma/\sqrt{n}}>u_\alpha+\frac{\theta_0-\theta}{\sigma/\sqrt{n}}\right\}=1-\Phi\left(u_\alpha+\frac{\theta_0-\theta}{\sigma/\sqrt{n}}\right).$$

2. 左侧检验的势函数

左侧检验:

$$H_0:\theta\geqslant\theta_0;\quad H_1:\theta<\theta_0.$$

对于给定的显著性水平 α,类似地可求得该假设检验问题的拒绝域为

$$W_2=\left\{\overline{X}<\theta_0+u_{1-\alpha}\frac{\sigma}{\sqrt{n}}\right\},$$

势函数为

$$g_2(\theta)=P_\theta\left\{\overline{X}<\theta_0+u_{1-\alpha}\frac{\sigma}{\sqrt{n}}\right\}=P_\theta\left\{\frac{\overline{X}-\theta}{\sigma/\sqrt{n}}<u_{1-\alpha}+\frac{\theta_0-\theta}{\sigma/\sqrt{n}}\right\}=\Phi\left(u_{1-\alpha}+\frac{\theta_0-\theta}{\sigma/\sqrt{n}}\right).$$

3. 双侧检验的势函数

双侧检验:

$$H_0:\theta=\theta_0;\quad H_1:\theta\neq\theta_0.$$

对于给定的显著性水平 α,可求得该假设检验问题的拒绝域为

$$W_3=\left\{\overline{X}<\theta_0+u_{1-\frac{\alpha}{2}}\frac{\sigma}{\sqrt{n}}\right\}\cup\left\{\overline{X}>\theta_0+u_{\frac{\alpha}{2}}\frac{\sigma}{\sqrt{n}}\right\}.$$

势函数为

$$g_3(\theta)=1-\Phi\left(u_{\frac{\alpha}{2}}+\frac{\theta_0-\theta}{\sigma/\sqrt{n}}\right)+\Phi\left(u_{1-\frac{\alpha}{2}}+\frac{\theta_0-\theta}{\sigma/\sqrt{n}}\right).$$

例 8.6.2 设总体 $X\sim N(\mu,2.5^2)$,需对正态总体的均值检验假设:

$$H_0:\mu\geqslant 15;\quad H_1:\mu<15.$$

取显著性水平 $\alpha=0.05$,

(1) 试求该假设检验问题的势函数.

(2) 若要求当H_1中的$\mu\leqslant 12$时犯第二类错误的概率不超过0.05,求所需的样本容量.

解　该假设检验问题是一个左侧检验问题,其拒绝域的形式为

$$W=\{\overline{X}<c\}.$$

由于$X_i\sim N(\mu,2.5^2)$,可知$\dfrac{\overline{X}-\mu}{2.5/\sqrt{n}}\sim N(0,1)$,因此

$$W=\left\{\frac{\overline{X}-\mu}{2.5/\sqrt{n}}<\frac{c-\mu}{2.5/\sqrt{n}}\right\}.$$

(1) 当H_0为真时,该假设检验问题的势函数即为犯第一类错误的概率,即有

$$g(\mu)=P\{W\mid H_0\}=\Phi\left(\frac{c-\mu}{2.5/\sqrt{n}}\right)\leqslant\alpha=0.05.$$

上式中$g(\mu)$是关于μ的递减函数,在H_0为真的条件下,当$\mu=15$时,$g(\mu)$才可达到最大值0.05.因此,将$\mu=15$代入上式,可以求出

$$c=15-u_{0.05}\frac{2.5}{\sqrt{n}},$$

其中$u_{0.05}=1.645$.故所求势函数为

$$g(\mu)=P\left\{\overline{X}<15-1.645\frac{2.5}{\sqrt{n}}\right\}.$$

(2) 犯第二类错误的概率为$\beta(\mu)=1-g(\mu)=P\left\{\overline{X}>15-1.645\dfrac{2.5}{\sqrt{n}}\right\}$,当$\mu\leqslant 12$时,

$$\beta(\mu)=1-g(\mu)=P\left\{\frac{\overline{X}-\mu}{2.5/\sqrt{n}}>\frac{15-\mu}{2.5/\sqrt{n}}-1.645\right\}=1-\Phi\left(\frac{15-\mu}{2.5/\sqrt{n}}-1.645\right)\leqslant 0.05.$$

可见,$\beta(\mu)$是关于μ的递增函数,故当$\mu=12$时,$\beta(\mu)$取得最大值0.05.于是,有

$$\Phi\left(\frac{3}{2.5/\sqrt{n}}-1.645\right)=0.95,$$

解得$n\geqslant 7.52$.

例 8.6.3　设$(X_1,X_2,\cdots,X_{10})$是取自总体$X\sim B(1,p)$的一个样本,考虑检验假设:

$$H_0:p=0.2;\quad H_1:p=0.4.$$

若该假设检验问题的拒绝域为$\{\overline{X}\geqslant 0.5\}$,求该假设检验犯两类错误的概率.

解　这是一个非正态总体下的假设检验问题.由$X_i\sim B(1,p)$,有

$$Y=\sum_{i=1}^{n}X_i\sim B(n,p).$$

当H_0为真时,$Y\sim B(10,0.2)$,则犯第一类错误的概率为

$$\begin{aligned}\alpha&=P\{W\mid H_0\}=P\{\overline{X}>0.5\}\\&=P\left\{\sum_{i=1}^{n}X_i\geqslant 5\right\}=\sum_{i=5}^{10}C_{10}^{i}0.2^{i}0.8^{10-i}\approx 0.0328.\end{aligned}$$

当H_1为真时,$Y \sim B(10,0.4)$,则犯第二类错误的概率为

$$\beta = P\{\overline{X} < 0.5 \mid H_1\} = P\left\{\sum_{i=1}^{n} X_i < 5\right\} = \sum_{i=0}^{4} C_{10}^{i} 0.4^{i} 0.6^{10-i} \approx 0.6331.$$

§8.7 趣味问题求解与 Python 实现之八

前面只介绍了正态总体下的假设检验问题,对于非正态总体,当样本容量较大时,可近似地用正态总体进行检验.但现实中存在很多既是非正态总体,同时又是小样本的假设检验问题.下面通过举例,说明关于两点分布及均匀分布假设检验问题的求解思路.

8.7.1 两点分布的假设检验问题

1. 问题提出

设$(X_1,X_2,\cdots,X_n)$是取自两点分布总体$X \sim B(1,p)$的随机样本.

(1) 试在显著性水平$\alpha = 0.05$下检验假设

$$H_0: p \leqslant 0.01; \quad H_1: p > 0.01.$$

(2) 在满足(1)的条件下,若要求在$p = 0.08$时犯第二类错误的概率不超过0.10,样本容量n应为多大?

2. 分析与求解

(1) 问题一分析与求解.

设假设检验

$$H_0: p \leqslant 0.01; \quad H_1: p > 0.01$$

的拒绝域的形式为

$$W = \{Y_n > c\},$$

其中$Y_n = \sum_{i=1}^{n} X_i \sim B(n,p)$.对于显著性水平$\alpha = 0.05$,$c$满足约束条件

$$\begin{cases} P\{Y_n > c \mid p = 0.01\} = \sum_{k=c+1}^{n} C_n^k 0.01^k 0.99^{n-k} \leqslant 0.05, \\ P\{Y_n > c - 1 \mid p = 0.01\} = \sum_{k=c}^{n} C_n^k 0.01^k 0.99^{n-k} > 0.05. \end{cases}$$

在确定n之后,可以通过编程搜索得到c.编程的思路如下:n从1开始取值,对于每一个给定的n,看是否存在一个满足上述条件的c,从而可确定对应的取值组合(n,c).运用 Python 程序计算得到:

当$n \leqslant 5$时,$c = 1$;

当$6 \leqslant n \leqslant 35$时,$c = 2$;

当 $36 \leqslant n \leqslant 82$ 时，$c=3$；

当 $83 \leqslant n \leqslant 137$ 时，$c=4$.

（2）问题二分析与求解.

在 $p=0.08$ 时，犯第二类错误的概率为

$$\begin{aligned}\beta &= P\{Y_n \notin W \mid p=0.08\} = P\{Y_n \leqslant c \mid p=0.08\} \\ &= \sum_{k=0}^{c} \mathrm{C}_n^k 0.08^k 0.92^{n-k}.\end{aligned}$$

因此，组合(n,c)的取值可由下式决定：

$$\begin{cases} P\{Y_n > c \mid p=0.01\} \leqslant 0.05 < P\{Y_n > c-1 \mid p=0.01\}, \\ 1-P\{Y_n > c \mid p=0.08\} \leqslant 0.1. \end{cases}$$

同样，可以通过编程搜索得到 c. 由于上式中的第一个约束条件其实是问题一的约束条件，因此编程的思路如下：对于问题一每一个组合(n,c)，代入上式中的第二个约束条件看是否满足，若满足，则 n 为所求；若不满足，则 $n=n+1$，直至找到满足条件的组合(n,c). 运用 Python 程序计算得到：

当 $n=64, c=3$ 时，$\beta \approx 0.1050$；

当 $n=65, c=3$ 时，$\beta \approx 0.0991$.

故有 $n \geqslant 65$.

3. 基于 Python 的伪代码

（1）Python 计算的目标.

第一，求解问题一中的取值组合(n,c)；第二，求解问题二中的 n.

（2）Python 计算的伪代码.

Process:

```
1: #问题一
2: n← 100
3: p1,p2 ← 0
4: m← (0,n)
5: for c in m do
6: for i in (c+1, n+1) do
7: end for
8:     p1 ← p1+(comb(n,i) * math.pow(0.01,i) * math.pow(0.09,n-i))
9: end for
10:     for i in (c,n+1) do
11:         p2 ← p2+(comb(n,i) * math.pow(0.01,i) * math.pow(0.09,n-i))
12: end for
13:     if p1 <= 0.05 and p2 > 0.05 do
14:         print(i)
15:         print(c)
16: end for
17: #问题二
18: p ← 0.08
```

```
19: for n in (100):
20:     if n <= 5:
21:         c2 ← 1
22:     elif n <= 35:
23:         c2 ← 2
24:     else:
25:         c2 ← 3
26:     beta ← 0
27:     for k in (c2) do
28:         beta += (math.comb(n,k)*pow(p,k)*pow(1-p, n-k))
29: end for
30:     print(beta,n)
31:     if beta <= 0.1 dp
32:         print(beta,n)
33:         break
```

4. Python 实现代码

```
import math
import numpy as np
#当为小样本时
a,p = 0.05,0.01
c2 = 0
n = int(input('请输入 n 的值:'))
if n <= 5:
    c2 = 1
elif 6 <= n < = 35:
    c2 = 3
elif 36 <= n <= 82:
    c2 = 3
elif 83 <= n <= 137:
    c2 = 4
    print('c2 = {}'.format(c2))
    X = np.random.binomial(n,p)   #X = n*x,其中 x 为其样本平均值
    W = {X >= c2}  #为其拒绝域
    print('则其决策为:{}'.format(W))
 #当为大样本时
else:
    x = int(input('请输入 x 的值:'))
    u = float((x-p)/(p*(1-p)/n)**0.5)   #其中 x 为其样本平均值
    W = {u >= 1.645}  #为其拒绝域
    print('则其决策为:{}'.format(W))
```

```
p = 0.08
for n in range(83):
    if n <= 5:
        c2 = 1
    elif n <= 35:
        c2 = 2
    else:
        c2 = 3
    beta = 0
    for k in range(c2):
        beta += (math.comb(n,k)*pow(p,k)*pow(1-p,n-k))
    print(beta,n)
    if beta <= 0.1:
        print(beta,n)
        break
```

8.7.2 均匀分布的假设检验问题

1. 问题提出

设$(X_1,X_2,\cdots,X_n)$是取自均匀分布总体$X\sim U[0,\theta]$的一个样本，需检验假设：

$$H_0:\theta\leqslant 0.5;\quad H_1:\theta>0.5.$$

已知其拒绝域为$W=\{X_{(n)}\geqslant c\}(c>0)$，其中$X_{(n)}$为样本的最大次序统计量.

(1) 求此检验的势函数.

(2) 若要求检验犯第一类错误的概率不超过0.05($\alpha(\theta)\leqslant 0.05$)，如何确定$c$?

(3) 若在(2)的要求下进一步要求检验$\theta=\dfrac{3}{4}$处犯第二类错误的概率不超过0.02($\beta(\theta)\leqslant 0.02$)，则$n$至少要取多少?

(4) 若$n=20$，$x_{(20)}=0.48$，对此检验问题做出判断.

2. 分析与求解

(1) 问题一分析与求解.

由$X_i\sim U[0,\theta](i=1,2,\cdots,n)$，可知$X_i$的分布函数为

$$F_{X_i}(y)=\begin{cases}0, & y<0,\\ \dfrac{y}{\theta}, & 0\leqslant y\leqslant\theta,\\ 1, & y>\theta,\end{cases}$$

从而该检验的势函数为

$$g(\theta)=P\{X_{(n)}\geqslant c\}=1-P\{X_{(n)}<c\}=1-P\{X_1<c,X_2<c,\cdots,X_n<c\}.$$

于是，有

$$g(\theta)=\begin{cases}1-\left(\dfrac{c}{\theta}\right)^n, & c\leqslant\theta,\\ 0, & c>\theta.\end{cases}$$

可见,势函数 $g(\theta)$ 是 θ 的严增函数.

(2) 问题二分析与求解.

当H_0 为真时,犯第一类错误的概率为 $\alpha(\theta)=g(\theta)$,故由题意知

$$g(\theta)=1-\left(\frac{c}{\theta}\right)^n \leqslant 0.05 \quad (\theta \leqslant 0.5).$$

因 $g(\theta)$ 是增函数,$g(\theta)$ 在 $\theta=0.5$ 处达到最大值,故使

$$g(0.5)=1-(2c)^n=0.05$$

即可实现,由此解出 $c=\frac{0.95^{\frac{1}{n}}}{2}$. 例如,当 $n=5$ 时,$c=0.4949$;当 $n=10$ 时,$c=0.4974$.

(3) 问题三分析与求解.

在备择假设H_1 成立下,犯第二类错误的概率为

$$\beta(\theta)=1-g(\theta)=\left(\frac{c}{\theta}\right)^n \quad (\theta>0.5).$$

由题意知,要求$\theta=\frac{3}{4}$ 处有$\beta(\theta)\leqslant 0.02$,即$\left(\frac{c}{3/4}\right)^n \leqslant 0.02$,故把(2) 中的$c=\frac{0.95^{\frac{1}{n}}}{2}$ 代入即可,可得

$$n \geqslant \frac{\ln 95-\ln 2}{\ln 3-\ln 2} \approx 9.52.$$

可见,若取 $n=10$,即可使 $\theta=\frac{3}{4}$ 处犯第二类错误的概率不超过 0.02.

(4) 问题四分析与求解.

若样本量 $n=20$,则其拒绝域为

$$W=\{X_{(n)} \geqslant c_0\},$$

其中$c_0=\frac{0.95^{\frac{1}{20}}}{2} \approx 0.4987$. 如今$x_{(n)}=0.48<c_0$,故接受原假设$H_0$.

3. 基于 Python 的伪代码

(1) Python 计算的目标.

当 $c=0.5$ 时,分别画出 $n=10,12,15,20,30$ 的势函数 $g(\theta)$ 关于 θ 的图形(见图 8.7.1).

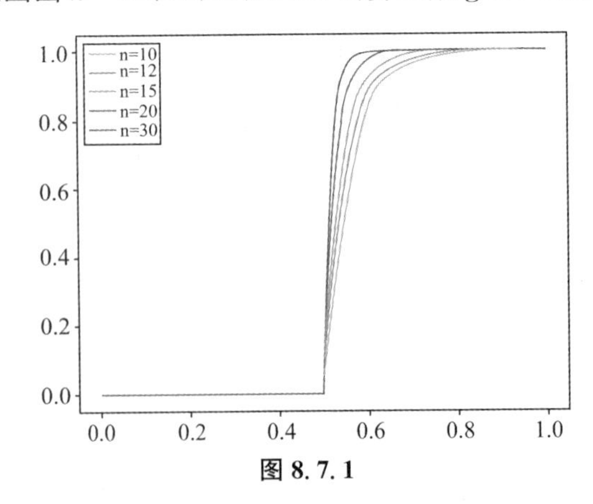

图 8.7.1

（2）Python 计算的伪代码.

Process：

```
1: c → 0.5
2: n1 → 10
3: n2 → 12
4: n3 → 15
5: n4 → 20
6: n5 → 30
7: x → np.linspace(0,1,100)   #θ
8: y1 → []
9: y2 → []
10: y3 → []
11: y4 → []
12: y5 → []
13: for in x do
14:     if c< =i:
15:         g1 → 1-math.pow(c/i,n1)
16:         g2 → 1-math.pow(c/i,n2)
17:         g3 → 1-math.pow(c/i,n3)
18:         g4 → 1-math.pow(c/i,n4)
19:         g5 → 1-math.pow(c/i,n5)
20:         y1.append(g1)
21:         y2.append(g2)
22:         y3.append(g3)
23:         y4.append(g4)
24:         y5.append(g5)
25: end for
26:     else do
27:         g → 0
28:         y1.append(g)
29:         y2.append(g)
30:         y3.append(g)
31:         y4.append(g)
32:         y5.append(g)
33: end for
34: plt.plot(x,y1,label='n=10')
35: plt.plot(x,y2,label='n=12')
36: plt.plot(x,y3,label='n=15')
37: plt.plot(x,y4,label='n=20')
38: plt.plot(x,y5,label='n=30')
39: plt.legend()
40: plt.show()
```

4. Python 实现代码

```
import matplotlib.pyplot as plt
import numpy as np
import math
c=0.5
n1=10
n2=12
n3=15
n4=20
n5=30
x=np.linspace(0,1,100)  #θ
y1=[]
y2=[]
y3=[]
y4=[]
y5=[]
for i in x:
if c<=i:
    g1=1-math.pow(c/i,n1)
    g2=1-math.pow(c/i,n2)
    g3=1-math.pow(c/i,n3)
    g4=1-math.pow(c/i,n4)
    g5=1-math.pow(c/i,n5)
    y1.append(g1)
    y2.append(g2)
    y3.append(g3)
    y4.append(g4)
    y5.append(g5)
else:
    g=0
    y1.append(g)
    y2.append(g)
    y3.append(g)
    y4.append(g)
    y5.append(g)
plt.plot(x,y1,label='n=10')
plt.plot(x,y2,label='n=12')
plt.plot(x,y3,label='n=15')
plt.plot(x,y4,label='n=20')
plt.plot(x,y5,label='n=30')
plt.legend()
plt.show()
```

8.7.3　数据拟合与特征分析

数据的分布特征是数据分析的基础,而对于很多场合下的随机变量往往事先并不知道其分布,需要对其呈现的样本数据进行分布拟合检验.同时,样本数据的直方图及数字特征可以增强对其分布的感性认识,为进一步的数据分析打下基础.

1. 问题提出

某校 60 名学生的一次考试成绩如下:

93, 75, 83, 93, 91, 85, 84, 82, 77, 76, 77, 95, 94, 89, 91,
88, 86, 83, 96, 81, 79, 97, 78, 75, 67, 69, 68, 84, 83, 81,
75, 66, 85, 70, 94, 84, 83, 82, 80, 78, 74, 73, 76, 70, 86,
76, 90, 89, 71, 66, 86, 73, 80, 94, 79, 78, 77, 63, 53, 55.

(1) 计算均值、标准差、极差、偏度、峰度,画出直方图.

(2) 检验分布的正态性.

(3) 若检验符合正态分布,估计正态分布的参数并检验参数.

2. 分析与求解

(1) 问题一分析与求解.

由题意可知,$n=60$,上面的数据表示为 $x_i(i=1,2,\cdots,60)$. 利用Python编程,可计算得到该组数据的数字特征:

$$\text{均值 } \overline{x}=\frac{1}{n}\sum_{i=1}^{n}x_i=80.1,\quad \text{标准差 } \sigma_x=\sqrt{\frac{1}{n-1}\sum_{i=1}^{n}(x_i-\overline{x})^2}\approx 9.6293,$$

$$\text{极差 } d=97-53=44,\quad \text{偏度 } \beta_s=\frac{\nu_3}{\nu_2^{3/2}}=\frac{E((X-E(X))^3)}{(D(X))^{3/2}}=-0.4682,$$

$$\text{峰度 } \beta_k=\frac{\nu_4}{\nu_2^2}-3=\frac{E((X-E(X))^4)}{(D(X))^2}-3=0.1529.$$

利用 Python 编程,可画出数据的直方图,如图 8.7.2 所示.

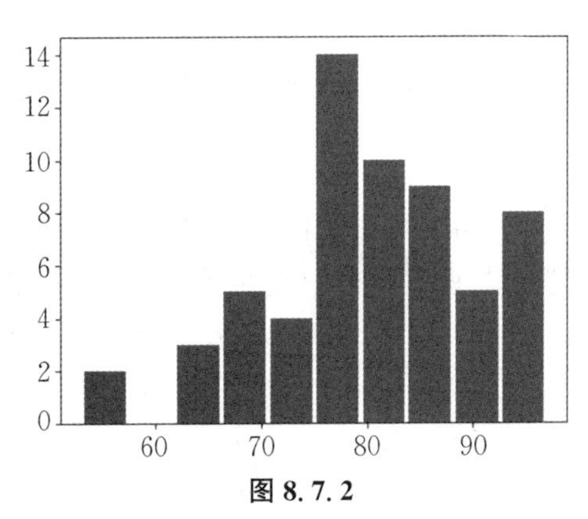

图 8.7.2

(2) 问题二分析与求解.

为检验这些数据是否服从正态分布,可首先使用分位数-分位数图判别法进行初步判断,然后运用柯尔莫哥洛夫检验法判定考试成绩是否服从正态分布.

① 分位数-分位数图判别法. 由图 8.7.3 我们可以初步判定学生的考试成绩服从正态分

布,又从图 8.7.4 中可以较为直观地看到,学生的考试成绩较为均匀地分布在直线的附近,因而认为学生的考试成绩服从正态分布.

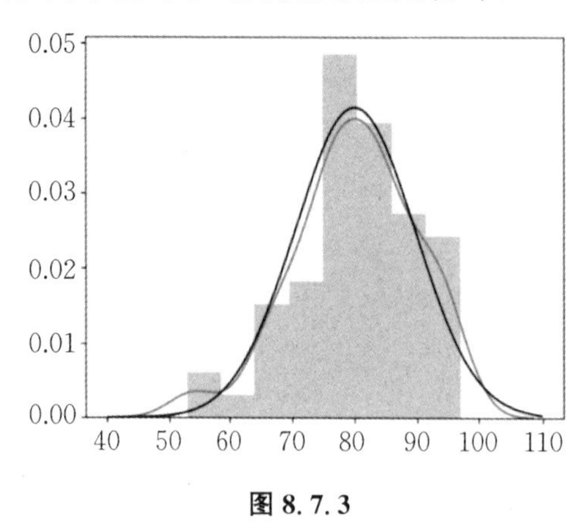

图 8.7.3

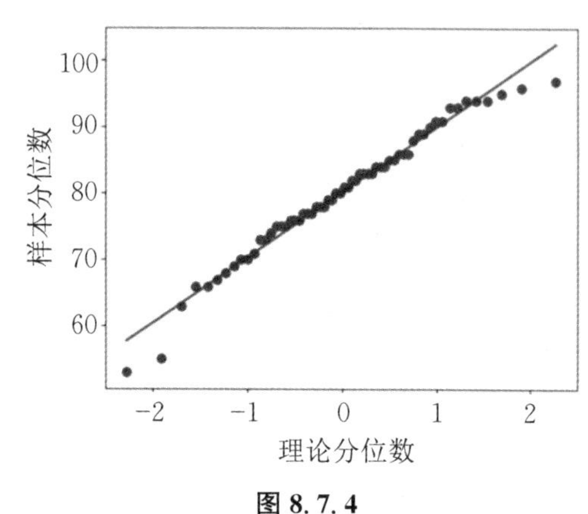

图 8.7.4

② 柯尔莫哥洛夫检验法. 柯尔莫哥洛夫检验法的思想是:比较样本的经验分布函数 $F_n(x)$ 与理论分布函数 $F(x)$ 的差距,取所有样本对应的最大差距值 D_n. 首先,提出假设检验:

H_0:样本的总体服从正态分布;

H_1:样本的总体不服从正态分布.

选取统计量为

$$D_n = \sup_x |F_n(x) - F(x)|.$$

当实际观察值$D_n > D_{n,\alpha}$ 时,则拒绝 H_0,否则接受 H_0. 这里取 $\alpha = 0.05$,利用 Python 我们可以直接得出柯尔莫哥洛夫检验的 P 值,得到 $P = 0.9483 > 0.05$,因此应该接受原假设,认为学生的考试成绩服从正态分布.

对比方法一和方法二,可以知道方法一是通过分位数-分位数图直观地检验分布的正态性,而方法二是通过柯尔莫哥洛夫检验计算来检验分布的正态性. 相比于方法一,方法二更加具有数学依据,较为精准.

(3) 问题三分析与求解.

由(2) 可知数据符合正态分布,从而可通过极大似然估计来估计正态分布的参数. 通过 Python 可以计算出

$$\mu = 79.89, \quad \sigma^2 = 93.27.$$

根据以上估计参数,可以对该分布进行模拟,得到图 8.7.5. 已知这 60 名同学的成绩服从正态分布,在方差已知的情况下,检验其均值 μ 是否等于 80,用 U 检验法,即检验假设:

$$H_0: \mu = 80; \quad H_1: \mu \neq 80.$$

选取检验统计量

$$U = \frac{\overline{X} - \mu}{\sigma / \sqrt{n}}.$$

取 $\alpha = 0.05$,查表可知 $u_{0.025} = 1.96$,其拒绝域为 $W = \{|U| > 1.96\}$. 因 $\mu_0 = 80$,$\overline{x} = 80.1$,$\sigma = 9.63$,$n = 60$,代入可得 $u = 0.0804 < 1.96$,则应接受原假设.

3. 基于 Python 的伪代码

(1) Python 计算的目标.

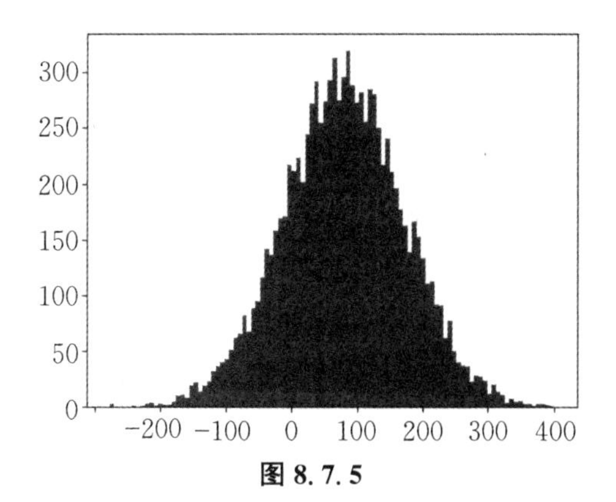

图 8.7.5

第一,计算均值、标准差、极差、偏度、峰度;第二,画出直方图、分位数-分位数图;第三,柯尔莫哥洛夫检验及参数估计等.

(2) Python 计算的伪代码.

Process:

```
1: #第一,计算均值、标准差、极差、偏度、峰度
2: x → 题目自给
3: mean → np.mean(x)   ##均值
4: print(np.mean(x))
5: std → np.std(x)   ##标准差
6: print(np.std(x))
7: ##极差
8: print(np.max(x))
9: print(np.min(x))
10: a → np.max(x)-np.min(x)
11: ##偏度
12: print(stats.skew(x))
13: ##峰度
14: print(stats.kurtosis(x)
15: #第二,画出直方图、分位数-分位数图
16: ##  带有正态分布的直方图
17: sns.distplot(x,fit=stats.norm)
18: plt.show()
19: ##  分位数-分位数图
20: stats.probplot(x,plot=plt)
21: plt.show()
22: #第三,柯尔莫哥洛夫检验及参数估计
23: ##柯尔莫哥洛夫检验
24: from scipy import stats
25: ks_value → stats.kstest(x,'norm',(mean,std))
26: print(ks_value)
```

```
27: ##参数估计
28: μ → mean  #数学期望
29: v → std**2  #方差
30: x → μ+v*np.random.randn(10000)  #正态分布
31: plt.hist(x,bins=100)  #直方图显示
32: plt.show()
33: print(stats.norm.fit(x))
34: σ→ v**0.5
35: ##置信区间
36: a → μ-1.96*σ
37: b → μ+1.96*σ
38: print("区间估计值:[", a, ",",b, "]")
```

4. Python 实现代码

```
import numpy as np
import seaborn as sns
from scipy import stats
import matplotlib.pyplot as plt

#问题(1)
x=[93,75,83,93,91,85,84,82,77,76,77,95,94,89,91,88,86,83,96,81,
   79,97,78,75,67,69,68,84,83,81,75,66,85,70,94,84,83,82,80,78,
   74,73,76,70,86,76,90,89,71,66,86,73,80,94,79,78,77,63,53,55]
##均值
mean=np.mean(x)
print(np.mean(x))
##标准差
std=np.std(x)
print(np.std(x))
##极差
print(np.max(x))
print(np.min(x))
a=np.max(x)-np.min(x)
##偏度
print(stats.skew(x))
##峰度
print(stats.kurtosis(x))

#问题(2)
##绘制直方图
plt.hist(x,rwidth=0.9)
plt.show()
```

```
##带有正态分布的直方图
sns.distplot(x,fit=stats.norm)
plt.show()
##分位数-分位数图
stats.probplot(x,plot=plt)
plt.show()

#问题(3)
##柯尔莫哥洛夫检验
ks_value=stats.kstest(x,'norm',(mean,std))
print(ks_value)
##参数估计
μ=mean #数学期望
v=std**2 #方差
x=μ+v*np.random.randn(10000) #正态分布
plt.hist(x,bins=100) #直方图显示
plt.show()
print(stats.norm.fit(x))
σ=v**0.5
##置信区间
a=μ-1.96*σ
b=μ+1.96*σ
print("区间估计值:[",a,","，b,"]")
```

§8.8　课程趣味阅读之八

8.8.1　证券内幕交易举证制度中的假设检验原理

在假设检验中，原假设 H_0 与备择假设 H_1 的设定对检验结果会产生显著的影响. 通常情况下，原假设是习惯性的结论，是受到保护的假设，不容易轻易被否定；而备择假设是异常条件下的产物，是需要拿出充足的证据才能证明成立的结论.

各国法律对举证责任的分配，除法律有特殊规定外，有一个普遍适用的基本原则：谁主张，谁举证，即为控方或原告举证制度. 该制度体现了假设检验的原理，相应的原假设 H_0：被告无罪；备择假设 H_1：被告有罪. 原告只有拿出充足的证据才能证明被告有罪. 对于凶杀、盗窃等案件，出于对人权的尊重和对传统价值观的认同，不能随便认为某人犯有杀人等罪行，因此往往是控方举证. 但对于一些特殊的行业，控方举证制度存在着明显的缺陷. 由于信息不对称，控方很难找到犯罪证据. 例如，在证券交易市场中，内幕交易行为屡禁不止.

内幕交易是指悉知证券交易内部信息的上市公司、证券金融等机构担任董事、监事等高管

人员及其他有关人员,利用职务、职业便利或利用信息、资金优势在涉及证券发行、交易或其他对证券交易价格有重大影响的信息未公开前,买入或卖出该证券,或者泄露消息,或者建议他人买卖该证券,牟取非法利益的行为.

我国法律对内幕交易做了一系列的禁止性规定,虽然证券内幕交易有了认定依据和处罚标准,但由于利益驱使,内幕交易案件仍呈上升趋势.从证券市场的实践看,在查处证券内幕交易时,由于内幕人员、内幕信息和内幕行为的隐秘性,查处难度非常之大.由此,控方举证责任的分配,导致内幕交易违法行为的调查处理停滞不前.

如果能够实行辩方举证的证据分配责任规定,将对抑制内幕交易行为产生积极意义.辩方举证对应的假设检验问题如下:原假设 H_0:被告有罪;备择假设 H_1:被告无罪.在查处证券内幕交易时,内幕人员等相关人员有义务对其行为的合法性做出合理解释并做出相应举证,即给以充分的自我辩解和辩护的权利,使其能够自证清白,否则将对其做出不利的事实认定和处罚,这将在相当程度上改变内幕交易查处难的现状.

内幕交易辩方举证制度的建立,将产生重要的意义.首先,有利于对内幕交易行为产生较大的威慑作用,更好地规范内幕人员的行为,打击证券违规行为;其次,有利于鼓舞投资者的信心,并促进内幕交易证券民事赔偿制度的建立,更好地维护投资者的合法权益;第三,有利于促进证券市场法制建设,强化监管力度,提高证券市场的公信力,保证证券市场的健康稳定发展.

8.8.2 数据分析中的错觉

错觉是对客观事物的一种不正确的、歪曲的知觉,其包含视觉错觉、时间错觉、运动错觉、空间错觉、声音方位错觉、触觉错觉等.例如,当你坐在正在开着的火车上,看车窗外的树木时,会以为树木在移动,这是运动错觉.在对数据进行分析时,如果没有抓住事物的本质,或者使用的统计分析方法不对,数据也会给人们带来错觉.

1. 婚姻数据的错觉及原因分析

表 8.8.1 给出了某地区人口普查中居民各类婚姻状况的人数和一年里的死亡人数,以及根据居民人数与死亡人数算出来的死亡率.

表 8.8.1

婚姻状况	未婚	已婚	丧偶	离婚
居民人数 / 人	563 254	7 865 556	695 114	101 112
死亡人数 / 人	1 921	44 963	33 960	924
死亡率 /‰	3.411	5.716	48.855	9.138

表 8.8.1 中的数据表明,未婚的死亡率比已婚的死亡率低.难道说已婚者比未婚者更容易死亡?它是不是错觉?如果是错觉,那它为什么会发生?这就需要冷静下来,深入思考,根据经验加以判断.

2. 婚姻数据错觉的原因分析

至今未婚的人并不一定终身未婚,有很多是晚婚.由此看来,年龄越大,未婚的人会越来越少.不难想象,在未婚的人群中青年人多而中老年人少,相对于未婚的人群,已婚的人群中青年

人少而中老年人多，青年人的死亡率显然比中老年人的低，这很有可能就是未婚的死亡率比已婚的死亡率低的原因. 为了深入分析问题，需要将未婚与已婚的人群进行不同年龄结构的分类比较(见表 8.8.2).

表 8.8.2

年龄段	未婚		已婚	
	人数 / 人	比例 /%	人数 / 人	比例 /%
青年(25 ～ 34 岁)	454 458	80.68	2 469 311	31.39
中年(35 ～ 54 岁)	95 738	17.00	4 127 772	52.48
老年(55 岁及以上)	13 058	2.32	1 268 473	16.13
合计	563 254	100.00	7 865 556	100.00

从表 8.8.2 可以看出，该地区的未婚人群中，青年人占 80.68%，而在已婚的人群中，中年人占 52.48%. 可见，已婚和未婚人群的年龄段结构有明显区别. 如果忽视年龄结构，单凭一个分类依据“婚否”进行分类比较，可能会产生错误的结论.

3. 进一步数据分析

在分类依据“婚否”的基础上增添一个分类依据“年龄段”，再在每个年龄段比较未婚和已婚两类人群的死亡率.

表 8.8.3 分别计算青年、中年与老年的未婚与已婚的死亡率. 根据各个年龄段的比较，无论是青年、中年还是老年人群，未婚的死亡率都比已婚的死亡率高. 由此看来，“未婚的死亡率比已婚的死亡率低”是一个错觉.

表 8.8.3

年龄段	未婚			已婚		
	居民人数 / 人	死亡人数 / 人	比例 /‰	居民人数 / 人	死亡人数 / 人	比例 /‰
青年	454 458	678	1.492	2 469 311	1 295	0.524
中年	95 738	596	6.225	4 127 772	10 288	2.492
老年	13 058	647	49.548	1 268 473	33 380	26.315

由此可见，盲目地只看数据的比较会有产生错觉的风险，按年龄段划分，分别计算青年、中年与老年人群的未婚与已婚的死亡率，是识别错觉的一个好方法. 当然，错觉的识别方法不能一概而论. 如何划分，这要具体问题具体分析. 应该深入了解问题的内涵，抓住本质特征，相应地采取分类和分析的方法，才能避免产生错觉.

08 习题八

1. 设$(X_1, X_2, \cdots, X_{25})$是取自正态总体$X \sim N(\mu, 3^2)$的一个样本，其中参数$\mu$未知，$\overline{X}$是样本均值. 现有假设检验$H_0: \mu = \mu_0$；$H_1: \mu \neq \mu_0$. 取检验的拒绝域为$W = \{(X_1, X_2, \cdots,$

$X_{25})\mid|\overline{X}-\mu_0|>c\}$,试确定常数 c,使检验的显著性水平为 $\alpha=0.05$.

2. 设 $(X_1,X_2,\cdots,X_n)$ 是取自正态总体 $X\sim N(\mu,1)$ 的一个样本,其中参数 μ 未知,$\overline{X}$ 是样本均值. 现有假设检验 $H_0:\mu\geqslant 0$;$H_1:\mu<0$. 取检验的拒绝域为 $W=\{(X_1,X_2,\cdots,X_n)\mid\sqrt{n}\overline{X}<-u_{1-\alpha}\}$.

(1) 试证:犯第一类错误的概率为 α.

(2) 试求 $\beta(\mu)=P\{(X_1,X_2,\cdots,X_n)\notin W\mid\mu<0\}$,并当 $n=4,\alpha=0.05,\mu=-1$ 时计算 $\beta(\mu)$.

3. 设 $(X_1,X_2,\cdots,X_n)$ 是取自总体 $X\sim N(\mu,1)$ 的一个样本,考虑假设检验

$$H_0:\mu=2;\quad H_1:\mu=3.$$

若该假设检验问题的拒绝域为 $W=\{\overline{X}\geqslant 2.6\}$.

(1) 当 $n=20$ 时求检验犯第一类错误的概率 α 和犯第二类错误的概率 β.

(2) 如果要使得检验犯第二类错误的概率 $\beta\leqslant 0.01$,那么 n 最小应取多少?

(3) 证明:当 $n\to\infty$ 时,$\alpha\to 0,\beta\to 0$.

4. 一个样本容量为 50 的样本,具有均值 10.6 和标准差 2.2,在正态总体的情况下:

(1) 用单侧检验,在显著性水平 $\alpha=0.05$ 时检验假设 $H_0:\mu\leqslant 10$;$H_1:\mu>10$.

(2) 用双侧检验,在显著性水平 $\alpha=0.05$ 时检验假设 $H_0:\mu=10$;$H_1:\mu\neq 10$.

(3) 比较上述单、双侧检验犯第一类错误和犯第二类错误的情况.

5. 某厂生产的纽扣,其直径(单位:mm)$X\sim N(\mu,\sigma^2)$,且 $\sigma=4.2$. 现从中抽查 100 颗,测得样本均值为 26.56 mm. 已知在标准情况下,纽扣直径的平均值应该是 27 mm,问:是否可以认为这批纽扣的直径符合标准(显著性水平 $\alpha=0.05$)?

6. 某厂生产的合金钢,其抗拉强度(单位:MPa)$X\sim N(\mu,\sigma^2)$. 现抽查 5 件样品,测得其抗拉强度分别为 46.8,45.0,48.3,45.1,44.7,在显著性水平 $\alpha=0.05$ 下,试检验假设

$$H_0:\mu=48;\quad H_1:\mu\neq 48.$$

7. 某厂生产的维纶的纤度(单位:D(旦尼尔))$X\sim N(\mu,\sigma^2)$,已知在正常情况下有 $\sigma=0.048$. 现从中抽查 5 根维纶,测得其纤度分别为 1.32,1.55,1.36,1.40,1.44,问:X 的标准差 σ 是否发生了显著变化(显著性水平 $\alpha=0.05$)?

8. 从一批钢管抽取 10 根,测得其内径(单位:mm)分别为

100.36, 100.31, 99.99, 100.11, 100.64,

100.85, 99.42, 99.91, 99.35, 100.10.

设这批钢管的内径服从正态分布 $N(\mu,\sigma^2)$,试分别在下列条件下检验假设(显著性水平 $\alpha=0.05$):

$$H_0:\mu\leqslant 100;\quad H_1:\mu>100.$$

(1) 已知 $\sigma=0.5$;

(2) σ 未知.

9. 某单位统计报表显示,人均月收入为 3 030 元,为了验证该统计报表的正确性,做了共 100 人的抽样调查,样本人均月收入为 3 060 元,标准差为 80 元,问:能否说明该统计报表显

示的人均收入的数字有误(显著性水平 $\alpha=0.05$)?

10. 已知某地区的初婚年龄服从正态分布,根据 9 个人的抽样调查有 $\overline{x}=23.5$ 岁,$s=3$ 岁. 问:是否可以认为该地区的平均初婚年龄已超过 20 岁(显著性水平 $\alpha=0.05$)?

11. 将 19 位工人按照其是否饮酒情况分成两组,让他们每人做一件同样的工作,测得他们的完工时间(单位:min) 如表 1 所示,试问:饮酒对工作能力是否有显著影响(显著性水平 $\alpha=0.05$)?

表 1

饮酒者	30	46	51	34	48	45	39	61	58	67
未饮酒者	28	22	55	45	39	35	42	38	20	

12. 有甲、乙两名检验员,对同样的试样进行分析,各人分析的结果如表 2 所示,试问:甲、乙两人的分析结果之间有无显著差异(显著性水平 $\alpha=0.10$)?

表 2

实验号	1	2	3	4	5	6	7	8
甲	4.3	3.2	8.0	3.5	3.5	4.8	3.3	3.9
乙	3.7	4.1	3.8	3.8	4.6	3.9	2.8	4.4

13. 有两台机器生产金属部件,分别在两台机器所生产的部件中各取一容量为 $m=14$ 和 $n=12$ 的样本,测得部件质量(单位:g) 的样本方差分别为 $s_1^2=15.46$,$s_2^2=9.66$. 设两样本相互独立,$F_{0.05}(13,11)=2.76$,试在显著性水平 $\alpha=0.05$ 下检验假设:

$$H_0:\sigma_1^2\leqslant\sigma_2^2;\quad H_1:\sigma_1^2>\sigma_2^2.$$

14. 现在 10 块土地上试种植甲、乙两种作物,所得产量分别为$(x_1,x_2,\cdots,x_{10})$,$(y_1,y_2,\cdots,y_{10})$. 假设作物产量(单位:kg) 服从正态分布,并计算得 $\overline{x}=30.97$,$\overline{y}=21.79$,$s_x^2=26.7$,$s_y^2=12.1$. 取显著性水平 0.10,问:是否可认为两种作物的产量没有显著差别?

15. 设两组工人的完工时间(单位:h) 分别为 $X\sim N(\mu_1,\sigma_1^2)$ 和 $Y\sim N(\mu_2,\sigma_2^2)$,第一组工人的人数为 $m=10$,完工时间的样本方差为 $s_1^2=125.29$;第二组工人的人数为 $n=9$,完工时间的样本方差为 $s_2^2=112.00$. 试检验假设 $H_0:\sigma_1^2=\sigma_2^2$(显著性水平 $\alpha=0.05$).

16. 测得两批电子元件的样品的电阻(单位:Ω) 为

A 批(X):0.140,　0.138,　0.143,　0.142,　0.144,　0.137,

B 批(Y):0.135,　0.140,　0.142,　0.136,　0.138,　0.140.

设这两批元件的电阻分别为 $X\sim N(\mu_1,\sigma_1^2)$ 和 $Y\sim N(\mu_2,\sigma_2^2)$,且两样本相互独立(显著性水平 $\alpha=0.05$).

(1) 试检验两个总体的方差是否相等.

(2) 试检验两个总体的均值是否相等.

17. 对铁矿石中的含铁量(单位:%),用旧方法测量 5 次,得到样本标准差 $s_1=5.68$,用新方法测量 6 次,得到样本标准差 $s_2=3.02$. 设用旧方法和新方法测得的含铁量分别为 $X\sim N(\mu_1,\sigma_1^2)$ 和 $Y\sim N(\mu_2,\sigma_2^2)$,问:新方法测得数据的方差是否显著小于旧方法(显著性水平 $\alpha=0.05$)?

18. 某地区成人中吸烟者占 75%，经过戒烟宣传后，进行了抽样调查，发现了 100 名被调查的成人中，有 63 人是吸烟者，问：戒烟宣传是否收到了显著成效（显著性水平 $\alpha = 0.05$）？

19. 据原有资料，某城市居民彩电的拥有率为 60%. 现根据最新 100 户的抽样调查，彩电的拥有率为 62%. 问：能否认为彩电拥有率有所增长（显著性水平 $\alpha = 0.05$）？

20. 孟德尔（Mendel）遗传定律表明，在纯种红花豌豆与白花豌豆杂交后所生的子二代豌豆中，红花对白花之比为 3∶1. 某次种植试验的结果为红花豌豆 352 株，白花豌豆 96 株. 试在显著性水平 $\alpha = 0.05$ 下检验孟德尔遗传定律.

21. 假设六个整数 1,2,3,4,5,6 被随机地选择，重复 60 次独立试验中，出现 1,2,3,4,5,6 的次数分别为 13,19,11,8,5,4. 问：在显著性水平 $\alpha = 0.05$ 下是否可以认为假设 H_0：$P\{\xi = 1\} = P\{\xi = 2\} = \cdots = P\{\xi = 6\}$ 成立？

22. 检查了一本书的 100 页，记录各页中的印刷错误的个数，其结果如表 3 所示，问：能否认为一页中印刷错误的个数服从泊松分布（显著性水平 $\alpha = 0.05$）？

表 3

错误个数	0	1	2	3	4	5	$\geqslant 6$
页数	35	40	19	3	2	1	0

23. 在一批灯泡中抽取 300 只进行寿命试验，其结果（单位：h）如表 4 所示，问：在显著性水平 $\alpha = 0.05$ 下能否认为这批灯泡的寿命服从指数分布 $E(0.005)$？

表 4

寿命	<100	$[100,200)$	$[200,300)$	$\geqslant 300$
灯泡数	121	78	43	58

24. 测量 100 根人造纤维的长度，所得数据（单位：mm）如表 5 所示，试用 χ^2 拟合优度检验法检验这些人造纤维长度是否服从正态分布（显著性水平 $\alpha = 0.05$）.

表 5

长度	5.5～6.0	6.0～6.5	6.5～7.0	7.0～7.5	7.5～8.0	8.0～8.5	8.5～9.0	9.0～9.5	9.5～10.0	10.0～10.5	10.5～11.0
频数	2	7	6	17	17	16	14	10	7	3	1

25. 某纺织厂生产某种纤维，随机抽取 50 件产品，测得它们的强度（单位：kg/cm^2）数据如表 6 所示. 试用柯尔莫哥洛夫检验法检验以上数据，判别该种纤维的强度是否服从正态分布（显著性水平 $\alpha = 0.10$）.

表 6

393	413	398	395.5	415.5	385.5	388	405.5	408	400.5
395.5	400.5	393	408	410.5	388	380.5	373	390.5	390.5
398	393	400.5	408	395.5	390.5	373	383	413	398
415.5	398	393	390.5	388	380.5	395.5	405.5	405.5	395.5
395.5	393	385.5	380.5	393	405.5	385.5	383	373	400.5

第九章 方差分析与回归分析

方差分析的发现来源于科学试验或生产实践的需要. 20 世纪 20 年代，费希尔在进行田间试验时，为了分析试验的结果，创立了方差分析法. 方差分析是用来检验多个样本均值间差异是否具有统计意义的一种方法，它利用试验数据来分析各个因素对事物的影响是否显著，是鉴别影响因素的显著性及因素的各种状态效应的一种统计方法.

在实际问题中，存在着同处于一个过程之中的相互制约、相互联系的多个变量，人们期待弄清楚这些变量之间的依存关系. 例如，人的体重和身高之间的关系、商品的需求量和价格之间的关系. 这些变量与变量之间的非确定性关系，叫作**相关关系**. 为了深入了解事物的本质，人们需要寻求这些变量之间的数量关系，回归分析就是寻找这种具有相关关系的变量之间的数量关系式并进行统计推断的一种统计方法. 它利用两个或两个以上变量之间的关系，由一个或多个变量来表示另一个变量.

方差分析和回归分析具有广泛应用，是数理统计中的重要内容. 本质上，它们是利用参数估计和假设检验处理一些特定数据的有效方法. 本章简单地介绍单因素试验的方差分析、双因素试验的方差分析、一元线性回归和多元线性回归.

课程思政

§9.1　单因素试验的方差分析

在实际问题中,我们经常需要考察一种因素(或因子),在不同试验条件(称为**水平**)下对某项指标的影响,这就是方差分析问题.

9.1.1　方差分析的基本思想

首先考察一个例子.

例 9.1.1　某公司采用四种方式推销其产品,为检验不同方式推销产品的效果,随机抽样得表 9.1.1. 试问:这四个销售量的均值之间是否有显著差异(显著性水平 $\alpha=0.05$)?

表 9.1.1

销售方式	序号					水平均值
	1	2	3	4	5	
方式一	77	86	81	88	83	83
方式二	95	92	78	96	89	90
方式三	71	76	68	81	74	74
方式四	80	84	79	70	82	79

分析　在该例子中,因素是推销方式,记为 A;A 的不同水平是各种具体推销方式 A_1,A_2,A_3,A_4;我们关心的指标是销售量 X. 现在需要考察推销方式 A 的各种水平对销售量有无显著性影响.

要看不同推销方式的效果,其实就归结为一个假设检验问题. 设 μ_i 为第 i 种推销方式 $(i=1,2,3,4)$ 的平均销售量,即检验原假设 $H_0:\mu_1=\mu_2=\mu_3=\mu_4$ 是否为真. 从数值上观察,四个均值都不相等,方式二的平均销售量明显较大. 然而,我们并不能简单地根据这种第一印象来否定原假设,而应该分析 μ_1,μ_2,μ_3,μ_4 之间差异的原因.

从表 9.1.1 可以看到,20 个数据各不相同,这种差异可能由两方面的原因引起:一是推销方式的影响,这种由不同水平造成的差异称为**系统性差异**;二是随机因素的影响,同一种推销方式在不同的工作日销售量也会不同,因为来商店的人群数量不一、经济收入不一、当班服务员态度不一,这种由随机因素造成的差异称为**随机性差异**. 两方面原因产生的差异用两个方差来计量:一是 μ_1,μ_2,μ_3,μ_4 之间的总体方差,即水平之间的方差,二是水平内部方差.

水平之间的方差既包括系统性差异,也包括随机性差异;**水平内部方差**仅包括随机性差异. 如果不同的水平对结果没有影响(如推销方式对销售量不产生影响),那么在水平之间的方差中,就仅仅有随机性差异,而没有系统性差异,它与水平内部方差就应该接近,两个方差的比值就会接近于1;反之,如果不同的水平对结果产生影响,在水平之间的方差中就不仅仅包括随机性差异,也包括系统性差异.这时,该方差就会大于水平内部方差,两个方差的比值就会大于1.当这个比值大到某个程度,即达到某临界点时,我们就做出判断,不同的水平之间存在着显著性差异.因此,方差分析就是通过对水平之间的方差和水平内部的方差的比较,做出拒绝或接受原假设的判断.

9.1.2　单因素试验的方差分析方法

为了考察因素 A 对试验指标 X 的影响,可以让其他因素的水平保持不变,而仅让因素 A 的水平改变.设在单因素试验中,因素 A 有 l 个水平,记为 $A_1,A_2,\cdots,A_l$,在水平 A_i 下的总体为 $X_i(i=1,2,\cdots,l)$,并设 $X_i\sim N(\mu_i,\sigma^2)(i=1,2,\cdots,l)$,其中 μ_i,σ^2 均为未知.这是检验同方差的多个正态总体均值是否相等的问题.在水平 $A_j(j=1,2,\cdots,l)$ 下,进行了 $n_j(n_j\geqslant 2)$ 次独立试验,将这 l 个样本列表9.1.2.

表 9.1.2

	因素水平			
	A_1	A_2	$\cdots$	A_l
观察结果	X_{11}	X_{12}	$\cdots$	X_{1l}
	X_{21}	X_{22}	$\cdots$	X_{2l}
	$\vdots$	$\vdots$		$\vdots$
	$X_{n_1 1}$	$X_{n_2 2}$	$\cdots$	$X_{n_l l}$
样本总和	$T_{\cdot 1}$	$T_{\cdot 2}$	$\cdots$	$T_{\cdot l}$
样本均值	$\overline{X}_{\cdot 1}$	$\overline{X}_{\cdot 2}$	$\cdots$	$\overline{X}_{\cdot l}$
总体均值	μ_1	μ_2	$\cdots$	μ_l

现在要求根据这些样本检验假设:

$$H_0:\mu_1=\mu_2=\cdots=\mu_l;\quad H_1:\mu_1,\mu_2,\cdots,\mu_l \text{ 不全相等}.$$

下面从平方和的分解入手,导出检验上述假设检验的统计量.为了检验上述原假设 H_0,需要选取适当的统计量.为此,引入**总偏差平方和**

$$S_T=\sum_{j=1}^{l}\sum_{i=1}^{n_j}(X_{ij}-\overline{X})^2,$$

其中 $\overline{X}=\frac{1}{n}\sum_{j=1}^{l}\sum_{i=1}^{n_j}X_{ij}$,$n=n_1+n_2+\cdots+n_l$.记

$$\overline{X}_{\cdot j}=\frac{1}{n_j}\sum_{i=1}^{n_j}X_{ij}\quad(j=1,2,\cdots,l),$$

则

$$\begin{aligned}S_T&=\sum_{j=1}^{l}\sum_{i=1}^{n_j}[(X_{ij}-\overline{X}_{\cdot j})+(\overline{X}_{\cdot j}-\overline{X})]^2\\&=\sum_{j=1}^{l}\sum_{i=1}^{n_j}(X_{ij}-\overline{X}_{\cdot j})^2+\sum_{j=1}^{l}\sum_{i=1}^{n_j}(\overline{X}_{\cdot j}-\overline{X})^2+2\sum_{j=1}^{l}\sum_{i=1}^{n_j}(X_{ij}-\overline{X}_{\cdot j})(\overline{X}_{\cdot j}-\overline{X}).\end{aligned}$$

由于

$$\sum_{j=1}^{l}\sum_{i=1}^{n_j}(X_{ij}-\overline{X}_{\cdot j})(\overline{X}_{\cdot j}-\overline{X})=\sum_{j=1}^{l}(\overline{X}_{\cdot j}-\overline{X})\left[\sum_{i=1}^{n_j}(X_{ij}-\overline{X}_{\cdot j})\right]=0,$$

因此可将S_T 分解成

$$S_T=S_E+S_A,$$

其中

$$S_E=\sum_{j=1}^{l}\sum_{i=1}^{n_j}(X_{ij}-\overline{X}_{\cdot j})^2,$$

$$S_A=\sum_{j=1}^{l}\sum_{i=1}^{n_j}(\overline{X}_{\cdot j}-\overline{X})^2=\sum_{j=1}^{l}n_j(\overline{X}_{\cdot j}-\overline{X})^2.$$

上述S_E 各项$(X_{ij}-\overline{X}_{\cdot j})^2$ 表示在水平A_j 下，样本观察值X_{ij} 对本组样本均值的偏差平方和，它反映了试验过程中各种随机因素引起的试验误差，称S_E 为**组内平方和**(或**误差平方和**).S_A 的各项$n_j(\overline{X}_{\cdot j}-\overline{X})^2$ 表示水平A_j 下的样本均值与样本总平均的偏差平方和，它反映了因素 A 的不同水平以及随机因素所引起的各组样本之间的差异程度，称 S_A 为**组间平方和**(或**效应平方和**).若因素 A 的各个水平对总体的影响显著不同，则S_A 较大；相反，若因素 A 的各个水平对总体的影响差不多，则S_A 较小.

我们知道，试验指标的差异可以归结为因素 A 与随机因素的影响. S_T 度量所有样本的差异程度，S_A 和S_E 则分别度量因素A 的不同水平与随机因素造成的样本差异程度. 根据偏差平方和分解式$S_T=S_A+S_E$，S_A 与S_E 的相对大小可以反映出因素A 对试验指标影响的显著程度：若S_A 与S_E 相比大得多，则表明不同水平之间有显著差异，此时应拒绝H_0，即不能认为 l 个总体均服从同一正态分布 $N(\mu,\sigma^2)$；若S_E 与S_A 相比不太大，表明各水平之间没有显著差异，从而接受H_0. 因此，需要建立与两者之比有关的统计量作为检验统计量.

若H_0 为真，即$\mu_1=\mu_2=\cdots=\mu_l$，则所有样本取自同一正态总体 $X\sim N(\mu,\sigma^2)$，即

$$X_{ij}\sim N(\mu,\sigma^2)\quad(i=1,2,\cdots,n_j;j=1,2,\cdots,l).$$

因样本之间相互独立，故有

$$S_T=\sum_{j=1}^{l}\sum_{i=1}^{n_j}(X_{ij}-\overline{X})^2=(n-1)S^2,$$

这里S^2 为样本方差. 由定理 6.5.1 可知统计量

$$\frac{S_T}{\sigma^2}=\frac{(n-1)S^2}{\sigma^2}\sim\chi^2(n-1).$$

同样，由定理 6.5.1 可知

$$\frac{\sum_{i=1}^{n_j}(X_{ij}-\overline{X}_{\cdot j})^2}{\sigma^2}\sim\chi^2(n_j-1)\quad(j=1,2,\cdots,l).$$

因为这些服从χ^2 分布的变量相互独立，由χ^2 分布的可加性得

$$\frac{S_E}{\sigma^2}=\frac{\sum_{j=1}^{l}\sum_{i=1}^{n_j}(X_{ij}-\overline{X}_{\cdot j})^2}{\sigma^2}\sim\chi^2(n-l).$$

进一步可以证明 S_E 与S_A 相互独立，且当H_0 为真时，

$$\frac{S_A}{\sigma^2} \sim \chi^2(l-1).$$

于是，在H_0 为真的条件下，有

$$F=\frac{S_A/(l-1)}{S_E/(n-l)}=\frac{\dfrac{S_A}{\sigma^2(l-1)}}{\dfrac{S_E}{\sigma^2(n-l)}} \sim F(l-1,n-l).$$

因此，可以采用F 检验法进行检验. 此时是右侧检验，对于给定的显著性水平α，查表得临界值$F_\alpha(l-1,n-l)$. 由样本值计算统计量F 的观察值f，若$f>F_\alpha(l-1,n-l)$，则拒绝H_0，否则接受H_0.

上述分析结果可以排成表 9.1.3 的形式，称为**方差分析表**. 表中$\overline{S}_A=\dfrac{S_A}{l-1}$，$\overline{S}_E=\dfrac{S_E}{n-l}$ 分别称为S_A，S_E 的**均方和**. 另外，因在S_T 中n 个变量$X_{ij}-\overline{X}$ 之间仅满足一个约束条件

$$\overline{X}=\frac{1}{n}\sum_{j=1}^{l}\sum_{i=1}^{n_j}X_{ij},$$

故S_T 的自由度为$n-1$.

表 9.1.3

方差来源	平方和	自由度	均方和	F 值
因素A	S_A	$l-1$	$\overline{S}_A=S_A/(l-1)$	$F=\dfrac{\overline{S}_A}{\overline{S}_E}$
误差	S_E	$n-l$	$\overline{S}_E=S_E/(n-l)$	
总和	S_T	$n-1$		

在实际中，我们可以按以下较简便的公式来计算S_T，S_A 和S_E. 记

$$T_{\cdot j}=\sum_{i=1}^{n_j}X_{ij}\quad (j=1,2,\cdots,l),\quad T=\sum_{j=1}^{l}\sum_{i=1}^{n_j}X_{ij},$$

即有

$$\begin{cases} S_T=\displaystyle\sum_{j=1}^{l}\sum_{i=1}^{n_j}X_{ij}^2-n\overline{X}^2=\sum_{j=1}^{l}\sum_{i=1}^{n_j}X_{ij}^2-\frac{T^2}{n}, \\ S_A=\displaystyle\sum_{j=1}^{l}n_j\overline{X}_{\cdot j}^2-n\overline{X}^2=\sum_{j=1}^{l}\frac{T_{\cdot j}^2}{n_j}-\frac{T^2}{n}, \\ S_E=S_T-S_A. \end{cases}$$

例 9.1.2　某灯泡厂用四种不同材料A_1，A_2，A_3，A_4 的灯丝制成四批灯泡，除灯丝外其他生产条件完全相同. 现从四批灯泡中分别随机抽取若干个做寿命测试，得到数据(单位:h)如表 9.1.4 所示，试以显著性水平$\alpha=0.05$，判断灯丝材料不同对灯泡寿命有无显著影响($F_{0.05}(3,22)=3.05$)?

表 9.1.4

序号	灯丝			
	A_1	A_2	A_3	A_4
1	1 800	1 750	1 740	1 570
2	1 720	1 700	1 820	1 600
3	1 610	1 640	1 460	1 680
4	1 680	1 640	1 550	1 510
5	1 700	1 580	1 620	1 520
6	1 600	—	1 600	1 530
7	1 650	—	1 640	—
8	—	—	1 660	—

解 设$X_j(j=1,2,3,4)$分别表示四种灯丝材料做成的灯泡的寿命,且$X_j \sim N(\mu_j,\sigma^2)$.本题需要检验假设:

$$H_0:\mu_1=\mu_2=\mu_3=\mu_4;\quad H_1:\mu_1,\mu_2,\mu_3,\mu_4\text{ 不全相等.}$$

将表 9.1.4 中的所有数据都减去 1 600,然后除以 10 得到新数据并计算列表 9.1.5.

表 9.1.5

序号	灯丝				
	A_1	A_2	A_3	A_4	
1	20	15	14	−3	
2	12	10	22	0	
3	1	4	−14	8	
4	8	4	−5	−9	
5	10	−2	2	−8	
6	0	—	0	−7	
7	5	—	4	—	
8	—	—	6	—	
$T_{\cdot j}$	56	31	29	−19	97
$T_{\cdot j}^2$	3 136	961	841	361	5 299
$\frac{1}{n}T_{\cdot j}^2$	448	192.2	105.125	60.167	805.492
$\sum_{i=1}^{n_j}X_{ij}^2$	734	361	957	267	2 319

根据表 9.1.5 的数据计算得

$$S_T=1\,957.115,\quad S_A=443.607,\quad S_E=1\,513.508,$$

从而有方差分析表如表 9.1.6 所示.

表 9.1.6

方差来源	平方和	自由度	均方和	F 值
因素 A	443.607	3	147.869	2.15
误差	1 513.508	22	68.796	
总和	1 957.115	25		

当 $\alpha=0.05$ 时,查表得 $F_{0.05}(3,22)=3.05>2.15$,故接受 H_0,认为各种灯丝材料所制成的灯泡寿命无显著差异.

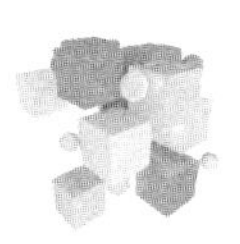

§9.2　双因素试验的方差分析

若要同时考虑两个因素对所考察的随机变量 X 的影响,则应讨论双因素试验的方差分析.双因素试验的方差分析又可分为双因素无重复试验的方差分析和双因素等重复试验的方差分析.为简便起见,本节只介绍双因素无重复试验的方差分析.

9.2.1　双因素无重复试验

设因素 A 有 l 个水平 $A_1,A_2,\cdots,A_l$,因素 B 有 m 个水平 $B_1,B_2,\cdots,B_m$,这样因素 A 和因素 B 的各水平有 $l\times m$ 种搭配方式.对每种搭配相互独立地进行一次试验,试验结果列表 9.2.1,其中 X_{ij} 表示 $(A_i,B_j)(i=1,2,\cdots,l;j=1,2,\cdots,m)$ 条件下的试验结果.

表 9.2.1

因素 A	因素 B			
	B_1	B_2	$\cdots$	B_m
A_1	X_{11}	X_{12}	$\cdots$	X_{1m}
A_2	X_{21}	X_{22}	$\cdots$	X_{2m}
$\vdots$	$\vdots$	$\vdots$		$\vdots$
A_l	X_{l1}	X_{l2}	$\cdots$	X_{lm}

与单因素试验的方差分析一样,假定 X_{ij} 服从具有相同方差的正态分布 $N(\mu_{ij},\sigma^2)(i=1,2,\cdots,l;j=1,2,\cdots,m)$.我们的任务就是根据这些试验结果来检验因素 A 和因素 B 对试验结果的影响是否显著.

如果因素 A 的影响不明显,那么在 B_j 水平下的 l 个总体 $N(\mu_{ij},\sigma^2)$ 的样本 $(X_{1j},X_{2j},\cdots,X_{lj})$ 可以看作取自同一总体 $N(\mu_j,\sigma^2)(j=1,2,\cdots,m)$.因此,要检验因素 A 是否有影响,就要检验假设:

$$H_{01}:\mu_{1j}=\mu_{2j}=\cdots=\mu_{lj}\quad(j=1,2,\cdots,m).$$

同样,要检验因素 B 是否有影响,就要检验假设:

$$H_{02}:\mu_{i1}=\mu_{i2}=\cdots=\mu_{im}\quad(i=1,2,\cdots,l).$$

9.2.2 偏差平方和分解

与单因素试验的方差分析类似，为了检验上述两个原假设H_{01}和H_{02}，需要选取适当的统计量，检验方法也是建立在偏差平方和的分解上. 记

$$\overline{X}_{i\cdot}=\frac{1}{m}\sum_{j=1}^{m}X_{ij}\quad(i=1,2,\cdots,l),$$

$$\overline{X}_{\cdot j}=\frac{1}{l}\sum_{i=1}^{l}X_{ij}\quad(j=1,2,\cdots,m),$$

$$\overline{X}=\frac{1}{n}\sum_{i=1}^{l}\sum_{j=1}^{m}X_{ij},$$

其中$n=lm$. 于是，有

$$\overline{X}=\frac{1}{l}\sum_{i=1}^{l}\overline{X}_{i\cdot}=\frac{1}{m}\sum_{j=1}^{m}\overline{X}_{\cdot j},$$

进而有

$$T_{i\cdot}=\sum_{j=1}^{m}X_{ij}=m\overline{X}_{i\cdot}\quad(i=1,2,\cdots,l),$$

$$T_{\cdot j}=\sum_{i=1}^{l}X_{ij}=l\overline{X}_{\cdot j}\quad(j=1,2,\cdots,m),$$

$$T=\sum_{i=1}^{l}\sum_{j=1}^{m}X_{ij}=n\overline{X},$$

则

$$\begin{aligned}
S_T&=\sum_{i=1}^{l}\sum_{j=1}^{m}(X_{ij}-\overline{X})^2\\
&=\sum_{i=1}^{l}\sum_{j=1}^{m}[(X_{ij}-\overline{X}_{i\cdot}-\overline{X}_{\cdot j}+\overline{X})+(\overline{X}_{i\cdot}-\overline{X})+(\overline{X}_{\cdot j}-\overline{X})]^2\\
&=\sum_{i=1}^{l}\sum_{j=1}^{m}(X_{ij}-\overline{X}_{i\cdot}-\overline{X}_{\cdot j}+\overline{X})^2+\sum_{i=1}^{l}\sum_{j=1}^{m}(\overline{X}_{i\cdot}-\overline{X})^2\\
&\quad+\sum_{i=1}^{l}\sum_{j=1}^{m}(\overline{X}_{\cdot j}-\overline{X})^2+2\sum_{i=1}^{l}\sum_{j=1}^{m}(X_{ij}-\overline{X}_{i\cdot}-\overline{X}_{\cdot j}+\overline{X})(\overline{X}_{i\cdot}-\overline{X})\\
&\quad+2\sum_{i=1}^{l}\sum_{j=1}^{m}(X_{ij}-\overline{X}_{i\cdot}-\overline{X}_{\cdot j}+\overline{X})(\overline{X}_{\cdot j}-\overline{X})\\
&\quad+2\sum_{i=1}^{l}\sum_{j=1}^{m}(\overline{X}_{i\cdot}-\overline{X})(\overline{X}_{\cdot j}-\overline{X}).
\end{aligned}$$

容易证明上式最后三项都等于零，因此

$$S_T=S_A+S_B+S_E,$$

其中

$$S_A=\sum_{i=1}^{l}\sum_{j=1}^{m}(\overline{X}_{i\cdot}-\overline{X})^2=m\sum_{i=1}^{l}(\overline{X}_{i\cdot}-\overline{X})^2,$$

$$S_B=\sum_{i=1}^{l}\sum_{j=1}^{m}(\overline{X}_{\cdot j}-\overline{X})^2=l\sum_{j=1}^{m}(\overline{X}_{\cdot j}-\overline{X})^2,$$

$$S_E=\sum_{i=1}^{l}\sum_{j=1}^{m}(X_{ij}-\overline{X}_{i\cdot}-\overline{X}_{\cdot j}+\overline{X})^2.$$

 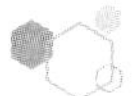

S_T 为总平方和；S_A 为因素A 的偏差平方和，它反映了因素A 的不同水平所引起的系统误差；S_B 为因素 B 的偏差平方和，它反映了因素 B 的不同水平所引起的系统误差；S_E 为误差平方和，它反映了试验过程中各种随机因素所引起的随机误差.

9.2.3　检验方法

若H_{01} 与H_{02} 为真，则所有 lm 个样本X_{ij} 可以看作取自同一正态总体 $N(\mu,\sigma^2)$. 由定理 6.5.1 可知

$$\frac{S_T}{\sigma^2}=\frac{\sum_{i=1}^{l}\sum_{j=1}^{m}(X_{ij}-\overline{X})^2}{\sigma^2}=\frac{(lm-1)S^2}{\sigma^2}\sim\chi^2(lm-1),$$

其中S^2 是所有 lm 个样本 X_{ij} 的样本方差. 可以证明，当H_{01} 为真时，$\frac{S_A}{\sigma^2}$ 与$\frac{S_E}{\sigma^2}$ 相互独立，且

$$\frac{S_A}{\sigma^2}\sim\chi^2(l-1),\quad \frac{S_E}{\sigma^2}\sim\chi^2((l-1)(m-1));$$

当H_{02} 为真时，$\frac{S_B}{\sigma^2}$ 与$\frac{S_E}{\sigma^2}$ 相互独立，且

$$\frac{S_B}{\sigma^2}\sim\chi^2(m-1),\quad \frac{S_E}{\sigma^2}\sim\chi^2((l-1)(m-1)).$$

因此，与单因素试验的方差分析类似，统计量

$$F_A=\frac{S_A}{\sigma^2(l-1)}\Big/\frac{S_E}{\sigma^2(l-1)(m-1)}=\frac{(m-1)S_A}{S_E}\sim F((l-1),(l-1)(m-1)),$$

$$F_B=\frac{S_B}{\sigma^2(m-1)}\Big/\frac{S_E}{\sigma^2(l-1)(m-1)}=\frac{(l-1)S_B}{S_E}\sim F((m-1),(l-1)(m-1)).$$

于是，对于给定的显著性水平 α，查表得临界值$F_\alpha((l-1),(l-1)(m-1))$ 与 $F_\alpha((m-1),(l-1)(m-1))$，由样本值计算出$f_A$ 及f_B. 若$f_A>F_\alpha((l-1),(l-1)(m-1))$，则拒绝$H_{01}$，否则接受$H_{01}$；若$f_B>F_\alpha((m-1),(l-1)(m-1))$，则拒绝$H_{02}$，否则接受$H_{02}$.

与单因素的情况类似，把计算结果汇总在方差分析表(见表 9.2.2) 中.

表 9.2.2

方差来源	平方和	自由度	均方和	F 值
因素 A	S_A	$l-1$	$\overline{S}_A=\frac{S_A}{l-1}$	$F_A=\frac{\overline{S}_A}{\overline{S}_E}$
因素 B	S_B	$m-1$	$\overline{S}_B=\frac{S_B}{m-1}$	$F_B=\frac{\overline{S}_B}{\overline{S}_E}$
误差	S_E	$(l-1)(m-1)$	$\overline{S}_E=\frac{S_E}{(l-1)(m-1)}$	
总和	S_T	$lm-1$		

例 9.2.1 对生产的高速铣刀进行淬火试验，选择三种不同的等温温度：$A_1=280$ ℃，$A_2=300$ ℃，$A_3=320$ ℃，以及三种不同的淬火温度：$B_1=1\,210$ ℃，$B_2=1\,235$ ℃，$B_3=1\,250$ ℃，测得铣刀硬度数据（洛氏硬度）如表 9.2.3 所示. 试在显著性水平 $\alpha=0.05$ 下检验等温温度及淬火温度对铣刀的硬度是否有显著影响.

表 9.2.3

等温温度/℃	淬火温度/℃		
	B_1	B_2	B_3
A_1	64	66	68
A_2	66	68	67
A_3	65	67	68

解 这里 $l=m=3$，由题给数据计算可得

$$\overline{X}_{1\cdot}=66,\quad \overline{X}_{2\cdot}=67,\quad \overline{X}_{3\cdot}=66.67,\quad \overline{X}_{\cdot 1}=65,$$

$$\overline{X}_{\cdot 2}=67,\quad \overline{X}_{\cdot 3}=67.67,$$

$$S_T=16.222\,2,\quad S_A=1.555\,8,\quad S_B=11.557\,8,\quad S_E=3.108\,6,$$

$$f_A=1.00,\quad f_B=7.44.$$

列出方差分析表如表 9.2.4 所示.

表 9.2.4

方差来源	平方和	自由度	均方和	F 值
因素 A	1.555 8	2	0.777 9	$f_A=1.00$
因素 B	11.557 8	2	5.778 9	$f_B=7.44$
误 差	3.108 6	4	0.777 15	
总和	16.222 2	8		

查表得 $f_{0.05}(2,4)=6.94$. 因为 $f_A=1.00<6.94$，$f_B=7.44>6.94$，所以可以认为等温温度对铣刀硬度无显著影响，而淬火温度对铣刀硬度有显著影响.

§9.3 一元线性回归

现实世界的变量之间常存在一定的关系，这些关系通常表现为两种类型：一类是确定性的，即我们通常所说的函数关系；另一类是非确定性的，即相关关系. 后者中，多个变量之间存在一定的依赖关系，但这种依赖关系没有确切到可以由一个或多个变量严格地确定另一个变量的程度，即这种关系无法用函数来精确表达. 例如，人的身高 Y 与体重 x 之间的关系，一种农作物的亩产量 Y 与其播种量 x_1 和施肥量 x_2 之间的关系等都是这样. 这里体重 x、播种量 x_1、施肥量 x_2 都是可以控制或精确观察的变量，我们不把它们看成随机变量，而将它们看成普通

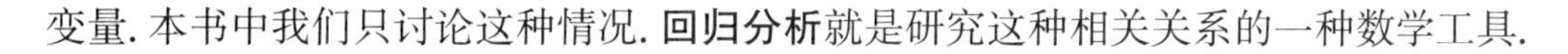

变量. 本书中我们只讨论这种情况. **回归分析**就是研究这种相关关系的一种数学工具.

9.3.1　一元线性回归

用来进行回归分析的数学模型(含有关假设)称为**回归模型**. 在所有的回归模型中,最简单的是两个变量之间的一元线性回归模型,其基本形式如下:

$$Y=\beta_0+\beta_1 x+\varepsilon,\quad \varepsilon\sim N(0,\sigma^2),$$

其中β_0,β_1,σ^2为不依赖于x的未知参数. 现在的问题是,如何知道x,Y之间是否有这种关系?β_0,β_1,σ^2又分别是多少?假定$(x_1,Y_1),(x_2,Y_2),\cdots,(x_n,Y_n)$是取自总体的一组样本,$(x_1,y_1),(x_2,y_2),\cdots,(x_n,y_n)$为对应的样本观察值,下面介绍利用样本估计未知参数$\beta_0$,$\beta_1,\sigma^2$.

1. β_0,β_1的估计

当取得一组样本观察值$(x_1,y_1),(x_2,y_2),\cdots,(x_n,y_n)$时,一元线性回归模型可写成

$$y_i=\beta_0+\beta_1 x_i+\varepsilon_i\quad (i=1,2,\cdots,n),$$

其中各个ε_i相互独立,且$E(\varepsilon_i)=0,0<D(\varepsilon_i)=\sigma^2<+\infty$.

估计β_0, β_1的标准是使得均方误差达到最小,即寻找β_0, β_1使得$G(\beta_0,\beta_1)=\sum\limits_{i=1}^{n}(y_i-\beta_0-\beta_1 x_i)^2$达到最小. 用这个方法得到的$\beta_0,\beta_1$的估计称为**最小二乘估计**,这个估计方法称为**最小二乘法**.

根据多元函数求极值的方法,对$G(\beta_0,\beta_1)$分别关于β_0,β_1求偏导数,并令它们等于零,得

$$\begin{cases}\dfrac{\partial G}{\partial\beta_0}=-2\sum\limits_{i=1}^{n}(y_i-\beta_0-\beta_1 x_i)=0,\\[2ex]\dfrac{\partial G}{\partial\beta_1}=-2\sum\limits_{i=1}^{n}(y_i-\beta_0-\beta_1 x_i)x_i=0.\end{cases}$$

化简整理得

$$\begin{cases}n\beta_0+\beta_1\sum\limits_{i=1}^{n}x_i=\sum\limits_{i=1}^{n}y_i,\\[2ex]\beta_0\sum\limits_{i=1}^{n}x_i+\beta_1\sum\limits_{i=1}^{n}x_i^2=\sum\limits_{i=1}^{n}x_i y_i.\end{cases}$$

称该方程组为**正规(则)方程组**.

根据克拉默(Cramer)法则,上述方程组有唯一解,即得β_0,β_1的估计值分别为

$$\begin{cases}\hat\beta_1=\dfrac{n\sum\limits_{i=1}^{n}x_i y_i-\sum\limits_{i=1}^{n}x_i\sum\limits_{i=1}^{n}y_i}{n\sum\limits_{i=1}^{n}x_i^2-\left(\sum\limits_{i=1}^{n}x_i\right)^2}=\dfrac{\sum\limits_{i=1}^{n}(x_i-\overline{x})(y_i-\overline{y})}{\sum\limits_{i=1}^{n}(x_i-\overline{x})^2}=\dfrac{L_{xy}}{L_{xx}},\\[4ex]\hat\beta_0=\dfrac{1}{n}\sum\limits_{i=1}^{n}y_i-\dfrac{\hat\beta_1}{n}\sum\limits_{i=1}^{n}x_i=\overline{y}-\hat\beta_1\overline{x},\end{cases}$$

其中

$$\bar{x}=\frac{1}{n}\sum_{i=1}^{n}x_i,\quad \bar{y}=\frac{1}{n}\sum_{i=1}^{n}y_i,$$

$$L_{xy}=\sum_{i=1}^{n}(x_i-\bar{x})(y_i-\bar{y})=\sum_{i=1}^{n}x_iy_i-\frac{1}{n}\left(\sum_{i=1}^{n}x_i\right)\left(\sum_{i=1}^{n}y_i\right),$$

$$L_{xx}=\sum_{i=1}^{n}(x_i-\bar{x})^2=\sum_{i=1}^{n}x_i^2-\frac{1}{n}\left(\sum_{i=1}^{n}x_i\right)^2.$$

为了以后进一步分析的需要,引入

$$L_{yy}=\sum_{i=1}^{n}(y_i-\bar{y})^2=\sum_{i=1}^{n}y_i^2-\frac{1}{n}\left(\sum_{i=1}^{n}y_i\right)^2.$$

在得到 β_0,β_1 的估计 $\hat{\beta}_0,\hat{\beta}_1$ 后,对于给定的 x,则可取 $\hat{\beta}_0+\hat{\beta}_1x$ 作为回归函数 $f(x)=\beta_0+\beta_1x$ 的估计,即 $\hat{f}(x)=\hat{\beta}_0+\hat{\beta}_1x$,称为 Y 关于 x 的**经验回归函数**,记为

$$\hat{y}=\hat{\beta}_0+\hat{\beta}_1x.$$

例 9.3.1 退火温度 x(单位:℃) 对黄铜延展性效应 Y 有如表 9.3.1 所示的实验结果,Y 是以延长度(单位:%) 计算的.画出散点图并求 Y 关于 x 的回归方程.

表 9.3.1

x	300	400	500	600	700	800
y	40	50	55	60	67	70

解 根据题给数据,画出如图 9.3.1 所示的散点图,从中可大致看出 Y 与 x 具有线性函数 $\beta_0+\beta_1x$ 的关系.

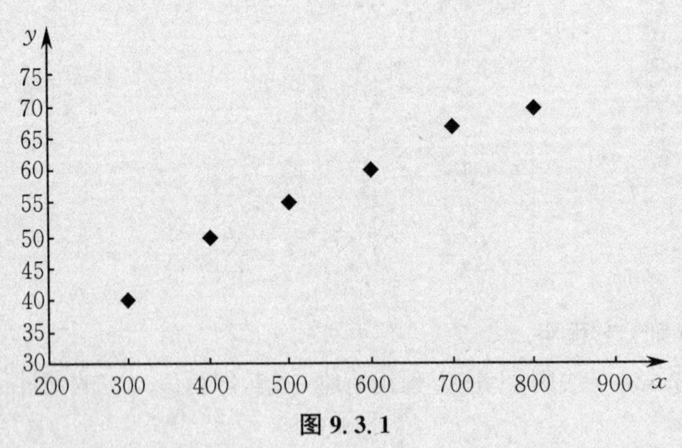

图 9.3.1

现在 $n=6$,为求回归方程,所需计算列表 9.3.2.

表 9.3.2

	x	y	x^2	y^2	xy
	300	40	90 000	1 600	12 000
	400	50	160 000	2 500	20 000
	500	55	250 000	3 025	27 500
	600	60	360 000	3 600	36 000
	700	67	490 000	4 489	46 900
	800	70	640 000	4 900	56 000
总和	3 300	342	1 990 000	20 114	198 400

由此得

$$L_{xx}=1\,990\,000-\frac{1}{6}\times 3\,300^2=175\,000,$$

$$L_{xy}=198\,400-\frac{1}{6}\times 3\,300\times 342=10\,300,$$

故得

$$\hat{\beta}_1=\frac{L_{xy}}{L_{xx}}=0.058\,857,\quad \hat{\beta}_0=\frac{1}{6}\times 342-\frac{1}{6}\times 3\,300\times 0.058\,857=24.628\,65.$$

于是得到回归方程

$$\hat{y}=24.628\,65+0.058\,857x.$$

例 9.3.2　设10对父子的身高数据(单位:in,1 in=2.54 cm)如表 9.3.3 所示,求儿子身高 Y 关于父亲身高 x 的回归方程.

表 9.3.3

x	60	62	64	65	66	67	68	70	72	74
y	63.6	62.5	66	65.5	66.9	67.1	67.4	68.3	70.1	70

解　由题给数据算得

$$\overline{x}=66.8,\quad L_{xx}=171.6,\quad \overline{y}=66.74,\quad L_{yy}=54.864,\quad L_{xy}=92.68,$$

于是

$$\hat{\beta}_1=\frac{L_{xy}}{L_{xx}}\approx 0.540\,1,\quad \hat{\beta}_0=\overline{y}-\hat{\beta}_1\overline{x}\approx 30.661\,3.$$

因此,儿子身高 Y 关于父亲身高 x 的回归方程为

$$\hat{y}=30.661\,3+0.540\,1x.$$

2. 回归方程的显著性检验

前面讨论了如何根据试验数据求得线性回归方程. 然而实际上,对于变量 x 和 Y 的任何一组试验数据 $(x_i,y_i)(i=1,2,\cdots,n)$,不管 x 和 Y 之间是否存在线性相关性,由最小二乘法总能算出 $\hat{\beta}_0,\hat{\beta}_1$,从而在形式上总能得到一条"回归直线". 但这条直线有时并不是 x 与 Y 真实关系的反映. 如果 x 和 Y 之间根本不存在线性相关关系,那么这样写出的线性回归方程就毫无意义

了. 因此,在实际情况中,需要判断 x 与 Y 是否存在线性相关关系,即判断 $y=\beta_0+\beta_1 x$ 的假定是否符合实际情况.

下面介绍通过假设检验的方法来判断 x 与 Y 是否存在线性相关关系.

若线性假设符合实际,则 β_1 不应为零,因此需要检验假设:

$$H_0:\beta_1=0;\quad H_1:\beta_1\neq 0.$$

对上述假设检验,在本质上相同的方法有三种:T 检验法、F 检验法和相关系数检验法. 在此,我们介绍 T 检验法和 F 检验法.

(1) T 检验法. 可以证明,当 $\varepsilon\sim N(0,\sigma^2)$ 时,$\hat{\beta}_1\sim N\left(\beta_1,\dfrac{\sigma^2}{L_{xx}}\right)$. 又

$$\frac{(n-2)\hat{\sigma}^2}{\sigma^2}\sim\chi^2(n-2),$$

且 $\hat{\beta}_1$ 与 $\hat{\sigma}^2$ 相互独立,故有

$$\frac{\dfrac{\hat{\beta}_1-\beta_1}{\sqrt{\sigma^2/L_{xx}}}}{\sqrt{\dfrac{(n-2)\hat{\sigma}^2}{\hat{\sigma}}\Big/(n-2)}}\sim t(n-2),$$

即

$$\frac{\hat{\beta}_1-\beta_1}{\sigma^2}\sqrt{L_{xx}}\sim t(n-2),$$

这里 $\hat{\sigma}^2=\dfrac{1}{n-2}\sum\limits_{i=1}^{n}(y_i-\hat{y}_i)^2$. 当 H_0 为真时,$\beta_1=0$,此时

$$T=\frac{\hat{\beta}_1}{\hat{\sigma}}\sqrt{L_{xx}}\sim t(n-2).$$

于是,得 H_0 的拒绝域为

$$|T|=\frac{|\hat{\beta}_1|}{\hat{\sigma}}\sqrt{L_{xx}}>t_{\frac{\alpha}{2}}(n-2),$$

当原假设 H_0 被拒绝时,认为回归效果显著,反之就认为回归效果不显著.

例 9.3.3 (续例 9.3.1) 检验例 9.3.1 中的回归效果是否显著(显著性水平 $\alpha=0.05$).

解 由例 9.3.1 知 $\hat{\beta}_1=0.058\,857$,$L_{xx}=175\,000$,$\hat{\sigma}^2=3.443\,225$,查表得 $t_{\frac{\alpha}{2}}(n-2)=t_{0.025}(4)=2.776\,4$. 又假设 $H_0:\beta_1=0$ 的拒绝域为

$$|T|=\frac{|\hat{\beta}_1|}{\hat{\sigma}}\sqrt{L_{xx}}>2.776\,4,$$

经计算得

$$|t|=\frac{|\hat{\beta}_1|}{\hat{\sigma}}\sqrt{L_{xx}}=13.268\,89>2.776\,4,$$

故拒绝原假设 H_0,即可认为回归效果是显著的.

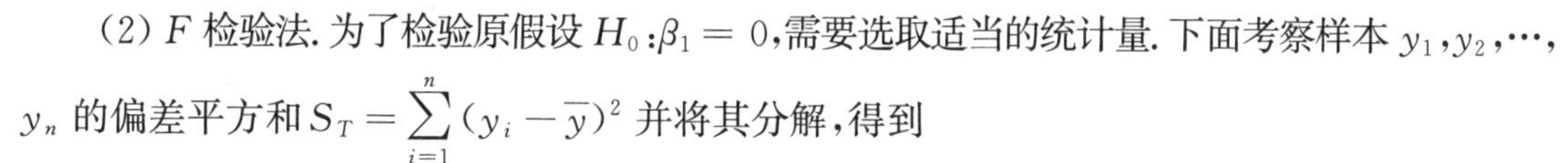

(2) F 检验法. 为了检验原假设 $H_0:\beta_1=0$,需要选取适当的统计量. 下面考察样本 $y_1,y_2,\cdots,y_n$ 的偏差平方和 $S_T=\sum_{i=1}^{n}(y_i-\overline{y})^2$ 并将其分解,得到

$$S_T=\sum_{i=1}^{n}[(\hat{y}_i-\overline{y})+(y_i-\hat{y}_i)]^2$$

$$=\sum_{i=1}^{n}(\hat{y}_i-\overline{y})^2+\sum_{i=1}^{n}(y_i-\hat{y}_i)^2+2\sum_{i=1}^{n}(\hat{y}_i-\overline{y})(y_i-\hat{y}_i).$$

不难证明上式最后一项等于零,因此

$$S_T=\sum_{i=1}^{n}(\hat{y}_i-\overline{y})^2+\sum_{i=1}^{n}(y_i-\hat{y}_i)^2=S_R+S_E,$$

其中 $S_R=\sum_{i=1}^{n}(\hat{y}_i-\overline{y})^2$ 称为**回归平方和**,它反映了回归值的分散程度,这种分散是由 x 和 Y 之间的线性关系引起的;$S_E=\sum_{i=1}^{n}(y_i-\hat{y}_i)^2$ 称为**剩余平方和**或**残差平方和**,它反映了观察值偏离回归直线的程度,这种偏离是由观测误差等随机因素所引起的. 可以证明,若原假设 H_0 为真,则

$$\frac{S_T}{\sigma^2}\sim\chi^2(n-1),\quad \frac{S_R}{\sigma^2}\sim\chi^2(1),\quad \frac{S_E}{\sigma^2}\sim\chi^2(n-2),$$

且 S_R 与 S_E 相互独立. 于是,有

$$F=\frac{S_R}{S_E/(n-2)}\sim F(1,n-2),$$

从而可以根据 F 值的大小来检验原假设 H_0. 对于给定的显著性水平 α,查表可得 $F_\alpha(1,n-2)$,若 $F>F_\alpha(1,n-2)$,则拒绝 H_0,即认为 x 和 Y 之间的线性相关关系显著;若 $F\leqslant F_\alpha(1,n-2)$,则接受 H_0,即认为 x 和 Y 之间的线性相关关系不显著或者不存在线性相关关系.

检验时,可使用如表 9.3.4 所示的线性回归方差分析表.

表 9.3.4

方差来源	平方和	自由度	均方和	F 值
回归	S_R	1	$\overline{S}_R=S_R$	$F=\frac{\overline{S}_R}{\overline{S}_E}$
剩余	S_E	$n-2$	$\overline{S}_E=\frac{S_E}{n-2}$	
总和	S_T	$n-1$		

例 9.3.4 (续例 9.3.2) 利用 F 检验法检验例 9.3.2 中儿子身高 Y 与父亲身高 x 之间的线性相关关系是否显著(显著性水平 $\alpha=0.01$).

解 由例 9.3.2 的计算,我们有

$$L_{xx}=171.6,\quad L_{yy}=54.864,\quad L_{xy}=92.68,$$

$$S_R=\frac{L_{xy}^2}{L_{xx}}\approx 50.056,\quad S_E=L_{yy}-S_R=4.808,$$

因此

$$f=\frac{S_R}{S_E/(n-2)}\approx 83.288.$$

列出如表 9.3.5 所示的线性回归方差分析表.

表 9.3.5

方差来源	平方和	自由度	均方和	F 值
回归	50.056	1	50.056	83.288
剩余	4.808	8	0.601	
总和	54.864	9		

查表得 $F_{0.01}(1,8)=11.26$. 因为 $f=83.288>11.26$,所以认为儿子身高与父亲身高之间的线性相关关系显著.

9.3.2 可转化为一元线性回归的问题

有些特殊的例子,可以通过适当的变量变换,将它化成一元线性回归模型.

1. 对数转化的线性模型

设

$$Y=\alpha e^{\beta x}\cdot\varepsilon,\quad \ln\varepsilon\sim N(0,\sigma^2),$$

其中 α,β,σ^2 是与 x 无关的未知参数. 对 $Y=\alpha e^{\beta x}\cdot\varepsilon$ 两边取对数,得

$$\ln Y=\ln\alpha+\beta x+\ln\varepsilon.$$

令 $Y'=\ln Y, a=\ln\alpha, b=\beta, x'=x, \varepsilon'=\ln\varepsilon$,则可转化为一元线性回归模型

$$Y'=a+bx'+\varepsilon',\quad \varepsilon'\sim N(0,\sigma^2).$$

2. 整体替换的线性模型

设

$$Y=\alpha+\beta h(x)+\varepsilon,\quad \varepsilon\sim N(0,\sigma^2),$$

其中 α,β,σ^2 是与 x 无关的未知参数,$h(x)$ 是已知函数. 令 $a=\alpha, b=\beta, x'=h(x), Y'=Y$,则可转化为一元线性回归模型

$$Y'=a+bx'+\varepsilon,\quad \varepsilon\sim N(0,\sigma^2).$$

显然,可以化为一元线性回归模型的模型还有很多,上面的两个模型是比较典型的. 在以上两个模型中,把变换值代回原模型,最终可以得到 Y 关于 x 的回归方程,其图形是一条曲线,此时一般称回归线方程为**曲线回归方程**.

例 9.3.5 为了解百货商店销售额(单位:万元)x 与流通费率(单位:%)Y 之间的关系,收集了如表 9.3.6 所示的 9 组数据. 求 Y 关于 x 的回归方程.

表 9.3.6

x	1.5	4.5	7.5	10.5	13.5	16.5	19.5	22.5	25.5
y	7.0	4.8	3.6	3.1	2.7	2.5	2.4	2.3	2.2

解 作散点图如图 9.3.2 所示.

图 9.3.2

可见，Y 与 x 呈幂函数关系，于是设

$$Y=\alpha x^{\beta}\cdot\varepsilon,\quad \ln\varepsilon\sim N(0,\sigma^2).$$

经变量变换后就转化为

$$Y'=a+bx'+\varepsilon',\quad \varepsilon'\sim N(0,\sigma^2),$$

其中 $Y'=\ln Y, a=\ln\alpha, b=\beta, x'=\ln x, \varepsilon'=\ln\varepsilon$. 数据经变换后得到如表 9.3.7 所示数据.

表 9.3.7

x'	0.405 5	1.504 1	2.014 9	2.351 4	2.602 7	2.803 4	2.970 4	3.113 5	3.238 7
y'	1.945 9	1.568 6	1.280 9	1.131 4	0.993 3	0.916 3	0.875 5	0.832 9	0.788 5

经计算得 $\hat{b}=\dfrac{L_{x'y'}}{L_{x'x'}}=-0.425\,89$, $\hat{a}=\overline{y}'-\hat{b}\overline{x}'=2.142\,09$, 从而有

$$\hat{y'}=2.142\,09-0.425\,89x'.$$

又可求得(取显著性水平 $\alpha=0.05$)

$$|t'|=5.416\,023>t_{0.025}(7)=2.364\,6,$$

因此线性回归效果显著. 代回原变量，得曲线回归方程

$$\hat{y}=0.653\,188\,2x^{2.142\,09}.$$

一般地，一元回归模型为

$$Y=\mu(x;\theta_1,\theta_2,\cdots,\theta_p)+\varepsilon,\quad \varepsilon\sim N(0,\sigma^2),$$

其中 $\theta_1,\theta_2,\cdots,\theta_p,\sigma^2$ 是与 x 无关的未知参数.

若回归函数 $\mu(x;\theta_1,\theta_2,\cdots,\theta_p)$ 是参数 $\theta_1,\theta_2,\cdots,\theta_p$ 的线性函数(不必是 x 的线性函数)，则称为线性回归模型；否则，称为非线性回归模型.

§9.4　多元线性回归

上一节讨论了随机变量 Y 与回归变量 x 的回归分析问题. 在实际问题中，影响结果(随机

变量 Y) 的主要因素(回归变量) 往往有多个,这就需要考虑含多个回归变量的回归问题. 这里简单介绍多元线性回归.

9.4.1 多元线性回归

1. 多元线性回归模型的设定

设变量 Y 与变量 $x_1,x_2,\cdots,x_l$ 之间有关系

$$Y=\beta_0+\beta_1x_1+\beta_2x_2+\cdots+\beta_lx_l+\varepsilon,$$

其中 $\beta_0,\beta_1,\beta_2,\cdots,\beta_l$ 为未知参数,随机误差 $\varepsilon\sim N(0,\sigma^2)$,$\sigma^2$ 未知. 现对 $Y,x_1,x_2,\cdots,x_l$ 进行 n 次观察,得到 n 组观察值

$$y_i,x_{i1},x_{i2},\cdots,x_{il}\quad(i=1,2,\cdots,n).$$

它们满足关系式

$$y_i=\beta_0+\beta_1x_{i1}+\beta_2x_{i2}+\cdots+\beta_lx_{il}+\varepsilon_i\quad(i=1,2,\cdots,n),$$

这里 ε_i 相互独立,$\varepsilon_i\sim N(0,\sigma^2)$. 称该模型为**多元线性回归模型**,其中 $\beta_0,\beta_1,\beta_2,\cdots,\beta_l$ 为待定系数. 称数据 $x_{i1},x_{i2},\cdots,x_{il},y_i(i=1,2,\cdots,n)$ 为容量为 n 的一个样本观察值. 特殊地,取 $l=1$,则模型就是一元线性回归模型. 引进矩阵记号

$$\boldsymbol{Y}=\begin{pmatrix}y_1\\y_2\\\vdots\\y_n\end{pmatrix},\quad \boldsymbol{X}=\begin{pmatrix}1&x_{11}&\cdots&x_{1l}\\1&x_{21}&\cdots&x_{2l}\\\vdots&\vdots&&\vdots\\1&x_{n1}&\cdots&x_{nl}\end{pmatrix},\quad \boldsymbol{\beta}=\begin{pmatrix}\beta_0\\\beta_1\\\vdots\\\beta_l\end{pmatrix},\quad \boldsymbol{e}=\begin{pmatrix}\varepsilon_1\\\varepsilon_2\\\vdots\\\varepsilon_n\end{pmatrix},$$

则模型可表示成矩阵的形式

$$\boldsymbol{Y}=\boldsymbol{X\beta}+\boldsymbol{e},\quad \varepsilon_i\sim N(0,\sigma^2),\quad \boldsymbol{e}\sim N(\boldsymbol{0},\sigma^2\boldsymbol{I}_n),$$

其中 $\boldsymbol{I}_n$ 是 n 阶单位矩阵.

2. $\boldsymbol{\beta}$ 的最小二乘估计

未知参数 $\beta_0,\beta_1,\beta_2,\cdots,\beta_l$ 的估计可通过最小二乘法求得. 残差平方和为

$$G(\boldsymbol{\beta})=\sum_{i=1}^{n}\left(y_i-\sum_{j=0}^{l}\beta_jx_{ij}\right)^2=(\boldsymbol{Y}-\boldsymbol{X\beta})'(\boldsymbol{Y}-\boldsymbol{X\beta}),$$

其中 $x_{i0}=1(i=1,2,\cdots,n)$,即为矩阵 $\boldsymbol{X}$ 的第一列.

根据求多元函数极值的方法,分别求 G 对 $\beta_0,\beta_1,\beta_2,\cdots,\beta_p$ 的偏导数,并令其等于零,得

$$\sum_{i=1}^{n}\left(y_i-\sum_{j=0}^{l}\beta_jx_{ij}\right)x_{it}=0\quad(t=0,1,2,\cdots,l).$$

由上面 $l+1$ 个方程组成的方程组为正规方程组. 把正规方程组写成矩阵的形式,即

$$\boldsymbol{X}'\boldsymbol{Y}=\boldsymbol{X}'\boldsymbol{X\beta}.$$

若方阵 $\boldsymbol{X}'\boldsymbol{X}$ 可逆,上式两边同时左乘 $(\boldsymbol{X}'\boldsymbol{X})^{-1}$,得到解为

$$\hat{\boldsymbol{\beta}}=\begin{pmatrix}\hat{\beta}_0\\\hat{\beta}_1\\\vdots\\\hat{\beta}_l\end{pmatrix}=(\boldsymbol{X}'\boldsymbol{X})^{-1}\boldsymbol{X}'\boldsymbol{Y}.$$

称 $\hat{\boldsymbol{\beta}}$ 为 $\boldsymbol{\beta}$ 的**最小二乘估计**,也是**最佳线性无偏估计**. 于是,得到所求的线性回归方程

$$\hat{y}=\hat{\beta}_0+\hat{\beta}_1x_1+\hat{\beta}_2x_2+\cdots+\hat{\beta}_lx_l.$$

3. 多元线性回归方程的方差分析

与一元线性回归一样,多元线性回归只是一种假定. 为了考察这一假定是否符合实际,还需要检验变量 Y 与变量 $x_1,x_2,\cdots,x_l$ 之间的线性相关关系的显著性. 多元线性回归的检验有多种方法,在此介绍 F 检验法 .

为了检验变量 Y 与变量 $x_1,x_2,\cdots,x_l$ 之间的线性相关性,需检验假设

$$H_0:\beta_1=\beta_2=\cdots=\beta_l=0$$

是否成立. 下面考察样本观察值 $y_1,y_2,\cdots,y_n$ 的偏差平方和 $S_T=\sum_{i=1}^{n}(y_i-\overline{y})^2$ 并将其分解,得到

$$S_T=\sum_{i=1}^{n}(\hat{y}_i-\overline{y})^2+\sum_{i=1}^{n}(y_i-\hat{y}_i)^2=S_R+S_E.$$

可以证明,若假设 H_0 为真,则

$$\frac{S_T}{\sigma^2}\sim\chi^2(n-1),\quad \frac{S_R}{\sigma^2}\sim\chi^2(l),\quad \frac{S_E}{\sigma^2}\sim\chi^2(n-l-1),$$

且 S_R 与 S_E 相互独立. 于是,有

$$F=\frac{S_R/l}{S_E/(n-l-1)}\sim F(l,n-l-1),$$

从而可以根据 F 值的大小来检验假设 H_0. 对于给定的显著性水平 α,查表可得 $F_\alpha(l,n-l-1)$,若 $F>F_\alpha(l,n-l-1)$,则拒绝 H_0,即认为 Y 和 $x_1,x_2,\cdots,x_l$ 之间的线性相关关系显著;若 $F\leqslant F_\alpha(l,n-l-1)$,则接受 H_0,即认为 Y 和 $x_1,x_2,\cdots,x_l$ 之间的线性相关关系不显著或者不存在线性相关关系.

检验时,可使用如表 9.4.1 所示的多元线性回归方差分析表.

表 9.4.1

方差来源	平方和	自由度	均方和	F 值
回归	S_R	l	$\overline{S}_R=\frac{S_R}{l}$	$F=\frac{\overline{S}_R}{\overline{S}_E}$
剩余	S_E	$n-l-1$	$\overline{S}_E=\frac{S_E}{n-l-1}$	
总和	S_T	$n-1$		

9.4.2　多项式回归

多项式回归模型是一种重要的曲线回归模型,这种模型通常容易转化成一般的多元线性回归模型来处理,因而它的应用也很广泛. 多项式回归模型的一般形式为

$$Y=\beta_0+\beta_1x+\beta_2x^2+\cdots+\beta_lx^l+\varepsilon,\quad \varepsilon\sim N(0,\sigma^2),$$

其中 $\beta_0,\beta_1,\beta_2,\cdots,\beta_l,\sigma^2$ 是与 x 无关的未知参数. 若令

$$x_1=x,\quad x_2=x^2,\quad \cdots,\quad x_l=x^l,$$

则多项式回归模型就转化为多元线性回归模型

$$Y=\beta_0+\beta_1x_1+\beta_2x_2+\cdots+\beta_lx_l+\varepsilon,\quad \varepsilon\sim N(0,\sigma^2).$$

接下来的求解过程与检验过程类似于多元线性回归,在此不再详细论述.

§9.5 问题拓展探索之九——协方差分析模型及其应用

协方差分析就是通过因变量与协变量之间的线性关系,调整观察的因变量,然后对修正的因变量进行方差分析,即是将线性回归和方差分析结合起来的一种统计方法.当影响因变量的协变量不止一个时,则是多元协方差分析.

9.5.1 协方差分析模型

1. 模型设定

这里以高校课堂教学质量评估的实践为例,单因素协方差分析的统计模型为

$$y_{ij}=\mu+\alpha_i+\beta(x_{ij}-\overline{x}_{..})+\varepsilon_{ij}\quad(i=1,2,\cdots,m;j=1,2,\cdots,n_i),\tag{9.5.1}$$

其中y_{ij}表示第i个教学单位所承担的第j门课程的测评得分,x_{ij}表示与y_{ij}相应的协变量值,$\overline{x}_{..}$是x_{ij}的平均数,μ是总体均值,α_i表示第i个教学单位的效应值且$\sum\limits_{i=1}^{m}\alpha_i=0$,$\beta$是$y_{ij}$在$x_{ij}$上的回归系数,$\varepsilon_{ij}$是随机误差变量且$\varepsilon_{ij}\sim N(0,\sigma^2)$.

2. 模型的参数估计与假设检验

为了描述协方差分析的参数估计和假设检验,引入下列记号:

$$E_{xx}=\sum_{i=1}^{m}\sum_{j=1}^{n_i}(x_{ij}-\overline{x}_{i.})^2,\quad E_{xy}=\sum_{i=1}^{m}\sum_{j=1}^{n_i}(y_{ij}-\overline{y}_{i.})(x_{ij}-\overline{x}_{i.}),\quad E_{yy}=\sum_{i=1}^{m}\sum_{j=1}^{n_i}(y_{ij}-\overline{y}_{i.})^2,$$

$$S_{xx}=\sum_{i=1}^{m}\sum_{j=1}^{n_i}(x_{ij}-\overline{x}_{..})^2,\quad S_{xy}=\sum_{i=1}^{m}\sum_{j=1}^{n_i}(x_{ij}-\overline{x}_{..})(y_{ij}-\overline{y}_{..}),$$

$$S_{yy}=\sum_{i=1}^{m}\sum_{j=1}^{n_i}(y_{ij}-\overline{y}_{..})^2,\quad LS_e=E_{yy}-\frac{E_{xy}^2}{E_{xx}},\quad LS_e'=S_{yy}-\frac{S_{xy}^2}{S_{xx}}.$$

于是,协方差分析模型(9.5.1)的参数估计为

$$\hat{\mu}=\overline{y}_{..},\quad \hat{\alpha}_i=\overline{y}_{i.}-\overline{y}_{..}-\hat{\beta}(\overline{x}_{i.}-\overline{x}_{..}),\quad \hat{\beta}=\frac{E_{xy}}{E_{xx}}.$$

对参数α_i进行假设检验,提出原假设

$$H_0:\alpha_i=0,$$

其中LS_e表示模型(9.5.1)的误差平方和;当H_0为真时,模型(9.5.1)缩减为普通的最小二乘回归模型,其误差平方和为LS_e'.显然,LS_e'大于LS_e,$LS_e'-LS_e$是分组效应α_i在平方和中的减少量.设$n_T=n_1+n_2+\cdots+n_m$,则检验H_0的统计量服从$F(m-1,n_T-m-1)$分布,记为

$$F=\frac{(LS_e'-LS_e)/(m-1)}{LS_e/(n_T-m-1)}.$$

对回归系数β进行假设检验,提出原假设

$$H_0:\beta=0,$$

检验统计量服从$F(1,n_T-m-1)$分布,记为

$$F=\frac{E_{xy}^{2}/E_{xx}}{LS_{e}/(n_{T}-m-1)}.$$

3. 调整之后的均值估计

根据协方差分析模型，当协变量取平均值时，各组调整后因变量的均值和方差估计值分别为

$$\hat{\mu}_{i}=\hat{\mu}+\hat{\alpha}_{i}=\overline{y}_{i}.-\hat{\beta}(\overline{x}_{i}.-\overline{x}..),\quad \hat{\sigma}_{\hat{\mu}_{i}}^{2}=\frac{LS_{e}}{n_{T}-m-1}\left[\frac{1}{n}+\frac{(\overline{x}_{i}.-\overline{x}..)^{2}}{E_{xx}}\right].\tag{9.5.2}$$

9.5.2　协方差分析用于教学单位测评得分的比较

1. 问题背景

许多高校开展课堂教学质量评估的实践表明，学生评教结果具有较大的统计稳定性，表现出较高的客观可信程度. 于是，作为评价教师课堂教学质量高低的一项重要手段，学生评教活动被广泛地在高校使用.

有研究表明教学测评得分是多种因素综合影响的结果，包括教师的教学态度、教师职称、课程性质(是否为公共课) 等，其中教学态度尤为显著. 而教师职称、课程性质等因素对管理部门而言是不可控变量，只有消除其影响之后，才能较准确地评价各教学单位的教学风气和教学管理水平.

依据普通高校中教学测评数据，运用多元协方差分析，在剔除影响因素“教师职称” 和“课程性质” 之后，对各个教学单位的教学风气和管理水平进行比较和评价，以促进各教学单元加强教风建设，提高教学管理水平，促使整体教学水平的提高.

2. 数据来源说明

考虑到数据的可比性，这里选择了属于同一套测评指标体系的理论课程作为研究对象，总共抽取了 648 门课程的教师测评得分作为分析样本，根据其所在教学单位进行归类，分为电子系(A1)、计算机系(A2)、建筑系(A3)、经管系(A4)、旅游系(A5)、美术系(A6)、生物系(A7)、数学系(A8)、思政部(A9)、政法系(A10)、中文系(A11) 共 11 个教学单位. 每门课程的测评满分为 5 分，是 10 个分项评价指标加权平均而得到的综合得分.

将每门课程的测评得分作为因变量，将教师职称和课程性质这两个因素作为协变量. 对教师职称进行数字化处理时，引入虚拟变量，用“1” 表示高级职称，其包括副教授和教授；用“0” 表示中级和初级职称，即是讲师和助教. 区分课程性质时，分为专业课和公共课，用“1” 表示专业课，用“0” 表示公共课. 于是，可以得到如表 9.5.1 所示的有关数据.

表 9.5.1

序号	教学单位	得分	教师职称	课程性质
1	A1	4.829	1	1
2	A1	4.631	0	1
3	A1	4.655	1	1
⋮	⋮	⋮	⋮	⋮
60	A1	4.456	1	1
61	A1	4.762	1	1

续表

序号	教学单位	得分	教师职称	课程性质
62	A2	4.781	1	1
63	A2	4.213	0	0
⋮	⋮	⋮	⋮	⋮
115	A2	4.521	1	0
116	A2	4.647	0	1
⋮	⋮	⋮	⋮	⋮

3. 协方差分析的实现

这里根据表 9.5.1 的数据，运用 SPSS 统计软件的协方差分析菜单 Analyze → General Linear Model → Univariate 实现. 以每门课程的教学评价得分作为因变量，记为 df；与该门课程对应的教师职称和课程性质作为两个协变量，分别记为 zc 和 kc. 分组变量教学单位记为 xb，按教学单位分组的描述数据如表 9.5.2 所示.

表 9.5.2

xb	均值	标准差	样本量
A1	4.485	0.271	61
A2	4.456	0.195	55
A3	4.464	0.319	45
A4	4.559	0.171	94
A5	4.409	0.221	23
A6	4.449	0.266	56
A7	4.648	0.137	47
A8	4.568	0.161	57
A9	4.454	0.114	28
A10	4.493	0.193	93
A11	4.562	0.164	89
Total	4.515	0.213	648

表 9.5.3 是协方差分析的结果. 从中可知协方差模型对应的 P 值小于 0.001，高度显著；分组变量 xb 对应的 P 值小于 0.001，说明教学单位之间的教学测评得分差异显著；两个协变量 zc 和 kc 对应的 P 值也小于 0.001. 协方差分析的结果表明，引起因变量 df 之间差异的原因主要有分组变量 xb、协变量 zc 和 kc.

表 9.5.3

方差来源	平方和	自由度	均方差	F 值	P 值
修正模型	4.000	12	0.333	8.310	0.000
截距	998.807	1	998.8	24 904.301	0.000
教学单位(xb)	1.952	10	0.195	4.868	0.000

续表

方差来源	平方和	自由度	均方差	F 值	P 值
教师职称(zc)	1.01	1	1.010	25.196	0.000
课程性质(kc)	0.551	1	0.551	13.748	0.000
误差	25.5	635	0.04		
总和	13 240.6	650			

下面在剔除协变量zc和kc的影响之后，估计因变量df在各分组变量xb中的边际均值，即式(9.5.2)中的$\hat{\mu}_i$. 将变量zc和kc分别取均值0.314 8和0.861 1时，得到各个教学单位的均值，将其从高到低排列，如表9.5.4所示.

表9.5.4

xb	A7	A8	A9	A4	A11	A10	A2	A1	A3	A6	A5
均值	4.62	4.61	4.55	4.54	4.53	4.49	4.48	4.48	4.47	4.45	4.39
标准差	0.03	0.029	0.047	0.021	0.022	0.021	0.028	0.026	0.03	0.027	0.042

4. 剔除协变量后教学单位得分均值的多重比较

如果方差分析或协方差分析的结果显示各组均值之间存在显著性差异，那么就有必要分析哪些组之间存在显著性差异，多重比较方法就是一种探寻多个分组之间是否存在显著性差异的统计方法. 多重比较的方法有多种，这里选择最小显著性差异法，对各教学单位得分均值之间的差异性进行多重比较，其多重比较结果如表9.5.5所示.

表9.5.5

xb	A7	A8	A9	A4	A11	A10	A2	A1	A3	A6	A5
A7	0	0.007 (.870)	0.074 (.196)	0.008 * (.025)	0.087 * (.0016)	0.134 * (.000)	0.139 * (.001)	0.141 * (.000)	0.152 * (.000)	0.171 * (.000)	0.227 * (.000)
A8		0	0.067 (.167)	0.073 (.052)	0.080 * (.036)	0.127 * (.001)	0.132 * (.001)	0.134 * (.001)	0.145 * (.001)	0.164 * (.041)	0.220 * (.000)
A9			0	0.006 (.914)	0.012 (.817)	0.060 (.254)	0.064 (.211)	0.066 (.223)	0.078 (.176)	0.097 (.088)	0.153 * (.019)
A4				0	0.007 (.823)	0.054 (.067)	0.058 (.101)	0.061 (.067)	0.072 * (.049)	0.091 * (.008)	0.147 * (.002)
A11					0	0.047 (.113)	0.052 (0.151)	0.054 (0.108)	0.065 (.078)	0.084 * (.015)	0.140 * (.003)
A10						0	0.004 (.899)	0.007 (.842)	0.018 (.623)	0.037 (.28)	0.093 * (.048)
A2							0	0.002 (.955)	0.014 (.744)	0.032 (.413)	0.088 (.083)
A1								0	0.011 (.774)	0.030 (.417)	0.086 (.08)
A3									0	0.019 (.638)	0.075 (0.147)

续表

xb	A7	A8	A9	A4	A11	A10	A2	A1	A3	A6	A5
A6										0	0.056 (.261)
A5											0

注:每个表格中上方数字是两均值之差,括号内数字表示显著性水平 P 值,* 表示 P 值小于 0.05.

根据显著性比较结果,可以将 11 个教学单位的得分均值分成从高到低的三组. 分组方法是:先将各教学单位的得分从高到低进行排列,再运用最小显著性差异法检验第一名的得分均值与其余教学单位得分均值之间的差异,从表 9.5.5 可知 A7 与 A8,A9 之间无显著性差异,故最高得分组为 A7,A8,A9;再在其余教学单位中重复上述步骤,可分出较高得分组有 A4,A11,A10,A2,A1;较低得分组有 A3,A6,A5. 于是,可以得出教学单位的分组情况如表 9.5.6 所示.

表 9.5.6

教学单位		A7	A8	A9	A4	A11	A10	A2	A1	A3	A6	A5
分组	1	4.62	4.61	4.55								
	2				4.54	4.53	4.49	4.48	4.48			
	3									4.47	4.45	4.39

5. *协方差分析与方差分析的比较*

为了反映协方差分析的作用,现将协方差分析结果与方差分析结果进行比较. 将教学单位 xb 作为一个因素,对因变量 df 进行单因素方差分析,相应的方差分析模型为

$$y_{ij}=\mu+\alpha_i+\varepsilon_{ij},\quad \varepsilon_{ij}\sim N(0,\sigma^2)\quad (i=1,2,\cdots,11;j=1,2,\cdots,n_{11}). \tag{9.5.3}$$

提出假设:

$$H_0:\alpha_1=\alpha_2=\cdots=\alpha_{11}=0.$$

运用SPSS进行方差分析,从表 9.5.7 的分析结果可知,模型对应的 P 值和分组变量 xb 对应的 P 值高度显著,因此拒绝各教学单位得分均值相等的假设.

表 9.5.7

方差来源	平方和	自由度	均方差	F 值	P 值
修正模型	2.378	10	0.238	5.632	0.000
截距	11 064.3	1	11 064.305	262 057.9	0.000
教学单位(xb)	2.378	10	0.238	5.632	0.000
误差	27.148	627	0.042		
总和	13 363.1	648			

接着,对各教学单位得分均值进行多重比较,运用最小显著性差异法检验各教学单位得分均值的差异性,将教学单位进行分组,得到表 9.5.8.

表 9.5.8

教学单位		A7	A8	A11	A4	A10	A1	A3	A9	A2	A6	A5
分组	1	4.65										
	2		4.57	4.56	4.56							
	3					4.49	4.48	4.47	4.46	4.46	4.45	4.41

比较表 9.5.6 与表 9.5.8 发现，剔除课程性质的影响之后，对思政部(A9)、计算机系(A2)和数学系(A8)的分组评价上升了一个等级或两个等级，原因是这些教学单位承担较多的公共课. 剔除教师职称的影响之后，对电子系(A1)、政法系(A10)的分组评价上升了一个等级，原因是这两个教学单位高级职称的比例偏低.

由此可见，表 9.5.8 的分类评价反映的是包含教师职称、课程性质等因素的评价，不能反映各教学单位的教风建设和教学管理水平. 表 9.5.6 的分类评价则剔除了教师职称、课程性质等因素的影响，可对其教学风气和管理水平做出较为准确的评价.

§9.6　趣味问题求解与 Python 实现之九

9.6.1　酶促反应

酶是一种具有特异性的高效生物催化剂，绝大多数的酶是活细胞产生的蛋白质，酶的催化条件温和，在常温、常压下即可进行. 酶催化的反应称为**酶促反应**，要比相应的非催化反应快 $10^3 \sim 10^{17}$ 倍. 酶促反应动力学简称酶动力学，主要研究酶促反应的速度与底物(反应物)浓度及其他因素的关系.

1. 问题提出

某化生系学生为了研究嘌呤霉素在某项酶促反应中对反应速度与底物浓度之间关系的影响，设计了两个实验：一个实验中所使用的酶是经嘌呤霉素处理过的，而另一个实验所用的酶是未经嘌呤霉素处理过的. 所得的实验数据如表 9.6.1 所示.

表 9.6.1

底物浓度 /10^{-6}		0.02		0.06		0.11		0.22		0.56		1.10	
反应速度 / (mol/(L·s))	处理	76	47	97	107	123	139	159	152	191	201	207	200
	未处理	67	51	84	86	98	115	131	124	144	158	160	—

试根据问题的背景和这些数据建立一个合适的数学模型，来反映这项酶促反应的反应速度与底物浓度及嘌呤霉素处理与否之间的关系.

2. 分析与求解

(1) 米氏方程模型.

设反应速度为 v，底物浓度为 c，根据上表的数据可以绘制 v 与 c 经处理和未经处理关系的散点图. 从图 9.6.1 和图 9.6.2 中可以看出，v 与 c 呈指数增长.

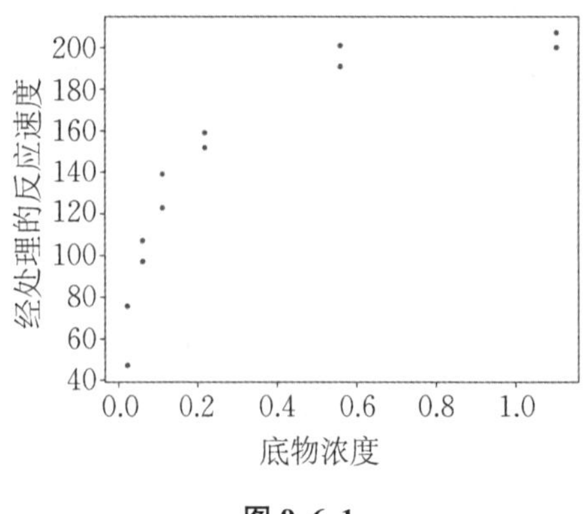

图 9.6.1

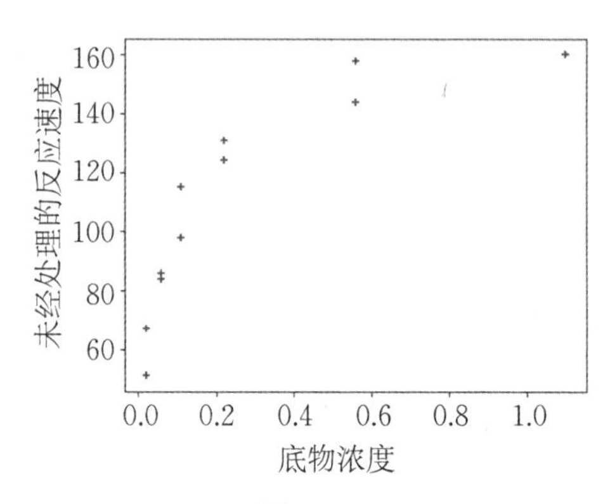

图 9.6.2

由酶促反应的基本性质可知，当底物浓度较小时，反应速度大致与底物浓度成正比；而当底物浓度很大时，反应速度将趋于一个稳定值，即 $v=f(c,\beta)=\dfrac{\beta_1 c}{\beta_2+c}$，其中 β_1,β_2 为参数. 将该模型线性化有

$$\frac{1}{v}=\frac{1}{\beta_1}+\frac{\beta_2}{\beta_1}\cdot\frac{1}{c}. \tag{9.6.1}$$

方法一：线性化求解.

设 $y=\dfrac{1}{v}, x=\dfrac{1}{c}, \theta_1=\dfrac{1}{\beta_1}, \theta_2=\dfrac{\beta_2}{\beta_1}$，式(9.6.1) 可写为

$$y=\theta_1+\theta_2 x.$$

利用表 9.6.1 中经过嘌呤霉素处理的数据，对以上线性回归模型运用 Python 计算，可以得出

$$\theta_1=0.005\,107,\quad \theta_2=0.000\,247,\quad \beta_1=195.802\,7,\quad \beta_2=0.048\,41.$$

对经线性化和未经线性化的散点图进行拟合，如图 9.6.3 所示.

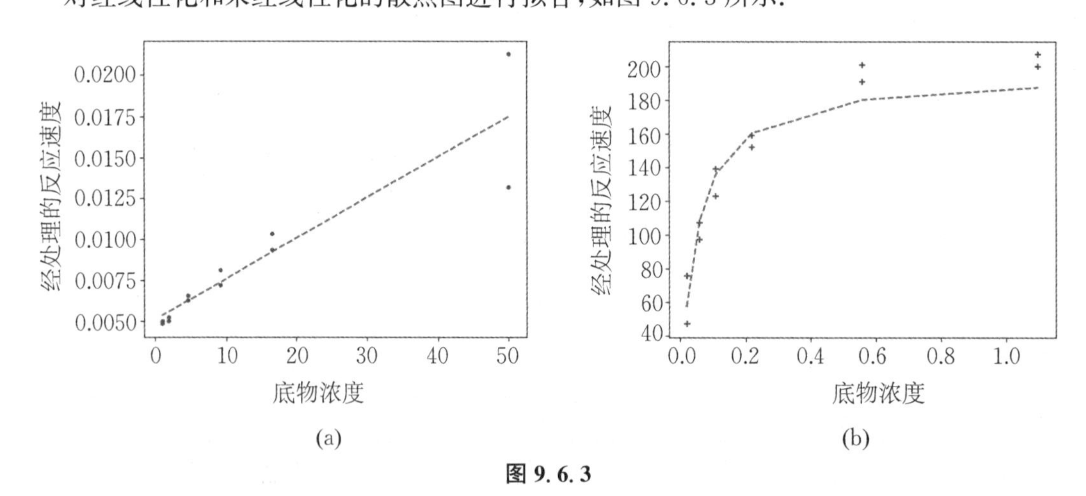

图 9.6.3

方法二：非线性化求解.

可以发现，当底物浓度很大时，拟合得到的反应速度与实际反应速度相差过大，要比实际数据小，所以线性化模型直接求解拟合程度欠佳，于是我们直接考虑非线性化模型. 非线性化求解需要一个初始值，取以上线性化的结果 $\beta_1=195.802\,7, \beta_2=0.048\,41$ 作为初始值，通过非线性回归模型并结合 Python，易计算得到

$$\beta_1 = 212.6837, \quad \beta_2 = 0.0641. \tag{9.6.2}$$

从图 9.6.4 可以看出，拟合效果得到改善.

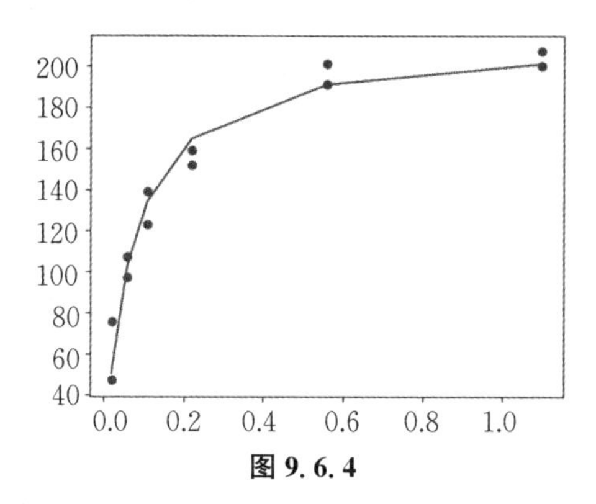

图 9.6.4

(2) 混合反应模型.

考虑将表 9.6.1 反应速度与底物浓度之间关系中的两类数据通过一个模型拟合出来，建立混合反应模型

$$v = \frac{(\beta_1 + \gamma_1 w)c}{(\beta_2 + \gamma_2 w) + c}, \tag{9.6.3}$$

其中 w 为 0—1 变量，用来表示是否经嘌呤霉素处理，$w=1$ 表示经过处理，$w=0$ 表示未经过处理.

为了使用非线性化模型求解，需要提供待估方程(9.6.3) 中未知参数的初始值，β_1，β_2 由式(9.6.2) 提供. 同时，γ_1 及 γ_2 的初始值可取为 $\gamma_1=0$，$\gamma_2=0$. 使用 Python 对上述模型进行求解，可以得到回归系数

$$\beta_1 = 162.2142, \quad \beta_2 = 0.0495, \quad \gamma_1 = 50.4695, \quad \gamma_2 = 0.0147.$$

混合反应模型预测图如图 9.6.5 所示.

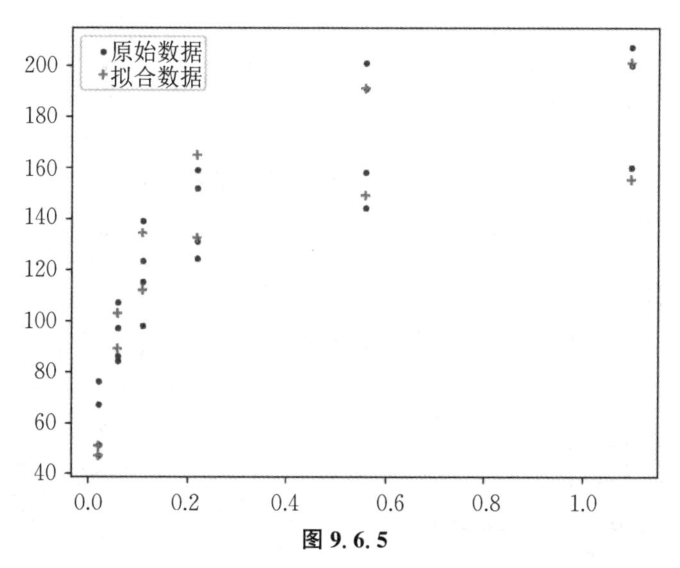

图 9.6.5

3. 基于 Python 的伪代码

(1) Python 计算的目标.

第一，作出经处理及未经处理的 v 与 c 的散点图；第二，线性化求解及非线性化求解的参数估计与作图；第三，混合反应模型的非线性化求解与作图.

(2) Python 计算的伪代码.

Process:

```
1: # 作出经处理及未经处理的 v 与 c 的散点图
2: c → [0.02,0.02,0.06,0.06,0.11,0.11,0.22,0.22,0.56,0.56,1.10,1.10]   # 底物浓度
3: v1 → [76,47,97,107,123,139,159,152,191,201,207,200]   # 经处理
4: v2 → [67,51,84,86,98,115,131,124,144,158,160,160]   # 未经处理
5: def scatter_plot():
6: plt.figure(1)
7: plt.figure(2)
8: plt.show()
9: # 线性化求解及非线性化求解的参数估计与作图
10: def xianxing_theta():
11: y → [1 / i for i in v1]
12: x → [1 / i for i in c]
13: x_n → sm.add_constant(x)
14: model → sm.OLS(y,x_n)
15: results → model.fit()
16: print(results.summary2())
i. # 绘制拟合结果图形
17: y_nh → results.fittedvalues
18: #  1/v1-1/x
19: plt.plot(x, y_nh,'r--')
20: xx → [1 / i for i in x]
21: yy → [1 / i for i in y_nh]
22: plt.figure(2)
23: cc → np.array(c)
24: vv → np.array(v1)
25: popt, pcov = curve_fit(func1,cc,vv)   # 非线性最小二乘法拟合
26: print(popt)   # 获取 popt 的拟合系数
27: beta1 → popt[0]
28: beta2 → popt[1]
29: y_nh → func1(cc,beta1,beta2)   # 拟合 y 值
30: plt.show()
31:# 混合反应模型
32: cc → np.array([c * 2,[1] * 12 + [0] * 12])
33: vv → np.array(v1 +v2)
34: popt, pcov = curve_fit(func2,cc,vv)
35: print(popt)
36: beta1 → popt[0]
```

```
37: beta2 → popt[1]
38: gama1 → popt[2]
39: gama2 → popt[3]
40: y_nh → func2(cc,beta1,beta2,gama1,gama2)
41: plt.show()
```

4. Python 实现代码

```
import matplotlib.pyplot as plt
import numpy as np
import statsmodels.api as sm
from scipy.optimize import curve_fit
from scipy import stats
plt.rcParams['font.sans-serif'] = ['SimHei']  #用来正常显示中文标签
plt.rcParams['axes.unicode_minus'] = False  #用来正常显示负号
c = [0.02,0.02,0.06,0.06,0.11,0.11,0.22,0.22,0.56,0.56,1.10,1.10]  #底物浓度
v1 = [76,47,97,107,123,139,159,152,191,201,207,200]  #经处理
v2 = [67,51,84,86,98,115,131,124,144,158,160,160]  #未经处理
#y = [1/i for i in v1]
#x = [1/i for i in c]
#米氏方程模型
def func1(cc,beta1,beta2):
    return beta1 * cc/(beta2 +cc)
#混合反应模型
def func2(cc,beta1,beta2,gama1,gama2):
    return (beta1 +gama1 * cc[1]) * cc[0]/((beta2 +gama2 * cc[1]) +cc[0])

#反应速度 v 与底物浓度 c 的散点图绘制
def scatter_plot():
    plt.figure(1)
    plt.xlabel('底物浓度')
    plt.ylabel('经处理的反应速度')
    plt.scatter(c,v1,s = 35,marker = '.')
    plt.figure(2)
    plt.xlabel('底物浓度')
    plt.ylabel('未经处理的反应速度')
    plt.scatter(c,v2, s = 35,marker = '+')
    plt.show()

#线性回归求 theta,beta
def xianxing_theta():
    y = [1/i for i in v1]
```

```
    x = [1/i for i in c]
    x_n = sm.add_constant(x)
    model = sm.OLS(y,x_n)
    results = model.fit()
    print(results.summary2())
    print("theta1 的值为", round(results.params[0], 8))
    print("theta2 的值为", round(results.params[1], 8))
    print("beta1 的值为 ", round(1/results.params[0], 5))
    print("beta2 的值为 ", round(results.params[1]/results.params[0], 5))
    #绘制拟合结果图形
    y_nh = results.fittedvalues
    #1/v1-1/x
    plt.scatter(x,y,s=35,marker='.')
    plt.plot(x, y_nh,'r--')
    plt.xlabel('底物浓度')
    plt.ylabel('经处理的反应速度')
    xx = [1/i for i in x]
    yy = [1/i for i in y_nh]
    plt.figure(2)
    #v1-x
    plt.scatter(c, v1, s=35, marker='+')
    plt.plot(xx, yy,'r--')
    plt.xlabel('底物浓度')
    plt.ylabel('经处理的反应速度')
    plt.show()

#非线性回归求 beta
def feixianxing_beta():
    cc = np.array(c)
    vv = np.array(v1)
    popt, pcov = curve_fit(func1,cc,vv)  #非线性最小二乘法拟合
    print(popt)  #获取 popt 的拟合系数
    beta1 = popt[0]
    beta2 = popt[1]
    y_nh = func1(cc,beta1,beta2) #拟合 y 值
    #ssr = np.sqrt(np.diag(pcov)) #标准误差
    ##ci1 = np.mean(pcov,1) + np.std(pcov,1) *
    #pcov = np.array([4.82622695e+01,4.40133138e-02])
    #df = len(pcov) -1
    #print(np.mean(pcov))
    #alpha = 0.99
    #ci = stats.t.interval(alpha,df,loc=np.mean(pcov),scale=stats.sem(pcov))
```

```
    #print(ci)
    print('系数 beta1:', beta1)
    print('系数 beta2:', beta2)
    print('协方差:', pcov)
    print('拟合后的 y 值:', y_nh)
    #print("标准误差为",ssr)
    plt.scatter(cc,vv)
    #x=np.arange(0,5,0.05)
    #y=[beta1*i/(beta2+i) for i in x]
    #plt.plot(x,y)
    plt.plot(cc,y_nh)
    plt.show()

#混合反应模型
def hunhe_solve():
    cc=np.array([c*2,[1]*12+[0]*12])
    vv=np.array(v1+v2)
    popt,pcov=curve_fit(func2,cc,vv)
    print(popt)
    beta1=popt[0]
    beta2=popt[1]
    gama1=popt[2]
    gama2=popt[3]
    y_nh=func2(cc, beta1, beta2, gama1, gama2)
    print('系数 beta1:',beta1)
    print('系数 beta2:',beta2)
    print('系数 gama1:',gama1)
    print('系数 gama2:',gama2)
    print('协方差:',pcov)
    print('拟合后的 y 值:',y_nh)
    plt.scatter(c*2,vv,s=30,marker='.')
    #x=np.arange(0,5,0.05)
    #y=[beta1*i/(beta2+i) for i in x]
    #plt.plot(x,y)
    plt.scatter(c*2,y_nh,s=30,marker='+')
    plt.legend(('原始数据','拟合数据'))
    plt.show()

scatter_polt()
xianxing_theta()
feixianxing_beta()
hunhe_solve()
```

9.6.2 公司员工薪酬的决定因素

1. 问题提出

某公司人事部门需要制订一个薪酬调整策略,为岗位调整人员及新聘人员的薪酬提供参考依据.目前,该公司员工的薪酬主要由他们的资历、管理责任、教育程度等因素决定.人事部门认为目前公司人员的薪酬总体上是合理的,但薪酬与这些因素的定量关系需要明确.为此,调查了 46 名公司员工的档案资料,他们的薪酬情况如表 9.6.2 所示.其中,资历一列指从事专业工作的年数;管理一列中"1"表示管理人员,"0"表示非管理人员;教育一列中"1"表示中学学历,"2"表示大学学历,"3"表示更高学历(研究生).试建立一个数学模型,分析影响该公司员工薪酬的决定因素.

表 9.6.2

编号	薪酬	资历	管理	教育	编号	薪酬	资历	管理	教育
01	13 876	1	1	1	24	22 884	6	1	2
02	11 608	1	0	3	25	16 978	7	1	1
03	18 701	1	1	3	26	14 803	8	0	2
04	11 283	1	0	2	27	17 404	8	1	1
05	11 767	1	0	3	28	22 184	8	1	3
06	20 872	2	1	2	29	13 548	8	0	1
07	11 772	2	0	2	30	14 467	10	0	1
08	10 535	2	0	1	31	15 942	10	0	2
09	12 195	2	0	3	32	23 174	10	1	3
10	12 313	3	0	2	33	23 780	10	1	2
11	14 975	3	1	1	34	25 410	11	1	2
12	21 371	3	1	2	35	14 861	11	0	1
13	19 800	3	1	3	36	16 882	12	0	2
14	11 417	4	0	1	37	24 170	12	1	3
15	20 263	4	1	3	38	15 990	13	0	1
16	13 231	4	0	3	39	26 330	13	1	2
17	12 884	4	0	2	40	17 949	14	0	2
18	13 245	5	0	2	41	25 685	15	1	3
19	13 677	5	0	3	42	27 837	16	1	2
20	15 965	5	1	1	43	18 838	16	0	2
21	12 366	6	0	1	44	17 483	16	0	1
22	21 352	6	1	3	45	19 207	17	0	2
23	13 839	6	0	2	46	19 346	20	0	1

2. 分析与求解

(1) 模型初步求解.

按照常识,薪酬自然随着资历(单位:年)的增长而增加,管理人员的薪酬应高于非管理人员,受教育程度越高薪酬也越高.薪酬记为 y,资历记为x_1.为了表示是否为管理人员,定义

$$x_2=\begin{cases}1, & 管理人员,\\ 0, & 非管理人员.\end{cases}$$

为了表示 3 种教育程度，定义

$$x_3=\begin{cases}1, & 中学,\\ 0, & 其他,\end{cases}\quad x_4=\begin{cases}1, & 大学,\\ 0, & 其他.\end{cases}$$

这样，中学学历可表示为$x_3=1,x_4=0$；大学学历可表示为$x_3=0,x_4=1$；研究生学历可表示为$x_3=0,x_4=0$.

为简单起见，假定资历对薪酬的作用是线性的，即资历每长一年，薪酬的增加是常数；管理责任、教育程度、资历等因素之间没有交互作用. 于是，可建立线性回归模型

$$y=a_0+a_1x_1+a_2x_2+a_3x_3+a_4x_4+\varepsilon,$$

其中a_0,a_1,a_2,a_3,a_4 是待估计的回归系数，ε 是随机误差. 根据 Python 计算，得到初步回归方程

$$\hat{y}=11\,030+546.13x_1+6\,882.53x_2-2\,994.18x_3+147.74x_4,\qquad(9.6.4)$$

其中$R^2=0.957,F=226.4,P<0.001$，该模型整体上可用. 其他参数的显著性检验参见表 9.6.3 的 t 值$\left(t=\dfrac{回归系数}{估计标准误差}\right)$与 P 值.

表 9.6.3

	回归系数	估计标准误差	t 值	P 值
截距	11 030	383.492	28.762	0.000
x_1	546.127 6	30.541	17.882	0.000
x_2	6 882.532 9	314.145	21.909	0.000
x_3	−2 994.178 3	412.049	−7.267	0.000
x_4	147.738 0	387.938	0.381	0.705

(2) 模型优化求解.

在以上回归方程中，x_4 的系数对应的 P 值为 0.705，说明其不显著. 但是由于 x_3 和 x_4 是共同表示教育程度的，不可轻易删除. 为了寻求模型进一步的改进方向，下面来探索该模型的残差 $e=y-\hat{y}$ 与资历x_1 的关系，画出 e 与x_1 关系的散点图，如图 9.6.6 所示.

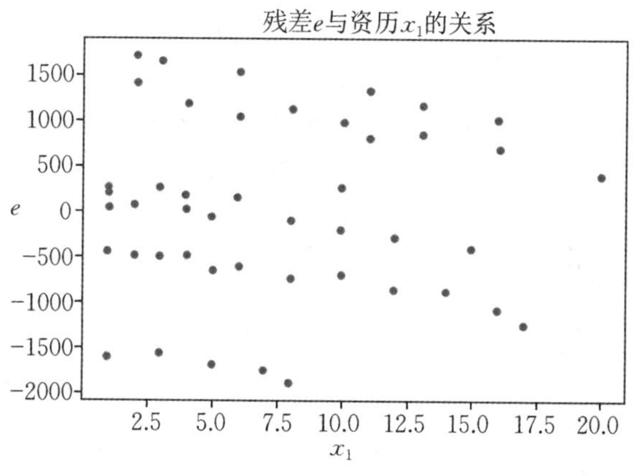

图 9.6.6

可见，该模型的残差现在大致分为 3 个水平，可能是将管理与教育的 6 种不同组合的样本混在一起的缘故. 现根据管理与教育的 6 种不同组合进行分类，如表 9.6.4 所示.

表 9.6.4

组合		1	2	3	4	5	6
管理(x_2)		0	1	0	1	0	1
教育(x_3或 x_4)		1	1	2	2	3	3
变量组合	x_2	0	0	0	1	1	1
	x_3	1	0	0	1	0	0
	x_4	0	1	0	0	1	0

再将残差依据以上 6 种组合进行分类，得到分类的残差与管理、教育组合的关系如图 9.6.7 所示，可以明显看出该残差是不合理的. 因为合理的残差分布不管针对哪一类人，其薪酬和平均水平应该是既有正偏差也有负偏差的，但该图中有 4 个组合明显表现出正偏差或负偏差. 为了模型的合理性，应当在模型中增加管理x_2 与教育x_3，x_4 的交互项，即

$$y=a_0+a_1x_1+a_2x_2+a_3x_3+a_4x_4+a_5x_2x_3+a_6x_2x_4+\varepsilon.$$

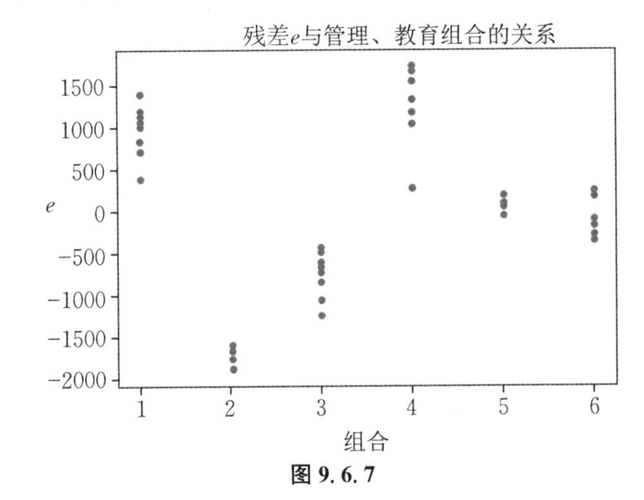

图 9.6.7

运用表 9.6.2 的数据，由 Python 计算可得回归方程

$$\hat{y}=11\,200+496.9x_1+7\,048x_2-1\,726.5x_3-348.4x_4-3070.6x_2x_3+1\,835.9x_2x_4, \tag{9.6.5}$$

其中$R^2=0.999$，$F=5\,545$，$P<0.000\,1$. R^2 值和 F 值相对回归方程(9.6.4)均有改进. 回归系数的显著性检验参见表 9.6.5，可见每个变量都是高度显著的.

表 9.6.5

	回归系数	估计标准误差	t 值	P 值
截距	11 200	78.853	142.036	0.000
x_1	496.863 9	5.551	89.509	0.000
x_2	7 047.999 7	102.313	68.887	0.000
x_3	−1 726.504 2	105.050	−16.435	0.000

续表

	回归系数	估计标准误差	t 值	P 值
x_4	−348.392 5	97.305	−3.580	0.001
x_2x_3	−3 070.596 2	148.929	−20.618	0.000
x_2x_4	1 835.967 6	130.814	14.035	0.000

此时,运用新模型再一次对残差e_1与资历x_1的关系绘制散点图[见图 9.6.8(a)],进而将e_1与x_1的关系按照管理与教育的 6 种不同组合进行分类绘图,得到图 9.6.8(b).

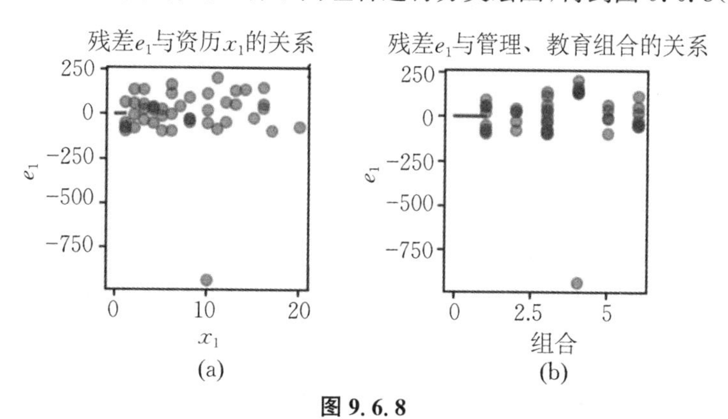

图 9.6.8

可以看出,此时的残差比之前更为正常,都在零点上下徘徊,消除了不正常现象,只有一个点的残差值表现为异常,应将此时的异常值(33 号)剔除掉后重新建立模型.由 Python 重新计算,得到新的回归方程

$$\hat{y}=11\,200+498x_1+7\,041x_2-1\,737.1x_3-356.4x_4-3\,056.3x_2x_3+1\,996.9x_2x_4, \tag{9.6.6}$$

其中$R^2=1, F=36\,700, P<0.000\,1$,$R^2$值和$F$值相对于方程(9.6.5)均有改进.参数的显著性检验参见表 9.6.6.

表 9.6.6

	回归系数	估计标准误差	t 值	P 值
截距	11 200	29.995	373.396	0.000
x_1	498.294 4	2.114	235.712	0.000
x_2	7 041.169 0	38.920	180.914	0.000
x_3	−1 737.090 0	39.965	−43.465	0.000
x_4	−356.355 8	37.016	−9.627	0.000
x_2x_3	−3 056.326 8	56.657	−53.944	0.000
x_2x_4	1 996.982 8	50.871	39.256	0.000

此时,绘制残差e_2与资历x_1关系的散点图[见图 9.6.9(a)],进而将e_2与x_1的关系按照管理与教育的不同组合进行分类绘图,得到图 9.6.9(b).此时,残差图十分正常,所以方程(9.6.6)作为最终的结果,可作为新聘人员薪酬的参考.

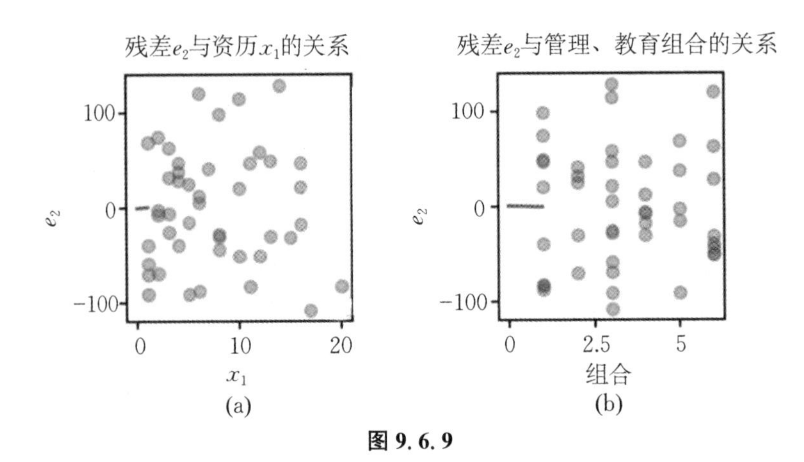

图 9.6.9

3. 基于 Python 的伪代码

(1) Python 计算的目标.

第一,求出回归方程(9.6.4)的相关检验结果,画出图 9.6.6 和图 9.6.7;第二,求出回归方程(9.6.5)的相关检验结果,画出图 9.6.8;第三,求出回归方程(9.6.6)的相关检验结果,画出图 9.6.9.

(2) Python 计算的伪代码.

```
Process:
1: #第一
2: data1 ← 题中数据表
3: X ← data1[['X1','X2','X3','X4']]
4: y ← data1['Y']5:  #最小二乘法
6: lm_1 ← ols("Y~X1+X2+X3+X4",data=data1).fit()
7: lm_1.summary()
8:
9: y_pred1 ← lm_1.predict(X)
10: data1['y_pred'] ← y_pred1
11: e ← y-y_pred1
12: data1['e'] ← e  #残差
13: plt.rcParams['font.sans-serif'] = ['SimHei']
14: plt.rcParams['axes.unicode_minus'] =False
15: plt.xlabel('x1')
16: plt.ylabel('e')
17: x1 ← data1['X1']
18: area ← np.pi*3**2  #点面积
19: plt.scatter(x1,e,s=area,c='g',alpha=0.4,)
20: plt.title('残差 e 与资历 x1 的关系 ')
21: plt.show()
22: #第二
23: data ← pd.read_excel(r'C:\\Users\\14377\\Desktop\\管理与教育组合.xlsx',index_col=0)
24: z ← data2['组合']
```

```
25: plt.xlabel('组合')
26: plt.ylabel('e')
27: area ← np.pi * 3 * * 2 #点面积
28: plt.scatter(z,e,s = area,c = 'g',alpha = 0.4,)
29: plt.title('残差 e 与管理、教育组合的关系')
30: plt.show()
31:
32: x2 ← data1['X2']
33: x3 ← data1['X3']
34: x4 ← data1['X4']
35: x5 ← x2 * x3
36: x6 ← x2 * x4
37: data1['X5'] ← x5
38: data1['X6'] ← x6
39: lm_2 ← ols("Y ~ X1+X2+X3+X4+X5+X6",data = data1).fit()
40: lm_2.summary()
41:
42: X1 ← data1[['X1','X2','X3','X4','X5','X6']]
43: y_pred2 ← lm_2.predict(X1)
44: data1['y_pred1'] ← y_pred2
45: e1 ← y-y_pred2
46: data1['e1'] ← e1
47: plt.figure(dpi = 150,figsize = (4,2))
48: plt.subplot(1,2,1)
49: plt.plot([0,1])
50: plt.xlabel('x1')
51: plt.ylabel('e1')
52: x1 ← data1['X1']
53: area ← np.pi * 3 * * 2   #点面积
54: plt.scatter(x1,e1,s = area,c = 'g',alpha = 0.4,)
55: plt.title('残差 e1 与资历 x1 的关系')
56: plt.subplot(1,2,2)
57: plt.plot([1,0])
58: plt.xlabel('组合')
59: plt.ylabel('e1')
60: area = np.pi * 3 * * 2   #点面积
61: plt.scatter(z,e1,s = area, c = 'g',alpha = 0.4,)
62: plt.title('残差 e1 与管理、教育组合的关系')
63: #第三
64: data3 ← data1.drop([33],axis = 0)
65: lm_3 ← ols("Y ~ X1+X2+X3+X4+X5+X6",data = data3).fit()
66: lm_3.summary()
```

```
67: y_pred3 ← lm_3.predict(X1)
68: data3['y_pred2'] ← y_pred3
69: e2 ← y-y_pred3
70: data3['e2'] ← e2
71: plt.figure(dpi=150,figsize=(4,2))
72: plt.subplot(1,2,1)
73: plt.plot([0,1])
74: plt.xlabel('x1')
75: plt.ylabel('e2')
76: x1 ← data3['X1']
77: e2 ← data3['e2']
78: area ← np.pi*3**2  #点面积
79: plt.scatter(x1,e2,s=area,c='g',alpha=0.4,)
80: plt.title('残差 e2 与资历 x1 的关系')
81: plt.subplot(1,2,2)
82: plt.plot([1,0])
83: z1 ← data3['组合']
84: plt.xlabel('组合')
85: plt.ylabel('e2')
86: area ← np.pi*3**2  #点面积
87: plt.scatter(z1,e2,s=area,c='g',alpha=0.4,)
88: plt.title('残差 e2 与管理、教育组合的关系')
```

4. Python 实现代码

```
import numpy as np
import matplotlib.pyplot as plt
import pandas as pd

data1=pd.read_excel(r'C:\\Users\\14377\\Desktop\\软件开发人员的薪酬.xlsx',
        index_col=0)
X=data1[['X1','X2','X3','X4']]
y=data1['Y']

lm_1=ols("Y~X1+X2+X3+X4",data=data1).fit()
lm_1.summary()

 y_pred1=lm_1.predict(X)
data1['y_pred']=y_pred1
e=y-y_pred1
data1['e']=e  #残差
```

```
#matplotlib画图中中文显示会有问题,需要这两行设置默认字体
plt.rcParams['font.sans-serif'] = ['SimHei']
plt.rcParams['axes.unicode_minus'] = False

plt.xlabel('x1')
plt.ylabel('e')
x1 = data1['X1']
area = np.pi*3**2  #点面积
plt.scatter(x1, e,s = area, c = 'g', alpha = 0.4,)
plt.title('残差e与资历x1的关系')
plt.show()

data2 = pd.read_excel(r'C:\\Users\\14377\\Desktop\\管理与教育组合.xlsx',index_col = 0)
z = data2['组合']
plt.xlabel('组合')
plt.ylabel('e')
area = np.pi*3**2  #点面积
plt.scatter(z,e,s = area,c = 'g',alpha = 0.4,)
plt.title('残差e与管理、教育组合的关系')
plt.show()

x2 = data1['X2']
x3 = data1['X3']
x4 = data1['X4']
x5 = x2 * x3
x6 = x2 * x4
data1['X5'] = x5
data1['X6'] = x6
lm_2 = ols("Y ~ X1+X2+X3+X4+X5+X6",data = data1).fit()
lm_2.summary()

X1 = data1[['X1','X2','X3','X4','X5','X6']]
y_pred2 = lm_2.predict(X1)
data1['y_pred1'] = y_pred2
e1 = y-y_pred2
data1['e1'] = e1
data1

plt.figure(dpi = 150,figsize = (4,2))
plt.subplot(1,2,1)
plt.plot([0,1])
```

```
plt.xlabel('x1')
plt.ylabel('e1')
x1 = data1['X1']
area = np.pi*3 * * 2  #点面积
plt.scatter(x1,e1,s = area,c = 'g',alpha = 0.4,)
plt.title('残差 e1 与资历 x1 的关系')
plt.subplot(1,2,2)
plt.plot([1,0])
plt.xlabel('组合')
plt.ylabel('e1')
area = np.pi*3 * * 2  #点面积
plt.scatter(z,e1,s = area,c = 'g',alpha = 0.4,)
plt.title('残差 e1 与管理、教育组合的关系')

data3 = data1.drop([33],axis = 0)
lm_3 = ols("Y ~ X1+X2+X3+X4+X5+X6",data = data3).fit()
lm_3.summary()

y_pred3 = lm_3.predict(X1)
data3['y_pred2'] = y_pred3
e2 = y-y_pred3
data3['e2'] = e2
data3

plt.figure(dpi = 150,figsize = (4,2))
plt.subplot(1,2,1)
plt.plot([0,1])
plt.xlabel('x1')
plt.ylabel('e2')
x1 = data3['X1']
e2 = data3['e2']
area = np.pi*3 * * 2  #点面积
plt.scatter(x1,e2,s = area,c = 'g',alpha = 0.4,)
plt.title('残差 e2 与资历 x1 的关系')
plt.subplot(1,2,2)
plt.plot([1,0])
z1 = data3['组合']
plt.xlabel('组合')
plt.ylabel('e2')
area = np.pi*3 * * 2  #点面积
plt.scatter(z1,e2,s = area,c = 'g',alpha = 0.4,)

plt.title('残差 e2 与管理、教育组合的关系')
```

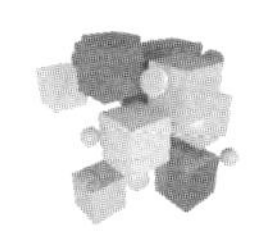

§9.7　课程趣味阅读之九

9.7.1　回归分析的创始人——高尔顿

高尔顿是英国人类学家、生物统计学家.他是进化论创始人达尔文的表弟.高尔顿早年在剑桥学习数学,后到伦敦攻读医学.1860年当选为英国皇家学会会员,1909年被封为爵士.

高尔顿是生物统计学派的奠基人,他的表哥达尔文的巨著《物种起源》问世以后,触动他用统计方法研究智力遗传进化问题,第一次将概率统计原理等数学方法用于生物科学,明确提出"生物统计学"的名词.现在统计学上的"相关"和"回归"的概念也是高尔顿第一次使用的,他是怎样产生这些概念的呢?1870年,高尔顿在研究人类身高的遗传时,发现下列关系:高个子父母的子女,其身高有低于其父母身高的趋势,而矮个子父母的子女,其身高有高于其父母的趋势,即有"回归"到平均数去的趋势.这就是统计学上最初出现"回归"时的含义.高尔顿揭示了统计方法在生物学研究中是有用的,引进了回归直线、相关系数的概念,创建了回归分析,开创了生物统计学研究的先河.

高尔顿发表了200余篇论文,出版了十几部专著,涉及人体测量学、实验心理学等领域,其中数学始终起着重要作用.1882年,高尔顿用测量的方法对心理活动个别差异的研究和"自有联想"方法的建立,为咨询心理学的诞生打下充实的学术基础.

高尔顿创立了遗传决定论,认为认知发展由先天的遗传基因所决定,人的发展过程只不过是这些内在的遗传因素的自我展开的过程,环境的作用仅在于引发、促进或延缓这种过程的实现.遗传决定论过分强调先天的遗传因素在儿童认知发展中的作用,而忽视环境和教育对儿童认知发展的重要作用.

9.7.2　统计模型优劣的评价标准

生活中同样的信息可以用不同的方式来描述,同一个问题可以有众多不一样的解法.不同的人处理分析同样一组数据,很可能使用不同的方法,得到不尽相同的结论.同样的数据,不同建模思路得到的模型也可能差别较大.那么,如何评判一个统计模型的优劣呢?下面通过举例说明.

有关红铃虫的产卵数与温度的一组数据如表9.7.1所示,温度越高,红铃虫的产卵数越多.相比于列表,散点图能直观地显示出两个变量的相关程度.通过Excel画出该组数据的散点图,图9.7.1更为直观地呈现温度与红铃虫的产卵数的密切程度.接下来,通过数学建模以刻画红铃虫的产卵数与温度的数量关系.

表9.7.1

温度(x)/℃	21	23	25	27	29	32	35
产卵数(y)	7	11	21	24	66	115	325

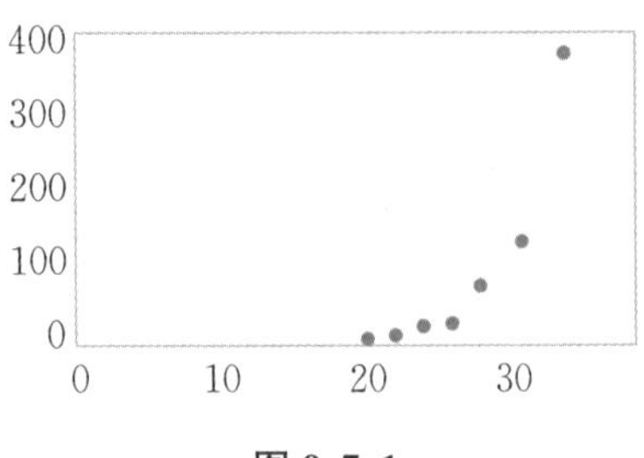

图 9.7.1

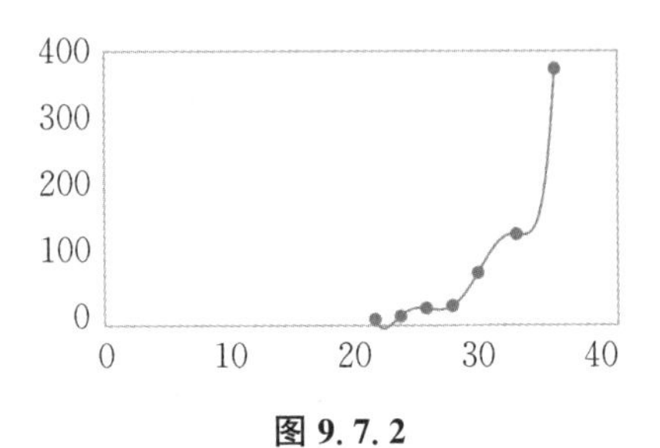

图 9.7.2

1. 多项式函数模型的优劣

表 9.7.1 中有 7 对数据$(x_1,y_1),(x_2,y_2),\cdots,(x_7,y_7)$，可以建立一个六阶多项式 $y=a_6x^6+a_5x^5+\cdots+a_1x+a_0$，该模型完全拟合这些数据. 为了简化计算，使用拉格朗日插值公式，就可得一个六阶多项式，使得这 7 对数据点全都在这个六阶多项式函数曲线上. 令

$$g_k(x)=\frac{(x-x_1)\cdots(x-x_{k-1})(x-x_{k+1})\cdots(x-x_7)}{(x_k-x_1)\cdots(x_k-x_{k-1})(x_k-x_{k+1})\cdots(x_k-x_7)}\quad(k=1,2,\cdots,7),$$

借助数学软件的计算，可得出这 7 对数据点的拉格朗日插值六阶多项式为

$$\begin{aligned}y=f(x)=&4.7\times10^{-3}x^6-0.768\,5x^5+52.23x^4-1\,878.6x^3\\&+37\,778.6x^2-402\,745.8x+1\,778\,289.98.\end{aligned}$$

图 9.7.2 中的多项式函数曲线完全拟合这 7 对数据点，其拟合优度为 1. 这是多项式模型的优点. 但缺点是，多项式函数曲线波浪起伏，若用它来描述产卵数是如何依赖温度的，那就会发生时而上升时而下降，弯弯曲曲的奇异现象.

除此以外，该模型更大的缺点在于，红铃虫的产卵数 y 除了与温度 x 有关外，还可能与食物是否充足、受精的时间及空气的湿度与风力等因素有关. 因此，观察值 y 并不等于 $f(x)$，而是等于 $f(x)+\varepsilon$，其中 ε 表示温度之外的其他因素引起的误差. 可想而知，若在同样的温度下重复观察红铃虫的产卵数，它们的观察值极有可能不尽相同.

2. 统计模型之间的选择

如何分离误差，仁者见仁、智者见智，观察角度的不同、思维方式的差异，导致不同的人有不同的见解. 不一样分离误差的求解方法，就有不一样的结果. 那么哪一个是最好的呢？设对应的统计模型为 $y=f(x)+\varepsilon$，分别将 $f(x)$ 用幂函数、指数函数及多项式函数三个不同的方法来拟合原样本数据和参数，得到方程式，并计算拟合优度.

用幂函数拟合的趋势曲线如图 9.7.3 所示，对应的方程为

$$f_1(x)=9\times10^{-10}x^{7.417\,2},$$

对应的拟合优度为$R_1^2=0.974\,2$.

用指数函数拟合的趋势曲线如图 9.7.4 所示，对应的方程为

$$f_2(x)=0.021\,3\mathrm{e}^{0.272x},$$

对应的拟合优度为$R_2^2=0.985\,2$.

用多项式函数拟合的趋势曲线如图 9.7.5 所示，对应的方程为

$$f_3(x)=0.032\,7x^4-3.385\,8x^3+131.34x^2-2\,257x+14\,473,$$

对应的拟合优度为$R_3^2=0.995\,9$.

四阶多项式$f_3(x)$的拟合优度值最大，几乎等于 1，它与数据点的拟合程度最高. 但它的缺点不仅在于公式复杂，还在于很难对其给出统计解释. 幂函数与指数函数趋势曲线虽然拟合情况不

如$f_3(x)$，但它们的公式比较简单，而且容易给出统计解释. 幂函数趋势曲线$f_1(x)$的大致解释为，当温度上升到原来的1.1倍时，产卵数大约增加到原来的$1.1^{7.4172}\approx 2.0278$倍. 指数函数趋势曲线$f_2(x)$的大致解释为，当温度上升1 ℃时，产卵数大约增加到原来的$e^{0.272}\approx 1.3126$倍.

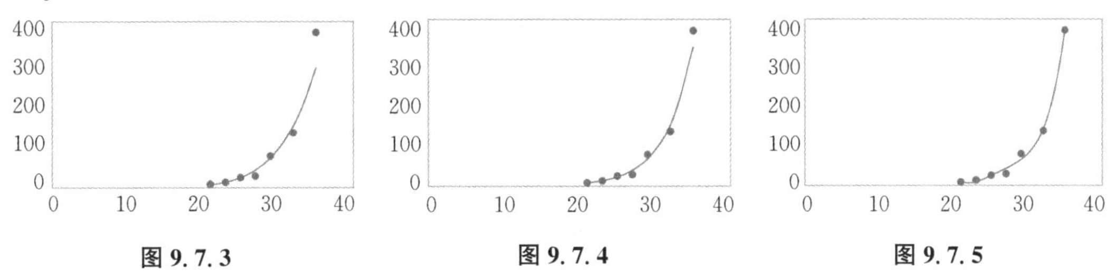

图 9.7.3　　图 9.7.4　　图 9.7.5

进一步问：幂函数趋势曲线$f_1(x)$与指数函数趋势曲线$f_2(x)$哪个更优？

3. 统计模型优劣的评价

要回答$f_1(x)$与$f_2(x)$哪个更优的问题，可能要结合相关应用领域的专业背景知识，看看哪个模型的参数更符合研究对象的性质和规律.

一般来说，好的统计模型应有以下三点要求：一是要有较高的拟合优度，这一点在进行预测时尤为重要；二是要求模型中的参数要有实际意义，能够对事物的性质及发展规律进行符合实际的解释；三是要求模型的简明，即要求在能够解释实际的前提下应尽可能地简化模型.

由此可见，统计问题的解答没有最好，只有更好. 同一个统计问题可以有不同的解法. 哪一个更好，这依赖于决策者的专业背景知识与经验，依赖于决策者对未来的判断，甚至于决策者的价值观、偏好等. 由此看来，统计问题往往没有一个十全十美的、令所有人都满意的解答.

09 习题九

1. 将抗生素注入人体会产生抗生素与血浆蛋白结合的现象，以致减少了药效. 表1列出了5种常用的抗生素注入牛体时，抗生素与血浆蛋白结合的百分比，试在显著性水平$\alpha=0.05$下检验这些百分比的均值有无显著差异.

表 1

青霉素	四环素	链霉素	红霉素	氯霉素
29.6	27.3	5.8	21.6	29.6
24.3	32.6	6.2	17.4	32.8
28.5	30.8	11.0	18.3	25.0
32.0	34.8	8.3	19.0	24.2

2. 某种产品推销上有5种方法，某公司想比较这5种方法有无显著差异，设计了一个试验：从应聘的无推销经验的人员中随机挑选一部分人，将他们随机分成5组，每组用一种推销方法进行培训，培训相同时间后观察他们在一个月内的推销额(单位：万元)，所得数据如表2所示. 检验这5种方法是否对推销额有显著差异(显著性水平$\alpha=0.05$).

表 2

组别	推销额						
1	20.0	16.8	17.9	21.2	23.9	26.8	22.4
2	24.9	21.3	22.6	30.2	29.9	22.5	20.7
3	16.0	20.1	17.3	20.9	22.0	26.8	20.8
4	17.5	18.2	20.2	17.7	19.1	18.4	16.5
5	25.2	26.2	26.9	29.3	30.4	29.7	28.2

3. 某 SARS 研究所对 31 名志愿者进行某项生理指标测试，结果如表 3 所示，试问：这三类人的该项生理指标有显著差别吗(显著性水平 $\alpha=0.05$)？

表 3

SARS 患者	1.8	1.4	1.5	2.1	1.9	1.7	1.8	1.9	1.8	1.8	2.0
疑似者	2.3	2.1	2.1	2.1	2.6	2.5	2.3	2.4	2.4		
非患者	2.9	3.2	2.7	2.8	2.7	3.0	3.4	3.0	3.4	3.3	3.5

4. 为了解 3 种不同配比的饲料对仔猪影响的差异，对 3 种不同品种的猪各选 3 头进行试验，分别测得其 3 个月间的体重增加量(单位：kg) 如表 4 所示. 假定其体重增加量服从正态分布，且方差相同. 试分析不同饲料(因素 A) 与不同品种(因素 B) 对猪的生长有无显著差异(显著性水平 $\alpha=0.05$).

表 4

因素 A	因素 B		
	B_1	B_2	B_3
A_1	30	31	32
A_2	31	36	32
A_2	27	29	28

5. 在某橡胶配方中，考虑了 3 种不同的促进剂、4 种不同分量的氧化锌，每种配方各做一次试验，测得 300% 定强如表 5 所示，试问：不同的促进剂、不同分量的氧化锌对定强有无显著影响？

表 5

促进剂 A	氧化锌 B			
	B_1	B_2	B_3	B_4
A_1	31	34	35	39
A_2	33	36	37	38
A_2	35	37	39	42

6. 表 6 记录了 3 位操作工分别在 4 台不同机器上操作三天的日产量(单位：件). 试在显著性水平 $\alpha=0.05$ 下检验：

(1) 操作工之间有无显著差异；

(2) 机器之间有无显著差异；

(3) 操作工与机器的交互作用是否显著.

表 6

机器	操作工								
	甲			乙			丙		
A_1	15	15	17	17	19	16	16	18	21
A_2	17	17	17	15	15	15	19	22	22
A_3	15	17	16	18	17	16	18	18	18
A_4	18	20	22	15	16	17	17	17	17

7. 回归分析计算中，对数据进行变换：

$$y_i^* = \frac{y_i - c_1}{d_1}, \quad x_i^* = \frac{x_i - c_2}{d_2} \quad (i = 1, 2, \cdots, n),$$

其中$c_1, c_2, d_1 > 0, d_2 > 0$是适当选取的常数. 试证：由原始数据和变换后数据得到的 F 检验统计量的值保持不变.

8. 设由$(x_i, y_i)(i=1,2,\cdots,n)$可建立一元线性回归方程，$\hat{y}_i$是由回归方程得到的拟合值，证明：样本相关系数 r 满足

$$r^2 = \frac{\sum_{i=1}^{n}(\hat{y}_i - \overline{y})^2}{\sum_{i=1}^{n}(y_i - \overline{y})^2}.$$

上式也称为回归方程的决定系数.

9. 某医院用光色比色计检验尿汞时，得尿汞含量(单位：mg/L) 与消光系数读数的结果如表 7 所示.

表 7

尿汞含量 x	2	4	6	8	10
消光系数 y	64	138	205	285	360

已知它们之间有关系

$$y_i = \beta_0 + \beta_1 x_i + \varepsilon_i \quad (i = 1, 2, 3, 4, 5),$$

其中ε_i相互独立，均服从$N(0, \sigma^2)$. 试求β_0, β_1的最小二乘估计，并检验假设$H_0: \beta_1 = 0$(显著性水平 $\alpha = 0.01$).

10. 设回归模型为

$$y_i = \beta_0 + \beta_1 x_i + \varepsilon_i, \quad \varepsilon_i \sim N(0, \sigma^2).$$

现收集了 15 组数据，计算后有 $\overline{x} = 0.85, \overline{y} = 25.6, l_{xx} = 19.56, l_{xy} = 32.54, l_{yy} = 46.74$. 经核对，发现有一组数据记录错误，正确数据为(1.2,32.6)，记录为(1.5,32.3).

(1) 求 β_0 与 β_1 的最小二乘估计.

(2) 对回归方程做显著性检验(显著性水平 $\alpha = 0.05$).

11. 在生产中积累了 32 组某种铸件在不同腐蚀时间(单位:h)x 下腐蚀深度(单位:m)Y 的数据,得回归方程为 $\hat{y}=-0.4441+0.002263x$,且误差方差的无偏估计为 $\hat{\sigma}^2=0.001452$,总偏差平方和为 0.1246.

(1) 对回归方程做显著性检验,列出方差分析表(显著性水平 $\alpha=0.05$).

(2) 求样本相关系数.

12. 对变量 x_1,x_2,x_3 与 Y,测得试验数据如表 8 所示(x_1,x_2,x_3 均为二水平且均以编码形式表达),求 Y 与 x_1,x_2,x_3 的三元线性回归方程(试以矩阵的形式表示).

表 8

x_1	−1	−1	−1	−1	1	1	1	1
x_2	−1	−1	1	1	−1	−1	1	1
x_3	−1	1	−1	1	−1	1	−1	1
y	7.6	10.3	9.2	10.2	8.4	11.1	9.8	12.6

13. 研究货运总量 Y(单位:万吨)与工业总产值 x_1(单位:亿元)、农业总产值 x_2(单位:亿元)、居民非商品支出 x_3(单位:亿元)的关系,其数据如表 9 所示,试求 Y 关于 x_1,x_2,x_3 的三元线性回归方程.

表 9

编号	货运总量 y	工业总产值 x_1	农业总产值 x_2	居民非商品支出 x_3
1	160	70	35	1.0
2	260	75	40	2.4
3	210	65	40	2.0
4	265	74	42	3.0
5	240	72	38	1.2
6	220	68	45	1.5
7	275	78	42	4.0
8	160	66	36	2.0
9	275	70	44	3.2
10	250	65	42	3.0

14. 设某曲线的函数形式为 $y=a+b\ln x$,试给出一个变换,将之化为一元线性回归的形式.

15. 设某曲线的函数形式为 $y-100=a\mathrm{e}^{-\frac{x}{b}}\ (b>0)$,试给出一个变换,将之化为一元线性回归的形式.

16. 设某曲线的函数形式为 $y=\dfrac{1}{a+b\mathrm{e}^{-x}}$,问:能否找到一个变换,将之化为一元线性回归的形式?若能,试给出;若不能,说明理由.

17. 若 y 与 x 有关系

$$y=\beta_0+\beta_1 x+\beta_2 x^2+\cdots+\beta_p x^p+\varepsilon,$$

其中 $\varepsilon \sim N(0,\sigma^2)$. 现从中获得了 n 组独立观察值 $(x_i,y_i)(i=1,2,\cdots,n)$，问：能否求出 β_0，$\beta_1,\beta_2,\cdots,\beta_p$ 的最小二乘估计？试写出最小二乘估计的公式.

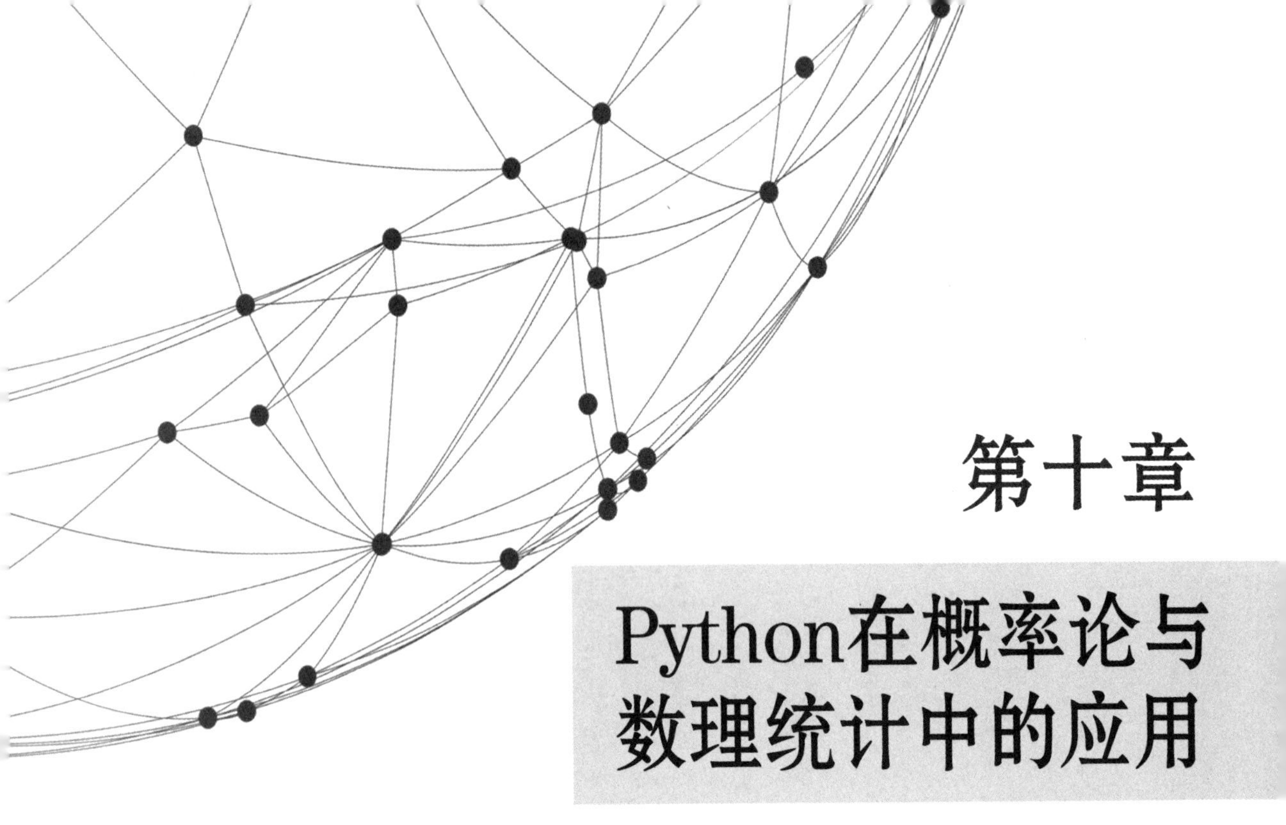

第十章

Python在概率论与数理统计中的应用

Python 是一种跨平台的解释型、面向对象的高级程序设计语言. Python 广泛应用于数据科学领域,具有简单、易学、速度快、免费、开源、可移植性、可扩展性等优点,是一种代表简单主义思想的语言. Python 具有丰富和强大的库,能够把用其他语言制作的各种模块轻松地连接在一起,所以也把 Python 称为“胶水”语言.

课程思政

§ 10.1 Python 语言基础

10.1.1 Python 开发环境的搭建与使用

常用的 Python 开发环境除 Python 官方安装包自带的 IDLE 外，还有 Anaconda，PyCharm 等. Anaconda 是一个专门用于统计和机器学习的 IDE，在众多 Python 开发环境中，Anaconda 因为集成安装大量扩展库，得到了很多 Python 学习者和开发人员尤其是科研人员的喜爱，使用 Anaconda 不需要提前安装 Python.

1. Anaconda 下载

Anaconda 的下载网址为 https://www.anaconda.com/download/. Anaconda 是跨平台的，有 Windows，MacOS，Linux 版本，这里以 Windows 版本为例，单击图 10.1.1 中 "Download" 按钮下载，该版本是 For Windows Python 3.8 • 64-Bit. 若想下载其他版本，单击图 10.1.1 下方相应图标，出现图 10.1.2，选择下载适合自己计算机的版本即可.

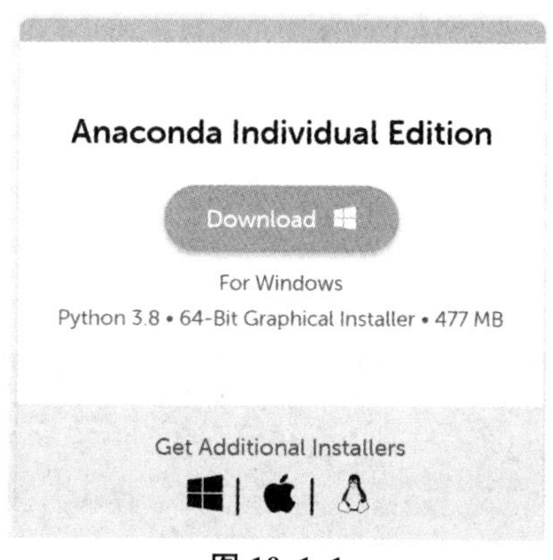

图 10.1.1

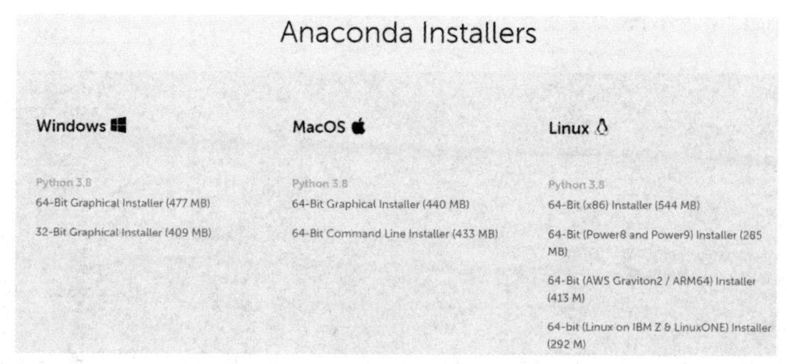

图 10.1.2

2. Anaconda 安装

双击下载好的"Anaconda3-2021.05-Windows-x86_64.exe"文件，按照步骤安装即可. Anaconda 占用空间 2.9 GB，注意安装的有效存储空间大小. 在安装第 5 步出现图 10.1.3 时，将两个都勾选,第一个是添加环境变量,第二个是默认使用 Python 3.8,单击“Install”按钮,继续安装.

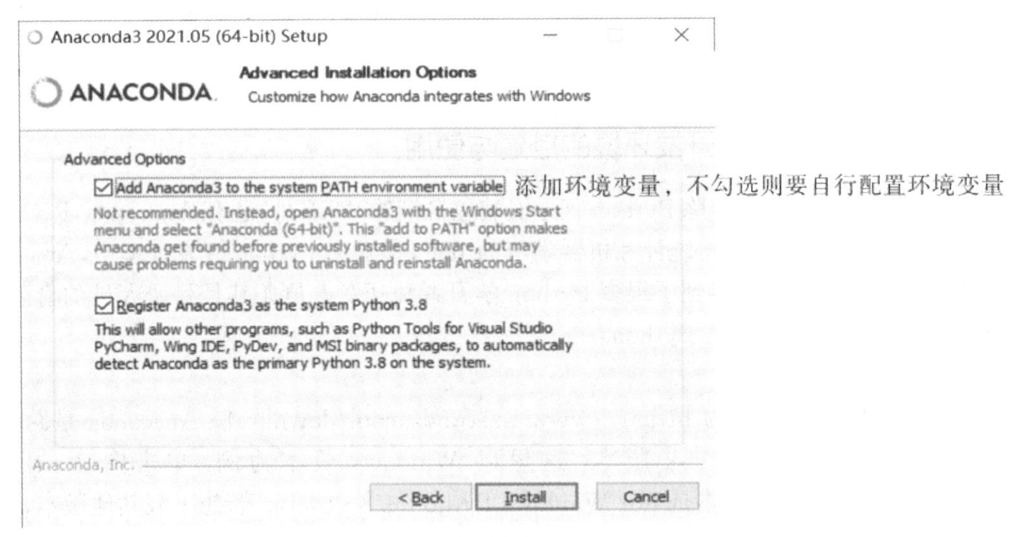

图 10.1.3

3. Anaconda 检查

使用快捷键[Windows+R]打开运行窗口,在命令行中输入“cmd”回车.

(1) 进入 Python 解释器. 在命令行中输入“python”,进入交互式运行环境,如图 10.1.4 所示. 交互式运行环境方便入门者进行 Python 学习和 Python 实验,输入“exit()”可退出 Python 解释器.

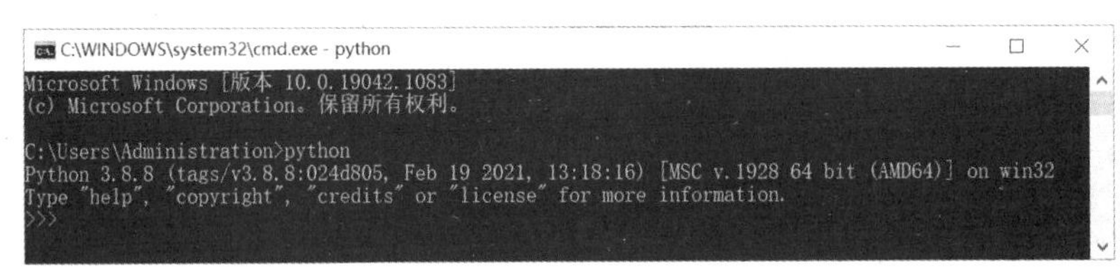

图 10.1.4

(2) 输入“conda”,显示图 10.1.5.

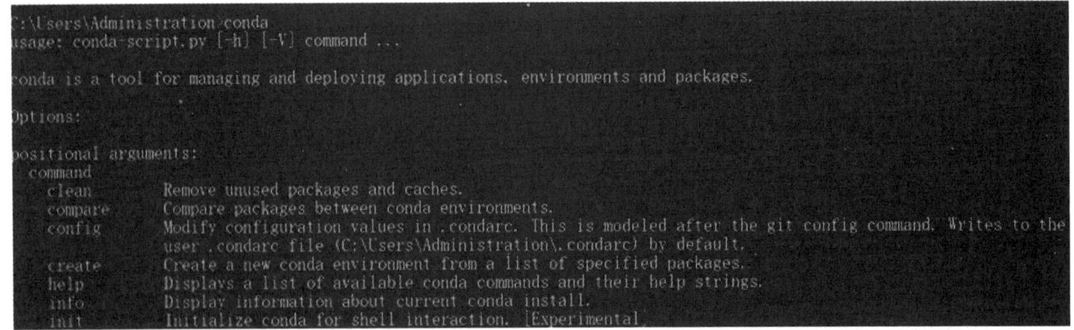

图 10.1.5

注 这两个都不要有 Warning 的信息,否则要找出问题.

4. Anaconda 开发环境

(1)Anaconda 介绍.

Anaconda 是一个基于 Python 的数据分析和科学计算平台,支持 Linux,MacOS 和 Windows,集成了包括 NumPy,Pandas,Matplotlib 在内的众多优秀类库. 安装完成后在"开始"菜单会多出一个快捷方式,即 Anaconda 下的 6 个子程序,如图 10.1.6 所示. Anaconda 提供的命令包括 Python,IPython,Conda,Jupyter Notebook 等,有 IPython,Jupyter Notebook 和 Spyder 三个 Python 开发环境可用,本文重点介绍后面两个.

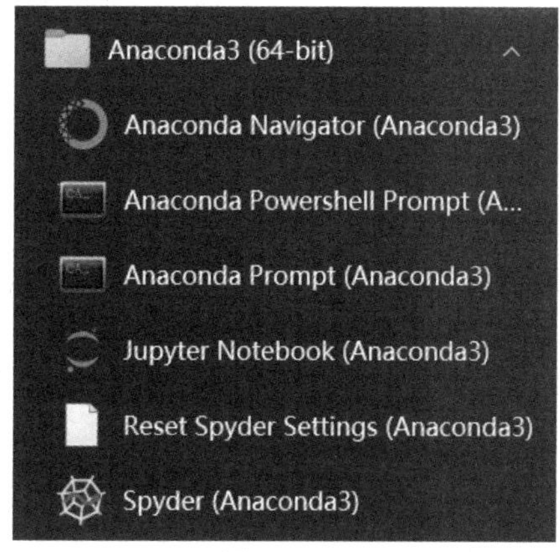

图 10.1.6

(2)Anaconda Prompt.

启动 Anaconda Prompt:从桌面"开始"菜单中选择"Anaconda Prompt"程序命令即可.

Anaconda Prompt 的使用:这个窗口和 cmd 窗口一样,输入"conda list"查看已安装的库,从这些库中可以发现 NumPy,Matplotlib,Pandas,SciPy 等.

可以使用 pip 命令安装需要的第三方库,如安装中文分词 jieba 库,则输入"pip install jieba".

(3)Jupyter Notebook.

Jupyter Notebook 是基于网页的用于交互计算的应用程序. 其可被应用于全过程计算、开发、文档编写、运行代码和展示结果. 启动 Jupyter Notebook 会启动一个控制台服务窗口并自动启动浏览器打开一个网页,如图 10.1.7 所示. 单击 Jupyter Notebook 主页面右上角菜单"New"→"Python 3",创建一个新的 Python 3 笔记本,如图 10.1.8 所示,代码的编写与运行在这个窗口.

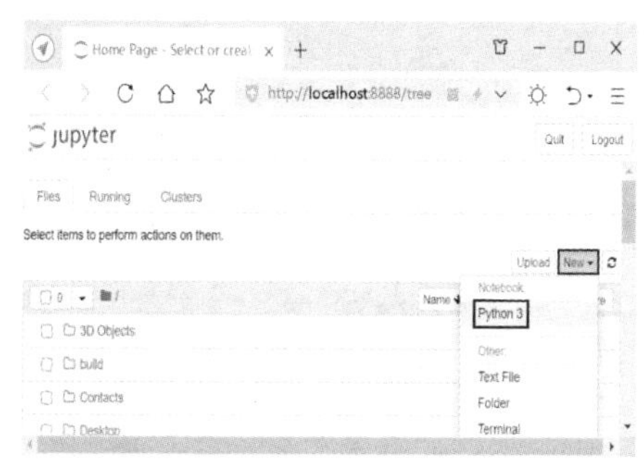

图 10.1.7

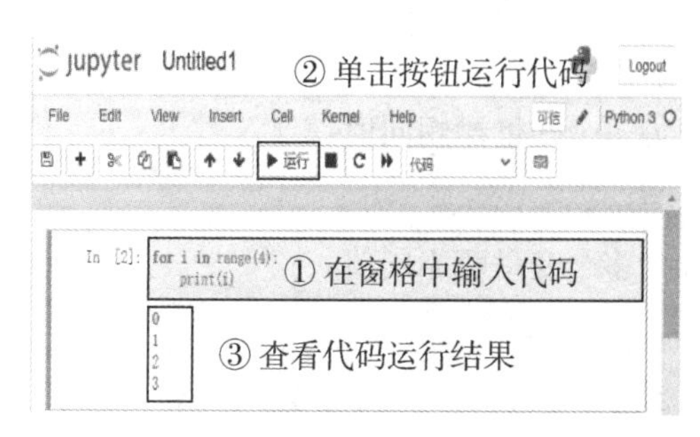

图 10.1.8

(4) Spyder.

Anaconda 自带的 Spyder 是一个简单的集成开发环境,和其他的 Python 开发环境相比,它最大的优点就是模仿 MATLAB 的"工作空间"的功能,可以很方便地观察和修改数组的值. 启动 Spyder 成功后的界面如图 10.1.9 所示.

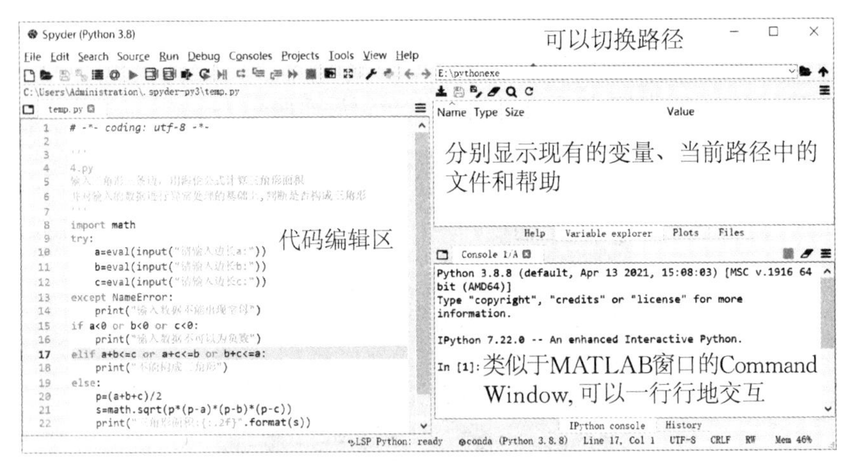

图 10.1.9

10.1.2 Python 的基础知识

1. 常量与变量

数据处理最基本的对象就是常量与变量,常量是固定不变的数据,而变量的值可以变动. 程序就是用来处理数据的,而变量就是用来存储数据的. Python 中的变量不需要声明. 每个变量在使用前都必须赋值,变量赋值以后该变量才会被创建.

(1) 变量命名规则:

① 变量名第一个字符必须是字母或下画线;

② 变量名的其余部分由字母、数字和下画线组成;

③ 变量名对大小写敏感;

④ 变量名不能使用 Python 内置的关键字;

⑤ 在 Python 3 中,可以用中文作为变量名.

(2) 赋值语句. 其格式如下:

变量名 = 数据

例如,简单赋值:

```
x = 10
```

为多个变量赋相同值:

```
x = y = z = 10
```

为多个变量赋不同值:

```
x, y, z = 1, 2, 3
```

2. Python 基本数据类型

Python 基本数据类型包括数值数据类型、布尔数据类型和字符串数据类型.

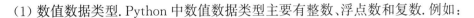

(1) 数值数据类型. Python 中数值数据类型主要有整数、浮点数和复数. 例如：

```
x = 1        #整数
y = 1.23     #浮点数
z = 1+2j     #复数
```

(2) 布尔数据类型. 对于布尔值，只有两种结果，即 True 和 False，其分别对应于二进制中的 1 和 0. 例如：

```
t = True  #布尔值
```

(3) 字符串数据类型. 字符串是 Python 中最常用的数据类型，其用途也很多，可以使用单引号、双引号或者三引号(三个单引号或者三个双引号) 来创建字符串. 字符串是不可修改的，但可以对字符串进行索引、切片、遍历、删除、分割、清除空白、大小写转换等操作.

3. Python 基本输入输出

(1) 输出 print() 函数. print() 用于打印输出，是 Python 中最常见的一个函数. 该函数的语法格式如下：

print(*objects, sep = ' ', end = '\n', file = sys.stdout)

参数说明：

objects —— 表示输出的对象. 输出多个对象时，需要用逗号分隔.

sep —— 用来间隔多个对象.

end —— 用来设定以什么结尾. 默认值是换行符(\n).

file —— 要写入的文件对象.

① 普通输出如下：

```
print('hello world')
```

② 格式化输出如下：

```
age = 20; name = "张三"
print("我的姓名是 %s, 年龄是 %d 岁" % (name, age))
```

字符串格式化可以简化程序，将多个结果一起输出.

表 10.1.1 给出了 Python 中的格式符号及对应的转换类型，也可以使用 format() 进行格式化输出，例如：

```
print("我的姓名是{}, 年龄是{} 岁".format (name, age))
```

表 10.1.1

格式符号	转换
%c	字符
%s	字符串
%d	有符号十进制整数
%u	无符号十进制整数
%o	八进制整数
%x	十六进制整数(小写 0x)
%X	十六进制整数(大写 0X)

续表

格式符号	转换
%f	浮点数
%e	科学记数法(小写 e)
%E	科学记数法(大写 E)
%g	%f 和 %e 的简写
%G	%f 和 %E 的简写

(2) 输入 input() 函数. Python 提供了 input() 内置函数从标准输入读入一行文本,默认的标准输入是键盘,语法格式如下:

变量 = input(提示字符串)

例如:

```
name = input("请输入姓名:")
print ("你输入的姓名是: ", name)
```

说明:input() 所输入的内容是一种字符串,如果要将该字符串转换为整数,就必须通过 int() 函数或 eval() 函数,而要将该字符串转换为浮点数,则必须通过 float() 函数.

例 10.1.1 输入圆的半径,求圆的周长.

解 实现代码:

```
pi = 3.14159
r = float(input("请输入圆的半径:"))
print('圆的周长是:',2 * pi * r)
```

运行结果:

```
请输入圆的半径:2
圆的周长是:12.56636
```

4. 运算符与表达式

运算符是一些特殊的符号,主要用于科学计算、比较大小和逻辑运算等. 使用运算符将不同类型的数据按照一定的规则连接起来的式子,称为表达式. Python 中运算符分为如下几类:

(1) 算术运算符:主要用于两个对象算数计算(加、减、乘、除等运算).

(2) 比较(关系) 运算符:用于两个对象比较(判断是否相等、大于等运算).

(3) 赋值运算符:用于对象的赋值,将运算符右边的值(或计算结果) 赋给运算符左边.

(4) 逻辑运算符:用于逻辑运算(与、或、非等).

(5) 位运算符:对 Python 对象进行按照存储的 bit 操作.

(6) 成员运算符:判断一个对象是否包含另一个对象.

(7) 身份运算符:判断是不是引用自一个对象.

5. Python 编码规范

Python 编码规范如下:

(1) 编码如无特殊情况,文件一律使用 UTF-8 编码,即文件头部必须加入

“#-*-coding:utf-8-*-”标识.

(2) 缩进统一使用 4 个空格进行缩进.

(3) 为方便在控制台下查看代码,每行代码尽量不超过 80 个字符.

§10.2　数据处理与可视化

本节介绍 Python 数值计算的基础库 NumPy、数据处理工具库 Pandas、可视化工具库 Matplotlib.

10.2.1　数值计算工具 NumPy

虽然 Python 基础数据结构列表(list)可以完成数组操作,但不是真正意义上的数组,当数据量很大时,其速度很慢,故提供了 NumPy 扩展库完成数组操作. 很多高级扩展库也依赖于它,如 SciPy,Pandas 和 Matplotlib 等.

导入模块格式如下:

```
import numpy as np
```

1. 数组的创建和属性

(1) 数组的创建.

通过 NumPy 库的 array() 函数可实现数组的创建,如果向 array() 函数中传入了一个列表或元组,则将创建一个简单的一维数组;如果传入多个嵌套的列表或元组,则将创建一个二维数组. 构成数组的元素都具有相同的数据类型. 下面分别创建一维数组和二维数组.

例 10.2.1　利用 array() 函数创建数组.

解　实现代码:

```
import numpy as np  # 导入模块并命名为 np
data1 = np.array([1,2,3])                    # 创建一维数组
data2 = np.array([[1,2,3],[4,5,6]])          # 创建二维数组
```

例 10.2.2　通过 zeros(),ones(),empty() 函数创建特殊数组.

解　实现代码:

```
import numpy as np          # 导入模块并命名为 np
data3 = np.zeros((3,4))     # 创建元素值全是 0 的数组
data4 = np.ones((3,4))      # 创建元素值全是 1 的数组
data5 = np.empty((5,2))     # 创建元素值全是随机数的数组
```

例 10.2.3　通过 arange(),linspace() 函数可以创建等差数组. arange() 函数的功能类似于 range() 函数,只不过 arange() 函数返回的结果是数组,而不是列表. linspace() 函数在指定的间隔范围内返回均匀间隔的数字,显示结果如图 10.2.1 所示.

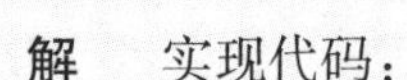

解 实现代码：

```
import numpy as np  #导入模块并命名为 np
data6 = np.arange(1,20,5)
data7 = np.linspace(-1,2,5)
```

Name	Type	Size	Value
data6	Array of int32	(4,)	[1 6 11 16]
data7	Array of float64	(5,)	[-1. -0.25 0.5 1.25 2.]

图 10.2.1

说明：① 上面程序运行后，没有输出，如果想看输出结果，可以使用 print() 函数，或者使用 Anaconda 运行，在 Spyder 的控制台下可以直接看到输出结果.

② empty() 函数只分配数组所使用的内存，不对数组元素值进行初始化操作，因此它的运行速度是最快的，上述程序中 np.empty((5,2)) 的返回值是随机的，每次运行都不一样.

(2) 数组的属性.

为了更好地理解和使用数组，了解数组的基本属性是十分必要的. 数组的属性及其说明如表 10.2.1 所示.

表 10.2.1

属性	具体说明
ndarray. ndim	维度个数，即数组轴的个数，如一维、二维、三维等
ndarray. shape	数组的维度. 这是一个整数的元组，表示每个维度上数组的大小. 例如，一个 n 行和 m 列的数组，它的 shape 属性为 (n,m)
ndarray. size	数组元素的总个数，即 shape 属性中元组元素的乘积
ndarray. dtype	描述数组中元素类型的对象，既可以使用标准的 Python 类型创建或指定，也可以使用 NumPy 特有的数据类型来指定，如 numpy. int32，numpy. float64 等
ndarray. itemsize	数组中每个元素的字节大小，如元素类型为 float64 的数组有 8(64/8) 个字节，这相当于 ndarray. dtype. itemsize

例 10.2.4 生成一个 3×5 的[1,10]上取值的随机整数矩阵，并显示它的各个属性.

解 实现代码：

```
import numpy as np
data = np.random.randint(1,11,(3,5))   #生成[1,10] 区间上 3 行 5 列的随机整数数组
print(" 维数:",data.ndim);  #维数:2
print(" 维度:",data.shape)  #维度:(3,5)
print(" 元素总数:",data.size);  #元素总数:15
print(" 类型:",data.dtype)  #类型:int32
print(" 每个元素字节数:",data.itemsize)   #每个元素字节数:4
```

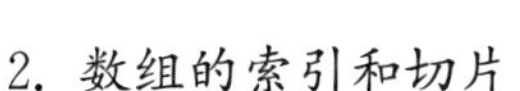

2. 数组的索引和切片

NumPy 库中的 array 数组与 Python 原生的列表有一些区别：

(1) 对于一维数组，Python 原生的列表和 NumPy 库的数组的切片操作都是相同的，无非是记住一个规则：**列表名(或数组名)[start:end:step]**，但不包括索引 end 对应的值.

(2) 对于二维数组，其数据列表元素的引用方式为 a[i][j]；array 数组元素的引用方式为 a[i,j].

NumPy 库比一般的 Python 序列提供更多的索引方式. 除了用整数和切片的一般索引外，数组还可以布尔索引及花式索引.

例 10.2.5　数组一般索引.

解　实现代码：

```
import numpy as np
data1 = np.arange(10)
print(data1[::-1])  #反向切片
print(data1[::2])  #隔一个取一个元素
print(data1[:5])  #前 5 个元素，等价于 data1[0:5] 的形式
```

运行结果：

```
[9 8 7 6 5 4 3 2 1 0]
[0 2 4 6 8]
[0 1 2 3 4]
```

例 10.2.6　数组花式索引.

解　实现代码：

```
import numpy as np
data2 = np.array(([1,2,3],[4,5,6],[7,8,9]))
print(data2[0])         #第 0 行的所有元素
print(data2[0,2])       #第 0 行第 2 列的元素,等价于 data2[0][2] 的形式
print(data2[[0,1]])     #第 0 行和第 1 行的所有元素
```

运行结果：

```
[1 2 3]
3
[[1 2 3]
 [4 5 6]]
```

例 10.2.7　数组布尔索引.

解　实现代码：

```
import numpy as np
data3 = np.random.rand(10)  #生成 10 个随机数的数组
print(data3)  #输出数组
print(data3 > 0.5)  #判断数组中每个元素值是否大于 0.5
print(data3[data3 > 0.5])  #获取数组中大于 0.5 的元素
```

运行结果：

```
[0.82334551 0.67465937 0.29652749 0.05212884 0.94594995 0.3786993 0.34136285
 0.98853457 0.02387093 0.7604247 ]
[ True  True False False  True False False  True False  True]
[0.82334551 0.67465937 0.94594995 0.98853457 0.7604247 ]
```

3. 数组的运算

(1) 数组与标量的运算. 该运算会产生一个与数组具有相同行和列的新矩阵，其原始矩阵的每个元素都被相加、相减、相乘或相除.

(2) 数组与数组的运算. 形状相等的数组之间的任何算术运算都会应用到元素级，即只用于位置相同的元素之间，所得的运算结果组成一个新的数组.

(3) 数组广播. 当形状不相等的数组执行算术运算时，就会出现广播机制，该机制会对数组进行扩展，使数组的 shape 属性值一样，这样就可以进行矢量化运算了.

注 广播机制满足如下任意一个条件即可：

① 两个数组的某一维度等长；

② 其中一个数组为一维数组.

广播机制需要扩展维度小的数组，使得它与维度最大的数组的 shape 属性值一样，以便使用元素级函数或运算符进行运算.

例 10.2.8 数组的运算.

解 实现代码：

```
import numpy as np
data1=np.array((1,2,3,4))  #创建数组对象
data2=np.array((5,6,7,8))  #创建数组对象
print(data1*2)  #数组与标量的乘法运算
print(data1+data2)  #数组与数组的加法运算
```

运行结果：

```
[2 4 6 8]
[6 8 10 12]
```

4. NumPy 库中的数据统计与分析

(1) 基本统计方法.

通过 NumPy 库中的相关方法，我们可以很方便地运用 Python 进行数组的统计汇总，相关方法如表 10.2.2 所示.

表 10.2.2

方法	描述
sum	对数组中全部或某个轴向的元素求和
mean	算术平均值

续表

方法	描述
min	计算数组中的最小值
max	计算数组中的最大值
argmin	表示最小值的索引
argmax	表示最大值的索引
cumsum	所有元素的累计和
cumprod	所有元素的累计积

例 10.2.9　NumPy 库中的数据统计求和运算.

解　实现代码:

```
import numpy as np
data = np.array([[6,2,7], [3,6,2], [4,3,2]])
print(data)
print("全部数据的和:",data.sum())             #全部数据求和
print("每列数据求和:",data.sum(axis = 0))     #每列数据求和
print("每行数据求和:",data.sum(axis = 1))     #每行数据求和
```

运行结果:

```
[[6 2 7]
 [3 6 2]
 [4 3 2]]
全部数据的和: 35
每列数据求和: [13 11 11]
每行数据求和: [15 11 9]
```

(2) 协方差和相关矩阵.

通过两组统计数据计算而得的协方差可以评估这两组统计数据的相似程度.

当协方差为正数时,称为正相关;当协方差为负数时,称为负相关;当协方差为零时,称为不相关.

由相关系数构成的矩阵称为相关矩阵.

例 10.2.10　计算标准差、协方差矩阵和相关矩阵.

解　实现代码:

```
import numpy as np
data = np.array([[6,2,7],[3,6,2]])
print("标准差:\n",np.std(data,axis = 1))
print("协方差矩阵:\n",np.cov(data))
print("相关矩阵:\n",np.corrcoef(data))
```

运行结果:

```
标准差:
```

```
[2.1602469  1.69967317]
协方差矩阵：
[[ 7.          -5.5       ]
 [-5.5         4.33333333]]
相关矩阵：
[[ 1.          -0.99862543]
 [-0.99862543  1.        ]]
```

注 协方差矩阵对角线上是各个变量的方差，然而在 NumPy 库中通过 np. cov(data) 得到的协方差矩阵，其对角线上的值不是 np. var() 计算出来的值. 根本原因在于 np. cov(data) 是在数理统计背景下计算的，得到的方差是样本方差，而不是平常意义下的方差. 在数理统计中，均值的计算方式不变，而样本方差除以 $n-1$，而不是 n.

10. 2. 2 数据处理工具 Pandas

Pandas 名字衍生自术语"Panel data(面板数据)"和"Python data analysis(Python 数据分析)". Pandas 库是在 NumPy 库的基础上开发的，是 Python 的一个数据分析包，该工具为解决数据分析任务而创建. Pandas 库可以进行统计特征计算，包括均值、方差、分位数、相关系数和协方差等，这些统计特征能反映数据的总体分布.

导入模块格式如下：

import pandas as pd

1. Pandas 库中的数据结构

(1) Series：它是一维数据，类似于 Python 中的基本数据列表或 NumPy 库中的一维数组，是 Pandas 库中最基本的数据结构.

创建一维 Series 数据表的格式如下：

pd.Series(x, index = idx)

参数说明：

x —— 可以为列表(list)、NumPy 数组(ndarray)、字典(dict) 等.

index —— 默认参数，默认值为 idx＝range(0, len(x)).

例 10. 2. 11 创建一维 Series 数据表.

解 实现代码：

```
import pandas as pd
data = pd.Series([27.2,27.65,27.70,28])  #用列表
```

(2) DataFrame：它是二维数据，类似于 R 语言中的 data. frame 或 MATLAB 中的 Tables，是 Series 的容器，最常见的数据类型.

创建二维 DataFrame 数据表的格式如下：

pd.DataFrame(x, index = idx, columns = col)

参数说明：

x —— 可以为二维列表(list)、二维NumPy数组(ndarray)、字典(dict),其值是一维列表、NumPy数组或Series、另外一个DataFrame.

index —— 默认参数,默认值为idx=range(0,x.shape[0]).

columns —— 默认参数,默认值为col=range(0,x.shape[1]).

例10.2.12　创建二维DataFrame数据表.

解　实现代码:

```
import pandas as pd
symbol = ['BABA','JD','AAPL','MS','GS','WMT']
data = {'行业':['电商','电商','科技','金融','金融','零售'],
        '价格':[176.92,25.95,172.97,41.79,196.00,99.55],
        '交易量':[16175610,27113291,18913154,10132145,2626634,8086946],
        '雇员':[101550,175336,100000,60348,36600,2200000]}
df = pd.DataFrame( data,index = symbol)
print(df)
```

运行结果:

```
      行业    价格      交易量     雇员
BABA  电商  176.92  16175610   101550
JD    电商   25.95  27113291   175336
AAPL  科技  172.97  18913154   100000
MS    金融   41.79  10132145    60348
GS    金融  196.00   2626634    36600
WMT   零售   99.55   8086946  2200000
```

2. 外部文件数据的读写操作

(1) 外部文件数据的写操作.

① 通过Pandas库中的to_csv()函数可实现以CSV文件格式存储文件,格式如下:

```
DataFrame.to_csv(path_or_buf = None, sep = ',', na_rep = '',columns = None,
                 header = True, index = True, index_label = None,
                 mode = 'w',encoding = None)
```

② 使用to_excel()函数可以将文件存储为XLS/XLSX文件格式,格式如下:

```
DataFrame.to_excel(excel_writer = None, sheet_name = 'None',na_rep = '',
                   header = True, index = True, index_label = None,
                   mode = 'w',encoding = None)
```

例10.2.13　外部文件数据的写操作.

解　实现代码:

```
import pandas as pd
symbol = ['BABA','JD','AAPL','MS','GS','WMT']
```

```
data = {'行业':['电商','电商','科技','金融','金融','零售'],
        '价格':[176.92,25.95,172.97,41.79,196.00,99.55],
        '交易量':[16175610,27113291,18913154,10132145,2626634,8086946],
        '雇员':[101550,175336,100000,60348,36600,2200000]}
df = pd.DataFrame(data, index = symbol)
df.to_csv("data1.txt")  # 写入 TXT 文件
df.to_csv("data2.csv",encoding = 'utf-8')  # 以 utf-8 写入 CSV 文件
df.to_excel("data3.xlsx",index = False)  # 写入 XLSX 文件,不包含行索引数据
```

(2) 外部文件数据的读操作.

① 使用 read_table() 函数来读取 TXT 文件,格式如下:

pandas.read_table(文件名, sep = '\t', header = 'infer', names = None,
index_col = None, dtype = None, engine = None, nrows = None)

其中 sep = '\t' 表示文件数据是以制表符"\t"为分隔的(用[Tab]键来分隔).

② 使用 read_csv() 函数来读取 CSV 文件,格式如下:

pandas.read_csv(文件名, sep = ',', header = 'infer', names = None,
index_col = None, dtype = None, engine = None, nrows = None)

③ 使用 read_excel() 函数来读取 XLS/XLSX 文件,格式如下:

pandas.read_excel(文件名, sheetname = 0, header = 0, index_col = None,
names = None, dtype = None)

例 10.2.14 外部文件数据的读操作.

解 实现代码:

```
import pandas as pd
df1 = pd.read_table("data1.txt")   # 读 TXT 文件到 df1 表
print("读 TXT 文件:\n",df1)
df2 = pd.read_csv("data2.csv")     # 读 CSV 文件到 df2 表
print("读 CSV 文件:\n",df2)
df3 = pd.read_excel("data3.xlsx")  # 读 XLSX 文件到 df3 表
print("读 XLSX 文件:\n",df3)
```

例 10.2.15 DataFrame 数据表信息查看.

解 实现代码:

```
import pandas as pd
symbol = ['BABA','JD','AAPL','MS','GS','WMT']
data = {'行业':['电商','电商','科技','金融','金融','零售'],
        '价格':[176.92,None,172.97,41.79,196.00,99.55],
        '交易量':[16175610,27113291,18913154,10132145,2626634,8086946],
        '雇员':[101550,175336,100000,60348,36600,2200000]}
```

```
df = pd.DataFrame(data,index = symbol)
print(df)
print("维度:",df.shape)  #维度查看
print("数据表基本信息:\n",df.info)  #数据表基本信息
print("数据的格式:",df.dtypes)  #每一列数据的格式
print("数据表空值判断:\n",df.isnull())  #判断空值
print("某一列的唯一值:",df['行业'].unique())  #查看某一列的唯一值
print("数据表的值:\n",df.values)  #查看数据表的值
print("数据表列名:",df.columns)  #查看列名称
print("数据表前 5 行:\n",df.head())  #默认前 5 行数据
print("数据表后 5 行:\n",df.tail())  #默认后 5 行数据
```

例 10.2.16　Pandas 的数据统计.

解　实现代码:

```
import pandas as pd
data = {'行业':['电商','电商','科技','金融','金融','零售'],
        '价格':[176.92,None,172.97,41.79,196.00,99.55],
        '交易量':[16175610,27113291,18913154,10132145,2626634,8086946],
        '雇员':[101550,175336,100000,60348,36600,2200000]}
df = pd.DataFrame(data)
df.describe()  #可以得到每一列有多少数据、平均数、标准差、最大值、四分位数
print("每列的统计数据:\n",df.describe())  #查看每列的统计数据
```

运行结果:

```
每列的统计数据:
              价格          交易量           雇员
count     5.000000  6.000000e+00  6.000000e+00
mean    137.446000  1.384130e+07  4.456390e+05
std      64.874686  8.717312e+06  8.607522e+05
min      41.790000  2.626634e+06  3.660000e+04
25%      99.550000  8.598246e+06  7.026100e+04
50%     172.970000  1.315388e+07  1.007750e+05
75%     176.920000  1.822877e+07  1.568895e+05
max     196.000000  2.711329e+07  2.200000e+06
```

10.2.3　可视化工具 Matplotlib

Matplotlib 是 Python 强大的数据可视化工具,专门用于开发 2D 图表(包括 3D 图表). 导入模块格式如下:

```
import matplotlib.pyplot as plt
```

1. matplotlib. pyplot 模块画折线图的 plot() 函数

语法格式如下：

**plot(x,y,linestyle,linewidth,color,marker,markersize,markeredgecolor,
markerfacecolor,markeredgewidth,label,alpha)**

参数说明：

x —— 数据点的 x 坐标.

y —— 数据点的 y 坐标.

linestyle —— 指定折线的类型,可以是实线、虚线和点划线等,默认为实线.

linewidth —— 指定折线的宽度.

marker —— 可以为折线图添加点,该参数设置点的形状.

markersize —— 设置点的大小.

markeredgecolor —— 设置点的边框色.

markerfacecolor —— 设置点的填充色.

markeredgewidth —— 设置点的边框宽度.

label —— 添加折线图的标签,类似于图例的作用.

alpha —— 设置图形的透明度.

2. matplotlib. pyplot 模块其他常用函数

(1) pie():绘制饼图.

(2) bar():绘制柱状图.

(3) hist():绘制二维直方图.

(4) scatter():绘制散点图.

(5) boxplot():绘制箱形图.

例 10.2.17 画折线图、饼图、柱状图.

解 实现代码:

```
import matplotlib.pyplot as plt
plt.rcParams['font.sans-serif'] = ['SimHei']  #用于正常显示中文
plt.rcParams['axes.unicode_minus'] = False  #用来正常显示负号
label = ['BABA','JD','AAPL','MS','GS','WMT']  #x轴数据
values = [176.92,88,172.97,41.79,196.00,99.55]  #y轴数据
plt.figure(figsize = (12,3),dpi = 80)  #画布大小
ax1 =plt.subplot(131)  #第一个子图
plt.plot(label,values,linestyle = "--",color = "y")  #绘制折线图
plt.title('价格折线图')
ax2 =plt.subplot(132)  #第二个子图
explode = [0.01] * len(values)  #设定各项距离圆心 n 个半径
plt.pie(values,explode = explode,labels = label,autopct = '%1.1f%%')  #绘制饼图
plt.title('价格饼图')
ax1 =plt.subplot(133)  #第三个子图
plt.bar(label,values,linestyle = "--",color = "b")  #绘制柱状图
```

```
plt.title('价格柱状图')
plt.show()  #显示绘制的图形
```

运行结果:

§ 10.3　Python 在概率论与数理统计中的应用

10.3.1　scipy.stats 模块简介

SciPy 是 Python 的一个科学计算库,它导入了 NumPy 库中的所有命名空间,而且包含其他的一些库. SciPy 库中的 Stats 是一个提供统计功能的模块,其包含了多种概率分布的随机变量,随机变量分为连续型和离散型两种.

导入模块格式如下:

```
import scipy.stats
```

或

```
from scipy import stats
```

概率分布有两种类型:离散概率分布和连续概率分布.

1. 离散型随机变量及其分布

在 scipy.stats 模块中所有描述离散概率分布的随机变量都从 rv_discrete 类继承,也可以直接用 rv_discrete 类自定义离散概率分布.

可以使用下面的语句获得 Stats 模块中所有的离散型随机变量:

```
from scipy import stats
names = [k for k,v in stats._dict_.items()
        if isinstance(v,stats.rv_discrete)]
print(names)
```

总共有 16 个离散型随机变量,运行结果:

```
['binom','bernoulli','betabinom','nbinom','geom','hypergeom','nhypergeom',
 'logser','poisson','planck','boltzmann','randint','zipf',
 'dlaplace','skellam','yulesimon']
```

常用离散概率分布有伯努利分布、二项分布、泊松分布和几何分布等.

处理离散型随机变量对象的常用函数如下：

(1) pmf()：随机变量的分布律.

(2) cdf()：随机变量的分布函数.

(3) stat()：计算随机变量的数学期望和方差.

常用离散型随机变量的分布律函数如表 10.3.1 所示.

表 10.3.1

分布名称	关键字	调用方式
二项分布	binom.pmf	binom.pmf(x,n,p)：计算 x 处的概率
几何分布	geom.pmf	geom.pmf(x,p)：计算第 x 次首次成功的概率
泊松分布	poisson.pmf	poisson.pmf(x,lambda)：计算 x 处的概率

例 10.3.1 假定生男生女的概率相同,求任意 20 个新生婴儿中女婴数 $X=10$ 的概率.

解 设 X 表示任意 20 个新生婴儿中的女婴数,则 $X\sim B(20,0.5)$.

实现代码：

```
from scipy.stats import binom    #导入需要的包
n,p=20,0.5  #二项分布的参数
print("女婴数 X=10 的概率为",binom.pmf(10,n,p))  #所求概率
```

运行结果：

```
女婴数 X=10 的概率为 0.17619705200195296
```

思考 某校篮球队的一名运动员进行定点投篮,假设每次投中的概率是 0.6,求他投 10 次中 8 次的概率.

例 10.3.2 (保险公司的利润问题) 有 10 000 人参加某保险公司的人寿保险,每个投保人在每年年初交纳 1 000 元的保费,若这一年中投保人死亡,受益人可获得 50 万元的赔偿费.一年中假设投保人的年死亡率是 0.000 5,求该保险公司亏本的概率.

解 设 X 表示 10 000 名投保人在一年中死亡的人数,则 $X\sim B(10\,000,0.000\,5)$. 于是,{该保险公司亏本}$=\{X>20\}$,故该保险公司亏本的概率为

$$P\{X>20\}=1-P\{X\leqslant 20\}.$$

这里 $P\{X\leqslant 20\}$ 就是 $X=20$ 处的概率分布函数值.

当 n 很大,p 很小时,可以用二项分布的近似分布——泊松分布来计算. 二项分布和泊松分布分析保险公司的利润问题,计算的实现代码：

```
from scipy.stats import binom,poisson  #导入需要的包
n,p=10000,0.0005   #分布的参数
print("二项分布保险公司亏本的概率为",1-binom.cdf(20,n,p))     #二项分布求概率
print("泊松分布保险公司亏本的概率为",1-poisson.cdf(20,n*p))  #泊松分布求概率
```

运行结果：

```
二项分布保险公司亏本的概率为 8.010709107164615e-08
泊松分布保险公司亏本的概率为 8.109250460019979e-08
```

2. 连续型随机变量及其分布

常用的连续概率分布有均匀分布、正态分布、指数分布等.

可以使用下面的语句获得 Stats 模块中所有的连续型随机变量：

```
from scipy import stats
names=[k for k,v in stats._dict_.items()
       if isinstance(v,stats.rv_continuous)]
print(names)
```

处理连续型随机变量对象的常用函数如下：

(1) rvs()：产生随机数，可以通过 size 参数指定输出的数组的大小.

(2) pdf()：随机变量的概率密度.

(3) cdf()：随机变量的分布函数.

(4) sf()：随机变量的生存函数，它的值是 $1-\text{cdf}$.

(5) ppf()：分布函数的反函数.

(6) stat()：计算随机变量的数学期望和方差.

(7) fit()：对一组随机样本利用极大似然估计法，估计总体中的未知参数.

常用连续型随机变量的概率密度函数如表 10.3.2 所示.

表 10.3.2

分布名称	关键字	调用方式
均匀分布	uniform. pdf	uniform. pdf(x,a,b)：区间$[a,b]$上的均匀分布
指数分布	expon. pdf	expon. pdf(x,theta)：参数为 theta 的指数分布
正态分布	norm. pdf	norm. pdf(x,mu,sigma)：参数为 mu,sigma 的正态分布
χ^2 分布	chi2. pdf	chi2. pdf(x,n)：自由度为 n 的 χ^2 分布
t 分布	t. pdf	t. pdf(x,n)：自由度为 n 的 t 分布
F 分布	f. pdf	f. pdf(x,m,n)：自由度为 m,n 的 F 分布
Γ 分布	gamma. pdf	gamma. pdf(x,A,B)：形状参数为 A、尺度参数为 B 的 Γ 分布

例 10.3.3　设随机变量 $X\sim N(3,5^2)$.

(1) 求 $P\{1<X<5\}$.

(2) 确定 c，使得 $P\{-3c<X<2c\}=0.6$.

解　实现代码：

```
from scipy.stats import norm
from scipy.optimize import fsolve
print("P(1<X<5) =",norm.cdf(5,3,5)-norm.cdf(1,3,5))
f=lambda c: norm.cdf(2*c,3,5)-norm.cdf(-3*c,3,5)-0.6
print("c=",fsolve(f,0))
```

运行结果：

```
P(1<X<5) = 0.31084348322064836
c = [2.29103356]
```

指数分布可以用来表示独立随机事件发生的时间间隔，如旅客进入机场的时间间隔、打进客服中心电话的时间间隔、页面请求的时间间隔、预估电子产品寿命等.

例 10.3.4 某产品平均每 10 年发生一次重大故障，问：

(1) 要求保修的比例不超过 20%，应设几年质保？

(2) 过 10 年后，约有多少产品发生重大故障？

解 (1) 设 X 表示质保年数，由题意可知 $X \sim E\left(\frac{1}{10}\right)$，又设 x 年质保要求保修的比例不超过 20%，则

$$P\{X \leqslant x\} = 0.2.$$

可以使用分布函数的反函数 ppf().

(2) 据题意即求 $P\{X \leqslant 10\}$. 可以使用分布函数 cdf().

实现代码：

```
from scipy import stats
la = 1/10  #发生概率
print('{:.2f}年'.format(stats.expon.ppf(0.2, scale = 1/la)))  #分布函数的反函数
#分布函数
print('{:.2f}%产品发生重大故障'.format(stats.expon.cdf(10, scale = 1/la) * 100))
```

运行结果：

```
2.23年
63.21%产品发生重大故障
```

例 10.3.5 绘制 4 个不同正态分布的概率密度.

解 实现代码：

```
import numpy as np
import scipy.stats as stats
import matplotlib.pyplot as plt
plt.rcParams['font.sans-serif'] = ['SimHei']  #用来正常显示中文标签
plt.rcParams['axes.unicode_minus'] = False  #用来正常显示负号
μ, σ = 0, 1  #第一个正态分布的两个参数
μ1, σ1 = 0, 0.5  #第二个正态分布的两个参数
μ2, σ2 = 0, 2  #第三个正态分布的两个参数
μ3, σ3 = 4, 1  #第四个正态分布的两个参数
x = np.arange(-5, 10, 0.1)  #x 轴数据
#绘制 4 个正态分布的概率密度
plt.plot(x, stats.norm.pdf(x, μ, σ), 'r', label = 'μ = {}, σ = {}'.format(μ, σ))
plt.plot(x, stats.norm.pdf(x, μ1, σ1), 'g', label = 'μ = {}, σ = {}'.format(μ1, σ1))
plt.plot(x, stats.norm.pdf(x, μ2, σ2), 'b', label = 'μ = {}, σ = {}'.format(μ2, σ2))
plt.plot(x, stats.norm.pdf(x, μ3, σ3), 'y', label = 'μ = {}, σ = {}'.format(μ3, σ3))
```

```
plt.vlines(μ1,0,stats.norm.pdf(0,μ1,σ1))  #对称轴
plt.vlines(μ3,0,stats.norm.pdf(4,μ3,σ3))  #对称轴
plt.grid(),plt.legend(),plt.show()
```

运行结果：

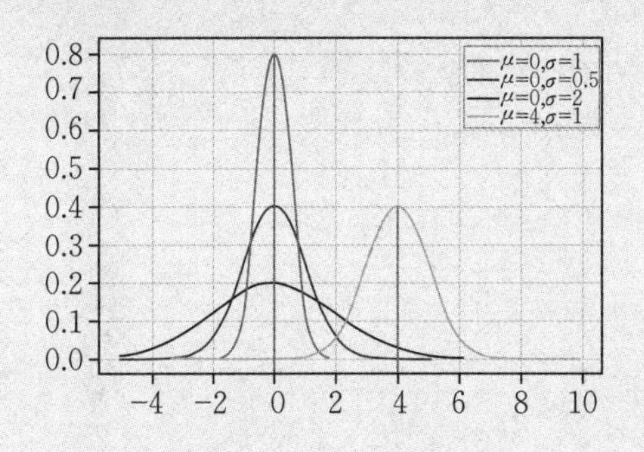

10.3.2　随机变量的概率计算和数字特征

随机变量的数字特征包括数学期望、方差、协方差、相关系数等. 一些重要分布的数学期望和方差如表 10.3.3 所示.

表 10.3.3

分布	参数	数学期望	方差
两点分布 $B(1,p)$	$0<p<1$	p	$p(1-p)$
二项分布 $B(n,p)$	$n\geqslant 1,0<p<1$	np	$np(1-p)$
泊松分布 $P(\lambda)$	$\lambda>0$	λ	λ
均匀分布 $U[a,b]$	$a<b$	$(a+b)/2$	$(b-a)^2/12$
指数分布 $E(\theta)$	$\theta>0$	θ	θ^2
正态分布 $N(\mu,\sigma^2)$	$\mu,\sigma>0$	μ	σ^2

偏度可以用来度量随机变量概率分布的不对称性. 当偏度大于零时为右偏态，此时数据位于均值右边的比位于左边的少；当偏度小于零时为左偏态，情况相反；而当偏度接近零时则可认为分布是对称的.

峰度可以用来度量随机变量概率分布的陡峭程度. 峰度的取值范围为$[1,+\infty)$，完全服从正态分布的数据的峰度值为 3. 若峰度比 3 大得多，表示分布有沉重的“尾巴”，说明样本中含有较多远离均值的数据，因而峰度可以用作衡量偏离正态分布的尺度之一.

例 10.3.6　计算二项分布 $B(20,0.8)$ 的数学期望、方差、偏度和峰度.

解　实现代码：

```
from scipy.stats import binom
n,p=20,0.8  #二项分布的参数
#数学期望,方差,偏度,峰度
```

```
mean,var,skew,kurt = binom.stats(n,p,moments = 'mvsk')
print("数学期望为{:.2f},方差为{:.2f}".format(mean,var))
print("偏度为{:.2f}, 峰度为{:.2f}".format(skew,kurt))
```

运行结果:

```
数学期望为 16.00,方差为 3.20
偏度为 -0.34, 峰度为 0.01
```

10.3.3 描述性统计和统计图

1. 使用 NumPy 计算统计量

NumPy 库中计算统计量的函数如表 10.3.4 所示.

表 10.3.4

函数名称	mean	median	ptp	var	std	cov	corrcoef
计算功能	均值	中位数	极差	方差	标准差	协方差	相关系数

例 10.3.7 学校随机抽取 100 名学生,测量他们的身高和体重,所得数据在“身高体重.xlsx”中.试分别求身高的均值、中位数、极差、方差、标准差,并计算身高与体重的协方差和相关系数.

解 实现代码:

```
import numpy as np
import pandas as pd
df = pd.read_excel("身高体重.xlsx")
h = df['身高']
print(['数学期望','中位数','极差','方差','标准差'])
print([np.mean(h),np.median(h),np.ptp(h),np.var(h),np.std(h)])
print("协方差为{:.3f}".format(np.cov(df.T)[0,1]))
print("相关系数为{:.3f}".format(np.corrcoef(df.T)[0,1]))
```

运行结果:

```
['数学期望','中位数','极差','方差','标准差']
[170.25,170.0,31,28.8875,5.374709294464213]
协方差为 16.982
相关系数为 0.456
```

2. 使用 Pandas 中的 DataFrame 计算统计量

Pandas 中的 DataFrame 数据结构提供了若干统计函数,表 10.3.5 给出了部分统计量的函数.

表 10.3.5

函数名称	说明
count	返回非 NaN 数据项的个数
mad	计算中位数绝对偏差(median absolute deviation)
mode	返回众数,即一组数据中出现次数最多的数据值
skew	返回偏度
kurt	返回峰度
quantile	返回样本分位数,默认返回样本的 50% 分位数

例 10.3.8 (续例 10.3.7)使用 Pandas 中的 describe() 函数计算相关统计量,并计算身高和体重的偏度、峰度和样本的 25%,50%,90% 分位数.

解　实现代码:

```
import pandas as pd
df =pd.read_excel("身高体重.xlsx")
print("求得的描述统计量如下:\n",df.describe())
print("偏度为\n",[df.skew()])
print("峰度为\n",[df.kurt()])
print("分位数为\n",[df.quantile(0.9)])
```

运行结果:

```
求得的描述统计量如下:
              身高          体重
count   100.000000   100.000000
mean    170.250000    61.270000
std       5.401786     6.892911
min     155.000000    47.000000
25%     167.000000    57.000000
50%     170.000000    62.000000
75%     173.000000    62.250000
max     186.000000    77.000000
偏度为
[身高    0.156868
体重    0.140148
dtype: float64]
峰度为
[身高    0.648742
体重    -0.290479
dtype: float64]
分位数为
[身高    177.0
体重    70.1
Name: 0.9, dtype: float64]
```

3. 统计图

下面使用 matplotlib. pyplot 模块中的函数绘制统计图,如频数表、直方图、箱形图等.

(1) 频数表及直方图.

计算数据频数并且画直方图的命令格式如下:

```
hist(x,bins = None,range = None,density = None,weights = None,cumulative = False,
    bottom = None,histtype ='bar', align ='mid',orientation ='vertical',
    rwidth = None,log = False,color = None,label = None,stacked = False)
```

它将区间[min(x),max(x)]等分为 bins 份,统计在每个左闭右开小区间(最后一个小区间为闭区间)上数据出现的频数并画直方图.

例 10.3.9 (续例 10.3.7)画出身高和体重的直方图,并统计从最小身高到最大身高,等间距分成 8 个小区间时,数据出现在每个小区间的频数.

解 实现代码:

```
import pandas as pd
import matplotlib.pyplot as plt
df =pd.read_excel("身高体重.xlsx")
h=df['身高']; w=df['体重']
plt.rc('font',size=13); plt.rc('font',family="SimHei")
plt.subplot(121); plt.xlabel("身高"); ps=plt.hist(h,8)  #画图并返回频数表 ps
plt.subplot(122); plt.xlabel("体重"); plt.hist(w,6)  #只画直方图不返回频数表
print("身高区间",ps[1]);print("身高频数",ps[0]);plt.show()
```

运行结果:

```
身高区间[155. 158.875 162.75 166.625 170.5 174.375 178.25 182.125 186.]
身高频数[2. 4. 18. 31. 24. 16. 3. 2.]
```

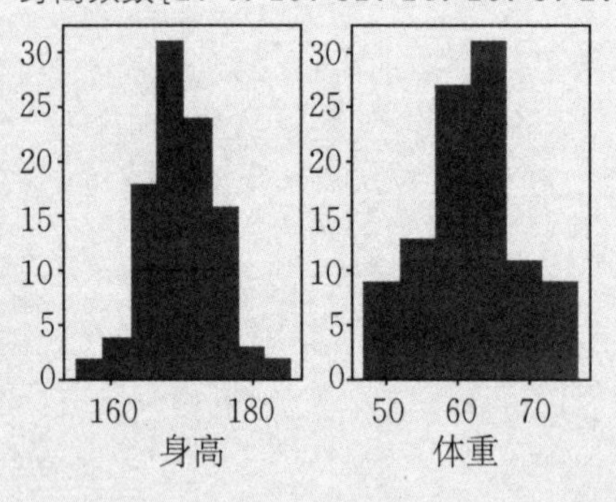

(2) 箱形图.

箱形图是一种用作显示一组数据分散情况资料的统计图,因形状如箱子而得名.箱形图最大的优点就是不受异常值的影响,可以以一种相对稳定的方式描述数据的离散分布情况.箱形图如图 10.3.1 所示.

从箱形图可以形象地看出数据集的以下重要性质:

① 直观明了地识别数据中的异常值.

② 判断数据的偏态和尾重.

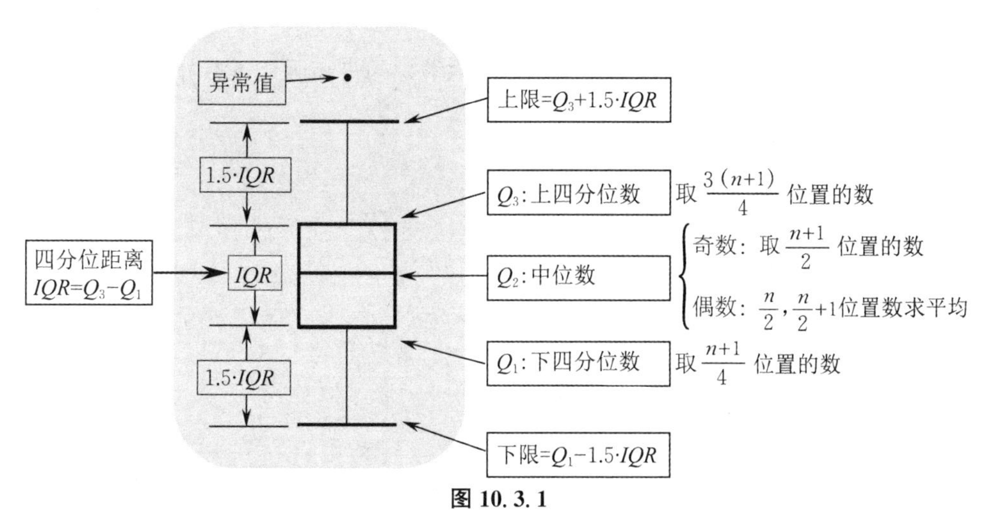

图 10.3.1

③ 比较几批数据的形状.

例 10.3.10　在“肺活量.txt”文件中给出了 25 名男子和 25 名女子的肺活量数据，画出相应的箱形图.

解　实现代码：

```
import numpy as np
import matplotlib.pyplot as plt
a=np.loadtxt("肺活量.txt")   #读入两行的数据
b=a.T  #转置成两列的数据
plt.rc('font',size=16)
plt.rc('font',family='SimHei')
plt.boxplot(b,labels=['女子','男子']);plt.show()
```

运行结果：

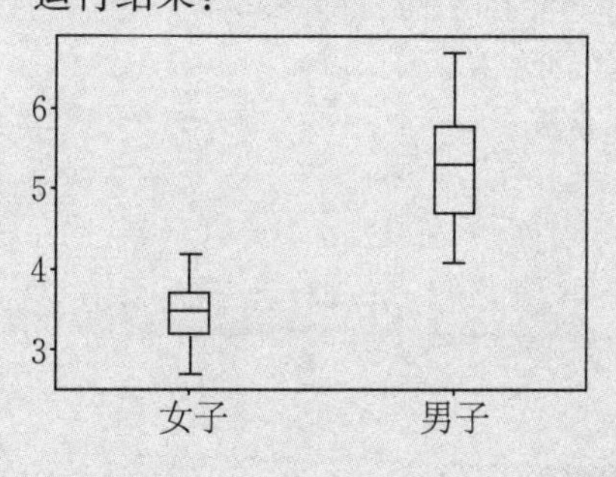

10.3.4　参数估计和假设检验

1. 参数估计

(1) 极大似然估计.

例 10.3.11 假定"身高体重.xlsx"文件中学生的身高服从正态分布,求总体均值和标准差的极大似然估计.

解 实现代码:

```
import numpy as np
import pandas as pd
from scipy.stats import norm
df = pd.read_excel("身高体重.xlsx")
h = df['身高']
mu = np.mean(h); s = np.std(h)
print("样本均值和标准差为",[mu,s])
print("极大似然估计值为", norm.fit(h))
```

运行结果:

```
样本均值和标准差为 [170.25, 5.374709294464213]
极大似然估计值为 (170.25, 5.374709294464213)
```

(2) 区间估计.

例 10.3.12 有一大批袋装糖果,现从中随机地取 14 袋,称得质量(单位:g)数据如下:

506, 508, 499, 503, 504, 510, 497,

514, 505, 493, 496, 506, 502, 509.

设袋装糖果的质量近似地服从正态分布,试求总体均值 μ 的置信度为 0.95 的置信区间.

解 实现代码:

```
from numpy import array, sqrt
from scipy.stats import t
a = array([506,508,499,503,504,510,497,514,505,493,496,506,502,509])
# ddof 取值为 1 时,标准差除的是(N-1);NumPy 中的 std 计算默认是除以 N
mu = a.mean(); s = a.std(ddof = 1)    #计算均值和标准差
print("均值为{},标准差为{}".format(mu,s))
alpha = 0.05; n = len(a)
val=  (mu-s/sqrt(n) * t.ppf(1-alpha/2,n-1),mu+s/sqrt(n) * t.ppf(1-alpha/2,n-1))
print("置信区间为",val)
```

运行结果:

```
均值为 503.7142857142857,标准差为 5.876008213700226
置信区间为(500.3215795796039, 507.10699184896754)
```

2. 假设检验

(1) 单个总体均值的假设检验.

① 正态总体标准差 σ 已知的 Z 检验法. 已知样本数据服从正态分布,并且总体分布的方差已知时,需要用 Z 检验. 在 Python 中,由于 SciPy 库中没有 Z 检验,因此只能用 Statsmodels 库

中的 ztest() 函数.

ztest() 函数的一般用法:

ztest(x1, x2 = None, value = 0, alternative = 'two - sided')

例 10.3.13 某车间用一台包装机包装糖果. 用 X 表示包得的袋装糖质量(单位: kg),当机器正常工作时,$X \sim N(0.5, 0.015^2)$. 某日开工后为检验包装机是否正常工作,随机地抽取它所包装的糖 9 袋,称得净重为

0.497, 0.506, 0.518, 0.524, 0.498, 0.511, 0.520, 0.515, 0.512.

取显著性水平 $\alpha = 0.05$,问:机器是否正常工作?

解 实现代码:

```
import numpy as np
from statsmodels.stats.weightstats import ztest
sigma = 0.015
a = np.array([0.497,0.506,0.518,0.524,0.498,0.511,0.520,0.515,0.512])
tstat1, pvalue = ztest(a,value = 0.5)  #计算检验统计量的观察值及 p 值
tstat2 = tstat1 * a.std(ddof = 1)/sigma  #转换为 Z 统计量的观察值
print('z 值为 ',round(tstat2,4))
print('p 值为 ',round(pvalue,4))
```

运行结果:

```
z 值为 2.2444
p 值为 0.0003
```

从运行结果可以看出, p 值是 0.000 3,由于 $p < \alpha, z > u_{0.025} = 1.96$, Z 的观察值 z 落在拒绝域内,故在显著性水平 $\alpha = 0.05$ 下,拒绝原假设,认为这天包装机工作不正常.

② 正态总体标准差 σ 未知的 T 检验法.

这里借助 Python 中的 SciPy 库,通过 stats.ttest_1samp 进行单样本 T 检验.

例 10.3.14 某水泥厂用自动包装机包装水泥,每袋额定质量是 50 kg,某日开工后随机抽查了 9 袋,称得质量(单位:kg) 如下:

49.6, 49.3, 50.1, 50.0, 49.2, 49.9, 49.8, 51.0, 50.2.

设每袋质量服从正态分布,问:包装机工作是否正常(显著性水平 $\alpha = 0.05$)?

解 实现代码:

```
import numpy as np
import scipy.stats as stats
data = np.array([49.6,49.3,50.1,50.0,49.2,49.9,49.8,51.0,50.2])
##假设该水泥总体平均质量为 50 kg
popmean = 50
```

```
##通过 stats.ttest_1samp 进行单样本 T 检验
res = stats.ttest_1samp(a = data, popmean = 50)
print(' 检验统计量为 ',round(res.statistic,4))
print('p 值为 ',round(res.pvalue,4))
```

运行结果：

```
检验统计量为 -0.5595
p 值为 0.5911
```

从运行结果可以看出，此次检验的 $p=0.5911>\alpha$，接受原假设，即认为包装机工作正常.

(2) 两个总体均值的假设检验.

两样本 T 检验用 ttest_ind() 函数，格式如下：

scipy.stats.ttest_ind(a,b,value = 0, equal_var = True,nan_ policy = 'propagate')

参数说明：

a,b —— 待检验的数据集.

equal_var —— 方差齐性判断. 当两总体方差相等，即具有方差齐性时，可以直接检验.

nan_policy —— 执行代码检验，返回结果的状态. 它有 3 种状态：propagate，raise，omit，分别返回 nan、报错、忽略.

例 10.3.15 某地区期末考试后随机抽得 15 名男生、12 名女生的物理考试成绩：

男生：49，48，47，53，51，43，39，57，56，46，42，44，55，44，40，

女生：46，40，47，51，43，36，43，38，48，54，48，34.

这 27 名学生的成绩能说明这个地区男生与女生的物理考试成绩不相上下吗(显著性水平 $\alpha=0.05$)?

解 实现代码：

```
import numpy as np
from statsmodels.stats.weightstats import ttest_ind
a = np.array([49,48,47,53,51,43,39,57,56,46,42,44,55,44,40])
b = np.array([46,40,47,51,43,36,43,38,48,54,48,34])
tstat,pvalue, df = ttest_ind(a,b,value = 0)
print(' 检验统计量为 ',round(tstat,4))
print('p 值为 ',round(pvalue,4))
```

运行结果：

```
检验统计量为 1.5653
p 值为 0.1301
```

从运行结果可以看出，$|t|=1.5653<t_{0.025}(25)=2.0595$，$p=0.1301>\alpha$，从而没有充分理由拒绝原假设，即认为这一地区男女生的物理考试成绩不相上下.

(3) 非参数假设检验.

① 分布拟合检验.

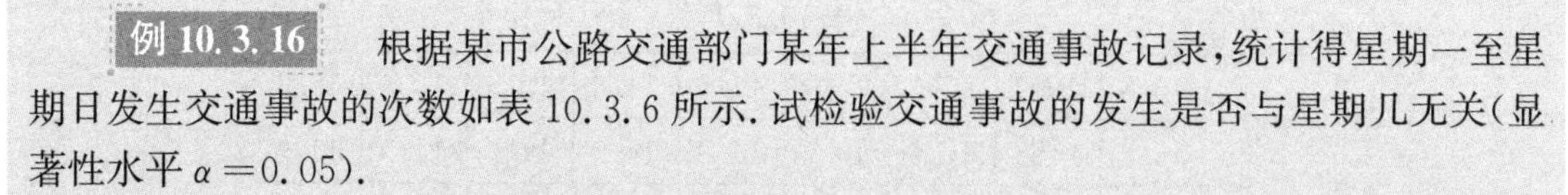

例 10.3.16　根据某市公路交通部门某年上半年交通事故记录，统计得星期一至星期日发生交通事故的次数如表 10.3.6 所示. 试检验交通事故的发生是否与星期几无关(显著性水平 $\alpha=0.05$).

表 10.3.6

星期	1	2	3	4	5	6	7
次数	36	23	29	31	34	60	25

解　设 X 为一周内各天发生交通事故的总体. 若交通事故的发生与星期几无关，则 X 的分布律为

$$P\{X=i\}=p_i=\frac{1}{7}\quad(i=1,2,\cdots,7),$$

那么需要检验假设

$$H_0: p_i=\frac{1}{7}\quad(i=1,2,\cdots,7).$$

将每天看成一个小区间，设组频数为 $m_i\,(i=1,2,\cdots,7)$. 选取统计量

$$\chi^2=\sum_{i=1}^{7}\frac{(m_i-np_i)^2}{np_i}=\sum_{i=1}^{7}\frac{m_i^2}{np_i}-n,$$

其中 $n=238$. 当 H_0 为真时，$\chi^2\sim\chi^2(7-1)$.

对于 $\alpha=0.05$，查表得临界值为 $\chi_\alpha^2(6)=12.5916$，并且根据样本可计算得到检验统计量 χ^2 的观察值为

$$\chi^2=\sum_{i=1}^{7}\frac{m_i^2}{238\times\frac{1}{7}}-238\approx 26.9412.$$

因为 $\chi^2=26.9412>\chi_{0.05}^2(6)=12.5916$，所以应拒绝 H_0，即认为交通事故的发生与星期几有关.

实现代码：

```
import numpy as np
import scipy.stats as ss
bins=np.arange(1,8)  #生成1,2,...,7
mi=np.array([36,23,29,31,34,60,25])
n=mi.sum(); p=np.ones(7)/7
st=sum(mi**2/(n*p))-n          #计算统计量
bd=ss.chi2.ppf(0.95,len(bins)-1)   #计算上侧分位数
print("统计量为{:.4f},临界值为{:.4f}".format(st,bd))
```

运行结果：

```
统计量为26.9412,临界值为12.5916
```

例 10.3.17　某厂生产某种型号的钢钉，随机抽取 50 个产品，测得它们长度(单位：mm)数据如表 10.3.7 所示. 试根据该数据判别该种型号钢钉的长度是否服从正态分布(显著性水平 $\alpha=0.05$).

表 10.3.7

15	15.8	15.2	15.1	15.9	14.7	14.8	15.5	15.6	15.3
15.1	15.3	15	15.6	15.7	14.8	14.5	14.2	14.9	14.9
15.2	15	15.3	15.6	15.1	14.9	14.2	14.6	15.8	15.2
15.9	15.2	15	14.9	14.8	14.5	15.1	15.5	15.5	15.1
15.1	15	14.7	14.5	15	15.5	14.7	14.6	14.2	15.3

解 检验假设

$$H_0:\text{钢钉的长度 } X \sim N(15.0780, 0.4282^2).$$

找出样本值中的最大值和最小值 $x_{\max}=15.9$，$x_{\min}=14.2$，然后将区间分成6个子区间，计算结果如表10.3.8所示.

表 10.3.8

i	区间	频数 f_i	概率 p_i
1	$(-\infty, 14.625)$	8	0.1450
2	$[14.625, 14.8375)$	6	0.1421
3	$[14.8375, 15.05)$	10	0.1868
4	$[15.05, 15.2625)$	10	0.1928
5	$[15.2625, 15.475)$	4	0.1564
6	$[15.475, +\infty)$	12	0.1769

计算得 $\chi^2 \approx 3.2999$，自由度 $k-r-1=6-2-1=3$，查表得临界值 $\chi^2_{0.05}(3)=7.8147$. 因 $\chi^2 \approx 3.2999 < 7.8147$，故 H_0 为真，即钢钉的长度 $X \sim N(15.0780, 0.4282^2)$.

实现代码：

```
import numpy as np
import matplotlib.pyplot as plt
import scipy.stats as ss
n=50; k=6  #初始小区间划分的个数
a=np.loadtxt("钢钉长度.txt")  #读入数据
a=a.flatten()  #转成一维数组
mu=a.mean(); s=a.std()
print("均值为{:.3f},标准差为{:.3f}".format(mu,s))
print("最大值为{:.3f},最小值为{:.3f}".format(a.max(),a.min()))
bins=np.array([14.2,14.625,14.8375,15.05,15.2625,15.475,15.9])
h=plt.hist(a,bins)
f=h[0]; x=h[1]  #提取各个小区间的频数和小区间端点的取值
print("各区间的频数为",f,"\n小区间端点值为",x)
p=ss.norm.cdf(x,mu,s)  #计算各个分点分布函数的取值
dp=np.diff(p)  #计算各小区间取值的理论概率
dp[0]=ss.norm.cdf(x[1],mu,s)  #修改第一个区间的概率值
```

```
dp[-1]=1-ss.norm.cdf(x[-2],mu,s)  #修改最后一个区间的概率值
print("各小区间取值的理论概率为",dp)
st=sum(f**2/(n*dp))-n  #计算卡方统计量的值
bd=ss.chi2.ppf(0.95,k-3)  #计算上侧分位数
print("统计量为{},临界值为{}".format(st,bd))
```

运行结果：

```
均值为 15.078,标准差为 0.428
最大值为 15.900,最小值为 14.200
各区间的频数为 [ 8.  6. 10. 10.  4. 12.]
小区间端点值为 [14.2    14.625  14.8375 15.05   15.2625 15.475   15.9   ]
各小区间取值的理论概率为 [0.14502086 0.14213474 0.18677335 0.19280761 0.15636145
0.17690199]
统计量为 3.2998742691953424,临界值为 7.814727903251179
```

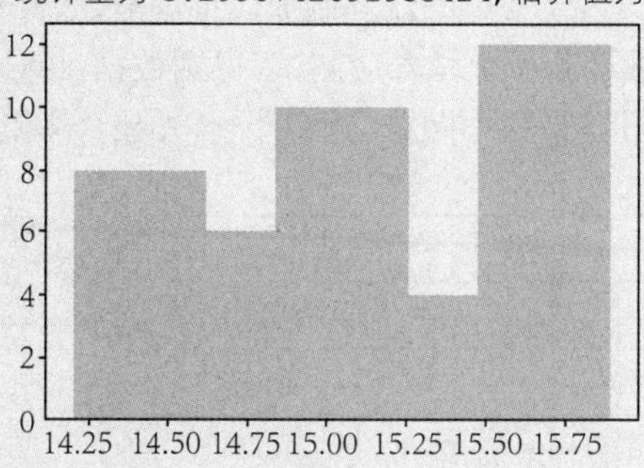

② 柯尔莫哥洛夫检验.

kstest() 是一个功能很强大的检验函数，除正态性检验外，还能检验 scipy.stats 中的其他数据分布类型，但仅适用于连续概率分布的检验，格式如下：

kstest(rvs,cdf,args=(),N=20,alternative='two_sided',mode='approx',kwds)**

参数说明：

rvs —— 待检验的一组一维数据.

cdf —— 检验方法，如 norm，expon，rayleigh，gamma. 这里设置为 norm，即正态性检验.

例 10.3.18　对例 10.3.17 使用柯尔莫哥洛夫检验.

解　实现代码：

```
import numpy as np
from scipy import stats
df=np.loadtxt("钢钉长度.txt")  #读入数据
df=df.flatten()  #转成一维数组
u=df.mean()  #计算均值
std=df.std()  #计算标准差
result=stats.kstest(df,'norm',(u,std))
print(result)
```

运行结果：

```
KstestResult(statistic=0.07951002226399051,pvalue= 0.8851523769883466)
```

从结果可看出 p 值大于 0.05，接受原假设，即该种型号钢钉的长度服从正态分布.

10.3.5 方差分析

1. 单因素方差分析及其 Python 实现

下面使用 Statsmodels 库中的 anova_lm() 函数进行单因素方差分析，输出值 F 是 F 统计量的值，输出值 PR 是一个概率值，当 $PR>\alpha$(α 为显著性水平)时，接受原假设，即认为因素对指标无显著影响.

例 10.3.19 某灯泡厂用四种不同材料 A_1,A_2,A_3,A_4 的灯丝制成四批灯泡，除灯丝外其他生产条件完全相同. 现从四批灯泡中分别随机抽取若干个做寿命测试，得到数据(单位:h)如表 10.3.9 所示，试以显著性水平 $\alpha=0.05$，判断灯丝材料不同对灯泡寿命有无显著影响.

表 10.3.9

序号	灯丝			
	A_1	A_2	A_3	A_4
1	1 800	1 750	1 740	1 570
2	1 720	1 700	1 820	1 600
3	1 610	1 640	1 460	1 680
4	1 680	1 640	1 550	1 510
5	1 700	1 580	1 620	1 520
6	1 600	—	1 600	1 530
7	1 650	—	1 640	—
8	—	—	1 660	—

解 实现代码：

```
import numpy as np
import statsmodels.api as sm
y1 = [1800,1720,1610,1680,1700,1600,1650]
y2 = [1750,1700,1640,1640,1580]
y3 = [1740,1820,1460,1550,1620,1600,1640,1660]
y4 = [1570,1600,1680,1510,1520,1530]
y=np.array(y1+y2+y3+y4)
x=np.hstack([np.full(len(y1),1), np.full(len(y2),2),
            np.full(len(y3),3), np.full(len(y4),4)])
d={'x':x,'y':y}  #构造字典
model=sm.formula.ols("y~C(x)",d).fit()   #构建模型
anovat=sm.stats.anova_lm(model)  #进行单因素方差分析
print(anovat)
```

运行结果：

```
             df        sum_sq       mean_sq         F    PR(>F)
C(x)        3.0   44360.705128  14786.901709  2.149389  0.122909
Residual   22.0  151350.833333   6879.583333       NaN       NaN
```

从结果可以看出，$PR \approx 0.123 > \alpha = 0.05$，所以灯丝材料不同对灯泡寿命无显著影响.

例 10.3.20　（均衡数据）现记录了 5 名工人每人 4 天的产量（单位：件），数据存储在"劳动生产率.xlsx"文件，如表 10.3.10 所示. 问：是否能从这些数据推断出他们的劳动生产率有无显著差异（显著性水平 $\alpha = 0.05$）？

表 10.3.10

天	工人				
	Ⅰ	Ⅱ	Ⅲ	Ⅳ	Ⅴ
1	256	254	250	248	236
2	242	330	277	280	252
3	280	290	230	305	220
4	298	295	302	289	252

解　实现代码：

```
import numpy as np
import pandas as pd
import statsmodels.api as sm
df = pd.read_excel("劳动生产率.xlsx")
a = df.values.T.flatten()
b = np.arange(1, 6)
x = np.tile(b, (4,1)).T.flatten()
d = {'x':x, 'y':a}  #构造字典
model = sm.formula.ols("y ~ C(x)",d).fit()  #构建模型
anovat = sm.stats.anova_lm(model)  #进行单因素方差分析
print(anovat)
```

运行结果：

```
            df    sum_sq   mean_sq         F    PR(>F)
C(x)       4.0    6125.7  1531.425  2.261741  0.110913
Residual  15.0   10156.5   677.100       NaN       NaN
```

从结果可以看出，$PR \approx 0.111 > \alpha = 0.05$，故认为 5 名工人的劳动生产率没有显著差异.

2. 双因素方差分析及其 Python 实现

例 10.3.21 某种化工过程在三种浓度、四种温度水平下得率(单位:%)的数据如表 10.3.11 所示. 试在显著性水平 $\alpha=0.05$ 下,检验在不同温度(因素 A)、不同浓度(因素 B)下的得率是否有显著差异,交互作用是否显著.

表 10.3.11

浓度 B/(mol/L)	温度 A/℃			
	10	24	38	52
2	11	11	13	10
	10	11	9	12
4	9	10	7	6
	7	8	11	10
6	5	13	12	14
	11	14	13	10

解 实现代码:

```
import numpy as np
import statsmodels.api as sm
y=np.array([[11,11,13,10],[10,11,9,12],
            [9,10,7,6],[7,8,11,10],
            [5,13,12,14],[11,14,13,10]]).flatten()
A=np.tile(np.arange(1,5),(6,1)).flatten()
B=np.tile(np.arange(1,4).reshape(3,1),(1,8)).flatten()
d={'x1':A,'x2':B,'y':y}
#注意交互作用公式的写法
model=sm.formula.ols("y~C(x1)+C(x2)+C(x1):C(x2)",d).fit()
anovat=sm.stats.anova_lm(model)  #进行双因素方差分析
print(anovat)
```

运行结果:

```
              df     sum_sq    mean_sq         F    PR(>F)
C(x1)        3.0  19.125000   6.375000  1.330435  0.310404
C(x2)        2.0  40.083333  20.041667  4.182609  0.041856
C(x1):C(x2)  6.0  18.250000   3.041667  0.634783  0.701009
Residual    12.0  57.500000   4.791667       NaN       NaN
```

从结果可以看出,$PR=0.310\,404, 0.041\,856, 0.701\,009$,即认为温度影响不显著,而浓度因素有显著差异,交互作用不显著.

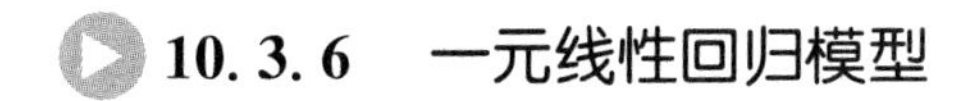

10.3.6　一元线性回归模型

例 10.3.22　线性回归分析男性身高(单位:cm)和体重(单位:kg)之间的关系,数据存储在"men.csv"文件.

(1) 根据表10.3.12中的数据作散点图.

(2) 求回归系数的点估计,并预测男性身高为153 cm时,体重为多少?

表 10.3.12

	身高	体重
1	147	52
2	150	53
3	152	54
4	155	55
5	157	57
6	160	58
7	163	59
8	165	61
9	168	63
10	170	64
11	173	66
12	175	68
13	178	69
14	180	72
15	183	74

解　实现代码:

```
import numpy as np
import pandas as pd
import matplotlib.pyplot as plt
df=pd.read_csv('men.csv')
x=df['height']  #身高数据
y=df['weight']  #体重数据
plt.plot(x,y,'+k', label="原始数据点")
p=np.polyfit(x,y,deg=1)  #拟合一次多项式
print("拟合的多项式为{}*x+{}".format(p[0],p[1]))
plt.rc('font',size=16); plt.rc('font',family='SimHei')
plt.plot(x, np.polyval(p,x), label="拟合的直线")
print("预测值为", np.polyval(p,153))
plt.legend()
```

```
plt.savefig("figure4_25.png", dpi = 500)
plt.show()
```

运行结果：

拟合的多项式为 0.6115895489709544 * x + -39.286381550138884

预测值为 54.28681944241714

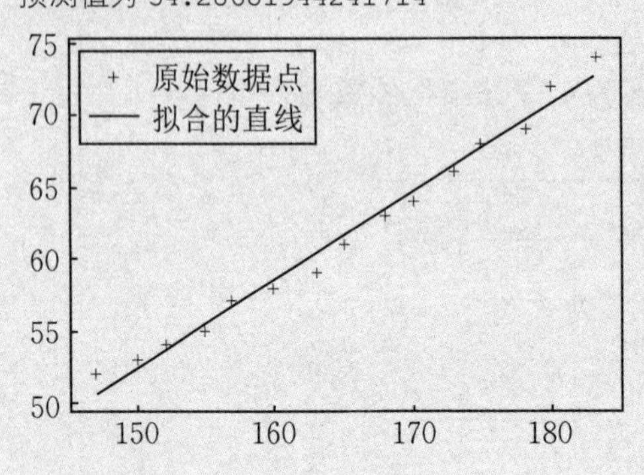

附　　表

附表 1　泊松分布表

$$P\{X=k\}=\frac{\lambda^k}{k!}e^{-\lambda}$$

k	$\lambda=0.1$	0.2	0.3	0.4	0.5	0.6
0	0.904 8	0.818 7	0.740 8	0.670 3	0.606 5	0.548 8
1	0.090 5	0.163 7	0.222 2	0.268 1	0.303 3	0.329 3
2	0.004 5	0.016 4	0.033 3	0.053 6	0.075 8	0.098 8
3	0.000 2	0.001 1	0.003 3	0.007 2	0.012 6	0.019 8
4		0.000 1	0.000 3	0.000 7	0.001 6	0.003 0
5			0.000 0	0.000 1	0.000 2	0.000 4
6				0.000 0	0.000 0	0.000 0

k	$\lambda=1$	2	3	4	5	6
0	0.367 9	0.135 3	0.049 8	0.018 3	0.006 7	0.002 5
1	0.367 9	0.270 7	0.149 4	0.073 3	0.033 7	0.014 9
2	0.183 9	0.270 7	0.224 0	0.146 5	0.084 2	0.044 6
3	0.061 3	0.180 4	0.224 0	0.195 4	0.140 4	0.089 2
4	0.015 3	0.090 2	0.168 0	0.195 4	0.175 5	0.133 9
5	0.003 1	0.036 1	0.100 8	0.156 3	0.175 5	0.160 6
6	0.000 5	0.012 0	0.050 4	0.104 2	0.146 2	0.160 6
7	0.000 1	0.003 4	0.021 6	0.059 5	0.104 4	0.137 7
8	0.000 0	0.000 9	0.008 1	0.029 8	0.065 3	0.103 3
9		0.000 2	0.002 7	0.013 2	0.036 3	0.068 8
10		0.000 0	0.000 8	0.005 3	0.018 1	0.041 3
11			0.000 2	0.001 9	0.008 2	0.022 5
12			0.000 1	0.000 6	0.003 4	0.011 3
13			0.000 0	0.000 2	0.001 3	0.005 2
14				0.000 1	0.000 5	0.002 2
15				0.000 0	0.000 2	0.000 9
16					0.000 0	0.000 3
17						0.000 1
18						0.000 0

附表 2 标准正态分布表

$$\Phi(x)=\int_{-\infty}^{x}\frac{1}{\sqrt{2\pi}}e^{-t^2/2}dt$$

x	0	0.01	0.02	0.03	0.04	0.05	0.06	0.07	0.08	0.09
0	0.500 0	0.504 0	0.508 0	0.512 0	0.516 0	0.519 9	0.523 9	0.527 9	0.531 9	0.535 9
0.1	0.539 8	0.543 8	0.547 8	0.551 7	0.555 7	0.559 6	0.563 6	0.567 5	0.571 4	0.575 3
0.2	0.579 3	0.583 2	0.587 1	0.591 0	0.594 8	0.598 7	0.602 6	0.606 4	0.610 3	0.614 1
0.3	0.617 9	0.621 7	0.625 5	0.629 3	0.633 1	0.636 8	0.640 6	0.644 3	0.648 0	0.651 7
0.4	0.655 4	0.659 1	0.662 8	0.666 4	0.670 0	0.673 6	0.677 2	0.680 8	0.684 4	0.687 9
0.5	0.691 5	0.695 0	0.698 5	0.701 9	0.705 4	0.708 8	0.712 3	0.715 7	0.719 0	0.722 4
0.6	0.725 7	0.729 1	0.732 4	0.735 7	0.738 9	0.742 2	0.745 4	0.748 6	0.751 7	0.754 9
0.7	0.758 0	0.761 1	0.764 2	0.767 3	0.770 4	0.773 4	0.776 4	0.779 4	0.782 3	0.785 2
0.8	0.788 1	0.791 0	0.793 9	0.796 7	0.799 5	0.802 3	0.805 1	0.807 8	0.810 6	0.813 3
0.9	0.815 9	0.818 6	0.821 2	0.823 8	0.826 4	0.828 9	0.831 5	0.834 0	0.836 5	0.838 9
1	0.841 3	0.843 8	0.846 1	0.848 5	0.850 8	0.853 1	0.855 4	0.857 7	0.859 9	0.862 1
1.1	0.864 3	0.866 5	0.868 6	0.870 8	0.872 9	0.874 9	0.877 0	0.879 0	0.881 0	0.883 0
1.2	0.884 9	0.886 9	0.888 8	0.890 7	0.892 5	0.894 4	0.896 2	0.898 0	0.899 7	0.901 5
1.3	0.903 2	0.904 9	0.906 6	0.908 2	0.909 9	0.911 5	0.913 1	0.914 7	0.916 2	0.917 7
1.4	0.919 2	0.920 7	0.922 2	0.923 6	0.925 1	0.926 5	0.927 9	0.929 2	0.930 6	0.931 9
1.5	0.933 2	0.934 5	0.935 7	0.937 0	0.938 2	0.939 4	0.940 6	0.941 8	0.942 9	0.944 1
1.6	0.945 2	0.946 3	0.947 4	0.948 4	0.949 5	0.950 5	0.951 5	0.952 5	0.953 5	0.954 5
1.7	0.955 4	0.956 4	0.957 3	0.958 2	0.959 1	0.959 9	0.960 8	0.961 6	0.962 5	0.963 3
1.8	0.964 1	0.964 9	0.965 6	0.966 4	0.967 1	0.967 8	0.968 6	0.969 3	0.969 9	0.970 6
1.9	0.971 3	0.971 9	0.972 6	0.973 2	0.973 8	0.974 4	0.975 0	0.975 6	0.976 1	0.976 7
2	0.977 2	0.977 8	0.978 3	0.978 8	0.979 3	0.979 8	0.980 3	0.980 8	0.981 2	0.981 7
2.1	0.982 1	0.982 6	0.983 0	0.983 4	0.983 8	0.984 2	0.984 6	0.985 0	0.985 4	0.985 7
2.2	0.986 1	0.986 4	0.986 8	0.987 1	0.987 5	0.987 8	0.988 1	0.988 4	0.988 7	0.989 0

续表

x	0	0.01	0.02	0.03	0.04	0.05	0.06	0.07	0.08	0.09
2.3	0.989 3	0.989 6	0.989 8	0.990 1	0.990 4	0.990 6	0.990 9	0.991 1	0.991 3	0.991 6
2.4	0.991 8	0.992 0	0.992 2	0.992 5	0.992 7	0.992 9	0.993 1	0.993 2	0.993 4	0.993 6
2.5	0.993 8	0.994 0	0.994 1	0.994 3	0.994 5	0.994 6	0.994 8	0.994 9	0.995 1	0.995 2
2.6	0.995 3	0.995 5	0.995 6	0.995 7	0.995 9	0.996 0	0.996 1	0.996 2	0.996 3	0.996 4
2.7	0.996 5	0.996 6	0.996 7	0.996 8	0.996 9	0.997 0	0.997 1	0.997 2	0.997 3	0.997 4
2.8	0.997 4	0.997 5	0.997 6	0.997 7	0.997 7	0.997 8	0.997 9	0.997 9	0.998 0	0.998 1
2.9	0.998 1	0.998 2	0.998 2	0.998 3	0.998 4	0.998 4	0.998 5	0.998 5	0.998 6	0.998 6
3	0.998 7	0.998 7	0.998 7	0.998 8	0.998 8	0.998 9	0.998 9	0.998 9	0.999 0	0.999 0
3.1	0.999 0	0.999 1	0.999 1	0.999 1	0.999 2	0.999 2	0.999 2	0.999 2	0.999 3	0.999 3
3.2	0.999 3	0.999 3	0.999 4	0.999 4	0.999 4	0.999 4	0.999 4	0.999 5	0.999 5	0.999 5
3.3	0.999 5	0.999 5	0.999 5	0.999 6	0.999 6	0.999 6	0.999 6	0.999 6	0.999 6	0.999 7
3.4	0.999 7	0.999 7	0.999 7	0.999 7	0.999 7	0.999 7	0.999 7	0.999 7	0.999 7	0.999 8
3.5	0.999 8	0.999 8	0.999 8	0.999 8	0.999 8	0.999 8	0.999 8	0.999 8	0.999 8	0.999 8

附表 3　χ^2 分布表

$$P\{\chi^2(n) > \chi^2_\alpha(n)\} = \alpha$$

n	$\alpha=0.25$	0.1	0.05	0.025	0.01	0.005
1	1.323 3	2.705 5	3.841 5	5.023 9	6.634 9	7.879 4
2	2.772 6	4.605 2	5.991 5	7.377 8	9.210 3	10.596 6
3	4.108 3	6.251 4	7.814 7	9.348 4	11.344 9	12.838 2
4	5.385 3	7.779 4	9.487 7	11.143 3	13.276 7	14.860 3
5	6.625 7	9.236 4	11.070 5	12.832 5	15.086 3	16.749 6
6	7.840 8	10.644 6	12.591 6	14.449 4	16.811 9	18.547 6
7	9.037 1	12.017 0	14.067 1	16.012 8	18.475 3	20.277 7
8	10.218 9	13.361 6	15.507 3	17.534 5	20.090 2	21.955 0
9	11.388 8	14.683 7	16.919 0	19.022 8	21.666 0	23.589 4
10	12.548 9	15.987 2	18.307 0	20.483 2	23.209 3	25.188 2
11	13.700 7	17.275 0	19.675 1	21.920 0	24.725 0	26.756 8
12	14.845 4	18.549 3	21.026 1	23.336 7	26.217 0	28.299 5
13	15.983 9	19.811 9	22.362 0	24.735 6	27.688 2	29.819 5
14	17.116 9	21.064 1	23.684 8	26.118 9	29.141 2	31.319 3
15	18.245 1	22.307 1	24.995 8	27.488 4	30.577 9	32.801 3
16	19.368 9	23.541 8	26.296 2	28.845 4	31.999 9	34.267 2
17	20.488 7	24.769 0	27.587 1	30.191 0	33.408 7	35.718 5
18	21.604 9	25.989 4	28.869 3	31.526 4	34.805 3	37.156 5
19	22.717 8	27.203 6	30.143 5	32.852 3	36.190 9	38.582 3
20	23.827 7	28.412 0	31.410 4	34.169 6	37.566 2	39.996 8
21	24.934 8	29.615 1	32.670 6	35.478 9	38.932 2	41.401 1
22	26.039 3	30.813 3	33.924 4	36.780 7	40.289 4	42.795 7
23	27.141 3	32.006 9	35.172 5	38.075 6	41.638 4	44.181 3
24	28.241 2	33.196 2	36.415 0	39.364 1	42.979 8	45.558 5
25	29.338 9	34.381 6	37.652 5	40.646 5	44.314 1	46.927 9
26	30.434 6	35.563 2	38.885 1	41.923 2	45.641 7	48.289 9
27	31.528 4	36.741 2	40.113 3	43.194 5	46.962 9	49.644 9
28	32.620 5	37.915 9	41.337 1	44.460 8	48.278 2	50.993 4
29	33.710 9	39.087 5	42.557 0	45.722 3	49.587 9	52.335 6
30	34.799 7	40.256 0	43.773 0	46.979 2	50.892 2	53.672 0
31	35.887 1	41.421 7	44.985 3	48.231 9	52.191 4	55.002 7
32	36.973 0	42.584 7	46.194 3	49.480 4	53.485 8	56.328 1

续表

n	$\alpha=0.25$	0.1	0.05	0.025	0.01	0.005
33	38.057 5	43.745 2	47.399 9	50.725 1	54.775 5	57.648 4
34	39.140 8	44.903 2	48.602 4	51.966 0	56.060 9	58.963 9
35	40.222 8	46.058 8	49.801 8	53.203 3	57.342 1	60.274 8
36	41.303 6	47.212 2	50.998 5	54.437 3	58.619 2	61.581 2
37	42.383 3	48.363 4	52.192 3	55.668 0	59.892 5	62.883 3
38	43.461 9	49.512 6	53.383 5	56.895 5	61.162 1	64.181 4
39	44.539 5	50.659 8	54.572 2	58.120 1	62.428 1	65.475 6
40	45.616 0	51.805 1	55.758 5	59.341 7	63.690 7	66.766 0
41	46.691 6	52.948 5	56.942 4	60.560 6	64.950 1	68.052 7
42	47.766 3	54.090 2	58.124 0	61.776 8	66.206 2	69.336 0
43	48.840 0	55.230 2	59.303 5	62.990 4	67.459 3	70.615 9
44	49.912 9	56.368 5	60.480 9	64.201 5	68.709 5	71.892 6
45	50.984 9	57.505 3	61.656 2	65.410 2	69.956 8	73.166 1
n	$\alpha=0.995$	0.99	0.975	0.95	0.9	0.75
1	0.000 0	0.000 2	0.001 0	0.003 9	0.015 8	0.101 5
2	0.010 0	0.020 1	0.050 6	0.102 6	0.210 7	0.575 4
3	0.071 7	0.114 8	0.215 8	0.351 8	0.584 4	1.212 5
4	0.207 0	0.297 1	0.484 4	0.710 7	1.063 6	1.922 6
5	0.411 7	0.554 3	0.831 2	1.145 5	1.610 3	2.674 6
6	0.675 7	0.872 1	1.237 3	1.635 4	2.204 1	3.454 6
7	0.989 3	1.239 0	1.689 9	2.167 3	2.833 1	4.254 9
8	1.344 4	1.646 5	2.179 7	2.732 6	3.489 5	5.070 6
9	1.734 9	2.087 9	2.700 4	3.325 1	4.168 2	5.898 8
10	2.155 9	2.558 2	3.247 0	3.940 3	4.865 2	6.737 2
11	2.603 2	3.053 5	3.815 7	4.574 8	5.577 8	7.584 1
12	3.073 8	3.570 6	4.403 8	5.226 0	6.303 8	8.438 4
13	3.565 0	4.106 9	5.008 8	5.891 9	7.041 5	9.299 1
14	4.074 7	4.660 4	5.628 7	6.570 6	7.789 5	10.165 3
15	4.600 9	5.229 3	6.262 1	7.260 9	8.546 8	11.036 5
16	5.142 2	5.812 2	6.907 7	7.961 6	9.312 2	11.912 2
17	5.697 2	6.407 8	7.564 2	8.671 8	10.085 2	12.791 9
18	6.264 8	7.014 9	8.230 7	9.390 5	10.864 9	13.675 3
19	6.844 0	7.632 7	8.906 5	10.117 0	11.650 9	14.562 0
20	7.433 8	8.260 4	9.590 8	10.850 8	12.442 6	15.451 8

续表

n	$\alpha=0.995$	0.99	0.975	0.95	0.9	0.75
21	8.033 7	8.897 2	10.282 9	11.591 3	13.239 6	16.344 4
22	8.642 7	9.542 5	10.982 3	12.338 0	14.041 5	17.239 6
23	9.260 4	10.195 7	11.688 6	13.090 5	14.848 0	18.137 3
24	9.886 2	10.856 4	12.401 2	13.848 4	15.658 7	19.037 3
25	10.519 7	11.524 0	13.119 7	14.611 4	16.473 4	19.939 3
26	11.160 2	12.198 1	13.843 9	15.379 2	17.291 9	20.843 4
27	11.807 6	12.878 5	14.573 4	16.151 4	18.113 9	21.749 4
28	12.461 3	13.564 7	15.307 9	16.927 9	18.939 2	22.657 2
29	13.121 1	14.256 5	16.047 1	17.708 4	19.767 7	23.566 6
30	13.786 7	14.953 5	16.790 8	18.492 7	20.599 2	24.477 6
31	14.457 8	15.655 5	17.538 7	19.280 6	21.433 6	25.390 1
32	15.134 0	16.362 2	18.290 8	20.071 9	22.270 6	26.304 1
33	15.815 3	17.073 5	19.046 7	20.866 5	23.110 2	27.219 4
34	16.501 3	17.789 1	19.806 3	21.664 3	23.952 3	28.136 1
35	17.191 8	18.508 9	20.569 4	22.465 0	24.796 7	29.054 0
36	17.886 7	19.232 7	21.335 9	23.268 6	25.643 3	29.973 0
37	18.585 8	19.960 2	22.105 6	24.074 9	26.492 1	30.893 3
38	19.288 9	20.691 4	22.878 5	24.883 9	27.343 0	31.814 6
39	19.995 9	21.426 2	23.654 3	25.695 4	28.195 8	32.736 9
40	20.706 5	22.164 3	24.433 0	26.509 3	29.050 5	33.660 3
41	21.420 8	22.905 6	25.214 5	27.325 6	29.907 1	34.584 6
42	22.138 5	23.650 1	25.998 7	28.144 0	30.765 4	35.509 9
43	22.859 5	24.397 6	26.785 4	28.964 7	31.625 5	36.436 1
44	23.583 7	25.148 0	27.574 6	29.787 5	32.487 1	37.363 1
45	24.311 0	25.901 3	28.366 2	30.612 3	33.350 4	38.291 0

附表 4　t 分布表

$$P\{t(n) > t_\alpha(n)\} = \alpha$$

n	$\alpha = 0.25$	0.1	0.05	0.025	0.01	0.005
1	1.000 0	3.077 7	6.313 8	12.706 2	31.820 5	63.656 7
2	0.816 5	1.885 6	2.920 0	4.302 7	6.964 6	9.924 8
3	0.764 9	1.637 7	2.353 4	3.182 4	4.540 7	5.840 9
4	0.740 7	1.533 2	2.131 8	2.776 4	3.746 9	4.604 1
5	0.726 7	1.475 9	2.015 0	2.570 6	3.364 9	4.032 1
6	0.717 6	1.439 8	1.943 2	2.446 9	3.142 7	3.707 4
7	0.711 1	1.414 9	1.894 6	2.364 6	2.998 0	3.499 5
8	0.706 4	1.396 8	1.859 5	2.306 0	2.896 5	3.355 4
9	0.702 7	1.383 0	1.833 1	2.262 2	2.821 4	3.249 8
10	0.699 8	1.372 2	1.812 5	2.228 1	2.763 8	3.169 3
11	0.697 4	1.363 4	1.795 9	2.201 0	2.718 1	3.105 8
12	0.695 5	1.356 2	1.782 3	2.178 8	2.681 0	3.054 5
13	0.693 8	1.350 2	1.770 9	2.160 4	2.650 3	3.012 3
14	0.692 4	1.345 0	1.761 3	2.144 8	2.624 5	2.976 8
15	0.691 2	1.340 6	1.753 1	2.131 4	2.602 5	2.946 7
16	0.690 1	1.336 8	1.745 9	2.119 9	2.583 5	2.920 8
17	0.689 2	1.333 4	1.739 6	2.109 8	2.566 9	2.898 2
18	0.688 4	1.330 4	1.734 1	2.100 9	2.552 4	2.878 4
19	0.687 6	1.327 7	1.729 1	2.093 0	2.539 5	2.860 9
20	0.687 0	1.325 3	1.724 7	2.086 0	2.528 0	2.845 3
21	0.686 4	1.323 2	1.720 7	2.079 6	2.517 6	2.831 4
22	0.685 8	1.321 2	1.717 1	2.073 9	2.508 3	2.818 8
23	0.685 3	1.319 5	1.713 9	2.068 7	2.499 9	2.807 3
24	0.684 8	1.317 8	1.710 9	2.063 9	2.492 2	2.796 9

续表

n	$\alpha=0.25$	0.1	0.05	0.025	0.01	0.005
25	0.684 4	1.316 3	1.708 1	2.059 5	2.485 1	2.787 4
26	0.684 0	1.315 0	1.705 6	2.055 5	2.478 6	2.778 7
27	0.683 7	1.313 7	1.703 3	2.051 8	2.472 7	2.770 7
28	0.683 4	1.312 5	1.701 1	2.048 4	2.467 1	2.763 3
29	0.683 0	1.311 4	1.699 1	2.045 2	2.462 0	2.756 4
30	0.682 8	1.310 4	1.697 3	2.042 3	2.457 3	2.750 0
31	0.682 5	1.309 5	1.695 5	2.039 5	2.452 8	2.744 0
32	0.682 2	1.308 6	1.693 9	2.036 9	2.448 7	2.738 5
33	0.682 0	1.307 7	1.692 4	2.034 5	2.444 8	2.733 3
34	0.681 8	1.307 0	1.690 9	2.032 2	2.441 1	2.728 4
35	0.681 6	1.306 2	1.689 6	2.030 1	2.437 7	2.723 8
36	0.681 4	1.305 5	1.688 3	2.028 1	2.434 5	2.719 5
37	0.681 2	1.304 9	1.687 1	2.026 2	2.431 4	2.715 4
38	0.681 0	1.304 2	1.686 0	2.024 4	2.428 6	2.711 6
39	0.680 8	1.303 6	1.684 9	2.022 7	2.425 8	2.707 9
40	0.680 7	1.303 1	1.683 9	2.021 1	2.423 3	2.704 5
41	0.680 5	1.302 5	1.682 9	2.019 5	2.420 8	2.701 2
42	0.680 4	1.302 0	1.682 0	2.018 1	2.418 5	2.698 1
43	0.680 2	1.301 6	1.681 1	2.016 7	2.416 3	2.695 1
44	0.680 1	1.301 1	1.680 2	2.015 4	2.414 1	2.692 3
45	0.680 0	1.300 6	1.679 4	2.014 1	2.412 1	2.689 6

附表 5 F 分布表

$$P\{F(n,m)>F_\alpha(n,m)\}=\alpha$$

$\alpha=0.10$

m	n														
	1	2	3	4	5	6	7	8	9	10	12	15	20	30	60
1	39.9	49.5	53.6	55.8	57.2	58.2	58.9	59.4	59.9	60.2	60.7	61.2	61.7	62.3	62.8
2	8.53	9.00	9.16	9.24	9.29	9.33	9.35	9.37	9.38	9.39	9.41	9.42	9.44	9.46	9.47
3	5.54	5.46	5.39	5.34	5.31	5.28	5.27	5.25	5.24	5.23	5.22	5.20	5.18	5.17	5.15
4	4.54	4.32	4.19	4.11	4.05	4.01	3.98	3.95	3.94	3.92	3.90	3.87	3.84	3.82	3.79
5	4.06	3.78	3.62	3.52	3.45	3.40	3.37	3.34	3.32	3.30	3.27	3.24	3.21	3.17	3.14
6	3.78	3.46	3.29	3.18	3.11	3.05	3.01	2.98	2.96	2.94	2.90	2.87	2.84	2.80	2.76
7	3.59	3.26	3.07	2.96	2.88	2.83	2.78	2.75	2.72	2.70	2.67	2.63	2.59	2.56	2.51
8	3.46	3.11	2.92	2.81	2.73	2.67	2.62	2.59	2.56	2.54	2.50	2.46	2.42	2.38	2.34
9	3.36	3.01	2.81	2.69	2.61	2.55	2.51	2.47	2.44	2.42	2.38	2.34	2.30	2.25	2.21
10	3.29	2.92	2.73	2.61	2.52	2.46	2.41	2.38	2.35	2.32	2.28	2.24	2.20	2.16	2.11
12	3.18	2.81	2.61	2.48	2.39	2.33	2.28	2.24	2.21	2.19	2.15	2.10	2.06	2.01	1.96
15	3.07	2.70	2.49	2.36	2.27	2.21	2.16	2.12	2.09	2.06	2.02	1.97	1.92	1.87	1.82
20	2.97	2.59	2.38	2.25	2.16	2.09	2.04	2.00	1.96	1.94	1.89	1.84	1.79	1.74	1.68
24	2.93	2.54	2.33	2.19	2.10	2.04	1.98	1.94	1.91	1.88	1.83	1.78	1.73	1.67	1.61
30	2.88	2.49	2.28	2.14	2.05	1.98	1.93	1.88	1.85	1.82	1.77	1.72	1.67	1.61	1.54
40	2.84	2.44	2.23	2.09	2.00	1.93	1.87	1.83	1.79	1.76	1.71	1.66	1.61	1.54	1.47
50	2.81	2.41	2.20	2.06	1.97	1.90	1.84	1.80	1.76	1.73	1.68	1.63	1.57	1.50	1.42
60	2.79	2.39	2.18	2.04	1.95	1.87	1.82	1.77	1.74	1.71	1.66	1.60	1.54	1.48	1.40

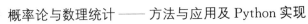

$\alpha=0.05$ **续表**

m	n												
	1	2	3	4	5	6	7	8	9	10	12	15	30
1	161.5	199.5	215.7	224.6	230.2	234.0	236.8	238.9	240.5	241.9	243.9	246.0	250.1
2	18.51	19.00	19.16	19.25	19.30	19.33	19.35	19.37	19.38	19.40	19.41	19.43	19.46
3	10.13	9.55	9.28	9.12	9.01	8.94	8.89	8.85	8.81	8.79	8.74	8.70	8.62
4	7.71	6.94	6.59	6.39	6.26	6.16	6.09	6.04	6.00	5.96	5.91	5.86	5.75
5	6.61	5.79	5.41	5.19	5.05	4.95	4.88	4.82	4.77	4.74	4.68	4.62	4.50
6	5.99	5.14	4.76	4.53	4.39	4.28	4.21	4.15	4.10	4.06	4.00	3.94	3.81
7	5.59	4.74	4.35	4.12	3.97	3.87	3.79	3.73	3.68	3.64	3.57	3.51	3.38
8	5.32	4.46	4.07	3.84	3.69	3.58	3.50	3.44	3.39	3.35	3.28	3.22	3.08
9	5.12	4.26	3.86	3.63	3.48	3.37	3.29	3.23	3.18	3.14	3.07	3.01	2.86
10	4.96	4.10	3.71	3.48	3.33	3.22	3.14	3.07	3.02	2.98	2.91	2.85	2.70
12	4.75	3.89	3.49	3.26	3.11	3.00	2.91	2.85	2.80	2.75	2.69	2.62	2.47
15	4.54	3.68	3.29	3.06	2.90	2.79	2.71	2.64	2.59	2.54	2.48	2.40	2.25
20	4.35	3.49	3.10	2.87	2.71	2.60	2.51	2.45	2.39	2.35	2.28	2.20	2.04
24	4.26	3.40	3.01	2.78	2.62	2.51	2.42	2.36	2.30	2.25	2.18	2.11	1.94
30	4.17	3.32	2.92	2.69	2.53	2.42	2.33	2.27	2.21	2.16	2.09	2.01	1.84
40	4.08	3.23	2.84	2.61	2.45	2.34	2.25	2.18	2.12	2.08	2.00	1.92	1.74
50	4.03	3.18	2.79	2.56	2.40	2.29	2.20	2.13	2.07	2.03	1.95	1.87	1.69
60	4.00	3.15	2.76	2.53	2.37	2.25	2.17	2.10	2.04	1.99	1.92	1.84	1.65

$\alpha = 0.025$ 续表

m	n												
	1	2	3	4	5	6	7	8	9	10	12	15	30
1	648	799	864	899	922	937	948	957	963	969	977	985	1001
2	38.51	39.00	39.17	39.25	39.30	39.33	39.36	39.37	39.39	39.40	39.41	39.43	39.46
3	17.44	16.04	15.44	15.10	14.88	14.73	14.62	14.54	14.47	14.42	14.34	14.25	14.08
4	12.22	10.65	9.98	9.60	9.36	9.20	9.07	8.98	8.90	8.84	8.75	8.66	8.46
5	10.01	8.43	7.76	7.39	7.15	6.98	6.85	6.76	6.68	6.62	6.52	6.43	6.23
6	8.81	7.26	6.60	6.23	5.99	5.82	5.70	5.60	5.52	5.46	5.37	5.27	5.07
7	8.07	6.54	5.89	5.52	5.29	5.12	4.99	4.90	4.82	4.76	4.67	4.57	4.36
8	7.57	6.06	5.42	5.05	4.82	4.65	4.53	4.43	4.36	4.30	4.20	4.10	3.89
9	7.21	5.71	5.08	4.72	4.48	4.32	4.20	4.10	4.03	3.96	3.87	3.77	3.56
10	6.94	5.46	4.83	4.47	4.24	4.07	3.95	3.85	3.78	3.72	3.62	3.52	3.31
12	6.55	5.10	4.47	4.12	3.89	3.73	3.61	3.51	3.44	3.37	3.28	3.18	2.96
15	6.20	4.77	4.15	3.80	3.58	3.41	3.29	3.20	3.12	3.06	2.96	2.86	2.64
20	5.87	4.46	3.86	3.51	3.29	3.13	3.01	2.91	2.84	2.77	2.68	2.57	2.35
24	5.72	4.32	3.72	3.38	3.15	2.99	2.87	2.78	2.70	2.64	2.54	2.44	2.21
30	5.57	4.18	3.59	3.25	3.03	2.87	2.75	2.65	2.57	2.51	2.41	2.31	2.07
40	5.42	4.05	3.46	3.13	2.90	2.74	2.62	2.53	2.45	2.39	2.29	2.18	1.94
50	5.34	3.97	3.39	3.05	2.83	2.67	2.55	2.46	2.38	2.32	2.22	2.11	1.87
60	5.29	3.93	3.34	3.01	2.79	2.63	2.51	2.41	2.33	2.27	2.17	2.06	1.82

$\alpha=0.01$ 续表

m	n												
	1	2	3	4	5	6	7	8	9	10	12	15	30
1	4052	4999	5403	5625	5764	5859	5928	5981	6022	6056	6106	6157	6261
2	98.50	99.00	99.17	99.25	99.30	99.33	99.36	99.37	99.39	99.40	99.42	99.43	99.47
3	34.12	30.82	29.46	28.71	28.24	27.91	27.67	27.49	27.35	27.23	27.05	26.87	26.50
4	21.20	18.00	16.69	15.98	15.52	15.21	14.98	14.80	14.66	14.55	14.37	14.20	13.84
5	16.26	13.27	12.06	11.39	10.97	10.67	10.46	10.29	10.16	10.05	9.89	9.72	9.38
6	13.75	10.92	9.78	9.15	8.75	8.47	8.26	8.10	7.98	7.87	7.72	7.56	7.23
7	12.25	9.55	8.45	7.85	7.46	7.19	6.99	6.84	6.72	6.62	6.47	6.31	5.99
8	11.26	8.65	7.59	7.01	6.63	6.37	6.18	6.03	5.91	5.81	5.67	5.52	5.20
9	10.56	8.02	6.99	6.42	6.06	5.80	5.61	5.47	5.35	5.26	5.11	4.96	4.65
10	10.04	7.56	6.55	5.99	5.64	5.39	5.20	5.06	4.94	4.85	4.71	4.56	4.25
12	9.33	6.93	5.95	5.41	5.06	4.82	4.64	4.50	4.39	4.30	4.16	4.01	3.70
15	8.68	6.36	5.42	4.89	4.56	4.32	4.14	4.00	3.89	3.80	3.67	3.52	3.21
20	8.10	5.85	4.94	4.43	4.10	3.87	3.70	3.56	3.46	3.37	3.23	3.09	2.78
24	7.82	5.61	4.72	4.22	3.90	3.67	3.50	3.36	3.26	3.17	3.03	2.89	2.58
30	7.56	5.39	4.51	4.02	3.70	3.47	3.30	3.17	3.07	2.98	2.84	2.70	2.39
40	7.31	5.18	4.31	3.83	3.51	3.29	3.12	2.99	2.89	2.80	2.66	2.52	2.20
50	7.17	5.06	4.20	3.72	3.41	3.19	3.02	2.89	2.78	2.70	2.56	2.42	2.10
60	7.08	4.98	4.13	3.65	3.34	3.12	2.95	2.82	2.72	2.63	2.50	2.35	2.03

附表 6　柯尔莫哥洛夫检验的临界值表

$P\{D_n > D_{n,\alpha}\} = \alpha$

n	$\alpha = 0.20$	0.10	0.05	0.02	0.01
1	0.900 00	0.950 00	0.975 00	0.990 00	0.995 00
2	0.683 77	0.776 39	0.841 89	0.900 00	0.929 29
3	0.564 81	0.636 04	0.707 60	0.784 56	0.829 00
4	0.492 65	0.565 22	0.623 94	0.638 87	0.734 24
5	0.446 98	0.509 45	0.563 28	0.627 18	0.668 53
6	0.410 37	0.467 99	0.519 26	0.577 41	0.616 61
7	0.381 48	0.436 07	0.483 42	0.538 44	0.575 81
8	0.358 31	0.409 62	0.454 27	0.506 54	0.541 79
9	0.339 10	0.387 46	0.430 01	0.479 60	0.513 32
10	0.322 60	0.368 66	0.409 25	0.456 62	0.488 93
11	0.308 29	0.352 42	0.391 22	0.436 70	0.467 70
12	0.295 77	0.338 15	0.375 43	0.419 18	0.449 05
13	0.284 70	0.325 49	0.361 43	0.403 62	0.432 47
14	0.274 81	0.314 17	0.348 00	0.389 70	0.417 62
15	0.265 88	0.303 97	0.337 60	0.377 13	0.404 20
16	0.257 78	0.294 72	0.327 33	0.365 71	0.392 01
17	0.250 39	0.286 27	0.317 96	0.355 28	0.380 36
18	0.243 60	0.278 51	0.309 36	0.345 69	0.370 62
19	0.237 35	0.271 36	0.301 43	0.336 85	0.351 17
20	0.231 56	0.264 73	0.294 08	0.328 66	0.352 41
21	0.226 17	0.258 58	0.287 24	0.321 04	0.344 27
22	0.221 15	0.252 83	0.280 87	0.313 94	0.336 66
23	0.216 45	0.247 46	0.274 90	0.307 28	0.329 54
24	0.212 05	0.242 42	0.260 31	0.301 04	0.322 86
25	0.207 90	0.237 68	0.264 04	0.295 16	0.316 57
26	0.203 09	0.233 20	0.259 07	0.289 62	0.310 64
27	0.200 30	0.228 93	0.254 38	0.284 38	0.305 03
28	0.196 80	0.224 97	0.249 93	0.279 42	0.299 71
29	0.193 48	0.221 17	0.245 71	0.274 71	0.294 66
30	0.190 32	0.217 56	0.241 70	0.270 23	0.289 37
31	0.187 32	0.214 12	0.237 88	0.265 96	0.285 30
32	0.184 45	0.210 85	0.234 24	0.261 89	0.280 94
33	0.181 71	0.207 71	0.230 76	0.258 01	0.276 77

续表

n	$\alpha=0.20$	0.10	0.05	0.02	0.01
34	0.179 09	0.204 72	0.227 43	0.254 29	0.272 79
35	0.176 59	0.201 85	0.224 25	0.250 73	0.268 97
36	0.174 18	0.199 10	0.221 19	0.247 32	0.265 32
37	0.171 88	0.196 46	0.218 26	0.244 04	0.261 80
38	0.169 66	0.193 92	0.215 44	0.240 89	0.258 43
39	0.167 53	0.191 48	0.212 73	0.237 86	0.255 18
40	0.165 47	0.189 13	0.210 12	0.234 94	0.252 05
41	0.163 49	0.186 87	0.207 60	0.232 13	0.249 04
42	0.161 58	0.184 68	0.205 17	0.229 41	0.246 13
43	0.159 74	0.182 57	0.202 83	0.226 79	0.243 32
44	0.157 96	0.182 53	0.200 56	0.224 26	0.240 60
45	0.156 23	0.178 56	0.198 37	0.221 81	0.237 93
46	0.154 57	0.176 65	0.196 25	0.219 44	0.235 44
47	0.152 95	0.174 81	0.194 20	0.217 15	0.232 98
48	0.151 39	0.173 02	0.192 21	0.214 93	0.230 59
49	0.149 37	0.171 28	0.190 28	0.212 77	0.228 28
50	0.148 40	0.169 59	0.188 41	0.210 68	0.226 04
55	0.141 64	0.161 86	0.179 81	0.201 07	0.215 74
60	0.135 73	0.155 11	0.172 31	0.192 67	0.206 73
65	0.130 52	0.149 13	0.165 67	0.185 25	0.193 77
70	0.125 86	0.143 81	0.159 75	0.178 63	0.191 67
75	0.121 67	0.139 01	0.154 42	0.172 68	0.185 28
80	0.117 87	0.134 67	0.149 60	0.167 28	0.179 49
85	0.114 42	0.130 72	0.145 20	0.162 36	0.174 21
90	0.111 25	0.127 09	0.141 17	0.157 86	0.169 38
95	0.108 33	0.123 75	0.137 46	0.153 71	0.164 93
100	0.105 63	0.120 67	0.134 03	0.149 87	0.160 81

附表7 D_n 的极限分布函数的数值表

$$K(z)=\lim_{n\to\infty}P\left\{D_n<\frac{z}{\sqrt{n}}\right\}=\sum_{i=-\infty}^{+\infty}(-1)^i e^{-2i^2z^2}$$

z	0.00	0.01	0.02	0.03	0.04	z
0.2	0.000 000	0.000 000	0.000 000	0.000 000	0.000 000	0.2
0.3	0.000 009	0.000 021	0.000 046	0.000 091	0.000 171	0.3
0.4	0.002 808	0.003 972	0.005 476	0.007 377	0.009 730	0.4
0.5	0.036 055	0.042 814	0.050 306	0.585 340	0.067 497	0.5
0.6	0.135 718	0.149 229	0.163 225	0.177 153	0.192 677	0.6
0.7	0.288 765	0.305 471	0.322 265	0.339 113	0.355 981	0.7
0.8	0.455 857	0.472 041	0.488 030	0.503 808	0.519 366	0.8
0.9	0.607 270	0.620 928	0.634 286	0.647 338	0.660 082	0.9
1.0	0.730 000	0.740 566	0.750 826	0.760 780	0.770 434	1.0
1.1	0.822 282	0.829 950	0.837 356	0.844 502	0.851 394	1.1
1.2	0.887 750	0.893 030	0.898 104	0.902 972	0.907 648	1.2
1.3	0.931 908	0.935 370	0.938 682	0.941 848	0.944 870	1.3
1.4	0.960 318	0.962 486	0.964 552	0.966 516	0.968 382	1.4
1.5	0.977 782	0.979 080	0.980 310	0.981 476	0.982 578	1.5
1.6	0.988 048	0.988 791	0.989 492	0.990 154	0.990 777	1.6
1.7	0.993 823	0.994 230	0.994 612	0.994 972	0.995 390	1.7
1.8	0.996 932	0.997 146	0.997 346	0.997 533	0.997 707	1.8
1.9	0.998 536	0.998 644	0.998 744	0.998 837	0.998 924	1.9
2.0	0.999 329	0.999 380	0.999 428	0.999 474	0.999 516	2.0
2.1	0.999 705	0.999 728	0.999 750	0.999 770	0.999 790	2.1
2.2	0.999 874	0.999 886	0.999 896	0.999 904	0.999 912	2.2
2.3	0.999 949	0.999 954	0.999 958	0.999 962	0.999 965	2.3
2.4	0.999 980	0.999 982	0.999 984	0.999 986	0.999 987	2.4

参考答案与提示

习　题　一

1. 可重复性、可观察性、不确定性.
2. 随机试验决定样本空间;随机事件是样本空间的子集,随机事件所包含的样本点都属于样本空间.
3. $\Omega=\{$(正,正),(正,反),(反,正),(反,反)$\}$; $A=\{$(正,正),(正,反)$\}$;
$B=\{$(正,正),(反,反)$\}$; $C=\{$(正,正),(正,反),(反,正)$\}$.
4. (1) 不一定成立; (2) 不一定成立,仅当 A,B 互不相容时,等式成立. 原因略.
5. 0.1.
6. 0.1.
7. 提示:设事件 A 表示"小王能答出甲类问题",B 表示"小王能答出乙类问题".
(1) $P(A\overline{B})=0.6$; (2) $P(A\cup B)=0.8$; (3) $P(\overline{A}\,\overline{B})=0.2$; (4) $P(\overline{A}\cup\overline{B})=0.9$.
8. $\frac{11}{12}$.
9. 0.2,0.1.
10. $\frac{1}{4}$.
11. 0.53.
12. $\frac{1}{2}$.
13. 0.1,0.5,0.4.
14. (1) $\frac{16}{33}$; (2) $\frac{17}{33}$.
15. $\frac{1}{8}$.
16. 0.5.
17. $\frac{2}{3}$.
18. $\frac{1}{3}$.
19. 0.008 3.
20. 0.905.
21. 都为$\frac{b}{a+b}$.
22. 0.64.
23. (1) 0.67; (2) 0.36.
24. 0.006 6.
25. 0.5.
26. 0.949.
27. 0.5.
28. (1) 0.72; (2) 0.98; (3) 0.26.
29. 0.782.
30. 0.98.
31. (1) 0.352; (2) 0.317; (3) 0.290. 方案(1) 对系队最为有利.
32. (1) 0.409 6; (2) 0.737 3; (3) 0.672 3.
33. $C_{n+m-1}^{m}(1-p)^{m}p^{n}$.

习 题 二

1.

X	3	4	5
p_k	0.1	0.3	0.6

2. $P\{X=k\}=\dfrac{C_{13}^k C_{39}^{5-k}}{C_{52}^5}\quad (k=0,1,2,3,4,5)$.

3. (1) $P\{X=k\}=\dfrac{C_{10}^k C_{90}^{5-k}}{C_{100}^5}\quad (k=0,1,2,3,4,5)$; (2) 0.416.

4. 0.000 003 96.

5. 0.972.

6. 0.993 28.

7. 0.784.

8. 0.000 127 9.

9. $\dfrac{80}{81}$.

10. (1) 0.190; (2) 0.191.

11. $P\{X=i\}=\dfrac{\lambda^i e^{-\lambda}}{i!}\quad (i=0,1,2,\cdots)$.

12. $\dfrac{2e^{-2}}{3}$.

13. 16.

14. 0.888 6.

15. $C_4^k 0.6513^k(1-0.6513)^{4-k}\quad (k=0,1,2,3,4)$.

16. $0.5\leqslant p\leqslant 1$.

17. $P\{X=k\}=0.25^{k-1}\times 0.75\quad (k=1,2,\cdots)$.

18. $\dfrac{1}{2}$.

19. (1) $\dfrac{13}{60}$; (2) $\dfrac{5}{12}$.

20. $C_i^j p^j(1-p)^{i-j}e^{-\lambda}\dfrac{\lambda^i}{i!}\quad (i\geqslant j;i=0,1,2,\cdots)$.

21. 有放回：

Y	X		$P\{Y=y_j\}$
	0	1	
0	$\frac{25}{36}$	$\frac{5}{36}$	$\frac{5}{6}$
1	$\frac{5}{36}$	$\frac{1}{36}$	$\frac{1}{6}$
$P\{X=x_i\}$	$\frac{5}{6}$	$\frac{1}{6}$	

不放回：

Y	X		$P\{Y=y_j\}$
	0	1	
0	$\frac{45}{66}$	$\frac{10}{66}$	$\frac{5}{6}$
1	$\frac{10}{66}$	$\frac{1}{66}$	$\frac{1}{6}$
$P\{X=x_i\}$	$\frac{5}{6}$	$\frac{1}{6}$	

22. $P\{X=-1\}=\dfrac{5}{12},P\{X=0\}=\dfrac{1}{6},P\{X=1\}=\dfrac{5}{12}$;

$P\{Y=0\}=\dfrac{7}{12},P\{Y=1\}=\dfrac{1}{3},P\{Y=2\}=\dfrac{1}{12}$.

23. $a=\dfrac{2}{9},b=\dfrac{1}{9}$.

24. 0.5.

25. (1)

X	0	1	2
$P\{X=x_i \mid Y=1\}$	0	1	0

(2)

Y	0	1	2
$P\{Y=y_j \mid X=2\}$	0	0	1

26. 0.89.

27.

Y	1	2	3
p_k	$\frac{1}{15}$	$\frac{11}{30}$	$\frac{17}{30}$

28. (1)

Z	1	2	3
p_k	0.25	0.4	0.35

(2)

U	1	2
p_k	0.5	0.5

29.

Z	-1	0	1
p_k	0.25	0.75	0

30. (1)

Y	X			$P\{Y=y_j\}$
	1	2	3	
1	0	$\frac{1}{6}$	$\frac{1}{6}$	$\frac{1}{3}$
2	$\frac{1}{6}$	0	$\frac{1}{6}$	$\frac{1}{3}$
3	$\frac{1}{6}$	$\frac{1}{6}$	0	$\frac{1}{3}$
$P\{X=x_i\}$	$\frac{1}{3}$	$\frac{1}{3}$	$\frac{1}{3}$	

(2)

V	U		$p_{\cdot j}$
	2	3	
1	$\frac{1}{3}$	$\frac{1}{3}$	$\frac{2}{3}$
2	0	$\frac{1}{3}$	$\frac{1}{3}$
$p_{i\cdot}$	$\frac{1}{3}$	$\frac{2}{3}$	

(3) U 与 V 不相互独立.

习 题 三

1. $F(x)=\begin{cases}0, & x<0,\\ 0.16, & 0\leqslant x<1,\\ 0.64, & 1\leqslant x<2,\\ 1, & x\geqslant 2.\end{cases}$ 图形略. 2. (1) $\frac{1}{2}$; (2) $\frac{1}{2}$.

3. (1) $a=\frac{1}{2}, b=\frac{1}{\pi}$; (2) $\frac{1}{3}$.

4. (1) $F(x)=\begin{cases}0, & x\leqslant 0,\\ \dfrac{x^2}{2}, & 0<x\leqslant 1,\\ 2x-\dfrac{x^2}{2}-1, & 1<x\leqslant 2,\\ 1, & x>2;\end{cases}$ (2) 0.125, 0.245, 0.66.

5. $\dfrac{3}{5}$.

6. (1) 0.377 9; (2) 0.841 3; (3) 0.045 6.

7. (1) 0.923 6; (2) 最小值为 57.75.

8. 0.045 6.

9. 31.25.

10. $\dfrac{8}{27}, \dfrac{1}{27}$.

11. $f_X(x)=\begin{cases}6(x-x^2), & 0\leqslant x\leqslant 1,\\ 0, & \text{其他},\end{cases}$ $f_Y(y)=\begin{cases}6(\sqrt{y}-y), & 0\leqslant y\leqslant 1,\\ 0, & \text{其他}.\end{cases}$

12. $F(x,y)=\begin{cases}0, & x<0\ \text{或}\ y>0,\\ \dfrac{1}{2}[-\sin(x+y)+\sin x+\sin y], & 0\leqslant x\leqslant\dfrac{\pi}{2}, 0\leqslant y\leqslant\dfrac{\pi}{2},\\ \dfrac{1}{2}(-\cos x+\sin x+1), & 0\leqslant x\leqslant\dfrac{\pi}{2}, y>\dfrac{\pi}{2},\\ \dfrac{1}{2}(-\cos y+\sin y+1), & 0\leqslant y\leqslant\dfrac{\pi}{2}, x>\dfrac{\pi}{2},\\ 1, & x>\dfrac{\pi}{2}, y>\dfrac{\pi}{2}.\end{cases}$

13. (1) 12; (2) $F(x,y)=\begin{cases}0, & x\leqslant 0\ \text{或}\ y\leqslant 0,\\ (1-e^{-3x})(1-e^{-4y}), & x>0, y>0;\end{cases}$

(3) $(1-e^{-3})(1-e^{-8})$.

14. 提示:因为 $f(x,y)\neq f_X(x)f_Y(y)$,所以 ξ 与 η 不相互独立.

15. (1) $\dfrac{1}{8}$; (2) $\dfrac{3}{8}$; (3) $\dfrac{27}{32}$; (4) $\dfrac{2}{3}$.

16. (1) $f_\xi(x)=\begin{cases}\dfrac{2}{x^3}, & x>1,\\ 0, & \text{其他},\end{cases}$ $f_\eta(y)=\begin{cases}e^{-y+1}, & y>1,\\ 0, & \text{其他};\end{cases}$

(2) $f_\xi(x)=\dfrac{1}{\sqrt{2\pi}}e^{-\frac{x^2}{2}}$, $f_\eta(y)=\dfrac{1}{\sqrt{2\pi}}e^{-\frac{y^2}{2}}$;

(3) $f_\xi(x)=\begin{cases}\dfrac{1}{\Gamma(k_1)}\chi^{k_2-1}e^{-x}, & x>0,\\ 0, & \text{其他},\end{cases}$ $f_\eta(y)=\begin{cases}\dfrac{1}{\Gamma(k_1+k_2)}y^{k_1+k_2-1}, & y>0,\\ 0, & \text{其他}.\end{cases}$

17. $\dfrac{5}{8}$.

18. $f_Y(y)=\begin{cases}1, & 0<y<1,\\ 0, & \text{其他},\end{cases}$ $f_Z(z)=\begin{cases}1, & 0<z<1,\\ 0, & \text{其他}.\end{cases}$

19. $F_Y(y)=\begin{cases}\dfrac{2}{\pi}\arcsin y, & 0\leqslant y\leqslant 1,\\ 0, & 其他,\end{cases}\quad f(y)=\begin{cases}\dfrac{2}{\pi\sqrt{1-y^2}}, & 0\leqslant y\leqslant 1,\\ 0, & 其他.\end{cases}$

20. $f_Z(z)=\dfrac{1}{\sqrt{94\pi}}\mathrm{e}^{-\frac{(z+3)^2}{94}}\quad(-\infty<x<+\infty).$

21. (1) $\dfrac{1}{1-\mathrm{e}^{-1}}$;

(2) $f_X(x)=\begin{cases}\dfrac{\mathrm{e}^{-x}}{1-\mathrm{e}^{-1}}, & 0<x<1,\\ 0, & 其他,\end{cases}\quad f_Y(y)=\begin{cases}\mathrm{e}^{-y}, & y>0,\\ 0, & 其他;\end{cases}$

(3) $F_U(u)=\begin{cases}0, & u<0,\\ \dfrac{(1-\mathrm{e}^{-u})^2}{1-\mathrm{e}^{-1}}, & 0\leqslant u<1,\\ 1-\mathrm{e}^{-u}, & u\geqslant 1.\end{cases}$

22. (1) $\dfrac{21}{4}$;

(2) $f_X(x)=\begin{cases}\dfrac{21}{8}(x^2-x^6), & 0\leqslant x\leqslant 1,\\ 0, & 其他,\end{cases}\quad f_Y(y)=\begin{cases}\dfrac{7}{2}y^{\frac{5}{2}}, & 0\leqslant y\leqslant 1,\\ 0, & 其他.\end{cases}$

23. $f_{|\xi|}(y)=\begin{cases}\sqrt{\dfrac{2}{\pi}}\mathrm{e}^{-\frac{y^2}{2}}, & y\geqslant 0,\\ 0, & 其他.\end{cases}$

24. 略.

25. $f_Y(y)=-\ln(1-y)\quad(0\leqslant y\leqslant 1).$

26. (1) $f(x,y)=\begin{cases}\dfrac{1}{4}, & 0\leqslant x\leqslant 2, -x\leqslant y\leqslant x,\\ 0, & 其他;\end{cases}$

(2) $f_X(x)=\begin{cases}\dfrac{x}{2}, & 0\leqslant x\leqslant 2,\\ 0, & 其他,\end{cases}\quad f_Y(y)=\begin{cases}\dfrac{2-|y|}{4}, & -2\leqslant y\leqslant 2,\\ 0, & 其他;\end{cases}$

(3) X 与 Y 不相互独立;

(4) $f_{X|Y}(x\mid 1)=\dfrac{f(x,y)}{f_Y(1)}=1\quad(1\leqslant x\leqslant 2),$

$f_{X|Y}(x\mid y)=\dfrac{f(x,y)}{f_Y(y)}=\dfrac{1}{2-|y|}\quad(0\leqslant x\leqslant 2);$

(5) $P\{X\leqslant\sqrt{2}\mid Y=1\}=\sqrt{2}-1.$

27. $f_Z(z)=\begin{cases}\lambda^2 z\mathrm{e}^{-\lambda z}, & z>0,\\ 0, & 其他.\end{cases}$

28. 提示: $f_\xi(x)=\begin{cases}\dfrac{1}{2}, & |x|<1,\\ 0, & 其他,\end{cases}\quad f_\eta(y)=\begin{cases}\dfrac{1}{2}, & |y|<1,\\ 0, & 其他,\end{cases}$ ξ 与 η 不相互独立.

设ξ^2 的分布函数为 $F_1(x)$，当 $0\leqslant x\leqslant 1$ 时，

$$F_1(x)=P\{\xi^2\leqslant x\}=\begin{cases}0, & x<0,\\ \sqrt{x}, & 0\leqslant x<1,\\ 1, & x\geqslant 1,\end{cases}\quad F_2(y)=P\{\eta^2\leqslant y\}=\begin{cases}0, & y<0,\\ \sqrt{y}, & 0\leqslant y<1,\\ 1, & y\geqslant 1,\end{cases}$$

$$F_3(x,y)=P\{\xi^2\leqslant x,\eta^2\leqslant y\}=\begin{cases}0, & x<0\text{ 或 }y<0,\\ \sqrt{x}, & 0\leqslant x<1,y\geqslant 1,\\ \sqrt{y}, & 0\leqslant y<1,x\geqslant 1,\\ \sqrt{xy}, & 0\leqslant x<1,0\leqslant y<1,\\ 1, & x\geqslant 1,y\geqslant 1.\end{cases}$$

可见有$F_3(x,y)=F_1(x)F_2(y)$，所以ξ^2 与η^2 相互独立.

29. $f_Z(z)=\begin{cases}z\mathrm{e}^{-z}, & z>0,\\ 0, & \text{其他}.\end{cases}$

30. $f_Z(z)=\dfrac{1}{\pi(1+z)^2}$.

31. (1) $f_Z(z)=\begin{cases}1-\mathrm{e}^{-z}, & 0<z<1.\\ \mathrm{e}^{1-z}-\mathrm{e}^{-z}, & z\geqslant 1,\\ 0, & \text{其他}；\end{cases}$ (2) $f_W(w)=\begin{cases}1, & w>0,\\ 0, & \text{其他}.\end{cases}$

32. (1) $f_Z(z)=\begin{cases}2\mathrm{e}^{-2z}, & z>0,\\ 0, & \text{其他}；\end{cases}$ (2) $f_W(w)=\begin{cases}2(\mathrm{e}^{-w}-\mathrm{e}^{-2w}), & w>0,\\ 0, & \text{其他}.\end{cases}$

33. $f_Z(z)=\begin{cases}\dfrac{z}{\sigma^2}\mathrm{e}^{-\frac{z^2}{2\sigma^2}}, & z\geqslant 0,\\ 0, & \text{其他}.\end{cases}$

34. (1) $f(x,y)=\begin{cases}\dfrac{1}{2}\mathrm{e}^{-\frac{y}{2}}, & 0\leqslant x\leqslant 1,y>0,\\ 0, & \text{其他}；\end{cases}$ (2) 0.144 5.

习　题　四

1. 3,11,27.

2. 2,2.

3. 1,3.5,0.5.

4. 1 500.

5. (1) 2； (2) $\dfrac{1}{3}$.

6. (1) 2,0； (2) $-\dfrac{1}{15}$； (3) 5.

7. 33.64 元.

8. (1) $\dfrac{3}{4},\dfrac{5}{8}$； (2) $\dfrac{1}{8}$.

9. (1) 略； (2) $f_{X^*}(y)=\begin{cases}\dfrac{1}{\sqrt{6}}\left[1-\left|1-\left(\dfrac{1}{\sqrt{6}}y+1\right)\right|\right], & -\sqrt{6}<y\leqslant\sqrt{6},\\ 0, & \text{其他}.\end{cases}$

10. 略.

11. $\dfrac{7}{6},\dfrac{7}{6},-\dfrac{1}{36},-\dfrac{1}{11},\dfrac{5}{9}$.

12. $\dfrac{\alpha^2-\beta^2}{\alpha^2+\beta^2}$.

13. 先回答问题 2.

14. 正确. 原因略.

15. 5.

16. $\frac{5}{8}$.

17. $\sqrt{\frac{3}{19}}$.

18. $\frac{9}{5\sqrt{10}}$.

19. $\sqrt{\frac{1}{3}}$.

20. $\begin{pmatrix} \frac{1}{18} & 0 \\ 0 & \frac{3}{80} \end{pmatrix}$.

21. $\frac{a+b}{2},\frac{a^2+ab+b^2}{3},0,\frac{(b-a)^2}{12},0,-\frac{6}{5}$.

22. 略.

23. $\rho_{\xi_1\eta_1}=\begin{cases}\rho, & ac>0,\\ -\rho, & ac<0.\end{cases}$

24. $f_Z(z)=\frac{1}{3\sqrt{2\pi}}\mathrm{e}^{-\frac{(z-5)^2}{18}} \quad (-\infty<z<+\infty)$.

25. 1,2,3.

26. (1) 0,2； (2) 0,不相关； (3) 不相互独立.

27. 21 单位.

28. 42,35.

29. $\frac{2}{45}$.

习 题 五

1. $\geqslant\frac{8}{9}$.

2. 0.999 95.

3. $\geqslant\frac{8}{9}$.

4. 0.982 57.

5. (1) 0.180 2； (2) 443.

6. 14 条.

7. 1 700 kW.

8. 0.001 3.

9. 189 只.

10. 406 只.

11. 96 个.

12. 103 只.

13. 500.

14. 66 307.

15. 98 箱.

16. 提示:采用切比雪夫不等式证明.

17. 提示:采用切比雪夫不等式证明.

18. 切比雪夫不等式:250 次;棣莫弗-拉普拉斯中心极限定理:68 次.

19. (1) $\overline{X}$ 近似服从 $N\left(2.2,\frac{1.4^2}{52}\right)$,$P\{\overline{X}<2\}=0.151\ 5$； (2) 0.077.

20. 不可靠.

21. 1 378.

22. 0.006 2.

23. 0.876 4.

习 题 六

1. 3.6,3.367 5.

2. (1),(3),(4) 是统计量,(2) 不是统计量.

3. (1) $E(\overline{X})=p,D(\overline{X})=\frac{p(1-p)}{n},E(S^2)=p(1-p)$；

(2) $E(\overline{X})=\frac{1}{\lambda},D(\overline{X})=\frac{1}{n\lambda^2},E(S^2)=\frac{1}{\lambda^2}$；

(3) $E(\overline{X})=\frac{\theta}{2},D(\overline{X})=\frac{\theta^2}{12n},E(S^2)=\frac{\theta^2}{12}$.

4. 0.133 6.

5. 0.674 4.

6. 0.829 3.

7. 0.05.

8. 0.025.

9. $C=\frac{1}{3}$.

10. (1) $t(2)$； (2) $F(3,n-3)$.

11. (1) 3.570 6, 26.217 0； (2) 18.307 0.

12. (1) 2.681 0, −2.681 0； (2) −1.812 5.

13. (1) 4.30, 0.212； (2) 2.98.

14. $F_4(x)=\begin{cases}0, & x<-2,\\ \frac{1}{4}, & -2\leqslant x<-1,\\ \frac{1}{2}, & -1\leqslant x<1,\\ \frac{3}{4}, & 1\leqslant x<2,\\ 1, & x\geqslant 2.\end{cases}$

15. 35.

16. 略.

17. $N\left(a\mu_1+b\mu_2,\frac{1}{m}a^2\sigma_1^2+\frac{1}{n}b^2\sigma_2^2\right)$.

18. 略.

19. 略.

20. $t(n-1)$.

21. $t(n_1+n_2-2)$.

22. 略.

习 题 七

1. 154.9.

2. 矩估计为$\frac{2\overline{X}-1}{1-\overline{X}}$，极大似然估计为$-1-\frac{n}{\sum\limits_{i=1}^{n}\ln x_i}$.

3. 矩估计为 1 或$\frac{44}{25}$，极大似然估计为 1.

4. $\frac{n}{\sum\limits_{i=1}^{n}x_i}$.

5. 均为 4.

6. $\frac{2-\overline{X}}{8}$.

7. 矩估计为 $2\overline{X}$，极大似然估计为$\max\limits_{1\leqslant i\leqslant n}\{x_i\}$.

8. 略.

9. 略.

10. $\hat{\mu}=\frac{1}{n}\sum\limits_{i=1}^{n}\ln x_i,\hat{\sigma}^2=\frac{1}{n}\sum\limits_{i=1}^{n}(\ln x_i-\hat{\mu})^2$.

11. 证明略. $\hat{\mu}_2$ 最有效.

12. $\sqrt{\frac{\pi}{2}}$.

13. 证明略. $\frac{4}{3}X_{(3)}$ 比 $2X_1$ 更有效.

14. $a=b=0.5$.

15. $\frac{1}{2(n-1)}$.

16. S_1^2 比S_2^2 更有效.

17. (1) $\hat{\theta}=2\overline{X}$； (2) 证明略, $D(\hat{\theta})=\frac{\theta^2}{5n}$.

18. 略.

19. μ 的置信区间为(54.741 9,75.543 8)，σ^2 的置信区间为(60.267 3,464.022 3).

20. μ 的置信上限为4.443,置信下限为4.285.

21. n 至少取 $\left[\frac{4\sigma^2 u_{\frac{\alpha}{2}}^2}{L^2}\right]$(这里$[x]$表示不大于 x 的最大整数).

22. (−1.68,7.68).

23. (0.067,3.093).

24. (1) (65.44,134.56)； (2) (0.447 6,0.940 8).

25. (1) 0.498 4； (2) (0.512,0.574).

26. (14.82,15.08),(14.74,15.16).

27. σ^2 的置信区间为(55.21,444.10),σ 的置信区间为(7.43,21.07).

28. (157.616 6,182.383 4).

29. 5.

习　题　八

1. $c=1.176$.

2. (1) 提示:$\alpha(\mu)=P\{W\mid H_0\}=P\{\sqrt{n}\overline{X}<-u_{1-\alpha}\mid \mu=0\}=\Phi(-u_{1-\alpha})=\Phi(u_\alpha)=\alpha$；

   (2) $\beta(\mu)=1-\Phi(-u_{1-\alpha}-\sqrt{n}\mu)$,0.362.

3. (1) $\alpha=0.003\,7,\beta=0.036\,7$；

   (2) 提示:因 $\beta=P\{\overline{X}<2.6\mid \mu=3\}=\Phi(-0.4\sqrt{n})\leqslant 0.01$,得 $n\geqslant 33.93$,故 n 最小应取 34；

   (3) 提示:$\alpha=1-\Phi(0.6\sqrt{n})\to 0\ (n\to\infty)$,$\beta=\Phi(-0.4\sqrt{n})\to 0\ (n\to\infty)$.

4. 提示:(1) 拒绝域为$\{U>u_\alpha=u_{0.05}=1.645\}$,统计量 $u\approx 1.928$,拒绝 H_0.

   (2) 拒绝域为$\{|U|>u_{\frac{\alpha}{2}}=u_{0.025}=1.96\}$,统计量 $|u|\approx 1.928$,在拒绝域外,接受H_0.

   (3) 在方差已知时,同时犯第一类错误的情况下,单侧检验比双侧检验能减少犯第二类错误的概率.

5. 提示:拒绝域为$\{|U|>u_{\frac{\alpha}{2}}=u_{0.025}=1.96\}$,统计量 $|u|\approx 1.048$,可以认为这批纽扣的直径符合标准.

6. 提示:拒绝域为$\{|T|>t_{\frac{\alpha}{2}}(n-1)=t_{0.025}(4)=2.776\,4\}$,统计量 $|t|\approx 2.942\,6$,拒绝H_0.

7. 提示:拒绝域为$\{\chi^2>\chi^2_{0.025}(4)=11.143\,3\}$ 或$\{\chi^2\leqslant\chi^2_{0.975}(4)=0.484\,4\}$,统计量$\chi^2\approx 13.509\,6$,落入拒绝域,即可认为纤度的标准差发生了显著变化.

8. 提示:(1) 拒绝域为 $W=\{U>u_\alpha=u_{0.05}=1.645\}$,统计量 $u=\frac{100.104-100}{0.5/\sqrt{10}}\approx 0.657\,8\notin W$,故接受$H_0$,即不能认为 $\mu>100$；

   (2) 拒绝域为 $W=\{T>t_\alpha(n-1)=t_{0.05}(9)=1.833\,1\}$,统计量 $t=0.690\,9\notin W$,故接受

H_0,即不能认为 $\mu > 100$.

9. 提示:拒绝域为$\{|U|>u_{\frac{\alpha}{2}}=u_{0.025}=1.96\}$,统计量$|u|=3.75>1.96$,所以拒绝 H_0,即可认为统计报表有误.

10. 提示:拒绝域为$\{T>t_\alpha(n-1)=t_{0.05}(8)=1.8595\}$,统计量$t=3.5>1.8595$,故可认为平均初婚年龄已经超过 20 岁.

11. 提示:拒绝域为$\{|T|>t_{\frac{\alpha}{2}}(m+n-2)=t_{0.025}(17)=2.1098\}$,统计量$|t|\approx 2.2458$,故可认为饮酒对工作能力有显著影响.

12. 提示:拒绝域为$\{|T|>t_{\frac{\alpha}{2}}(n+m-2)=t_{0.05}(14)=1.7613\}$,计算得$s_w\approx 1.1844$,$|t|\approx 0.7177<1.7613$,故可认为甲、乙两人实验分析之间无显著差异.

13. 提示:拒绝域为$W=\{F>2.7614\}$,统计量$f=1.6004\notin W$,$p=P\{F\geqslant 1.6004\}=0.2206>\alpha=0.05$,故接受$H_0$.

14. 提示:拒绝域为$\{F>F_{0.05}(9,9)=3.18\}$或$\{F<F_{0.95}(9,9)\approx 0.314\}$,统计量$f\approx 2.2067$,故可认为两种作物的产量没有显著差别.

15. 提示:拒绝域为$\{F>F_{0.025}(9,8)=4.36\}$或$\{F<F_{0.975}(9,8)\approx 0.244\}$,统计量$f\approx 1.1187$,故接受 H_0.

16. 提示:(1) 拒绝域为$\{F<0.1399\}$或$\{F>7.15\}$,统计量$f\approx 1.0754$,故认为方差相等;(2) 拒绝域为$\{|T|>2.2281\}$,统计量$|t|\approx 1.3856$,故认为均值相等.

17. 提示:拒绝域为$\{F>5.19\}$,统计量$f\approx 3.5374$,故不能认为新方法测得数据的方差显著小于旧方法.

18. 提示:拒绝域为$\{U<-u_{0.05}=-1.645\}$,统计量$u=-2.7713<-1.645$,故认为戒烟宣传有成效.

19. 提示:拒绝域为$\{U>u_{0.05}=1.645\}$,统计量$u\approx 0.408<1.645$,故不能认为彩电拥有率有所增长.

20. 拒绝域为$\{|U|>u_{\frac{\alpha}{2}}=1.96\}$,统计量$|u|\approx 1.7597$,故接受孟德尔遗传定律.

21. 提示:当H_0 为真时,$\chi^2=\sum_{i=1}^{6}\frac{(n_i-np_i)^2}{np_i}=15.6$,查表知$\chi^2_{0.05}(5)=11.0705$. 因$\chi^2>\chi^2_{0.05}(5)$,故拒绝$H_0$,即等概率的假设不成立.

22. 提示:λ 的极大似然估计为$\hat{\lambda}=1$,检验统计量的值为$\chi^2=\sum_{i=1}^{4}\frac{(n_i-n\hat{p}_i)^2}{n\hat{p}_i}\approx 0.901$,拒绝域为$W=\{\chi^2>5.9915\}$,观察结果$\chi^2\notin W$,故接受$H_0$.

23. 提示:拒绝域为$W=\{\chi^2>7.8147\}$,统计量$\chi^2=1.8393\notin W$,故认为灯泡的寿命服从$E(0.005)$.

24. 服从正态分布.

25. 不服从正态分布.

习　题　九

1. 提示:$F_{0.05}(4,15)=3.06<f=40.885$,所以不同抗生素与血浆蛋白结合的百分比的均值对药效有显著差异.

2. 提示：$F_{0.05}(4,30)=2.69<f=11.276$，所以不同产品推销方法对推销额有显著差异.
3. 提示：$F_{0.05}(2,28)=3.34<f=84.24$，所以三类人员的该项生理指标有差别.
4. 提示：对于饲料(因素 A) $f=10.3636$，对应的 P 值为 $0.026<0.05$，说明不同饲料对猪生长的作用有显著差异.

   对于品种(因素 B) $f=2.9090$，对应的 P 值为 $0.1659>0.05$，说明不同品种对猪生长的作用无显著差异.
5. 提示：对于促进剂(因素 A)，查表得 $F_{0.05}(2,6)=5.14$，$F_{0.01}(2,6)=10.92<f_A=18.11$，所以不同促进剂对定强有显著影响.

   对于氧化锌(因素 B)，查表得 $F_{0.05}(3,6)=4.76$，$F_{0.01}(3,6)=9.78<f_B=33.25$，所以不同分量的氧化锌对定强有显著影响.
6. 提示：$f_B=7.90>3.40$，$f_{A\times B}=7.12>2.51$，所以在显著性水平 $\alpha=0.05$ 下，操作工之间有显著差异、机器之间无显著差异、交互作用有显著差异.
7. 略.
8. 略.
9. $\hat{\beta}_0=-11.3$，$\hat{\beta}_1=36.95$. 因 $f=4416.07>F_{0.01}(1,3)=34.12$，故拒绝 H_0.
10. (1) $\hat{\beta}_0\approx 24.2991$，$\hat{\beta}_1\approx 1.5914$；

    (2) 提示：因 $f\approx 304.6>F_{0.05}(1,13)=4.67$，故回归方程是显著的.
11. (1) 提示：因 $F_{0.05}(1,30)=4.17<f=55.8127$，故可认为回归方程显著，列表略；

    (2) 0.8065.
12. $\hat{\boldsymbol{Y}}=\boldsymbol{X}\hat{\boldsymbol{\beta}}+\boldsymbol{\varepsilon}$，其中 $\boldsymbol{X}=(1,x_1,x_2,x_3)$，$\hat{\boldsymbol{\beta}}=\begin{pmatrix}\beta_0\\ \beta_1\\ \beta_2\\ \beta_3\end{pmatrix}=\begin{pmatrix}9.9\\ 0.58\\ 0.55\\ 1.15\end{pmatrix}$.
13. $\hat{y}=-348.28+3.75x_1+7.10x_2+12.45x_3$.
14. $\begin{cases}u=\ln x,\\ v=y.\end{cases}$
15. $\begin{cases}u=x,\\ v=\ln(y-100).\end{cases}$
16. 能，$\begin{cases}u=\mathrm{e}^{-x},\\ v=\dfrac{1}{y}.\end{cases}$
17. 提示：$\hat{\boldsymbol{\beta}}=(\boldsymbol{X}'\boldsymbol{X})^{-1}\boldsymbol{X}'\boldsymbol{Y}$，其中 $\hat{\boldsymbol{\beta}}=\begin{pmatrix}\hat{\beta}_0\\ \hat{\beta}_1\\ \vdots\\ \hat{\beta}_p\end{pmatrix}$，$\boldsymbol{X}=\begin{pmatrix}1 & x_1 & x_1^2 & \cdots & x_1^p\\ 1 & x_2 & x_2^2 & \cdots & x_2^p\\ \vdots & \vdots & \vdots & & \vdots\\ 1 & x_n & x_n^2 & \cdots & x_n^p\end{pmatrix}$，$\boldsymbol{Y}=\begin{pmatrix}y_1\\ y_2\\ \vdots\\ y_n\end{pmatrix}$.

参 考 文 献

[1] 同济大学概率统计教研组. 概率统计[M].5 版. 上海:同济大学出版社,2013.
[2] 魏宗舒,汪荣明,周纪芗,等. 概率论与数理统计教程[M].3 版. 北京:高等教育出版社,2019.
[3] 茆诗松,程依明,濮晓龙. 概率论与数理统计教程[M].3 版. 北京:高等教育出版社,2019.
[4] 茆诗松,程依明,濮晓龙. 概率论与数理统计教程(第三版) 习题与解答[M]. 北京:高等教育出版社,2020.
[5] 刘力维,李建军,陆中胜,等. 概率论与数理统计[M].2 版. 北京:高等教育出版社,2019.
[6] 潘承毅,何迎晖. 数理统计的原理与方法[M]. 上海:同济大学出版社,1993.
[7] 陈希孺. 概率论与数理统计[M]. 合肥:中国科学技术大学出版社,2009.
[8] 姜启源,谢金星,叶俊. 数学模型[M].5 版. 北京:高等教育出版社,2018.
[9] 谭永基,朱晓明,丁颂康,等. 经济管理数学模型案例教程[M].2 版. 北京:高等教育出版社, 2014.
[10] 王静龙. 统计思想欣赏[M]. 北京:科学出版社,2017.
[11] 叶中行,王蓉华,徐晓岭,等. 概率论与数理统计[M]. 北京:北京大学出版社,2009.
[12] 肖筱南. 概率统计专题分析与解题指导[M]. 北京:北京大学出版社,2007.
[13] 张天德,叶宏. 概率论与数理统计学习指导与习题全解[M]. 北京:人民邮电出版社,2021.
[14] 吴赣昌. 概率论与数理统计:经管类:简明版[M].5 版. 北京:中国人民大学出版社,2017.
[15] 黄登香,邓鸾姣,谢孔峰. 概率论与数理统计[M]. 长春:吉林科学技术出版社,2021.
[16] 盛骤,谢式千,潘承毅. 概率论与数理统计[M].5 版. 北京:高等教育出版社,2019.
[17] 司守奎,孙玺菁. Python 数学实验与建模 [M]. 北京:科学出版社,2020.
[18] 嵩天,礼欣,黄天羽. Python 语言程序设计基础 [M].2 版. 北京:高等教育出版社,2017.
[19] 魏伟一,李晓红,高志玲. Python 数据分析与可视化:微课视频版 [M].2 版. 北京:清华大学出版社,2021.

图书在版编目(CIP)数据

概率论与数理统计：方法与应用及 Python 实现/柯忠义，周大镯主编. —北京：北京大学出版社，2023.9

ISBN 978-7-301-34347-0

Ⅰ. ①概… Ⅱ. ①柯… ②周… Ⅲ. ①概率论—教材 ②数理统计—教材 Ⅳ. ①O21

中国国家版本馆 CIP 数据核字(2023)第 163706 号

书　　名	概率论与数理统计 —— 方法与应用及 Python 实现 GAILÜLUN YU SHULI TONGJI —— FANGFA YU YINGYONG JI Python SHIXIAN
著作责任者	柯忠义　周大镯　主编
责任编辑	王　华
标准书号	ISBN 978-7-301-34347-0
出版发行	北京大学出版社
地　　址	北京市海淀区成府路 205 号　100871
网　　址	http://www.pup.cn
电子邮箱	zpup@pup.cn
新浪微博	@北京大学出版社
电　　话	邮购部 010-62752015　发行部 010-62750672　编辑部 010-62765014
印 刷 者	长沙雅佳印刷有限公司
经 销 者	新华书店
	787 毫米×1092 毫米　16 开本　25.25 印张　645 千字
	2023 年 9 月第 1 版　2023 年 9 月第 1 次印刷
定　　价	69.80 元
